简单轻松学技能丛书

简单轻松学

电工检修

韩雪涛 主 编
韩广兴 吴 瑛 副主编

U0363176

机 械 工 业 出 版 社

本书从初学者的学习目的出发，将电工检修技能的行业标准和从业要求融入到图书的架构体系中。同时，本书注重知识的循序渐进，在整个编写架构上做了全新的调整，以适应读者的学习习惯和学习特点，并将电工检修这项技能划分成如下8个教学模块：第1章，电工检修安全最重要；第2章，见识一下电工检修的工具和仪表；第3章，轻松搞定半导体器件的检测；第4章，轻松搞定基础电气部件的检测；第5章，别怕，电工电路图其实不难懂；第6章，记住！供配电线路的检修需要训练；第7章，记住！照明线路的检修需要训练；第8章，记住！电动机控制电路的检修需要训练。

本书可作为电工电子专业技能培训的辅导教材，以及各职业技术院校电工电子专业的实训教材，也适合从事电工电子行业生产、调试、维修的技术人员和业余爱好者阅读。

图书在版编目（CIP）数据

简单轻松学电工检修/韩雪涛主编. —北京：机械工业出版社，2013.12
（简单轻松学技能丛书）
ISBN 978-7-111-44918-8

Ⅰ.①简… Ⅱ.①韩… Ⅲ.①电工-基本知识 Ⅳ.①TM

中国版本图书馆 CIP 数据核字（2013）第282987号

机械工业出版社（北京市百万庄大街22号 邮政编码100037）
策划编辑：张俊红 责任编辑：赵 任 版式设计：常天培
责任校对：潘 蕊 封面设计：路恩中 责任印制：李 洋
三河市宏达印刷有限公司印刷
2014年3月第1版第1次印刷
184mm×260mm · 18.5印张 · 506千字
0001-4000册
标准书号：ISBN 978-7-111-44918-8
定价：49.80元

凡购本书，如有缺页、倒页、脱页，由本社发行部调换

电话服务	网络服务
社服务中心：（010）88361066	教材网：http://www.cmpedu.com
销售一部：（010）68326294	机工官网：http://www.cmpbook.com
销售二部：（010）88379649	机工官博：http://weibo.com/cmp1952
读者购书热线：（010）88379203	**封面无防伪标均为盗版**

前言

近几年，随着电工电子技术的发展，电工电子市场空前繁荣，各种新型、智能的家用电子产品不断融入到人们的学习、生产和生活中。产品的丰富无疑带动了整个电工电子产品的生产制造、调试维修等行业的发展，具备专业电工电子维修技能的专业技术人员越来越受到市场的青睐和社会的认可，越来越多的人希望从事电工电子维修的相关工作。

在电工电子产品的安装、调试、维修的各个领域中，电工检修技能是非常重要的一项实用操作技能。随着社会现代化和智能化进程的加剧，该项技能被越来越多的学习者所重视，越来越多的人希望掌握电工检修的技能，并凭借该技能实现就业或为自己的职业生涯提供更多的机会和选择。

因此，纵观整个电子电工图书市场，与电工检修技能有关的图书是近些年各个出版机构关注的重点，同时也被越来越多的读者所关注；加之该项技能与社会岗位需求紧密相关，技术的更新、行业竞争的加剧，都对电工检修技能的学习提出了更多的要求。电工检修类的图书每年都有很多新的品种推出，对于我们而言，从2005年至今，有关电工检修方面的选题也就从不曾间断，这充分说明了这项技能的受众群体巨大。同时，这项技能作为一项非常重要的基础技能，会随着整个产业链条的发展而发展，随着市场的更新而更新。

我们作为专业的技能培训鉴定和咨询机构，每天都会接到很多读者的来信和来电。他们在对我们出版的有关电工检修内容的图书表示认可的同时，也对我们提出了更多的希望和要求，并提出了很多针对实际工作现状的图书改进方案。我们对这些意见进行归纳汇总，并结合当前市场的培训就业特点，精心组织编写了这套《简单轻松学技能丛书》，希望通过机械工业出版社出版这套重点图书的契机，再创精品。

本书根据目前的国家考核标准和岗位需求，将电工检修的技能进行重组，完全从初学者的角度出发，将学习技能作为核心内容、将岗位需求作为目标导向，将近一段时间收集整理的包含电工检修技能的案例和资料进行筛选整理，充分发挥图解的优势，为本书增添更多新的素材和实用内容。

为确保本书的知识内容能够直接指导实际工作和就业，本书在内容的选取上从实际岗位需求的角度出发，将国家职业技能鉴定和数码维修工程师的考核认证标准融入到本书的各个知识点和技能点中，所有的知识技能在满足实际工作需要的同时，也完全符合国家职业技能和数码维修工程师相关专业的考核规范。读者通过学习不仅可以掌握电工电子的专业知识技能，同时还可以申报相应的国家工程师资格或国家职业资格的认证，以争取获得国家统一的专业技术资格证书，真正实现知识技能与人生职业规划的巧妙融合。

本书在编写内容和编写形式上做了较大的调整和突破，强调技能学习的实用性、便捷性和时效性。在内容的选取方面，本书也下了很大的工夫，结合国家职业资格认证、数码维修工程师考核认证的专业考核规范，对电工电子行业需要的相关技能进行整理，并将其融入到实际的应用案例中，力求让读者能够学到有用的东西，能够学以致用。另外，本书在表现形式方面也更加多样，将“图解”、“图表”、“图注”等多种表现形式融入到知识技能的讲解中，使之更加生动形象。

此外，本书在语言表达上做了大胆的突破和尝试：从目录开始，章节的标题就采用更加直接、更加口语化的表述方式，让读者一看就能明白所要表达的内容是什么；书中的文字表述也是力求更加口语化，更加简洁明确。在此基础上，与书中众多模块的配合，本书营造出一种情景课堂的学习氛围，充分调动读者的学习兴趣，确保在最短时间内完成知识技能的飞速提升，使读者学习兴趣和学习效果都大大提升。同时在语言文字和图形符号方面，本书尽量与广大读者的行业用语习惯贴近，而非机械地向有关标准看齐，这点请广大读者注意。

本书由韩雪涛任主编，韩广兴、吴瑛任副主编，参与编写的人员还有张丽梅、宋永欣、梁明、宋明芳、孙涛、马楠、韩菲、张湘萍、吴鹏飞、韩雪冬、吴玮、高瑞征、吴惠英、周文静、王新霞、孙承满、周洋、马敬宇等。

另外，本书得到了数码维修工程师鉴定指导中心的大力支持。为了更好地满足广大读者的需求，以达到最佳的学习效果，本书读者除可获得免费的专业技术咨询外，每本图书都附赠价值50积分的数码维修工程师远程培训基金（培训基金以“学习卡”的形式提供），读者可凭借此卡登录数码维修工程师的官方网站（www.chinadse.org）获得超值技术服务。网站提供有最新的行业信息，大量的视频教学资源、图纸手册等学习资料，以及技术论坛等。读者凭借学习卡可随时了解最新的数码维修工程师考核培训信息；知晓电工电子领域的业界动态；实现远程在线视频学习；下载需要的图纸、技术手册等学习资料。此外，读者还可通过网站的技术交流平台进行技术交流与咨询。

读者通过学习与实践后，还可报名参加相关资质的国家职业资格或工程师资格认证，通过考核后可获得相应等级的国家职业资格或数码维修工程师资格证书。如果读者在学习和考核认证方面有什么问题，可通过以下方式与我们联系。

数码维修工程师鉴定指导中心

网址：http://www.chinadse.org

联系电话：022-83718162/83715667/13114807267

E-mail：chinadse@163.com

地址：天津市南开区榕苑路4号天发科技园8-1-401

邮编：300384

编　者

2014年春

目录

前言

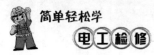

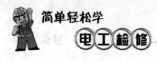

第1章 电工检修安全最重要

现在我们开始学习第1章：电工检修安全最重要。电工检修人员在检修作业中，缺少防护措施或不安全的检修操作，都可能导致设备的损坏甚至人身的伤亡。为了让大家树立安全意识，养成良好的操作习惯及掌握一定的防护措施和触电急救方法，这一章我们从触电的危害、触电可能发生的情况、救治方法以及触电的防护等方面入手，帮助大家学会如何在检修操作中确保自身和设备的安全。希望大家在学习本章后能够理解并掌握如何避免触电的发生以及如何对触电者进行救治。好了，下面让我们开始学习吧。

1.1 千万不要触电

电工检修作业中，触电是对人身伤害最大也是发生几率最高的一种操作事故。触电不但容易引发火灾或电力设备损坏，更重要的是会造成人员的伤亡，所以大家在实际操作中一定要小心谨慎，千万不要触电噢！

1.1.1 什么是触电

电工检修作业过程中，触电是最常见一类事故。它主要是指人体接触或接近带电体时，电流对人体造成的伤害。人体组织中60%以上是由含有导电物质的水分组成，因此，人体是个导体，当人体接触设备的带电部分并形成电流通路的时候，就会有电流流过人体，从而造成触电。如图1-1所示，这是人体触电时形成的电流通路。

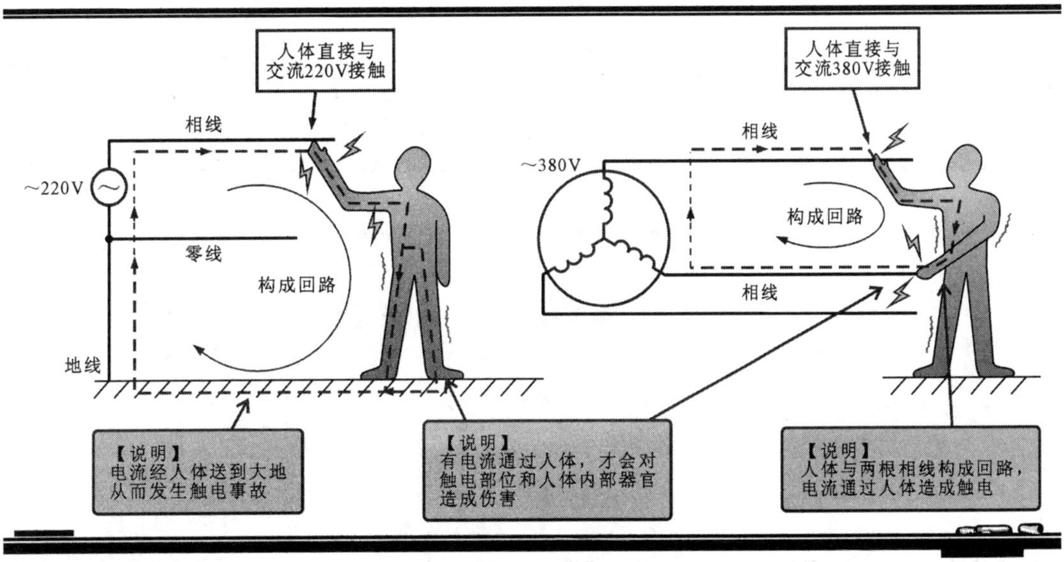

人体直接与交流220V接触
相线
~220V
零线
构成回路
地线
人体直接与交流380V接触
相线
~380V
构成回路
相线
【说明】电流经人体送到大地从而发生触电事故
【说明】有电流通过人体，才会对触电部位和人体内部器官造成伤害
【说明】人体与两根相线构成回路，电流通过人体造成触电

图1-1 人体触电时形成的电流通路

1.1.2 触电的危害是什么

触电时电流对人身造成的伤害程度与电流流过人体的电流强度、持续的时间、电流频率、电压大小及流经人体的途径等多种因素有关。根据伤害程度的不同，触电的伤害主要分为“电伤”和“电击”两大类。

提问 我想问一下：“电击”和“电伤”有什么区别呢？从字面上看，感觉意思差不多啊。

回答 这个问题问得好，虽然都是触电，“电伤”是指电流通过人体某一部分或电弧效应而造成的人体表面伤害，主要表现为烧伤或灼伤。而“电击”则是指电流通过人体内部而造成内部器官的损伤。因此，“电击”比“电伤”造成的危害更大。

提问 我还有一个问题，我有一次换灯泡，不小心被电了一下，麻酥酥的，这是不是就是触电啊？但好像也没事啊。

回答 对，这就是触电。根据专业机构的统计测算，通常情况下，当交流电流达到1mA或者直流电流达到5mA时，人体就可以感觉到，这个电流值被称为“感觉电流”。当人体触电时，能够自行摆脱的最大交流为16mA（女性为10mA左右），最大直流为50mA。这个电流值被称为“摆脱电流”。也就是说，如果所接触的交流电流不超过16mA或者直流电流不超过50mA，则不会对人体造成伤害，个人自身即可摆脱。

一旦触电电流超过摆脱电流时，就会对人体造成不同程度的伤害，通过心脏、肺及中枢神经系统的电流强度越大，触电时间越长，后果也越严重。一般来说，当通过人体的交流电流超过50mA时，人身就会发生昏迷，心脏可能停止跳动，并且会出现严重的电灼伤。而当通过人体的交流电流达到100mA时，会很快导致死亡。

【资料】

值得一提的是，触电电流频率的高低，对触电者人身造成损害也会有所差异。实践证明，触电电流的频率越低，对人身的伤害越大。频率为40～60Hz的交流电对人体更危险，随着频率的增高，触电危险的程度会随之下降。

除此之外，触电者自身的状况也会在一定程度上影响触电造成的伤害。身体健康状况、精神状态以及表面皮肤的干燥程度、触电的接触面积和穿着服饰的导电性都会对触电伤害造成影响。

1.2　警惕！容易发生的触电危险

电工检修人员在操作过程中容易发生的触电危险主要有三类：一是单相触电；二是两相触电；三是跨步触电。再次提醒大家，在检修作业中一定要时刻保持警惕，以免造成人身和财产的重大损失。

1.2.1　单相触电时有发生

单相触电是指人体在地面上或其他接地体上，手或人体的某一部分触及三相线中的其中一根相线，在没有采用任何防范的情况下时，电流从接触相线经过人体流入大地，这种情形称为单相触电。

1. 室内单相触电

（1）检修带电断线的单相触电

通常情况下，家庭触电事故大多属于单相触电。例如在未关断电源的情况下，手触及断开电线的两端将造成单相触电。图 1-2 所示为检修带电断线的单相触电示意图。

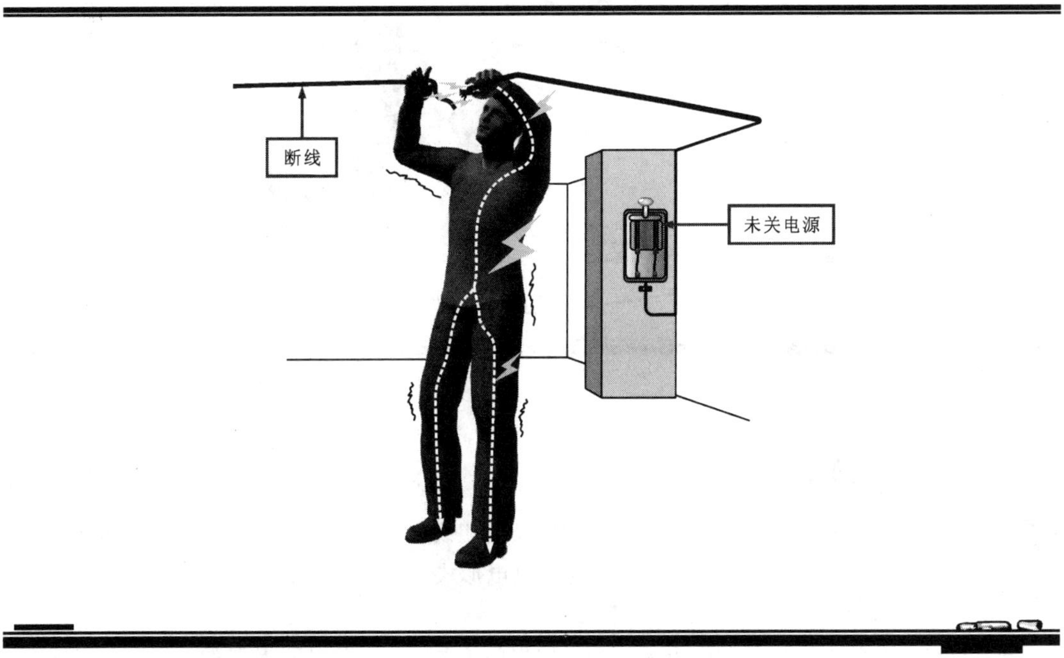
断线
未关电源

图 1-2　检修带电断线的单相触电示意图

（2）检修插座的单相触电

在未拉闸时修理插座，手接触螺丝刀（标准术语为“螺钉旋具”，为符合读者的行业用语习惯，本书以下统称为螺丝刀）的金属部分，图 1-3 所示为检修插座的单相触电示意图。

2. 室外单相触电

身体碰触掉落的或裸露的电线所造成的事故也属于单相触电。图 1-4 所示为室外单相触电示意图。

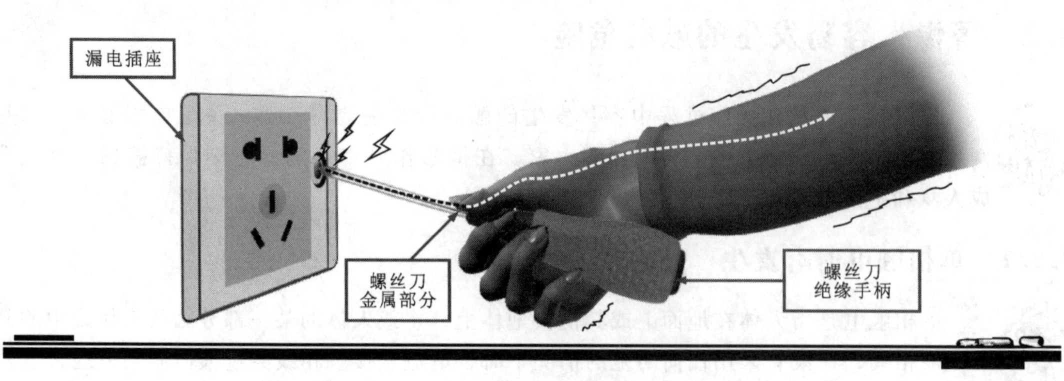
漏电插座
螺丝刀
金属部分
螺丝刀
绝缘手柄

图 1-3　检修插座的单相触电示意图

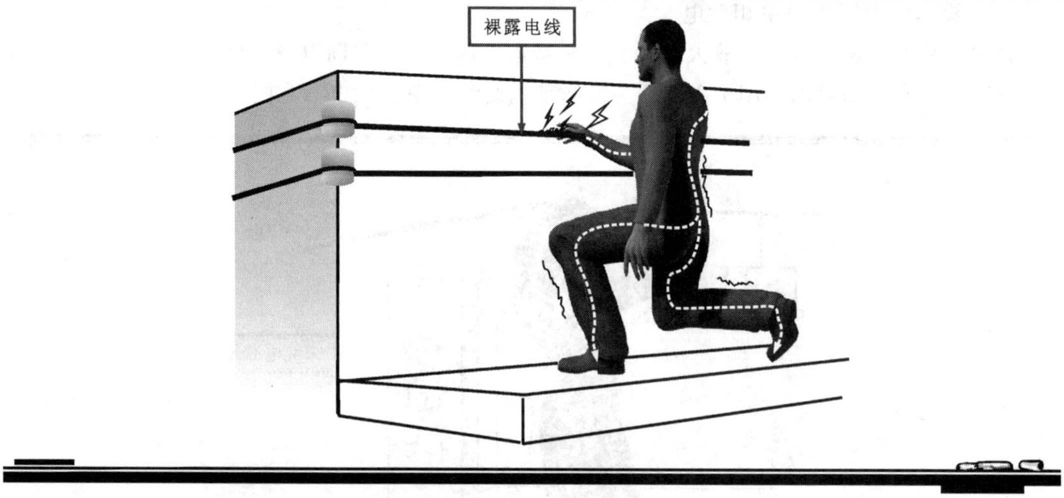
裸露电线

图 1-4　室外单相触电示意图

1.2.2　稍有不慎的两相触电

两相触电是指人体的两个部位同时触及三相线中的两根导线所发生的触电事故。

两相触电示意图如图 1-5 所示，这种触电形式，加在人体的电压是电源的线电压，电流将从一根导线经人体流入另一相导线。

两相触电的危险性比单相触电更大。如果发生两相触电，在抢救不及时的情况下，可能会造成触电者死亡。

1.2.3　跨步触电可是大事

当高压输电线掉落到地面上，由于电压很高，掉落的电线断头会使得一定范围（半径为 8～10m）的地面带电，以电线断头处为中心，离电线断头越远，电位越低。如果此时有人走入这个区域便会造成跨步触电。而且，步幅越大，造成的危害也越大。

图 1-6 所示为跨步触电示意图，架空线路的一根高压相线断落在地上，电流便会从相线的落地点向大地流散，于是地面上以相线落地点为中心，形成了一个特定的带电区域，离电线落地点越远，地面电位也越低。人进入带电区域后，当跨步前行时，由于前后两只脚所在地的电位不

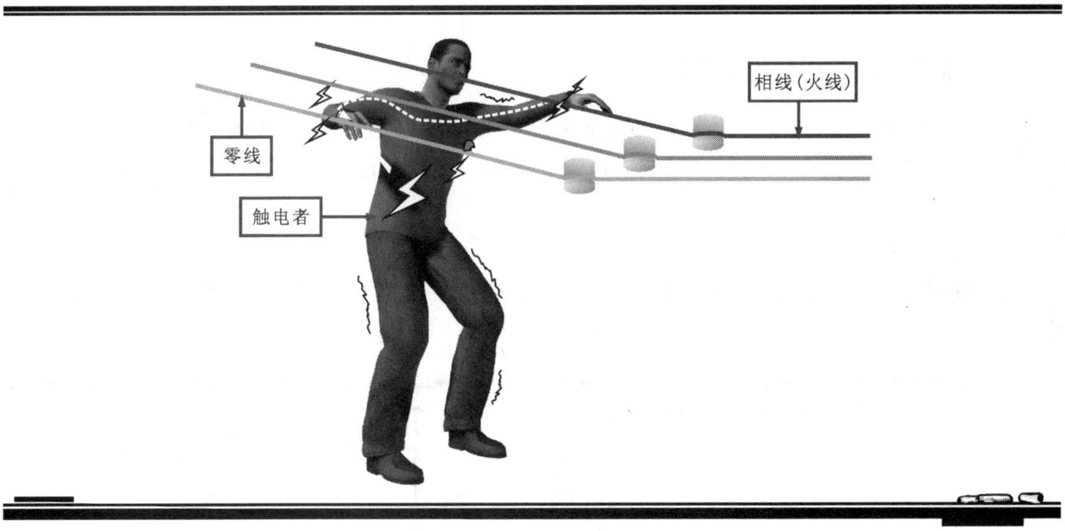
相线(火线)
零线
触电者

图1-5　两相触电示意图

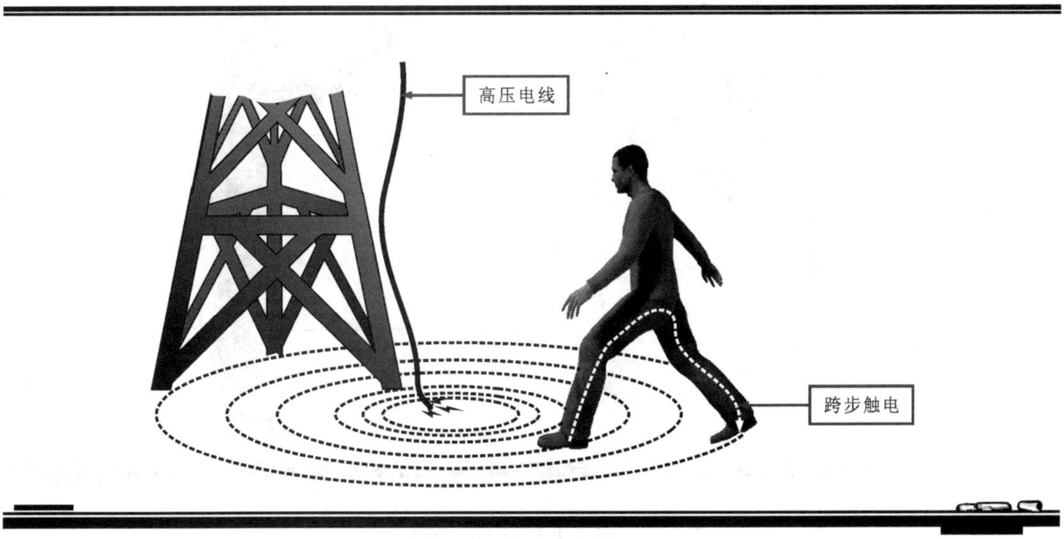
高压电线
跨步触电

图1-6　跨步触电实际示意图

同，两脚前后间就有了电压，两条腿便形成了电流的通路，这时就有电流通过人体，造成跨步触电。

可以想象，步伐迈得越大，两脚间的电位差就越大，通过人体的电流也越大，对人的伤害便更严重。

1.3　触电急救，刻不容缓

触电急救的要点是救护迅速、方法正确。若发现有人触电时，首先应让触电者脱离电源，但不能在没有任何防护措施的情况下直接与触电者接触，因此需要了解触电急救的具体方法。下面通过触电者在触电时与触电后的情形来说明一下具体的急救方法。

1.3.1 低压触电环境下的脱离

通常情况下，低压触电急救法是指触电者的触电电压低于1000V的急救方法。这种急救法的关键是让触电者迅速脱离电源，然后再进行救治。下面我们了解一下低压触电急救的具体方法。

1. 断开电源

若救护者在开关附近，应马上断开电源开关进行急救。断开电源开关的急救方法如图1-7所示。

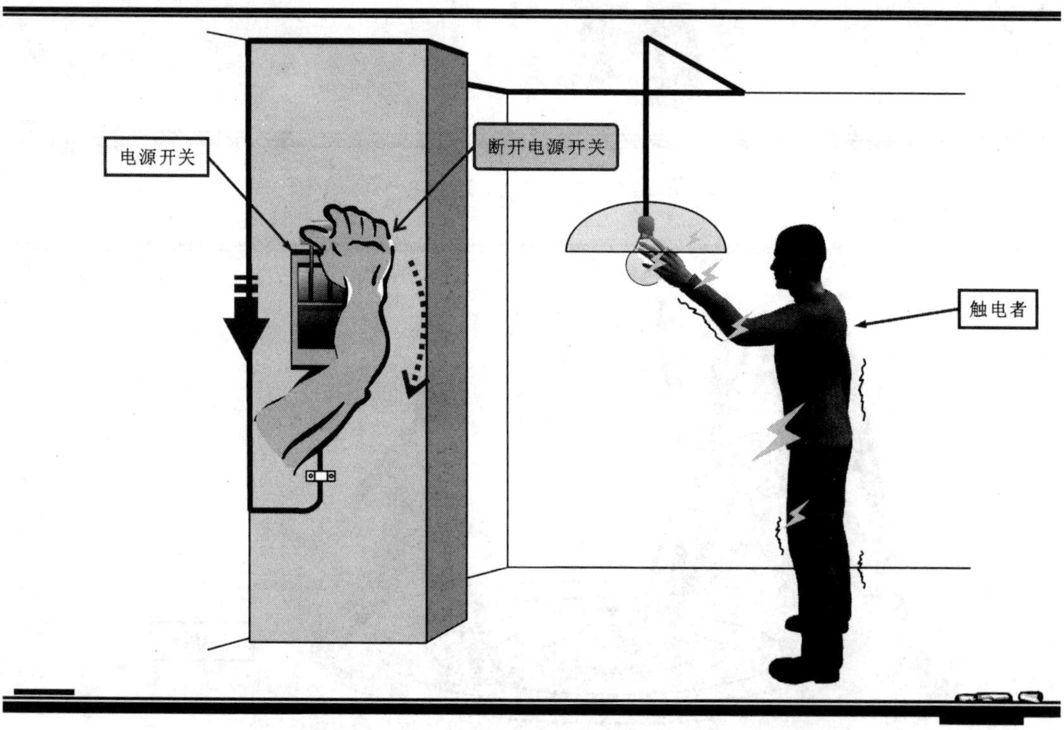
电源开关
断开电源开关
触电者

图1-7 断开电源开关的急救方法

2. 切断电源线

若救护者离开关较远，无法及时关掉电源，切忌直接用手去拉触电者。在条件允许的情况下，需穿上绝缘鞋，戴上绝缘手套等防护措施来切断电线，从而断开电源。切断电源线的急救方法如图1-8所示。

3. 将木板塞垫在触电者身下

若触电者无法脱离电线，应利用绝缘物体使触电者与地面隔离。比如用干燥木板塞垫在触电者身体底部，直到身体全部隔离地面，这时救护者就可以将触电者脱离电线。将木板塞垫在触电者身下的急救方法如图1-9所示。

4. 挑开电线

若电线压在触电者身上，可以利用干燥的木棍、竹竿、塑料制品、橡胶制品等绝缘物挑开触电者身上的电线，挑开电线的急救方法如图1-10所示。

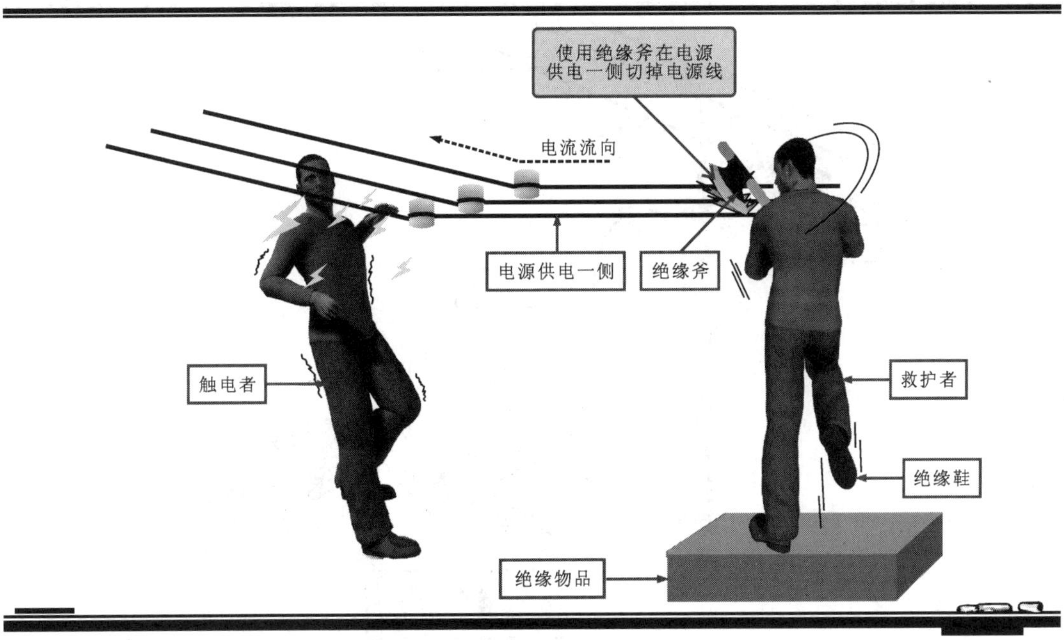
使用绝缘斧在电源供电一侧切掉电源线
电流流向
电源供电一侧
绝缘斧
触电者
救护者
绝缘鞋
绝缘物品

图 1-8　切断电源线的急救方法

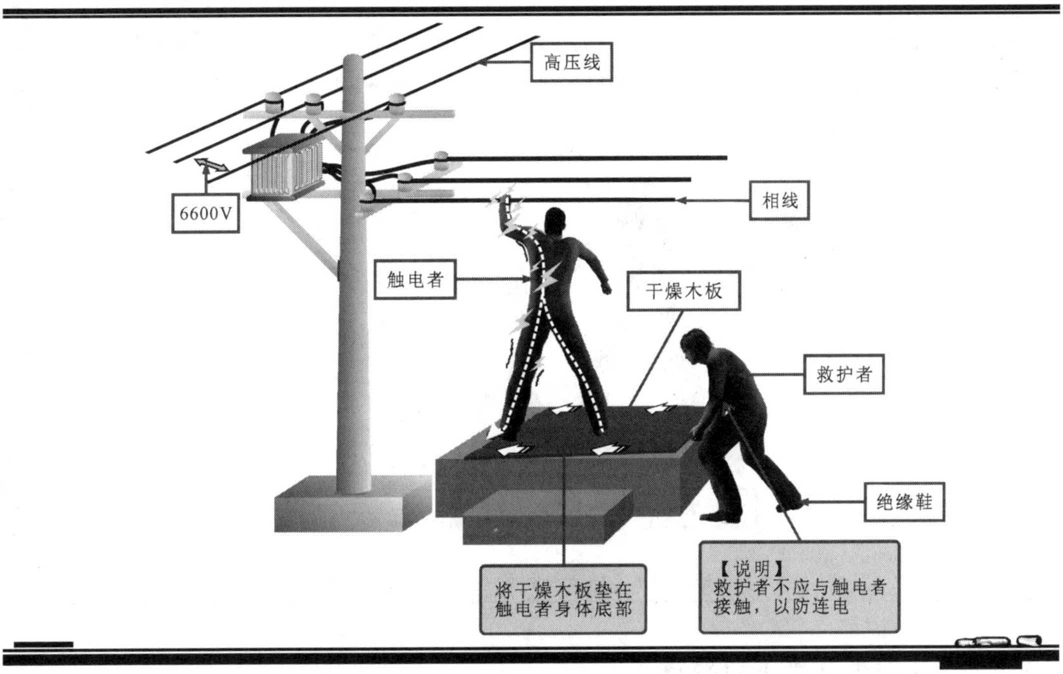
高压线
6600V
相线
触电者
干燥木板
救护者
绝缘鞋
将干燥木板垫在触电者身体底部
【说明】
救护者不应与触电者接触，以防连电

图 1-9　将木板塞垫在触电者身下的急救方法

提问　上面我们讲了这么多种急救方法，那么在紧急时刻我们无法找到救助的工具，是否可以迅速的直接拉开触电者，使其脱离电线呢？

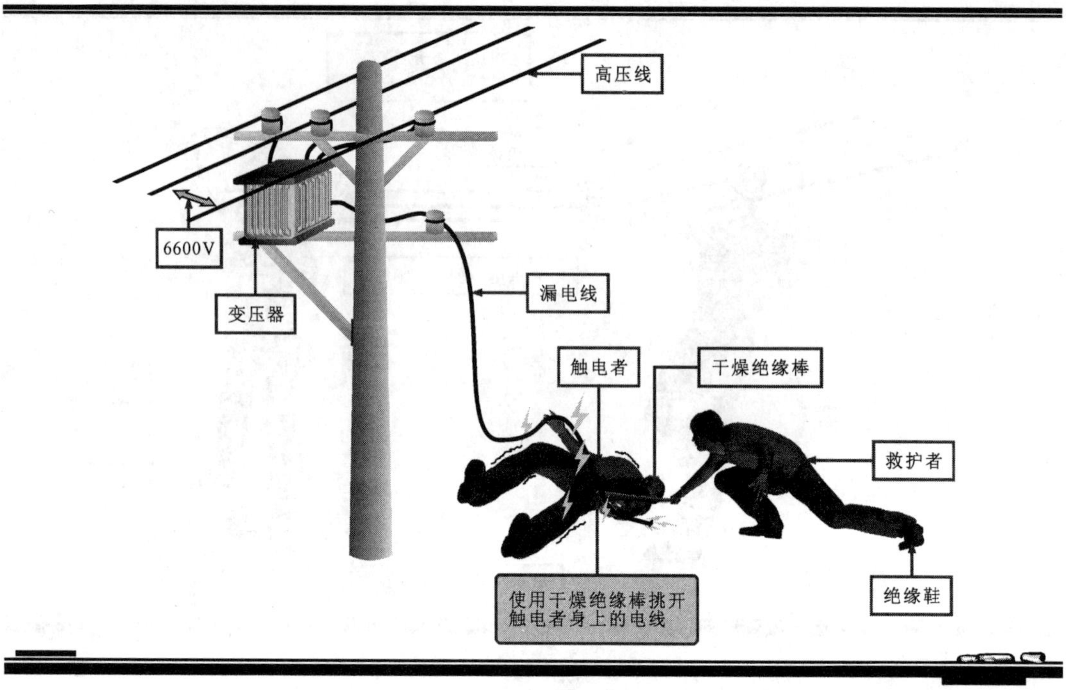
高压线
6600V
变压器
漏电线
触电者
干燥绝缘棒
救护者
绝缘鞋
使用干燥绝缘棒挑开触电者身上的电线

图 1-10 挑开电线的急救方法

这样是不可以的。在急救时严禁直接使用潮湿物品或者直接拉开触电者，以免救护者触电，如图 1-11 所示。若直接拉拽触电者，救护者也会一同触电。

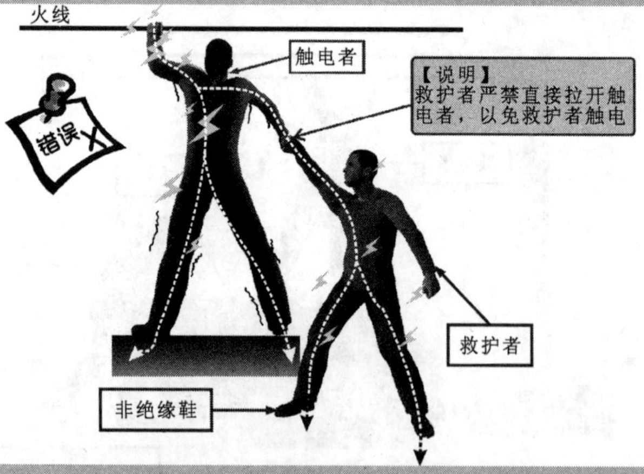
火线
触电者
【说明】
救护者严禁直接拉开触电者，以免救护者触电
错误
救护者
非绝缘鞋

图 1-11 低压触电急救的错误操作

回答

1.3.2 高压触电环境下的脱离

高压触电急救法是指电压达到 1000V 以上的高压线路和高压设备的触电事故的急救方法。当发生高压触电事故时，其急救方法应比低压触电更加谨慎。因为高压已超出安全电压范围很多，接触高压时一定会发生触电事故，而且在不接触时，靠近高压也会发生触电事故。下面是高压急救的具体方法。

① 应立即通知有关动力部门断电。在没有断电的情况下，不能接近触电者。否则，有可能

会产生电弧，导致抢救者烧伤。

② 在高压的情况下，一般的低压绝缘材料会失去绝缘效果，因此不能用低压绝缘材料去接触带电部分。需利用高电压等级的绝缘工具拉开电源，例如高压绝缘手套、高压绝缘鞋等。

③ 抛金属线操作

抛金属线（钢、铁、铜、铝等）。先将金属线的一端接地，然后抛金属线的另一端，应注意抛出的另一端金属线不要碰到触电者或其他人，同时救护者应与断线点保持 8 ~ 10m 的距离，以防跨步电压伤人，抛金属线的急救方法如图 1-12 所示。

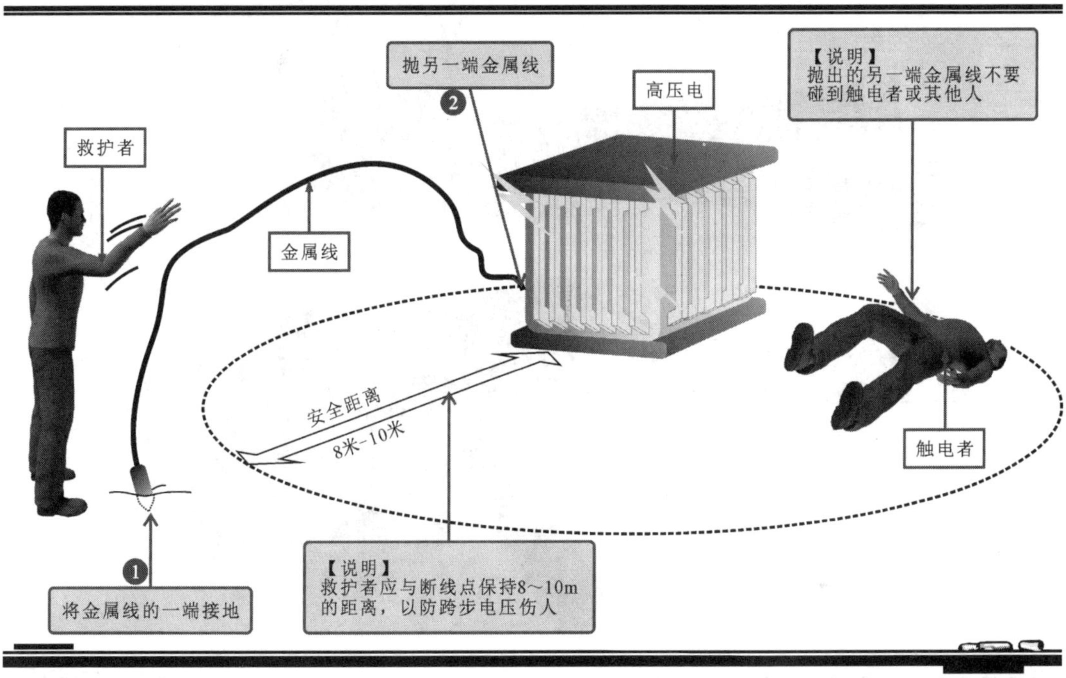
抛另一端金属线
2
高压电
【说明】
抛出的另一端金属线不要
碰到触电者或其他人
救护者
金属线
安全距离
8米~10米
触电者
1
将金属线的一端接地
【说明】
救护者应与断线点保持8~10m
的距离，以防跨步电压伤人

图 1-12　抛金属线的急救方法

1.3.3　能够保命的现场救治措施

当触电者脱离电源后，不要将其随便移动。应将触电者仰卧，并迅速解开触电者的衣服、腰带等保证其正常呼吸；疏散围观者；保证周围空气畅通，同时拨打 120 急救电话，以保证用最短的时间将触电者送往医院。做好以上准备工作后，可根据触电者的情况，做相应的救护。

1. 常用救护法

① 若触电者神志清醒，但有心慌、恶心、头痛、头昏、出冷汗、四肢发麻、全身无力等症状。这时应让触电者平躺在地，并对触电者进行仔细观察，最好不要让其站立或行走。

② 当触电者已经失去知觉，但仍有轻微的呼吸及心跳，这时候应让触电伤者就地仰卧平躺，把触电者衣服以及有碍于其呼吸的腰带等解开使其气道通畅。并且在 5s 内呼叫触电者或轻拍触电者肩部，以判断其意识是否丧失。在触电者神志不清时，不要摇动触电者的头部或呼叫触电者。

③ 当天气炎热时，应使触电者在阴凉的环境下休息；天气寒冷时应帮触电者保温并等待医生的到来。

2. 呼吸、心跳情况的判断

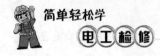

当触电者意识丧失时，应在10s内观察并判断伤者呼吸及心跳情况，判断方法如图1-13所示。判断时首先查看伤者的腹部、胸部等有无起伏动作，接着用耳朵贴近伤者的口鼻处，判断是否有呼吸声音，再判断嘴和鼻孔是否有呼气的气流，最后用一手扶住伤者额头部，另一手摸颈部动脉有无脉搏跳动。经判断后伤者无呼吸也无颈动脉跳动时，才可以判定伤者呼吸、心跳停止。

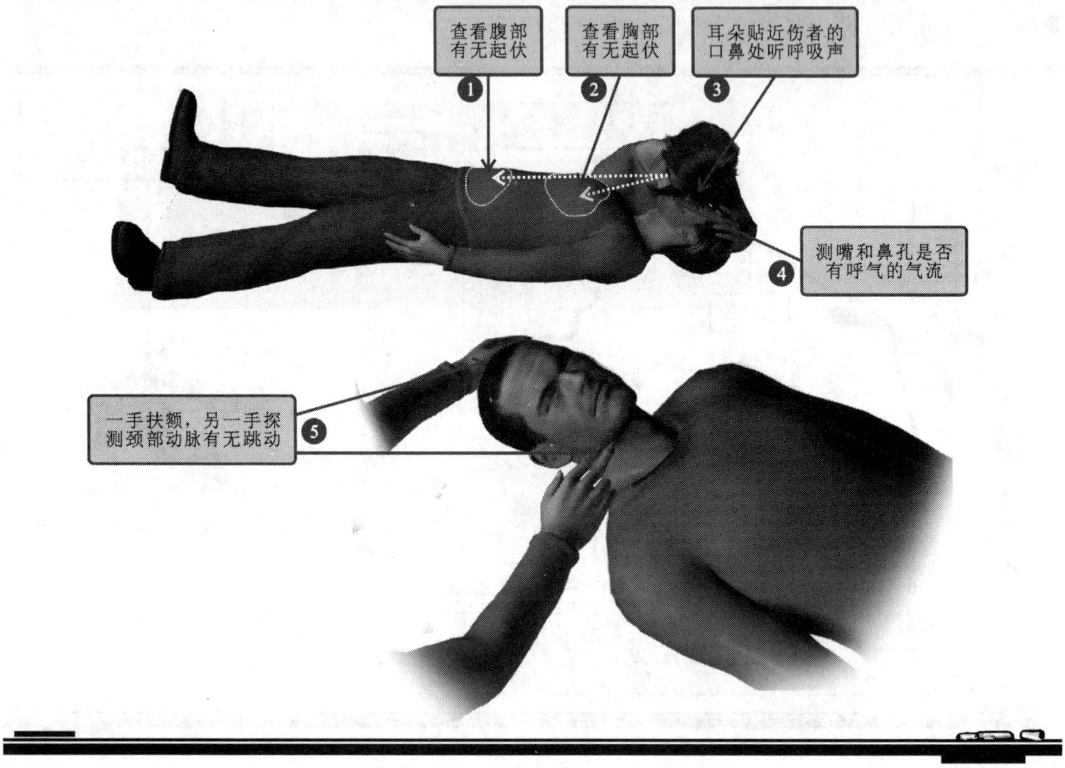
查看腹部有无起伏
查看胸部有无起伏
耳朵贴近伤者的口鼻处听呼吸声
测嘴和鼻孔是否有呼气的气流
一手扶额，另一手探测颈部动脉有无跳动

图1-13　触电伤者呼吸、心跳情况的判断

3. 人工呼吸救护法

通常情况下，当触电者无呼吸但仍有心跳时，应采用人工呼救法进行救治。下面了解人工呼吸法的具体操作方法。

（1）畅通气道

如发现口腔内有异物，如食物、呕吐物、血块、脱落的牙齿、泥沙、假牙等，应尽快清理，否则可造成气道阻塞。无论选用何种畅通气道（开放气道）的方法，均应使耳垂与下颌角的连线和伤者仰卧的平面垂直。常用畅通气道（开放气道）方法如下：

首先使触电者仰卧，头部尽量后仰鼻孔朝天，颈部伸直，并迅速解开其衣服、腰带等，使其胸部和腹部能够自由扩张。图1-14所示为通畅气道的方法。

托颈压额法也称压额托颌法：救护者站立或跪在伤者身体一侧，用一只手放在伤者前额并向下按压，同时另一手的食指和中指分别放在两侧下颌角处，并向上托起，使伤者头部后仰，气道即可开放，如图1-15所示。在实际操作中，此方法不仅效果可靠，而且省力、不会造成颈椎损伤，而且便于做人工呼吸。

仰头抬颌法又称压额提颌法：若伤者无颈椎损伤，可首选此方法。救助者站立或跪在伤者身体一侧，用一只手放在伤者前额，并向下按压；同时另一只手向上提起伤者下颌，使得下颌向上

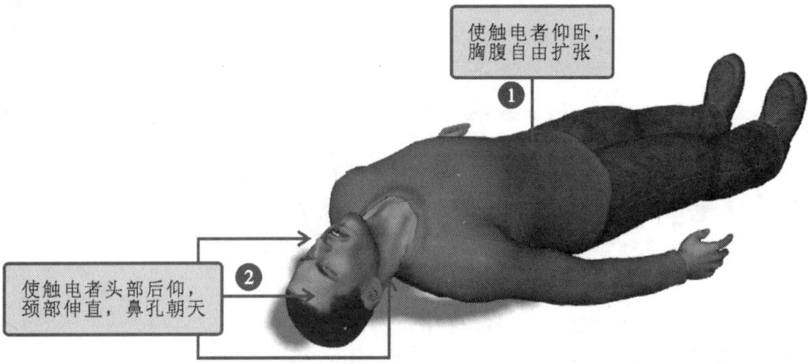
使触电者仰卧，
胸腹自由扩张
使触电者头部后仰，
颈部伸直，鼻孔朝天

图 1-14　畅通气道

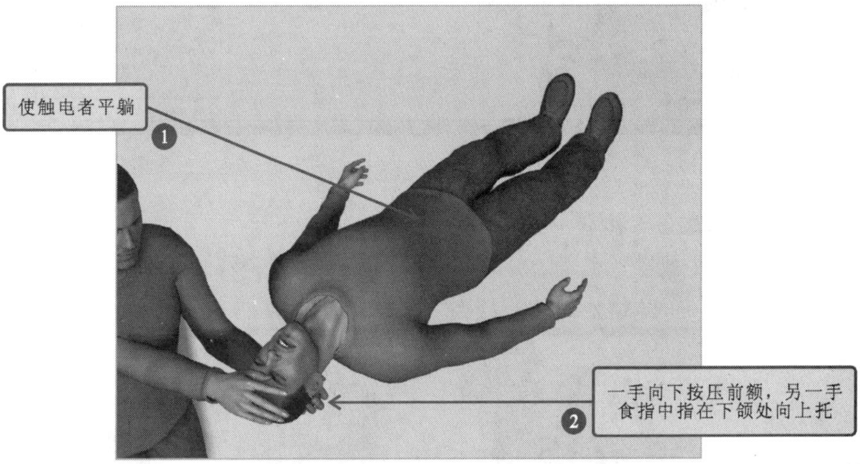
使触电者平躺
一手向下按压前额，另一手
食指中指在下颌处向上托

图 1-15　托颈压额法

抬起、头部后仰，气道即可开放，如图 1-16 所示。

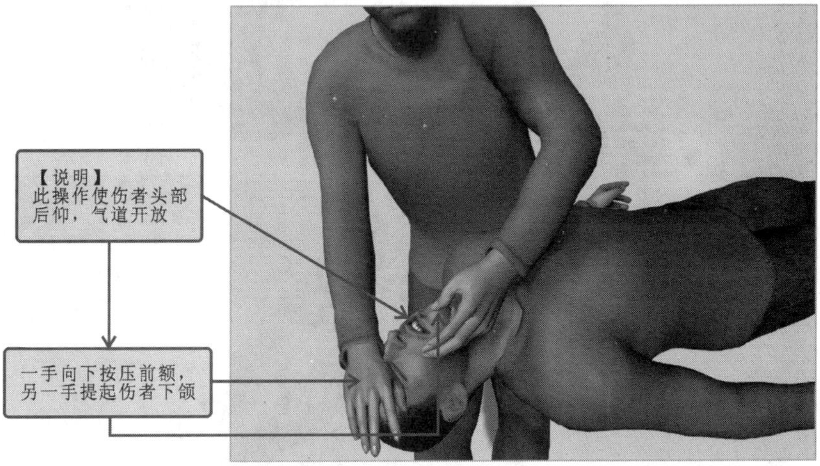
【说明】
此操作使伤者头部
后仰，气道开放
一手向下按压前额，
另一手提起伤者下颌

图 1-16　仰头抬颏法

托颌法又称双手拉颌法：若伤者已发生或怀疑颈椎损伤，选用此法可避免加重颈椎损伤，但不便于做人工呼吸。站立或跪在伤者头顶端，肘关节支撑在伤者仰卧的平面上，两手分别放在伤者额头两侧，分别用两手拉起伤者两侧的下颌角，使头部后仰，气道即可开放，如图 1-17 所示。

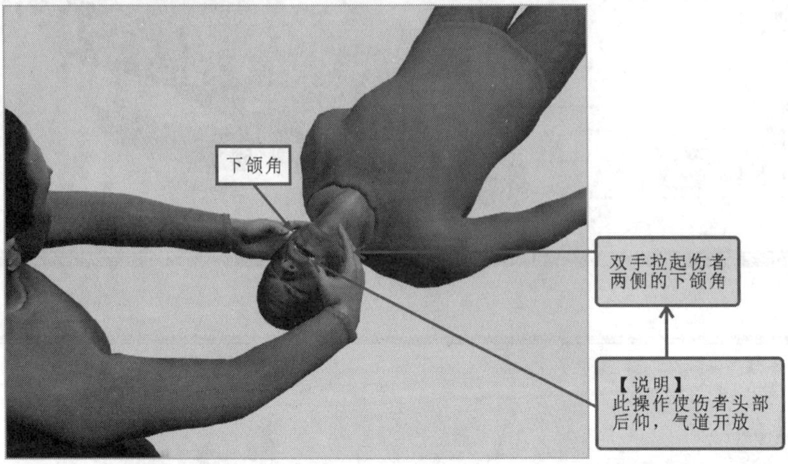
下颌角
双手拉起伤者两侧的下颌角
【说明】
此操作使伤者头部后仰，气道开放

图 1-17　托颌法

（2）人工呼吸法的准备工作

救护者最好用一只手捏紧触电者的鼻孔，使鼻孔紧闭，另一只手掰开触电者的嘴巴，除去口腔里的黏液、食物、假牙等杂物，如图 1-18 所示。

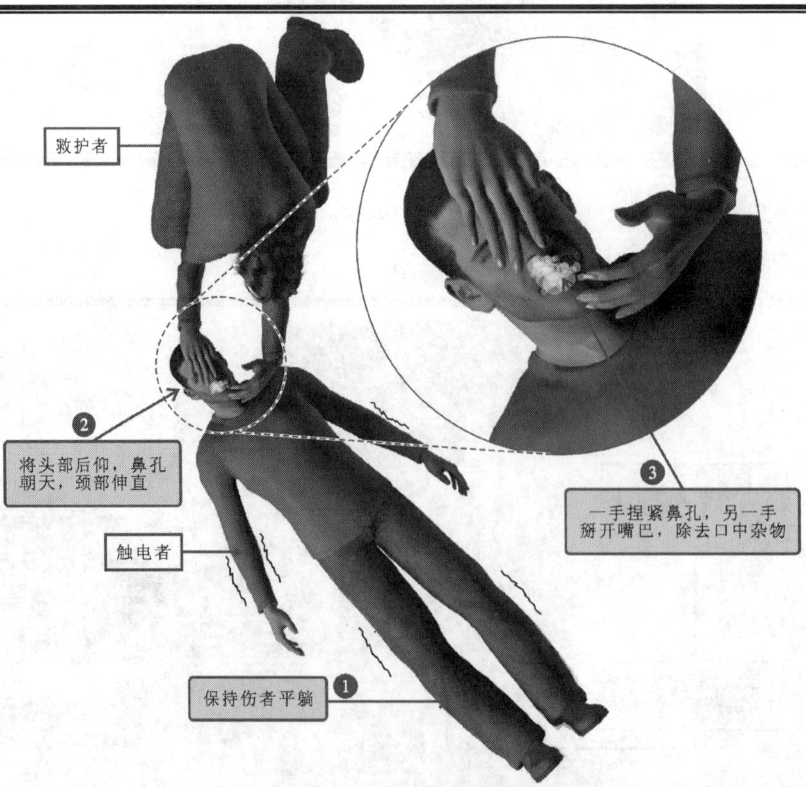
救护者
2
将头部后仰，鼻孔朝天，颈部伸直
触电者
3
一手捏紧鼻孔，另一手掰开嘴巴，除去口中杂物
1
保持伤者平躺

图 1-18　人工呼吸法的准备工作示意图

【注意】

若触电者牙关紧闭，无法将嘴张开，可采取口对鼻吹气的方法。如果触电者的舌头后缩，应把舌头拉出来使其呼吸畅通。

（3）人工呼吸救护

做完前期准备后，就能对触电者进行口对口的人工呼吸了。首先救护者深吸一口气之后，紧贴着触电者的嘴巴大口吹气，使其胸部膨胀，然后救护者换气，放开触电者的嘴鼻，使触电者自动呼气，如图1-19所示。如此反复进行上述操作，吹气时间为2~3s，放松时间为2~3s，5s左右为一个循环。重复操作，中间不可间断，直到触电者苏醒为止。

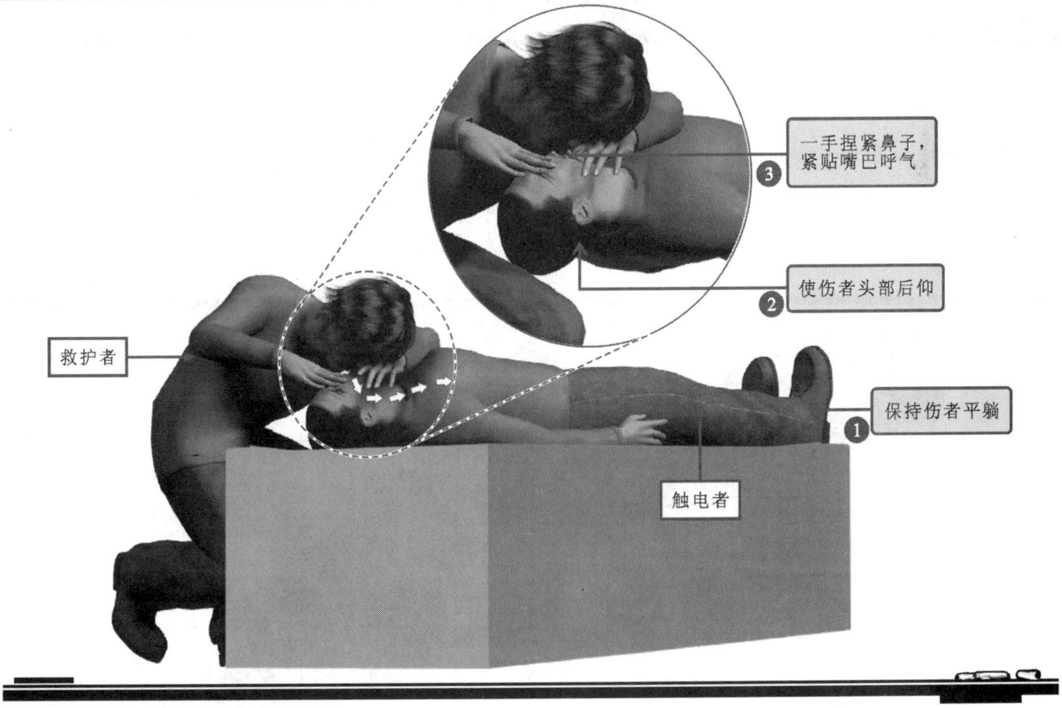
一手捏紧鼻子，紧贴嘴巴呼气
3
使伤者头部后仰
2
救护者
保持伤者平躺
1
触电者

图1-19　口对口人工呼吸示意图

【注意】

在进行人工呼吸时，救护者吹气时要捏紧鼻孔，紧贴嘴巴，不能漏气。放松时应能使触电者自动呼气。对体弱者和儿童吹气时只可小口吹气，以免肺泡破裂。

4. 牵手呼救法

若救护者嘴或鼻被电伤，无法对触电者进行口对口或口对鼻的人工呼吸，也可以采用牵手呼吸法进行救治，具体抢救方法如下：

（1）肩部垫高

首先使触电者仰卧，最好用柔软物品（如衣服等）将其肩部垫高，这时头部应后仰，如图1-20所示。

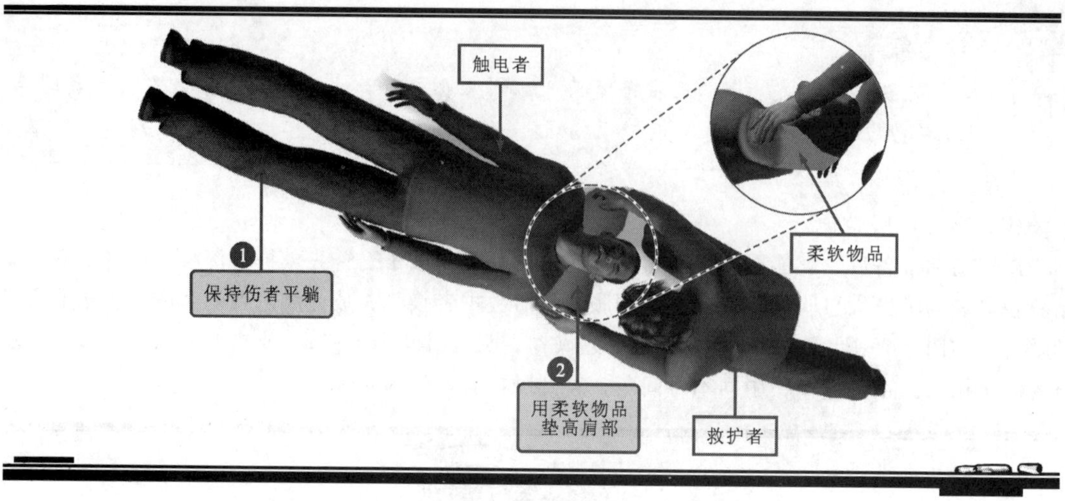
触电者
柔软物品
1
保持伤者平躺
2
用柔软物品
垫高肩部
救护者

图 1-20　肩部垫高示意图

（2）将触电者两臂弯曲呼气

救护者蹲跪在触电者头部附近，用两只手握住其两只手腕，使其两臂在其胸前弯曲，让触电人呼气，如图 1-21 所示。注意在操作过程中不要用力过猛。

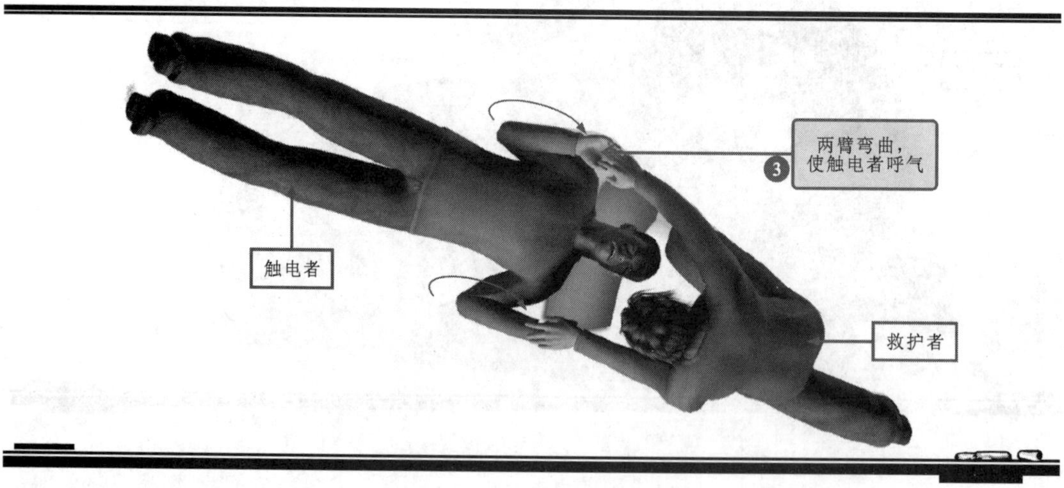
两臂弯曲，
使触电者呼气
3
触电者
救护者

图 1-21　将触电者两臂弯曲呼气

（3）将触电者两臂伸直吸气

然后，救护者将触电者两臂从胸前向头顶上方伸直，使其吸气，如图 1-22 所示。

【注意】

牵手呼吸法最好在救护者多时进行，因为这种救助法比较消耗体力，需要几名救护者轮流对触电者进行救治，以免救护者反复操作导致疲劳，耽误触电者的救治时间。

5. 胸外心脏按压救助法

胸外心脏按压法又叫胸外心脏挤压法，是在触电者心音微弱、心跳停止或脉搏短而不规则的

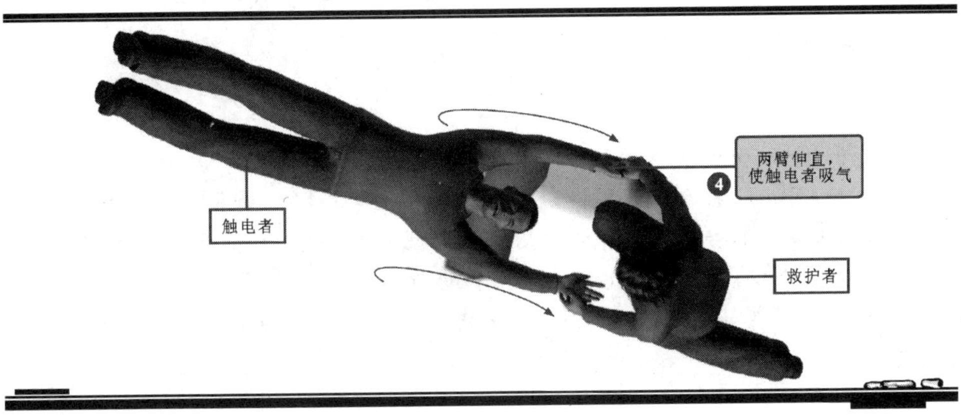
两臂伸直，
使触电者吸气
4
触电者
救护者

图 1-22　将触电者两臂伸直吸气

情况下，帮助触电者恢复心跳的有效救助方法之一。

将触电者仰卧，并松开衣服和腰带，使头部稍后仰。然后救护者跪在触电者腰部两侧或一侧，救护者右手掌放在触电者心脏上方（胸骨处），中指对准其颈部凹陷的下端，左手掌压在右手掌上，用力垂直向下挤压。向下压时间为 2～3s，然后松开，松开时间为 2～3s（5s 左右为一个循环）。重复操作，中间不可中断，直到触电者恢复心跳为止，如图 1-23 所示。

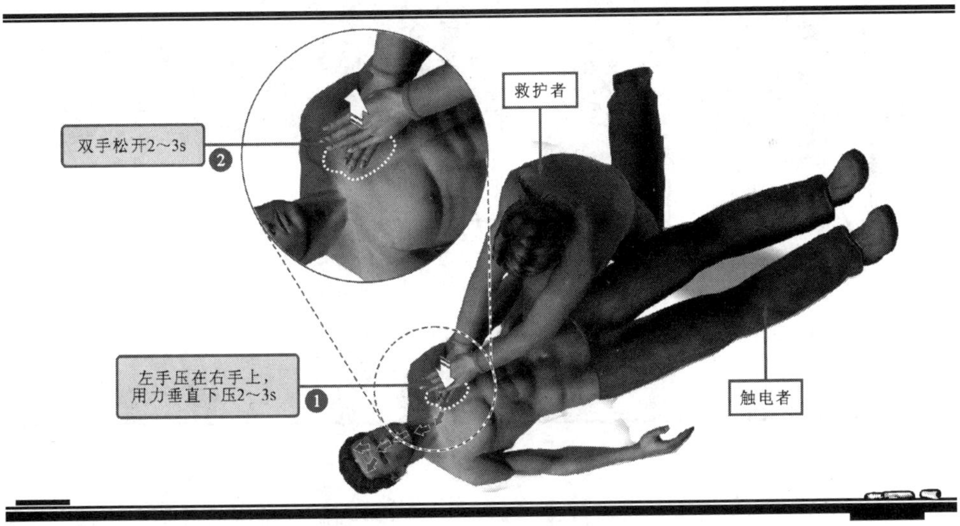
救护者
双手松开2~3s
2
左手压在右手上，
用力垂直下压2~3s
1
触电者

图 1-23　正确的按压姿势与救助方法

【注意】

在抢救的过程中要不断观察触电者的面部动作。若嘴唇稍有开合，眼皮微微活动，喉部有吞咽动作时，说明触电者已有呼吸，即可停止人工呼吸或胸外心脏挤压。但如果触电者这时仍没有呼吸，则需要同时利用人工呼吸和胸外心脏挤压法进行治疗。在抢救过程中如果触电者身体僵冷，医生也证明无法救治，才可以放弃治疗。反之如果触电者瞳孔变小，皮肤变红，则说明抢救收到了效果，应继续救治。

提问

我没有太明白具体的按压位置，是否可以重新演示一下按压部位呢？

回答

正确的按压位置是保证胸外心脏按压效果的重要前提。具体操作步骤如下：将右手食指和中指沿着触电伤者的右侧肋骨下缘向上，找到肋骨和胸骨结合处的中点。将两根手指并齐，中指放置在胸骨与肋骨结合处的中点位置，食指平放在胸骨下部（按压区），将左手的手掌根紧挨着食指上缘，置于胸骨上，然后将定位的右手移开，并将掌根重叠放于左手背上，有规律按压即可，如图1-24所示。

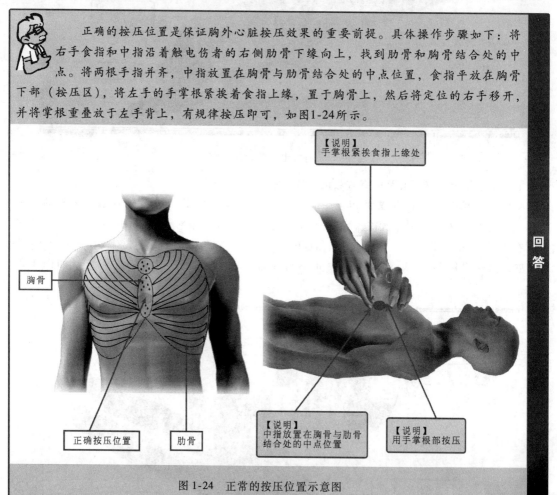

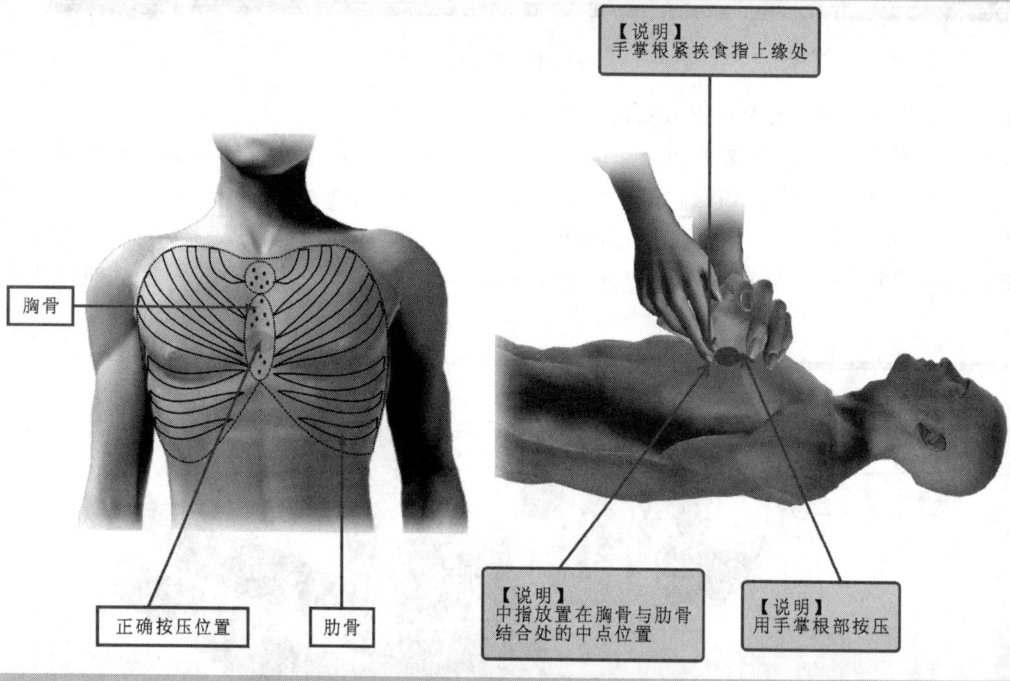
【说明】
手掌根紧挨食指上缘处
胸骨
正确按压位置
肋骨
【说明】
中指放置在胸骨与肋骨结合处的中点位置
【说明】
用手掌根部按压

图 1-24　正常的按压位置示意图

6. 药物救助法

在发生触电事故后如果医生还没有到来，而且人工呼吸和胸外挤压的救护方法都不能使触电者的心脏再次跳动起来时，可以用肾上腺素进行救治。

肾上腺素能使停止跳动的心脏再次跳动起来，也能够使微弱的心跳变得强劲起来。但是使用时要特别小心，如果触电者的心跳没有停止就使用肾上腺素，容易导致触电者的心跳停止甚至死亡。

7. 包扎救护法

触电的同时触电者的身体上也会伴有不同程度的电伤。在患者救活后，送医院前应将电灼伤的部位用盐水棉球洗净，用凡士林和油纱布（或干净手巾等）包扎好并稍加固定。对于高压触电来说，触电时的电热温度高达数千度，往往会造成严重的烧伤，为了减少伤口感染和及时治疗最好用酒精先擦洗伤口再包扎。包扎救护触电者的方法如图 1-25 所示。

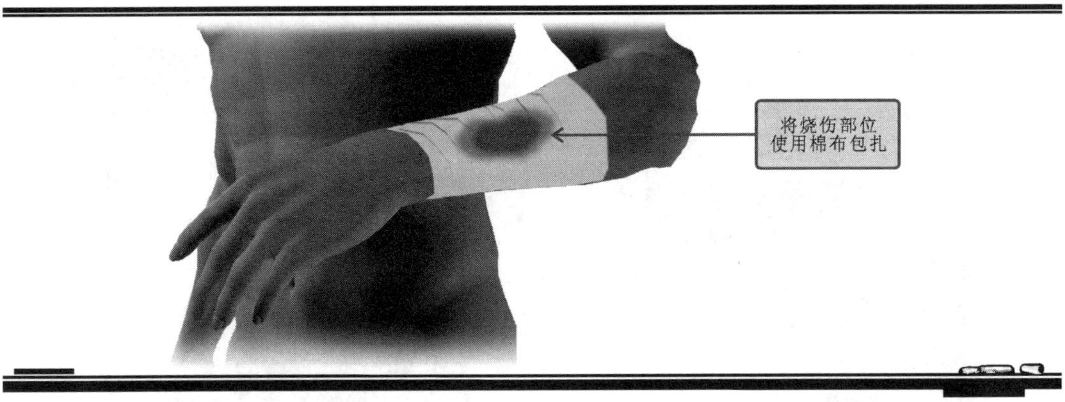
将烧伤部位
使用棉布包扎

图 1-25　包扎救护触电者的方法

1.4　预防，好过救治

电工在检修作业过程中，要有安全保护意识，掌握安全作业常识，并能够对突发情况做出正确的分析和妥善的处理。

1.4.1　养成良好用电习惯

上岗作业前必须建立安全保护意识，了解安全用电的基本知识以及触电事故的发生原因。由于检修电工的作业环境存在漏电的情况，若工作人员操作触及或过分接近带电体，很可能造成触电事故。因此检修电工应首先了解绝缘、屏护和间距的概念，具备安全保护意识。

1. 绝缘

绝缘通常是指通过绝缘材料使带电体与带电体之间进行电气隔离，从而防止触电情况的发生。目前，常用的绝缘材料有玻璃、云母、木材、塑料、胶木、布、纸、漆等，每种材料的绝缘性能和耐压数值都有所不同，应视情况合理选择。

如图 1-26 所示，绝缘手套、绝缘鞋以及各种维修工具的绝缘手柄，都是为了起绝缘防护的目的。

在选配绝缘装配工具时，一定要符合作业环境的需求。应对绝缘工具进行定期检查，周期通常为 1 年左右，防护工具定期试验周期通常为半年左右。常见防护工具的定期试验参数如表 1-1 所示。

表 1-1　常见防护工具的定期试验参数

定期试验时间/月	防护工具	额定耐压 kV/min	耐压时间/min
6	低压绝缘手套	8	1
	高压绝缘手套	2.5	1
	绝缘鞋	15	5
12	高压验电器	105	1
	低压验电器	40	1
	绝缘棒	三倍电压	5

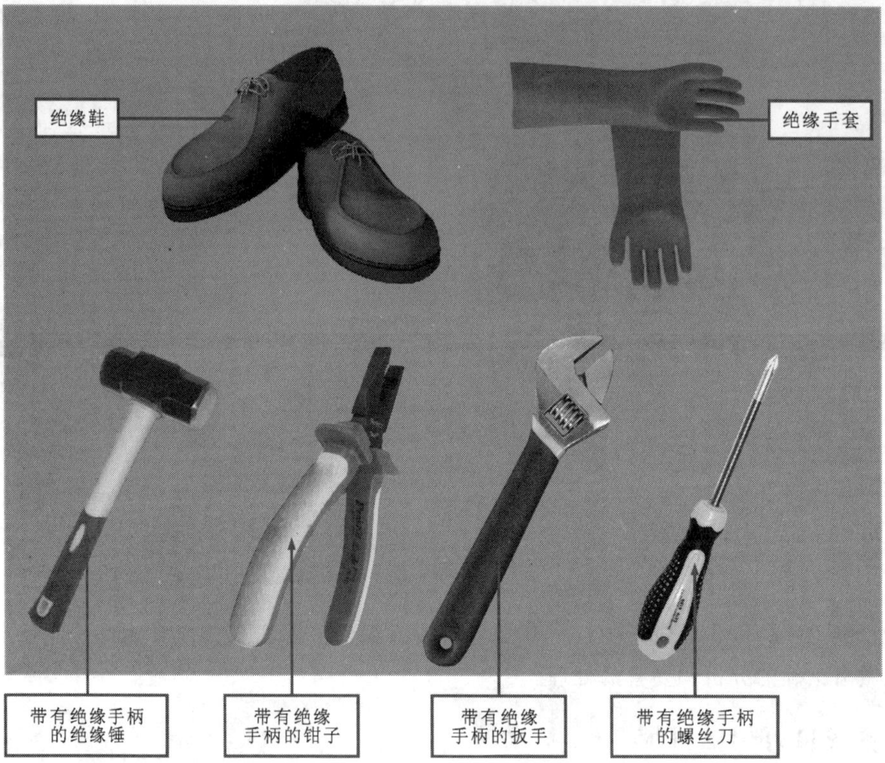
绝缘鞋
绝缘手套
带有绝缘手柄的绝缘锤
带有绝缘手柄的钳子
带有绝缘手柄的扳手
带有绝缘手柄的螺丝刀

图 1-26　电工的绝缘保护设备

【注意】

绝缘材料在腐蚀性气体、蒸气、潮汽、粉尘、机械损伤的作用下绝缘性能会下降。这时应特别注意要按照电工操作规程进行操作。例如应特别注意使用专业的检测仪对绝缘手套和绝缘鞋定期进行绝缘和耐高压测试，如图 1-27 所示。

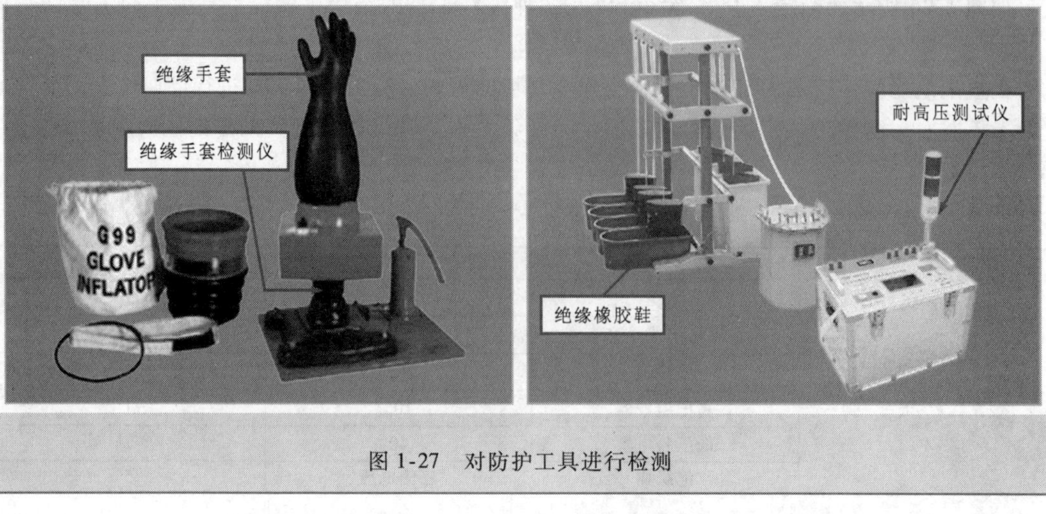
绝缘手套
绝缘手套检测仪
G99
GLOVE
INFLATOR
耐高压测试仪
绝缘橡胶鞋

图 1-27　对防护工具进行检测

2. 屏护

屏护通常是指使用防护装置对带电体所涉及的场所或区域范围进行防护隔离，防止电工操作人员和非电工人员因靠近带电体而引发触电事故。

目前常见的屏护防范措施有围栏屏护、护盖屏护、箱体屏护等，如图1-28所示。屏护装置必须具备足够的机械强度和较好的耐火性能。若材质为金属材料，则必须采取接地（或接零）处理，以防止屏护装置意外带电而造成触电事故。

护盖屏护
围栏屏护
箱体屏护

图1-28 屏护设备

屏护应按电压等级的不同而设置，尤其是对于变配电设备必须安装完善的装置。通常室内围栏屏护高度不应低于1.2m，室外围栏屏护高度不应低于1.5m，栏条间距不应小于0.2m。

针对不同的电气设备，屏护的安全距离也不相同。例如10kV的变配电设备，屏护与设备间的安全距离不应小于0.35m，20~30kV的变配电设备，屏护与设备间的安全距离不应小于0.6m。

3. 间距

间距一般是指电工作业时，自身及工具设备与带电体之间应保持的安全距离。带电体电压不同，类型不同，安装方式不同，电工人员作业时所需保持的间距也不同，具体数值应严格遵守相应的操作规范。

1.4.2 学习触电防护措施

电工在上岗作业时，应具备安全作业常识，养成良好的操作习惯，严格按照电工操作的规程进行操作。如果不具备安全作业常识坚决不能上岗工作，否则极易出现伤亡、火灾等重大事故。

1. 电气线缆颜色和安全标志的识别

为了操作安全，电工对线路的颜色和安全标志都有明确、严格的规定。电气线路的颜色必须根据国家标准，电器母线和引线应作涂漆处理，并要按相分色。其中，第一相L1为黄色，第二相L2为绿色，第三相L3为红色。交流回路中零线和中性线要用淡蓝色、接地线用黄/绿双色线，双芯导线或绞合线用红黑并行。在直流回路中，正极用棕色线，负极用蓝色线，接地中线用淡蓝色线。

另外，对于手持式电动工具的电源线，明确规定黄/绿双色线在任何情况下只能用于保护接地线或零线。这些规定电工操作人员必须严格遵守。

电工安全标志是用来提醒或警示电工操作人员及非电工操作人员的。电工安全标志由安全色、文字、几何图形以及符号标志构成，用以提醒人们注意或按标志上注明的要求执行。电工安全标志是保障人身和设备安全的重要措施，因此必须安置在光线充足、醒目且稍高于视线的地方。

安全标志中的不同颜色有着不同的含义。根据国家标准，安全标志中的安全色为红、蓝、黄绿四种，其含义如表1-2所示。

表1-2　安全标志的颜色与含义

颜　色	含　义
红	禁止、停止（也表示防火）
蓝	指令、必须遵守的规定
黄	警示、警告
绿	提示、安全状态、通行

对安全标志中的文字、几何图形及符号标志的颜色也有明确的规定：黑色用作安全标志中文字、几何图形以及符号标志；白色用作安全标志，是红、蓝、绿的搭配色，它与安全标志中的背景色的搭配原则是红-白、黄-黑、蓝-白、绿-白。

图1-29所示为常见的安全标志牌，电工操作人员要明确安全标志的含义及放置环境，针对不同的环境放置不同的安全标志。

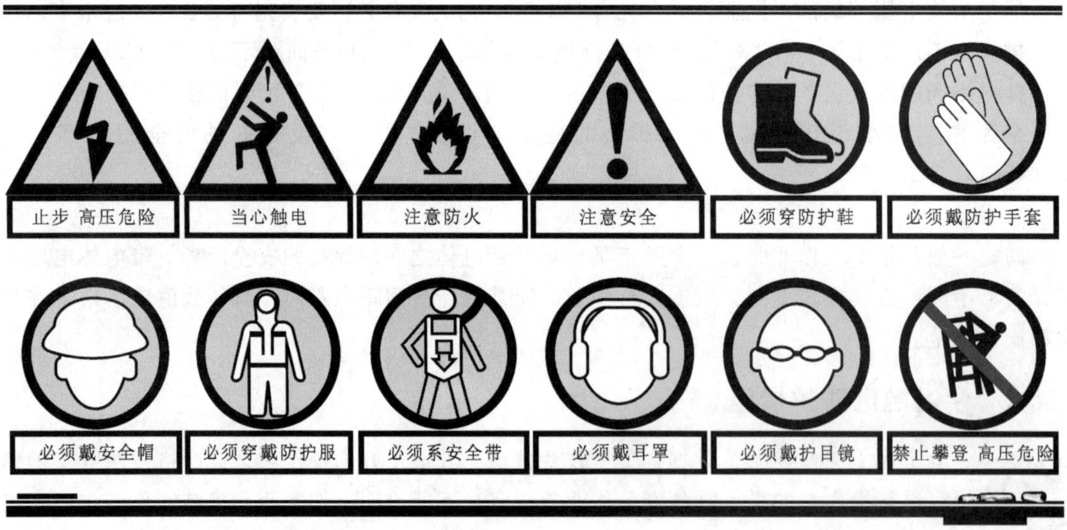
止步 高压危险
当心触电
注意防火
注意安全
必须穿防护鞋
必须戴防护手套
必须戴安全帽
必须穿戴防护服
必须系安全带
必须戴耳罩
必须戴护目镜
禁止攀登 高压危险

图1-29　常见安全标志牌

2. 低压检修操作的安全知识

（1）低压线路进行断电

检修电工在对低压电器设备进行设备检修前应当先进行断电工作，图1-30所示为先将楼道中配电箱中的断路器进行关断，然后再将室内配电盘上的断路器进行关断。

（2）检测需检修的线缆和设备

在检修操作时，未使用试电笔进行检测前，仍不可随意触碰线缆和设备。图1-31所示为用试电笔检测需要检修的线缆和设备。

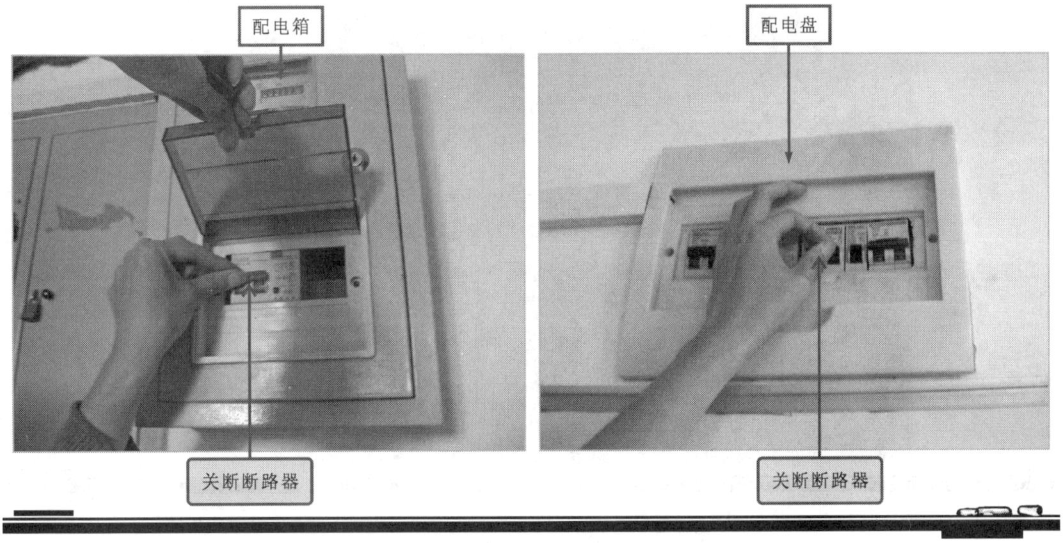
配电箱
配电盘
关断断路器
关断断路器

图 1-30　低压线路进行断电

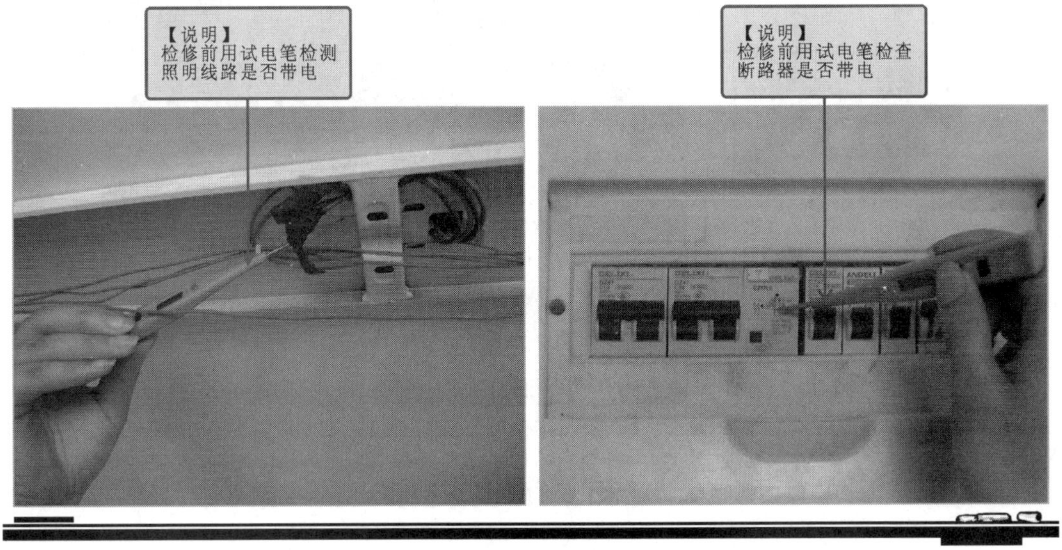
【说明】
检修前用试电笔检测
照明线路是否带电
【说明】
检修前用试电笔检查
断路器是否带电

图 1-31　用试电笔检测需要检修的线缆和设备

（3）正确的使用电工工具进行检修操作

电工工具都有专门的用处，不可进行错误操作，否则可能损坏电工工具，甚至可能导致检修电工发生危险。如图 1-32 所示，试电笔不可当作螺丝刀使用，否则会导致试电笔内部故障，使其无法再进行试电检测。

在检修线路需要切断线缆时，不可以使用斜口钳等金属工具同时将两根以上的线缆进行切断。图 1-33 为错误使用斜口钳切割带电的双股线缆，电流通过斜口钳形成回流，造成线路短路，从而可能会导致连接的电气设备故障的示例。

（4）不可使用潮湿的手进行检修操作

在检修操作中不可用潮湿的手去触及开关、插座和灯座等用电装置，更不可用湿抹布去擦拭

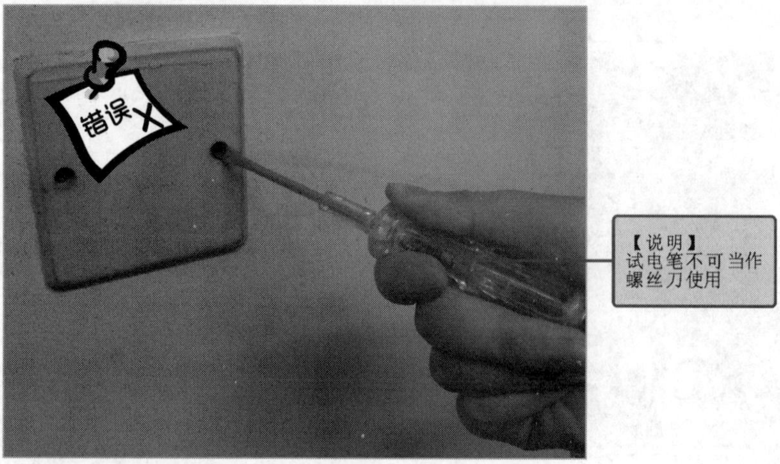
错误
【说明】
试电笔不可当作螺丝刀使用

图 1-32　试电笔不可当作螺丝刀使用

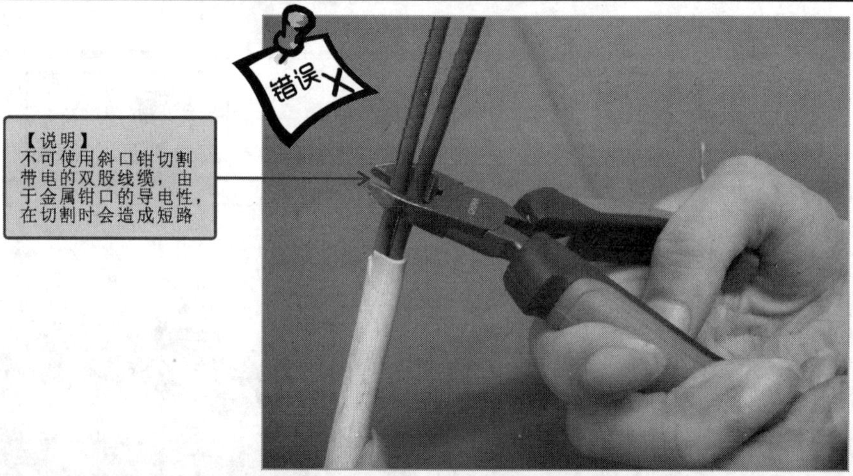
错误
【说明】
不可使用斜口钳切割带电的双股线缆，由于金属钳口的导电性，在切割时会造成短路

图 1-33　不可使用金属工具同时切断两根以上的线缆

电气装置和用电器具。

检修操作前，应当确保检修电工经过上岗培训并考试合格。带电作业必须设专人监护，监护人应由有带电作业实践经验的人员担任。带电作业应在良好天气下进行，如遇雷、雨、雪、雾等天气，不得进行带电作业；风力大于 5 级时，一般不宜进行带电作业。

3. 高压检修操作的安全知识

（1）高压检修操作前进行检修申请

对高压线路进行检修前，应当根据线路中的故障现象提出明确的检修方案，包括作业方法、使用范围、人员组合、工具配备（绝缘工具、金属工具、个人防护工具、辅助安全工具）、作业程序、安全措施及注意事项，并且经上级审批后，方可进行操作。若对高压电力设备进行停电检修时，应当提前做出停电通知。

（2）高压线路应正确通电、断电

高压线路断电前，应当确保线路中的负载设备已经停止工作，然后先将高压断路器断开，再将高压隔离开关断开；在接通高压时，应当先将高压隔离开关接通，然后在将断路器进行闭合。

用绝缘棒或传动机进行高压断路器或高压隔离开关的通断操作时，也应戴好绝缘手套。雨天室外操作时，除穿戴绝缘防护用品外，绝缘棒应有防雨罩，并有人监护。

（3）高压线路进行操作中应当进行接地保护

在对高压线缆进行检修操作前，应当对线缆进行接地处理，防止发生触电事故，如图1-34所示，将接地棒的一端挂至高压线缆上，然后经导线将其接地。

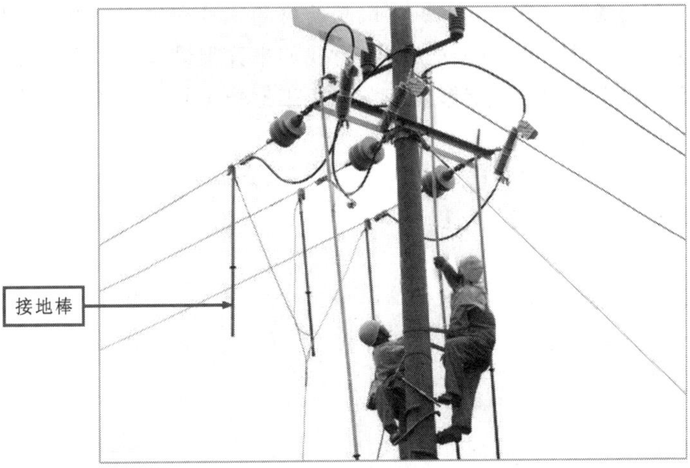
接地棒

图1-34　进行接地处理

（4）高压带电区域部分停电时的检修安全

需在高压带电区域内部分停电的情况下工作时，检修人员与带电部分应保持安全距离，并需有人监护。检修人员与带电部分应保持的安全距离随额定电压的不同所不同，如表1-3所示。

表1-3　检修人员与带电部分的安全距离

线缆额定电压/kV	≤10	20～35	44	60	110	220	330
线缆带电的安全距离/mm	700	1000	1200	1500	1500	3000	4000
带电作业时检修人员与带电线缆之间的安全距离/mm	400	600	600	700	1000	1800	2600

第 2 章 见识一下电工检修的工具和仪表

现在我们开始学第 2 章：见识一下电工检修的工具和仪表。电工检修的工具多种多样，使用方法也很简单，容易操作。这一章我们来详细讲解电工操作作业中经常使用的工具，希望大家在学习本章后能够熟练掌握电工操作工具在具体环境中的应用及使用方法。好了，下面让我们开始学习吧！

2.1　必不可少的电工加工工具

大家在电工操作中经常会使用到一些加工工具，而电工加工工具的种类很多，常使用的工具有钳子、螺丝刀、切削工具和焊接工具等等，下面就来逐一为大家介绍必不可少的电工加工工具。

2.1.1　钳子的功效

在电工操作中，钳子在导线加工、线缆弯制、设备安装等场合是必不可少的。从结构上看钳子主要是由钳头和钳柄两部分组成。我们根据钳头设计和功能上的区别，将钳子分为钢丝钳、斜口钳、尖嘴钳、剥线钳、压线钳以及网线钳等。图 2-1 所示为各种钳子的实物外形。

1. 钢丝钳

钢丝钳俗称老虎钳，主要用于线缆的剪切、绝缘层的剥削、线芯的弯折、螺母的松动和紧固等。钢丝钳的钳头可以分为钳口、齿口、刀口和铡口，钳柄处有绝缘套保护，如图 2-2 所示。

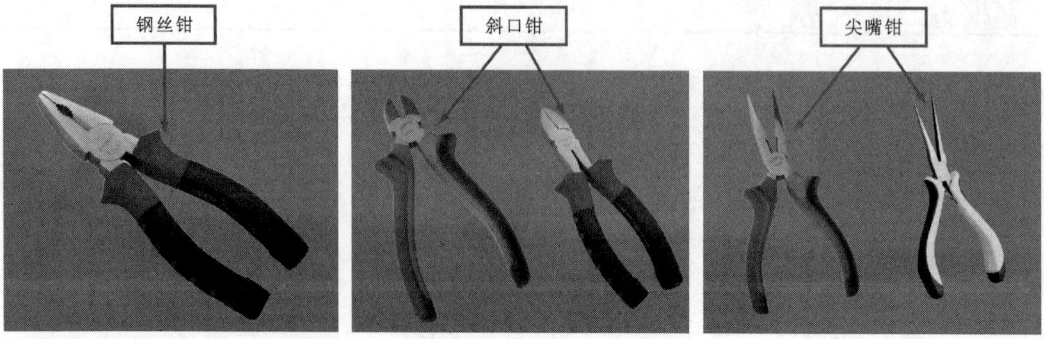
钢丝钳
斜口钳
尖嘴钳

图 2-1　各种钳子的实物外形

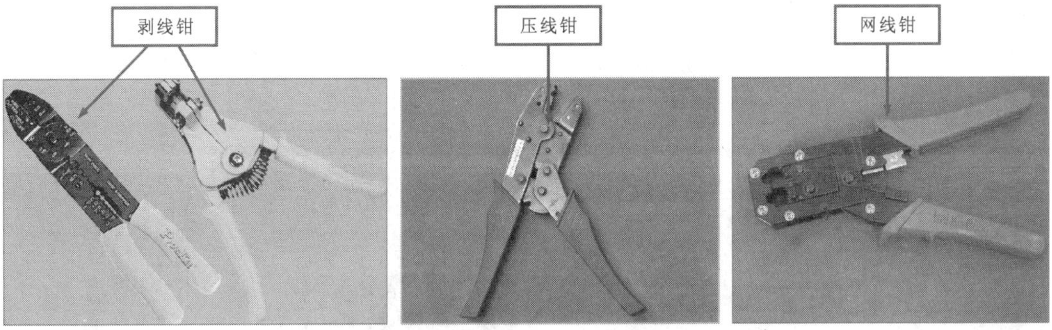
剥线钳
压线钳
网线钳

图 2-1　各种钳子的实物外形（续）

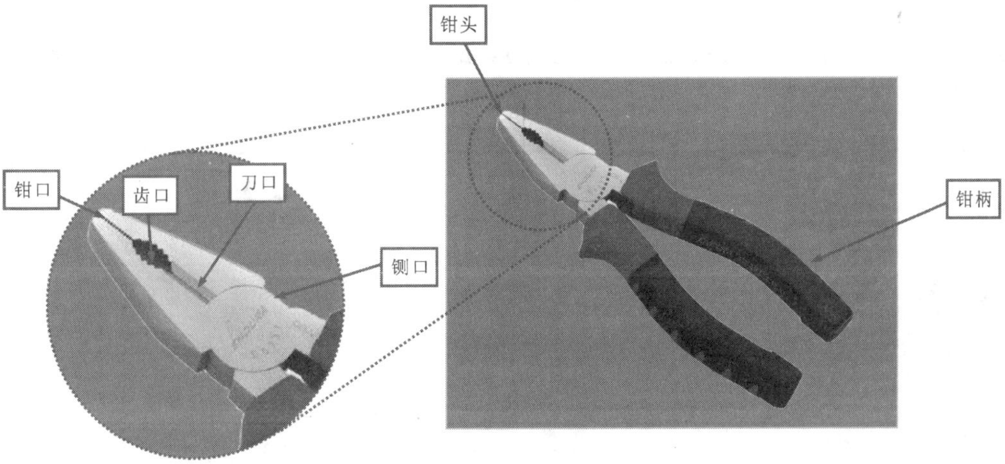
钳头
钳口
齿口
刀口
铡口
钳柄

图 2-2　钢丝钳的外形特点

钢丝钳一般用右手操作，钳口用于弯绞导线、齿口用于紧固或拧松螺母、刀口可以修剪导线以及拔取铁钉、铡口可以用于铡切较细的导线或金属丝，使用时钢丝钳的钳口朝内，便于控制钳切的部位，如图 2-3 所示。

提问

钢丝钳可以进行带电操作吗？

回答

使用钢丝钳时应先查看绝缘手柄上是否标有耐压值。如未标有耐压值，证明此钢丝钳不可带电进行作业；若标有耐压值，则需进一步查看耐压值是否符合工作环境。若工作环境超出钢丝钳钳柄绝缘套的耐压范围，则不能带电使用，否则极易引发触电事故。如图 2-4 所示，通常钢丝钳的耐压值标注在绝缘套上。该图中的钢丝钳耐压

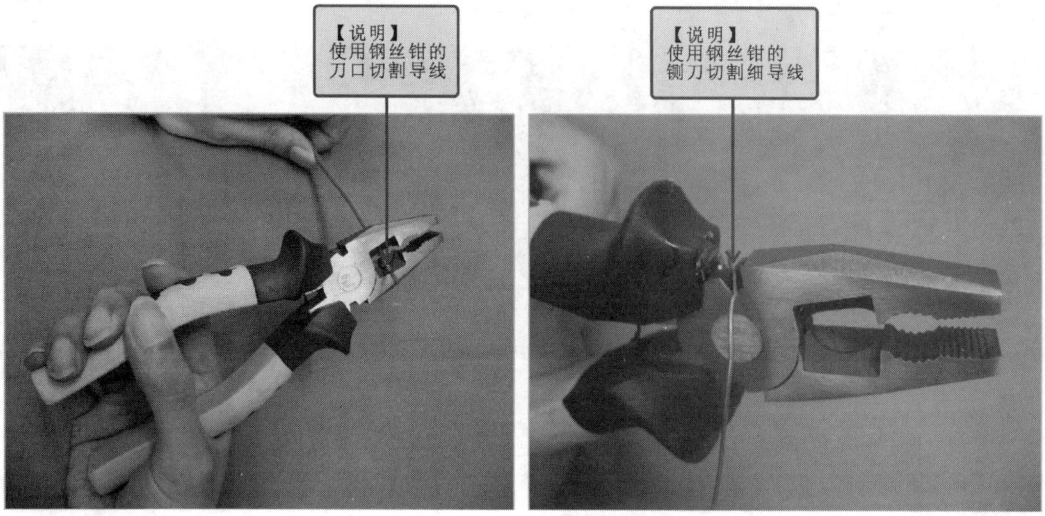
【说明】
使用钢丝钳的
刀口切割导线
【说明】
使用钢丝钳的
铡刀切割细导线

图 2-3　钢丝钳的使用方法

值为“1000V”，表明可以在“1000V”电压值内进行带电工作。

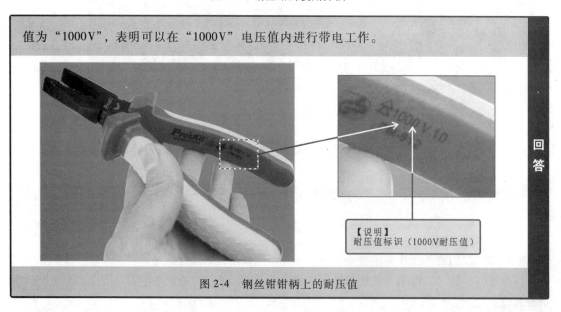

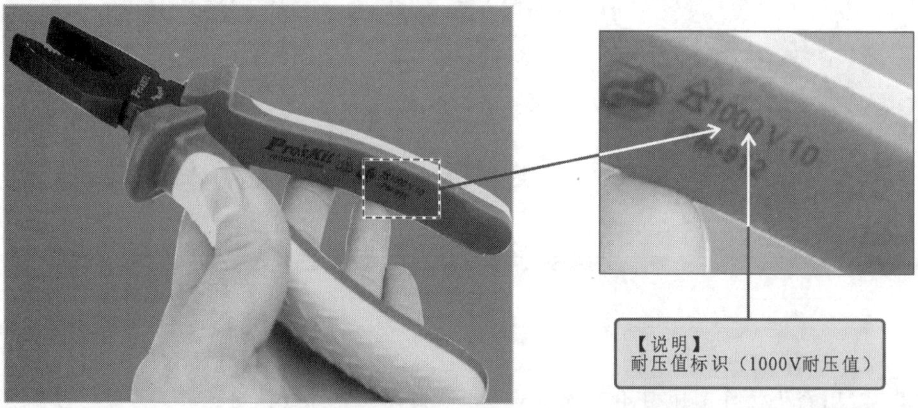
【说明】
耐压值标识（1000V耐压值）

图 2-4　钢丝钳钳柄上的耐压值

回答

【注意】

使用钢丝钳修剪带电的线缆时，应当查看绝缘手柄的耐压值，并检查绝缘手柄上是否有破损处。若绝缘手柄破损或未标有耐压值，说明该钢丝钳不可用于修剪带电线缆，否则会导致电工操作人员触电。

2. 斜口钳

斜口钳又称偏口钳，主要用于线缆绝缘皮的剥削或线缆的剪切操作。斜口钳的钳头部位为偏斜式的刀口，可以贴近导线或金属的根部进行切割。斜口钳可以按照尺寸进行划分，比较常见的尺寸有“4英寸”“5英寸”“6英寸”“7英寸”“8英寸”五个尺寸（1英寸=25.4mm），如图2-5所示。

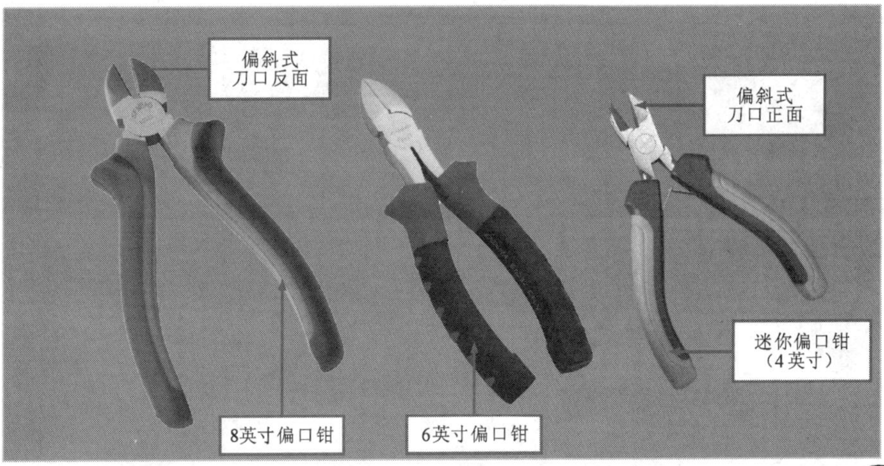
偏斜式
刀口反面
偏斜式
刀口正面
迷你偏口钳
（4英寸）
8英寸偏口钳
6英寸偏口钳

图2-5　斜口钳的种类与特点

在使用斜口钳时，应将偏斜式的刀口正面朝上，背面靠近需要切割导线的位置，这样可以准确切割到位，防止切割位置出现偏差，如图2-6所示。

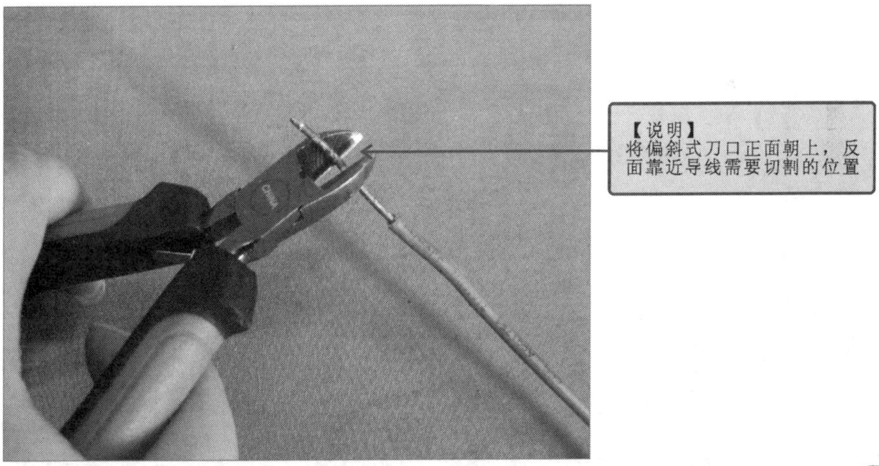
【说明】
将偏斜式刀口正面朝上，反
面靠近导线需要切割的位置

图2-6　斜口钳的使用方法

【注意】

偏口钳不可切割双股带电线缆。因为所有钳子的钳头均为金属材质，具有一定的导电性能。若使用偏口钳切割带电的双股线缆时会导致线路短路，严重时会导致与该线缆连接的设备损坏。

3. 尖嘴钳

尖嘴钳的钳头部分较细，可以在较小的空间里进行操作，可分为带刀口的尖嘴钳和无刀口的尖嘴钳，如图 2-7 所示。带刀口的尖嘴钳可以用来切割较细的导线、剥离导线的塑料绝缘层、将单股导线接头弯环以及夹捏较小的物体等；无刀口的尖嘴钳只能用来弯折导线的接头以及夹捏较小的物体等；迷你尖嘴钳可在窄小的空间里操作。

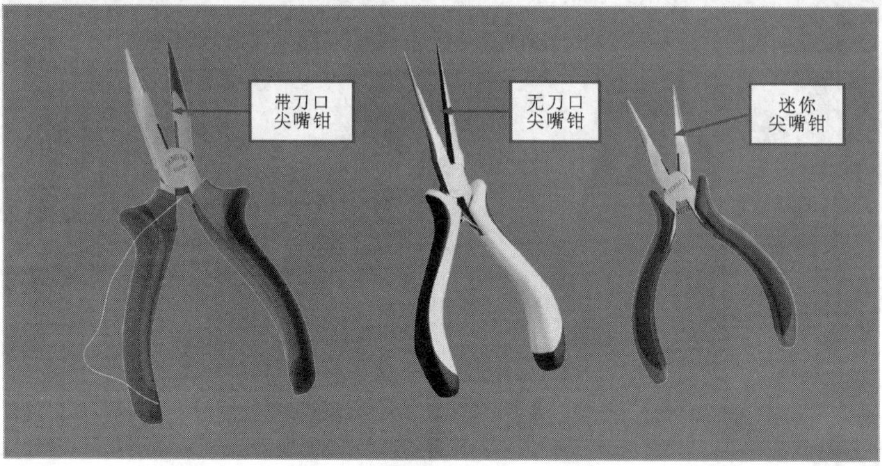
带刀口
尖嘴钳
无刀口
尖嘴钳
迷你
尖嘴钳

图 2-7　尖嘴钳的种类特点

在使用尖嘴钳时，一般用右手握住钳柄，不可以将钳头对向自己。可以用钳头上的刀口修整导线，可使用钳口夹住导线的接线端子，并对其进行修整固定，如图 2-8 所示。

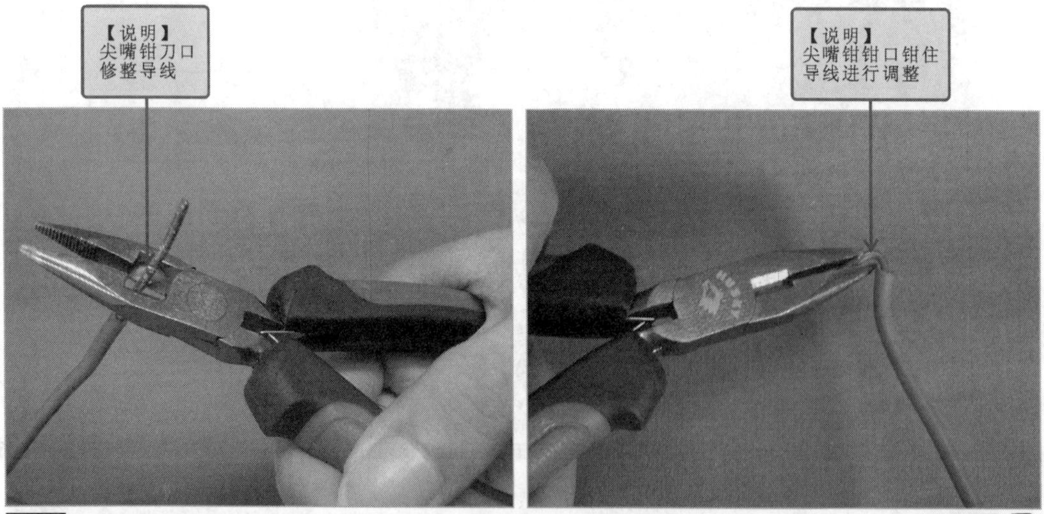
【说明】
尖嘴钳刀口
修整导线
【说明】
尖嘴钳钳口钳住
导线进行调整

图 2-8　尖嘴钳的使用方法

【注意】

由于尖嘴钳的钳头较尖，不可以用其夹捏或切割较大的物体，否则会导致钳口裂开或钳刃崩口；也不可以用钳柄当锤子使用或者敲击钳柄，这样会导致尖嘴钳手柄的绝缘层破损、折断。

4. 剥线钳

剥线钳主要是用来剥除线缆的绝缘层。在电工操作中常使用的剥线钳可以分为压接式剥线钳和自动剥线钳两种，如图2-9所示。压接式剥线钳上端有不同尺寸的线缆的剥线口，一般的剥线口为0.5～4.5mm；自动剥线钳的钳头分左右两端，一端钳口平滑，一端钳口有0.5～3mm多个切口，平滑钳口用于卡紧导线，多个切口用于切割和剥落导线的绝缘层。

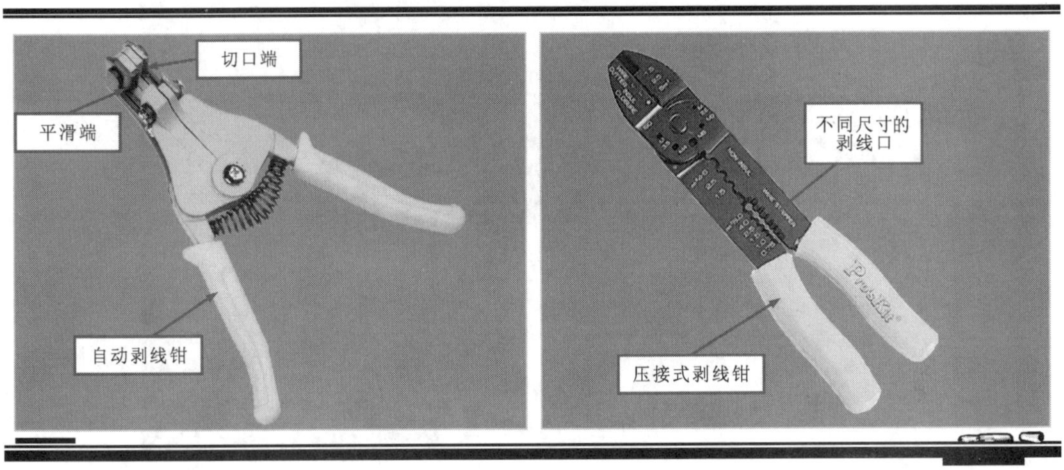
切口端
平滑端
自动剥线钳
不同尺寸的
剥线口
压接式剥线钳

图2-9　剥线钳的种类特点

使用剥线钳进行剥线时，要根据导线的尺寸选择合适的切口。将导线放入该切口中，按下剥线钳的钳柄，即可将绝缘层割断。再次紧按手柄时，钳口分开加大，切口端将绝缘层与导线芯分离，如图2-10所示。

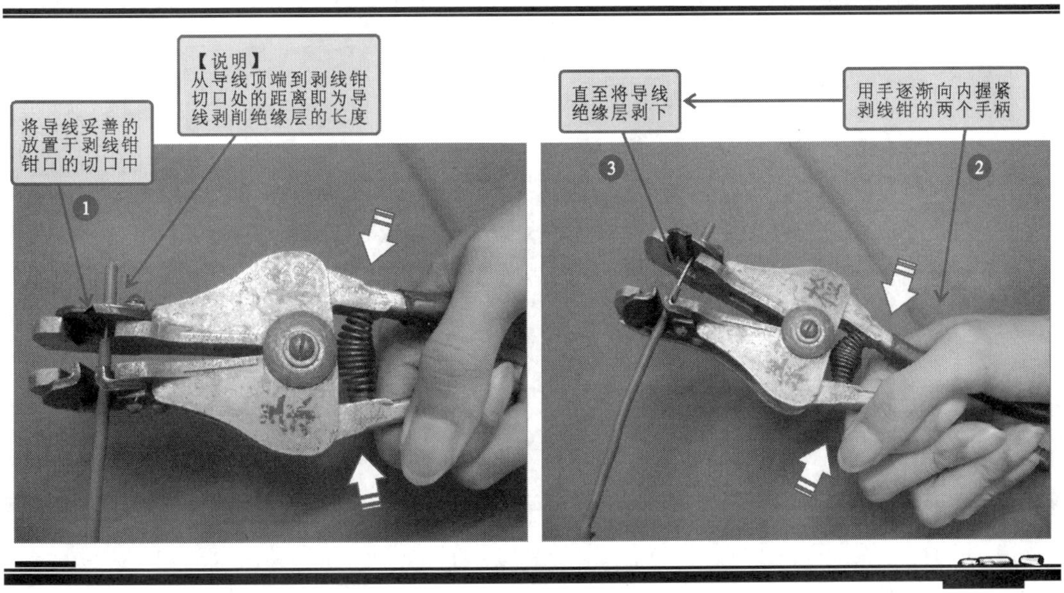
【说明】
从导线顶端到剥线钳切口处的距离即为导线剥削绝缘层的长度
将导线妥善的放置于剥线钳钳口的切口中
1
直至将导线绝缘层剥下
用手逐渐向内握紧剥线钳的两个手柄
3
2

图2-10　剥线钳的使用方法

【注意】

有些学员使用剥线钳时，没有选择正确的切口，当切口选择过小时，会导致线芯与绝缘层一同被切断，当切口选择过大时，会导致线芯与绝缘层无法分离，如图 2-11 所示。

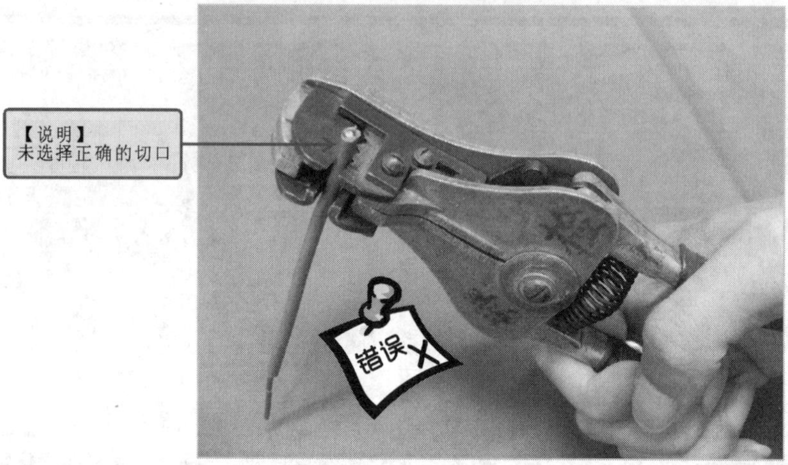
【说明】
未选择正确的切口
错误

图 2-11　剥线钳的错误使用

5. 压线钳

在电工操作中压线钳主要用于线缆与连接头的加工。压接操作时根据被压接的连接件的大小不同，应放置不同直径的压接孔，如图 2-12 所示。压线钳根据压接孔直径的不同来进行区分。

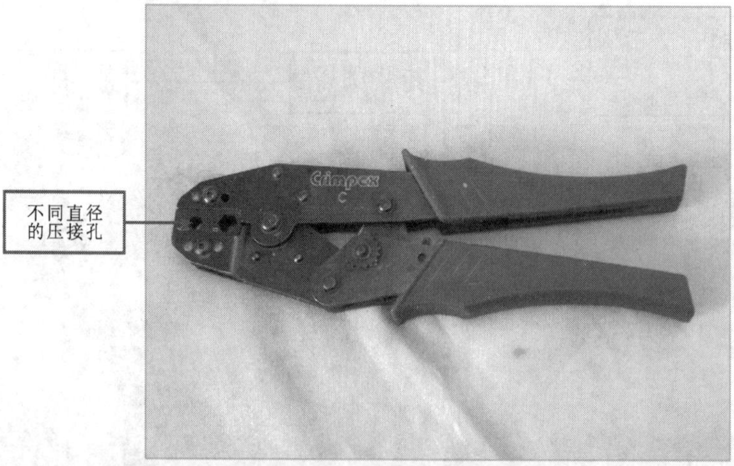
不同直径
的压接孔

图 2-12　压线钳的外形特点

在使用压线钳时，一般用右手握住压线钳手柄，将需要连接的线缆和连接头插接好以后，放入压线钳合适的卡口中，向下按压即可，如图 2-13 所示。

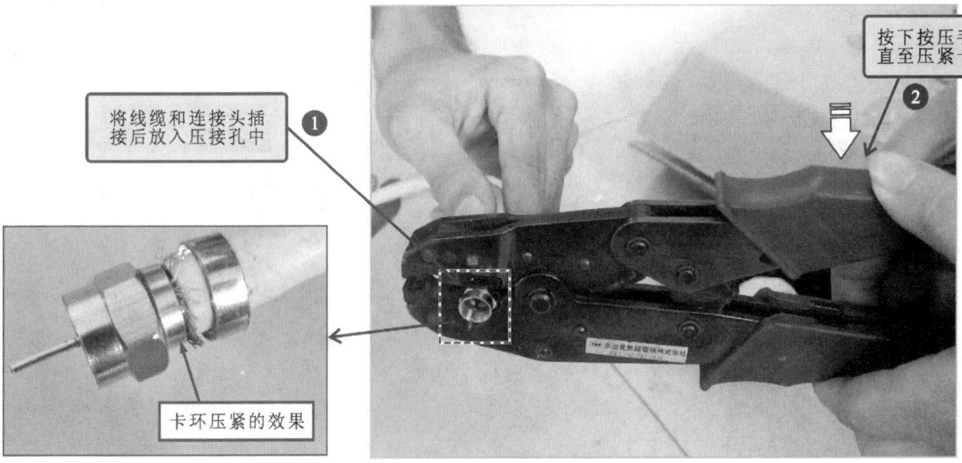
按下按压手柄
直至压紧卡环
将线缆和连接头插
接后放入压接孔中
卡环压紧的效果

图 2-13　压线钳的使用方法

【注意】

环形压线钳的钳口在未使用时，是紧锁的，若需将其打开，用力向内按下钳柄即可，如图 2-14 所示。

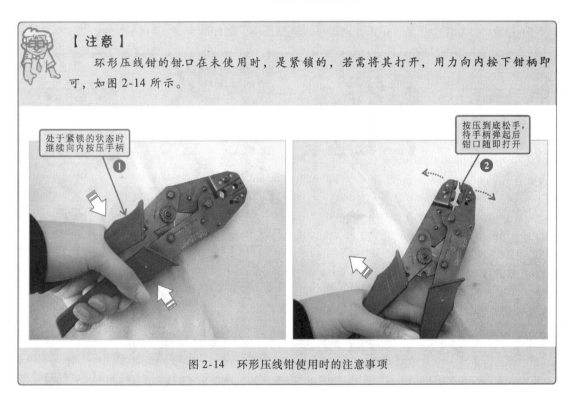

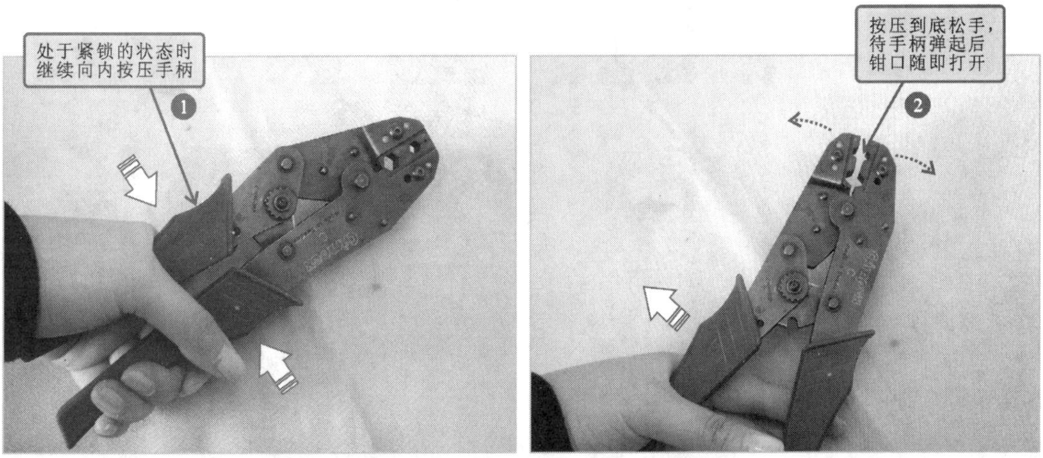
处于紧锁的状态时
继续向内按压手柄
按压到底松手，
待手柄弹起后
钳口随即打开

图 2-14　环形压线钳使用时的注意事项

6. 网线钳

网线钳专用于网线与电话线的水晶头的加工。在网线钳的钳头部分有水晶头加工口，可以根据水晶头的型号选择网线钳。在钳柄处也会附带刀口，便于切割网线。网线钳根据水晶头加工口的型号进行区分，一般分为 RJ45 接口和 RJ11 接口两种类型，也有一些网线钳已经将该两种接口全部包括，如图 2-15 所示。

使用网线钳时，应先使用钳柄处的刀口对网线的绝缘层进行剥落，将网线按顺序插入水晶头中，然后将其放置于网线钳对应的水晶头加工端口中，用力向下按压网线钳钳柄，此时钳头上的

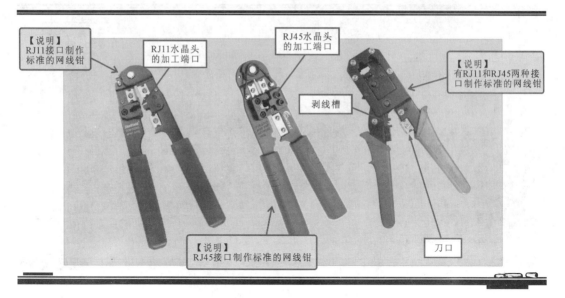

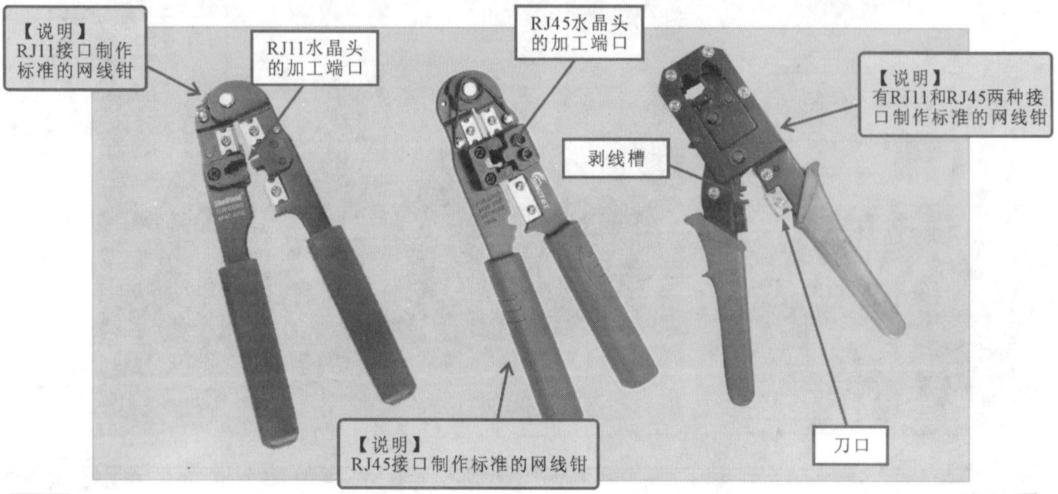
【说明】
RJ11接口制作标准的网线钳
RJ11水晶头的加工端口
RJ45水晶头的加工端口
【说明】
有RJ11和RJ45两种接口制作标准的网线钳
剥线槽
【说明】
RJ45接口制作标准的网线钳
刀口

图 2-15　网线钳的种类特点

动片向上推动，即可将水晶头中的金属导体嵌入网线中，如图 2-16 所示。

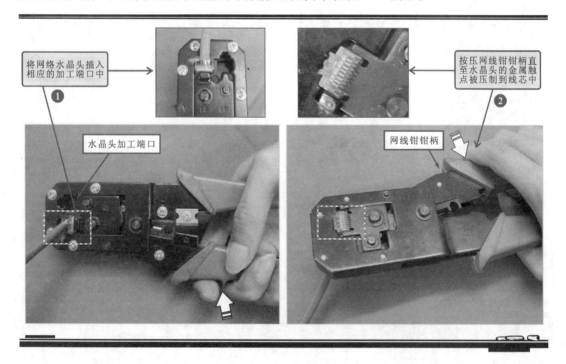

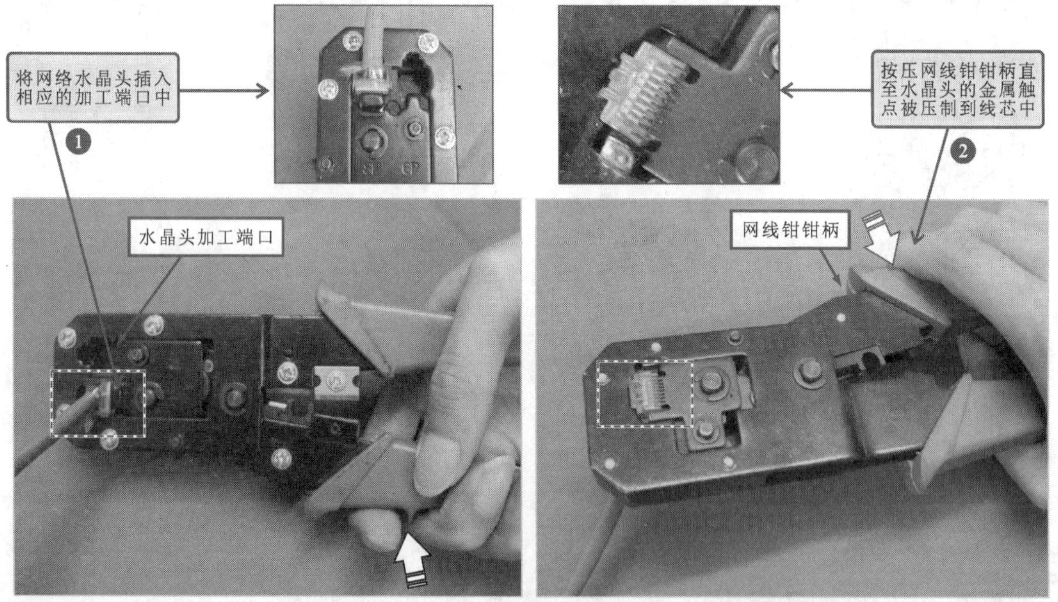
将网络水晶头插入相应的加工端口中
1
水晶头加工端口
按压网线钳钳柄直至水晶头的金属触点被压制到线芯中
2
网线钳钳柄

图 2-16　网线钳的使用方法

2.1.2　螺丝刀的功效

在电工操作中，螺丝刀是用来紧固和拆卸螺钉的工具，是电工必备工具之一。螺丝刀又称螺钉旋具，俗称改锥，主要是由螺丝刀头与手柄构成。常使用的螺丝刀有一字头螺丝刀、十字头螺丝刀等。

1. 一字头螺丝刀

一字头螺丝刀是电工操作中使用比较广泛的加工工具，由绝缘手柄和一字头螺丝刀头构成。一字头螺丝刀头为薄楔形头，如图2-17所示。

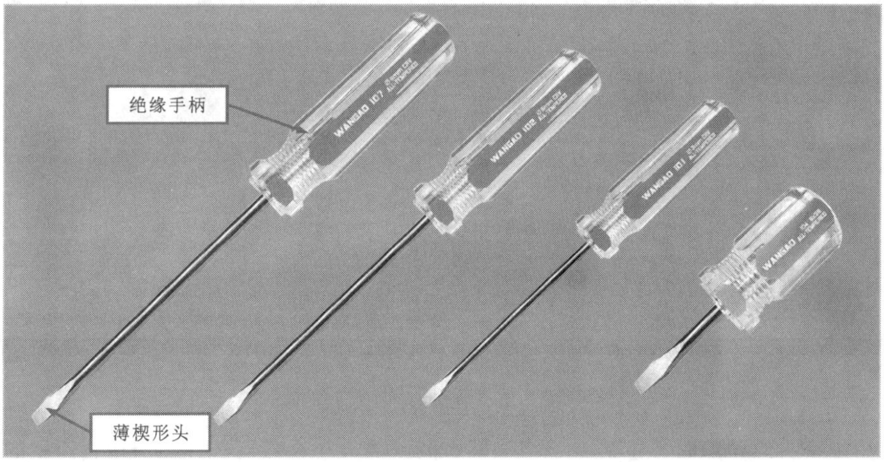
绝缘手柄
薄楔形头

图2-17 一字头螺丝刀的种类特点

在使用一字头螺丝刀时，需要看清一字头螺钉的卡槽大小，然后选择与卡槽相匹配的一字头螺丝刀。使用右手握住一字头螺丝刀的刀柄，然后将刀头垂直插入一字头螺钉的卡槽中，旋转一字头螺丝刀即可，如图2-18所示。

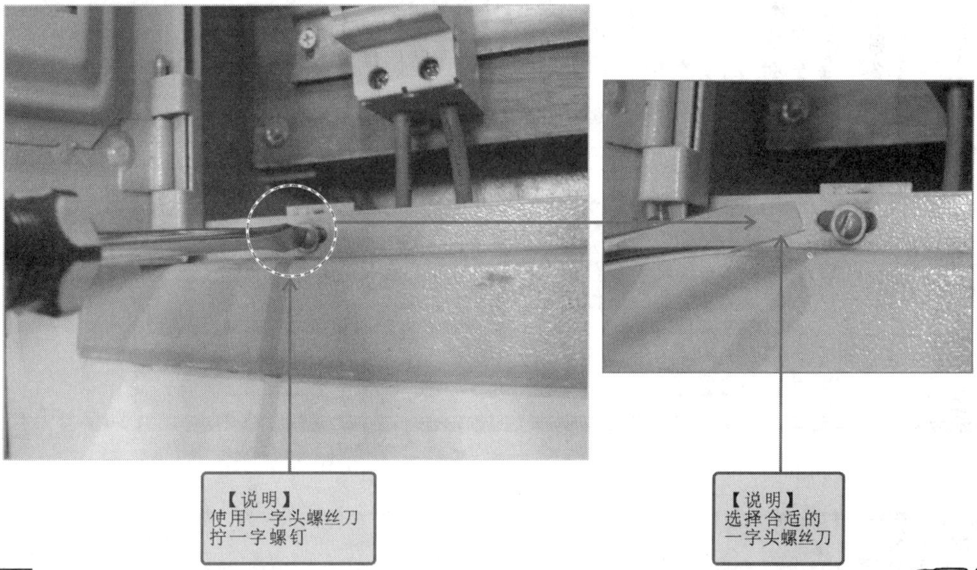
【说明】
使用一字头螺丝刀拧一字螺钉
【说明】
选择合适的一字头螺丝刀

图2-18 一字头螺丝刀的使用方法

2. 十字头螺丝刀

十字头螺丝刀的刀头是由两个薄楔形片十字交叉构成。不同型号的十字头螺丝刀可以用来固定或拆卸与其相对应型号的固定螺钉，如图2-19所示。

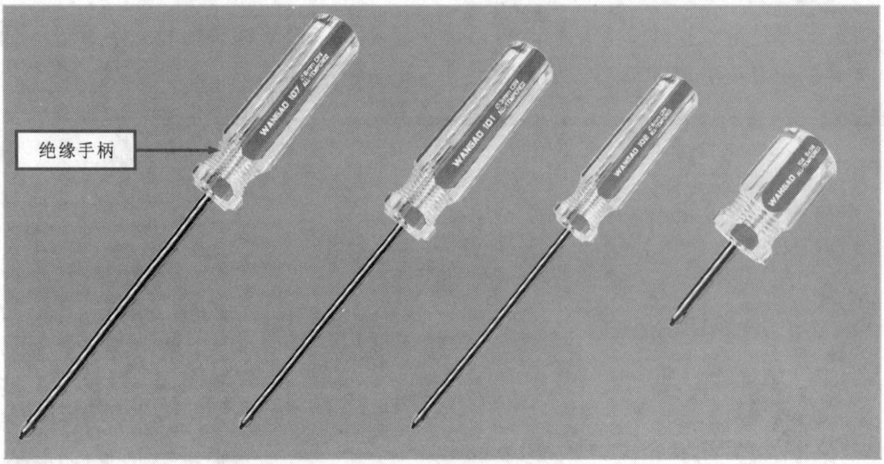
绝缘手柄

图 2-19　十字头螺丝刀的种类特点

在使用十字头螺丝刀时，也需看十字头螺钉的卡槽大小，然后选择与卡槽相匹配的十字头螺丝刀。使用右手握住十字头螺丝刀的刀柄，然后将刀头垂直插入十字头螺钉的卡槽中，旋转十字头螺丝刀即可，如图 2-20 所示。

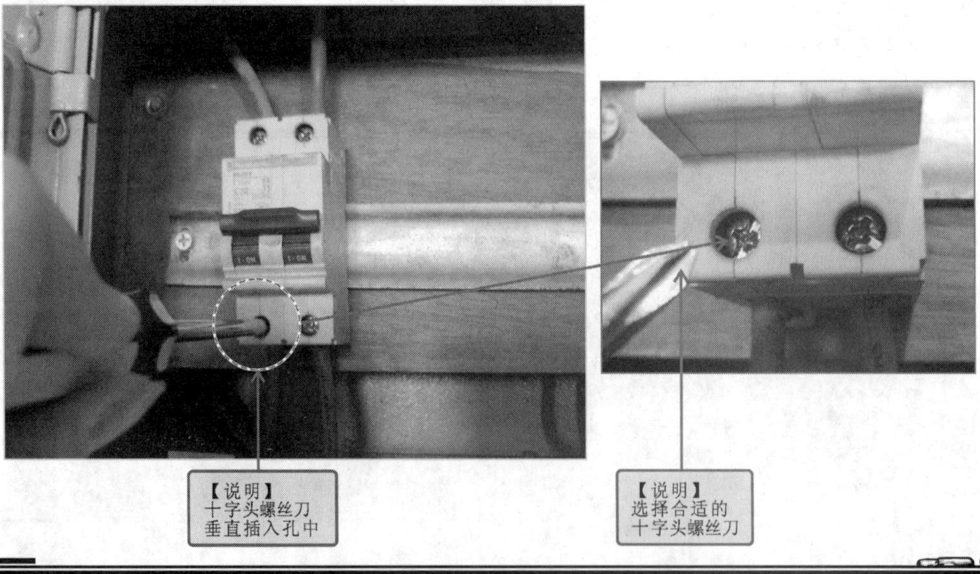
【说明】
十字头螺丝刀
垂直插入孔中
【说明】
选择合适的
十字头螺丝刀

图 2-20　十字头螺丝刀的使用方法

【资料】

一字头螺丝刀和十字头螺丝刀在使用时，会受到刀头尺寸的限制，需要配很多把不同型号的螺丝刀，并且需要人工进行转动。目前市场上推出了多功能的电动螺丝刀。电动螺丝刀将螺丝刀的手柄改为带有连接电源的手柄，将原来固定的刀头改为插槽。插槽可以受电力控制而转动，配上不同的螺丝刀头既可更方便地使用，如图 2-21 所示。

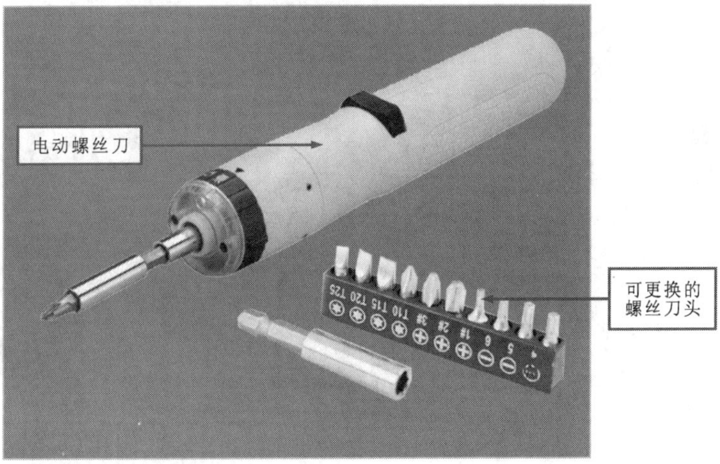
电动螺丝刀
可更换的
螺丝刀头

图 2-21　电动螺丝刀的实物外形

2.1.3　切削工具的功效

在电工操作中，电工刀是用于剥削导线和切割物体的工具。电工刀由刀柄与刀片两部分组成。电工刀的刀片一般可以收缩在刀柄中，分折叠式和收缩式两种类型。两种电工刀之间，只是样式不同，其功能完全相同，如图 2-22 所示。

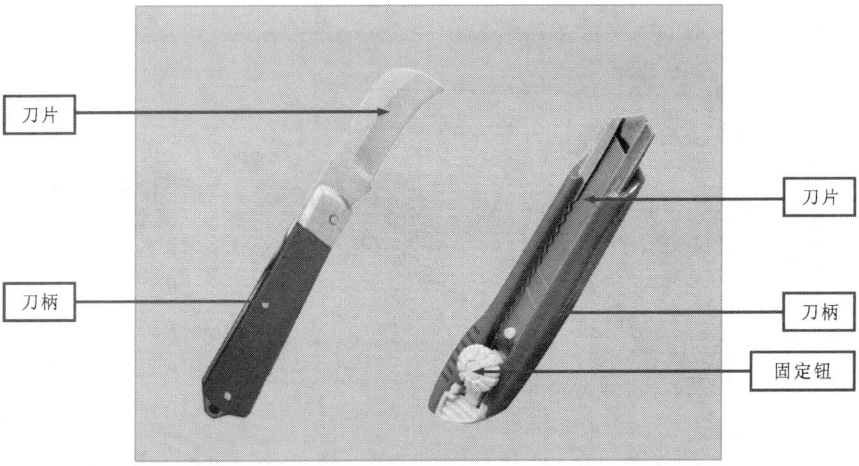
刀片
刀柄
刀片
刀柄
固定钮

图 2-22　电工刀的种类特点

使用电工刀时，应用手握住电动刀的手柄，将刀片以 45°角切入，不应把刀片垂直对着导线剥削绝缘层。使用电工刀削木榫、竹榫时，应当一手持木榫，电工刀同样以 45°角切入，如图 2-23所示。

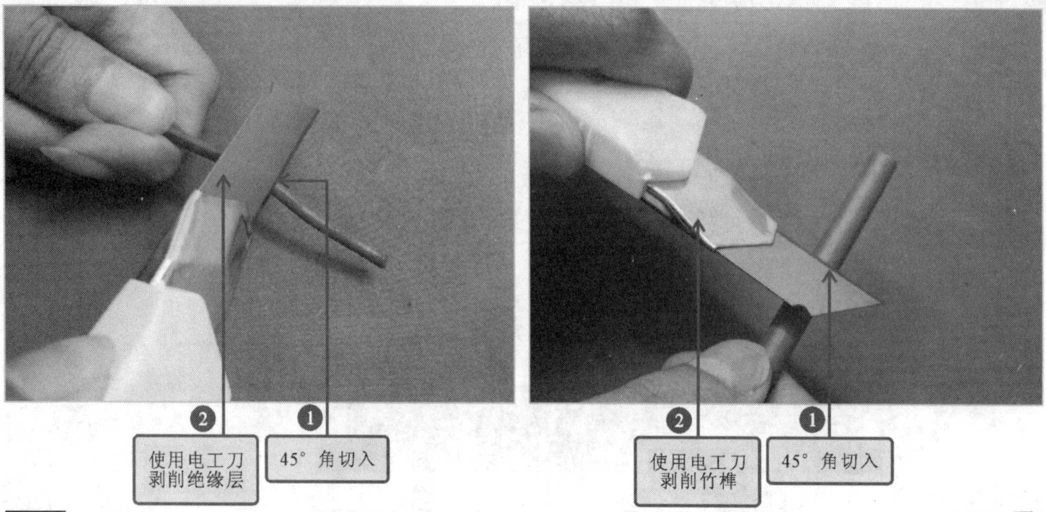
使用电工刀
剥削绝缘层
45° 角切入
使用电工刀
剥削竹榫
45° 角切入

图 2-23　电工刀的使用方法

2.1.4　焊接工具的功效

对电子元器件进行焊接时，常会使用到一些焊接工具，包括电烙铁、吸锡器、热风焊机、焊料以及其他一些辅助工具。

1. 电烙铁

电烙铁是手工焊接、补焊、代换元器件时最常用工具之一。根据其不同的加热方式，可分为直热式、恒温式和吸锡焊式电烙铁等。图 2-24 所示为常用电烙铁的实物外形。其中，直热式电

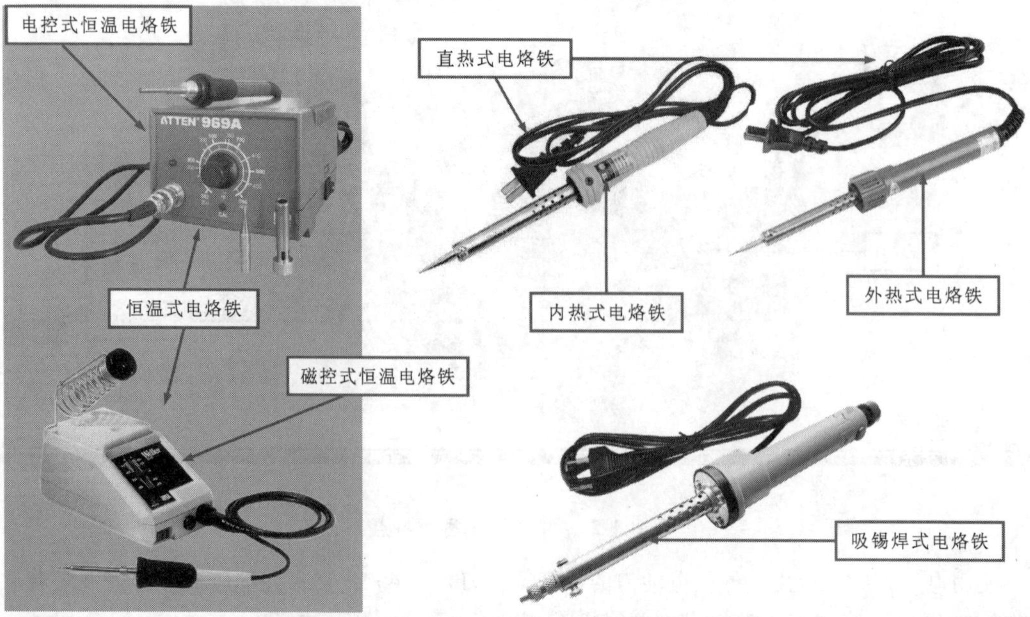
电控式恒温电烙铁
ATTEN 969A
恒温式电烙铁
磁控式恒温电烙铁
直热式电烙铁
内热式电烙铁
外热式电烙铁
吸锡焊式电烙铁

图 2-24　常用电烙铁的实物外形

烙铁具有升温快、重量轻等特点，应用最为广泛。而且由于其携带方便、价格低廉，是目前应用最广泛的手工焊接工具；恒温式电烙铁可以通过电控（或磁控）的方式准确地控制焊接温度，因此常应用于对焊接质量要求较高的场合；吸锡式电烙铁则将吸锡器与电烙铁的功能合二为一，非常便于在拆焊焊接的环境使用。此外，根据焊接产品的要求，还有防静电式和自动送锡式等特殊电烙铁。

使用电烙铁时，电烙铁要进行预加热。在此过程中，最好将电烙铁放置到烙铁架上，以防烫伤或火灾事故的发生。当电烙铁达到工作温度后，右手握住电烙铁的握柄处，对需要焊接的部位进行焊接，如图2-25所示。注意右手不要过于靠近烙铁头，以防烫伤手指。

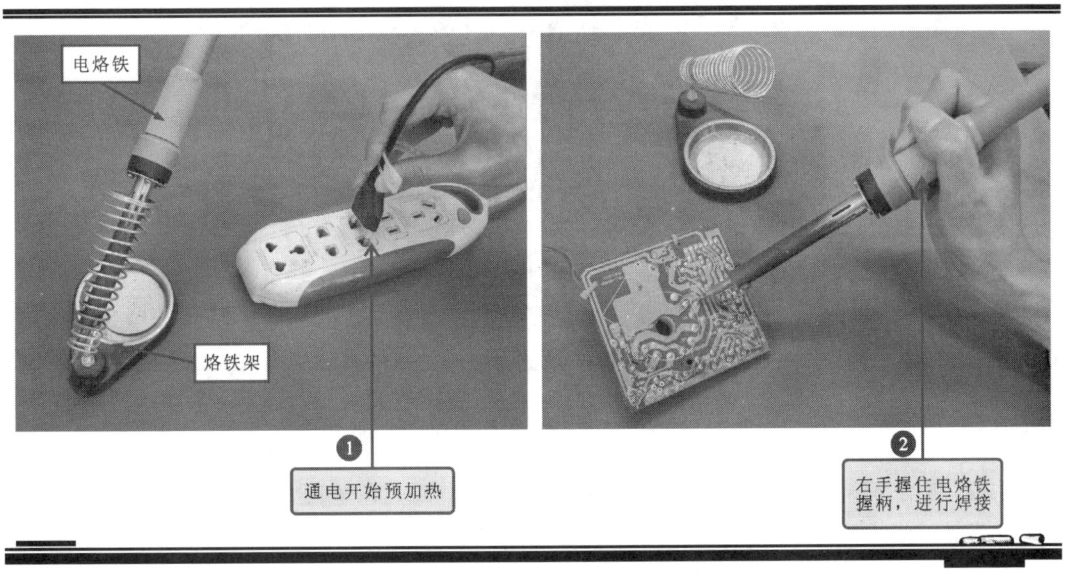
电烙铁
烙铁架
1
通电开始预加热
2
右手握住电烙铁
握柄，进行焊接

图2-25　电烙铁的使用方法

【注意】

电烙铁预热过程中，烙铁头的温度会不断增加。注意一定不要将其放置到可燃物上，例如木板、塑料等，以防发生火灾事故，如图2-26所示。

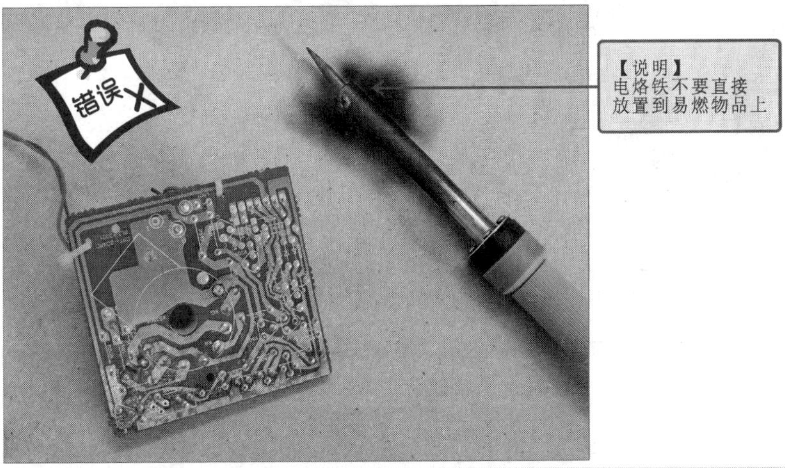
错误
【说明】
电烙铁不要直接
放置到易燃物品上

图2-26　电烙铁的错误放置位置

2. 热风焊机

热风焊机是专门用来拆焊贴片元器件的设备，主要由机身、提手、热风焊枪、导风管、电源开关、温度调节旋钮和风量调节旋钮等部分构成。它的焊枪嘴可以根据贴片元器件的大小和外形进行更换，如图 2-27 所示。

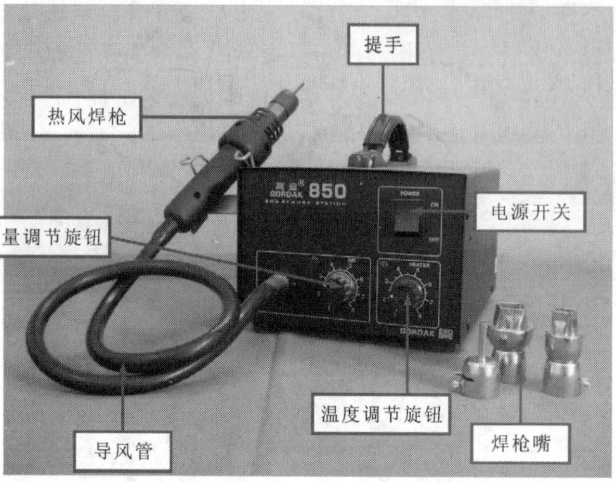
提手
热风焊枪
电源开关
风量调节旋钮
温度调节旋钮
导风管
焊枪嘴
850

图 2-27　热风焊机的主要结构

热风焊机的焊接操作分为三个步骤：一是通电开机；二是调整温度与风量；三是进行拆焊。

① 将热风焊机的电源插头插到插座中，拿起热风焊枪，打开电源开关，如图 2-28 所示。机器启动后，注意不要将焊枪的枪嘴靠近人体或可燃物。

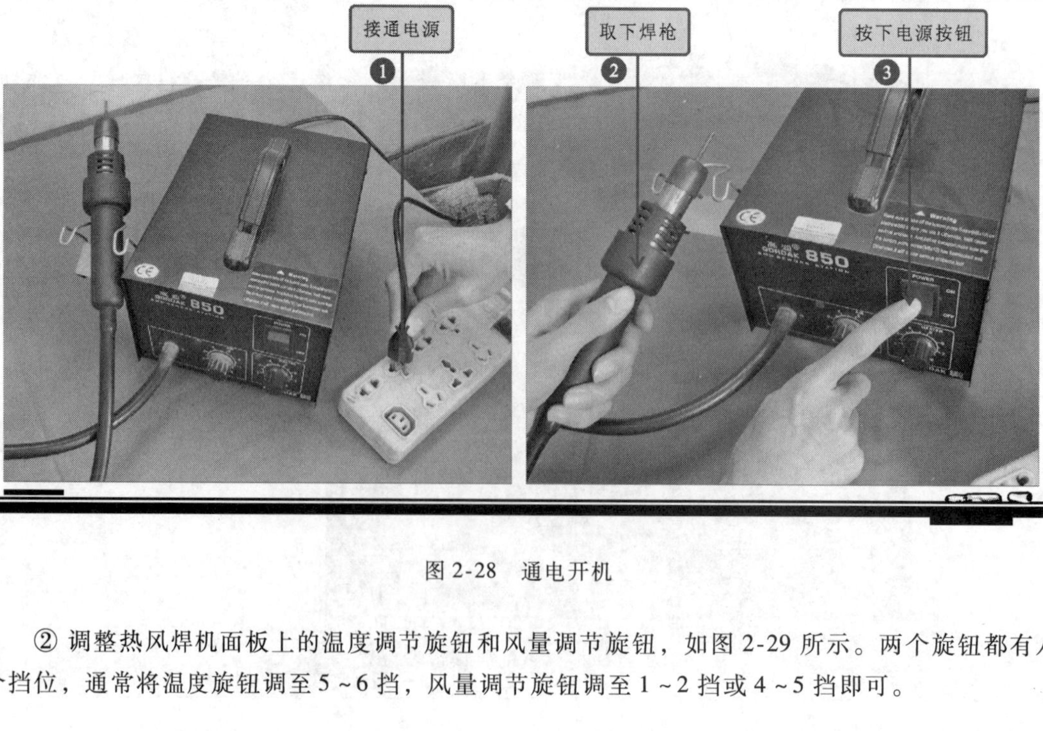
接通电源
1
取下焊枪
2
按下电源按钮
3

图 2-28　通电开机

② 调整热风焊机面板上的温度调节旋钮和风量调节旋钮，如图 2-29 所示。两个旋钮都有八个挡位，通常将温度旋钮调至 5 ~ 6 挡，风量调节旋钮调至 1 ~ 2 挡或 4 ~ 5 挡即可。

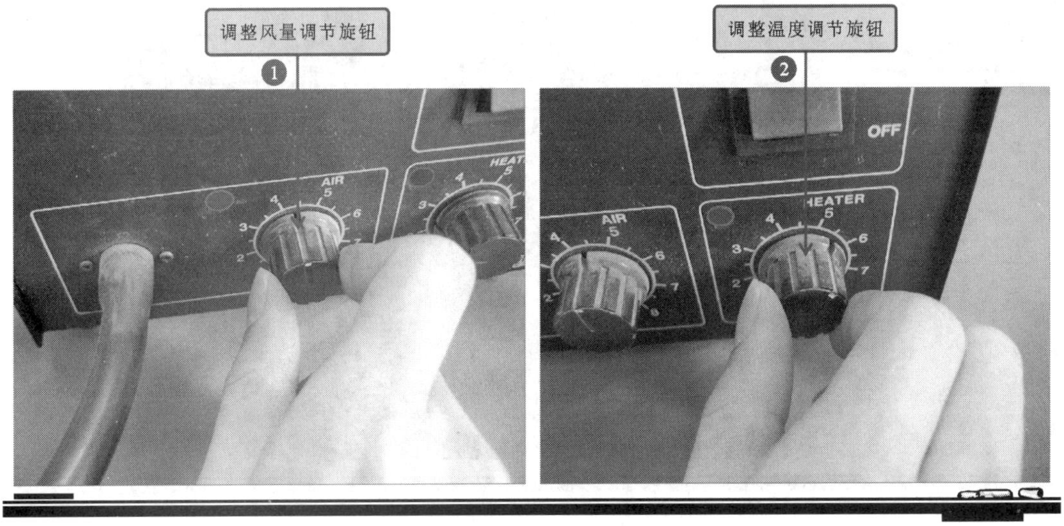
调整风量调节旋钮
1
调整温度调节旋钮
2
AIR
HEATER
OFF

图 2-29　调整温度和风量

【注意】

温度和风量调整好以后，只要等待几秒钟，热风焊枪就可以达到指定温度。等待的过程中，不要用手靠近焊枪嘴来感觉温度高低，以防将手部烫伤，如图 2-30 所示。

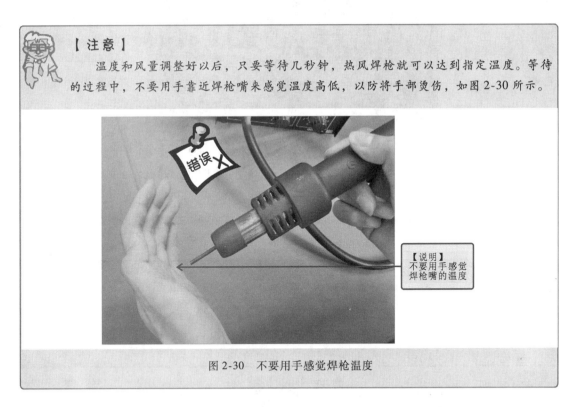

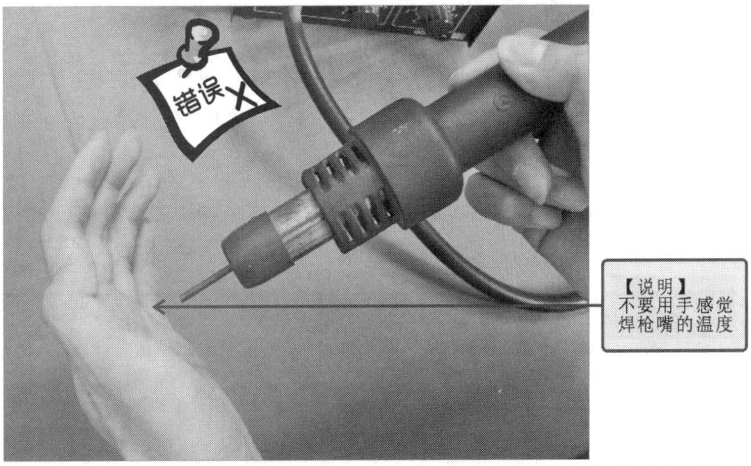
错误
【说明】
不要用手感觉
焊枪嘴的温度

图 2-30　不要用手感觉焊枪温度

③ 在温度和风量调整好后，等待几秒钟，待热风焊枪预热完成后，将焊枪口垂直悬空放置于元器件引脚上，并来回移动进行均匀加热，直到引脚焊锡溶化，如图 2-31 所示。

3. 焊料

焊料是一种易溶金属。其熔点低于被焊金属，因此焊锡丝熔化后，可以在金属表面形成合金层，使被焊金属连接在一起。根据焊料组成成分，可分为锡铅焊料、银焊料、铜焊料等。最常用的是锡铅焊料，俗称焊锡。图 2-32 所示为焊锡丝的实物外形。

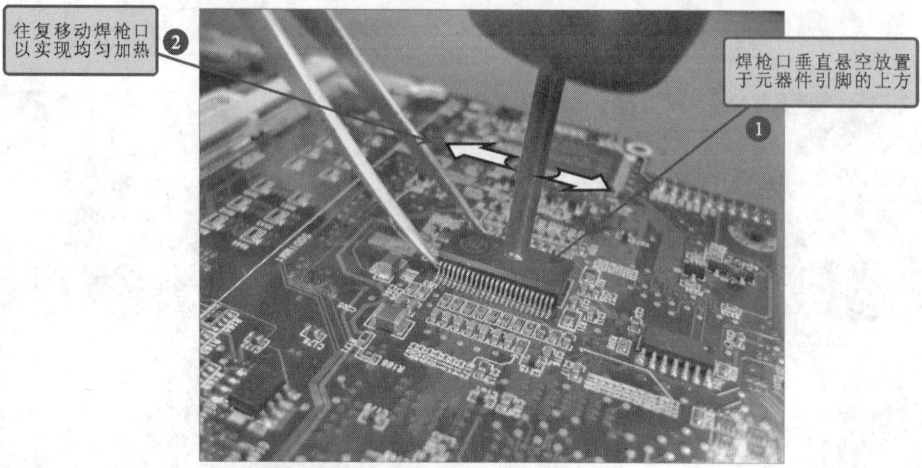
往复移动焊枪口以实现均匀加热
焊枪口垂直悬空放置于元器件引脚的上方

图 2-31　进行拆焊

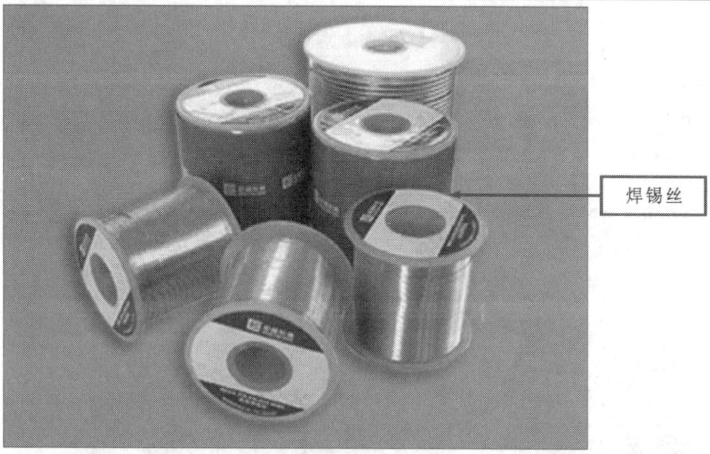
焊锡丝

图 2-32　焊锡丝的实物外形

【资料】

焊料的熔点主要看合金成分，例如无铅焊锡，因为不是共熔（几种物质同时从固态变成液态的临界温度）的，所以熔点是一个范围 217～221℃；有铅焊锡，是共熔的，熔点为 183℃。

焊接元器件引脚时，要将适量的焊料涂抹在焊接位置上，以提高焊接质量。如图 2-33 所示，焊接时，右手握住电烙铁加热焊点，左手捏住焊锡丝靠近烙铁头，当熔化了适量的焊锡后，移开焊锡丝即可。

【注意】

焊接元器件时，要熔化适量的焊锡。若焊锡过多，可能造成搭焊等问题，使元器件短路；若焊锡过少，可能造成焊点强度不够、虚焊等问题。

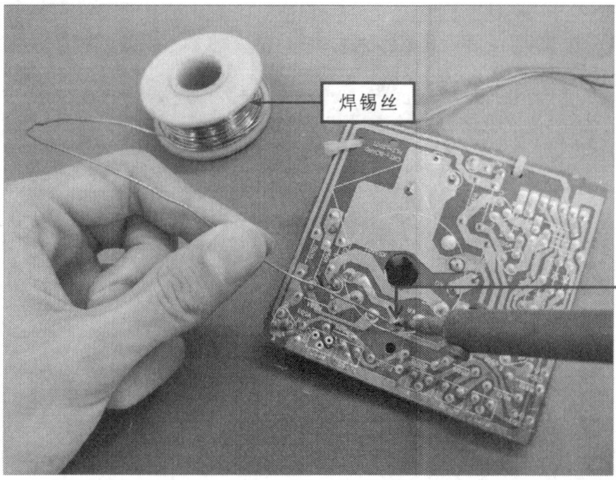
焊锡丝
焊接元器件引脚

图 2-33　焊料的使用方法

4. 助焊剂

焊接操作是在高温下进行的。金属在高温环境下与氧气接触，会形成一层氧化膜，极大地影响焊接质量。助焊剂是一种清除氧化物的专用材料，还能有效地抑制金属继续被氧化。常用的助焊剂有焊膏、松香等，如图 2-34 所示。

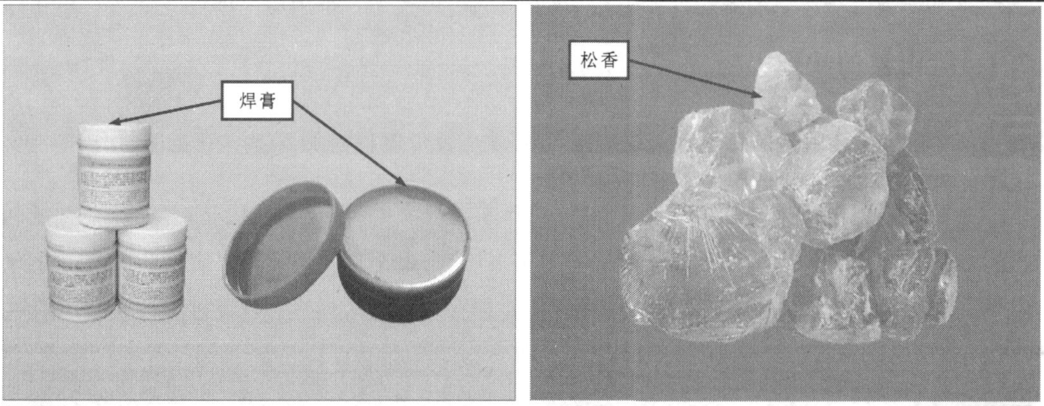
焊膏
松香

图 2-34　焊膏和松香的实物外形

焊膏的黏性提供了一种黏接能力，元件可以保持在焊盘上而无需再加其他的黏接剂，并且焊膏的金属特性提供了相对高的电导率和热导率。松香是树脂类助焊剂的代表，能在焊接过程中清除氧化物和杂质，并且在焊接后形成膜层，保护焊点不被氧化。松香具有无腐蚀、绝缘性能好、稳定、耐湿等特点。

【资料】

电烙铁放置不当，容易引起火灾。焊接时特配有烙铁架用来放置电烙铁，如图 2-35 所示。烙铁架主要由烙铁支架、底盘和清洁布组成。清洁布由耐高温材料制成，弄湿后可对烙铁头进行清洁。

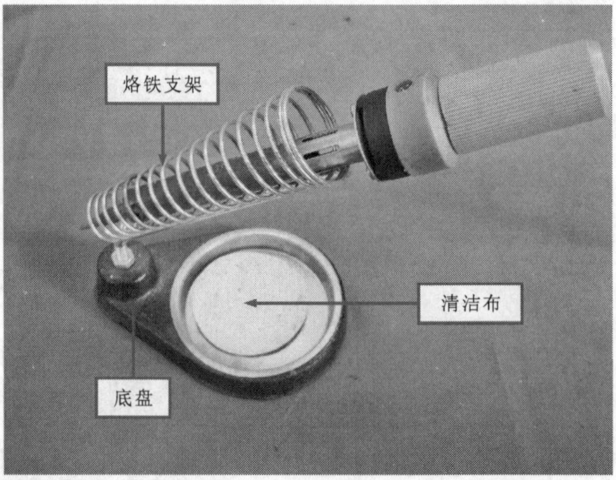
烙铁支架
清洁布
底盘

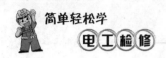

图 2-35　烙铁架的实物外形

2.2　充满神秘的电工检测仪表

在电工操作中常会使用一些检测工具，例如验电器、万用表、钳形表、兆欧表（标准术语为“绝缘电阻表”，为符合读者的行业用语习惯，本书以下统称为兆欧表）等。

2.2.1　验电器的功效

验电器是用于检测通电线缆和电气设备是否带电的检测工具，在电工操作中，可以分为高压验电器和低压验电器两种。

1. 高压验电器的功效

图 2-36 所示为高压验电器。高压验电器多用来检测 500V 以上的高压。高压验电器可分为接触式和非接触式两种类型。接触式高压验电器由手柄、金属感应探头、指示灯等构成；非接触式

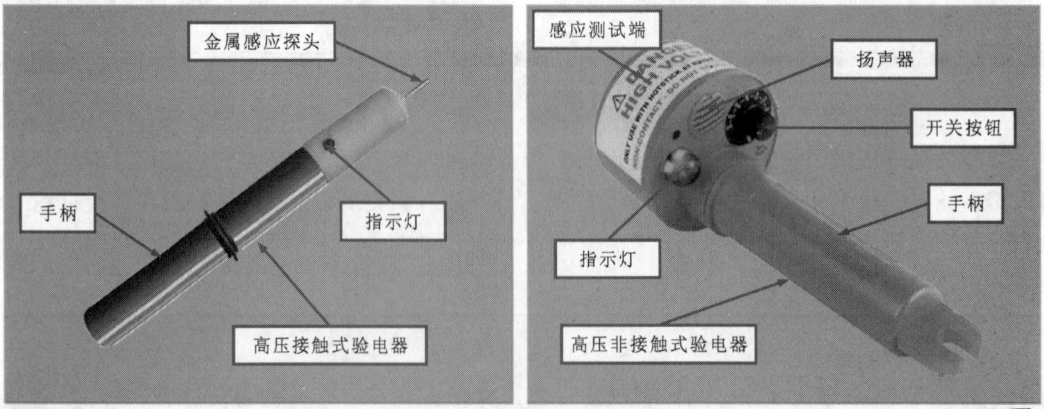
金属感应探头
手柄
指示灯
高压接触式验电器
感应测试端
扬声器
开关按钮
手柄
指示灯
高压非接触式验电器

图 2-36　高压验电器的种类特点

高压验电器是由手柄、感应测试端、开关按钮、指示灯和扬声器等构成。

在使用高压验电器时，如果高压验电器的手柄长度不够，可以使用绝缘物体延长手柄。应当用佩戴绝缘手套的手去握住高压验电器的手柄，不可以将手越过护环，再将高压验电器的金属探头接触待测高压线缆，或使用感应部位靠近高压线缆，如图 2-37 所示，高压验电器上的蜂鸣器发出报警声，证明该高压线缆正常。

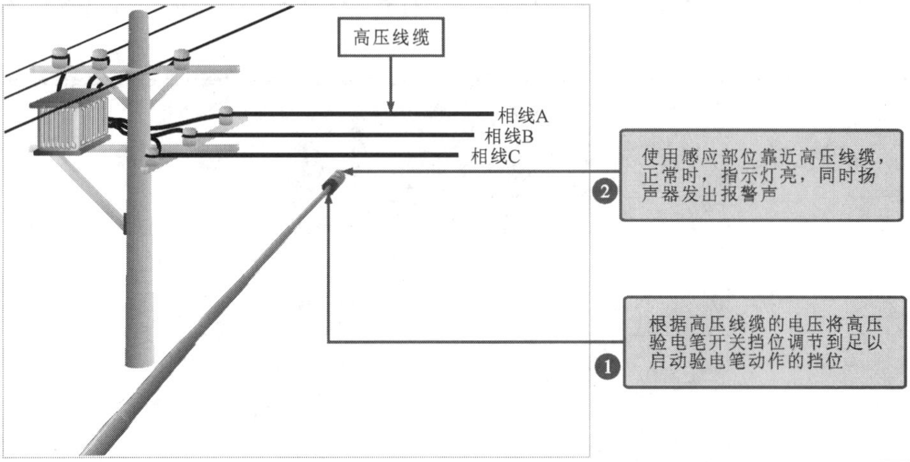
高压线缆
相线A
相线B
相线C
2 使用感应部位靠近高压线缆，正常时，指示灯亮，同时扬声器发出报警声
1 根据高压线缆的电压将高压验电笔开关挡位调节到足以启动验电笔动作的挡位

图 2-37　高压验电器的使用方法

【注意】

使用高压非接触式验电器时，若需检测某个电压，该电压必须达到所选挡位的启动电压。高压非接触验电器越靠近高压线缆，启动电压越低，距离越远，启动电压越高。

2. 低压验电器的功效

低压验电器多用于检测 12 ~500V 的低压，其外形较小，便于携带，多设计为螺丝刀形或钢笔形。低压验电器可以分为低压氖管验电器与低压电子验电器，如图 2-38 所示。低压氖管验电

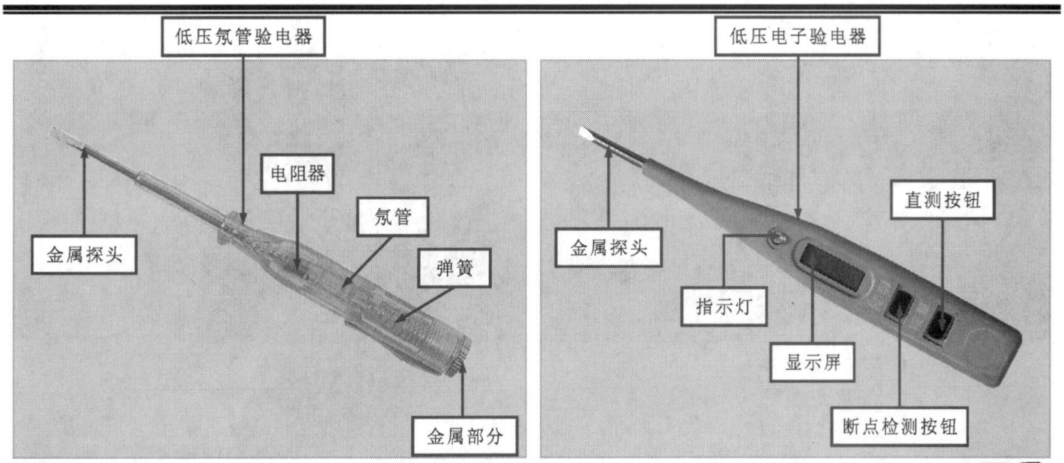
低压氖管验电器
电阻器
氖管
弹簧
金属探头
金属部分
低压电子验电器
直测按钮
金属探头
指示灯
显示屏
断点检测按钮

图 2-38　低压验电器的种类和结构

器是由金属探头、电阻器、氖管、尾部金属部分以及弹簧等构成；低压电子验电器是由金属探头、指示灯、显示屏、按钮等构成。

下面根据低压验电器的种类特点，分两个方面讲解低压氖管验电器和低压电子验电器的使用方法。

(1) 低压氖管验电器的使用方法

使用低压氖管验电器时，应用一只手握住氖管低压验电器，大拇指按住尾部的金属部分，将其插入220V电源插座的火线（即相线）孔中，如图2-39所示。正常时，可以看到氖管低压验电器中的氖管发亮光，证明该电源插座带电。

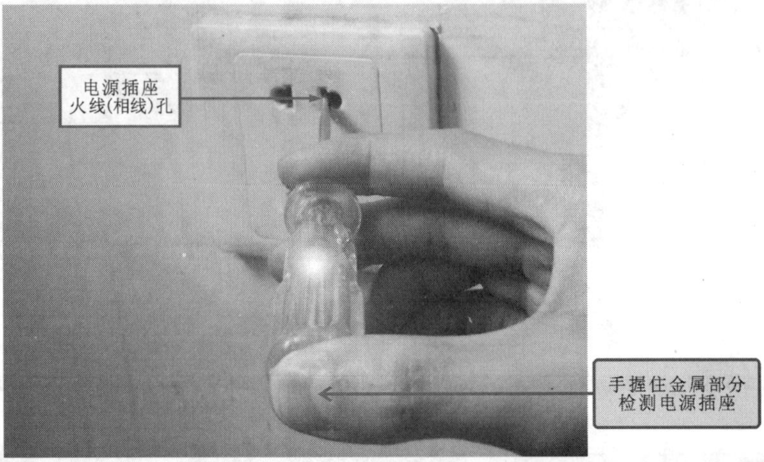
电源插座
火线(相线)孔
手握住金属部分
检测电源插座

图2-39 低压氖管验电器的使用方法

【注意】

有些学员在使用低压氖管验电器检测时，未将拇指接触低压氖管验电器尾部的金属部分，氖管不亮，无法正确判断该电源是否带电。在检测时，也不可以用手触摸低压氖管验电器的金属检测端，这样会造成触电事故的发生，对人体造成伤害，如图2-40所示。

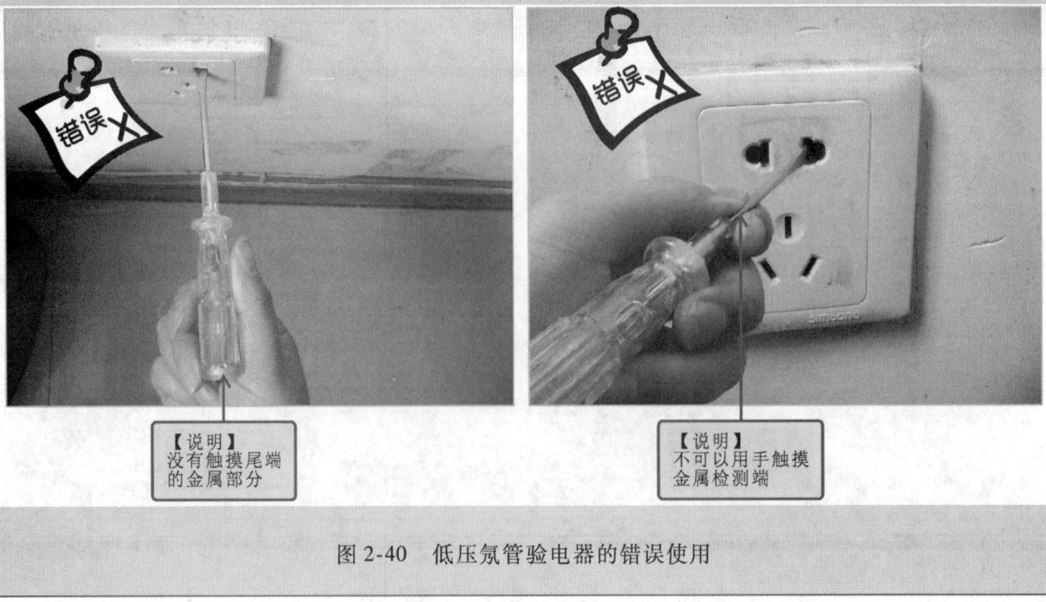
错误X
【说明】
没有触摸尾端的金属部分
错误X
【说明】
不可以用手触摸金属检测端

图2-40 低压氖管验电器的错误使用

（2）低压电子验电器的使用方法

使用低压电子验电器时，可以按住电子试电笔上的“直测按钮”，将其插入电源插座的火线（相线）孔，低压电子验电器的显示屏上即会显示出测量的电压，指示灯亮；当其插入零线（即中性线）孔时，低压电子验电器的显示屏上无电压显示，指示灯不亮，如图2-41所示。

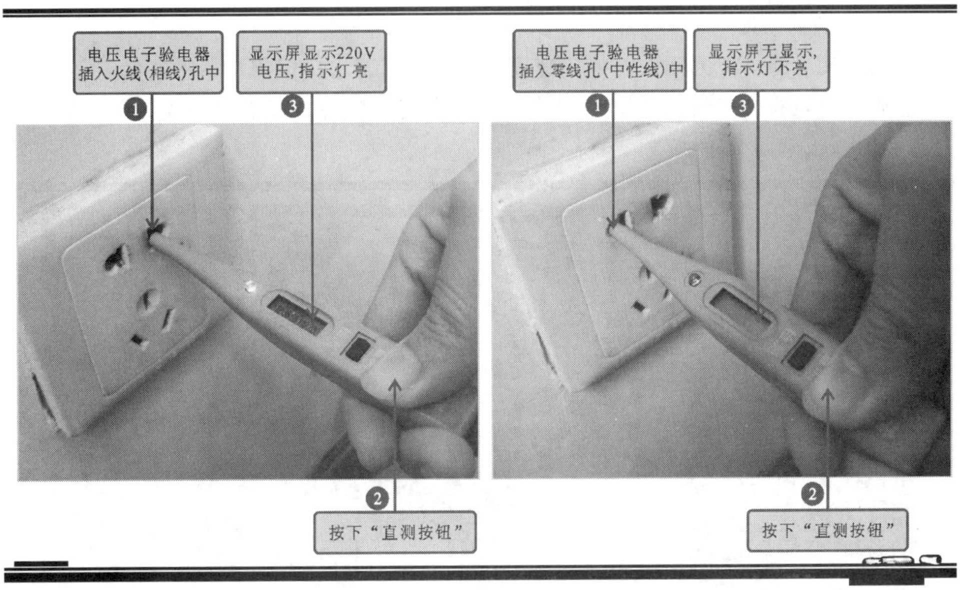
电压电子验电器
插入火线(相线)孔中
显示屏显示220V
电压，指示灯亮
按下“直测按钮”
电压电子验电器
插入零线孔(中性线)中
显示屏无显示，
指示灯不亮
按下“直测按钮”

图2-41　低压电子验电器的使用方法

低压电子验电器还可用于检测线缆中是否存在断点。将待测线缆连接在火线（相线）上，按下电子试电笔上的“检测按钮”。将低压电子验电器的金属探头靠近线缆，进行移动，显示屏上会出现“ϟ”时说明该段线缆正常；当低压电子验电器检测的地方“ϟ”标识消失，说明该点为线缆的断点，如图2-42所示。

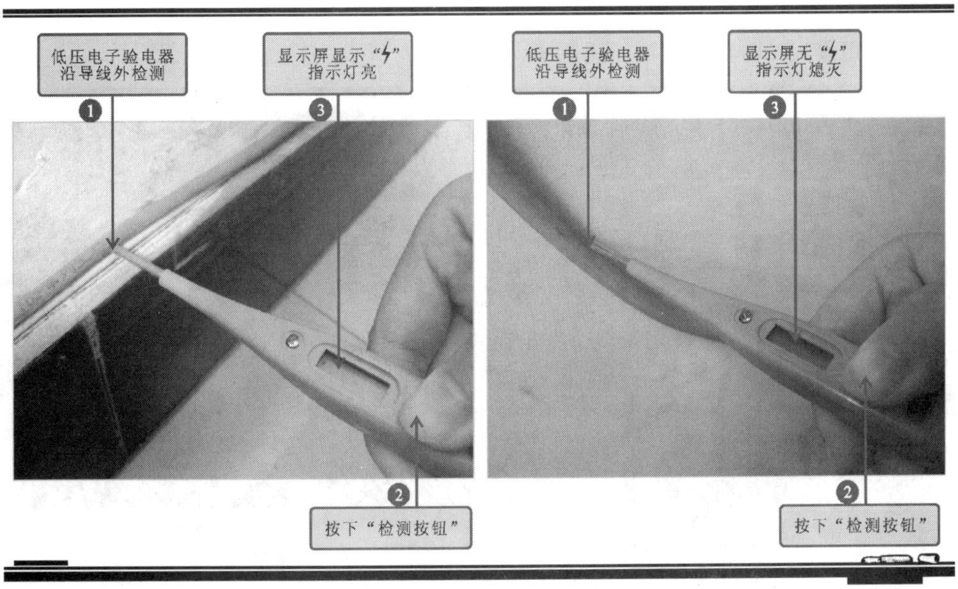
低压电子验电器
沿导线外检测
显示屏显示“ϟ”
指示灯亮
按下“检测按钮”
低压电子验电器
沿导线外检测
显示屏无“ϟ”
指示灯熄灭
按下“检测按钮”

图2-42　使用电子试电笔检测断点

2.2.2 万用表的功效

万用表是用来检测直流电流、交流电流、直流电压、交流电压以及电阻值的检测工具，可分为指针式和数字式两种类型。

1. 指针万用表的功效

指针万用表又称为模拟万用表，响应速度较快，内阻较小，但测量精度较低。它是由指针刻度盘、功能旋钮、表头校正钮、零欧姆调节旋钮、表笔连接端、表笔等构成。图 2-43 所示为指针万用表的结构。

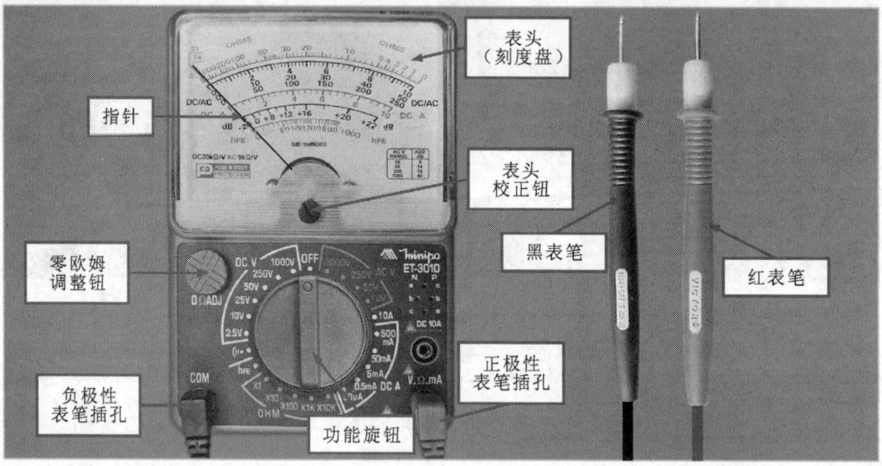
表头
（刻度盘）
指针
表头
校正钮
零欧姆
调整钮
黑表笔
红表笔
正极性
表笔插孔
负极性
表笔插孔
功能旋钮

图 2-43　指针万用表的结构

指针万用表的使用方法分为两个步骤：一是调整量程，连接表笔；二是短接调零，进行测试。

① 在使用指针万用表时，根据被测电阻器的电阻值来调节欧姆挡，例如被测的电阻器上的标识为“2 kΩ”，则应将指针万用表的量程调整为“×10k”欧姆挡，再将红、黑表笔分别插入对应的指针万用表用于检测电阻器的插孔中，如图 2-44 所示。

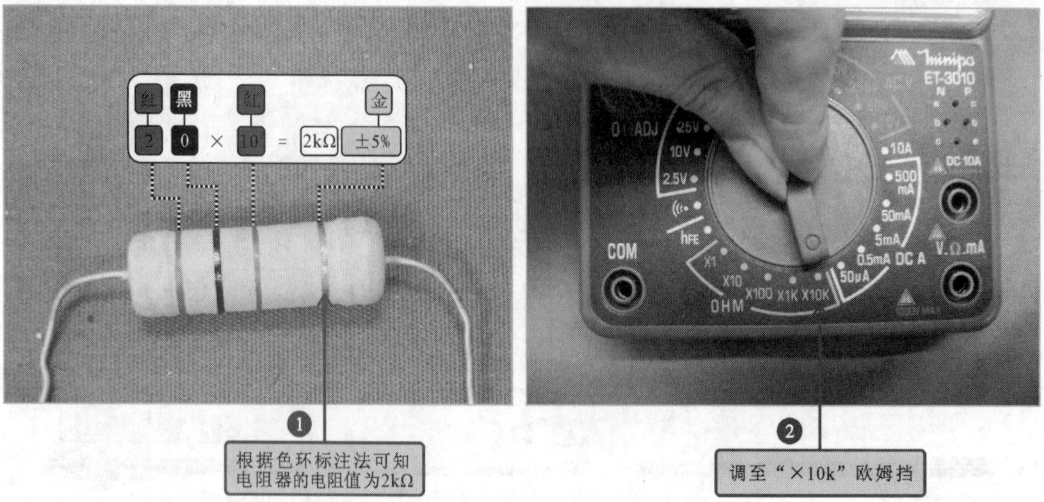
红 黑 红 金
2 0 × 10 = 2kΩ ±5%
1
根据色环标注法可知
电阻器的电阻值为2kΩ
2
调至“×10k”欧姆挡

图 2-44　调整指针万用表量程，连接表笔

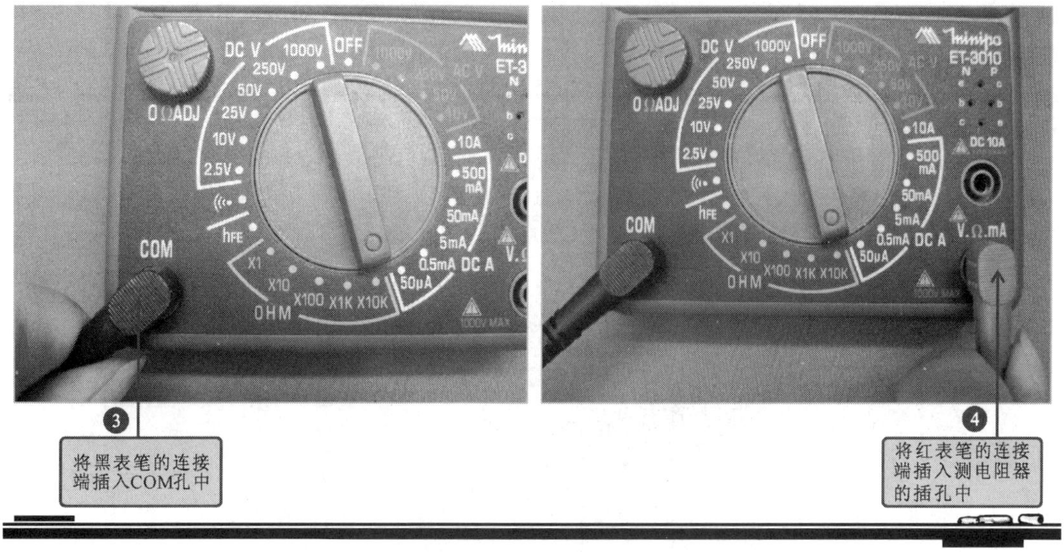
DC V
1000V
OFF
250V
50V
25V
10V
2.5V
hFE
X1
X10
X100
X1K
X10K
OHM
0ΩADJ
COM
10A
500 mA
50mA
5mA
0.5mA
DC A
50μA
ET-3010
V.Ω.mA
DC 10A
3
将黑表笔的连接端插入COM孔中
4
将红表笔的连接端插入测电阻器的插孔中

图 2-44　调整指针万用表量程，连接表笔（续）

② 将指针万用表水平放置，红、黑表笔对接，进行调零设置，然后将红、黑表笔分别搭在电阻器的两个引脚上，读取万用表上的读数即可，如图 2-45 所示。

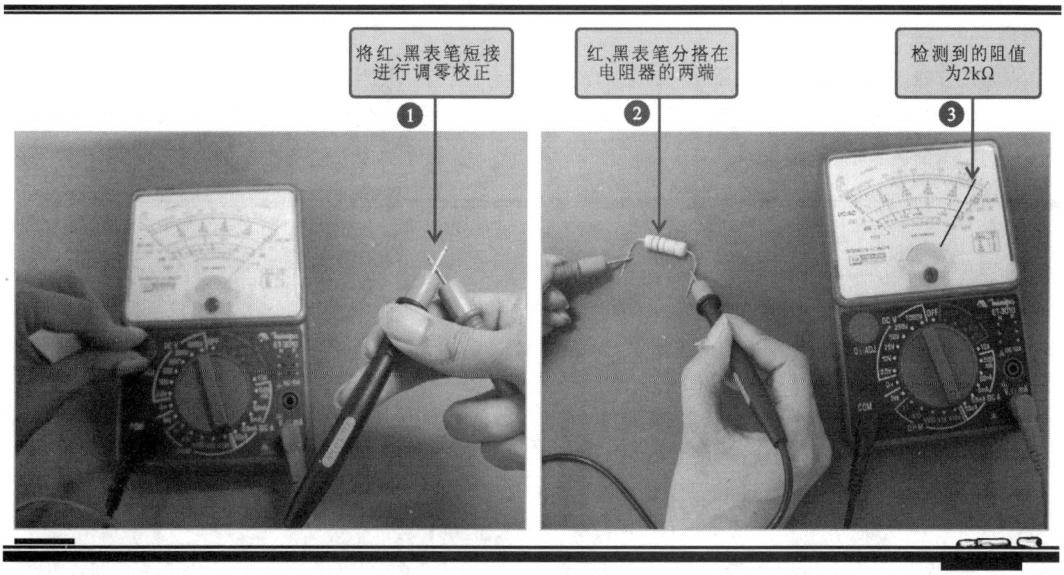
将红、黑表笔短接进行调零校正
1
红、黑表笔分搭在电阻器的两端
2
检测到的阻值为2kΩ
3

图 2-45　进行调零测试，进行检测

【注意】

在使用指针万用表测量直流电流时，应当注意调整红表笔的位置，将其插入 DC 挡插孔中。否则可能导致指针万用表无法正常显示测量的直流电流量，甚至可能导致指针万用表损坏。

2. 数字万用表的功效

数字万用表读数直观方便，内阻较大，测量精度高。它由液晶显示屏、量程旋钮、表笔接

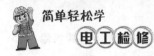

端、电源按键、峰值保持按键、背光灯按键、交/直流切断键等构成。图 2-46 所示为数字万用表的结构特点。

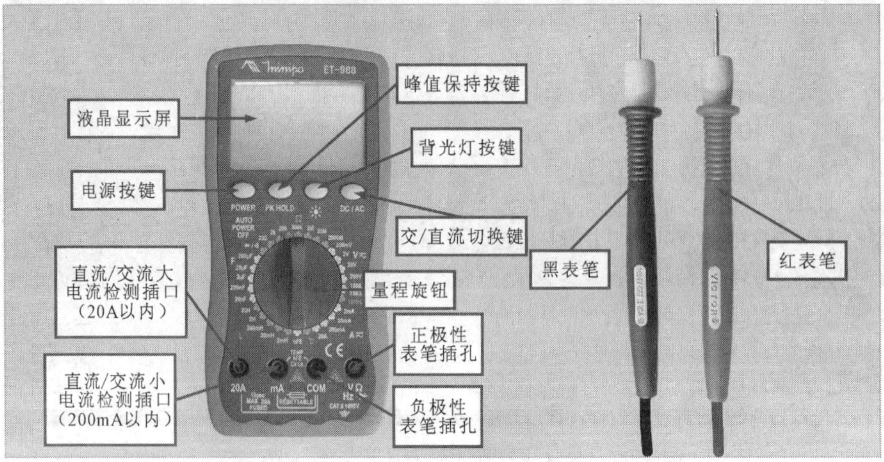
液晶显示屏
峰值保持按键
背光灯按键
电源按键
交/直流切换键
黑表笔
红表笔
直流/交流大电流检测插口（20A以内）
量程旋钮
正极性表笔插孔
直流/交流小电流检测插口（200mA以内）
负极性表笔插孔

图 2-46　数字万用表的结构特点

数字外用表的使用方法分为两个步骤：一是调整量程，连接表笔；二是使用数字万用表检测电源插座电压。

① 使用数字万用表时，也需要根据欲测量电源插座的供电电压“交流 220V”调整数字万用的量程。将量程调整至“交流 750V”电压挡，黑表笔连接端插入负极孔中，红表笔连接端插入正极孔中，如图 2-47 所示。

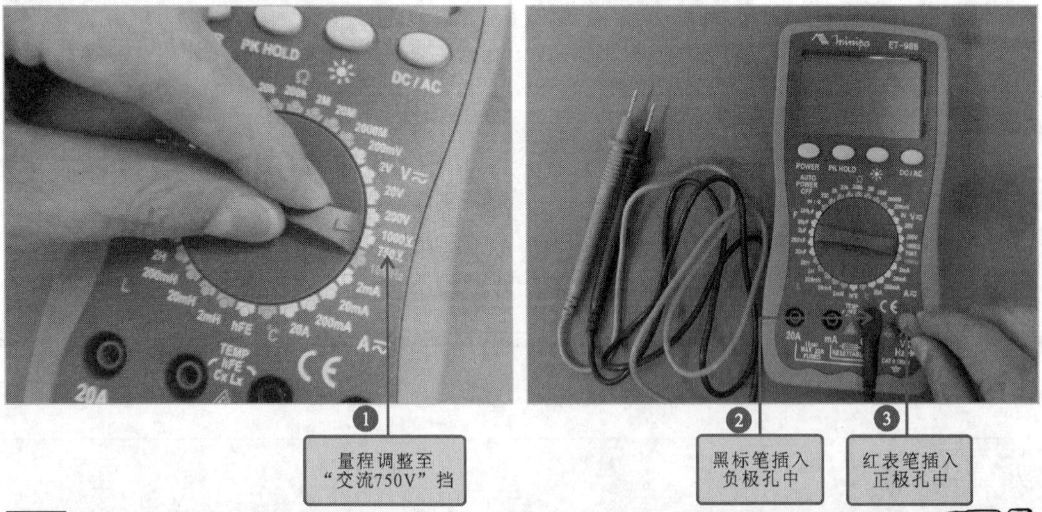
①
量程调整至“交流750V”挡
②
黑标笔插入负极孔中
③
红表笔插入正极孔中

图 2-47　调整数字表量程，连接表笔

② 将数字万用表的电源开关打开，先将黑表笔插入电源插座的零线（中性线）孔中，再将红表笔插入电源插座的火线（相线）孔中，即可检测到该电源接口处的电压值为“交流 220V”，如图 2-48 所示。

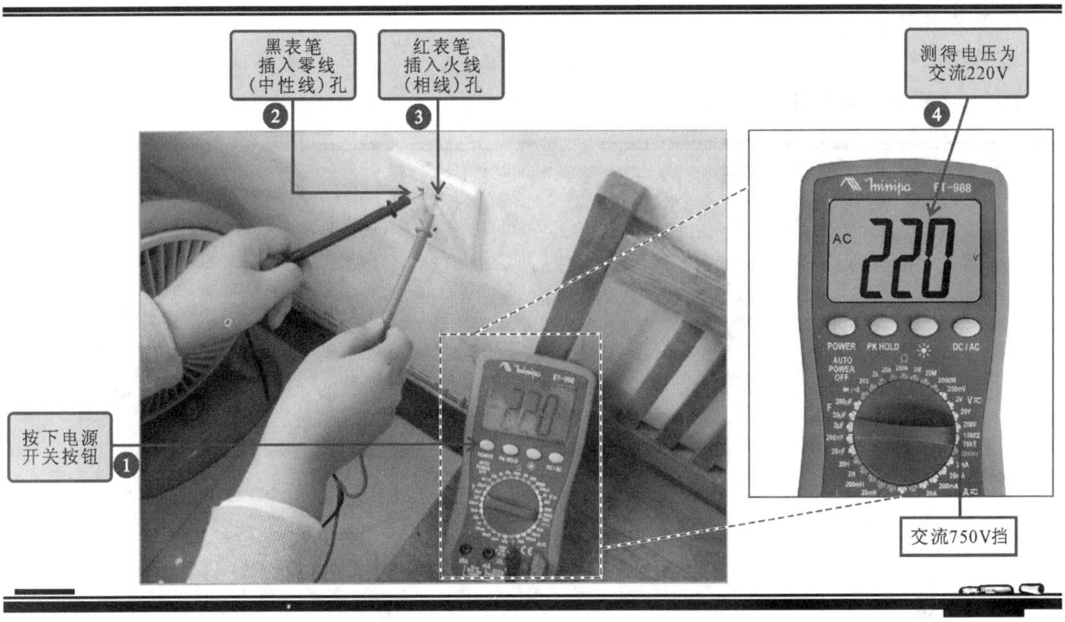
黑表笔
插入零线
（中性线）孔
红表笔
插入火线
（相线）孔
测得电压为
交流220V
按下电源
开关按钮
交流750V挡
AC
220
POWER
PK HOLD
DC/AC

图 2-48　数字万用表的使用方法

【注意】

使用万用表检测交流电压时，有些学员未将数字万用表的量程调整至合适的交流电压挡，即用红、黑表笔检测交流电压，此时电流可能会将万用表内部击穿，导致万用表损坏，如图 2-49 所示。

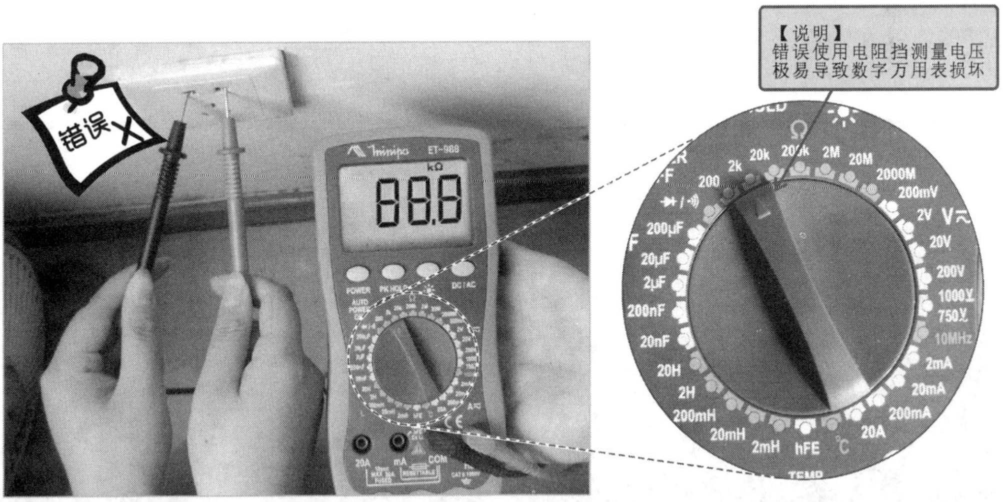
【说明】
错误使用电阻挡测量电压
极易导致数字万用表损坏
错误
ET-988
kΩ
88.8
200
2k
20k
200k
2M
20M
2000M
200mV
2V
20V
200V
1000V
750V
10MHz
2mA
20mA
200mA
20A
200μF
20μF
2μF
200nF
20nF
20H
2H
200mH
20mH
2mH
hFE
℃

图 2-49　数字万用表的错误使用

2.2.3　钳形表的功效

钳形表用于检测电气设备或线缆工作时的电压与电流。使用钳形表时不需要断开电路即可直接进行检测。

1. 钳形表的结构特点

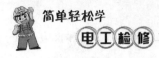

钳形表由钳头、钳头扳机、保持按钮、功能旋钮、液晶显示屏、表笔插孔和红、黑表笔等构成。图 2-50 所示为典型钳形表的结构。

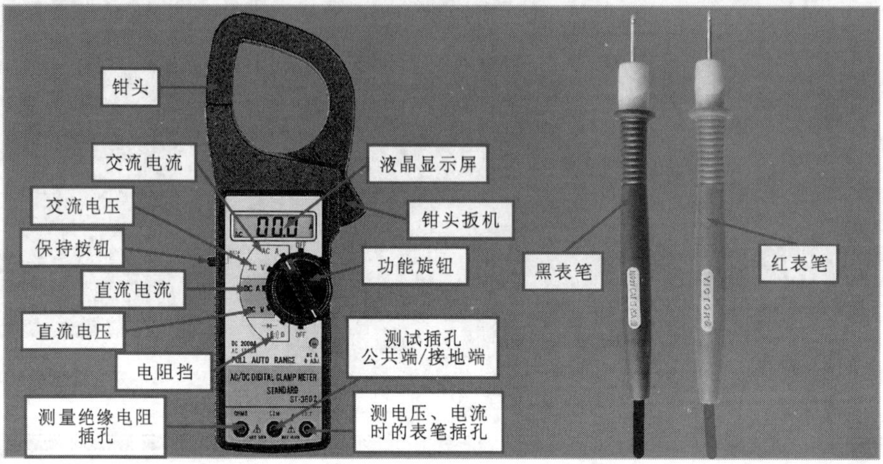
钳头
交流电流
交流电压
保持按钮
直流电流
直流电压
电阻挡
测量绝缘电阻插孔
液晶显示屏
钳头扳机
功能旋钮
测试插孔公共端/接地端
测电压、电流时的表笔插孔
黑表笔
红表笔

图 2-50 典型钳形表的结构

2. 钳形表的使用方法

钳形表的使用方法分为两个步骤：一是根据检测物体调整钳形表的挡位；二是检测配电箱中经过断路器之后的电流量。

① 使用钳形表时，应根据需要检测物体的电流量，调整钳形表的挡位，使用钳形表检测经过断路器之后的电流量时，应将挡位调至“AC 200 A”挡，将保持按钮“HOLD 键”处于抬起状态，如图 2-51 所示。

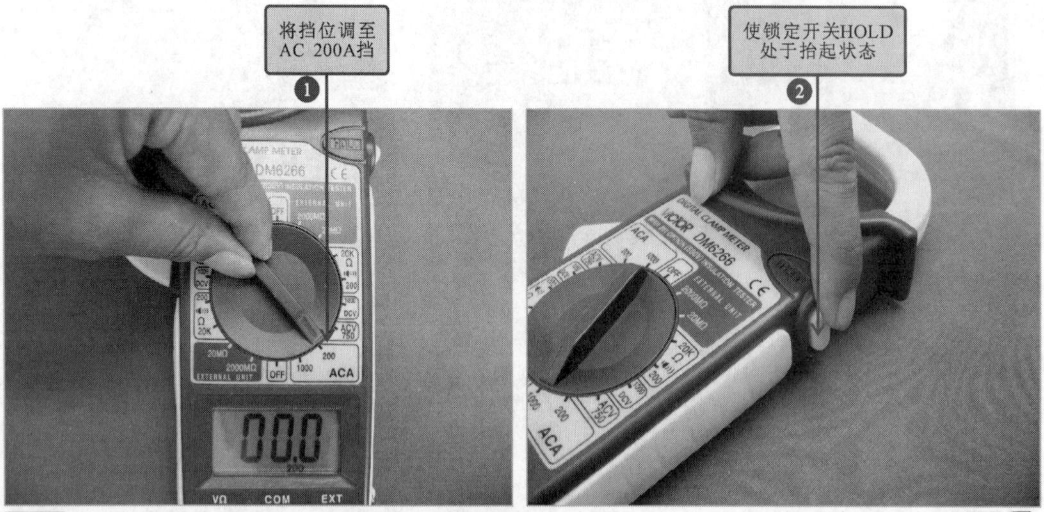
将挡位调至AC 200A挡
使锁定开关HOLD处于抬起状态

图 2-51 根据检测物体调整钳形表的挡位

② 按下钳形表上的钳头扳机，使钳形表的钳头钳住经过断路器后输出的红色火线（相线），可以按下钳形表上的保持按钮“HOLD键”，使检测到的数值保留。然后再次按住钳头扳机，使钳形表的钳口打开，将其从配电箱中取出，读取钳形表上的数值，如图2-52所示。

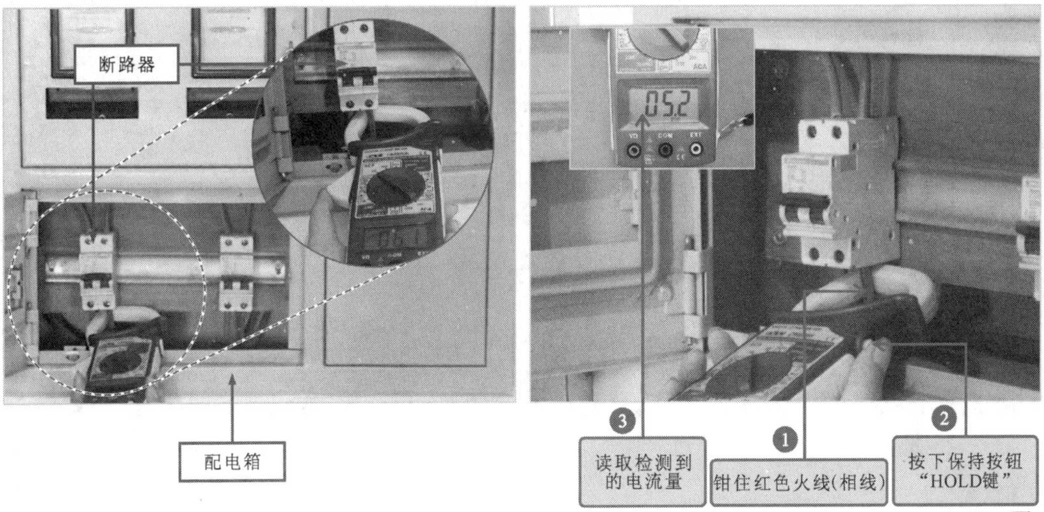
断路器
配电箱
05.2
③ 读取检测到的电流量
① 钳住红色火线(相线)
② 按下保持按钮“HOLD键”

图2-52　读取钳形表上的数值

【注意】

有些线缆的相线和零线被包裹在一个绝缘皮中，从外观上感觉是一根电线，此时使用钳形表检测时，实际上是钳住了两根导线，这样无法测量出真实的电流量，如图2-53所示。

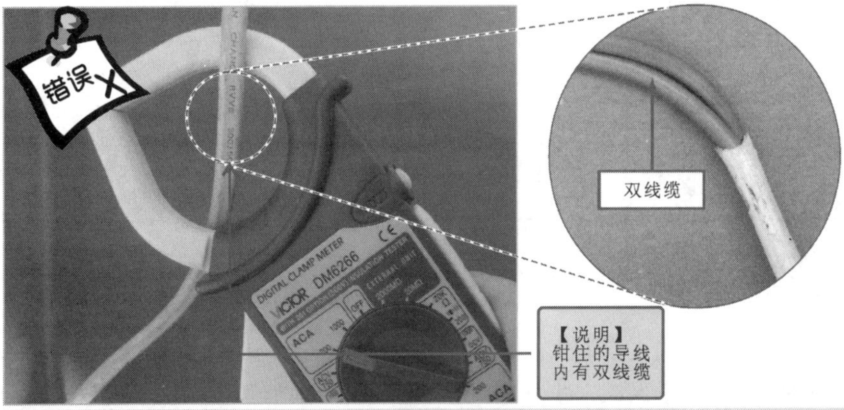
错误
双线缆
【说明】
钳住的导线
内有双线缆
DIGITAL CLAMP METER
VICTOR DM6266

图2-53　错误使用钳形表

提问

请问如何使用钳形表检测电压？

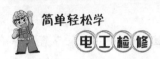

使用钳形表检测电压时，应当将红、黑表笔插入钳形表的表笔插孔中。再将钳形表的量程调整至交流电压挡，然后将黑表笔搭在零线上，红表笔搭在相线上。在正常情况时，应当可以检测到220V交流电压，如图2-54所示。

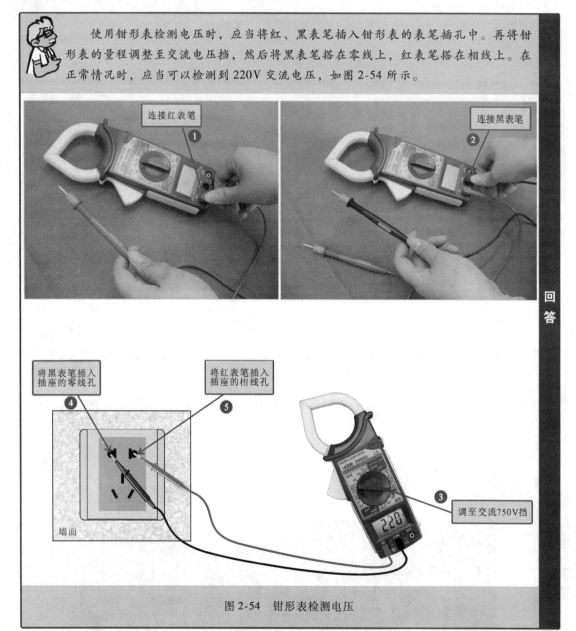

回答

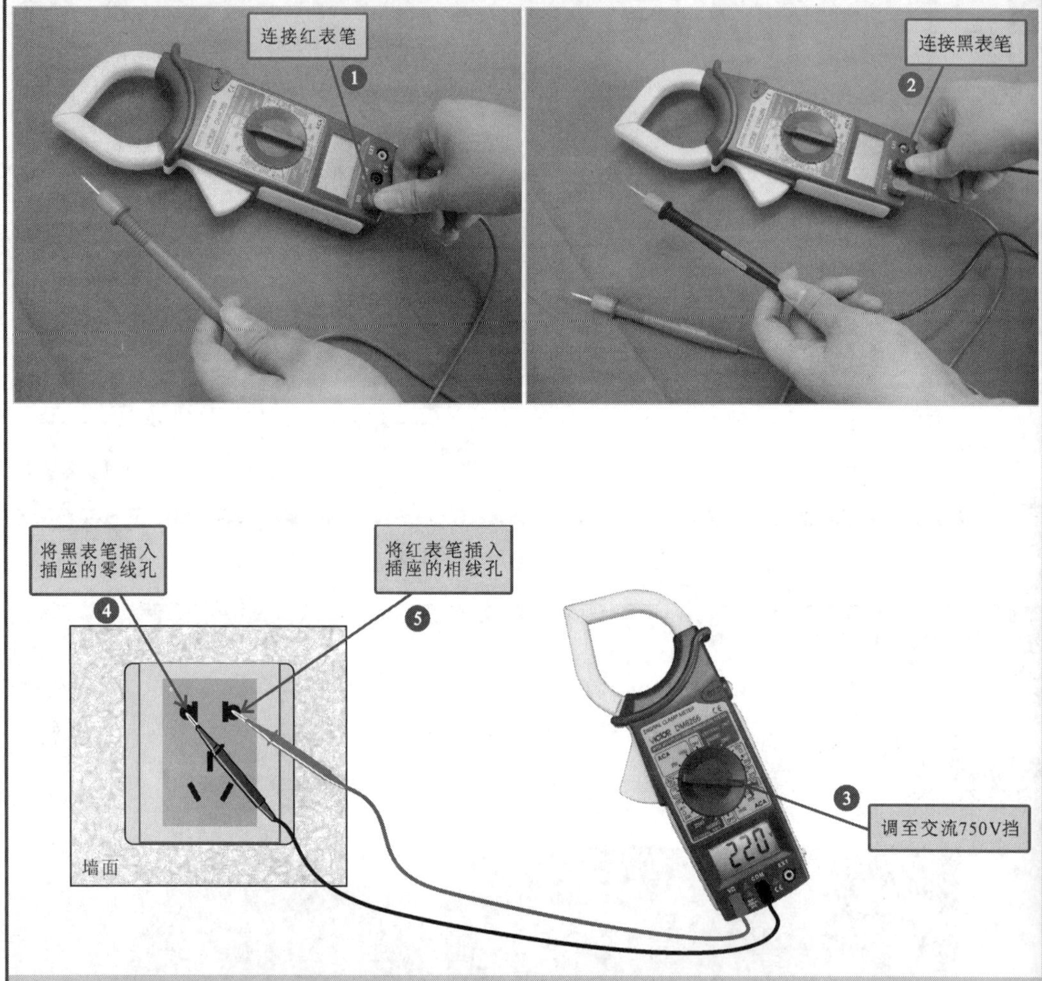
连接红表笔
1
连接黑表笔
2
将黑表笔插入插座的零线孔
4
将红表笔插入插座的相线孔
5
墙面
3
调至交流750V挡
220

图2-54　钳形表检测电压

2.2.4　兆欧表的功效

兆欧表是专门用来对电气设备、家用电器或电气线路等对地及相线之间的绝缘阻值进行检测的工具。用于保证这些设备、电器和线路工作在正常状态，避免发生触电伤亡及设备损坏等事故。

1. 兆欧表的结构特点

兆欧表可以分为数字式和手摇式两种类型。手摇式兆欧表由刻度盘、指针、接线端子（E地线接线端子、L相线接线端子）、铭牌、手动摇杆、使用说明、红测试线以及黑测试线等构成。数字式兆欧表是由数字显示屏、测试线连接插孔、背光灯开关、时间设置按钮、测量旋钮、量程调节开关等构成。图2-55所示为两种典型兆欧表的结构。

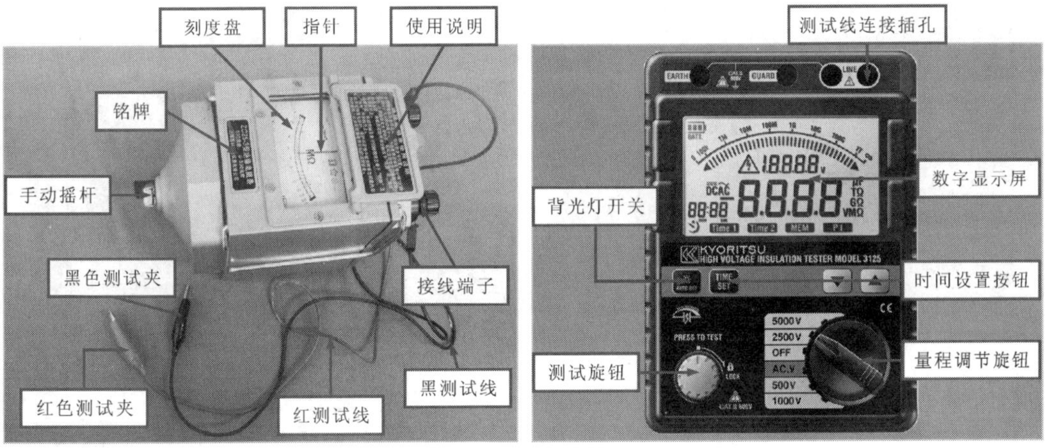
刻度盘
指针
使用说明
铭牌
手动摇杆
黑色测试夹
接线端子
黑测试线
红色测试夹
红测试线
测试线连接插孔
数字显示屏
背光灯开关
时间设置按钮
测试旋钮
量程调节旋钮
KYORITSU
HIGH VOLTAGE INSULATION TESTER MODEL 3125
5000V
2500V
OFF
500V
1000V
PRESS TO TEST

图 2-55　两种典型兆欧表的结构

提问

兆欧表可以测量几种电压下的绝缘强度？

回答

兆欧表通常只能产生一种电压，当需要测量不同电压下的绝缘强度时，就要更换不同电压的兆欧表。若测量额定电压在 500V 以下的设备或线路的绝缘电阻时，可选用 500V 或 1000V 兆欧表；测量额定电压在 500V 以上的设备或线路的绝缘电阻时，选用 1000～2500V 的兆欧表；测量绝缘子时，选用 2500～5000V 兆欧表。一般情况下，测量低压电气设备的绝缘电阻时可选用 0～200MΩ 量程的兆欧表。

2. 兆欧表的使用方法

本节讲解兆欧表的使用方法以操作手摇式兆欧表为例，主要分为三个步骤：一是将红、黑测试夹的连接线与兆欧表接线端子进行连接；二是对兆欧表进行空载检测；三是使用兆欧表检测电动机的绝缘性能。

① 在使用兆欧表时，应当将兆欧表的红色测试线与连接端子（L）连接，再将黑测试线与接线端子（E）进行连接，如图 2-56 所示。

② 使用兆欧表进行测量前，应对其进行开路与短路测试，检查兆欧表是否正常，将红、黑测试夹分开，顺时针摇动摇杆，兆欧表指针应当指示“∞”，再将红、黑测试夹短接，顺时针摇动摇杆，兆欧表指针应当指示“0”，说明该兆欧表正常，如图 2-57 所示。

③ 将兆欧表的黑色测试夹连接待测电动机外壳（接地），红色测试夹连接电动机的任意一根电源连接线。顺时针摇动手柄，观察兆欧表的指针变化，表针停止摆动时，应当指示为“500 MΩ”，说明该电动机绝缘性能良好，如图 2-58 所示。

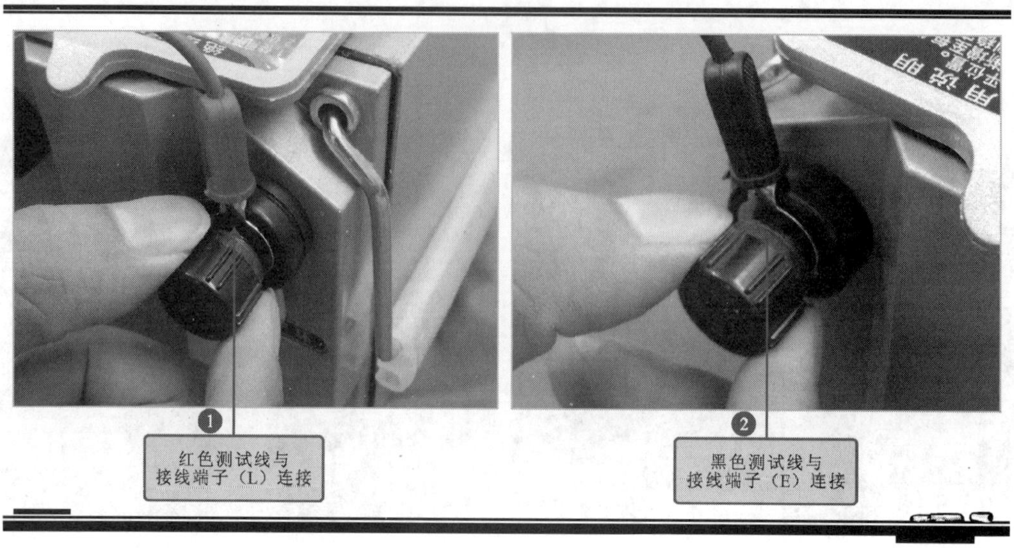
1
红色测试线与
接线端子（L）连接
2
黑色测试线与
接线端子（E）连接

图 2-56　将红、黑测试夹的连接线与兆欧表接线端子进行连接

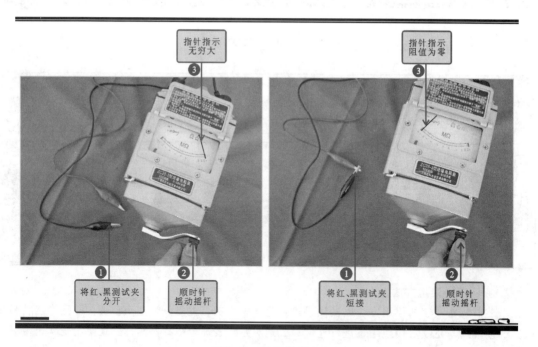

3
指针指示
无穷大
3
指针指示
阻值为零
1
将红、黑测试夹
分开
2
顺时针
摇动摇杆
1
将红、黑测试夹
短接
2
顺时针
摇动摇杆

图 2-57　检测兆欧表

【注意】

使用兆欧表检测电动机等大型带电设备时，应当断开待测电动机的一切连接，然后将电动机短接并接地放电 1min 左右。若电容量较大的设备应当短接接地放电 2min 左右。禁止在雷电时或高压设备附近测绝缘电阻，只能在设备不带电，也没有感应电的情况下测量。检测时，兆欧表的线不能绞在一起，要分开。兆欧表摇动摇杆未停之前或被测设备未放电之前，严禁用手触碰。在检测结束进行拆线时，也不要触及引线的金属部分。

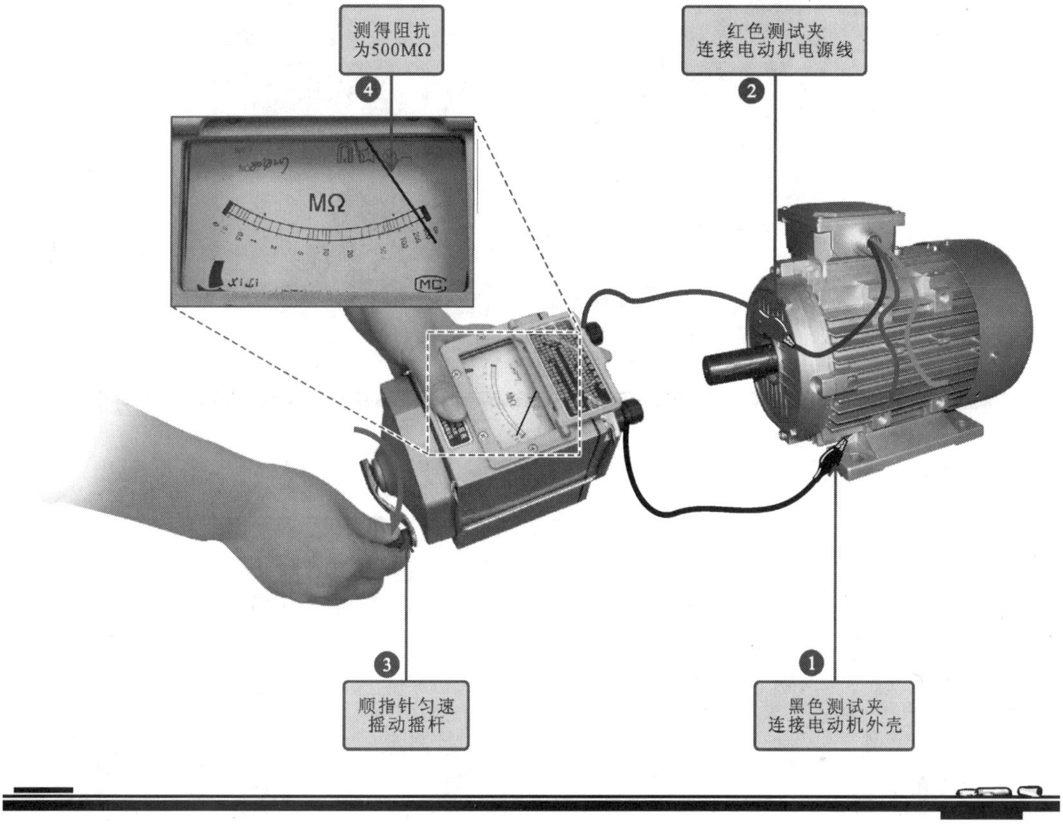
测得阻抗
为500MΩ
红色测试夹
连接电动机电源线
MΩ
顺指针匀速
摇动摇杆
黑色测试夹
连接电动机外壳

图 2-58　使用兆欧表检测电动机的绝缘性能

2.3　防患于未然的电工辅助工具

电工操作中除了常用的加工工具、焊接工具和检测工具外，还有一些其他的辅助工具，例如攀爬工具、安全防护工具和灭火工具等。

2.3.1　攀高工具有哪些

在电工操作中，我们常常会用到攀爬工具进行高空作业，例如登高、爬杆等。常用的攀爬工具有梯子、踏板、脚扣等。

1. 梯子

电工在攀爬作业中常常会使用梯子作为攀爬工具。为了保证人身或设备安全，一些电力或电气设备的安装位置较高，人无法直接接触到，因此需要借助梯子进行作业。常用的梯子有直梯和人字梯两种，如图 2-59 所示。直梯多用于户外攀高作业，人字梯则常用于户内作业。

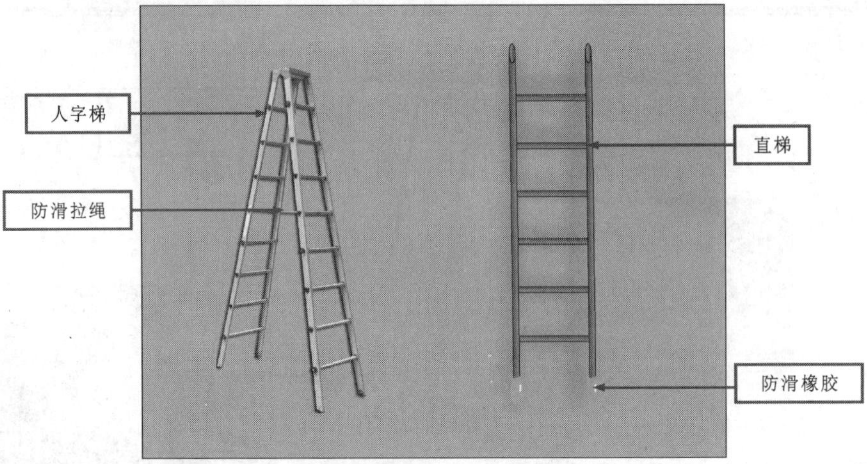
人字梯
防滑拉绳
直梯
防滑橡胶

图 2-59　电工常用梯子的外形图

【资料】

梯子的外形多种多样，在有些特殊的地方或环境中，还需要一些特殊构造的梯子，如图 2-60 所示。

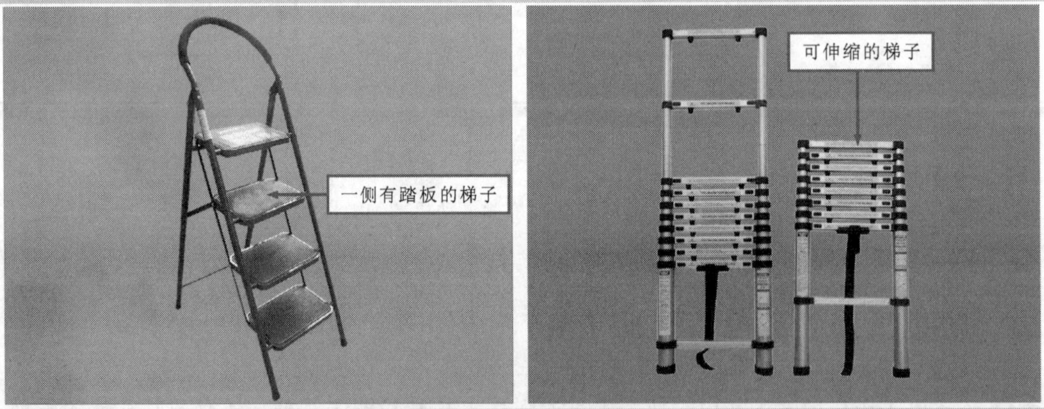
一侧有踏板的梯子
可伸缩的梯子

图 2-60　用在特殊场合的梯子

【注意】

电工在使用梯子作业前应先检查梯子是否结实，木质材料的梯子有无裂痕和蛀虫，直梯两脚有无防滑材料，人字梯中间有无连接防自动滑开的安全绳。使用直梯作业时，对站姿是有要求的：一只脚要从另一只脚所站梯步高两步的梯空中穿过。规范站姿是为了扩大作业活动幅度和保证不会因用力过猛而站不稳。电工在人字梯上作业时，不允许站立在人字梯最上面的两挡，不允许骑马式作业，以防滑开摔伤。

2. 踏板

踏板也是电工常用的一种攀爬工具。踏板又称登板、升降板、登高板，由绳和板两部分组成，主要用于电杆的攀爬作业中。踏板作为攀爬工具，由于有一定的危险性，所以对其尺寸、材质以及工艺等有一定的要求，如图2-61所示，踏板的大小以符合人体脚底大小为宜，不可过大或过小；材质多采用坚硬的木材结构，不可使用金属代替；踏板的中间设有防滑带，以免踩踏时出现打滑的危险。

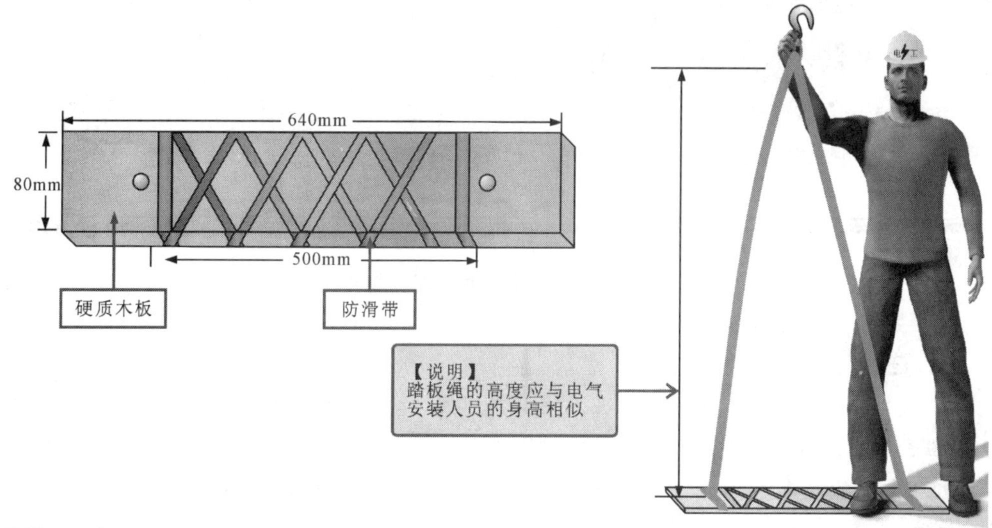
640mm
80mm
500mm
硬质木板
防滑带
【说明】
踏板绳的高度应与电气安装人员的身高相似

图2-61　踏板的制作方法

3. 脚扣

脚扣又叫做铁脚，也是电工攀电杆所用的专用工具，主要由弧形扣环和脚套组成。如图2-62所示。

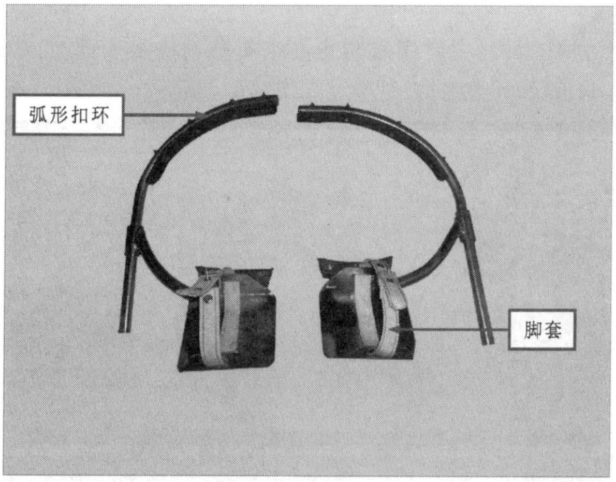
弧形扣环
脚套

图2-62　脚扣的外形图

常用的脚扣有木杆脚扣和水泥杆脚扣两种，其中木杆脚扣的扣环上有铁齿，用以咬住木杆；水泥脚扣的扣环上裹有橡胶，以便增大摩擦力，防止打滑，如图2-63所示。

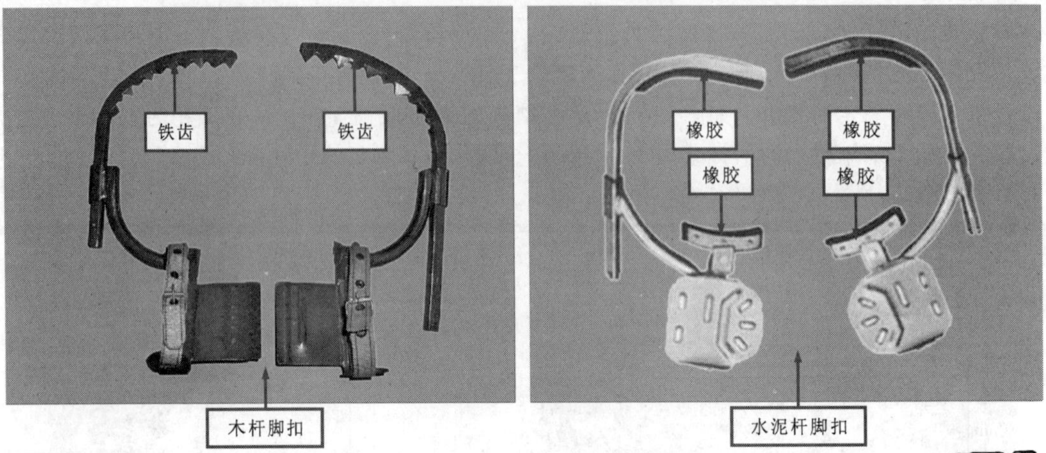
铁齿
铁齿
橡胶
橡胶
橡胶
橡胶
木杆脚扣
水泥杆脚扣

图 2-63　木杆脚扣和水泥杆脚扣

【注意】

电工使用脚扣时应注意使用前的检查工作，即对脚扣也要做人体冲击试验。同时检查脚扣皮带是否牢固可靠，是否磨损或被腐蚀等。使用时要根据电杆的大小规格选择合适的脚扣，使用脚扣的每一步都要保证扣环完整套入，扣牢电杆后方能移动身体的着力点。

2.3.2　安全护具有哪些

在电工作业时，由于经常会接触交流电，以及在高空等危险的地方作业，因此常常会用到一些防护工具，例如安全帽、绝缘手套、绝缘鞋、绝缘胶带、安全带等。

1. 安全帽

安全帽是一种头部防护工具，主要用来防止高空有坠物撞击头部，以及挤压等伤害，典型安全帽的实物外形如图 2-64 所示。

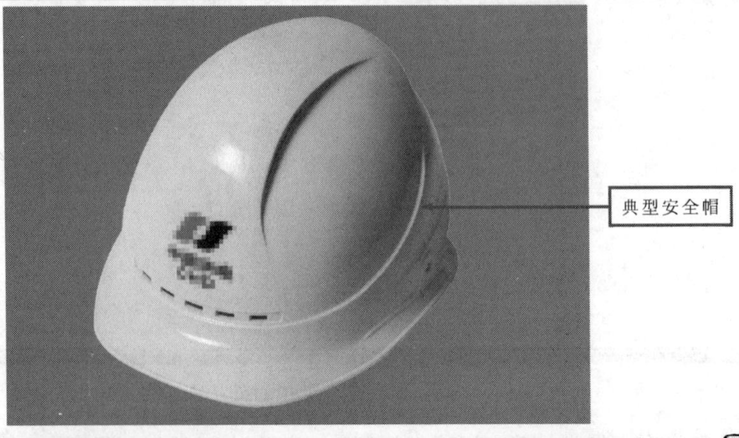
典型安全帽

图 2-64　安全帽的实物外形

电工作业的环境多种多样，相对比较恶劣，在不同的环境下，需要进行的防护也各有不同，除了头部，还要对眼睛或耳朵进行防护，因此就有了许多各种类型的安全帽，如带有护目功能和护耳功能，如图 2-65 所示。

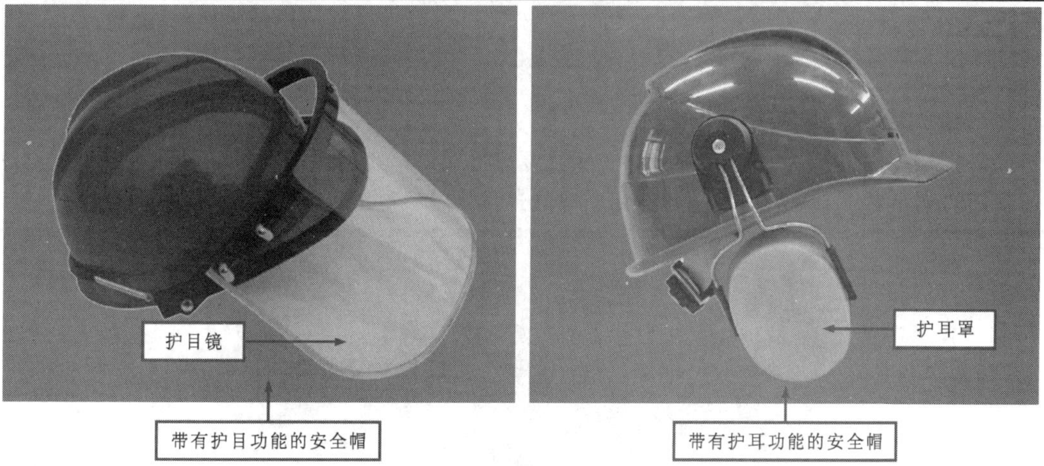
护目镜
带有护目功能的安全帽
护耳罩
带有护耳功能的安全帽

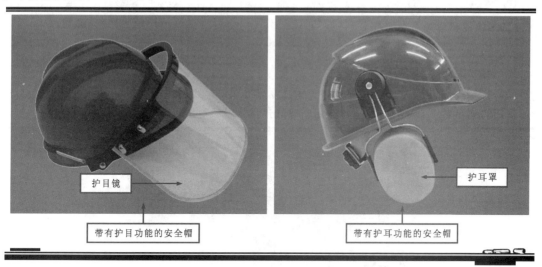

图 2-65　带有护目和护耳功能的安全帽

【注意】

佩戴安全帽时，应注意检查帽内缓冲衬垫的带子是否牢固。人的头顶与帽内顶部的间隔不能小于32mm，且在作业时不能选择金属材质的安全帽。如发现帽子有龟裂、下凹、裂痕和磨损等情况，应立即进行更换。

2. 绝缘手套和绝缘鞋

绝缘手套和绝缘鞋由橡胶制成，两者都作为辅助安全用具，起防触电的作用，如图 2-66 所示。绝缘手套是电工低压工作的基本安全用具，其长度至少应超过手腕 10cm，以保护手腕和手；绝缘鞋也是防护跨步电压的基本安全用具，建议作为电工上岗必备装备之一。

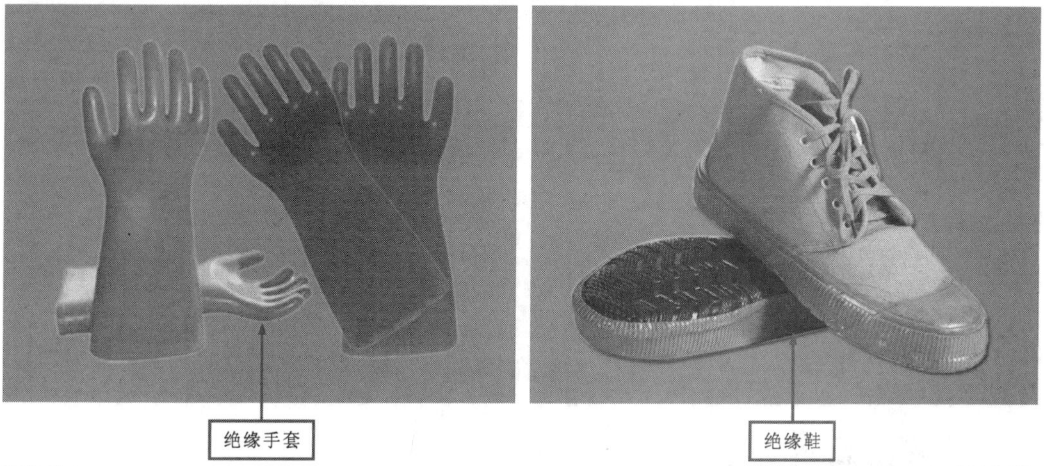
绝缘手套
绝缘鞋

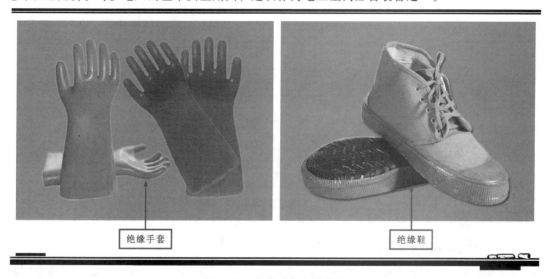

图 2-66　绝缘手套和绝缘鞋

【注意】

电工使用绝缘手套和绝缘鞋之前必须做好检查工作（如，充气检验），若发现有破损时不能使用。穿戴绝缘手套或绝缘鞋时，不要将手腕或脚腕等裸露出来，防止在作业时，裸露部位触电或其他有害物质伤害皮肤。

3. 绝缘胶带

图2-67所示为电工常用绝缘胶带，主要用于防止漏电，起绝缘作用，具有使用方便，无残胶，良好的绝缘耐压、阻燃等特性，适用于电线连接、电线电缆缠绕、绝缘保护等功能。

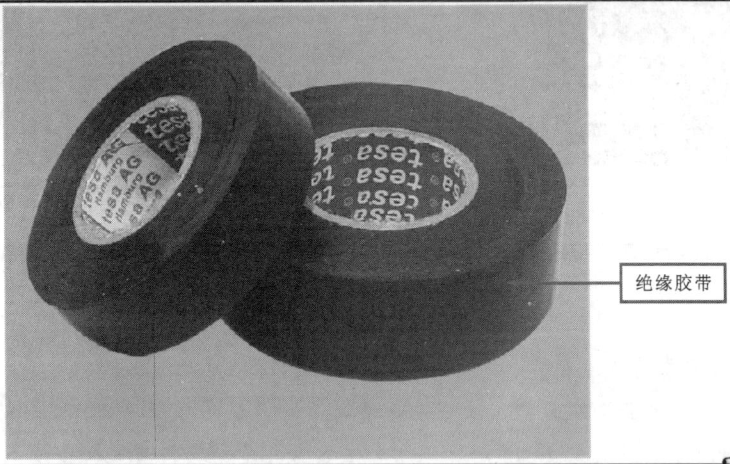
tesa
tesa AG
绝缘胶带

图2-67　绝缘胶带

绝缘胶带通常以“一”字接法进行连接，拉长胶带依着顺时针方向将切断绝缘层的导线紧紧裹住并黏贴牢固，如图2-68所示。注意距裸露线芯两根带宽的位置开始（或结束）裹扎，胶

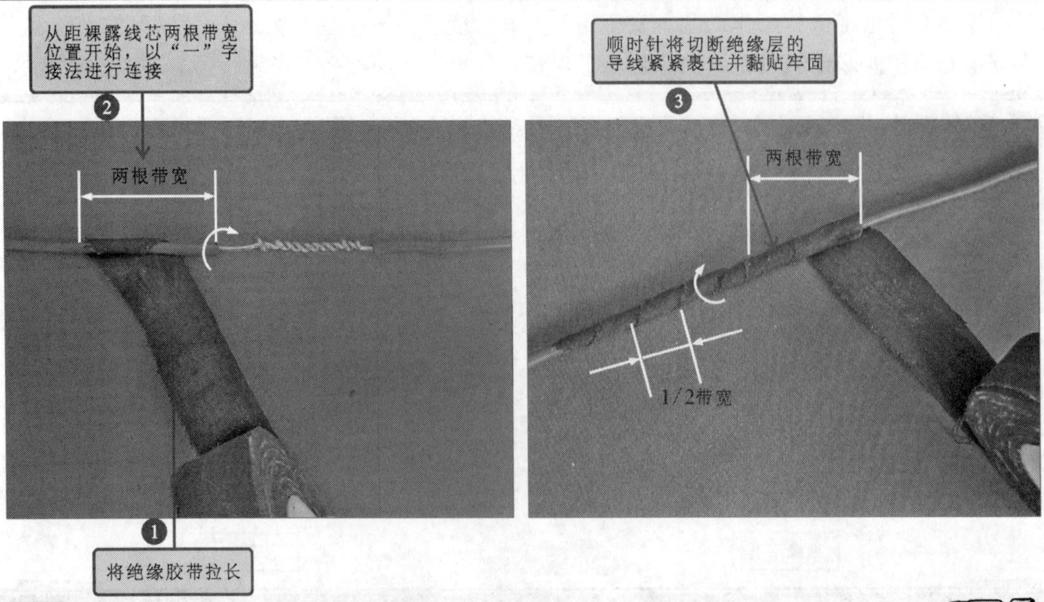
从距裸露线芯两根带宽位置开始，以“一”字接法进行连接
2
两根带宽
1
将绝缘胶带拉长
顺时针将切断绝缘层的导线紧紧裹住并黏贴牢固
3
两根带宽
1/2带宽

图2-68　绝缘胶带的使用方法

带交叠的宽度以1/2带宽为佳，这样可以最大限度保证防潮、防锈、防漏电。

【资料】

绝缘胶带的种类有很多，除了常用的电力绝缘胶带以外，还有用于防水的防水绝缘胶带和防漏胶带，其外形如图2-69所示。防水绝缘胶带常用于一些潮湿的环境或需要防水保护的地方。

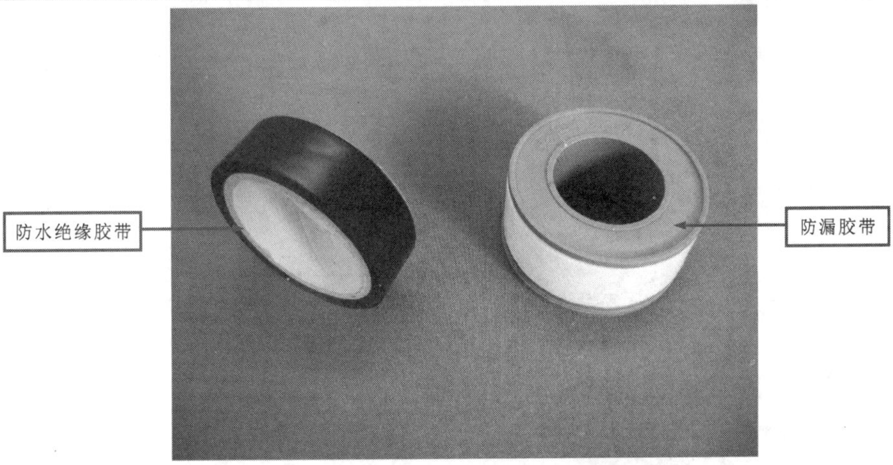
防水绝缘胶带
防漏胶带

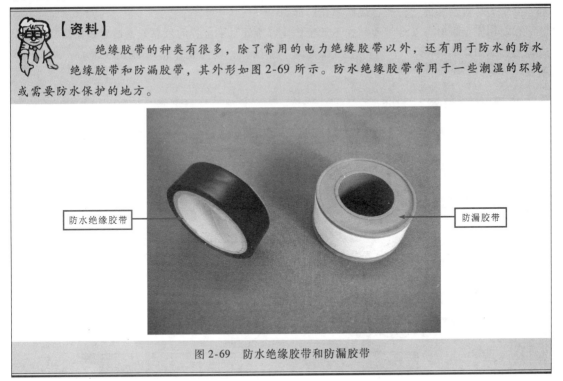

图2-69　防水绝缘胶带和防漏胶带

4. 安全带

安全带由腰带、保险绳和腰绳等组成，是一种防坠落的防护用品，常用于保护高空作业人员，防止发生坠落事故。安全带是电工作业中必不可少的登高攀爬防护用具，如图2-70所示。

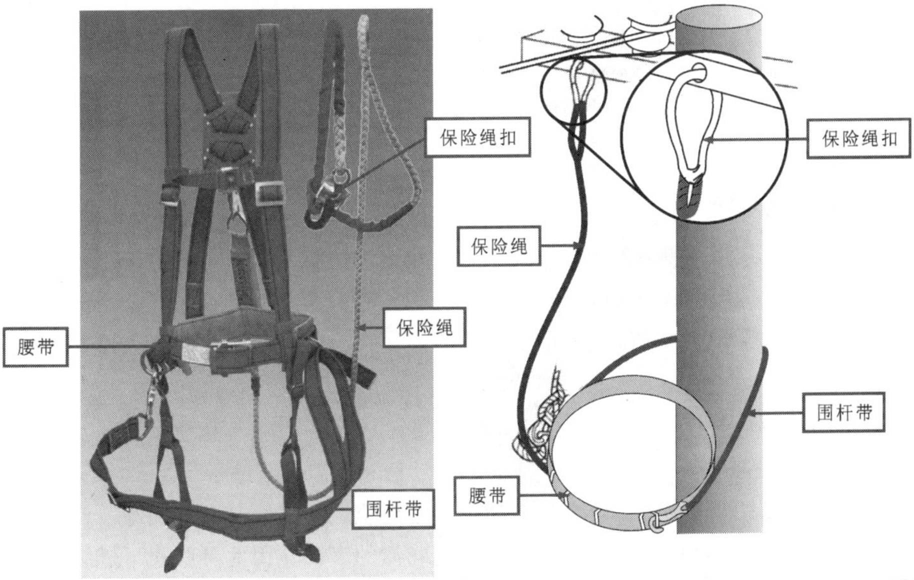
保险绳扣
保险绳
腰带
围杆带
保险绳扣
保险绳
围杆带
腰带

图2-70　安全带的实物外形

安全带的腰带是用来系挂保险绳、腰带和围杆带的。保险绳的直径不小于 13mm，三点式腰部安全带应尽可能系的低一些，最好系在胯部。

在使用安全带时，安全带要扣在不低于作业者所处水平位置的可靠处，最好系在胯部，提高支撑力，如图 2-71 所示。不能扣在作业者的下方位置，以防止坠落时加大冲击力，使作业者受伤。

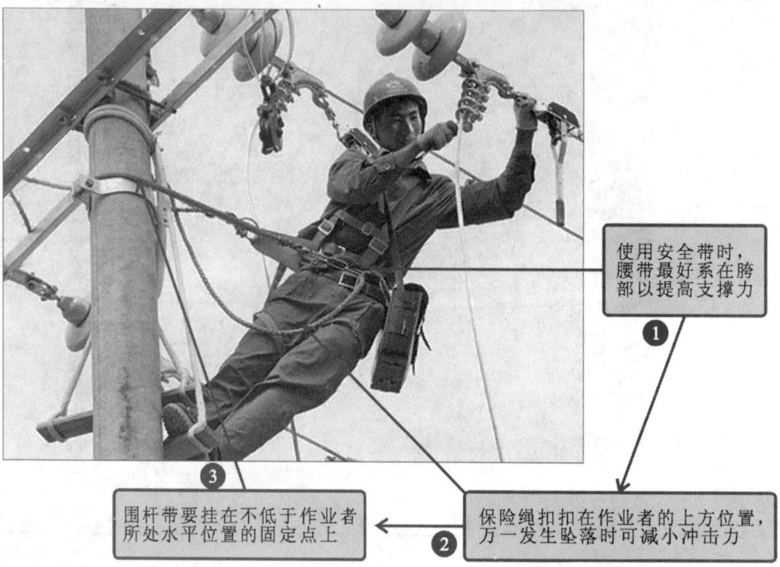
使用安全带时，腰带最好系在胯部以提高支撑力
1
保险绳扣扣在作业者的上方位置，万一发生坠落时可减小冲击力
2
围杆带要挂在不低于作业者所处水平位置的固定点上
3

图 2-71　安全带的使用方法

【注意】

电工在基准面2m 以上高处作业时必须系安全带。要经常检查安全带缝制部位和挂钩部分，当发现断裂或磨损时，要及时修理或更换。悬挂线应尽量加套保险套后使用。

2.3.3　灭火工具有哪些

灭火器是火灾扑救中常用的灭火工具。在火灾初起之时，由于范围小，火势弱，是扑救火灾的最有利时机。正确、及时使用灭火器，可以挽回巨大的损失。灭火器结构简单，轻便灵活，容易掌握。目前常用的灭火器有泡沫灭火器、二氧化碳灭火器、干粉灭火器以及 1211 灭火器等。

1. 灭火器的种类特点

(1) 泡沫灭火器

泡沫灭火器能够在燃烧物表面形成泡沫覆盖层，使燃烧物表面与空气隔绝，起到窒息灭火的作用。由于泡沫层能阻止燃烧区的热量作用于燃烧物质的表面，因此可防止可燃物本身和附近可燃物的蒸发。泡沫析出的水对燃烧物表面进行冷却，泡沫受热蒸发产生的水蒸气可以降低燃烧物附近氧的浓度。泡沫灭火器的实物外形如图 2-72 所示。

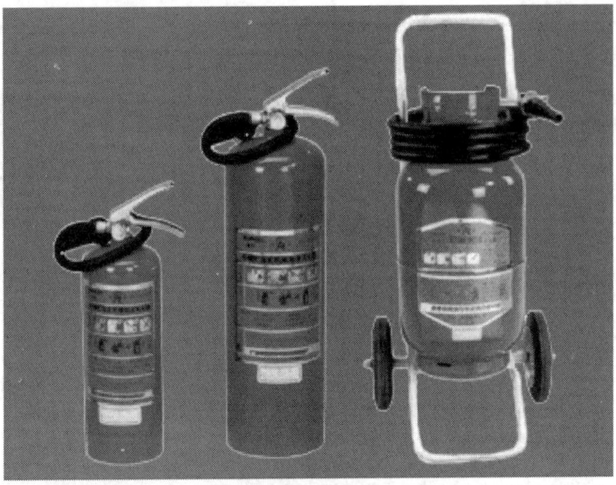

图 2-72　泡沫灭火器的实物外形

泡沫灭火器适用于扑救木材、棉、麻、纸张等火灾，也能扑救石油制品、油脂等火灾，但不能扑救水溶性可燃、易燃液体（如醇、酯、醚、酮等）的火灾。

（2）干粉灭火器

干粉灭火器能够消除燃烧物产生的活性游离子，使燃烧的连锁反应中断。干粉遇到高温分解时可吸收大量的热，并放出蒸气和二氧化碳，达到冷却和稀释燃烧区空气中氧的作用。干粉灭火器的实物外形如图 2-73 所示。

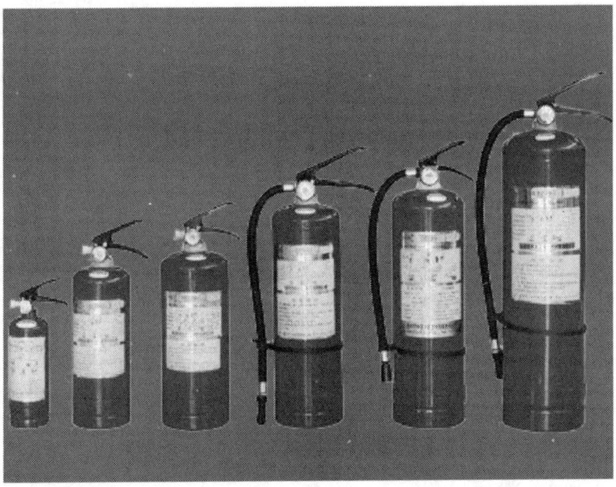

图 2-73　干粉灭火器的实物外形

干粉灭火器适用于扑救可燃液体、气体、电气火灾以及不宜用水扑救的火灾。ABC 干粉灭火器可以扑救带电物质的火灾。

（3）二氧化碳灭火器

当燃烧区中二氧化碳在空气的含量达到 30% ~ 50% 时，能使燃烧熄灭，主要起窒息作用。同时二氧化碳在喷射灭火过程中吸收一定的热能，有一定的冷却作用。二氧化碳灭火器的实物外形如图 2-74 所示。

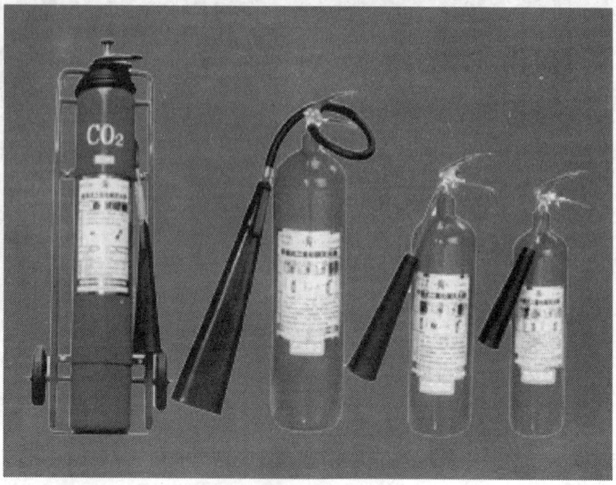
CO_2

图 2-74　二氧化碳灭火器的实物外形

二氧化碳灭火器适用于扑救 600V 以下电气设备、精密仪器、图书、档案的火灾，以及范围不大的油类、气体和一些不能用水扑救的物质的火灾。

（4）1211 灭火器

1211 灭火器主要是抑制燃烧的连锁反应，中止燃烧。同时兼有一定的冷却和窒息作用。1211 灭火器的实物外形如图 2-75 所示。

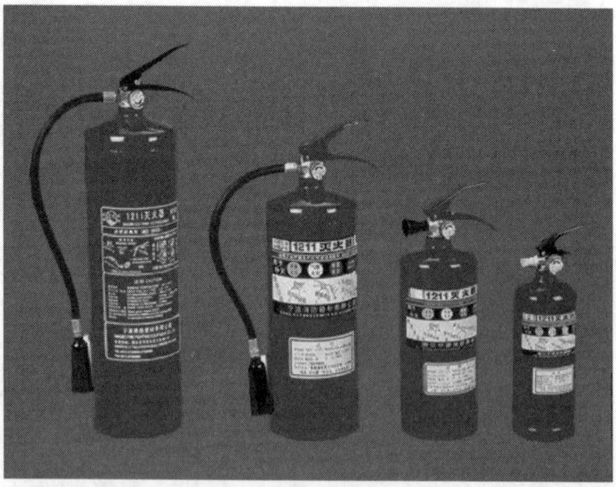

图 2-75　1211 灭火器的实物外形

1211 灭火器适用于：扑救易燃、可燃液体，气体，带电设备等的火灾；也能对固体物质（如竹、纸、织物）表面火灾进行扑救，尤其适用于扑救精密仪表、计算机、珍贵文物以及贵重物资仓库的火灾；还能扑救飞机、汽车、轮船、宾馆等场所的初起火灾。

2. 灭火器的使用方法

下面，以干粉灭火器为例，介绍灭火器的使用方法，图 2-76 所示为典型干粉灭火器的结构。

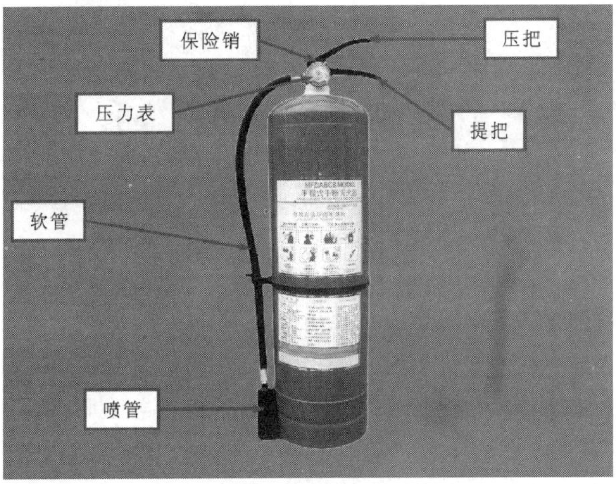
保险销
压把
压力表
提把
软管
喷管

图 2-76　典型干粉灭火器的结构

使用时要先除掉灭火器的铅封，拔出位于灭火器顶部的保险销，然后压下压把，将喷管对准火焰根部进行喷射灭火。对空中线路进行灭火时，人体应与带电物体之间最少要保持 45°的倾斜角度，以防导线或其他设备掉落时危害人身安全。利用灭火器灭火如图 2-77 所示。

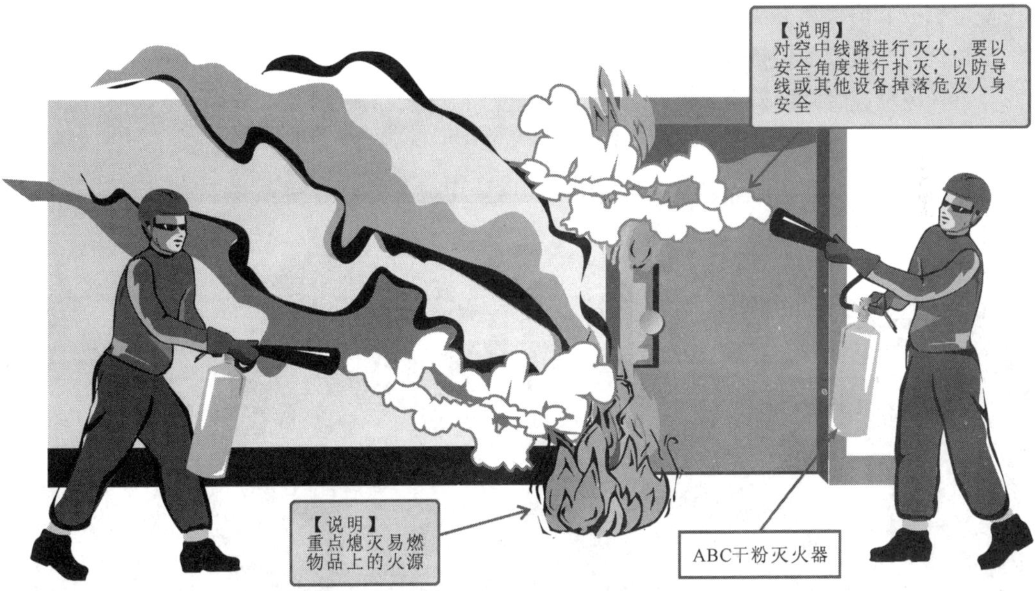
【说明】
对空中线路进行灭火，要以安全角度进行扑灭，以防导线或其他设备掉落危及人身安全
【说明】
重点熄灭易燃物品上的火源
ABC干粉灭火器

图 2-77　利用灭火器灭火示意图

【注意】

火灾发生后，由于温度、烟熏等诸多原因，设备的绝缘性能会随之降低，拉闸断电时一定要佩戴绝缘手套，或使用绝缘拉杆等干燥绝缘器材拉闸断电。

第3章 轻松搞定半导体器件的检测

现在，开始进入第3章的学习：在电工检修的各个领域中，半导体器件的检测是常用的技能之一。本章我们要讲解常用半导体器件的检测。在电工检修操作中，掌握半导体器件的检测方法是一项重要操作技能，这项技能在电路调试、检测，以及电气设备维修中被广泛应用。为了让大家能够在短时间内会用、活用半导体器件的检测技能，我们特地安排了针对不同半导体器件的检测训练。相信本章学习完毕，大家都会觉得原来半导体器件的检测如此轻松，好了，不多说了，让我们开始吧！

3.1 训练二极管的检测技能

二极管（本书中指半导体二极管）是一种常用的半导体器件，下面通过具体实例介绍二极管的检测方法。通常，二极管有正负极之分，因此检测前能够准确区分引脚极性是检测二极管的关键环节。

对于一些没有明显标识信息的二极管，可以使用万用表的欧姆挡（电阻挡）进行简单判别。图3-1所示为二极管引脚极性的判别方法。

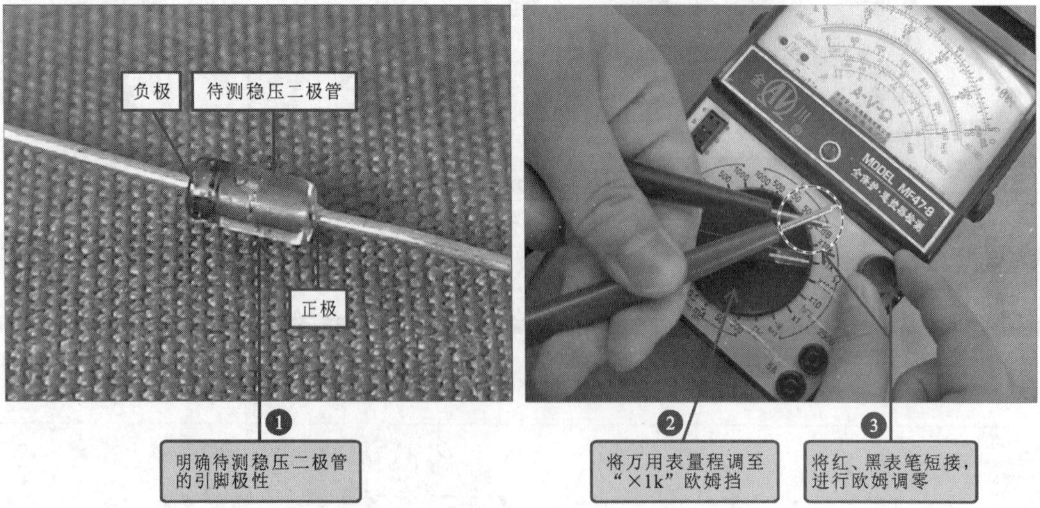
负极
待测稳压二极管
正极
MODEL MF47-8
1
明确待测稳压二极管的引脚极性
2
将万用表量程调至“×1k”欧姆挡
3
将红、黑表笔短接，进行欧姆调零

图3-1 二极管引脚极性的判别方法

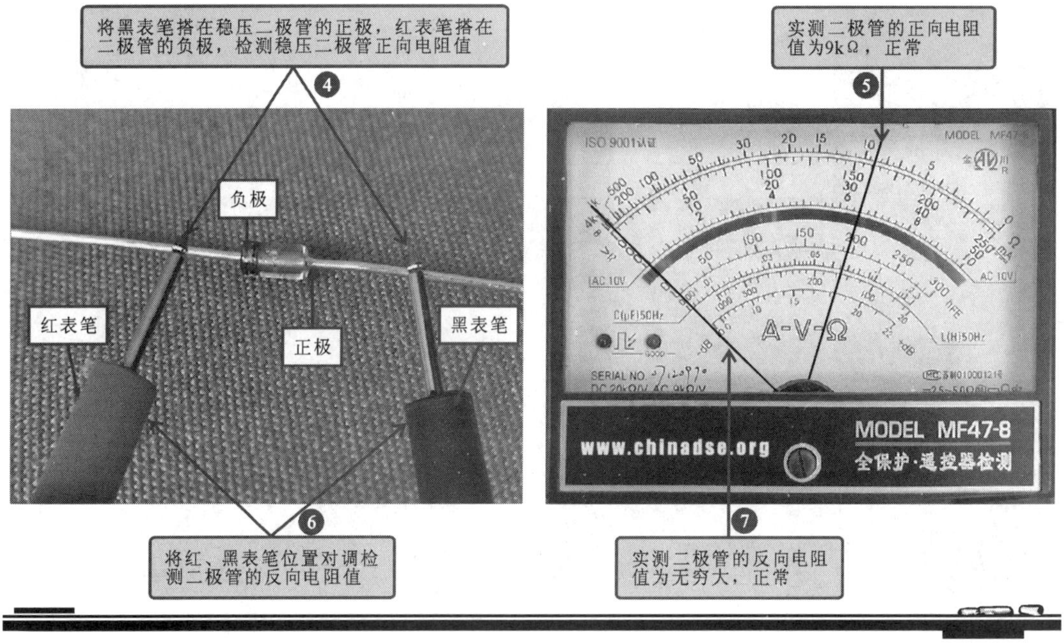
将黑表笔搭在稳压二极管的正极，红表笔搭在二极管的负极，检测稳压二极管正向电阻值
4
负极
红表笔
正极
黑表笔
6
将红、黑表笔位置对调检测二极管的反向电阻值
实测二极管的正向电阻值为9kΩ，正常
5
MODEL MF47-8
www.chinadse.org
全保护·遥控器检测
7
实测二极管的反向电阻值为无穷大，正常

图 3-1　二极管引脚极性的判别方法（续）

通常，二极管的正向电阻值较小，一般为几 kΩ；反向电阻值较大，一般为几百 kΩ，因此，当使用指针万用表检测二极管时，所测电阻值较小的一次，黑表笔所接的引脚为二极管的正极，红表笔所接的引脚为二极管的负极。

【注意】

使用数字万用表检测和判别二极管时，检测方法与指针万用表相似，但判断方法正好相反，即当使用数字万用表检测二极管时，所测电阻值较小的一次，红表笔所接的引脚为二极管的正极，黑表笔所接的引脚为二极管的负极。

提问

一般情况下，我们将万用表的黑表笔视为负极，红表笔视为正极，为什么检测二极管时，黑表笔搭在二极管的正极时，测试的是正向电阻值呢？

回答

这是由万用表的内部结构来决定的。使用指针万用表测量电阻时，其内部电池的正极连接黑表笔，电池的负极连接红表笔。根据我们对二极管单向导电特性的了解，当二极管正极接电源正极、负极接电源负极时为加正向电压情况，这样结合起来就不难理解了。

二极管的制作材料有锗半导体材料和硅半导体材料之分，在对二极管进行选配、代换时，准确区分二极管的制作材料也是十分关键的步骤。

通常，判别二极管制作材料时，主要依据不同材料的二极管其导通电压有明显区别这一特点进行判断，使用数字万用表的二极管挡进行检测。二极管制作材料的判别方法，如图 3-2 所示。

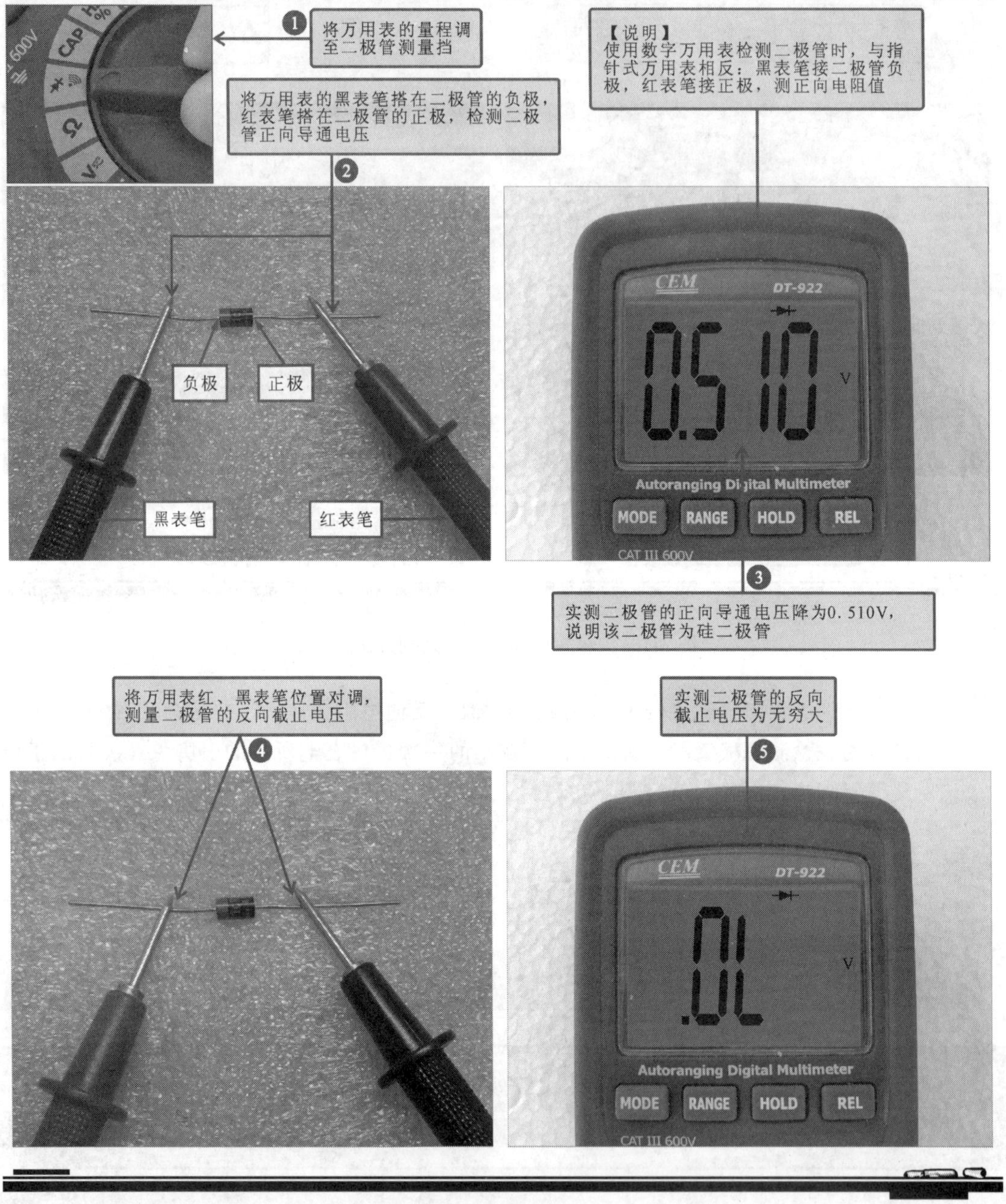
1 将万用表的量程调至二极管测量挡
【说明】使用数字万用表检测二极管时，与指针式万用表相反：黑表笔接二极管负极，红表笔接正极，测正向电阻值
将万用表的黑表笔搭在二极管的负极，红表笔搭在二极管的正极，检测二极管正向导通电压
2
负极
正极
黑表笔
红表笔
CEM
DT-922
0.510
V
Autoranging Digital Multimeter
MODE
RANGE
HOLD
REL
CAT III 600V
3
实测二极管的正向导通电压降为0. 510V，说明该二极管为硅二极管
将万用表红、黑表笔位置对调，测量二极管的反向截止电压
4
实测二极管的反向截止电压为无穷大
5
.0L

图 3-2　二极管制作材料的判别方法

【资料】

若实测二极管的导通电压在 0.2～0.3V 内，则说明该二极管为锗二极管；若实测在 0.5～0.7V 范围内，则说明所测二极管为硅二极管。

可以看到，通过该测试方法即可了解到二极管的正向导通电压值，由于二极管导通电压是其基本的特性参数之一，在电子产品的设计、调整和测试环节，准确把握二极管的导通电压是十分重要的。

在实际使用中，二极管的种类多样，常见的有整流二极管、发光二极管、光敏二极管和双向触发二极管等。不同类型的二极管其检测方法也不尽相同。下面以几种典型二极管为例，进行实际的检测操作训练。

3.1.1 整流二极管的检测训练

用万用表的欧姆挡检测整流二极管的好坏。首先调整万用表挡位，在进行零欧姆调整后，用万用表的红、黑表笔分别检测整流二极管的正反向电阻值。整流晶体二极管的检测方法如图3-3所示。

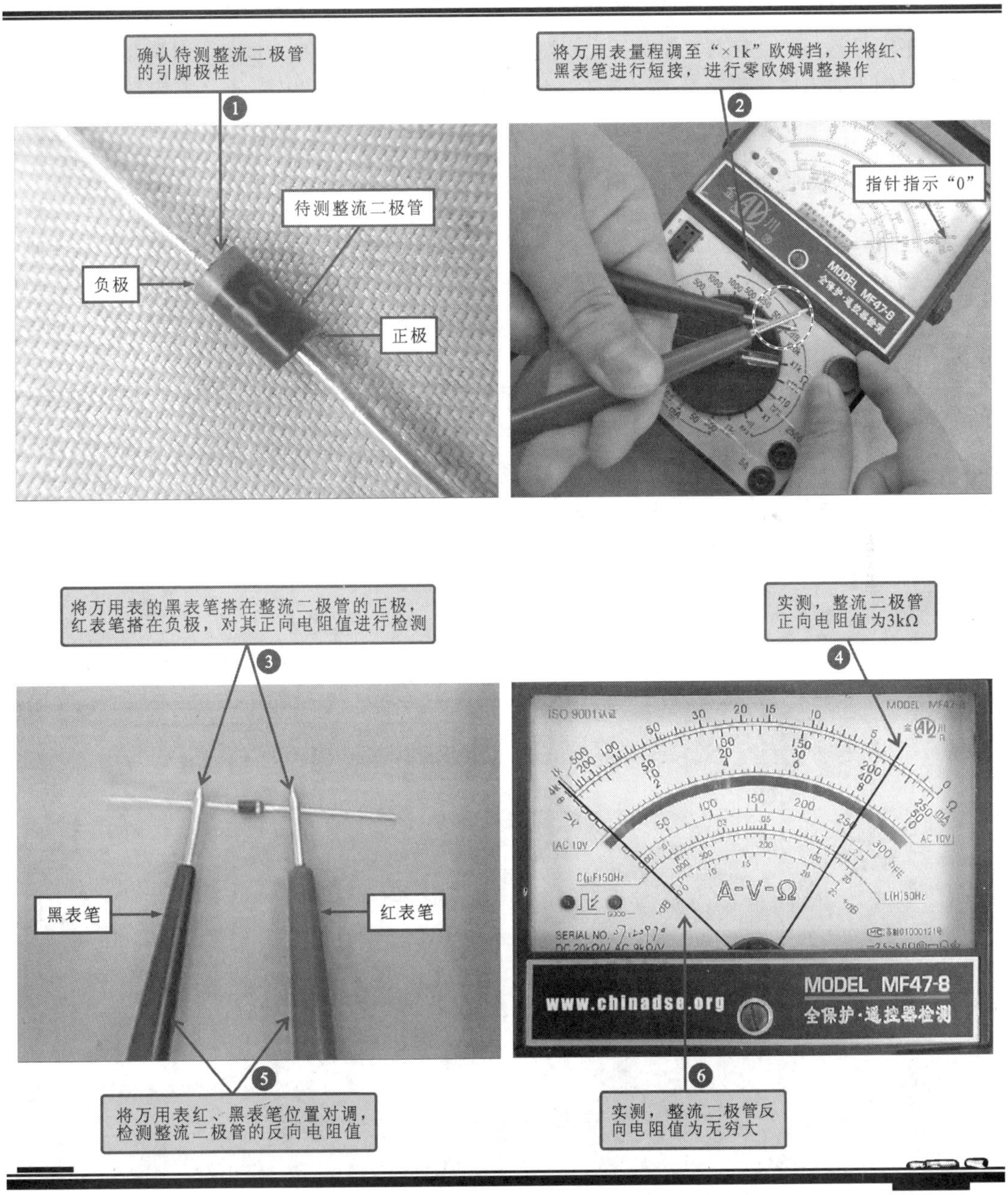
确认待测整流二极管的引脚极性
1
待测整流二极管
负极
正极
将万用表量程调至“×1k”欧姆挡，并将红、黑表笔进行短接，进行零欧姆调整操作
2
指针指示“0”
MODEL MF47-8
将万用表的黑表笔搭在整流二极管的正极，红表笔搭在负极，对其正向电阻值进行检测
3
黑表笔
红表笔
实测，整流二极管正向电阻值为3kΩ
4
MODEL MF47-8
www.chinadse.org
全保护·遥控器检测
5
将万用表红、黑表笔位置对调，检测整流二极管的反向电阻值
6
实测，整流二极管反向电阻值为无穷大

图3-3 整流二极管的检测方法

【资料】

正常情况下，整流二极管正向电阻值为几千欧姆，反向电阻值趋于无穷大。整流二极管的正反向电阻值相差越大越好，若测得正反向电阻值相近，说明该整流二极管已经失效损坏。

若使用指针万用表检测整流二极管时，表针一直在不断摆动，不能停止在某一电阻值上，说明该整流二极管的热稳定性不好。

对于稳压二极管、开关二极管、检波二极管都可参照上述方法进行粗略检测和判断。需要注意的是，不同材料的二极管其正常的正向电阻值和反向电阻值大小是不同的。且同型号或同一只二极管用万用表的不同量程测量时，其正、反向电阻值的大小也是不同的（不同挡位下，万用表内阻不同，输出电压不同）。

3.1.2 发光二极管的检测训练

用万用表的欧姆挡检测发光二极管好坏。首先调整万用表挡位（发光二极管正向电阻较大，一般使用“×10k”欧姆挡），在进行零欧姆调整后，用万用表的红、黑表笔分别搭在发光二极管的两个引脚上来测量其正反向电阻值。发光二极管的检测方法如图3-4所示。

【资料】

如若正向阻值有一固定阻值，而反向电阻值趋于无穷大，即可判定发光二极管良好，且检测正向电阻值时，发光二极管应能够发光；

若正向电阻值和反向电阻值都趋于无穷大，则发光二极管存在断路故障；

若正向电阻值和反向电阻值都趋于0，则发光二极管存在击穿短路；

若正向阻值和反向阻值都很小，可以断定该发光二极管已被击穿。

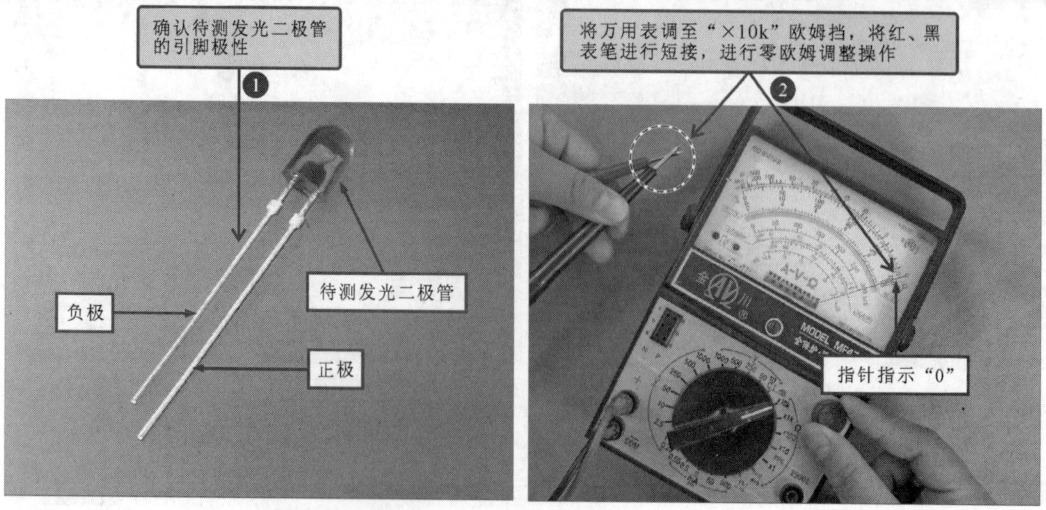
确认待测发光二极管的引脚极性
1
待测发光二极管
负极
正极
将万用表调至“×10k”欧姆挡，将红、黑表笔进行短接，进行零欧姆调整操作
2
指针指示“0”
MODEL MF47

图3-4 发光二极管的检测方法

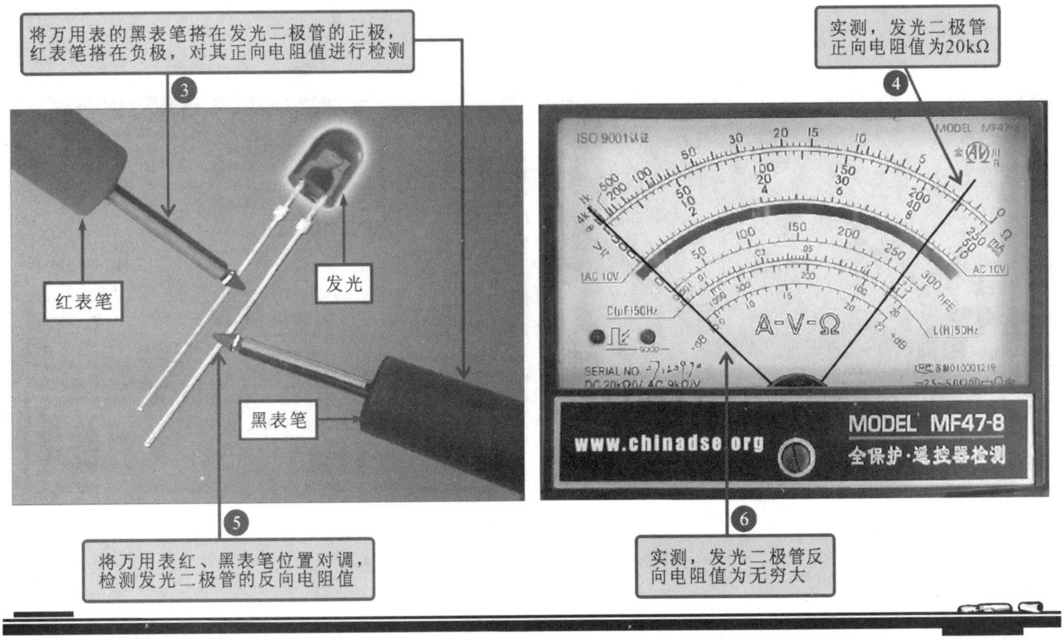
将万用表的黑表笔搭在发光二极管的正极，红表笔搭在负极，对其正向电阻值进行检测
3
红表笔
发光
黑表笔
实测，发光二极管正向电阻值为20kΩ
4
MODEL MF47-8
www.chinadse.org
全保护·遥控器检测
5
将万用表红、黑表笔位置对调，检测发光二极管的反向电阻值
6
实测，发光二极管反向电阻值为无穷大

图 3-4　发光二极管的检测方法（续）

3.1.3　光敏二极管的检测训练

光敏二极管（即光电二极管）是一种受到光的作用时，引脚间电阻值会发生变化的一种光电器件。可根据其在不同光照条件下电阻值会发生变化这一特性来判断其性能好坏。光敏二极管的检测方法如图 3-5 所示。

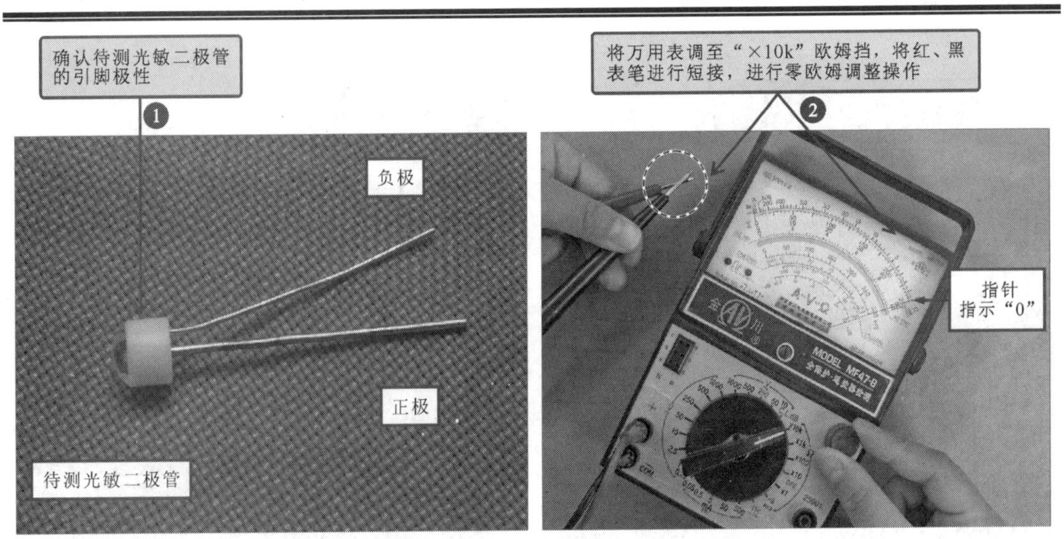
确认待测光敏二极管的引脚极性
1
负极
正极
待测光敏二极管
将万用表调至“×10k”欧姆挡，将红、黑表笔进行短接，进行零欧姆调整操作
2
指针指示“0”

图 3-5　光敏二极管的检测方法

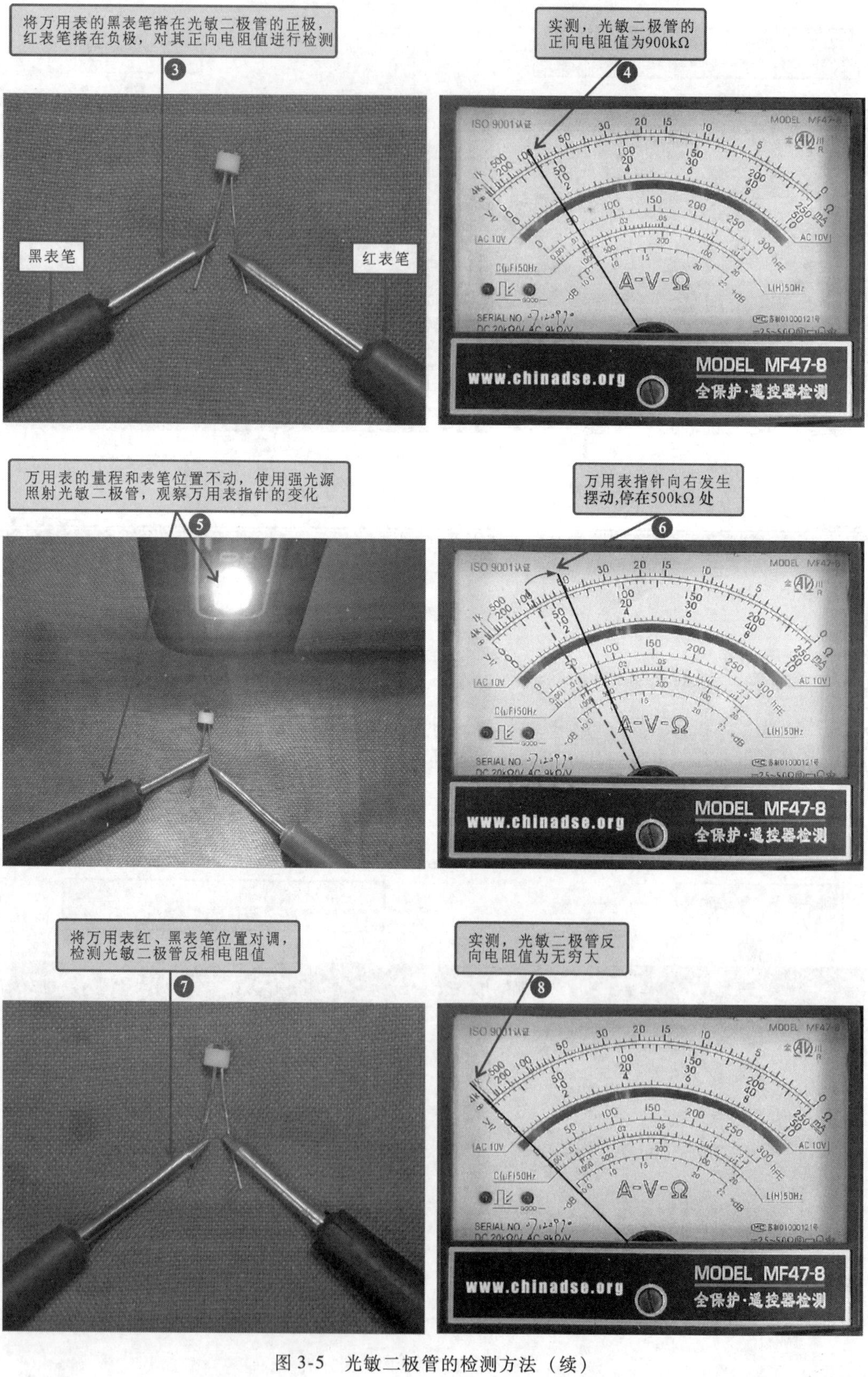
将万用表的黑表笔搭在光敏二极管的正极，红表笔搭在负极，对其正向电阻值进行检测
3
黑表笔
红表笔
实测，光敏二极管的正向电阻值为900kΩ
4
万用表的量程和表笔位置不动，使用强光源照射光敏二极管，观察万用表指针的变化
5
万用表指针向右发生摆动,停在500kΩ 处
6
将万用表红、黑表笔位置对调，检测光敏二极管反相电阻值
7
实测，光敏二极管反向电阻值为无穷大
8
MODEL MF47-8
www.chinadse.org
全保护·遥控器检测

图 3-5　光敏二极管的检测方法（续）

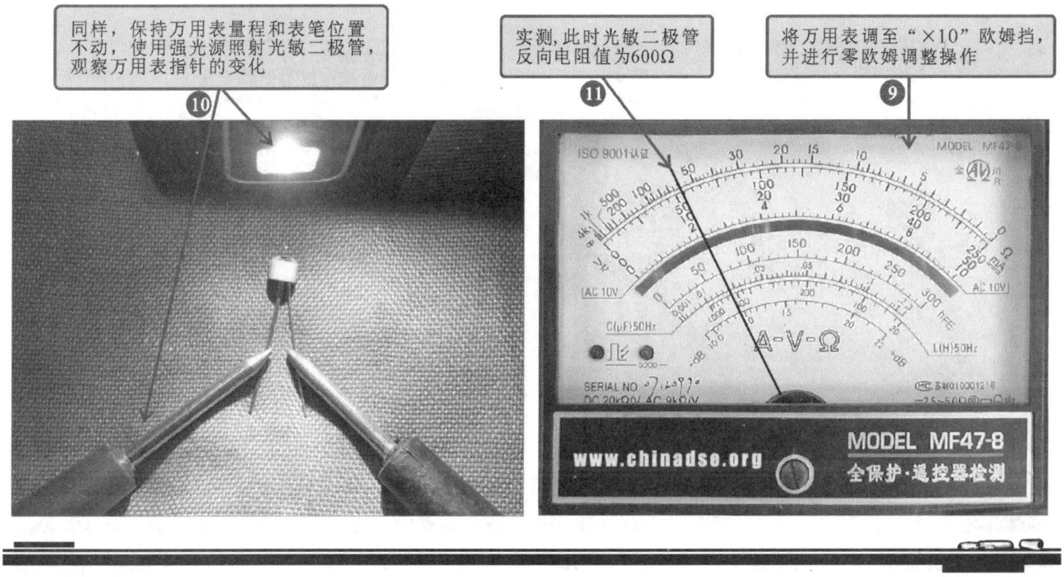
同样，保持万用表量程和表笔位置不动，使用强光源照射光敏二极管，观察万用表指针的变化
10
实测，此时光敏二极管反向电阻值为600Ω
11
将万用表调至“×10”欧姆挡，并进行零欧姆调整操作
9
MODEL MF47-8
www.chinadse.org
全保护·遥控器检测

图 3-5　光敏二极管的检测方法（续）

【资料】

如若正向电阻值和反向电阻值都趋于无穷大，则光敏二极管存在断路故障；若正向电阻值和反向电阻值都趋于0，则光敏二极管存在击穿短路；正常的光敏二极管经光照后，其正反向电阻值都有较大变化。

3.1.4　双向触发二极管的检测训练

用万用表的欧姆挡检测双向触发二极管好坏，一般不需要区分引脚极性，直接用万用表测量不同向的电阻值即可。双向触发二极管的检测方法，如图 3-6 所示。

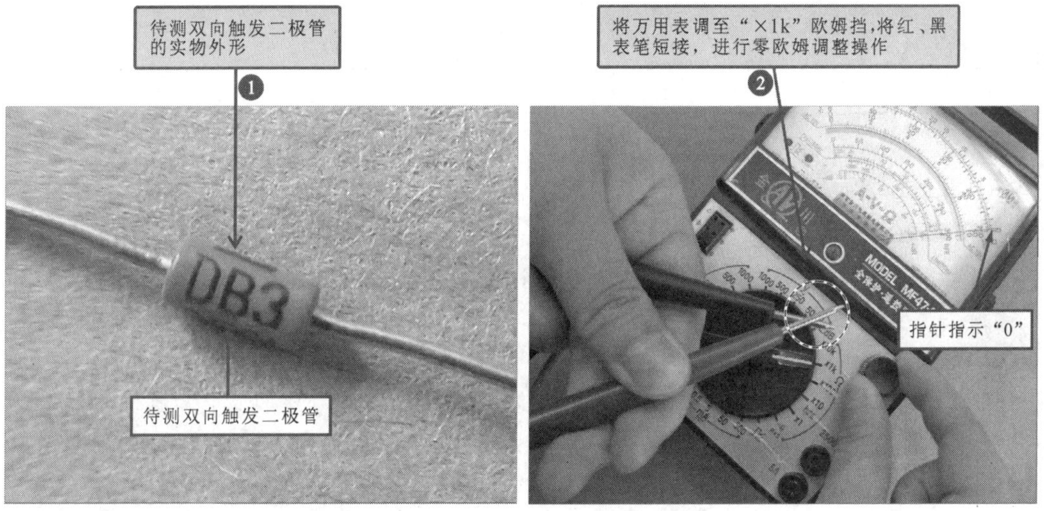
待测双向触发二极管的实物外形
1
DB3
待测双向触发二极管
将万用表调至“×1k”欧姆挡，将红、黑表笔短接，进行零欧姆调整操作
2
指针指示“0”

图 3-6　双向触发二极管的检测方法

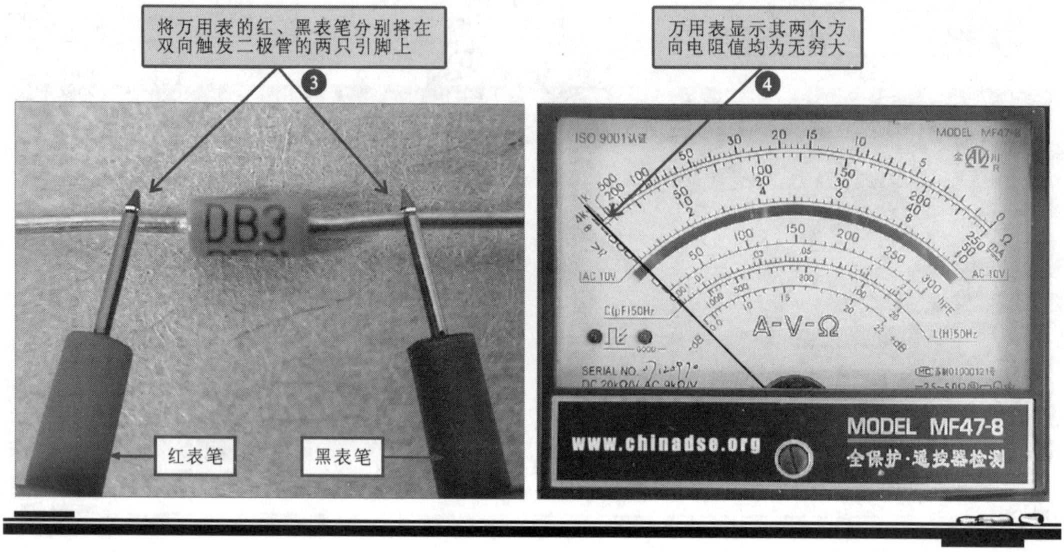
将万用表的红、黑表笔分别搭在双向触发二极管的两只引脚上
3
万用表显示其两个方向电阻值均为无穷大
4
DB3
红表笔
黑表笔
A-V-Ω
MODEL MF47-8
www.chinadse.org
全保护·遥控器检测

图 3-6 双向触发二极管的检测方法（续）

【资料】

双向触发二极管正反向电阻值都很大，而万用表所有电阻挡的内压均不足以使其导通，因此实际检测时，其正反向电阻值都接近无穷大。一般可将其置于一定电路关系中，通过检测电压值进行判断。若正反向电阻值都很小或为0，可以断定该双向触发二极管已损坏。

提问

请问安装在电路板上的二极管的检测方法与我们上面训练的方法相同吗？

回答

检测安装在电路板上的二极管属于在路检测，检测的方法与我们上面训练的方法相同，但由于在路的原因，二极管处于某种电路关系中，因此很容易受外围元器件的影响，导致测量的结果有所不同。

因此，一般若怀疑电路板上的二极管异常时，可首先在路检测一下，当发现测试结果明显异常时，再将其从电路板上取下，开路再次测量，进一步确定其是否正常。

当然，使用数字万用表的二极管挡，在路检测二极管时基本不受外围元器件影响，正常情况下，正向导通电压为一个固定值；反向为无穷大，否则说明二极管损坏，如图 3-7 所示。该方法不失为目前来说最简单、易操作的测试方法。

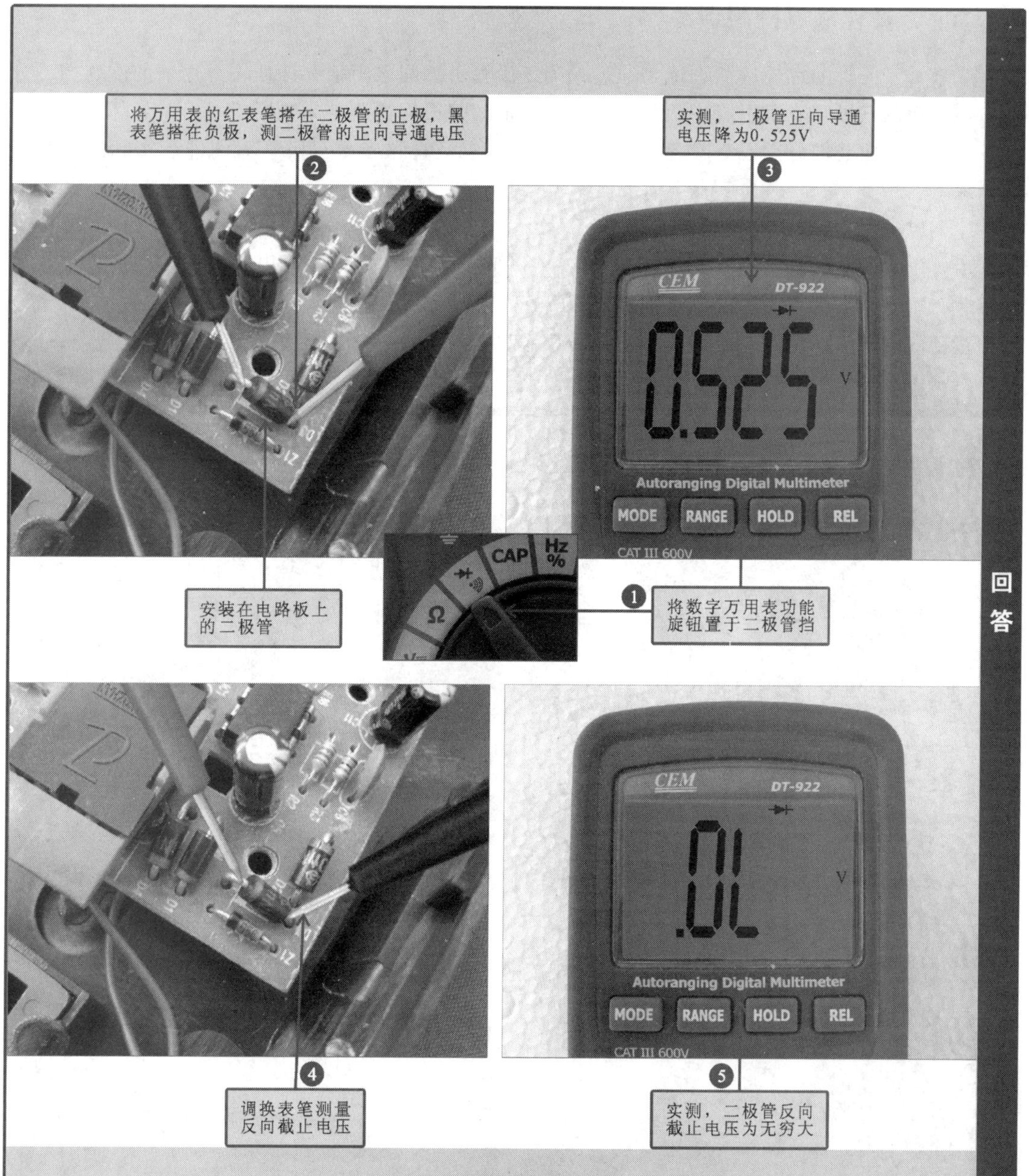
将万用表的红表笔搭在二极管的正极，黑表笔搭在负极，测二极管的正向导通电压
实测，二极管正向导通电压降为0.525V
CEM
DT-922
0.525
V
Autoranging Digital Multimeter
MODE
RANGE
HOLD
REL
CAT III 600V
CAP
Hz
%
Ω
安装在电路板上的二极管
将数字万用表功能旋钮置于二极管挡
CEM
DT-922
.0L
V
Autoranging Digital Multimeter
MODE
RANGE
HOLD
REL
CAT III 600V
调换表笔测量反向截止电压
实测，二极管反向截止电压为无穷大

图 3-7 数字万用表二极管挡在路检测二极管

3.2 训练三极管的检测技能

对三极管（即晶体管）的检测是电子产品设计、生产、调试、维修中非常基础的操作技能。为了能够让学习者在最短时间内掌握三极管的检测方法，我们特别挑选了几种极具代表性的三极管作为测量对象，并根据三极管的实用检测技能对三极管的检测流程和方法进行了细致的归纳和整理。下面我们就来做三极管的检测练习。

3.2.1 三极管常规检测训练

三极管的常规检测训练是通过检测三极管引脚间电阻值，即使用万用表的欧姆挡，分别检测三极管三只引脚中两两之间的电阻值，并根据检测结果判断三极管的好坏。

下面我们分别以 NPN 型三极管、PNP 型三极管和光敏三极管为例进行实际的检测操作训练。

1. NPN 型三极管的常规检测方法

用万用表的欧姆挡检测 NPN 型三极管各引脚间电阻值时，调整万用表挡位，在进行零欧姆调整后，用万用表的红、黑表笔分别检测 NPN 型三极管 b 极与 c 极、b 极与 e 极、c 极与 e 极之间的正反向电阻值。NPN 型三极管引脚间电阻值的检测方法，如图 3-8 所示。

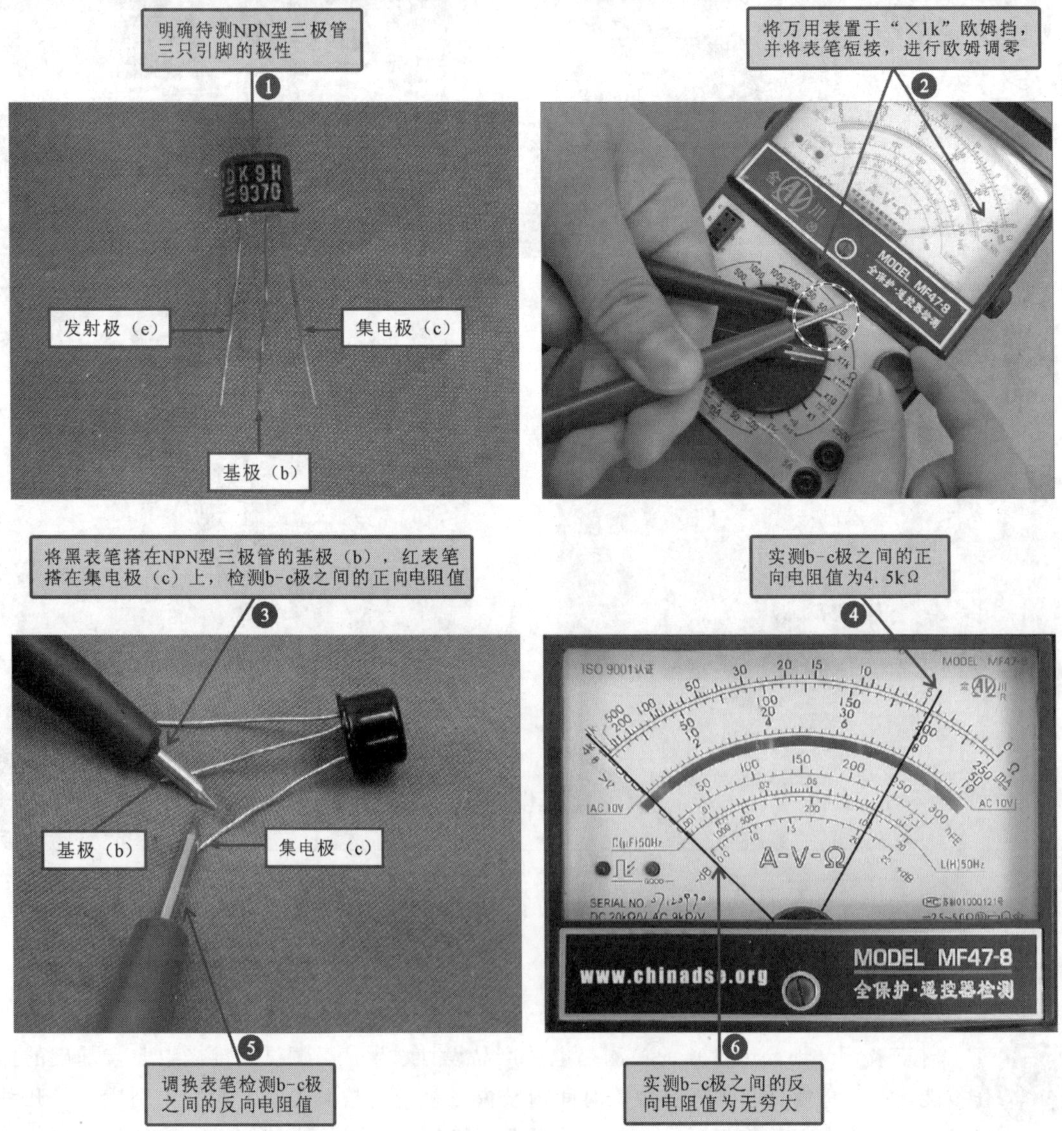
明确待测NPN型三极管三只引脚的极性
1
发射极（e）
集电极（c）
基极（b）
将万用表置于“×1k”欧姆挡，并将表笔短接，进行欧姆调零
2
将黑表笔搭在NPN型三极管的基极（b），红表笔搭在集电极（c）上，检测b-c极之间的正向电阻值
3
基极（b）
集电极（c）
实测b-c极之间的正向电阻值为4. 5kΩ
4
MODEL MF47-8
全保护·遥控器检测
A-V-Ω
5
调换表笔检测b-c极之间的反向电阻值
6
实测b-c极之间的反向电阻值为无穷大

图 3-8　NPN 型三极管引脚间电阻值的检测方法

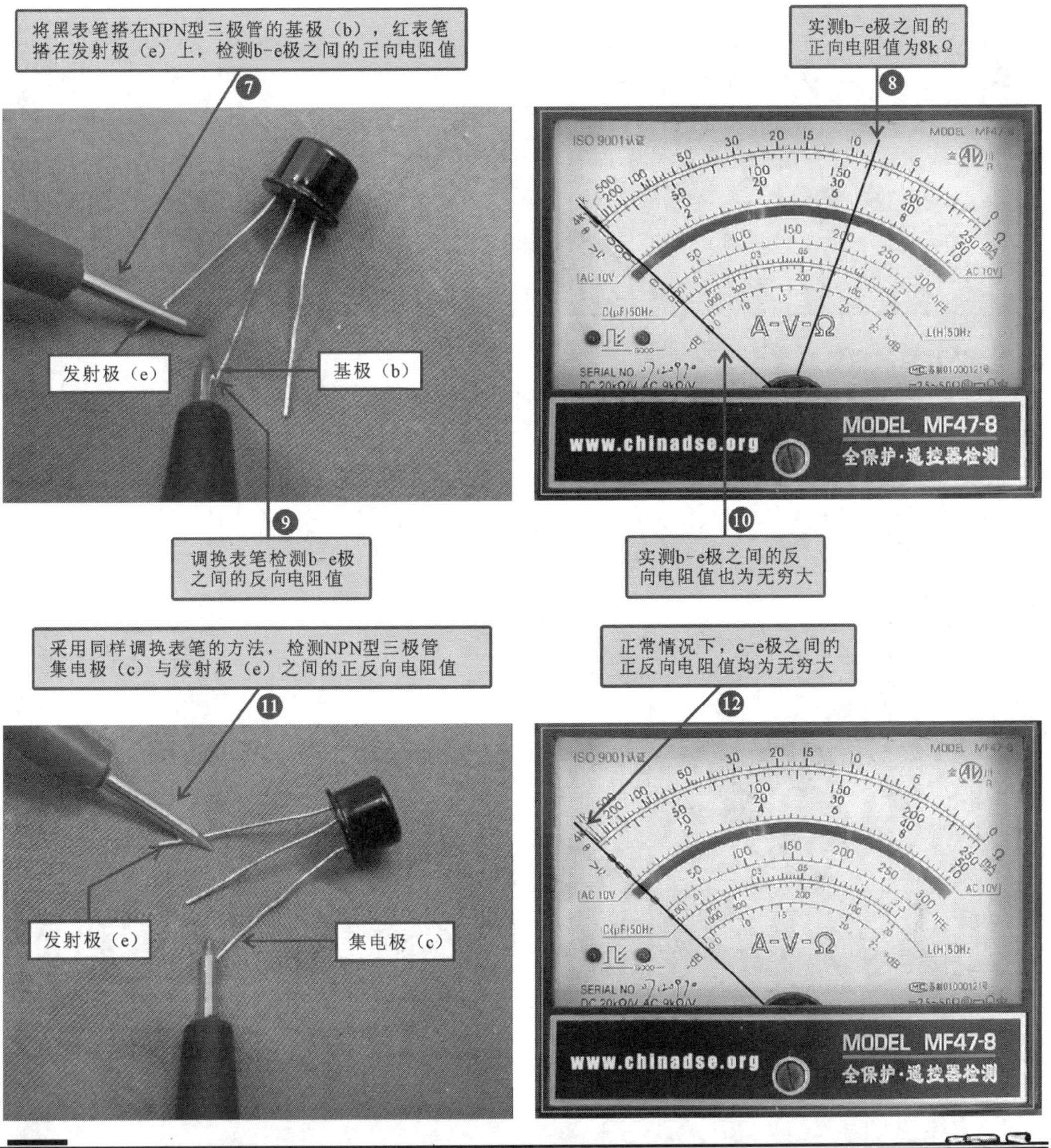
将黑表笔搭在NPN型三极管的基极（b），红表笔搭在发射极（e）上，检测b-e极之间的正向电阻值
7
发射极（e）
基极（b）
实测b-e极之间的正向电阻值为8kΩ
8
MODEL MF47-8
www.chinadse.org
全保护·遥控器检测
A-V-Ω
9
调换表笔检测b-e极之间的反向电阻值
10
实测b-e极之间的反向电阻值也为无穷大
采用同样调换表笔的方法，检测NPN型三极管集电极（c）与发射极（e）之间的正反向电阻值
11
发射极（e）
集电极（c）
正常情况下，c-e极之间的正反向电阻值均为无穷大
12
MODEL MF47-8
www.chinadse.org
全保护·遥控器检测
A-V-Ω

图 3-8　NPN 型三极管引脚间电阻值的检测方法（续）

【资料】

● NPN 型三极管的三个引脚中：黑表笔接基极测正向电阻值，一般基极与集电极、基极与发射极之间的正向阻抗有一定值，且两只较接近，其他引脚间阻抗均为无穷大。

● 根据引脚间电阻值的规律，也可以作为引脚极性的判断依据。

提问

在前 4 章学习时了解到，三极管不仅有 NPN 和 PNP 之分，按照制造材料还有锗三极管和硅三极管两种，它们引脚间的电阻值有区别吗？

回答

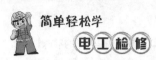

锗三极管和硅三极管引脚电阻值的检测方法和判断依据均相同，不同的是，这两种晶体三极管的实测电阻值不同，如：

在检测基极与集电极、基极与发射极之间的正向电阻值时，若电阻值大约为3～10kΩ，该三极管为硅管；若电阻值大约为500～1000Ω，则该三极管为锗管。

在检测基极与集电极、基极与发射极之间的反向电阻值时，若电阻值大约为500kΩ，该三极管为硅管；若电阻值大约为100kΩ，则该三极管为锗管。

这一规律，不失为判断三极管是锗三极管还是硅三极管的一种简单方法。

2. PNP 型三极管的常规检测方法

用万用表欧姆挡检测 PNP 型三极管各引脚间电阻值的方法与 NPN 型三极管检测方法相似，只是测量结果有所不同。PNP 型三极管引脚间电阻值的检测方法，如图 3-9 所示。

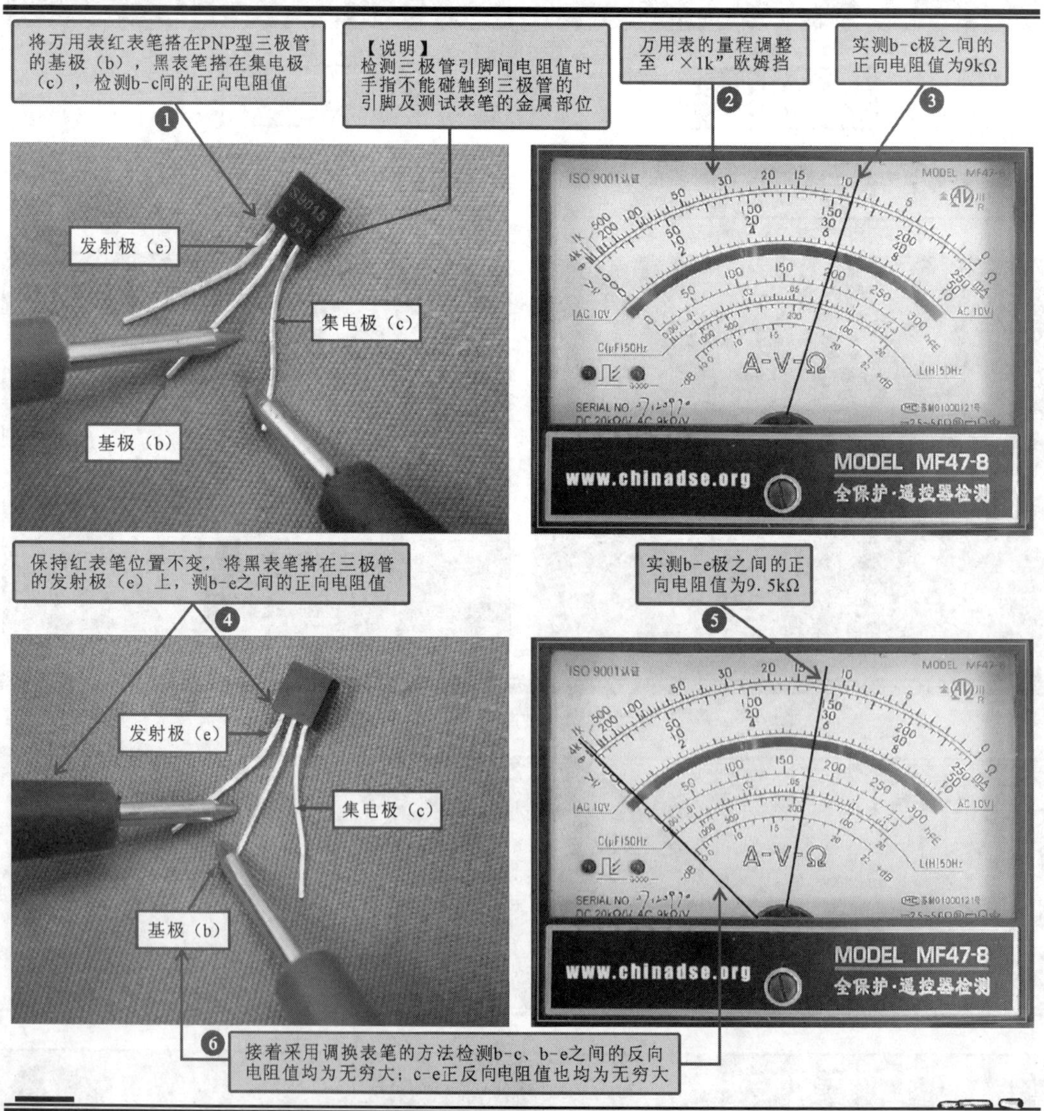

将万用表红表笔搭在PNP型三极管的基极（b），黑表笔搭在集电极（c），检测b-c间的正向电阻值
①
【说明】
检测三极管引脚间电阻值时手指不能碰触到三极管的引脚及测试表笔的金属部位
万用表的量程调整至“×1k”欧姆挡
②
实测b-c极之间的正向电阻值为9kΩ
③
发射极（e）
集电极（c）
基极（b）
www.chinadse.org
MODEL MF47-8
全保护·遥控器检测
保持红表笔位置不变，将黑表笔搭在三极管的发射极（e）上，测b-e之间的正向电阻值
④
实测b-e极之间的正向电阻值为9.5kΩ
⑤
发射极（e）
集电极（c）
基极（b）
www.chinadse.org
MODEL MF47-8
全保护·遥控器检测
⑥
接着采用调换表笔的方法检测b-c、b-e之间的反向电阻值均为无穷大；c-e正反向电阻值也均为无穷大

图 3-9　PNP 型三极管引脚间电阻值的检测方法

【资料】

• PNP 型三极管的三个引脚中：红表笔接基极测正向电阻值，一般基极与集电极、基极与发射极之间的正向阻抗有一定值，其他引脚间阻抗均为无穷大。

• 根据引脚间电阻值的规律，也可以作为引脚极性的判断依据。

3.2.2 光敏三极管的检测训练

光敏三极管常用于光电检测电路和光电耦合器（即光耦合器）中。通常光敏三极管的基极（b）不引出，与光敏二极管相比，具有很大的光电流放大作用，且灵敏度很高，在光照亮度不同的情况下，其电阻值会相应变化。

因此可根据其在不同光照条件下电阻值会发生变化的特性来判断其性能好坏。光敏三极管引脚间电阻值的检测方法如图 3-10 所示。

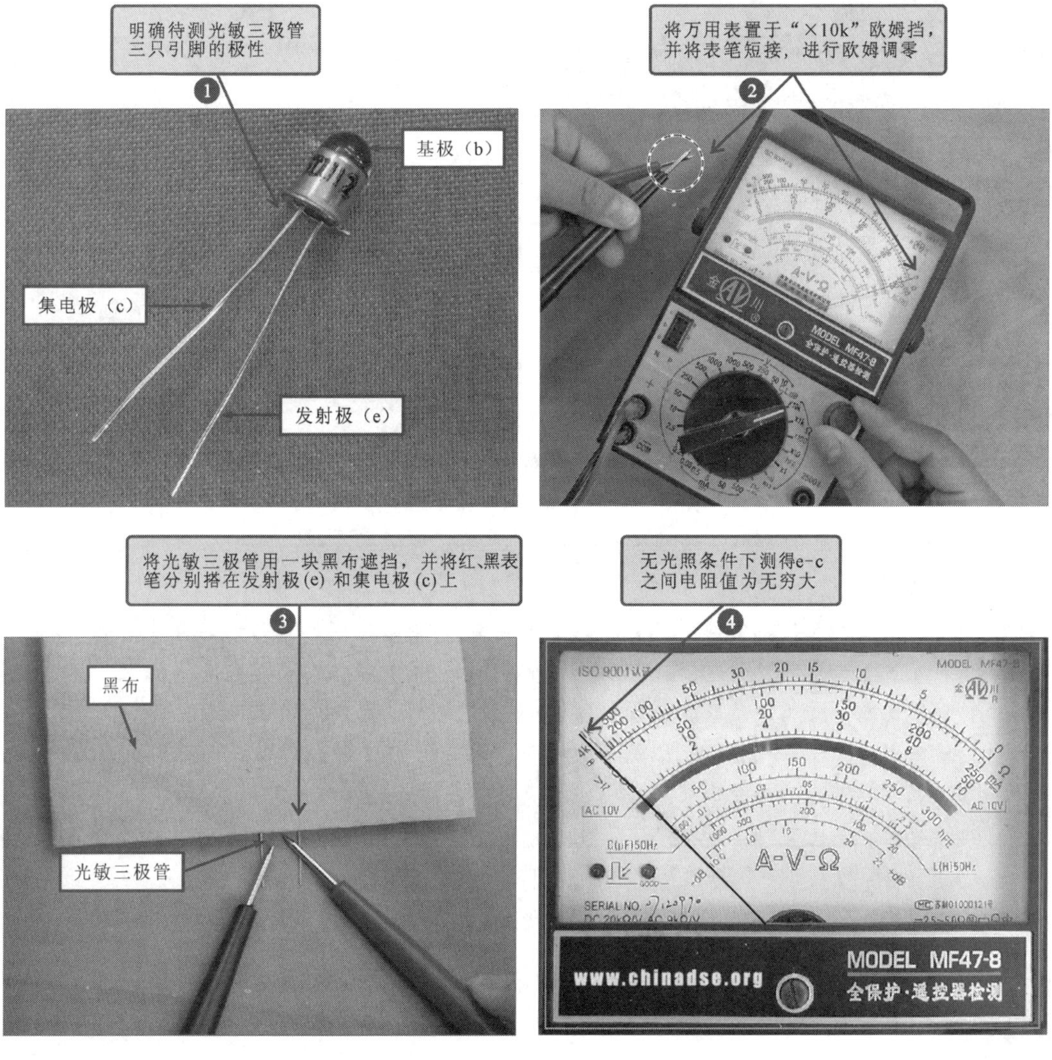
明确待测光敏三极管三只引脚的极性
1
基极（b）
集电极（c）
发射极（e）
将万用表置于“×10k”欧姆挡，并将表笔短接，进行欧姆调零
2
MODEL MF47-8
将光敏三极管用一块黑布遮挡，并将红、黑表笔分别搭在发射极(e) 和集电极 (c)上
3
黑布
光敏三极管
无光照条件下测得e-c之间电阻值为无穷大
4
MODEL MF47-8
www.chinadse.org
全保护·遥控器检测
A-V-Ω

图 3-10　光敏三极管引脚间电阻值的检测方法

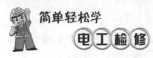

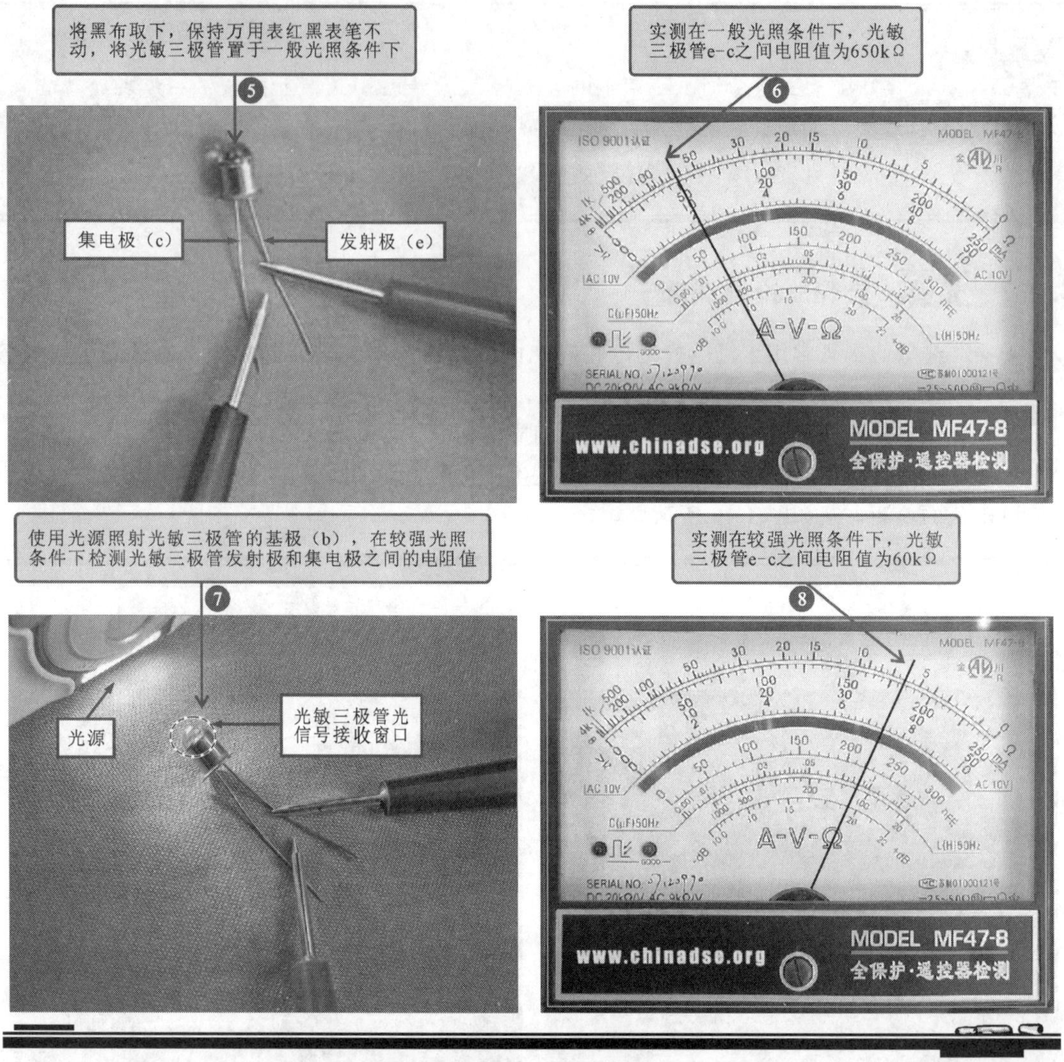
将黑布取下，保持万用表红黑表笔不动，将光敏三极管置于一般光照条件下
5
集电极（c）
发射极（e）
实测在一般光照条件下，光敏三极管e-c之间电阻值为650kΩ
6
MODEL MF47-8
www.chinadse.org
全保护·遥控器检测
使用光源照射光敏三极管的基极（b），在较强光照条件下检测光敏三极管发射极和集电极之间的电阻值
7
光源
光敏三极管光信号接收窗口
实测在较强光照条件下，光敏三极管e-c之间电阻值为60kΩ
8
MODEL MF47-8
www.chinadse.org
全保护·遥控器检测

图 3-10　光敏三极管引脚间电阻值的检测方法（续）

【资料】

- 在无光照条件时，光敏三极管集电极-发射极之间的正向电阻值接近无穷大。
- 在一般光照条件下，光敏三极管集电极-发射极之间的正向电阻值较大。
- 在较强光照条件下，光敏三极管集电极-发射极之间的正向电阻值偏小。
- 一般情况下光敏三极管随光照强度的增大，集电极-发射极之间的正向电阻值逐渐减小，则说明该三极管正常，且性能良好。

3.2.3　三极管放大倍数的检测训练

三极管的放大能力是其最基本的性能之一。一般可使用数字万用表上的三极管放大倍数检测插孔粗略测量三极管的放大倍数，如图 3-11 所示。

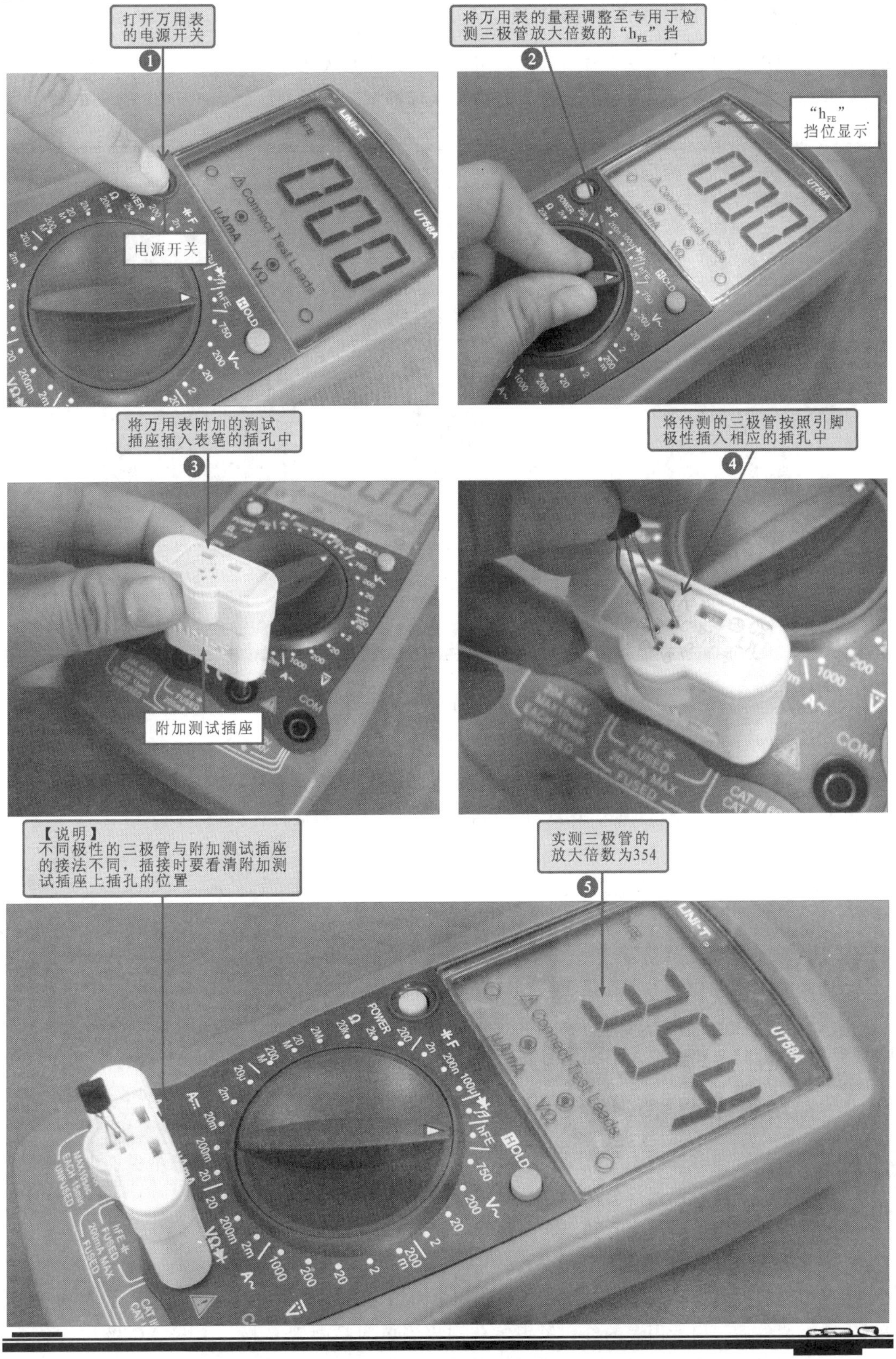
打开万用表的电源开关
1
电源开关
将万用表的量程调整至专用于检测三极管放大倍数的“h_{FE}”挡
2
“h_{FE}”挡位显示
将万用表附加的测试插座插入表笔的插孔中
3
附加测试插座
将待测的三极管按照引脚极性插入相应的插孔中
4
【说明】
不同极性的三极管与附加测试插座的接法不同，插接时要看清附加测试插座上插孔的位置
实测三极管的放大倍数为354
5
354
UT58A
Connect Test Leads

图 3-11　三极管放大倍数的检测原理示意图

3.2.4 三极管特性曲线的检测训练

使用万用表检测三极管引脚间电阻值时，只能是大致判断三极管的好坏，若要了解一些特性参数就要使用专用的三极管特性测试仪测试其特性曲线，如图 3-12 所示。

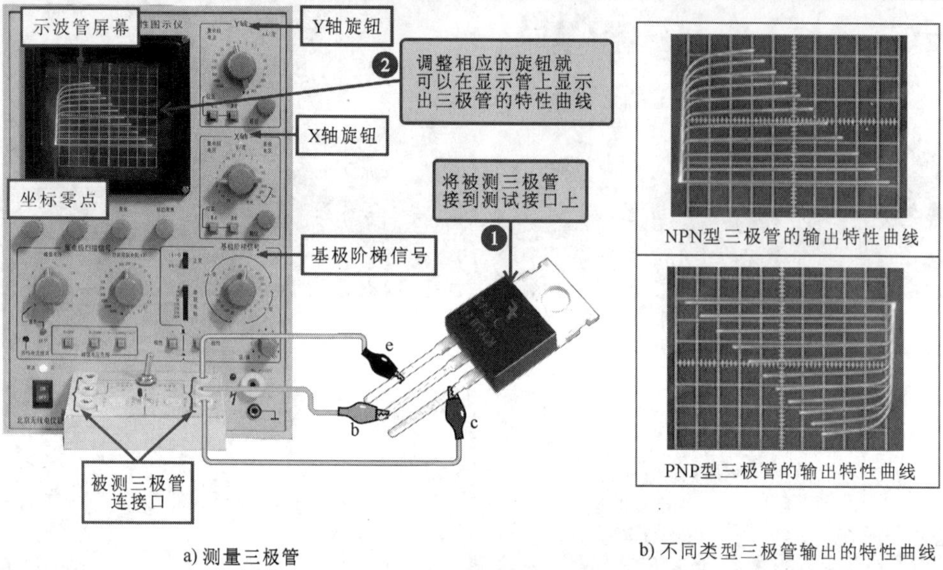
示波管屏幕
Y轴旋钮
调整相应的旋钮就可以在显示管上显示出三极管的特性曲线
X轴旋钮
将被测三极管接到测试接口上
坐标零点
基极阶梯信号
e
b
c
被测三极管连接口
NPN型三极管的输出特性曲线
PNP型三极管的输出特性曲线

a) 测量三极管　　b) 不同类型三极管输出的特性曲线

图 3-12　三极管特性曲线的检测方法

NPN 型和 PNP 型三极管的输出特性曲线是不同的。测量时先将光点移至屏幕左下角作为坐标零点，并进行基极阶梯信号调零。峰值电压范围选择 0 ~ 20V，功耗限制电阻选择 250Ω，调整 Y 轴旋钮为 1mA/度，X 轴旋钮为 0.5V/度，阶梯信号选择钮调整为 0.02mA/级。

3.3 训练晶闸管的检测技能

对晶闸管（全称为“闸流晶体管”）的检测也是电工调试、维修中非常基础的操作技能。为了能够让学习者在最短时间内掌握晶闸管的检测方法，我们特别挑选了几种极具代表性的晶闸管作为测量对象，并根据晶闸管的实用检测技能对晶闸管的检测流程和方法进行了细致的归纳和整理。下面学习晶闸管的检测。

3.3.1 晶闸管常规检测训练

晶闸管的常规检测训练是使用万用表的欧姆挡，分别检测晶闸管三个引脚中两两之间的电阻值，然后根据检测结果判断晶闸管的好坏。

晶闸管可以分为单向晶闸管和双向晶闸管，它们的实际检测是有区别的。

1. 单向晶闸管的常规检测方法

用万用表的欧姆挡检测单向晶闸管各引脚间电阻值时，一般将万用表置于“×1k”欧姆挡，进行零欧姆调整后，用万用表的红、黑表笔分别检测单向晶闸管 G 极与 K 极、G 极与 A 极、K 极与 A 极之间的正反向电阻值。单向晶闸管引脚电阻值的检测方法如图 3-13 所示。

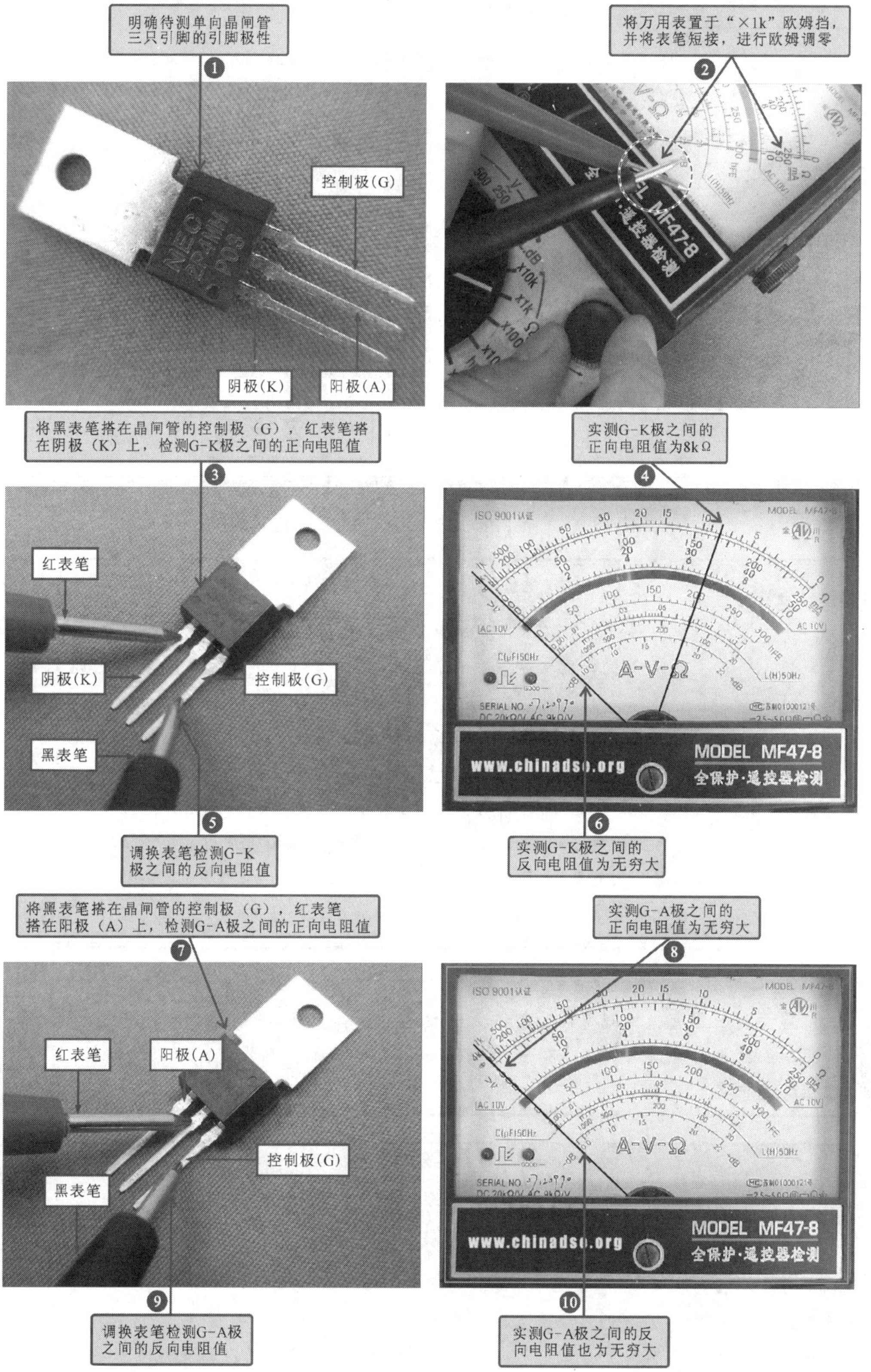
明确待测单向晶闸管三只引脚的引脚极性
1
控制极(G)
阴极(K)
阳极(A)
将万用表置于“×1k”欧姆挡，并将表笔短接，进行欧姆调零
2
将黑表笔搭在晶闸管的控制极（G），红表笔搭在阴极（K）上，检测G-K极之间的正向电阻值
3
红表笔
阴极(K)
控制极(G)
黑表笔
实测G-K极之间的正向电阻值为8kΩ
4
MODEL MF47-8
www.chinadso.org
全保护·遥控器检测
5
调换表笔检测G-K极之间的反向电阻值
6
实测G-K极之间的反向电阻值为无穷大
将黑表笔搭在晶闸管的控制极（G），红表笔搭在阳极（A）上，检测G-A极之间的正向电阻值
7
实测G-A极之间的正向电阻值为无穷大
8
红表笔
阳极(A)
控制极(G)
黑表笔
MODEL MF47-8
www.chinadso.org
全保护·遥控器检测
9
调换表笔检测G-A极之间的反向电阻值
10
实测G-A极之间的反向电阻值也为无穷大

图 3-13　单向晶闸管引脚电阻值的检测方法

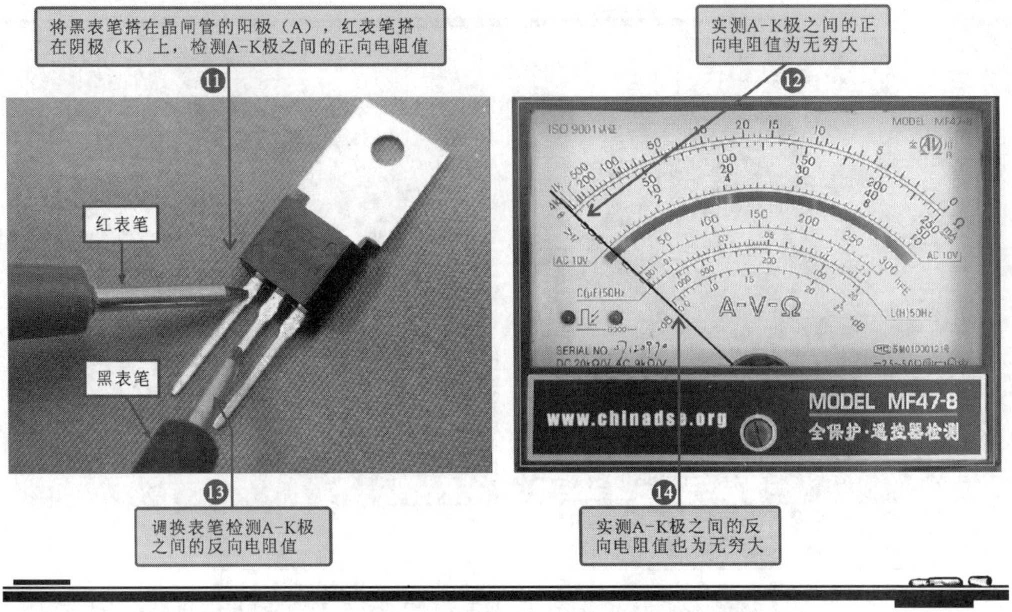

将黑表笔搭在晶闸管的阳极（A），红表笔搭在阴极（K）上，检测A-K极之间的正向电阻值
⑪
实测A-K极之间的正向电阻值为无穷大
⑫
红表笔
黑表笔
MODEL MF47-8
全保护·遥控器检测
www.chinadse.org
A-V-Ω
⑬
调换表笔检测A-K极之间的反向电阻值
⑭
实测A-K极之间的反向电阻值也为无穷大

图 3-13　单向晶闸管引脚电阻值的检测方法（续）

【资料】

- 控制极（G）与阴极（K）之间的正向阻抗有一定的数值，反向阻抗则为无穷大。若正、反向阻抗数值相等或接近，说明控制极（G）与阴极（K）之间的 PN 结已失去控制能力。
- 控制极（G）与阳极（A）之间的正、反向阻抗都为无穷大。若正、反向阻抗值较小，说明控制极（G）与阳极（A）之间的 PN 结性能不良。
- 阴极（K）与阳极（A）之间的正、反向阻抗都为无穷大。否则，说明晶闸管已损坏。

根据晶闸管引脚间电阻值的测试规律，还可以作为引脚极性的区分方法，即用万用表测量晶闸管任意两脚间的电阻值，仅当黑表笔接 G 极，红表笔接 K 极时，呈低电阻值，其他情况电阻值均为无穷大。由此可迅速判定 G、K 极，剩下的就是 A 极。

提问

单向晶闸管有阳极侧受控和阴极侧受控两种结构，这两种结构都符合上面的检测结果的判断规律吗？还有，我想知道如果在路检测晶闸管时，各引脚间的电阻值又如何呢？

回答

我们在实际操作时，所测晶闸管为阴极侧受控单向晶闸管。这种晶闸管与阳极侧受控单向晶闸管的内部结构所有不同，实际测试电阻值结果的规律也有些区别（G 极与 A 极之间有一定电阻值），但正常情况下，检测单向晶闸管各引脚间电阻值时，应只有一个值为固定值，其他均为无穷大。

若在路检测，有可能会受到外围元器件的影响，实测结果没有十分明显的规律，因此一般在怀疑电路板上的晶闸管异常时，应将晶闸管从电路板上拆下后再进行检测。

2. 双向晶闸管的常规检测方法

用万用表的欧姆挡检测双向晶闸管各引脚间的电阻值的方法与检测单向晶闸管的方法基本相同，只是测量结果有所不同。

将万用表置于“×1k”欧姆挡，并进行零欧姆调整后，用万用表的红、黑表笔分别检测单向晶闸管G极与T1极、G极与T2极、T1极与T2极之间的正反向电阻值。双向晶闸管引脚电阻值的检测方法如图3-14所示。

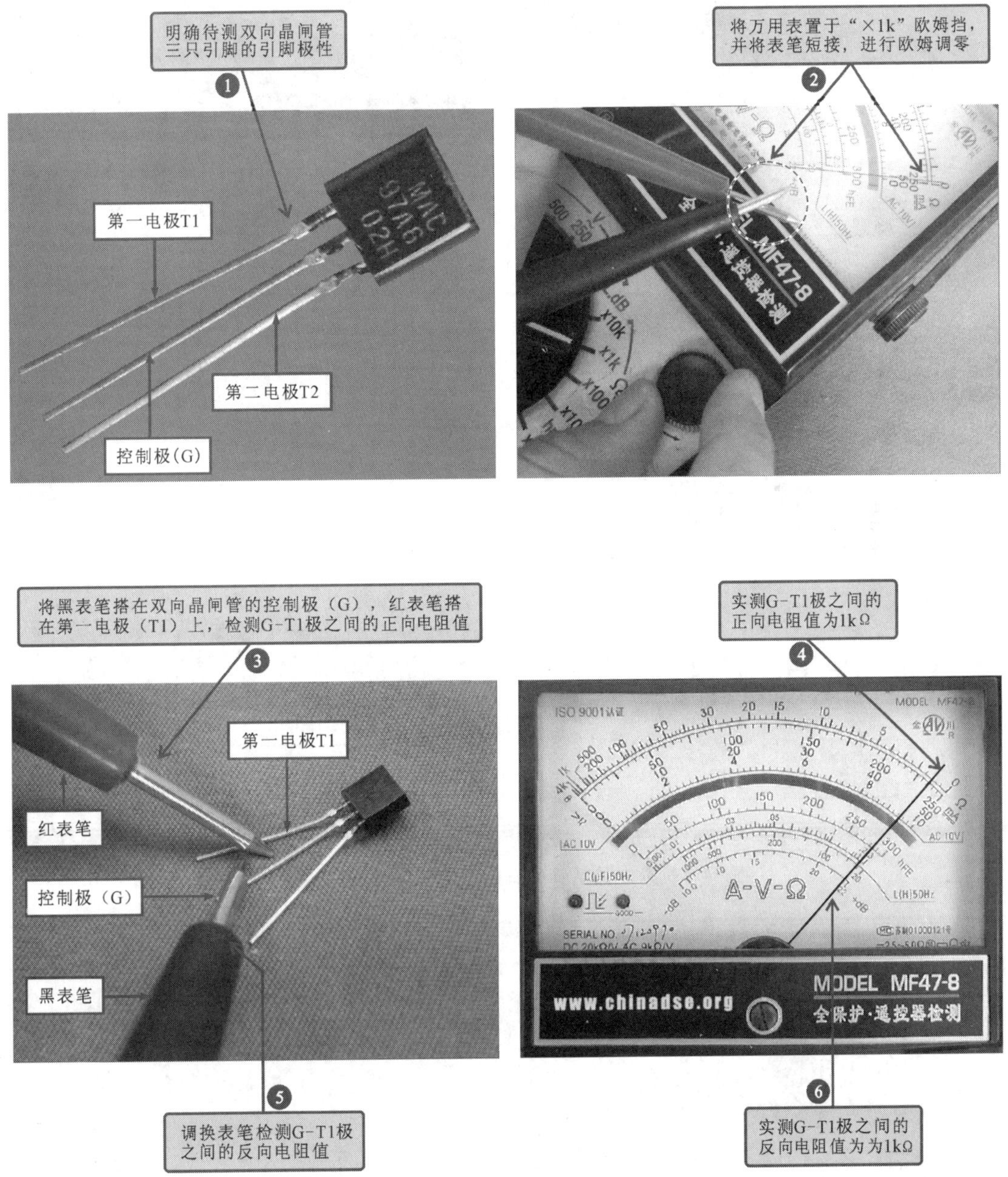
明确待测双向晶闸管三只引脚的引脚极性
第一电极T1
第二电极T2
控制极(G)
将万用表置于“×1k”欧姆挡，并将表笔短接，进行欧姆调零
将黑表笔搭在双向晶闸管的控制极（G），红表笔搭在第一电极（T1）上，检测G-T1极之间的正向电阻值
第一电极T1
红表笔
控制极（G）
黑表笔
实测G-T1极之间的正向电阻值为1kΩ
MODEL MF47-8
www.chinadse.org
全保护·遥控器检测
调换表笔检测G-T1极之间的反向电阻值
实测G-T1极之间的反向电阻值为为1kΩ

图3-14　双向晶闸管引脚电阻值的检测方法

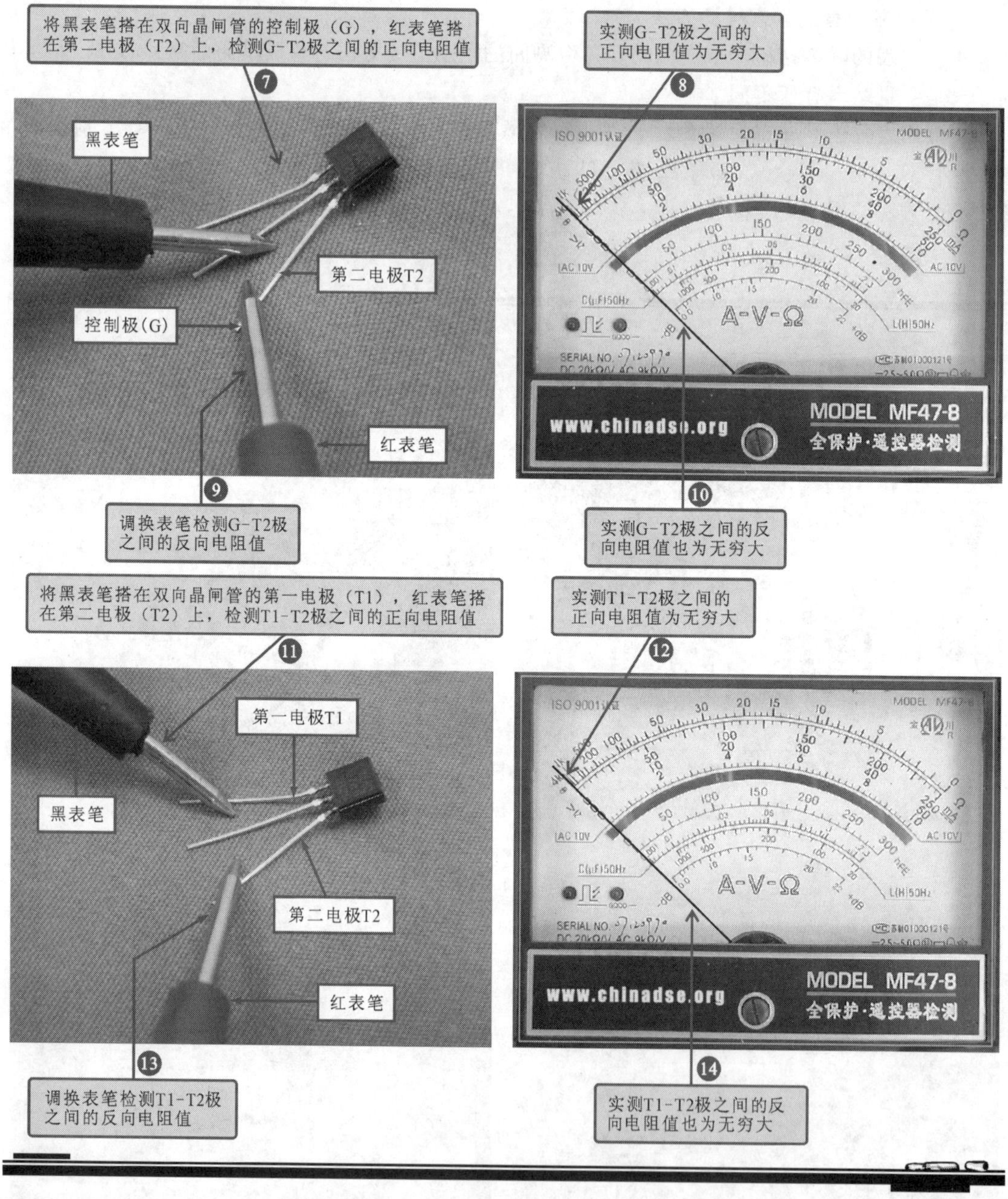
将黑表笔搭在双向晶闸管的控制极（G），红表笔搭在第二电极（T2）上，检测G-T2极之间的正向电阻值
7
黑表笔
第二电极T2
控制极(G)
红表笔
实测G-T2极之间的正向电阻值为无穷大
8
MODEL MF47-8
www.chinadse.org
全保护·遥控器检测
9
调换表笔检测G-T2极之间的反向电阻值
10
实测G-T2极之间的反向电阻值也为无穷大
将黑表笔搭在双向晶闸管的第一电极（T1），红表笔搭在第二电极（T2）上，检测T1-T2极之间的正向电阻值
11
第一电极T1
黑表笔
第二电极T2
红表笔
实测T1-T2极之间的正向电阻值为无穷大
12
MODEL MF47-8
www.chinadse.org
全保护·遥控器检测
13
调换表笔检测T1-T2极之间的反向电阻值
14
实测T1-T2极之间的反向电阻值也为无穷大

图 3-14　双向晶闸管引脚电阻值的检测方法（续）

【资料】

● 控制极（G）与第一电极（T1）之间的正、反向阻抗有一定的数值并且比较接近。若正、反向阻抗数值趋于零或无穷大，说明该晶闸管已损坏。

● 控制极（G）与第二电极（T2）之间的正、反向阻抗都为无穷大。若正、反向阻抗数值较小，说明双向晶闸管有漏电或击穿短路的情况。

● 第一电极（T1）与第二电极（T2）之间的电阻值都应为无穷大。否则，说明双向晶闸管已损坏。

3.3.2 晶闸管触发能力的检测训练

晶闸管的触发能力是晶闸管重要的特性之一，也是影响晶闸管性能的重要因素。对晶闸管触发能力的检测也可使用万用表完成。下面分别以单向晶闸管和双向晶闸管为例进行实际的检测操作训练。

1. 单向晶闸管触发能力的检测方法

检测单向晶闸管的触发能力时需要为其提供触发条件，一般可用万用表进行检测，即可作为检测仪表，又可利用内电压为晶闸管提供触发条件。图 3-15 为检测单向晶闸管触发能力的示意图。

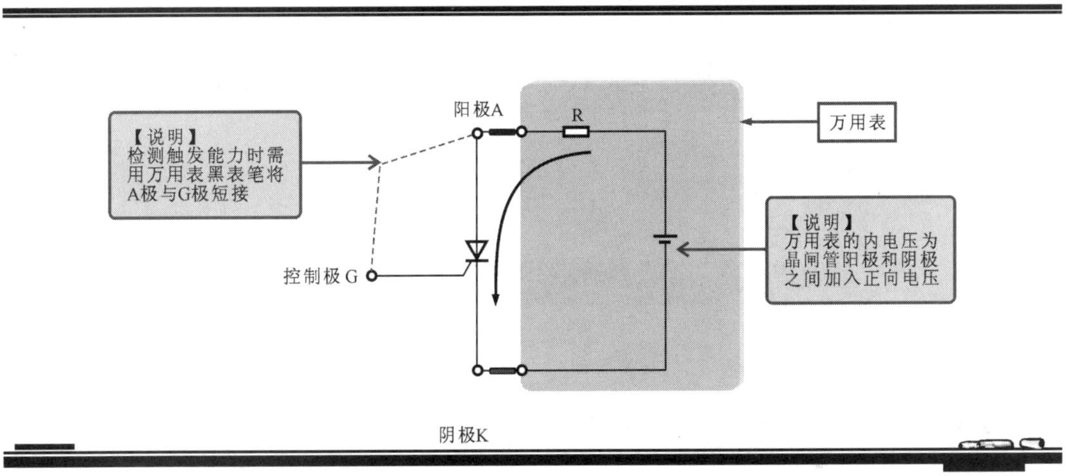
【说明】
检测触发能力时需用万用表黑表笔将A极与G极短接
阳极A
R
万用表
【说明】
万用表的内电压为晶闸管阳极和阴极之间加入正向电压
控制极 G
阴极K

图 3-15　检测单向晶闸管触发能力的示意图

单向晶闸管触发能力的检测方法如图 3-16 所示。

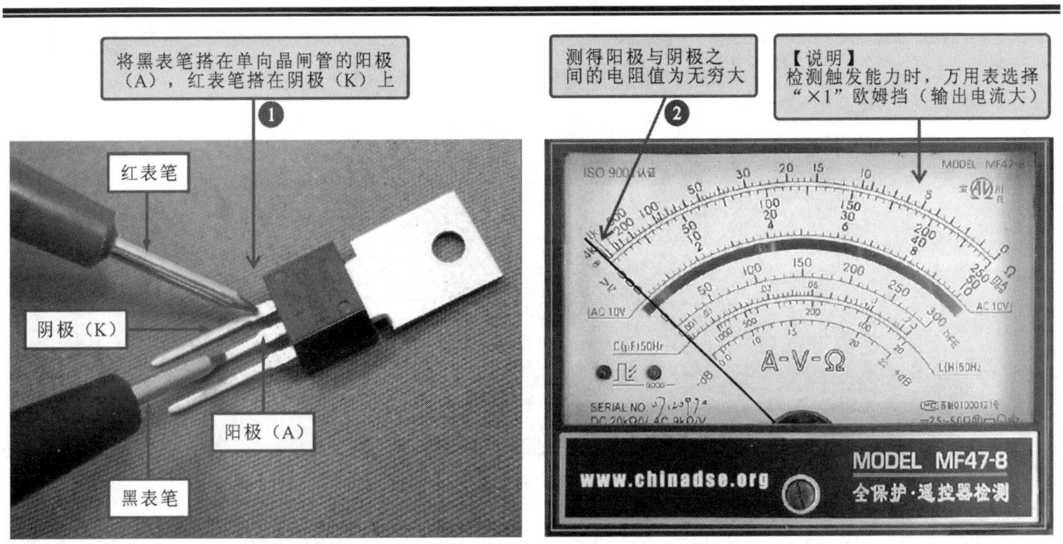
将黑表笔搭在单向晶闸管的阳极（A），红表笔搭在阴极（K）上
测得阳极与阴极之间的电阻值为无穷大
【说明】
检测触发能力时，万用表选择“×1”欧姆挡（输出电流大）
红表笔
阴极（K）
阳极（A）
黑表笔
A-V-Ω
www.chinadse.org
MODEL MF47-8
全保护·遥控器检测

图 3-16　单向晶闸管触发能力的检测方法

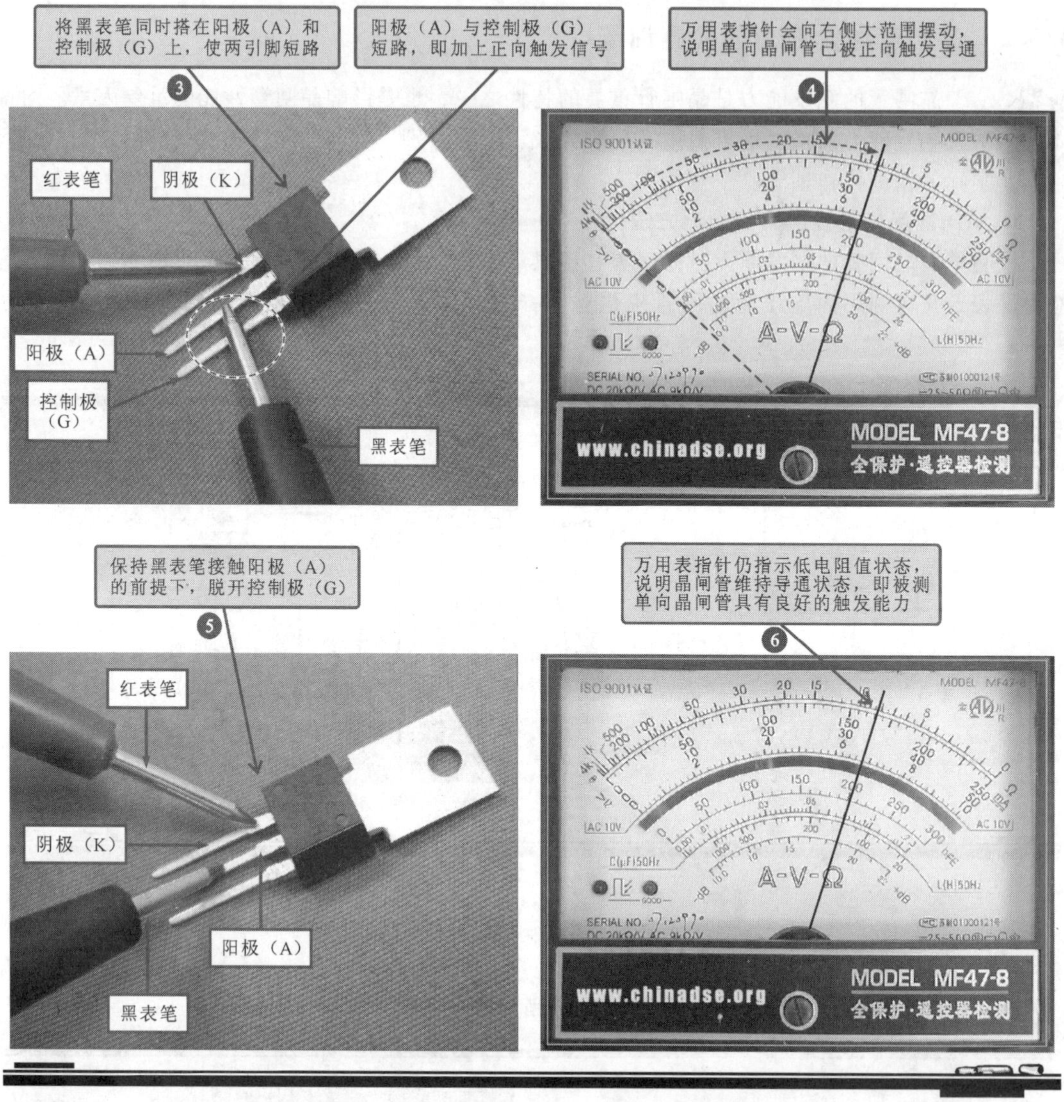
将黑表笔同时搭在阳极（A）和控制极（G）上，使两引脚短路
阳极（A）与控制极（G）短路，即加上正向触发信号
万用表指针会向右侧大范围摆动，说明单向晶闸管已被正向触发导通
3
4
红表笔
阴极（K）
阳极（A）
控制极（G）
黑表笔
MODEL MF47-8
www.chinadse.org
全保护·遥控器检测
保持黑表笔接触阳极（A）的前提下，脱开控制极（G）
万用表指针仍指示低电阻值状态，说明晶闸管维持导通状态，即被测单向晶闸管具有良好的触发能力
5
6
红表笔
阴极（K）
阳极（A）
黑表笔
MODEL MF47-8
www.chinadse.org
全保护·遥控器检测

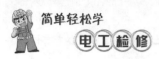

图 3-16　单向晶闸管触发能力的检测方法（续）

【资料】

• 万用表的红表笔搭在晶闸管阴极（K）上，黑表笔搭在阳极（A）上，所测电阻值为无穷大。

• 然后，用黑表笔接触 A 极的同时，也接触控制极（G），加上正向触发信号，表针向右偏转到低电阻值即表明晶闸管已经导通。

• 最后黑表笔脱开控制极（G），只接触阳极（A）极，万用表指针仍指示低电阻值状态，说明晶闸管处于维持导通状态，即被测晶闸管具有触发能力。

2. 双向晶闸管触发能力的检测方法

检测双向晶闸管的触发能力与检测单向晶闸管触发能力的方法基本相同，只是所测晶闸管引脚极性不同。双向晶闸管触发能力的检测方法如图 3-17 所示。

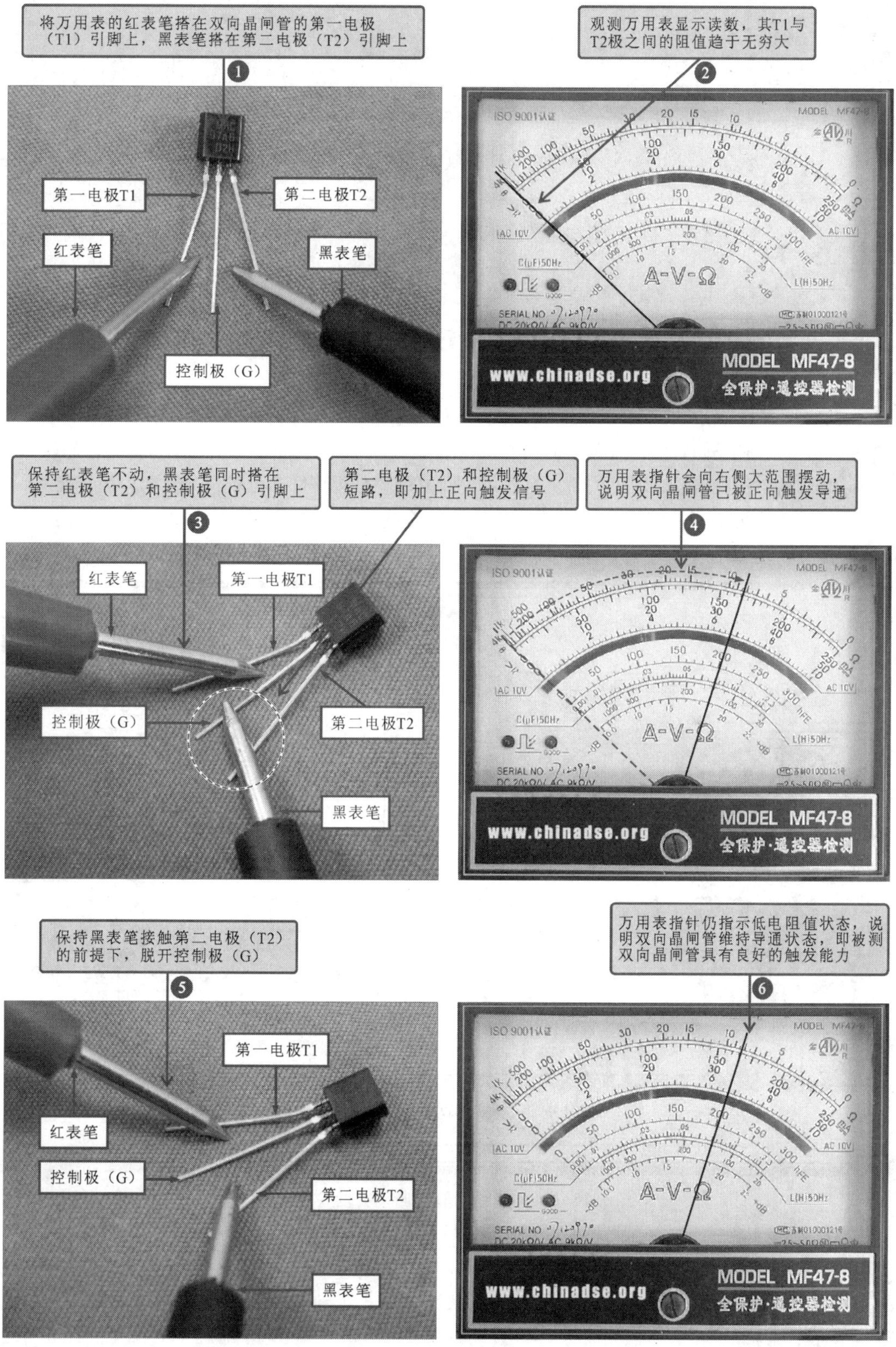
将万用表的红表笔搭在双向晶闸管的第一电极（T1）引脚上，黑表笔搭在第二电极（T2）引脚上
1
第一电极T1
第二电极T2
红表笔
黑表笔
控制极（G）
观测万用表显示读数，其T1与T2极之间的阻值趋于无穷大
2
MODEL MF47-8
www.chinadse.org
全保护·遥控器检测
保持红表笔不动，黑表笔同时搭在第二电极（T2）和控制极（G）引脚上
3
第二电极（T2）和控制极（G）短路，即加上正向触发信号
万用表指针会向右侧大范围摆动，说明双向晶闸管已被正向触发导通
4
红表笔
第一电极T1
控制极（G）
第二电极T2
黑表笔
MODEL MF47-8
www.chinadse.org
全保护·遥控器检测
保持黑表笔接触第二电极（T2）的前提下，脱开控制极（G）
5
万用表指针仍指示低电阻值状态，说明双向晶闸管维持导通状态，即被测双向晶闸管具有良好的触发能力
6
第一电极T1
红表笔
控制极（G）
第二电极T2
黑表笔
MODEL MF47-8
www.chinadse.org
全保护·遥控器检测

图 3-17　双向晶闸管触发能力的检测方法

【资料】

●万用表的红表笔搭在双向晶闸管的第一电极（T1）上，黑表笔搭在第二电极（T2）上，测得电阻值应为无穷大。

●然后将黑表笔同时搭在第二电极（T2）和控制极（G）上，使两引脚短路，即加上触发信号，这时万用表指针会向右侧大范围摆动，说明双向晶闸管已导通（导通方向：T2→T1）。

●若将表笔对换后进行检测，发现万用表指针向右侧大范围摆动，说明双向晶闸管另一方向也导通（导通方向：T1→T2）。

●最后黑表笔脱开G极，只接触第一电极（T1），万用表指针仍指示低电阻值状态，说明晶闸管维持通态，即被测晶闸管具有触发能力。

3.3.3 可关断晶闸管的检测训练

在各种晶闸管中，可关断晶闸管具有自我关断能力，即在导通状态下，向控制极（G）加入负向触发信号时即可关断。判断可关断晶闸管是否良好，可对其关断能力进行检测。

检测可关断晶闸管的关断能力，可用两个指针万用表（表1、表2）进行检测。可关断晶闸管关断能力的检测方法如图3-18所示。

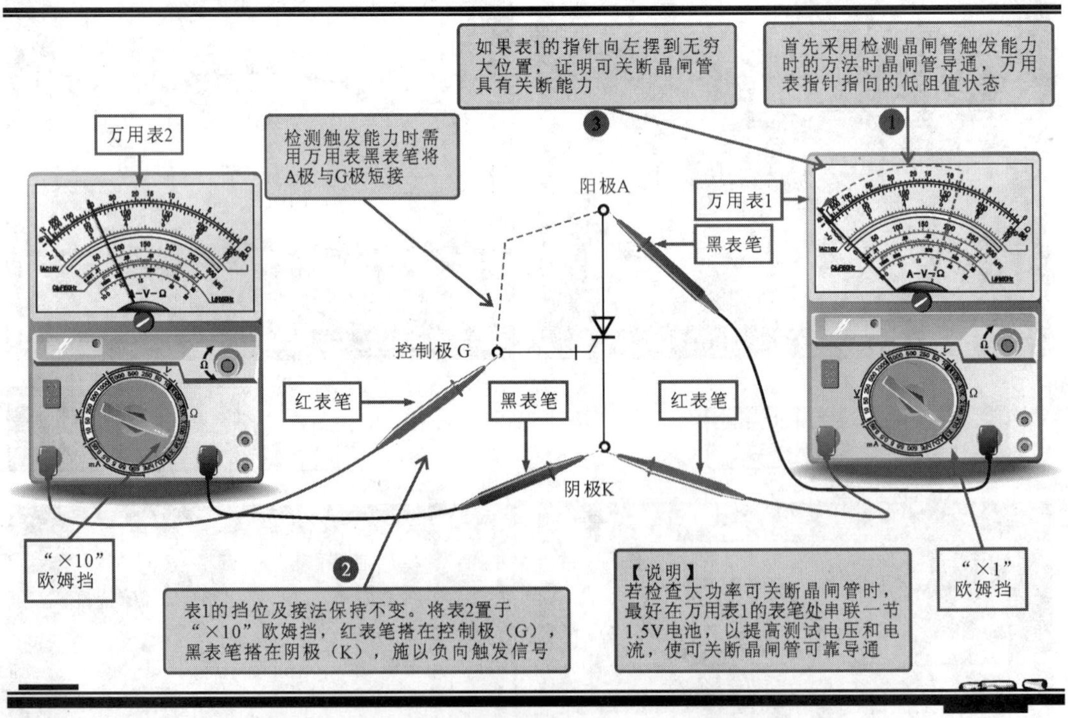
如果表1的指针向左摆到无穷大位置，证明可关断晶闸管具有关断能力
首先采用检测晶闸管触发能力时的方法时晶闸管导通，万用表指针指向的低阻值状态
万用表2
检测触发能力时需用万用表黑表笔将A极与G极短接
阳极A
万用表1
黑表笔
控制极G
红表笔
黑表笔
红表笔
阴极K
“×10”欧姆挡
表1的挡位及接法保持不变。将表2置于“×10”欧姆挡，红表笔搭在控制极（G），黑表笔搭在阴极（K），施以负向触发信号
【说明】
若检查大功率可关断晶闸管时，最好在万用表1的表笔处串联一节1.5V电池，以提高测试电压和电流，使可关断晶闸管可靠导通
“×1”欧姆挡

图3-18 可关断晶闸管关断能力的检测方法

【注意】

在可关断晶闸管导通并维持导通状态时，表1的指针指示低电阻状态。当用万用表2为其施以负向触发信号时，如果万用表1的指针向左摆到无穷大位置，证明可关断晶闸管具有关断能力，否则说明可关断晶闸管异常。

3.4 训练集成电路的检测技能

对集成电路的检测是电子产品设计、生产、调试、维修中非常基础的操作技能。为了能够让学习者在最短时间内掌握集成电路的检测方法，我们特别挑选了几种极具代表性的集成电路作为测量对象，并根据集成电路的实用检测技能对集成电路的检测流程和方法进行了细致的归纳和整理。最终将确定的各个检测方案制作成不同的实训案例进行操作演练。

检测集成电路的好坏，常用的方法主要有电阻检测法、电压检测法和信号检测法三种，下面我们分别选取几种典型集成电路为例进行介绍。

3.4.1 集成电路电阻检测法的操作训练

集成电路的电阻检测法是指在断电状态下，用万用表的欧姆挡检测集成电路各引脚对地的正反向电阻值，并与标准值（各种集成电路手册中标有标准值）进行对照判断。

下面以一种典型单列直插式封装集成电路——音频功率放大器（TDA7057AQ）为例进行介绍。电阻检测法检测音频功率放大器（TDA7057AQ）的具体操作方法，如图3-19所示。

【资料】

- 若实测结果与标准值相同或十分相近，则说明集成电路正常。
- 若出现多组引脚正反向阻值为零或无穷大时，表明集成电路内部损坏。

提问

检测集成电路各引脚的对地电阻值的时候，检测结果不会受到引脚外接元件的影响吗？

回答

一般情况下，在路检测电阻值时，都有可能受到外围元器件的影响。应分别检测独立集成电路各引脚对接地引脚之间的电阻值以及集成电路在路时的电阻值。

提问

使用电阻法检测集成电路时，需要与标准值进行对照，如果无法找到集成电路的标准值资料时又如何判断呢？

回答

电阻法检测集成电路确实要求要有标准值进行对照才能对检测结果做出判断。如果无法找到集成电路的手册资料，可以找一台与所测机器型号相同的、正常的机器作为参照，通过实测相同部位的集成电路各引脚电阻值作为对照。若所测集成电路与对照机器中集成电路引脚的对地电阻值相差很大，则认为所测集成电路损坏。也可以换一种测试方法（如，下面将要介绍的电压检测法、信号检测法等）对集成电路进行检测。

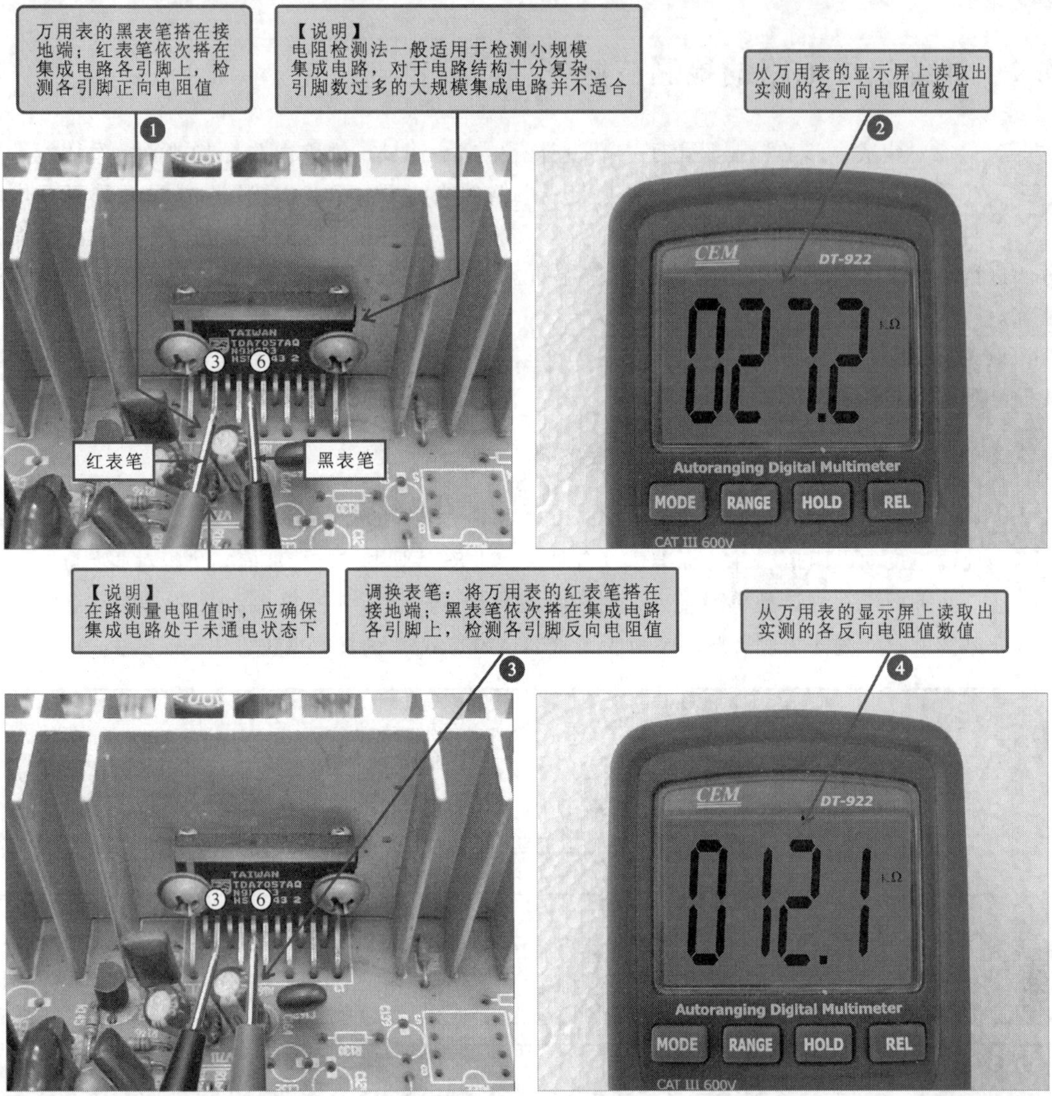

万用表的黑表笔搭在接地端；红表笔依次搭在集成电路各引脚上，检测各引脚正向电阻值
【说明】
电阻检测法一般适用于检测小规模集成电路，对于电路结构十分复杂、引脚数过多的大规模集成电路并不适合
从万用表的显示屏上读取出实测的各正向电阻值数值
红表笔
黑表笔
CEM
DT-922
027.2
kΩ
Autoranging Digital Multimeter
MODE
RANGE
HOLD
REL
CAT III 600V
【说明】
在路测量电阻值时，应确保集成电路处于未通电状态下
调换表笔：将万用表的红表笔搭在接地端；黑表笔依次搭在集成电路各引脚上，检测各引脚反向电阻值
从万用表的显示屏上读取出实测的各反向电阻值数值
012.1

实测结果

黑笔接地	0.8	∞	27.2	40.2	150	0	0.8	30.2	0	30.2	30.2	0	30.2
引脚号	①	②	③	④	⑤	⑥	⑦	⑧	⑨	⑩	⑪	⑫	⑬
红笔接地	0.8	∞	12.1	5	11.4	0	0.8	8.5	0	8.5	8.5	0	8.5

注：单位为kΩ

将实测结果与集成电路手册中的标准值进行比较

手册中的标准值

黑笔接地	0.78	∞	27	40.2	150	0	0.78	30.1	0	30.1	30.2	0	30.1
引脚号	①	②	③	④	⑤	⑥	⑦	⑧	⑨	⑩	⑪	⑫	⑬
红笔接地	0.78	∞	12	5	11.4	0	0.78	8.4	0	8.4	8.4	0	8.4

注：单位为kΩ

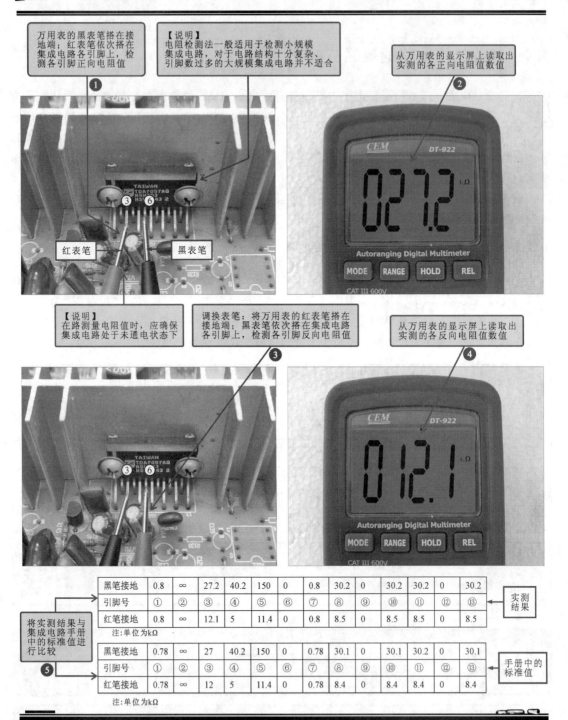

图 3-19　电阻检测法检测音频功率放大器（TDA7057AQ）的具体操作方法

3.4.2　集成电路电压检测法的操作训练

集成电路的电压检测法是指给集成电路通电，但不输入信号（使之处于静态工作状态）状态下，用万用表的直流电压挡检测集成电路各引脚或主要引脚对地之间的直流工

作电压值，并与集成电路手册中标准值进行对比，进而判断集成电路或相关外围电路元件有无异常。

下面，以双列直插式封装集成电路——运算放大器 LM324 为例进行介绍。电压检测法检测运算放大器 LM324 的具体操作方法如图 3-20 所示。

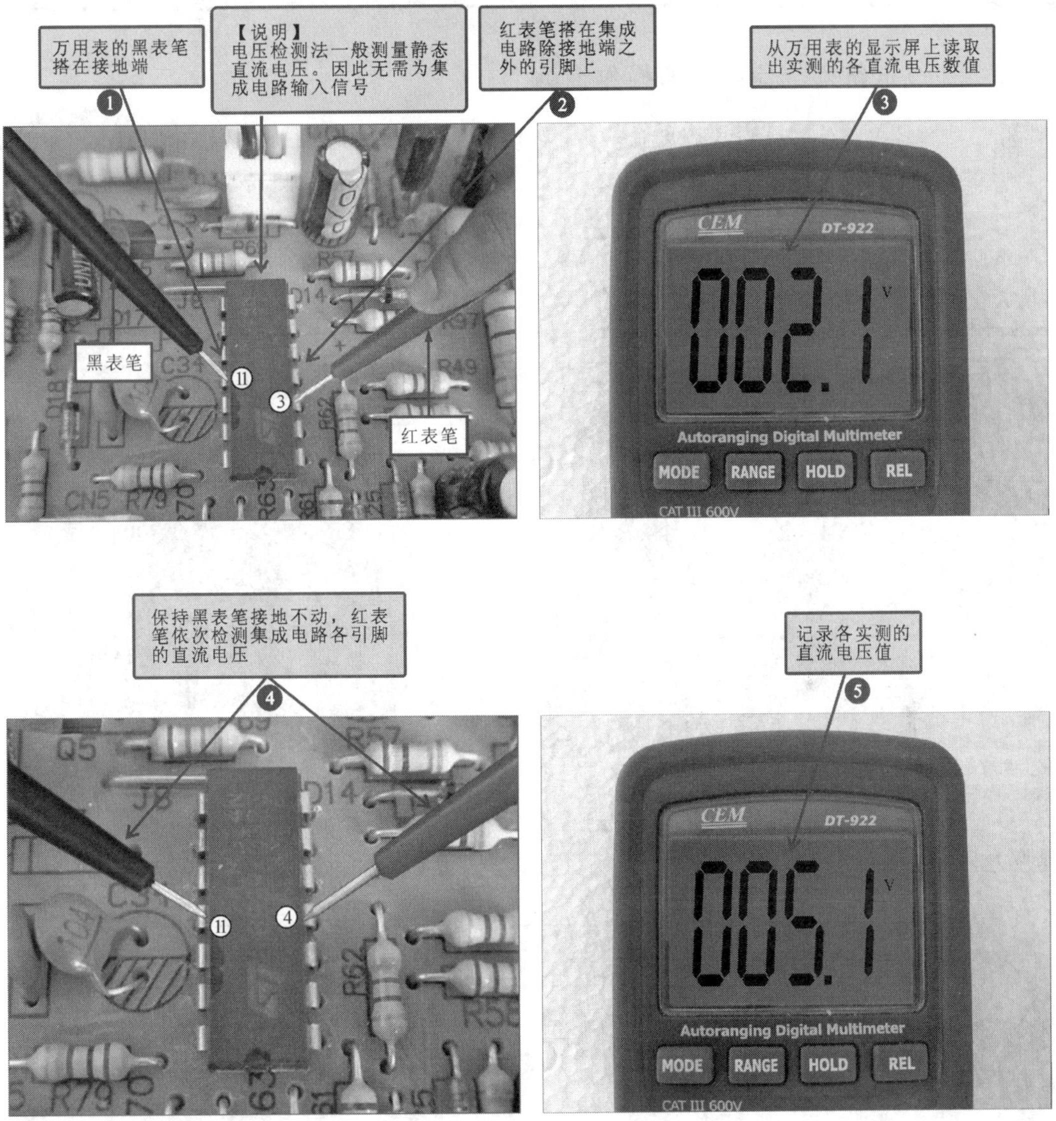
万用表的黑表笔搭在接地端
【说明】
电压检测法一般测量静态直流电压。因此无需为集成电路输入信号
红表笔搭在集成电路除接地端之外的引脚上
从万用表的显示屏上读取出实测的各直流电压数值
黑表笔
红表笔
CEM
DT-922
002.1
V
Autoranging Digital Multimeter
MODE
RANGE
HOLD
REL
CAT III 600V
保持黑表笔接地不动，红表笔依次检测集成电路各引脚的直流电压
记录各实测的直流电压值
005.1

将实测结果与集成电路手册中的标准值进行比较。两组数据十分相近，表明所测集成电路正常

实测结果

引脚号	①	②	③	④	⑤	⑥	⑦	⑧	⑨	⑩	⑪	⑫	⑬	⑭
直流电压	1.8	2.2	2.1	5.1	2.3	2.0	1.8	0	0.6	0.5	0	4.4	2.1	4.1

注:单位为V

手册中的标准值

引脚号	①	②	③	④	⑤	⑥	⑦	⑧	⑨	⑩	⑪	⑫	⑬	⑭
直流电压	1.8	2.2	2.1	5	2.1	2.1	1.8	0	0.5	0.5	0	4.6	2.1	4.2

注:单位为V

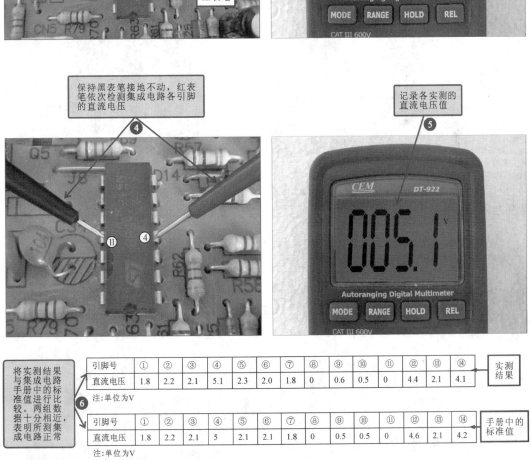

图 3-20　电压检测法检测运算放大器 LM324 的具体操作方法

【资料】

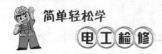

● 若实测结果与标准值相同或十分相近，则说明集成电路正常。

● 检测电压与标准值比较相差较多时，不能轻易认为集成电路有故障，应首先排除是否是外围元件异常引起的。

3.4.3 集成电路信号检测法的操作训练

集成电路信号检测法是指将集成电路置于实际的工作环境中，或搭建测试电路来模拟实际工作条件，并向集成电路输入指定信号，然后用示波器检测输入、输出端信号的波形来判断好坏。

下面以典型扁平封装集成电路——视频解码电路 SAA7117AH 为例进行介绍。信号检测法检测视频解码电路 SAA7117AH 的具体操作方法如图 3-21 所示。

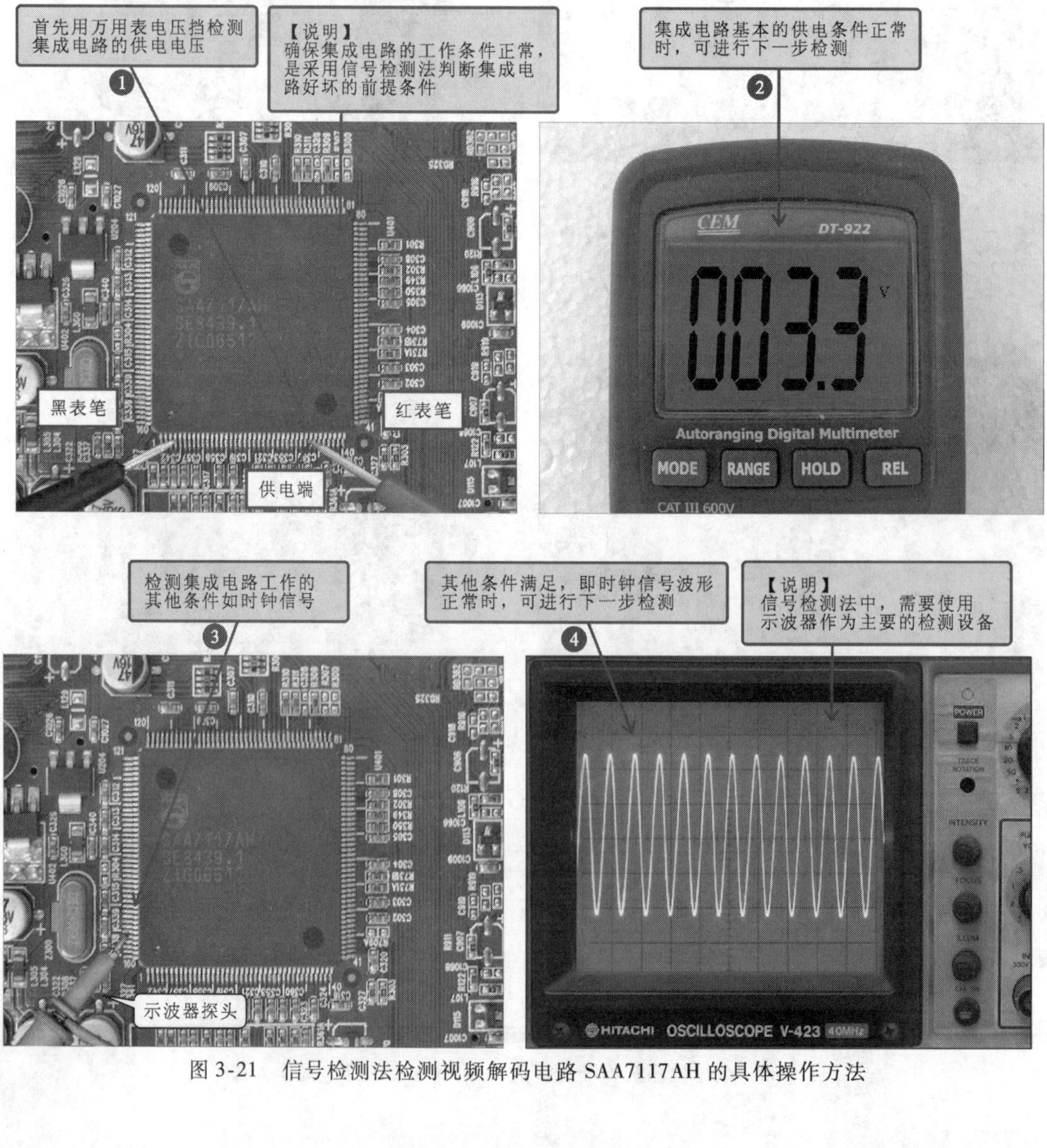

首先用万用表电压挡检测集成电路的供电电压
【说明】
确保集成电路的工作条件正常，是采用信号检测法判断集成电路好坏的前提条件
集成电路基本的供电条件正常时，可进行下一步检测
①
②
黑表笔
红表笔
供电端
CEM
DT-922
003.3
V
Autoranging Digital Multimeter
MODE
RANGE
HOLD
REL
CAT III 600V
检测集成电路工作的其他条件如时钟信号
其他条件满足，即时钟信号波形正常时，可进行下一步检测
【说明】
信号检测法中，需要使用示波器作为主要的检测设备
③
④
示波器探头
SAA7117AH
POWER
HITACHI OSCILLOSCOPE V-423 40MHz

图 3-21 信号检测法检测视频解码电路 SAA7117AH 的具体操作方法

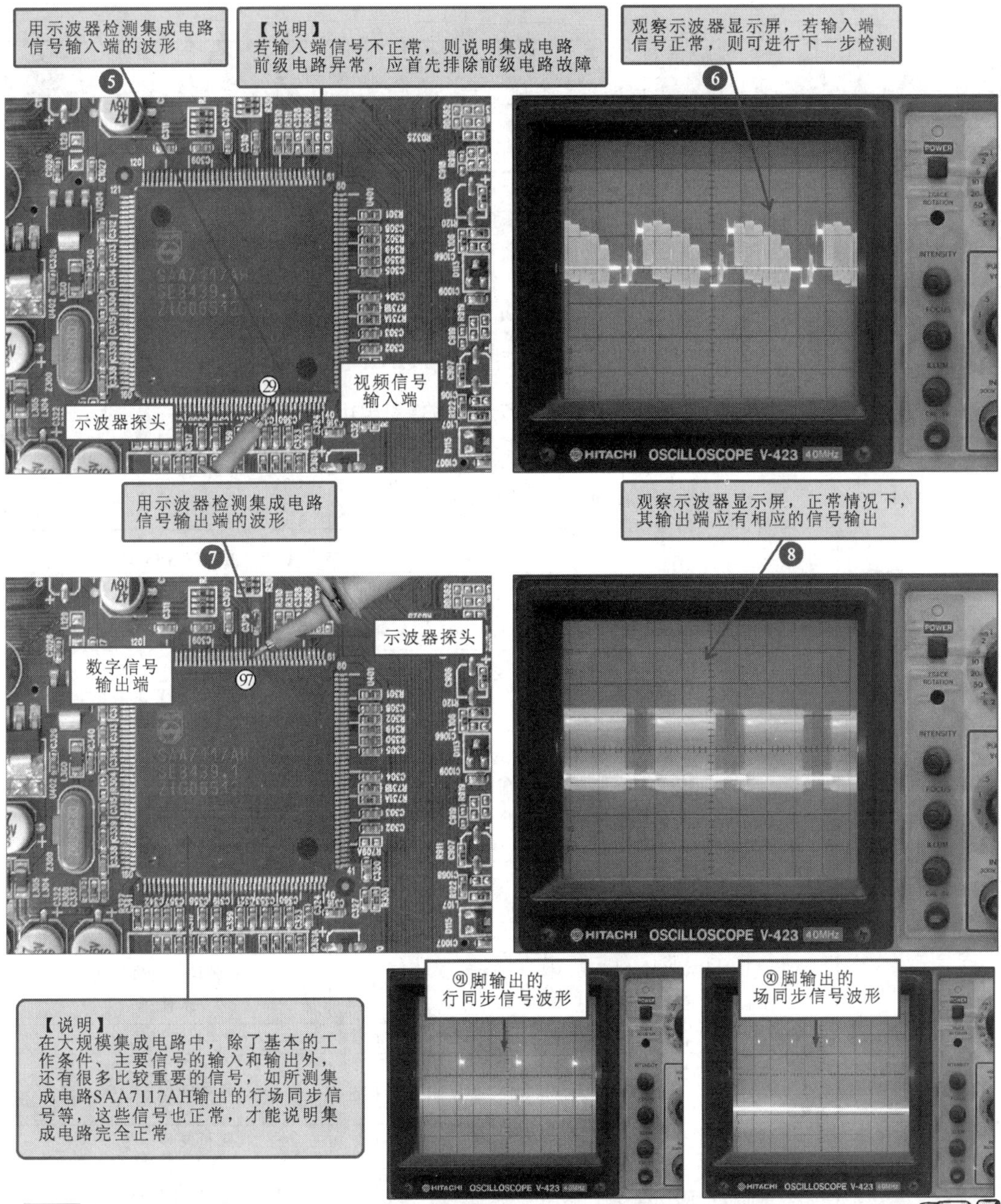
用示波器检测集成电路信号输入端的波形
【说明】
若输入端信号不正常，则说明集成电路前级电路异常，应首先排除前级电路故障
观察示波器显示屏，若输入端信号正常，则可进行下一步检测
5
6
29
视频信号输入端
示波器探头
HITACHI OSCILLOSCOPE V-423 40MHz
用示波器检测集成电路信号输出端的波形
观察示波器显示屏，正常情况下，其输出端应有相应的信号输出
7
8
示波器探头
数字信号输出端
97
HITACHI OSCILLOSCOPE V-423 40MHz
【说明】
在大规模集成电路中，除了基本的工作条件、主要信号的输入和输出外，还有很多比较重要的信号，如所测集成电路SAA7117AH输出的行场同步信号等，这些信号也正常，才能说明集成电路完全正常
91脚输出的行同步信号波形
90脚输出的场同步信号波形

图 3-21 信号检测法检测视频解码电路 SAA7117AH 的具体操作方法（续）

【资料】

● 在集成电路工作条件正常，输入信号也正常的前提下，无输出或输出信号不正常，则说明集成电路损坏。

● 若集成电路工作条件不正常，应首先对工作条件的相关电路进行检测，否则即使集成电路本身正常，也会无信号输出或输出信号异常。

● 若集成电路输入端信号异常，应检测集成电路的前级电路，否则即使集成电路本身正常，也会无信号输出或输出信号异常。

提问

采用信号检测法的时候，如何找到集成电路的输入、输出或供电引脚呢？

对于一些大规模集成电路来说，检测时应首先了解所测集成电路的型号，然后对照集成电路手册明确各引脚的功能（输入、输出、供电或接地），明确实际检测的引脚号数以后再动手检测。

回答

上例中，扁平封装集成电路——视频解码电路 SAA7117AH 各引脚功能如表 3-1 所示。

表 3-1　SAA7117AH 集成电路各引脚功能

引脚号	名称	引脚功能	引脚号	名称	引脚功能
②⑤⑦⑩	AI41-AI44	第 4 路模拟信号输入组	㊵㊶(157)	VDDAC18 VDDAA18	模拟 1.8 V 供电端
③④⑫⑳ ㉘㉟㊳	AGND VSSA	地	㊹	CE	IC 复位信号输入
⑥	AI4D	ADC 第 4 路微分输入信号	㊻(59)(73)(95) (114)(136)(151)	VDDD (MTD33)	数字 3.3 V 供电端
⑧⑨⑯ ⑰㉔㉕ ㉜㉝㊲	VDDA	模拟 3.3 V 供电端	㊿(65)(101) (106)(132)(142)	VDDD (MTD18)	数字 1.8V 供电端
⑪⑬⑮ ⑱	AI31-AI34	第 3 路模拟信号输入组	(52)~(58) (60)~(62)(64)	NC	空脚
⑭	AI3D	ADC 第 3 路微分输入信号	(66)	SCL	I^2C 总线时钟信号输入
⑲㉓	AI21、AI23	第 2 路模拟信号输入组	(68)	SDA	I^2C 总线数据输入/输出
㉑	AI22	第 2 路模拟信号输入 （AV1 色度输入信号）	(71)	RCTO	实时控制输出 （未使用）
㉒	AI2D	ADC 第 2 路微分输入信号	(75)	ALRCLK	音频左/右时钟信号输出（未使用）
㉖	AI24	第 2 路模拟信号输入 （侧置 AV2 色度输入信号）	(76)	AMXCLK	音频控制时钟输出 （未使用）
㉗	AI11	第 1 路模拟信号输入	(84)	ICLK	视频时钟输出
㉙	AI12	第 1 路模拟信号输入 （AV1 的 Y/V 输入信号）	(90)	IGPV	视频场同步信号输出
㉚	AI1D	ADC 第 1 路微分输入信号	(91)	IGPH	视频行同步信号输出
㉛	AI13	第 1 路模拟信号输入 （TV 输入的 IF 信号）	(155)(156)	XTALI XTALO	晶振接口
㉞	AI14	第 1 路模拟信号输入 （侧置 AV2 Y/V 输入信号）	(92)(93)(94)(97) (98)(99)(100)(102)	IPD7-IPD0	视频信号输出端口

根据表 3-1，很容易明确在检测该集成电路时应对 3.3V、1.8V 两组引脚（多个）进行检测，任何一个引脚功能失常都可能导致集成电路工作异常；然后找出信号输入端、输出端引脚号再分别进行检测。若无引脚功能表，检测起来十分困难。

提问

上面介绍的几种检测方法中，无论是检测电阻、电压还是信号参数都是对集成电路的引脚进行检测，那么对于上一节课提到的插针网格阵列封装（PGA）集成电路、球栅阵列封装（BGA）集成电路等引脚在下方或无引脚的集成电路应如何检测呢？

在实际应用中，集成电路的检测方法除了我们上面提到的三种外还有很多。比如干扰法、电流检测法、替换法以及间接测试法等，遇到实际问题时，应学会分析和拓展思路，根据实际情况和设备条件，采用相应的测试方法和手段。学员们可以在实践中慢慢积累和学习。

对于插针网格阵列封装（PGA）集成电路、球栅阵列封装（BGA）集成电路这类安装在电路板后，便无法看到引脚或无引脚的集成电路，检测十分困难或无法检测。实际应用时，可以采用间接测试法。比如，计算机主板上的 CPU（它属于插针网格阵列封装（PGA）集成电路），检测时可以使用 CPU 假负载来判断各引脚的参数情况，从而判断 CPU 工作是否正常，如图 3-22 所示。

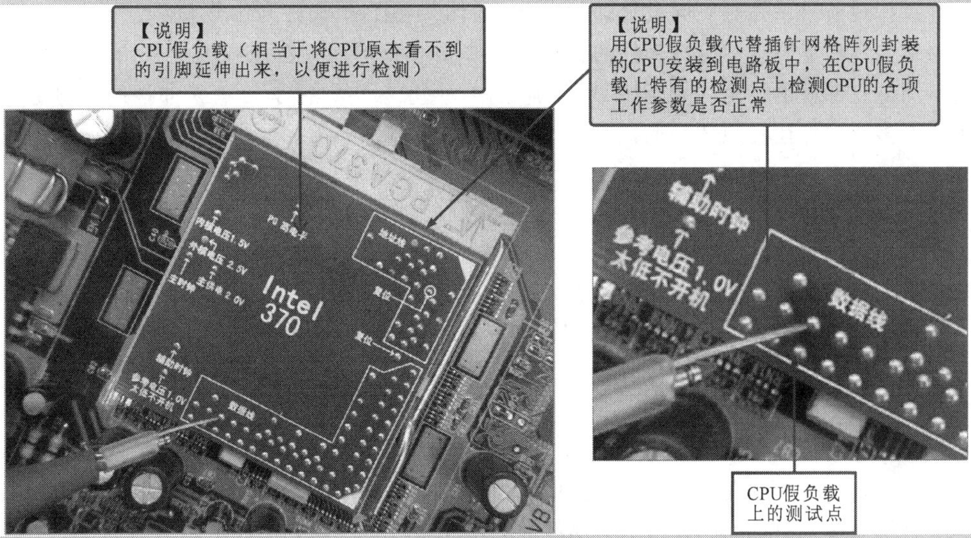
【说明】
CPU假负载（相当于将CPU原本看不到的引脚延伸出来，以便进行检测）
【说明】
用CPU假负载代替插针网格阵列封装的CPU安装到电路板中，在CPU假负载上特有的检测点上检测CPU的各项工作参数是否正常
Intel
370
辅助时钟
参考电压1.0V
太低不开机
数据线
CPU假负载
上的测试点

图 3-22　采用间接测试法判断 CPU 是否正常

第4章 轻松搞定基础电气部件的检测

现在，开始进入第4章的学习：本章我们要搞清楚基础电气部件的检测。在电工检修操作中，掌握电气部件的检测方法是一项重要操作技能。这项技能在电路调试、检测，以及电气设备维修中被广泛应用。为了让大家能够在短时间内会用、活用电气部件的检测技能，本章特地安排了针对不同电气部件的检测训练。在每个训练开始，大家会首先了解各种电气部件的结构和功能特点、电气部件的作用和工作方式；然后，在此基础上开始练习；最终，轻松搞定不同电气部件的检测。相信本章学习完毕，大家都会觉得学习电气部件的检测如此轻松。好了，不多说了，让我们开始吧！

4.1 训练开关的检测技能

我们在学习开关的检测技能之前，应首先认识开关，为苦练开关检测打好基础。

4.1.1 认识开关

开关是一种控制电路闭合、断开的电气部件，主要用于对自动控制系统电路发出操作指令，从而实现对供配电线路、照明线路、电动机控制线路等实用电路的自动控制。根据结构功能的不同，较常用的开关通常包含开启式负荷开关、按钮开关、位置检测开关及隔离开关等。图4-1所示为常见的四种类型开关的实物外形。

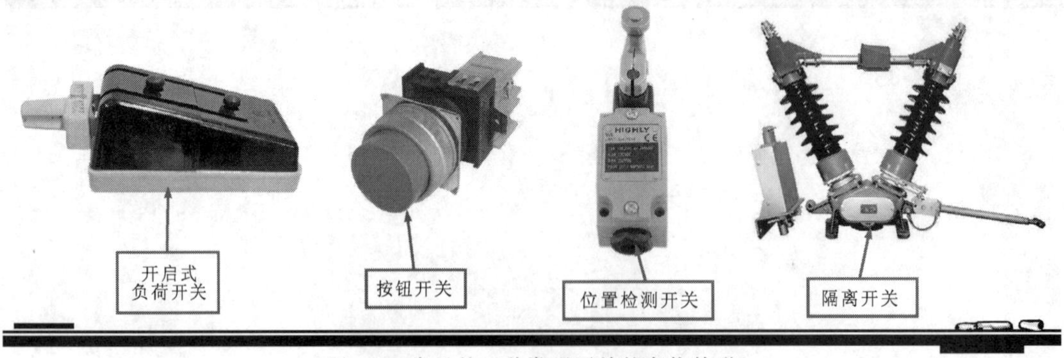
开启式
负荷开关
按钮开关
位置检测开关
隔离开关

图4-1 常见的四种类型开关的实物外形

现在我们知道了常见开关有4种，大家是不是很想知道这些开关在电工领域都应用在哪些场合呢？别着急，我们马上给大家介绍。

1. 开启式负荷开关

开启式负荷开关又称胶盖闸刀开关，按其结构可以分为二极式和三极式两种。图4-2所示为开启式负荷开关的实物外形。

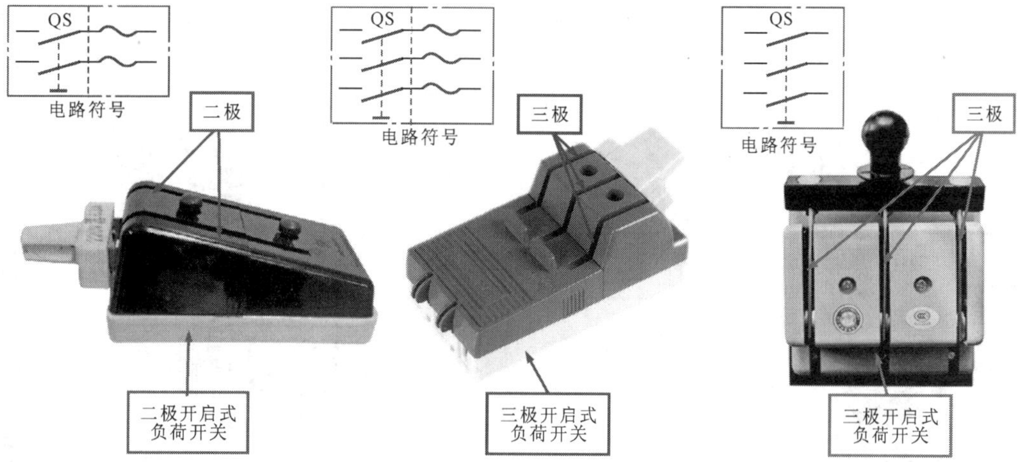
QS
电路符号
二极
二极开启式
负荷开关
QS
电路符号
三极
三极开启式
负荷开关
QS
电路符号
三极
三极开启式
负荷开关

图 4-2　开启式负荷开关的实物外形

提问

通过外形可以看到二极式和三极式开启式负荷开关的外形有很大的区别，也不知道内部的结构是不是也有很大的区别呢？

回答

不同类型的开启式负荷开关其内部结构大体相同，都是由触刀开关和熔丝组合而成的一种电器，其内部结构如图 4-3 所示。从图中可以看到，其主要由瓷底座、静插座、进线端子、出线端子、触刀座、触刀、瓷柄（手柄）等组成。

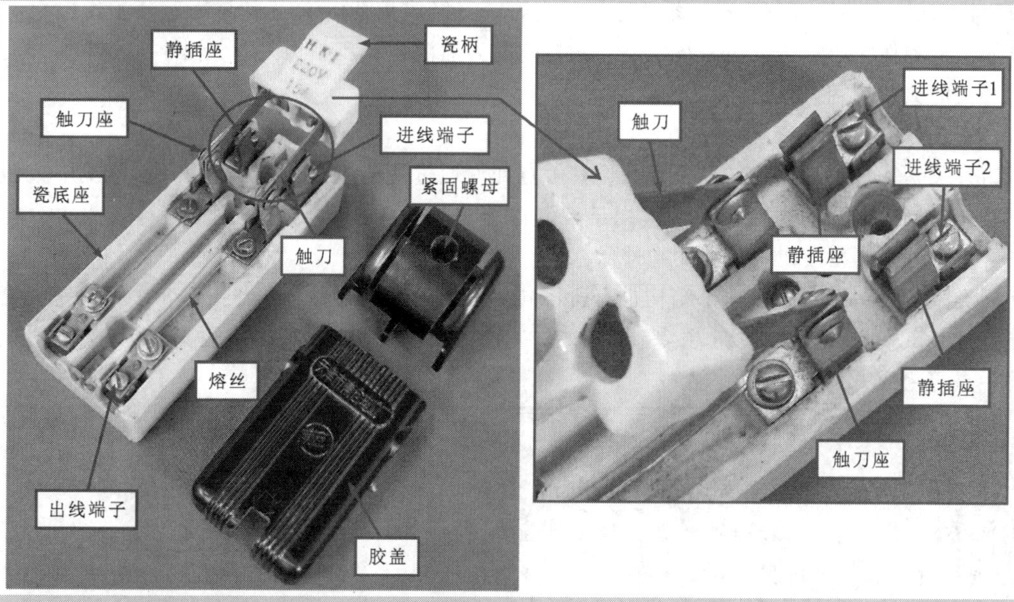
静插座
瓷柄
触刀座
进线端子
瓷底座
紧固螺母
触刀
熔丝
出线端子
胶盖
触刀
进线端子1
进线端子2
静插座
静插座
触刀座

图 4-3　开启式负荷开关的内部结构

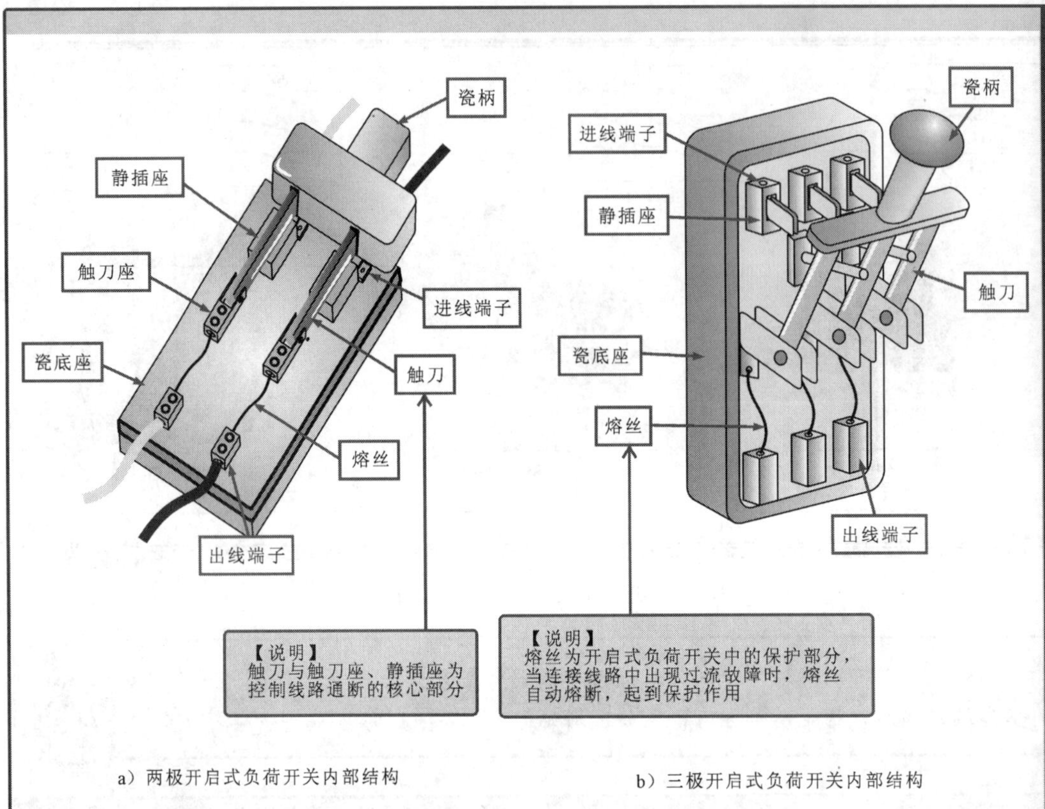
瓷柄
静插座
触刀座
进线端子
瓷底座
触刀
熔丝
出线端子
【说明】
触刀与触刀座、静插座为控制线路通断的核心部分
a）两极开启式负荷开关内部结构
瓷柄
进线端子
静插座
触刀
瓷底座
熔丝
出线端子
【说明】
熔丝为开启式负荷开关中的保护部分，当连接线路中出现过流故障时，熔丝自动熔断，起到保护作用
b）三极开启式负荷开关内部结构

图 4-3　开启式负荷开关的内部结构（续）

其中，二极式负荷开关主要是用于两相供电电路中，例如照明电路、电热回路、建筑工地供电、农用机械供电或是作为分支电路的配电开关等。三极式负荷开关主要是用于三相供电电路中，例如接通和切断小电流配电系统电路、农村的电力灌溉、农产品加工等，图 4-4 所示为开启式负荷开关的典型应用。

2. 按钮开关

按钮开关是一种手动操作的电气开关，其触点允许通过的电流很小，因此，一般情况下按钮开关不直接控制主电路的通断，通常应用于控制电路中，作为控制开关使用，又称其为主令电器，图 4-5 所示为典型按钮开关的实物外形。

不同类型的按钮开关，其内部结构也有所不同。常见的按钮开关有常开按钮、常闭按钮、复合按钮三种。其内部主要由按钮（按钮帽/操作头）、连杆、复位弹簧、动触头、常开静触点、常闭静触点等组成，如图 4-6 所示。

【资料】

按钮开关根据其内部结构的不同，还可分为不闭锁的按钮开关和可闭锁的按钮开关。不闭锁的按钮开关是指按下按钮开关时，内部触头动作，松开按钮时，其内部触头自动复位；而可闭锁的按钮开关是指按下按钮开关时，内部触头动作，松开按钮时，其内部触头不能自动复位，需要再次按下按钮开关，其内部触头才可复位。

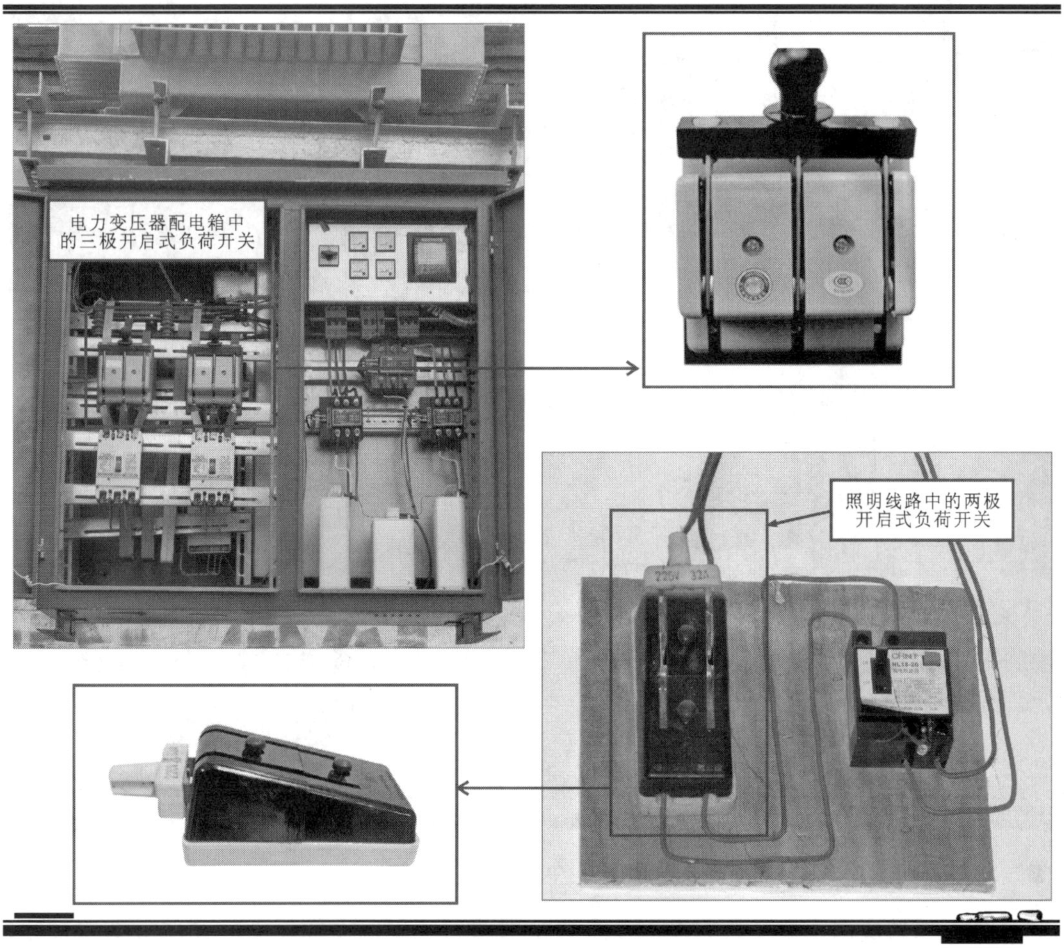
电力变压器配电箱中
的三极开启式负荷开关
照明线路中的两极
开启式负荷开关

图 4-4　开启式负荷开关的典型应用

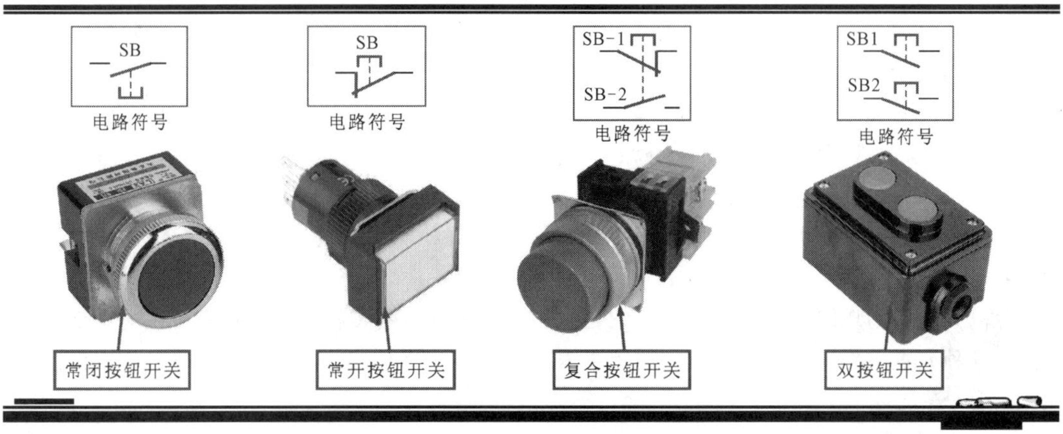
SB
电路符号
SB
电路符号
SB-1
SB-2
电路符号
SB1
SB2
电路符号
常闭按钮开关
常开按钮开关
复合按钮开关
双按钮开关

图 4-5　典型按钮开关的实物外形

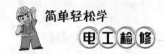

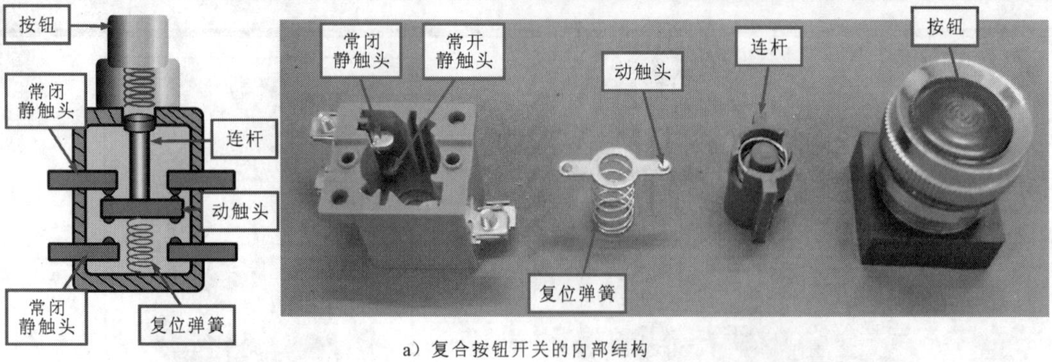
按钮
常闭
静触头
连杆
动触头
常闭
静触头
复位弹簧
常闭
静触头
常开
静触头
动触头
连杆
按钮
复位弹簧
a）复合按钮开关的内部结构

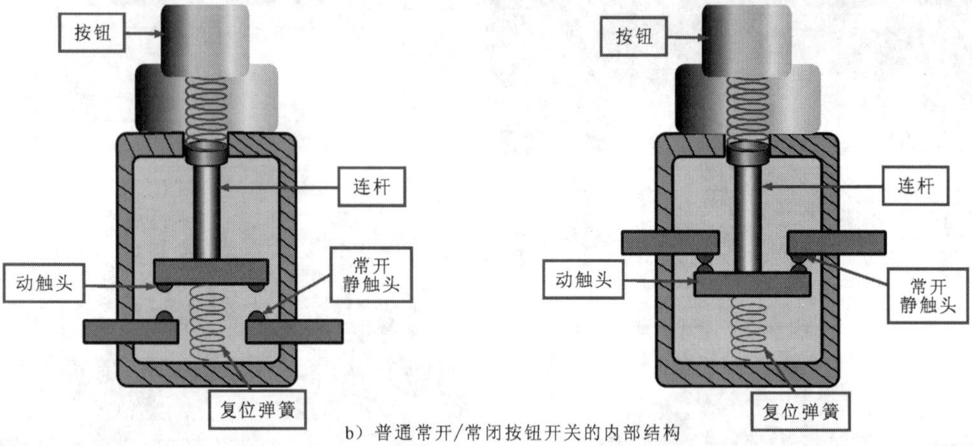
按钮
连杆
动触头
常开
静触头
复位弹簧
按钮
连杆
动触头
常开
静触头
复位弹簧
b）普通常开/常闭按钮开关的内部结构

图 4-6　按钮开关的内部结构

按钮开关的应用十分广泛。在一些电力拖动线路、工矿企业设备控制线路及自动化控制线路中的控制部分中，几乎都是由按钮开关进行控制的。图 4-7 所示为按钮开关的典型应用。

3. 位置检测开关

位置检测开关又称行程开关或限位开关，是一种小电流电气开关。可用来检测机械运动的行程或位置，使运动机械实现自动控制。按其结构可以分为按钮式位置检测开关、单轮旋转式位置检测开关和双轮旋转式位置检测开关。图 4-8 所示为典型位置检测开关的实物外形。

位置检测开关根据其类型不同，内部结构也有所不同，但基本都是由触杆（或滚轮及杠杆）、复位弹簧、常开常闭触头等部分构成的，如图 4-9 所示。

位置检测开关一般应用在可实现运动机械自动控制的场合，如一些电镀流水线、自动门控制、升降机控制等工业电气设备中。图 4-10 所示为位置检测开关的典型应用。

4. 隔离开关

隔离开关是高压隔离开关的总称。它是一种对电极进行隔离的开关，在高压供电系统中应用广泛。这种开关主要用来将高压配电装置中需要停电的部分与带电部分可靠地隔离，以保证检修工作的安全。

高压隔离开关按其安装方式的不同，可分为户外高压隔离开关与户内高压隔离开关。图4-11 所示为典型高压隔离开关的实物外形。

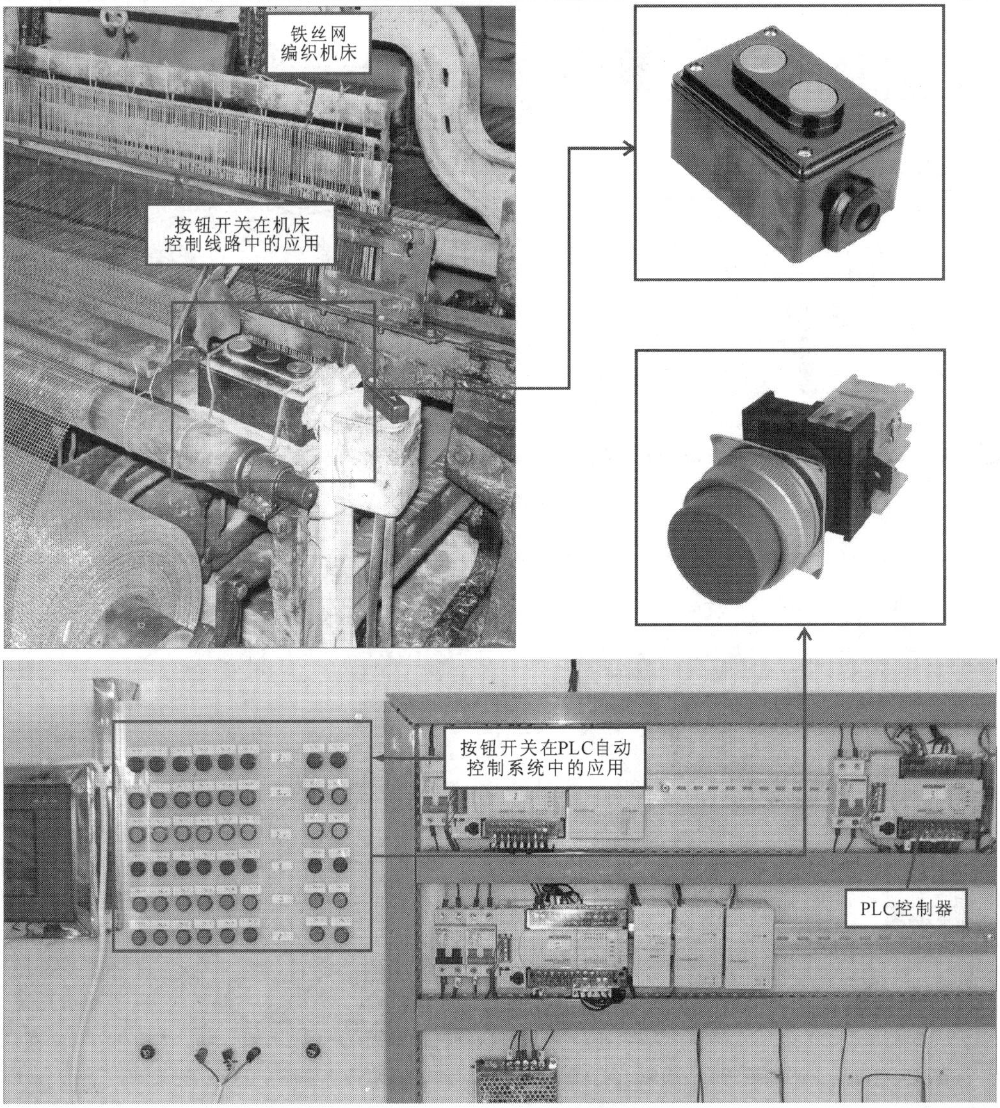
铁丝网
编织机床
按钮开关在机床
控制线路中的应用
按钮开关在PLC自动
控制系统中的应用
PLC控制器

图 4-7　按钮开关的典型应用

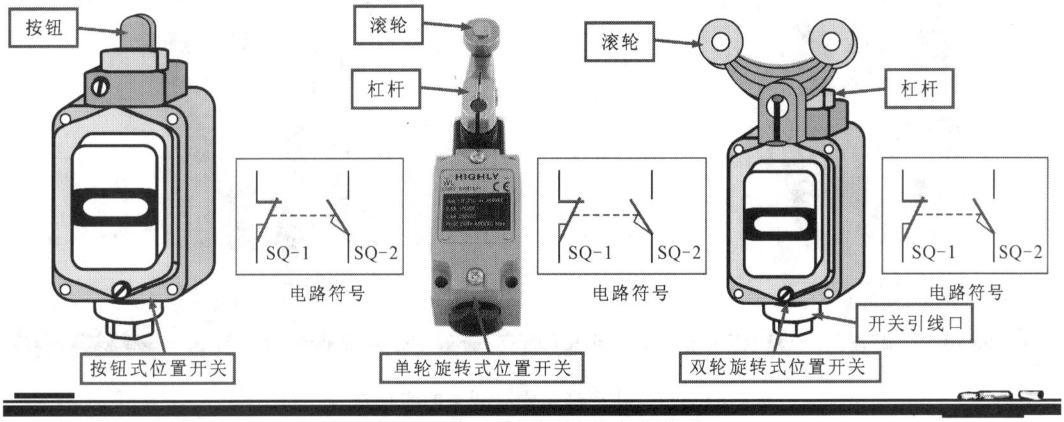
按钮
滚轮
杠杆
滚轮
杠杆
SQ-1
SQ-2
电路符号
SQ-1
SQ-2
电路符号
SQ-1
SQ-2
电路符号
开关引线口
按钮式位置开关
单轮旋转式位置开关
双轮旋转式位置开关

图 4-8　位置检测开关的实物外形

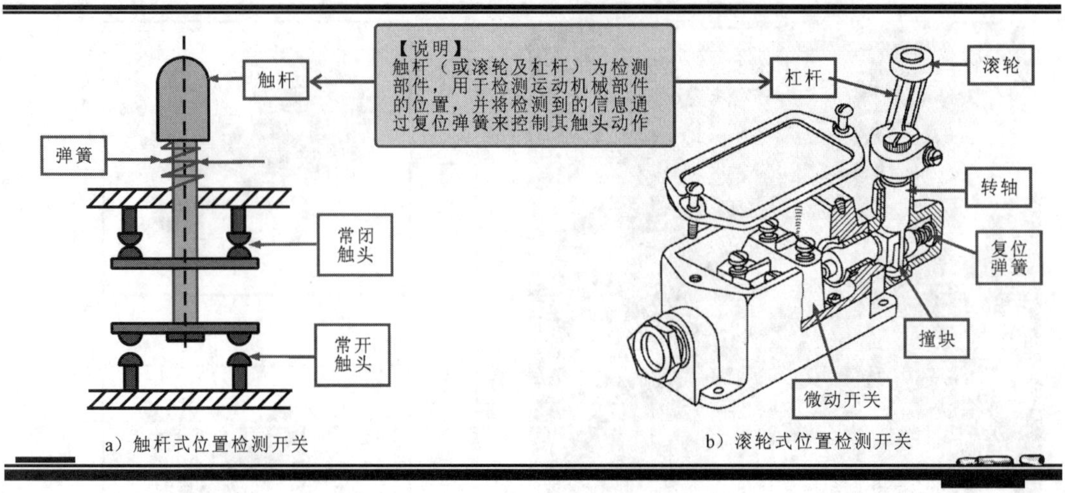
【说明】
触杆（或滚轮及杠杆）为检测部件，用于检测运动机械部件的位置，并将检测到的信息通过复位弹簧来控制其触头动作
触杆
弹簧
常闭触头
常开触头
a）触杆式位置检测开关
杠杆
滚轮
转轴
复位弹簧
撞块
微动开关
b）滚轮式位置检测开关

图 4-9　位置检测开关的内部结构

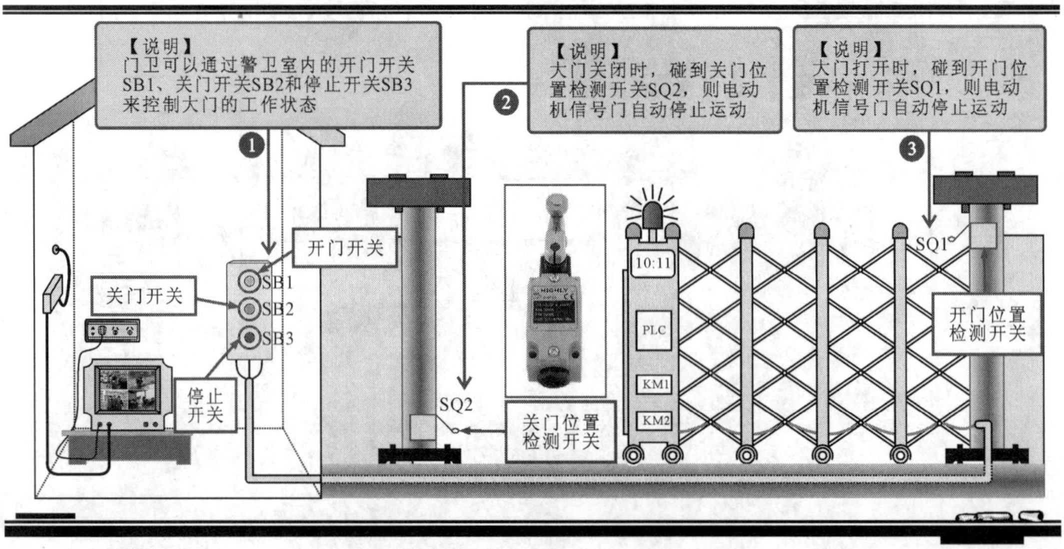
【说明】
门卫可以通过警卫室内的开门开关SB1、关门开关SB2和停止开关SB3来控制大门的工作状态
【说明】
大门关闭时，碰到关门位置检测开关SQ2，则电动机信号门自动停止运动
【说明】
大门打开时，碰到开门位置检测开关SQ1，则电动机信号门自动停止运动
开门开关
关门开关
SB1
SB2
SB3
停止开关
SQ2
关门位置检测开关
10:11
PLC
KM1
KM2
SQ1
开门位置检测开关

图 4-10　位置检测开关的典型应用

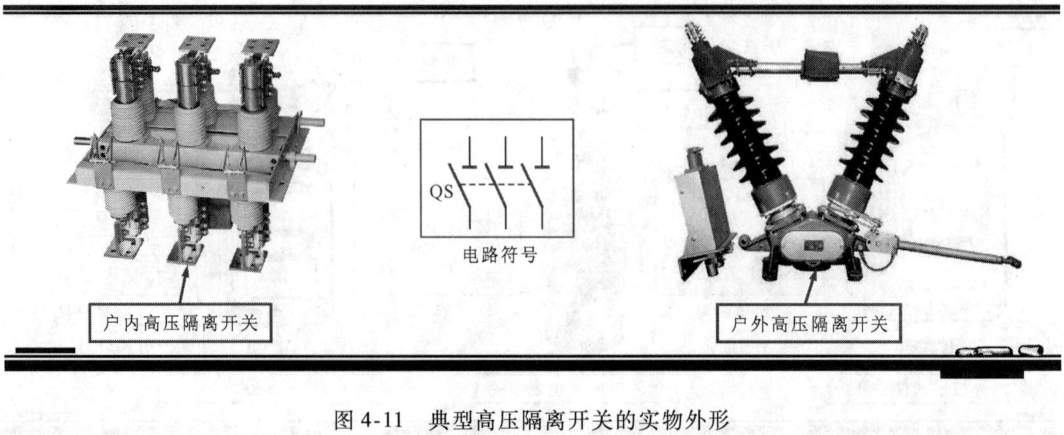
QS
电路符号
户内高压隔离开关
户外高压隔离开关

图 4-11　典型高压隔离开关的实物外形

高压隔离开关的触头全部敞露在空气中，具有明显的断开点。隔离开关没有灭弧装置，因此不能用来切断负荷较大的电流或短路电流，即不能带负荷操作。在采用隔离开关的线路中一般送电操作顺序是先合隔离开关，后合断路器或负荷开关类；断电操作时则先断开断路器或负荷类开关，后断开隔离开关。

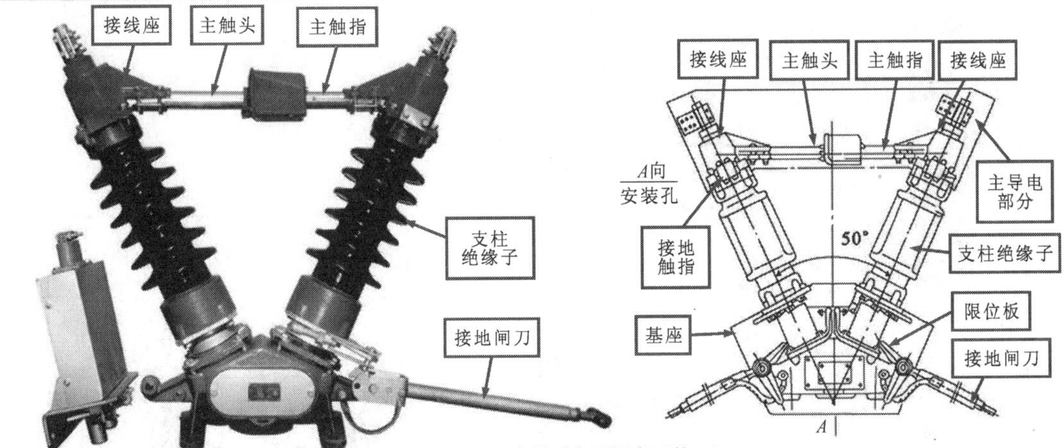
接线座
主触头
主触指
支柱
绝缘子
接地闸刀
接线座
主触头
主触指
接线座
主导电
部分
A向
安装孔
接地
触指
50°
支柱绝缘子
限位板
基座
接地闸刀
A

a）GW5-35户外型高压隔离开关

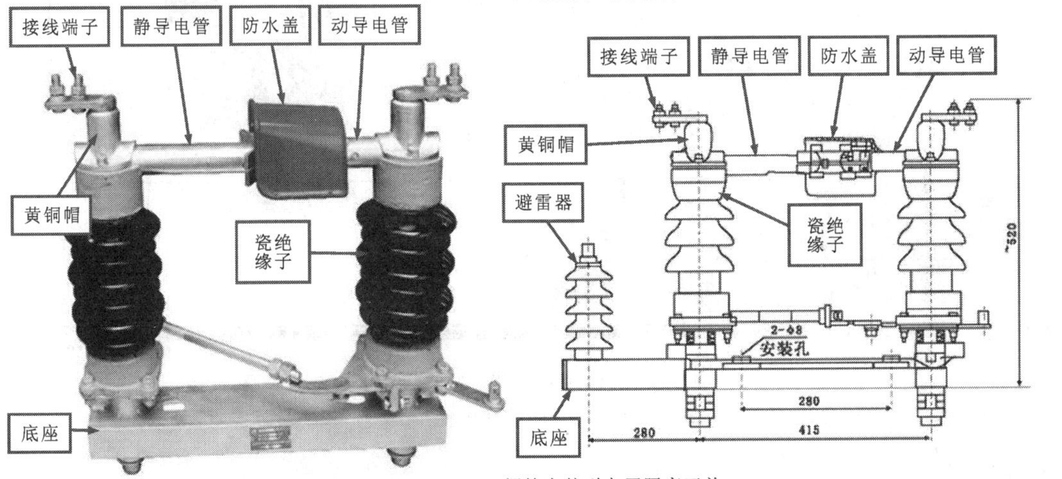
接线端子
静导电管
防水盖
动导电管
黄铜帽
瓷绝
缘子
底座
接线端子
静导电管
防水盖
动导电管
黄铜帽
避雷器
瓷绝
缘子
2-Φ8
安装孔
280
280
415
底座

b）GW4-15W铜管户外型高压隔离开关

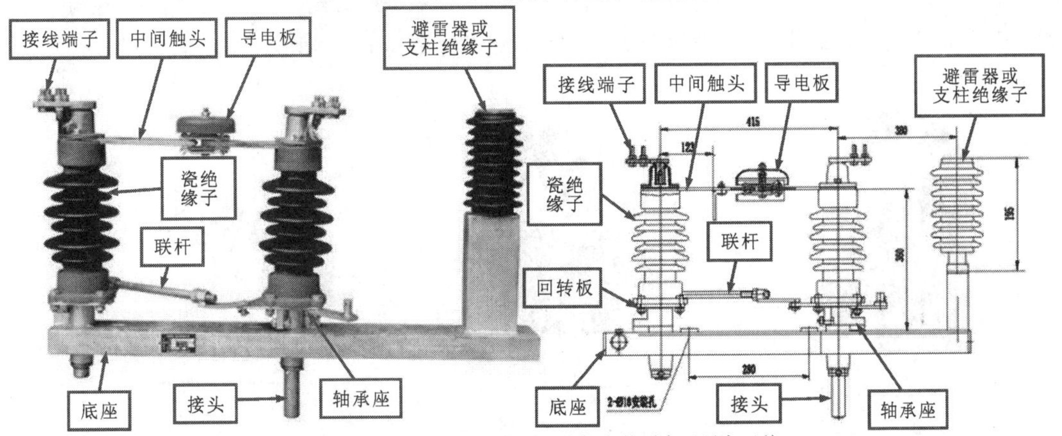
接线端子
中间触头
导电板
避雷器或
支柱绝缘子
瓷绝
缘子
联杆
底座
接头
轴承座
接线端子
中间触头
导电板
避雷器或
支柱绝缘子
415
瓷绝
缘子
联杆
回转板
280
底座
接头
轴承座

c）GW4-15/20W铜排型三支柱户外型高压隔离开关

图4-12　几种常见的高压隔离开关的结构组成

隔离开关的类型多种多样，不同类型的隔离开关其结构也有所不同，一般根据具体规格型号而定。图 4-12 所示为几种常见的高压隔离开关的结构与组成。

高压隔离开关一般应用在变电所、电厂中，用于隔离电源或与断路器配合使用实现系统倒闸操作，以改变系统运行的接线方式（双母线电路中），图 4-13 所示为高压隔离开关的典型应用。

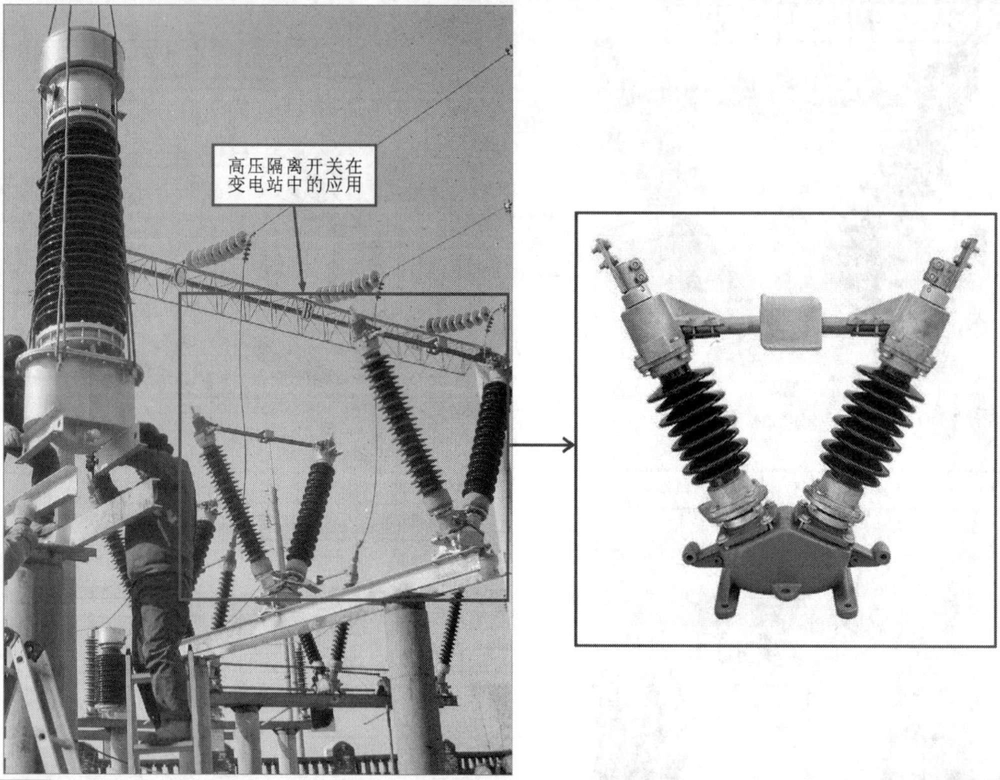
高压隔离开关在
变电站中的应用

图 4-13　高压隔离开关的典型应用

【资料】

除此之外，在一般工业、农业、家用电气设备控制线路中，还可能应用到组合开关（转换开关）、万能转换开关、接近开关等，如图 4-14 所示。

组合开关
万能转换开关
电感式接近开关

图 4-14　其他几种开关

5. 开关的功能和原理

开关是一种控制电路闭合与断开的电器部件。其工作时主要体现在“闭合”与“断开”的两种状态上。下面，以开启式负荷开关及按钮开关为例介绍其基本的工作原理。

（1）开启式负荷开关的工作原理

开启式负荷开关适用于手动、不频繁地接通和切断电路的设备中。其工作过程较简单。当手动操作该类开关的瓷柄，使动静触头闭合后，电路则接通；当手动操作该类开关的瓷柄，使动静触头分开后，电路则被切断，其工作过程如图 4-15 所示。

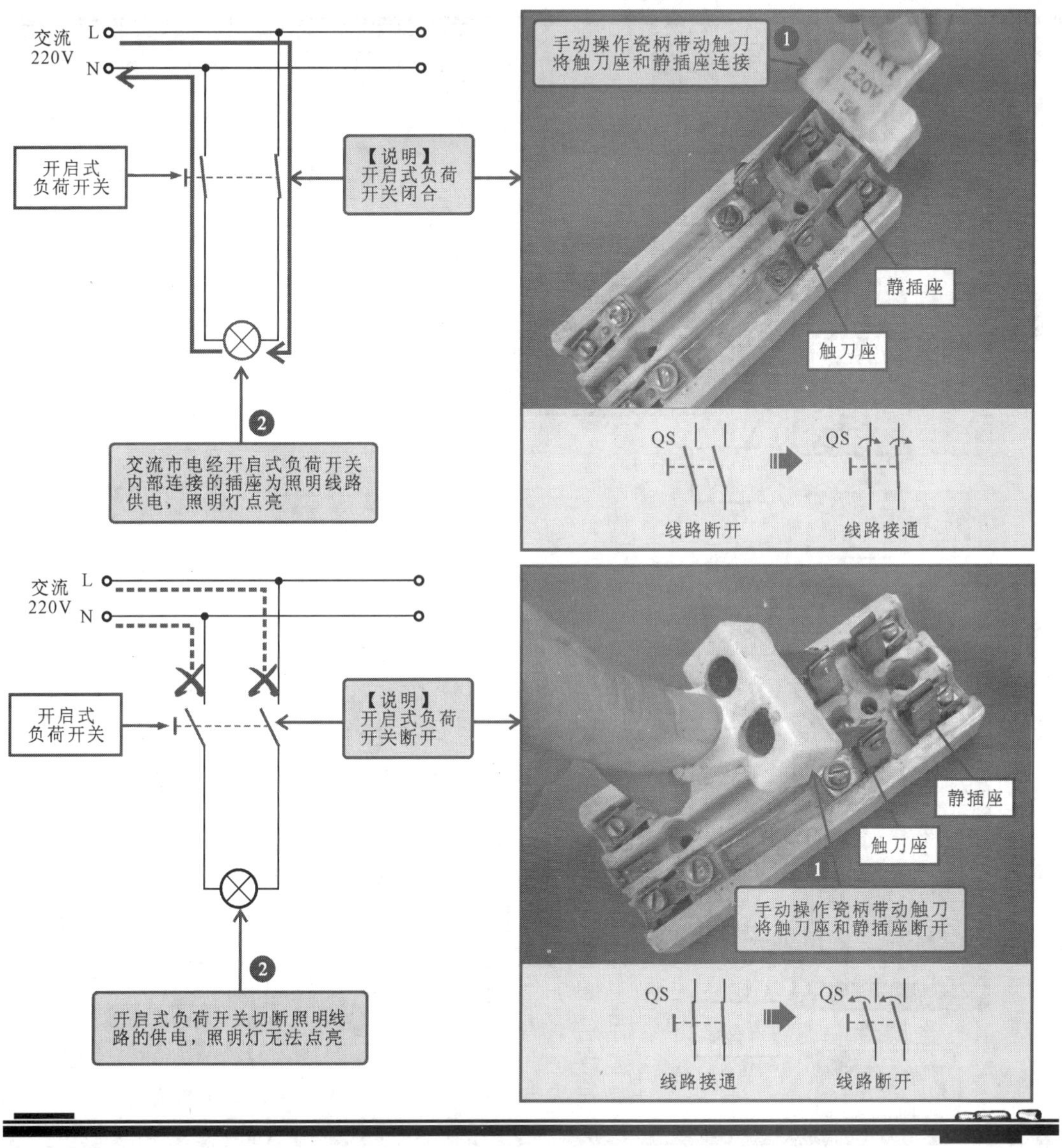
交流 220V
L
N
开启式负荷开关
【说明】开启式负荷开关闭合
手动操作瓷柄带动触刀将触刀座和静插座连接
1
静插座
触刀座
2
交流市电经开启式负荷开关内部连接的插座为照明线路供电，照明灯点亮
QS
线路断开
线路接通
交流 220V
L
N
开启式负荷开关
【说明】开启式负荷开关断开
静插座
触刀座
1
手动操作瓷柄带动触刀将触刀座和静插座断开
2
开启式负荷开关切断照明线路的供电，照明灯无法点亮
QS
线路接通
线路断开

图 4-15　开启式负荷开关的工作原理

【资料】

除此之外，根据开启式负荷开关的规格参数不同，其所采用的熔丝允许流过的额定电流也不相同，从而可以实现对不同用电电路的过流保护。

（2）按钮开关的工作原理

按钮开关作为一种主令电器，主要用于发出远距离控制信号或指令去控制继电器、接触器或其他负载设备，实现对控制电路的接通与断开，从而达到对负载设备的控制。

按钮开关的工作过程即为按下按钮开关时其触头闭合与断开的过程，下面以典型复合式按钮开关为例介绍其工作原理。其他类型的按钮开关与之相同或相似。

复合按钮开关是指按钮内部设有两组触头，分别为常开触头和常闭触头。操作前常闭触头闭合，常开触头断开。操作按钮时其两组触头同时动作，常用作起动联锁控制按钮。其基本工作过程如图4-16所示。

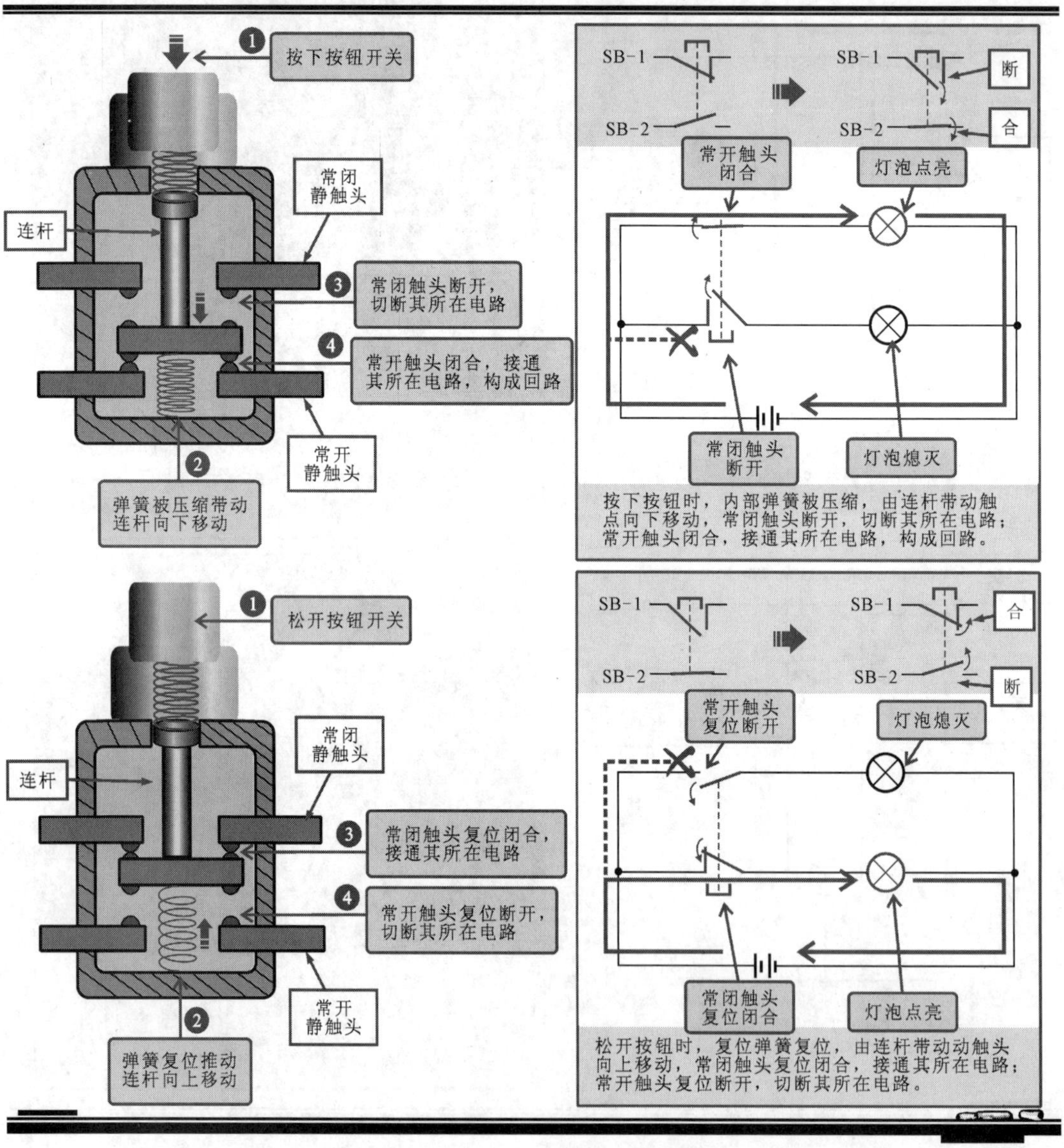
1 按下按钮开关
常闭静触头
连杆
3 常闭触头断开，切断其所在电路
4 常开触头闭合，接通其所在电路，构成回路
常开静触头
2 弹簧被压缩带动连杆向下移动
SB-1
SB-2
断
合
常开触头闭合
灯泡点亮
常闭触头断开
灯泡熄灭
按下按钮时，内部弹簧被压缩，由连杆带动触点向下移动，常闭触头断开，切断其所在电路；常开触头闭合，接通其所在电路，构成回路。
1 松开按钮开关
常闭静触头
连杆
3 常闭触头复位闭合，接通其所在电路
4 常开触头复位断开，切断其所在电路
常开静触头
2 弹簧复位推动连杆向上移动
SB-1
SB-2
合
断
常开触头复位断开
灯泡熄灭
常闭触头复位闭合
灯泡点亮
松开按钮时，复位弹簧复位，由连杆带动动触头向上移动，常闭触头复位闭合，接通其所在电路；常开触头复位断开，切断其所在电路。

图4-16 复合按钮的基本工作过程

4.1.2 开关的检测方法

通过对开关的认识，下面我们以比较典型的开关为例，对开关进行检测。

1. 开启式负荷开关的检测

对开启式负荷开关进行检测时，可以采用直接观察法进行检测，图 4-17 所示为开启式负荷开关的检测方法。

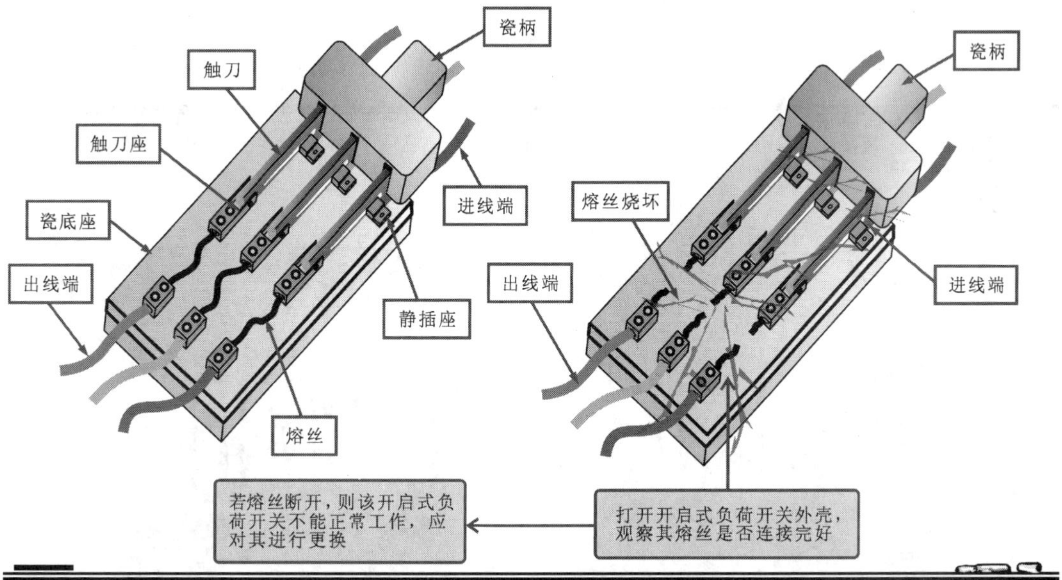
瓷柄
触刀
触刀座
瓷底座
出线端
进线端
静插座
熔丝
瓷柄
熔丝烧坏
出线端
进线端
若熔丝断开，则该开启式负荷开关不能正常工作，应对其进行更换
打开开启式负荷开关外壳，观察其熔丝是否连接完好

图 4-17　开启式负荷开关的检测方法

2. 按钮开关的检测

按钮开关用来控制用电设备的起动、停止等动作，其内部触头闭合，线路便通电；触头断开，线路便断开。如按钮开关发生故障，当按下开关后，用电设备仍不动作或持续动作。下面介绍按钮开关的检测方法。

例如，检测按钮开关时，需要通过按下和松开按钮开关时的电阻值变化来判断控制按钮的好坏；而检测位置检测开关时，需要通过物体靠近和离开感应区域时的电阻值变化来判断位置检测开关的好坏。因此在检测前，应确定按钮开关的类型。

（1）按钮开关触头的检测方法

使用万用表测量未按下按钮开关的阻值如图 4-18 所示。检测时，首先通过内部结构图来判断控制按钮的常闭触头和常开触头。检测时将万用表调至“欧姆挡”，两表笔搭在同组的两个静触头上，常闭静触头间的阻值趋于零，常开静触头之间的电阻值趋于无穷大。

（2）按钮开关按钮好坏的判断方法

为检验复合按钮开关的功能，需按下按钮检测其通断情况。使复合按钮开关的按钮保持按下状态，再次检测复合按钮开关两对静触头的电阻值，如图 4-19 所示。将红、黑表笔分别搭在两组触头上，由于常开触头闭合，其电阻值变为 0，而常闭触头断开，其电阻值变为无穷大。

【资料】

通过对按钮开关的测量可见，按下按钮后测得两对静触头的电阻值相反。其原理是在按下按钮时，电路与常闭静触头断开，连接常开静触头。常开静触头闭合，且金属片电阻值很小，电阻值趋于零；常闭静触头断路，故电阻值为无穷大。

提问　经检测发现，按钮开关在按下时测得的电阻值与未按下时测得的电阻值相同，这是说明按钮开关损坏了吗？有什么办法可以挽回吗？

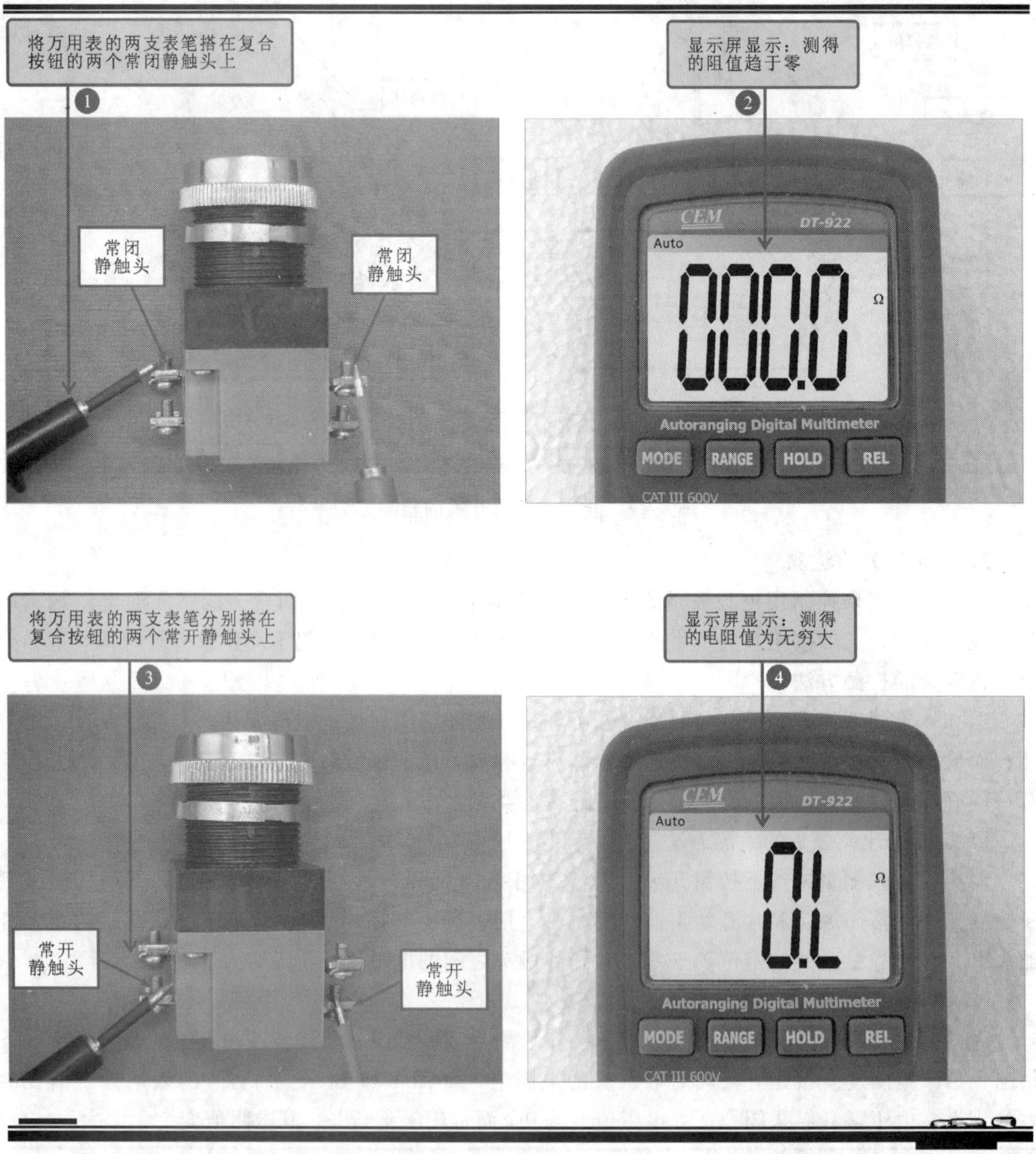
将万用表的两支表笔搭在复合按钮的两个常闭静触头上
1
常闭静触头
常闭静触头
显示屏显示：测得的阻值趋于零
2
CEM
DT-922
Auto
000.0
Ω
Autoranging Digital Multimeter
MODE
RANGE
HOLD
REL
CAT III 600V
将万用表的两支表笔分别搭在复合按钮的两个常开静触头上
3
常开静触头
常开静触头
显示屏显示：测得的电阻值为无穷大
4
CEM
DT-922
Auto
0.L
Ω
Autoranging Digital Multimeter
MODE
RANGE
HOLD
REL
CAT III 600V

图 4-18　按钮开关触头的检测方法

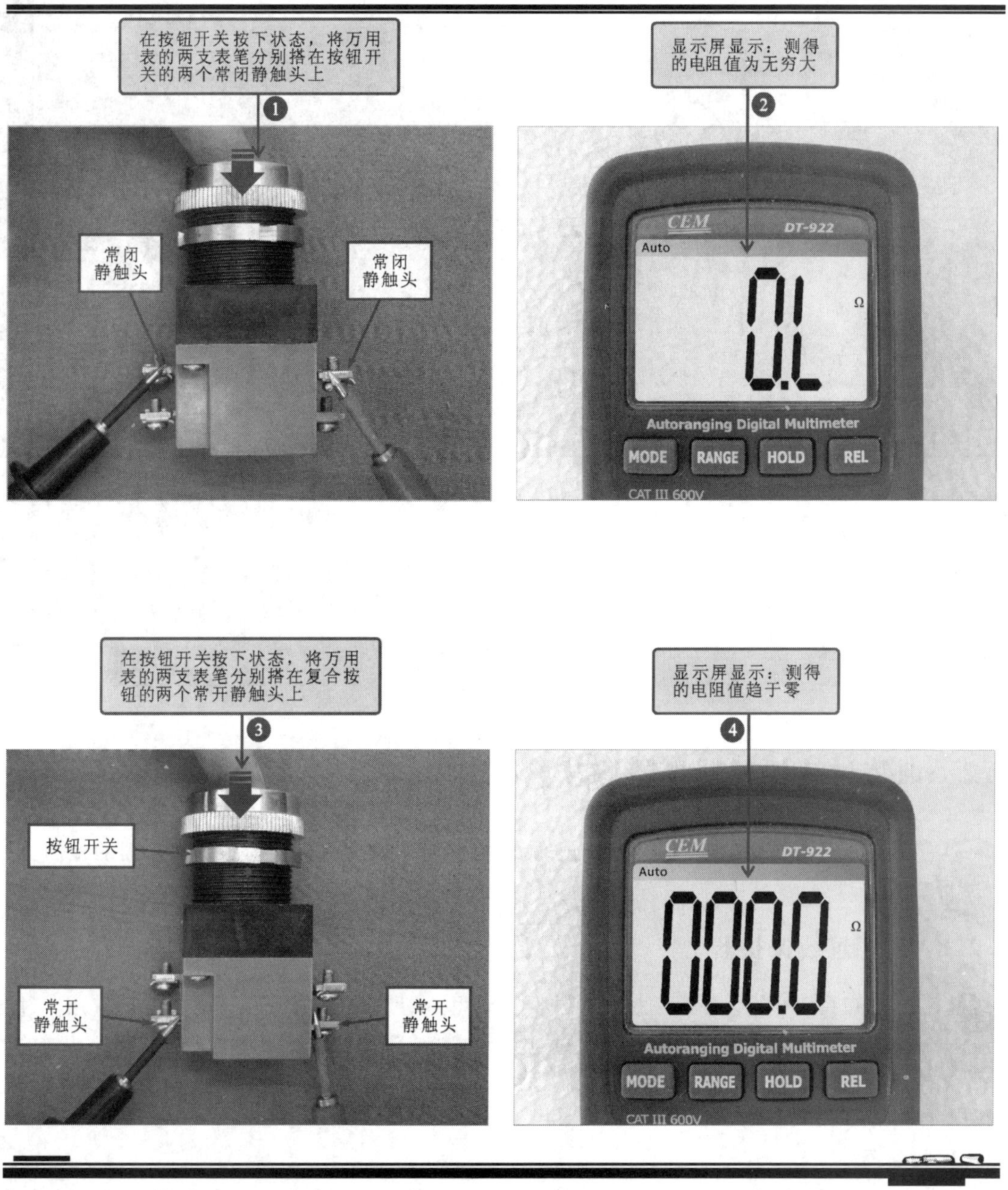
在按钮开关按下状态，将万用表的两支表笔分别搭在按钮开关的两个常闭静触头上
1
常闭静触头
常闭静触头
显示屏显示：测得的电阻值为无穷大
2
CEM
DT-922
Auto
0.L
Ω
Autoranging Digital Multimeter
MODE
RANGE
HOLD
REL
CAT III 600V
在按钮开关按下状态，将万用表的两支表笔分别搭在复合按钮的两个常开静触头上
3
按钮开关
常开静触头
常开静触头
显示屏显示：测得的电阻值趋于零
4
CEM
DT-922
Auto
000.0
Ω
Autoranging Digital Multimeter
MODE
RANGE
HOLD
REL
CAT III 600V

图 4-19　按钮开关好坏的判断方法

若经上述步骤测得的电阻值不符，可使用螺丝刀拆开按钮开关，如图 4-20 所示，检查其静触头是否有脏污或损坏。若脏污应清理污物，若损坏应更换新按钮。若复合按钮按下后不能弹起，应检查其内部弹簧是否损坏。若损坏应更换弹簧或新按钮。

回答

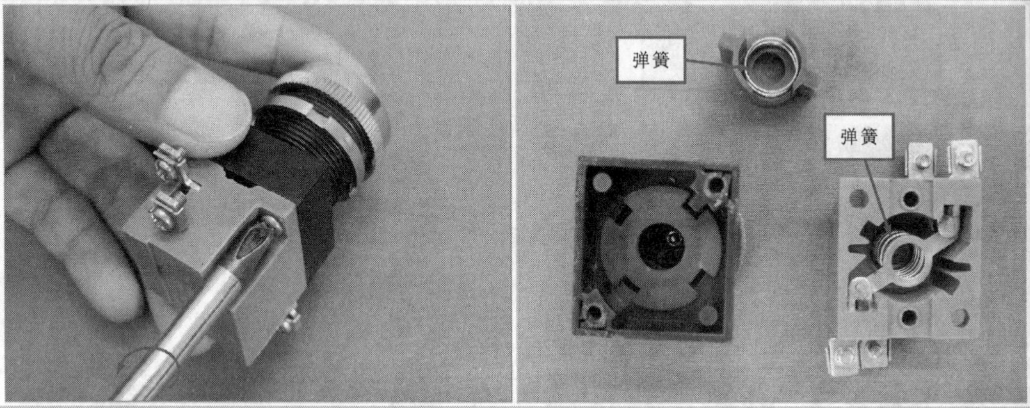
弹簧
弹簧

图 4-20 检查按钮开关的内部

【注意】

由于开关基本都应用于交流电路中（例如220V、380V 供电线路），这些线路中的电流都较大，因此在检修开关时需要注意人身安全，确保在断电的情况下进行检修，以免造成触电事故。

4.2 训练过载保护器的检测技能

在学习保护器的检测技能之前，我们应首先认识保护器，为苦练保护器的检测打好基础。

4.2.1 认识过载保护器

现在我们开始认识一下过载保护器，如图 4-21 为各种过载保护器的实际应用。过载保护器是指对其所应用电路在发生过电流、过热或漏电等情况下能自动实施保护功能的器件，一般采取自动切断线路实现保护功能。根据结构和原理不同，保护器主要分为熔断器和断路器两大类。

1. 熔断器

熔断器是应用在配电系统中的过载保护器件。当系统正常工作时，熔断器相当于一根导线，起通路作用；当通过熔断器的电流大于规定值时，熔断器会使自身的熔体熔断而自动断开电路，从而对线路上的其他电器设备起保护作用。

图 4-22 所示为典型熔断器的实物外形。根据应用场合，熔断器有高、低压之分。常用的低压熔断器有瓷插入式熔断器、螺旋式熔断器、无填料封闭管式熔断器和有填料封闭管式熔断器等；高压熔断器主要有普通高压熔断器、跌落式熔断器等。

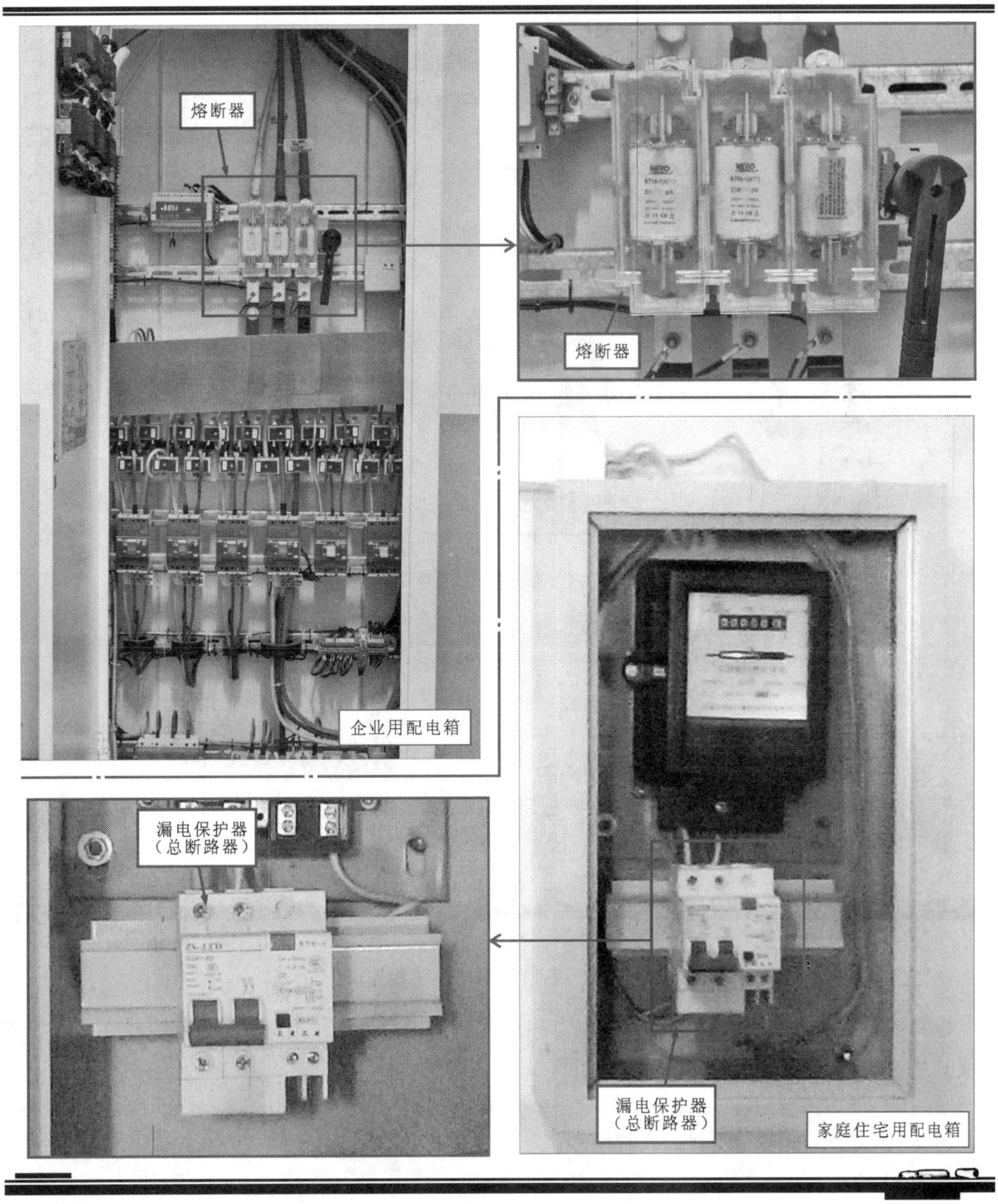
熔断器
熔断器
企业用配电箱
漏电保护器
（总断路器）
漏电保护器
（总断路器）
家庭住宅用配电箱

图 4-21　各种保护器的实际应用

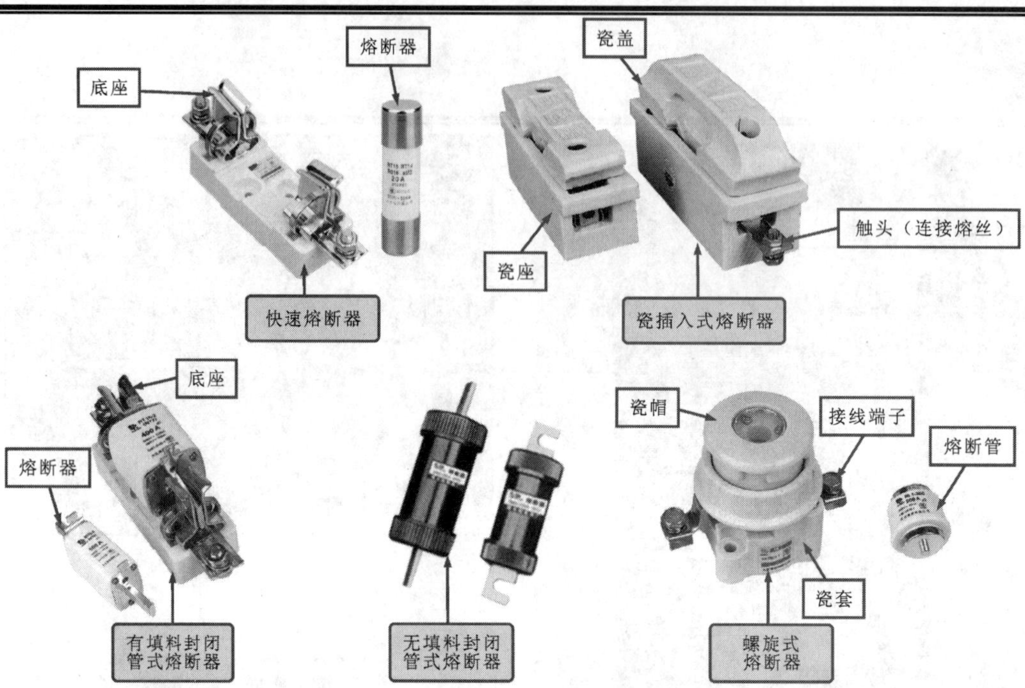
底座
熔断器
瓷盖
触头（连接熔丝）
瓷座
快速熔断器
瓷插入式熔断器
底座
熔断器
瓷帽
接线端子
熔断管
瓷套
有填料封闭管式熔断器
无填料封闭管式熔断器
螺旋式熔断器
a）低压类熔断器

普通高压熔断器
跌落式高压熔断器
b）高压类熔断器

图 4-22　典型熔断器的实物外形

熔断器串接在电路中，当电路中的电流超过熔断器规定值一段时间时，熔断器自身会产生热量使其熔体熔化，从而导致电路断开，起到保护电路的作用。

不同类型的熔断器其内部结构不同，但一般都是由熔丝（熔体）、底座、引出导电端子构成的，图 4-23 所示为典型熔断器的内部结构。

2. 断路器

断路器是一种切断和接通负荷电路的开关器件，该器件具有过载自动断路保护的功能。根据其应用场合主要可分为低压断路器和高压断路器。图 4-24 所示为典型断路器的实物外形。

除此之外，还有一种具有漏电保护功能的断路器，它是配电（照明）等线路中的基本组成部件，具有漏电、触电、过载、短路保护功能，对防止触电伤亡事故的发生、避免因漏电而引起的火灾事故具有明显的效果。图 4-25 所示为典型带漏电保护的断路器的实物外形。

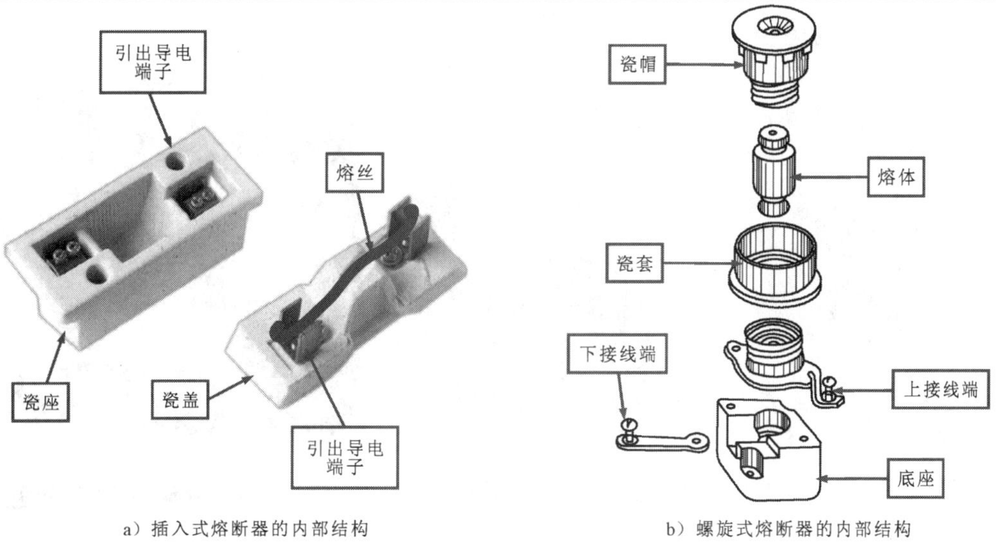
引出导电端子
熔丝
瓷座
瓷盖
引出导电端子
a）插入式熔断器的内部结构
瓷帽
熔体
瓷套
下接线端
上接线端
底座
b）螺旋式熔断器的内部结构

图 4-23　典型熔断器的内部结构

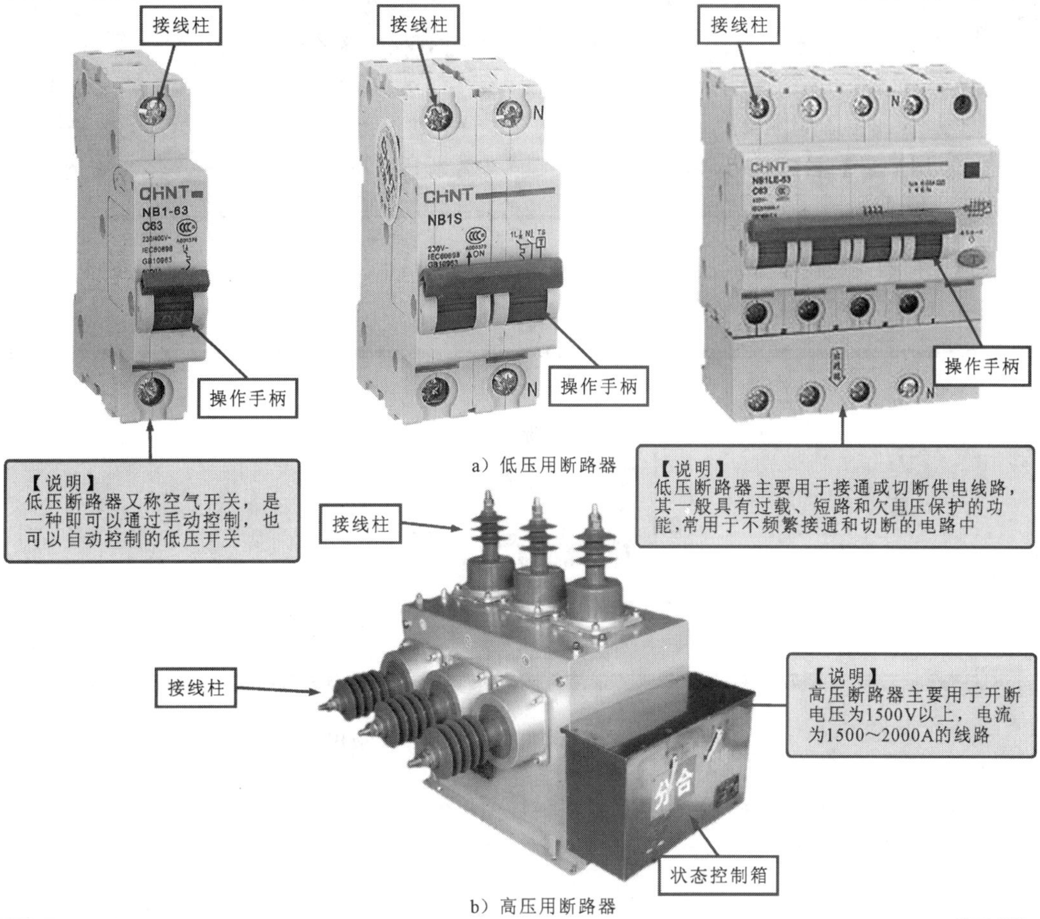
接线柱
接线柱
接线柱
操作手柄
操作手柄
操作手柄
a）低压用断路器
【说明】
低压断路器又称空气开关，是一种即可以通过手动控制，也可以自动控制的低压开关
【说明】
低压断路器主要用于接通或切断供电线路，其一般具有过载、短路和欠电压保护的功能，常用于不频繁接通和切断的电路中
接线柱
接线柱
【说明】
高压断路器主要用于开断电压为1500V以上，电流为1500～2000A的线路
状态控制箱
b）高压用断路器

图 4-24　典型断路器的实物外形

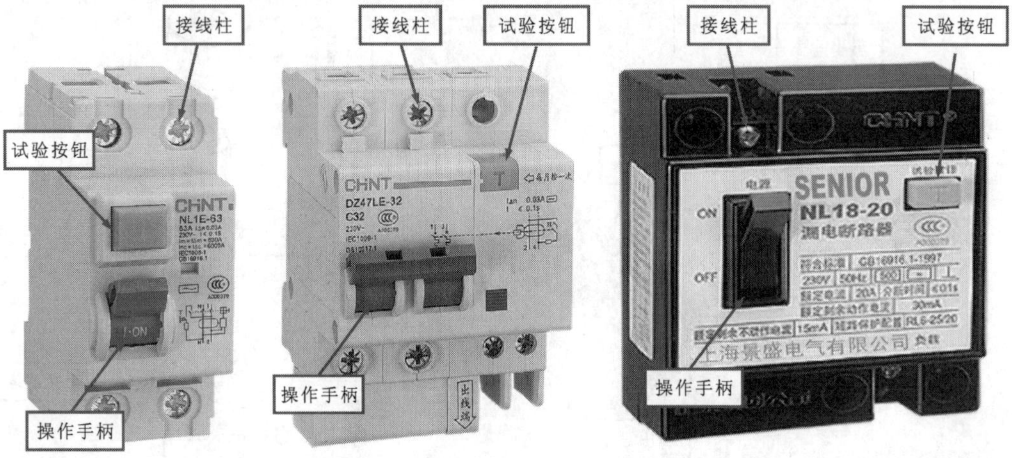
接线柱
试验按钮
操作手柄
接线柱
试验按钮
操作手柄
接线柱
试验按钮
操作手柄
CHNT
NL1E-63
DZ47LE-32
C32
SENIOR
NL18-20
漏电断路器
ON
OFF

图 4-25　典型带漏电保护的断路器的实物外形

【资料】

上述保护器中，熔断器和断路器主要是切断线路的相间故障，保护动作电流是按线路上的正常工作的最大负荷电流来确定的，电流较大；而漏电保护器是检测漏电电流的。正常运行时系统是平衡的，漏电电流几乎为零；发生漏电和触电时，电路产生剩余电流，这个电流对断路器和熔断器来说，不足以使其动作，而漏电保护器则会可靠地动作。

过载保护器的应用十分广泛，特别在一些供配电线路中，熔断器和断路器是不可缺少的设备，图 4-26 所示为断路器在单相供电系统中的应用示例。

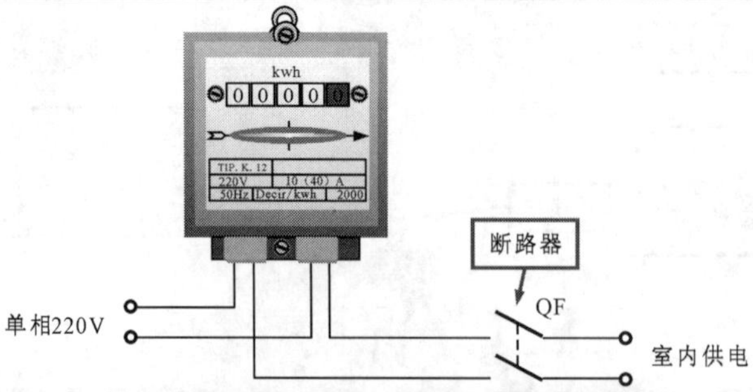
kwh
00000
TIP. K. 12
220V
10（40）A
50Hz
Decir/kwh
2000
断路器
QF
单相220V
室内供电

图 4-26　断路器在单相供电系统中的应用示例

图 4-27 所示为断路器在三相供电系统中的应用示例。

3. 过载保护器的功能

（1）熔断器

熔断器通常串接在电源供电电路中，当电路中的电流超过熔断器允许值时，熔断器会自身熔断，从而使电路断开，起到保护的作用。图 4-28 所示为熔断器的工作原理示意图。

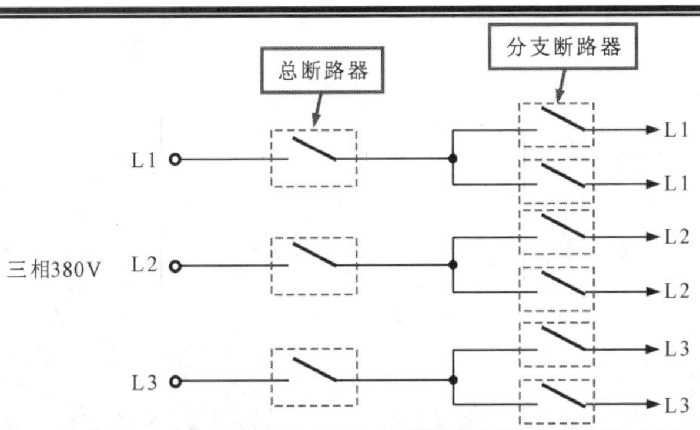
总断路器
分支断路器
L1
L1
L1
三相380V
L2
L2
L2
L3
L3
L3

图 4-27　断路器在三相供电系统中的应用示例

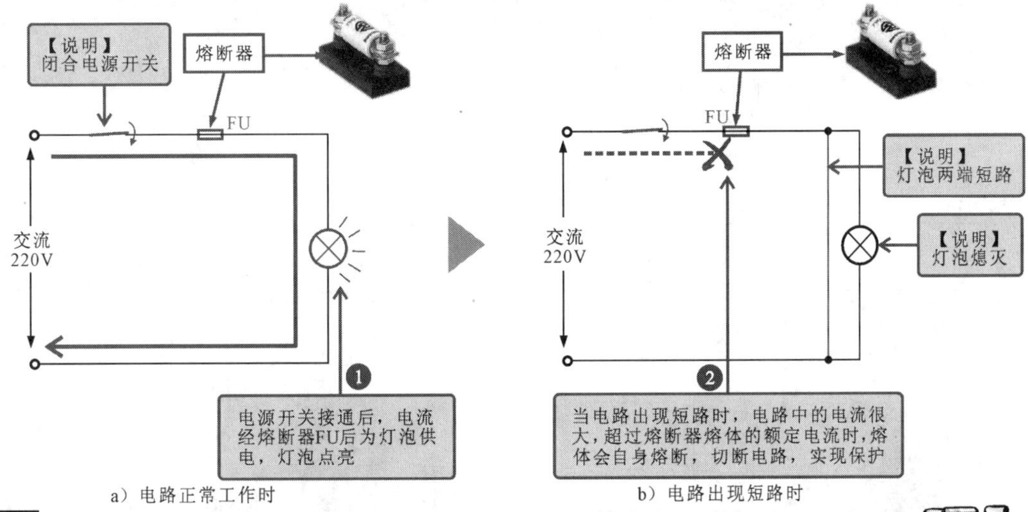
【说明】
闭合电源开关
熔断器
FU
交流
220V
电源开关接通后，电流经熔断器FU后为灯泡供电，灯泡点亮
a）电路正常工作时
熔断器
FU
【说明】
灯泡两端短路
【说明】
灯泡熄灭
交流
220V
当电路出现短路时，电路中的电流很大，超过熔断器熔体的额定电流时，熔体会自身熔断，切断电路，实现保护
b）电路出现短路时

图 4-28　熔断器的连接关系

【资料】

从图 4-28 中可看出，熔断器串联在被保护电路中，当电路出现过载或短路故障时，通过熔断器切断电路进行保护。例如，当灯泡之间由于某种原因而被导体连在一起时，电源被短路，电流由短路的捷径通过，不再流过灯泡，此时回路中仅有很小的电源内阻，使电路中的电流很大，流过熔断器的电流也很大，这时熔断器会自身熔断，切断电路，进行保护。

（2）断路器

断路器是一种具有过载保护功能的电源供电开关，如图 4-29 所示，断路器在“开”与“关”两种状态下，内部触头及相关装置的关系和动作状态。

当手动控制操作手柄使其位于“接通”（“ON”）状态时，触头闭合，操作手柄带动脱钩动作，连杆部分则带动触头动作，触头闭合，电流经接线端子 A、触头、电磁脱扣器、热脱扣器后，由接线端子 B 输出。

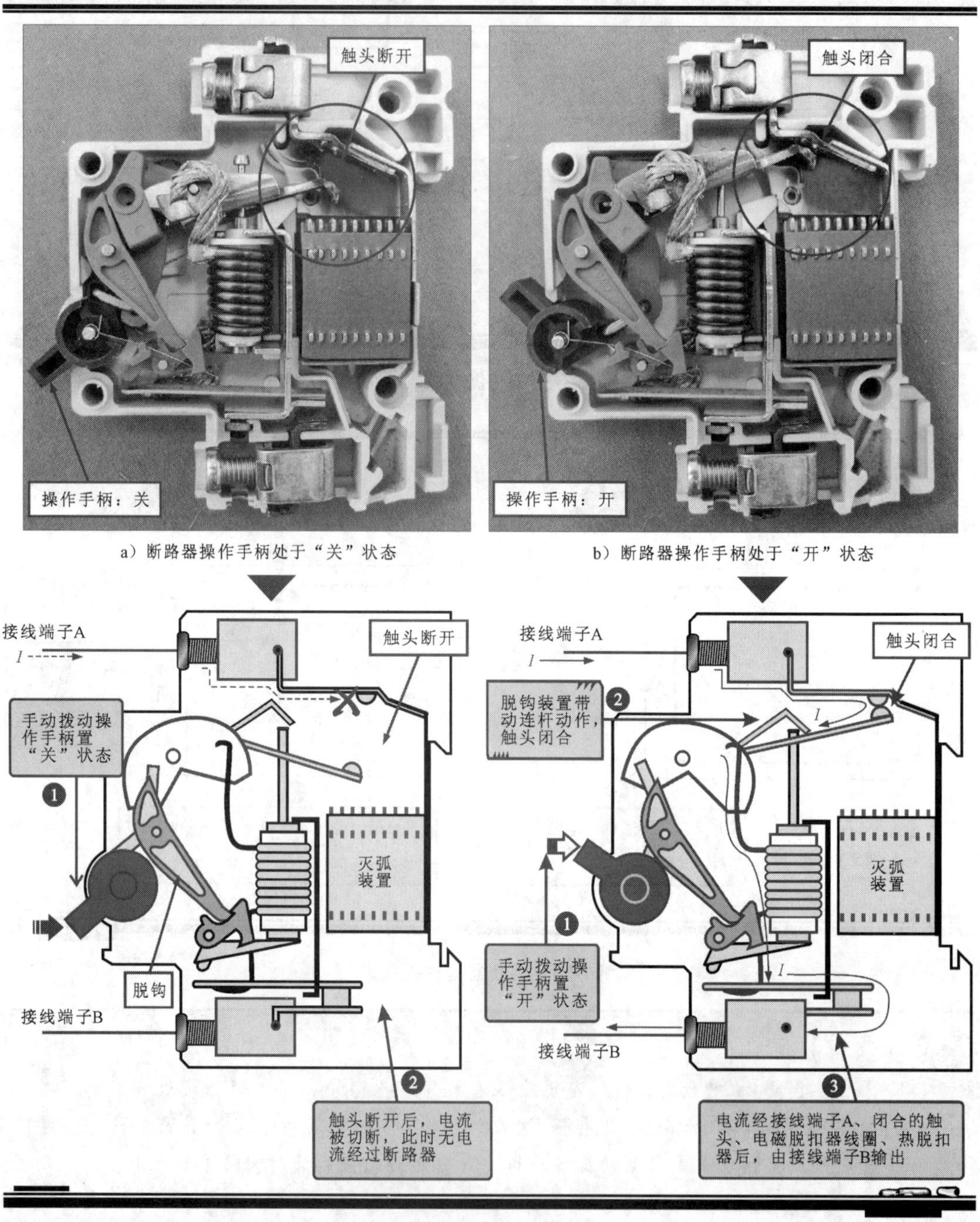
触头断开
操作手柄：关
触头闭合
操作手柄：开
a）断路器操作手柄处于“关”状态
b）断路器操作手柄处于“开”状态
接线端子A
I
触头断开
手动拨动操作手柄置“关”状态
1
灭弧装置
脱钩
接线端子B
2
触头断开后，电流被切断，此时无电流经过断路器
接线端子A
I
触头闭合
脱钩装置带动连杆动作，触头闭合
2
I
灭弧装置
1
手动拨动操作手柄置“开”状态
I
接线端子B
3
电流经接线端子A、闭合的触头、电磁脱扣器线圈、热脱扣器后，由接线端子B输出

图 4-29　塑壳式低压断路器通、断两种状态

当手动控制操作手柄使其位于“断开”（“OFF”）状态时，触头断开，操作手柄带动脱钩动作，连杆部分则带动触头动作，触头断开，电流被切断。

带漏电保护的断路器作为一种典型的断路器，其工作原理如图 4-30 所示。电路中的电源线穿过带漏电保护的断路器内的检测元件（环形铁心，又称零序电流互感器），环形铁心的输出端与漏电脱扣器相连接。

在被保护电路工作正常，没有发生漏电或触电的情况下，通过零序电流互感器的电流向量和

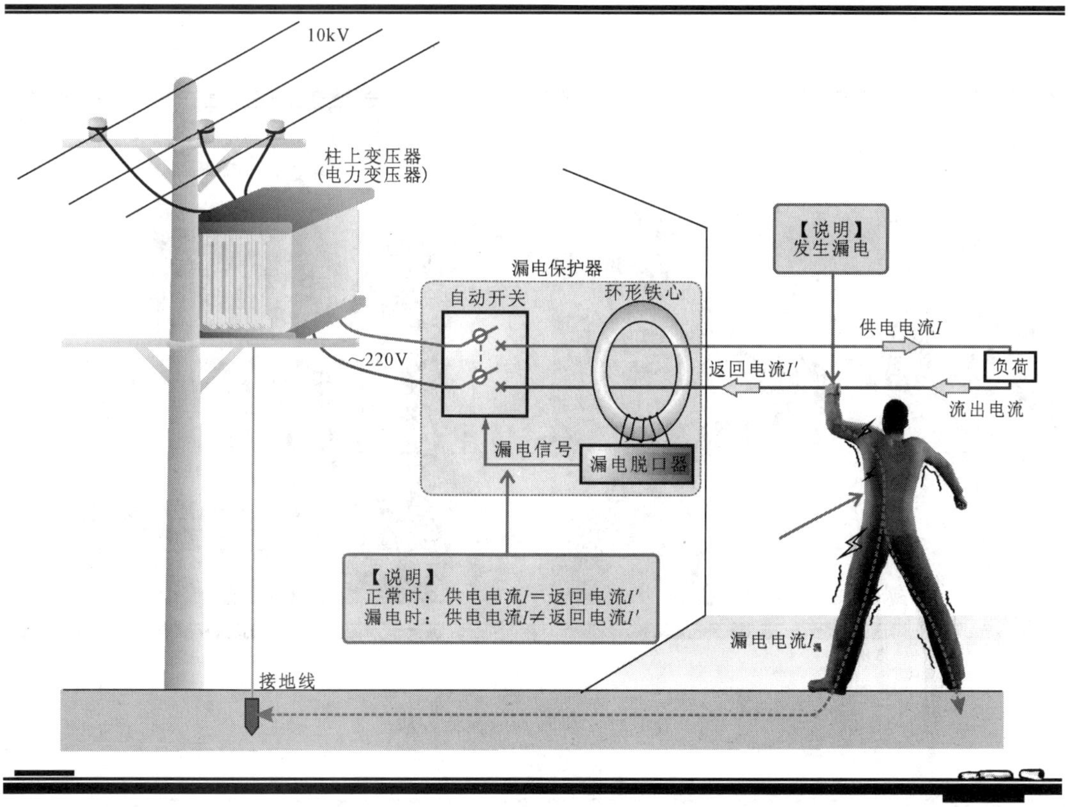
10kV
柱上变压器
(电力变压器)
漏电保护器
自动开关
环形铁心
【说明】
发生漏电
供电电流I
~220V
返回电流I'
负荷
流出电流
漏电信号
漏电脱口器
【说明】
正常时：供电电流I=返回电流I'
漏电时：供电电流I≠返回电流I'
漏电电流I漏
接地线

图 4-30　带漏电保护的断路器的工作原理示例图

等于零，这样漏电检测环形铁心的输出端无输出，带漏电保护的断路器不动作，系统保持正常供电。

当被保护电路发生漏电或有人触电时，由于漏电电流的存在，使供电电流大于返回电流。通过环形铁心的两路电流向量和不再等于零，在铁心中出现了交变磁通。在交变磁通的作用下，检测元件的输出端就有感应电流产生。当达到额定值时，脱扣器驱动断路器自动跳闸，切断故障电路，从而实现保护。

4.2.2　保护器的检测方法

通过对保护器的认识，接下来我们选取比较典型的保护器为例，对保护器进行检测。

1. 熔断器的检测方法

通过对熔断器的认识，我们知道了熔断器的种类虽然多种多样，但是检测方法基本是相同的。下面，我们就以插入式熔断器为例介绍熔断器的检测方法。

在检测插入式熔断器时，可以采用万用表检测其电阻值的方法判断其好坏，如图 4-31 所示。

【注意】

判断低压熔断器好坏时，若测得插入式熔断器的电阻值很小或趋于零，则表明该低压熔断器正常；若测得的电阻值为无穷大，则表明该插入式熔断器内部的熔丝已熔断。

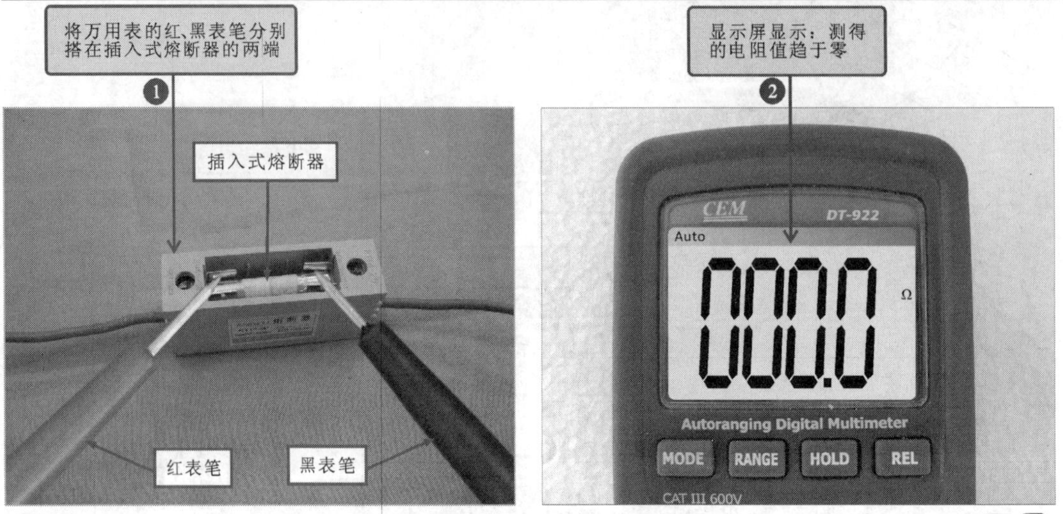

将万用表的红、黑表笔分别搭在插入式熔断器的两端
1
插入式熔断器
红表笔
黑表笔
显示屏显示：测得的电阻值趋于零
2
CEM
DT-922
Auto
000.0
Ω
Autoranging Digital Multimeter
MODE
RANGE
HOLD
REL
CAT III 600V

图 4-31　熔断器的检测方法

【资料】

对熔断器进行检测时，也可通过观察法进行判断，如图 4-32 所示。若该熔断器表面有明显的烧焦痕迹或内部熔断丝已断裂，均说明该熔断器已损坏。

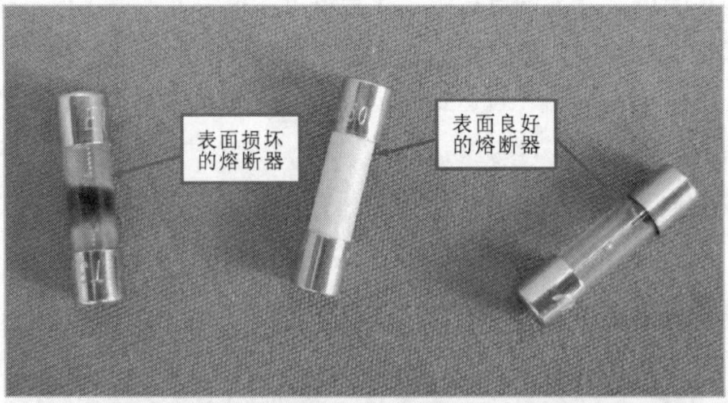

表面损坏的熔断器
表面良好的熔断器

图 4-32　通过观察法判断熔断器

2. 断路器的检测方法

通过对断路器的认识，我们知道虽然断路器的种类繁多，但是检测方法基本是相同的。下面，我们就以带漏电保护的断路器为例介绍断路器的检测方法。

检测断路器前，首先观察断路器表面标识的内部结构图，以判断各引脚之间的关系；然后通过操作手柄，观察断路器的闭合和断开的状况。图 4-33 所示为带漏电保护的断路器的检测方法。

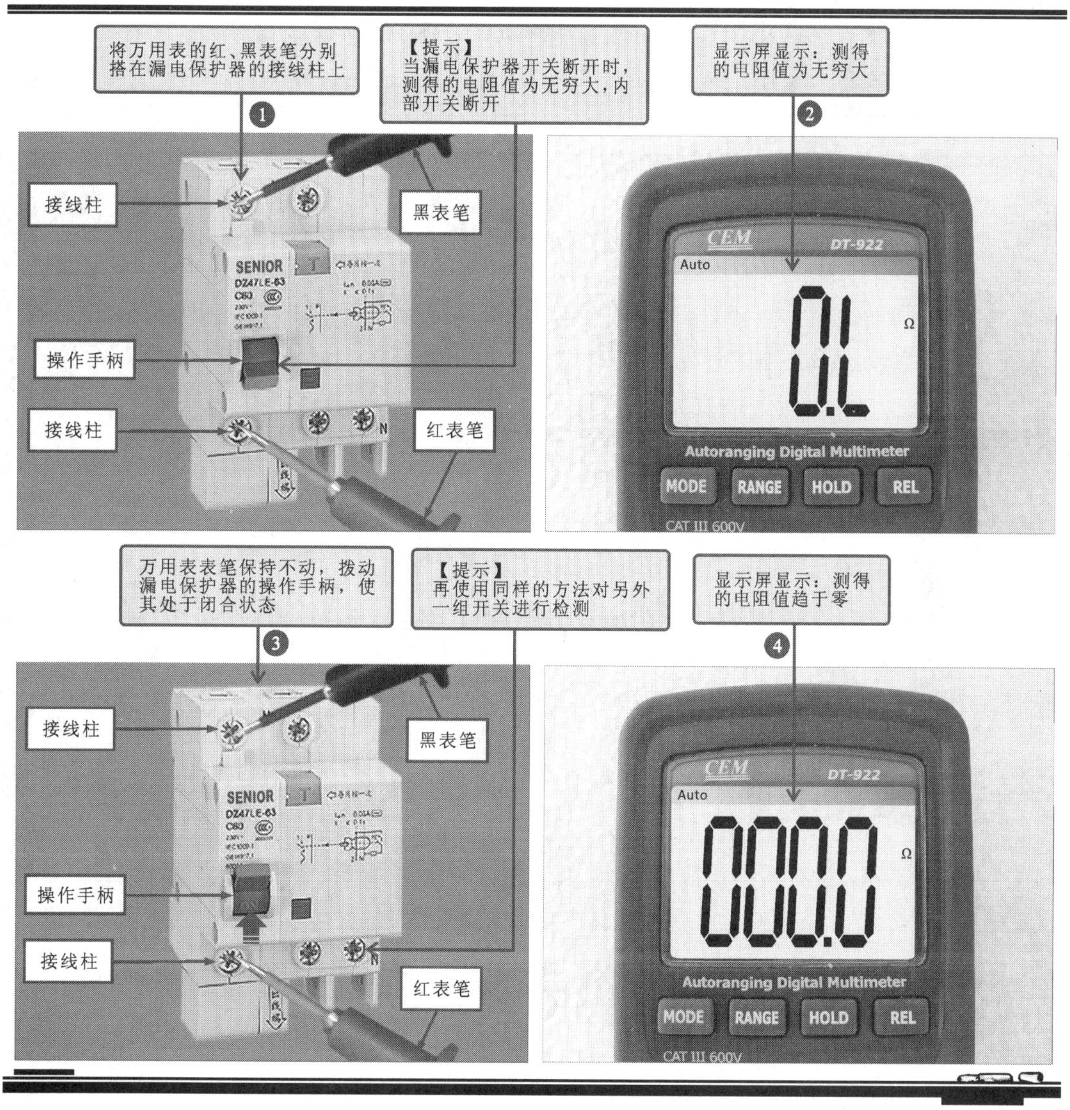
将万用表的红、黑表笔分别搭在漏电保护器的接线柱上
【提示】当漏电保护器开关断开时，测得的电阻值为无穷大，内部开关断开
显示屏显示：测得的电阻值为无穷大
1
2
接线柱
黑表笔
操作手柄
接线柱
红表笔
SENIOR
DZ47LE-63
C63
CEM
DT-922
Auto
0.L
Ω
Autoranging Digital Multimeter
MODE
RANGE
HOLD
REL
CAT III 600V
万用表表笔保持不动，拨动漏电保护器的操作手柄，使其处于闭合状态
【提示】再使用同样的方法对另外一组开关进行检测
显示屏显示：测得的电阻值趋于零
3
4
接线柱
黑表笔
操作手柄
接线柱
红表笔
000.0

图4-33　带漏电保护的断路器的检测方法

【资料】

检修漏电保护器时，还可通过下述方法判断漏电保护器的好坏：

① 若测得低压熔断器的各组开关在断开状态下，其电阻值均为无穷大，在闭合状态下，电阻值均为零，则表明该漏电保护器正常。

② 若测得漏电保护器的开关在断开状态下，其电阻值为零，则表明漏电保护器内部的触头粘连损坏。

③ 若测得漏电保护器的开关在闭合状态下，其电阻值为无穷大，则表明漏电保护器内部触头断路损坏。

④ 若测得漏电保护器内部的各组开关，有任何一组损坏，均说明该漏电保护器损坏。根据上述结论判断所测的漏电保护器是否正常。

提问

在检测漏电保护器时，在断开状态下可以正常检测其电阻值，当我将漏电保护器的操作手柄闭合时，不能闭合，而且温度也很高，是怎么回事。

回答

通常，漏电保护器的开关不能闭合时，首先应检查漏电指示是否跳起，如图4-34所示。如漏电指示因漏电保护而跳起，需手工按下后，方可闭合漏电保护器的开关。若按下漏电指示后仍不能闭合漏电保护器的开关，可能是储能弹簧变形，应及时更换。若漏电保护器升温过高，可能是固定螺钉松动，应使用螺丝刀将螺钉拧紧，以确保导线与接线端连接紧密。

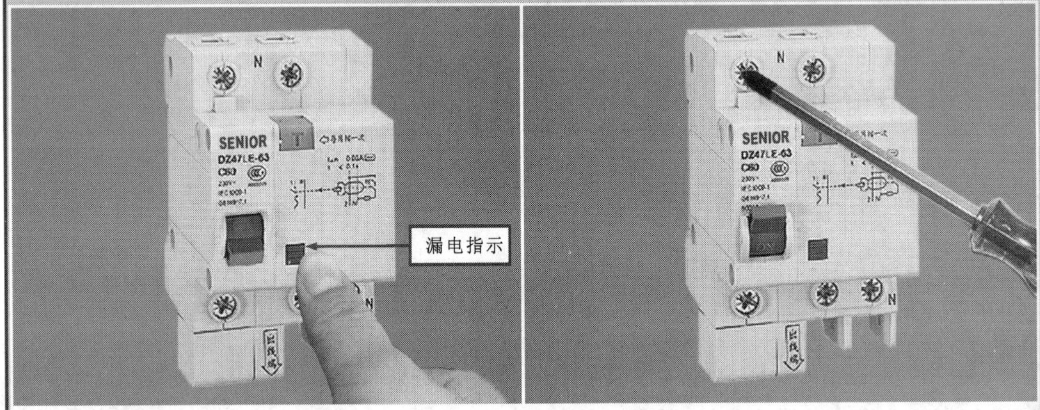
SENIOR
DZ47LE-63
C63
漏电指示
SENIOR
DZ47LE-63
C63

图 4-34　漏电保护器开关不能闭合

4.3　训练接触器的检测技能

在学习接触器的检测技能之前，我们应首先认识接触器，为苦练接触器的检测打好基础。

4.3.1　认识接触器

接触器是一种由电压控制的开关装置，适用于远距离频繁地接通和断开的交、直流电路中。它属于一种控制类器件，是电力拖动系统、机床设备控制线路、自动控制系统中使用最广泛的低压电器之一。

根据接触器触头通过电流的种类，可分为交流接触器和直流接触器两种类型。

1. 交流接触器

交流接触器是一种应用于交流电源环境中的通断开关，在目前各种控制线路中应用最为广泛。交流接触器具有欠电压、零电压释放保护、工作可靠、性能稳定、操作频率高、维护方便等特点，图 4-35 所示为各种交流接触器的实物外形。

交流接触器作为一种电磁开关，其内部主要由控制线路接通与分断的主、辅触头及电磁线圈、静动铁心等部分构成。一般，拆开接触器的塑料外壳即可看到其内部的基本结构组成，图 4-

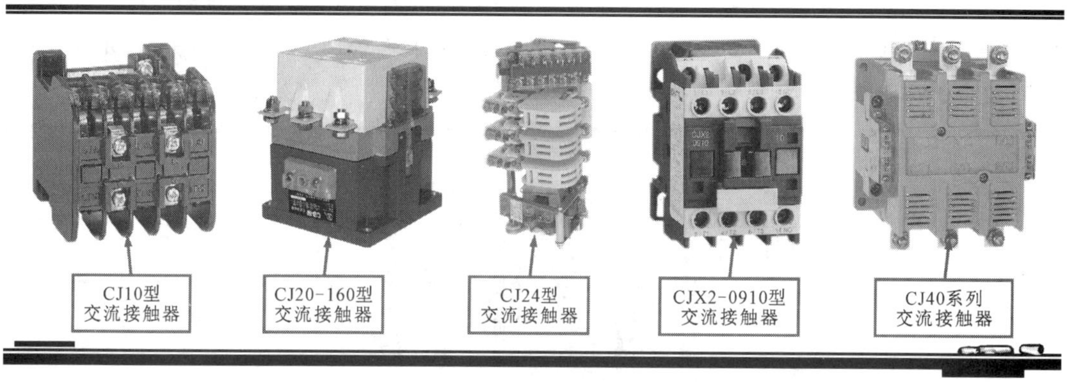
CJ10型
交流接触器
CJ20-160型
交流接触器
CJ24型
交流接触器
CJX2-0910型
交流接触器
CJ40系列
交流接触器

图 4-35　各种交流接触器的实物外形

36 所示为典型交流接触器的结构与组成。其中，静/动铁心、电磁线圈、主、辅触头为接触器内部的核心部分。

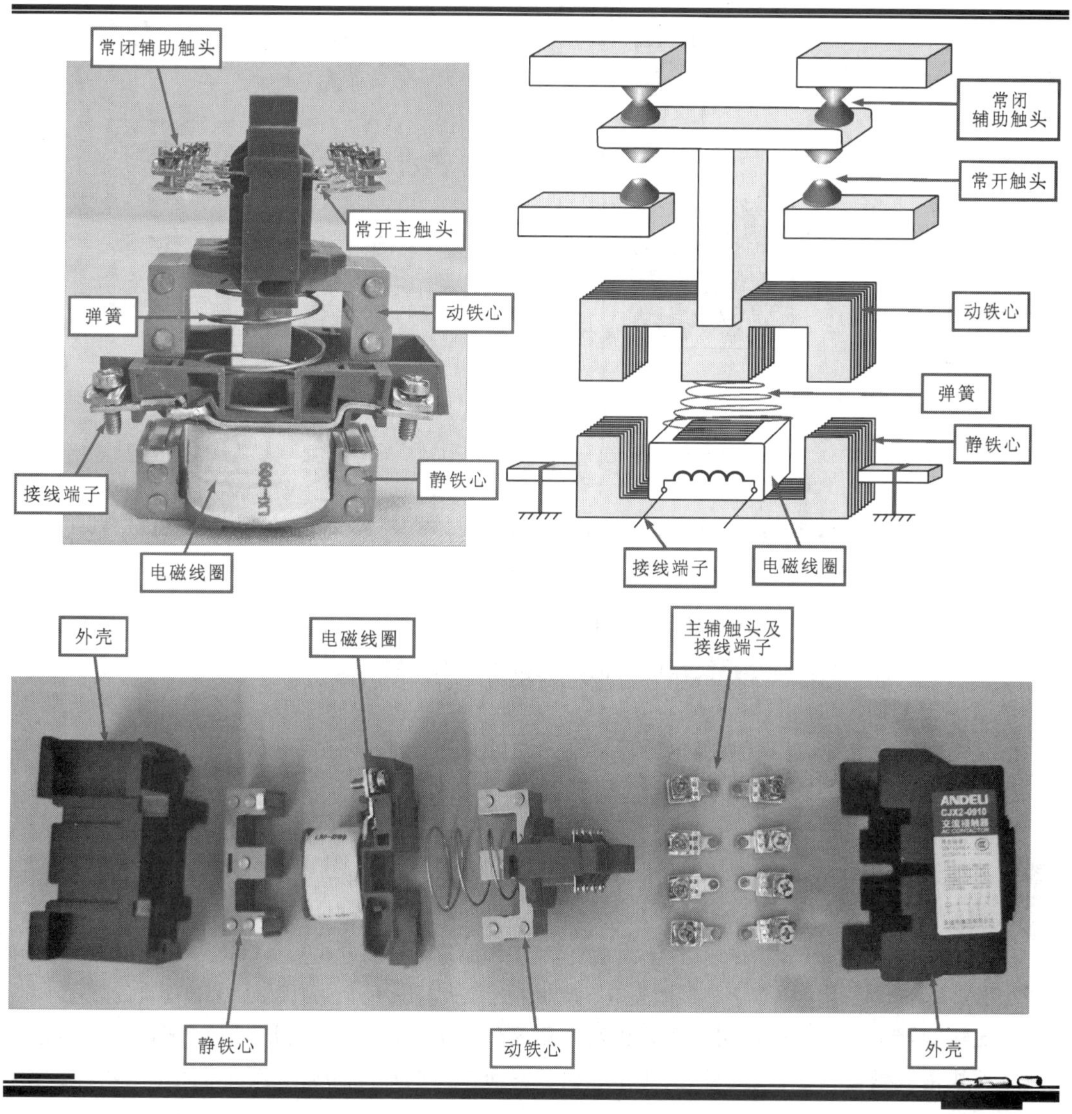
常闭辅助触头
常开主触头
弹簧
动铁心
接线端子
静铁心
电磁线圈
常闭
辅助触头
常开触头
动铁心
弹簧
静铁心
接线端子
电磁线圈
外壳
电磁线圈
主辅触头及
接线端子
ANDELI
CJX2-0910
静铁心
动铁心
外壳

图 4-36　典型交流接触器的结构与组成

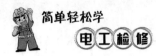

在实际应用中，交流接触器主要作为交流供电电路中的通断开关，实现远距离接通与分断电路功能，如交流电动机、电焊机及电热设备的频繁启动和开断控制线路中。图 4-37 所示为交流接触器在三相交流电动机连续控制线路中的应用。

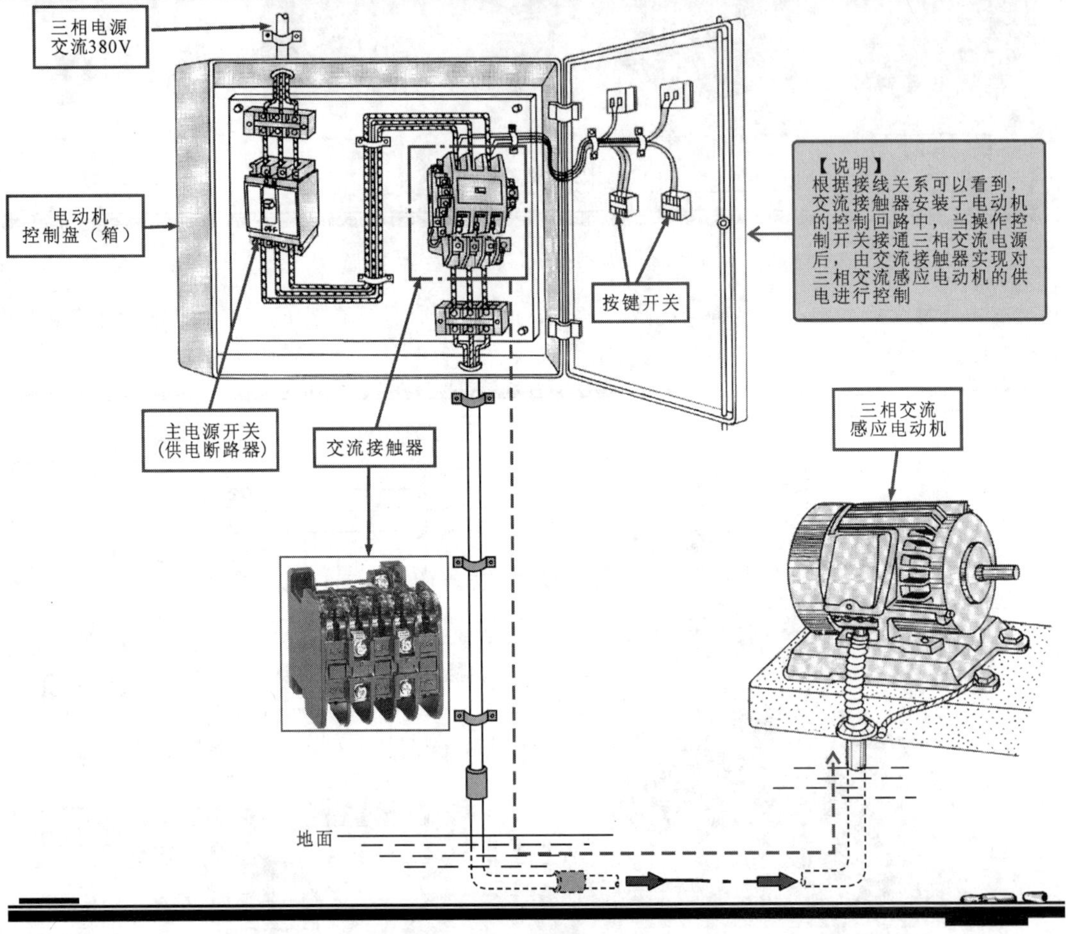
三相电源
交流380V
电动机
控制盘（箱）
【说明】
根据接线关系可以看到，交流接触器安装于电动机的控制回路中，当操作控制开关接通三相交流电源后，由交流接触器实现对三相交流感应电动机的供电进行控制
按键开关
主电源开关
(供电断路器)
交流接触器
三相交流
感应电动机
地面

图 4-37　交流接触器在三相交流电动机连续控制线路中的应用

从图 4-37 可以看到，交流接触器安装在电动机的控制箱中，主要用于控制接通或断开电动机的供电电源，从而实现对三相交流电动机的起动和停机控制。

2. 直流接触器

直流接触器是一种应用于直流电源环境中的通断开关，也具有低电压释放保护、工作可靠、性能稳定等特点。图 4-38 所示为各种直流接触器的实物外形。

直流接触器内部通常也是由电磁线圈、触点等部分构成。典型直流接触器的实物外形与内部结构如图 4-39 所示。

3. 接触器的功能

交流接触器和直流接触器的结构虽有不同，但其工作原理和控制方式基本相同，都是通过线圈得电，控制常开触头闭合，常闭触头断开；线圈失电，控制常开触头复位断开，常闭触头复位闭合的过程。

交流接触器中主要包括线圈、衔铁和触头几部分。工作时的核心过程即在线圈得电状态下，使上下两块衔铁磁化相互吸合，衔铁动作带动触头动作，如常开触头闭合，常闭触头断开，如图 4-40 所示。

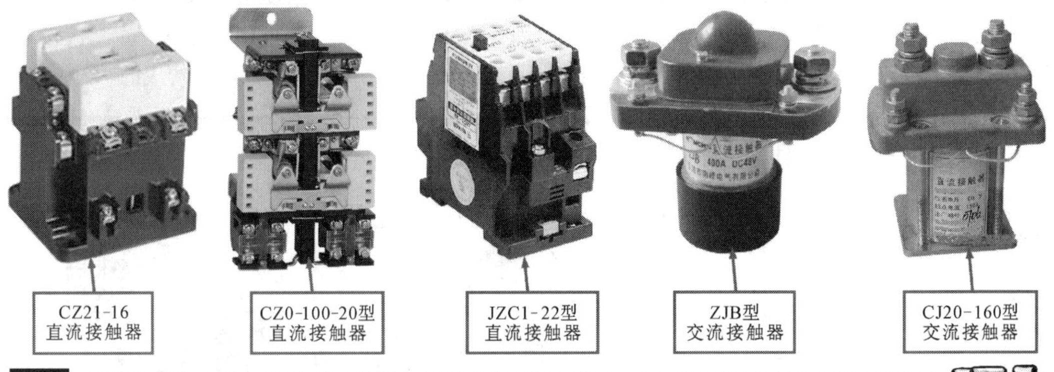
CZ21-16
直流接触器
CZ0-100-20型
直流接触器
JZC1-22型
直流接触器
ZJB型
交流接触器
CJ20-160型
交流接触器

图4-38　各种直流接触器的实物外形

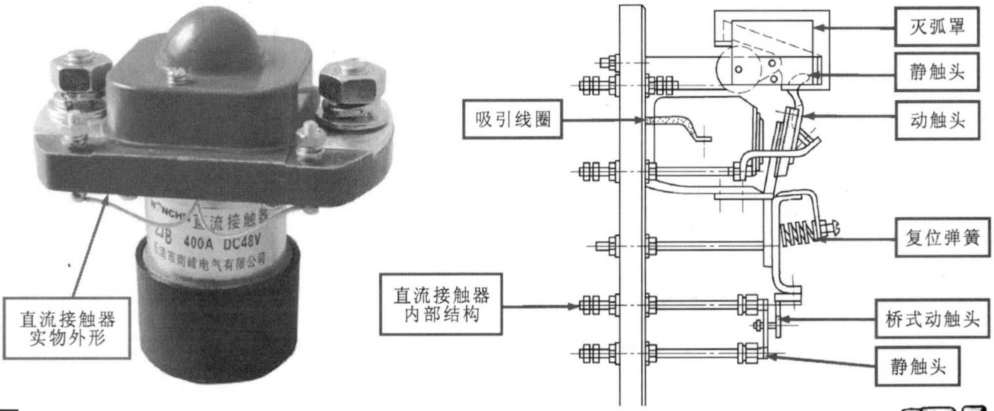
ZJB 400A DC48V
直流接触器
实物外形
灭弧罩
静触头
吸引线圈
动触头
复位弹簧
直流接触器
内部结构
桥式动触头
静触头

图4-39　典型直流接触器的实物外形与内部结构

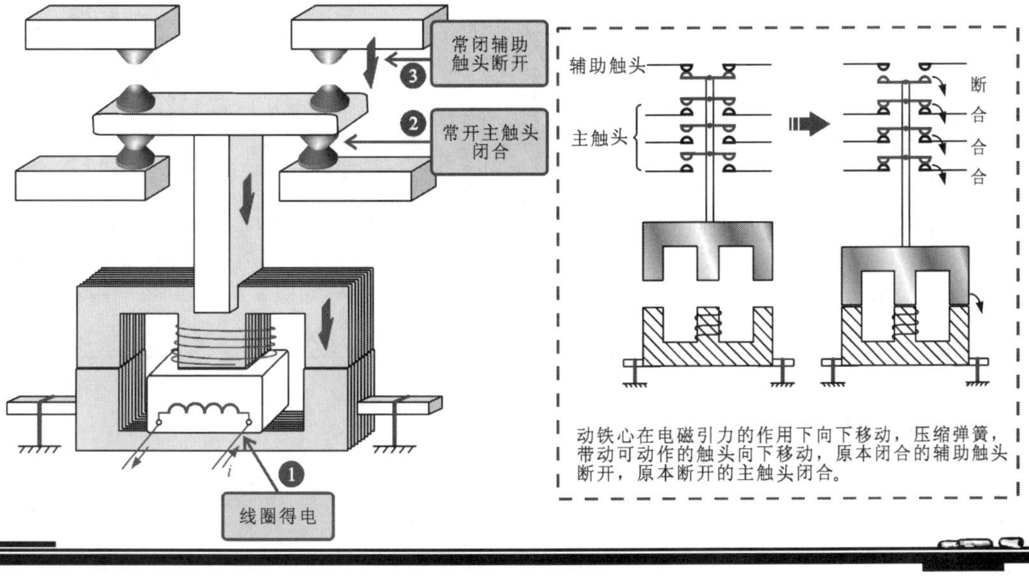
常闭辅助
触头断开
常开主触头
闭合
线圈得电
辅助触头
主触头
断
合
合
合
动铁心在电磁引力的作用下向下移动，压缩弹簧，
带动可动作的触头向下移动，原本闭合的辅助触头
断开，原本断开的主触头闭合。

图4-40　交流接触器线圈得电的工作过程

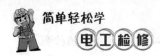

在实际控制电路中，接触器一般利用主触头来接通和断开主电路及其连接负载，用辅助触头来执行控制指令。例如，从图4-41所示的水泵起停控制电路中可以看到，上述控制电路中的交流接触器KM主要是由线圈、一组常开主触头KM-1、两组常开辅助触头和一组常闭辅助触头构成的。

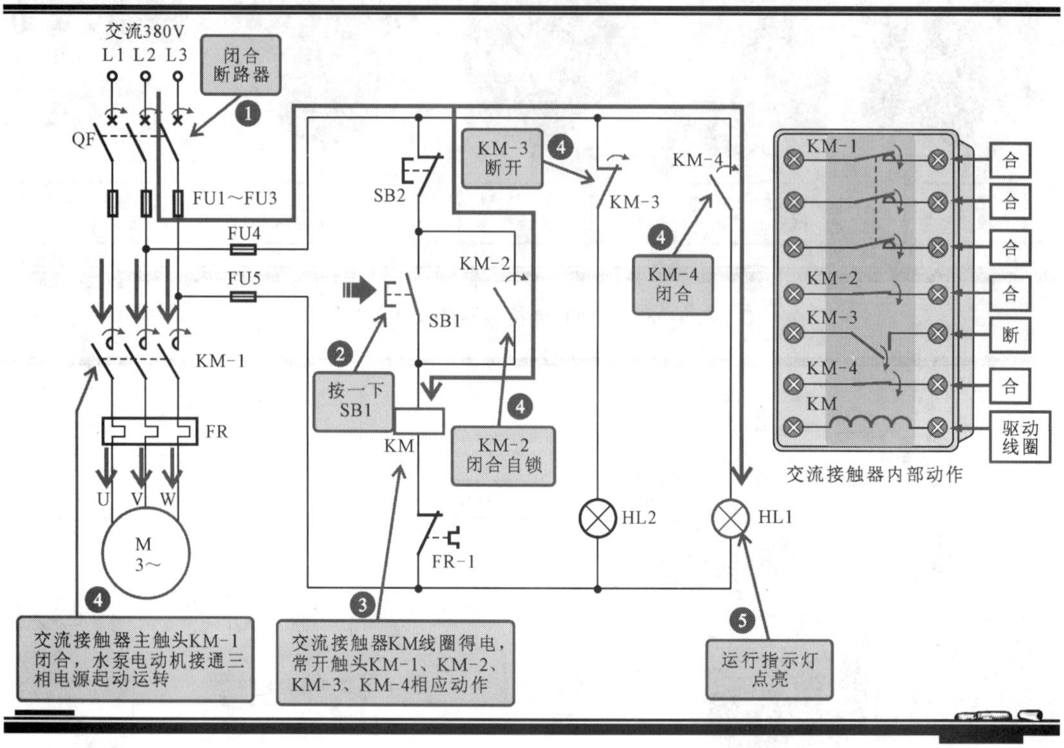
交流380V
L1 L2 L3
闭合断路器
QF
FU1～FU3
FU4
FU5
KM-1
FR
U V W
M 3～
SB2
KM-3 断开
KM-3
KM-4
KM-4 闭合
KM-2
SB1
按一下 SB1
KM
KM-2 闭合自锁
FR-1
HL2
HL1
交流接触器主触头KM-1闭合，水泵电动机接通三相电源起动运转
交流接触器KM线圈得电，常开触头KM-1、KM-2、KM-3、KM-4相应动作
运行指示灯点亮
合
合
合
合
断
合
驱动线圈
交流接触器内部动作

图4-41　水泵起停控制电路

【资料】

在上述控制电路中闭合断路器QF，接通三相电源。

电源经交流接触器KM的常闭辅助触头KM-3为停机指示灯HL2供电，HL2点亮。

按下起动按钮SB1，交流接触器KM线圈得电。

常开主触头KM-1闭合，水泵电动机接通三相电源起动运转。

同时，常开辅助触头KM-2闭合实现自锁功能；常闭辅助触头KM-3断开，切断停机指示灯HL2的供电电源，HL2熄灭；常开辅助触头KM-4闭合，运行指示灯HL1点亮，指示水泵电动机处于工作状态。

4.3.2　接触器的检测方法

通过对接触器的认识，接下来我们选取比较典型的接触器为例，对接触器进行检测。

通过对接触器的认识，我们知道了接触器有交流和直流两种类型，但是其检测方法基本相同。下面我们就以交流接触器为例介绍接触器的检测方法，图4-42所示为交流接触器的检测方法。

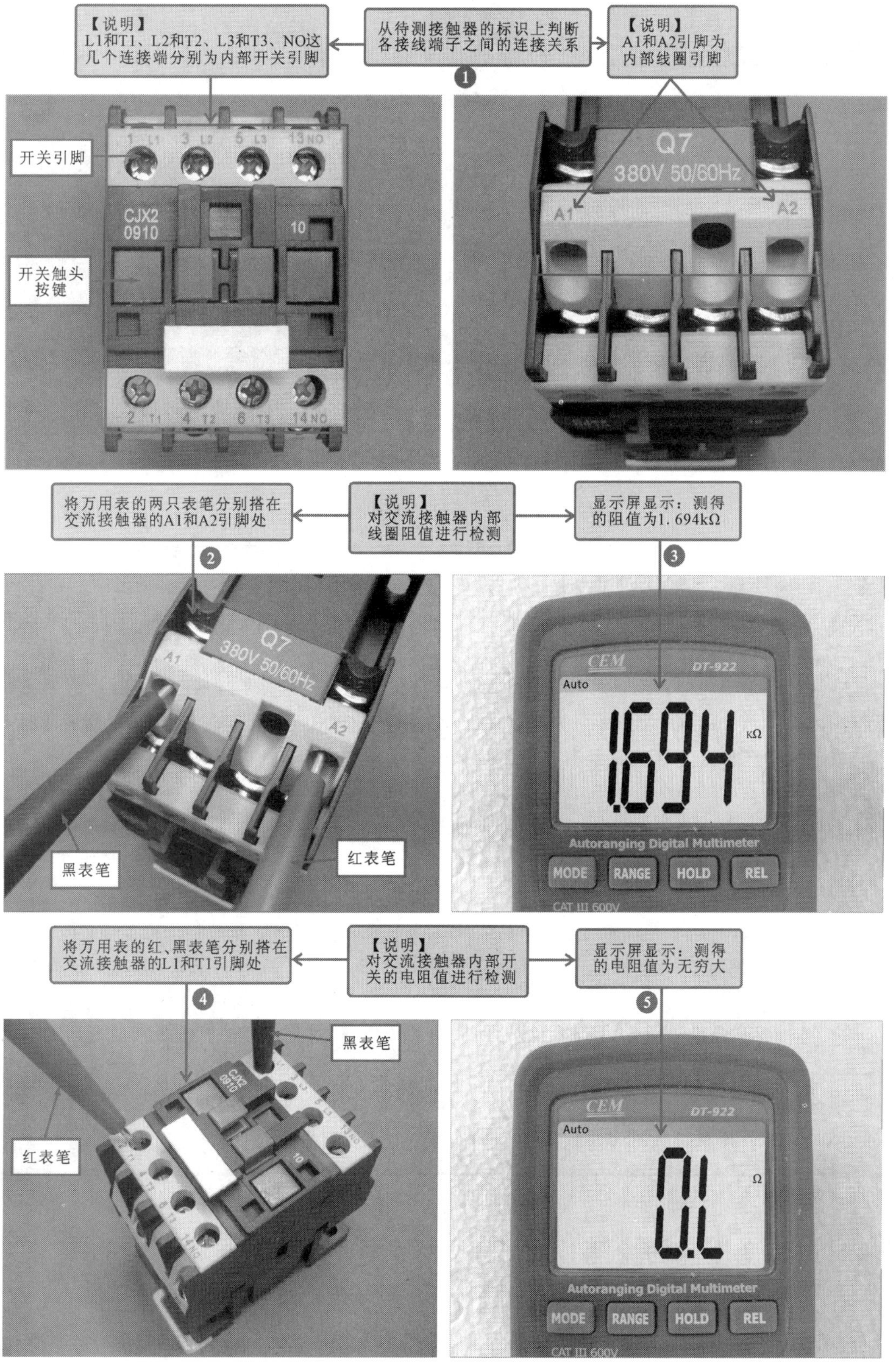
【说明】
L1和T1、L2和T2、L3和T3、NO这几个连接端分别为内部开关引脚
从待测接触器的标识上判断各接线端子之间的连接关系
【说明】
A1和A2引脚为内部线圈引脚
1
开关引脚
开关触头按键
CJX2 0910
Q7
380V 50/60Hz
A1
A2
将万用表的两只表笔分别搭在交流接触器的A1和A2引脚处
【说明】
对交流接触器内部线圈阻值进行检测
显示屏显示：测得的阻值为1.694kΩ
2
3
黑表笔
红表笔
CEM
DT-922
Auto
1.694
kΩ
Autoranging Digital Multimeter
MODE
RANGE
HOLD
REL
将万用表的红、黑表笔分别搭在交流接触器的L1和T1引脚处
【说明】
对交流接触器内部开关的电阻值进行检测
显示屏显示：测得的电阻值为无穷大
4
5
黑表笔
红表笔
0.L
Ω

图 4-42　交流接触器的检测方法

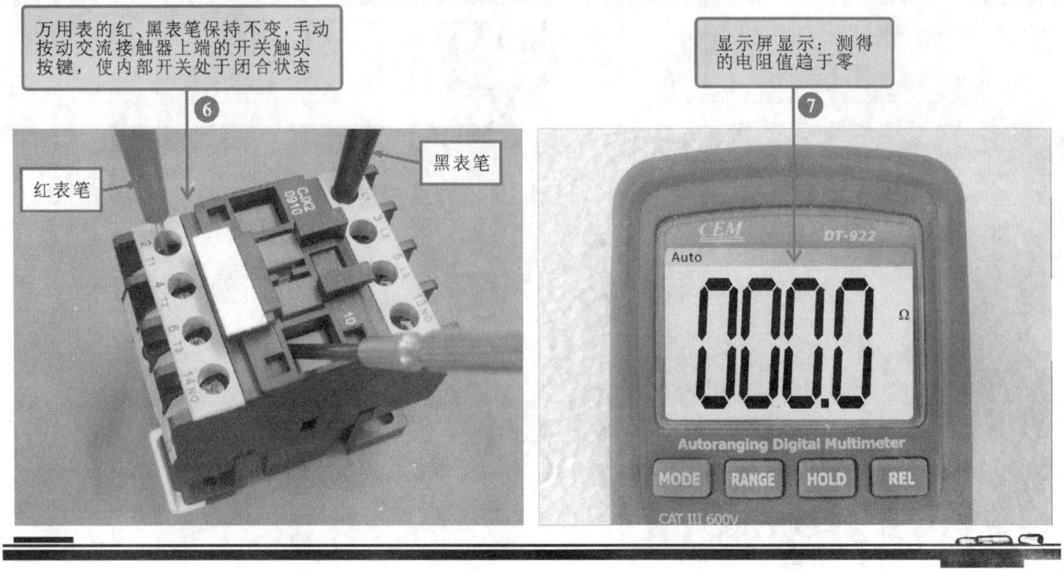
万用表的红、黑表笔保持不变，手动按动交流接触器上端的开关触头按键，使内部开关处于闭合状态
6
红表笔
黑表笔
显示屏显示：测得的电阻值趋于零
7
CEM
DT-922
Auto
000.0
Ω
Autoranging Digital Multimeter
MODE
RANGE
HOLD
REL

图 4-42 交流接触器的检测方法（续）

【资料】

使用同样的方法再将万用表的两只表笔分别搭在 L2 和 T2、L3 和 T3、NO 端引脚处，对其开关的闭合与断开状态进行检测。

当交流接触器内部线圈通电时，会使内部开关触头吸合；当内部线圈断电时，内部触头断开。因此，对该交流接触器进行检测时，需依次对其内部线圈电阻值及内部开关在开起与闭合状态时的电阻值进行检测。由于是断电检测交流接触器的好坏，因此，需要按动交流接触器上端的开关触头按键，强制将触头闭合进行检测。

判断交流接触器好坏的方法如下：

① 若测得接触器内部线圈有一定的电阻值，内部开关在闭合状态下，其电阻值为 0，在断开状态下，其电阻值为无穷大，则可判断该接触器正常。

② 若测得接触器内部线圈电阻值为无穷大或零，均表明该接触器内部线圈已损坏。

③ 若测得接触器的开关在断开状态下，其电阻值为零，则表明接触器内部触头黏连损坏。

④ 若测得接触器的开关在闭合状态下，其电阻值为无穷大，则表明低压断路器内部触头损坏。

⑤ 若测得接触器内部的四组开关有任何一组损坏，说明该接触器损坏。

根据上述结论判断所测的接触器是否正常。

4.4 训练变压器的检测技能

在训练变压器的检测技能之前，我们应首先认识变压器，为苦练变压器检测打好基础。

4.4.1 认识变压器

变压器是一种用来变换电压、电流或阻抗的电气部件，是电力系统中输配电力的主要部件，其实物外形如图4-43所示。

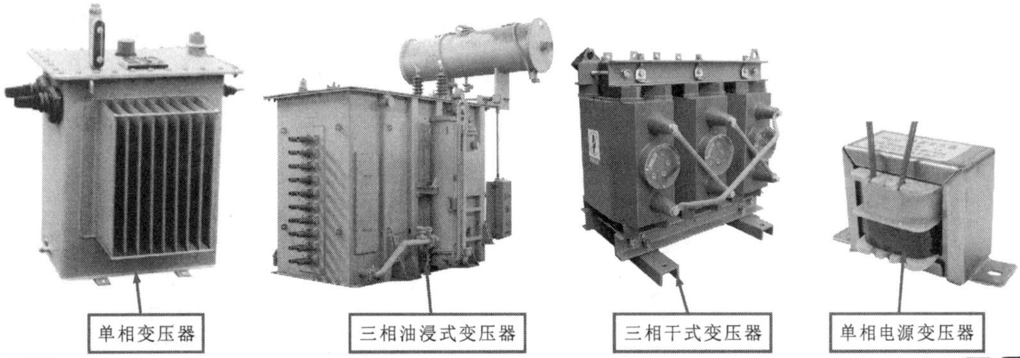
单相变压器
三相油浸式变压器
三相干式变压器
单相电源变压器

图4-43 变压器的实物外形

在远距离传输电力时，可使用变压器将发电站送出的电压升高，以减少在电力传输过程中的损失，以便于远距离输送电力；在用电的地方，变压器将高压降低，以提供用电设备和用户使用。

变压器的分类方式有很多种，根据其电源相数的不同，可以分为单相变压器和三相变压器。

变压器是将两组或两组以上的线圈绕制在同一个线圈骨架上，或绕在同一铁心上制成的。通常情况下，把变压器电源输入端的绕组成为初级绕组（即初级线圈，又称一次绕组），其余的绕组为次级绕组（即次级线圈，又称二次绕组）。

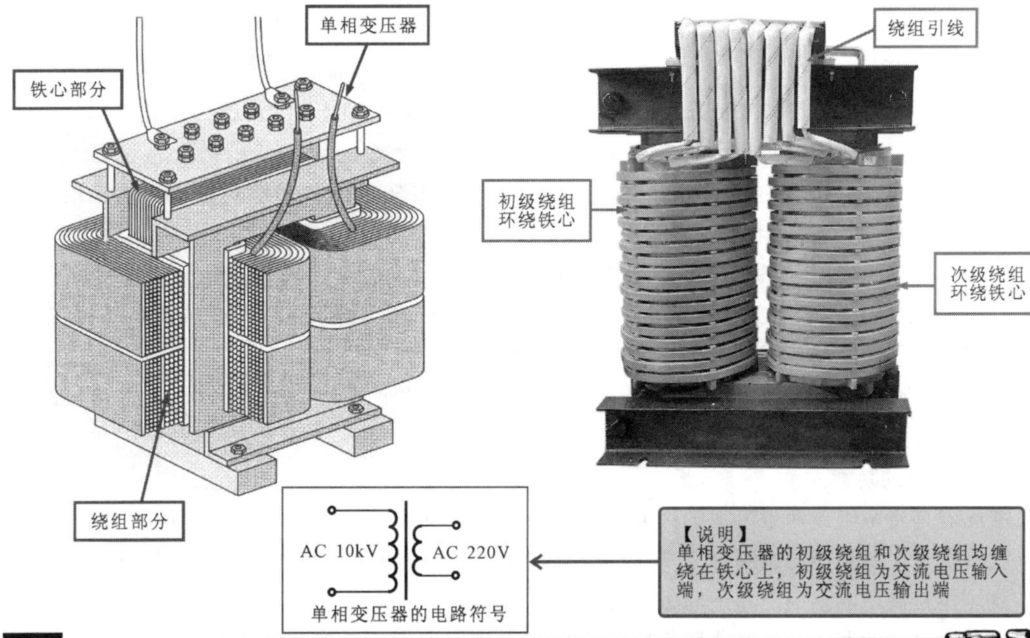
单相变压器
铁心部分
绕组部分
绕组引线
初级绕组
环绕铁心
次级绕组
环绕铁心
AC 10kV
AC 220V
单相变压器的电路符号
【说明】
单相变压器的初级绕组和次级绕组均缠绕在铁心上，初级绕组为交流电压输入端，次级绕组为交流电压输出端

图4-44 单相变压器的实物外形与结构特点

1. 单相变压器

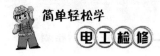

单相变压器是一种初级绕组为单相绕组的变压器，其实物外形与结构特点如图 4-44 所示。单相变压器的初级绕组和次级绕组均缠绕在铁心上，初级绕组为交流电压输入端，次级绕组为交流电压输出端。次级绕组的输出电压与绕组的匝数成正比。

单相变压器可将高压供电变成单相低压，供给各种设备使用。例如可将交流 6600V 高压经单相变压器变为交流 220V 低压，为照明灯或其他设备供电，如图 4-45 所示。单相变压器具有结构简单、体积小、损耗低等优点，适宜在负荷较小的低压配电线路（60Hz 以下）中使用。

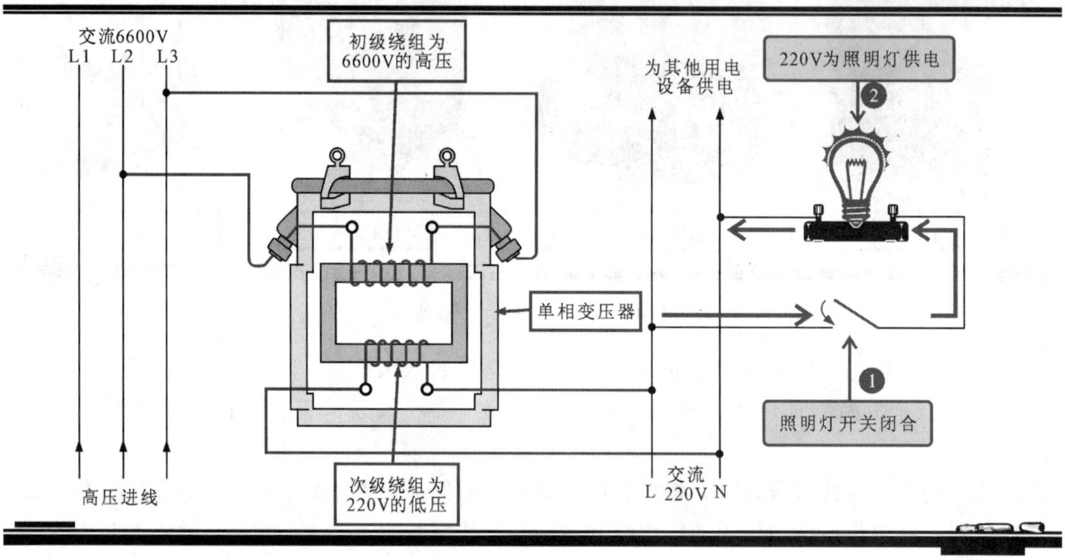
交流6600V
L1 L2 L3
初级绕组为
6600V的高压
为其他用电
设备供电
220V为照明灯供电
单相变压器
照明灯开关闭合
高压进线
次级绕组为
220V的低压
交流
L 220V N

图 4-45 单相变压器的功能示意图

单相变压器多用于农村输配电系统中，以及一些照明或小型电动机的供电中，其应用实例如图 4-46 所示。此外，在很多电子、电气设备中，常作为电源变压器使用。

2. 三相变压器

三相变压器是电力设备中应用比较多的一种变压器。实际上三相变压器是由三个相同容量的单相变压器组合而成的，初级绕组（高压绕组）为三相，次级绕组（低压绕组）也为三相，其实物外形与结构特点如图 4-47 所示。三相变压器和单相变压器的内部结构基本相同，均是由铁心（器身）和绕组两部分组成。

三相变压器主要用于三相供电系统中的升压或降压。比较常用的就是将几千伏的高压变为 380 V 的低压，为用电设备提供动力电源，如图 4-48 所示。

三相变压器的应用范围比较广泛，例如变电站、工矿企业、建筑工地、排灌设备、邮电、纺织、铁路、学校、医院、国防、电梯等，同时也适用于一些电源电压低、波动较大的低压配电线路中，其应用实例如图 4-49 所示。

3. 变压器的功能

变压器是将两组或两组以上的线圈绕制在同一个线圈骨架上，或绕在同一铁心上制成的。通常，我们把与电源相连的线圈称为一次绕组，其余的线圈称为二次绕组，如图 4-50 所示。

变压器是利用电感线圈靠近时的互感原理，将电能或信号从一个电路传向另一个电路的。变压器即变换电压的器件，提升或降低交流电压是变压器的主要功能。图 4-51 所示为变压器的电压变换功能示意图。

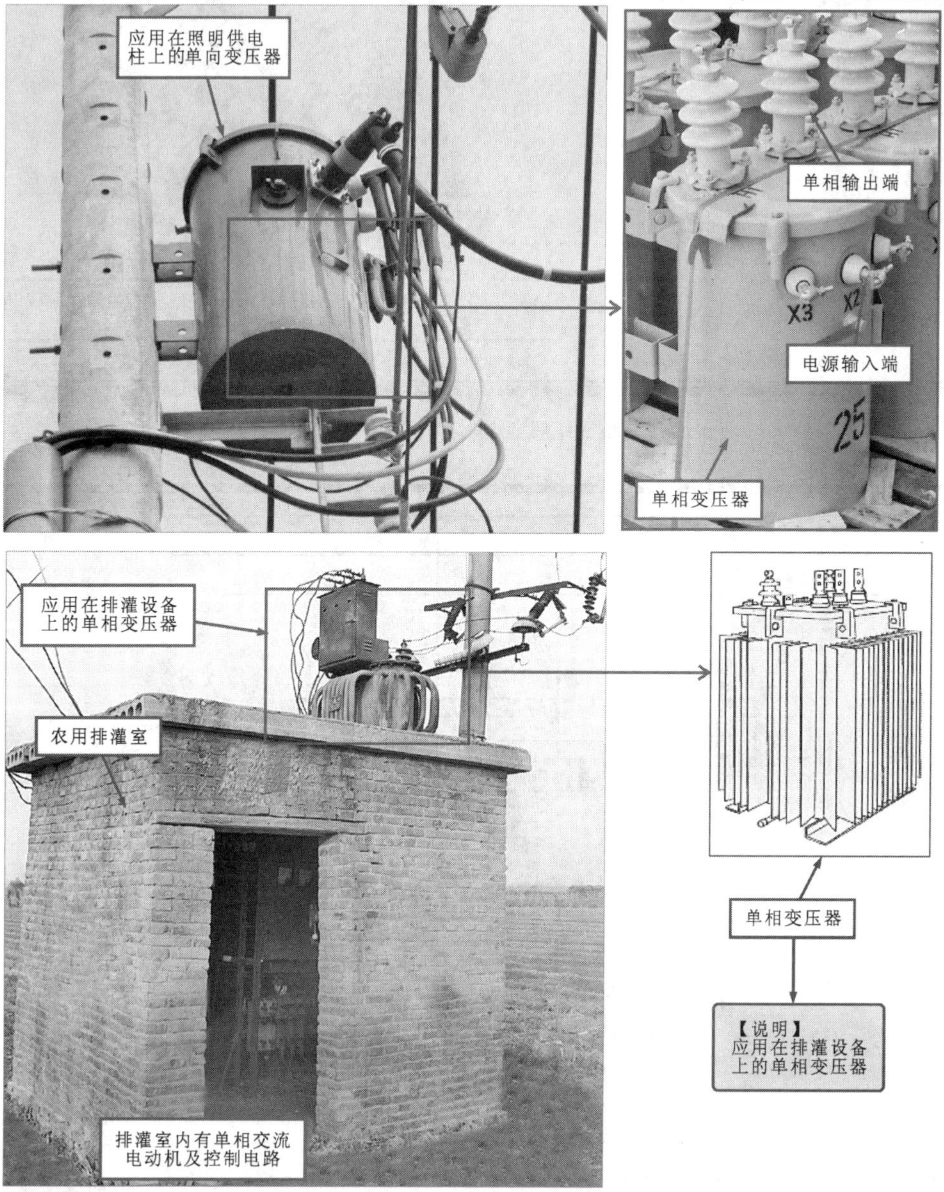
应用在照明供电柱上的单向变压器
单相输出端
X3
X2
电源输入端
25
单相变压器
应用在排灌设备上的单相变压器
农用排灌室
排灌室内有单相交流电动机及控制电路
单相变压器
【说明】
应用在排灌设备上的单相变压器

图 4-46 单相变压器的应用实例

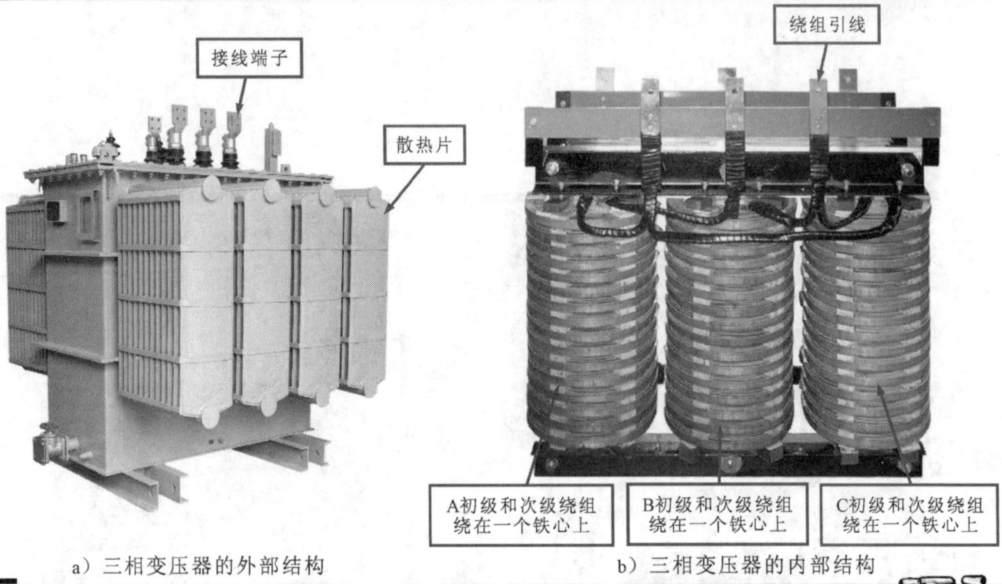
接线端子
散热片
a）三相变压器的外部结构
绕组引线
A初级和次级绕组绕在一个铁心上
B初级和次级绕组绕在一个铁心上
C初级和次级绕组绕在一个铁心上
b）三相变压器的内部结构

图 4-47　三相变压器的实物外形与结构特点

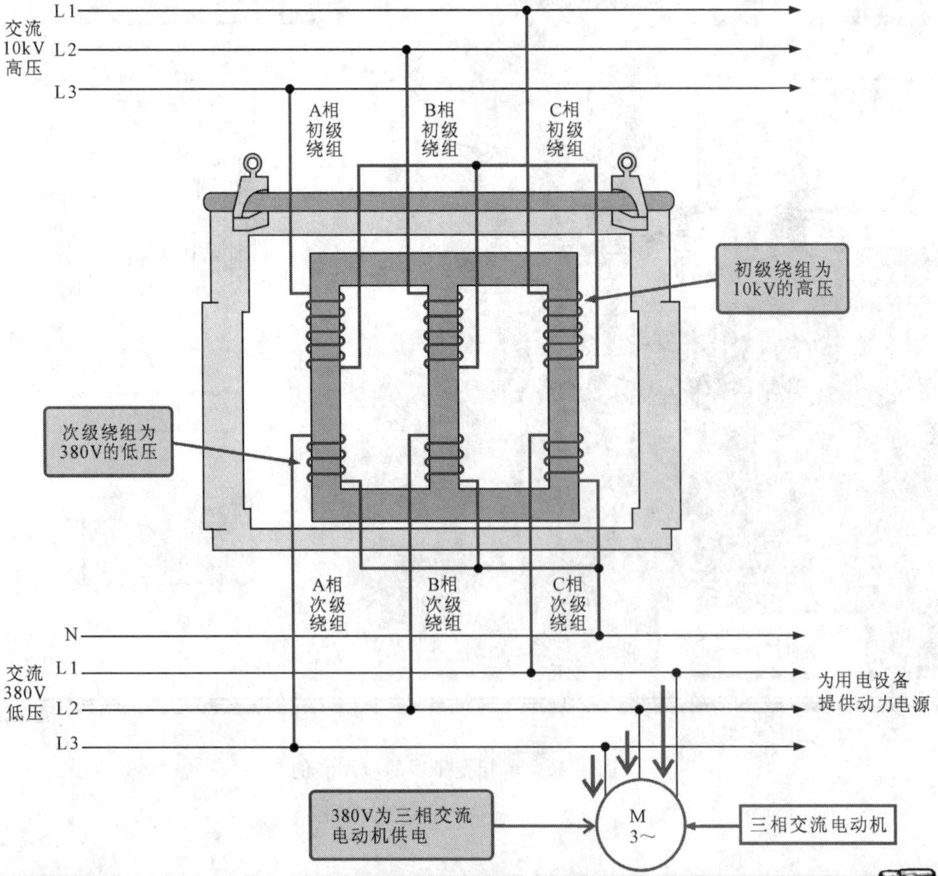
交流10kV高压
L1
L2
L3
A相初级绕组
B相初级绕组
C相初级绕组
初级绕组为10kV的高压
次级绕组为380V的低压
A相次级绕组
B相次级绕组
C相次级绕组
N
交流380V低压
L1
L2
L3
为用电设备提供动力电源
380V为三相交流电动机供电
M 3~
三相交流电动机

图 4-48　三相变压器的功能示意图

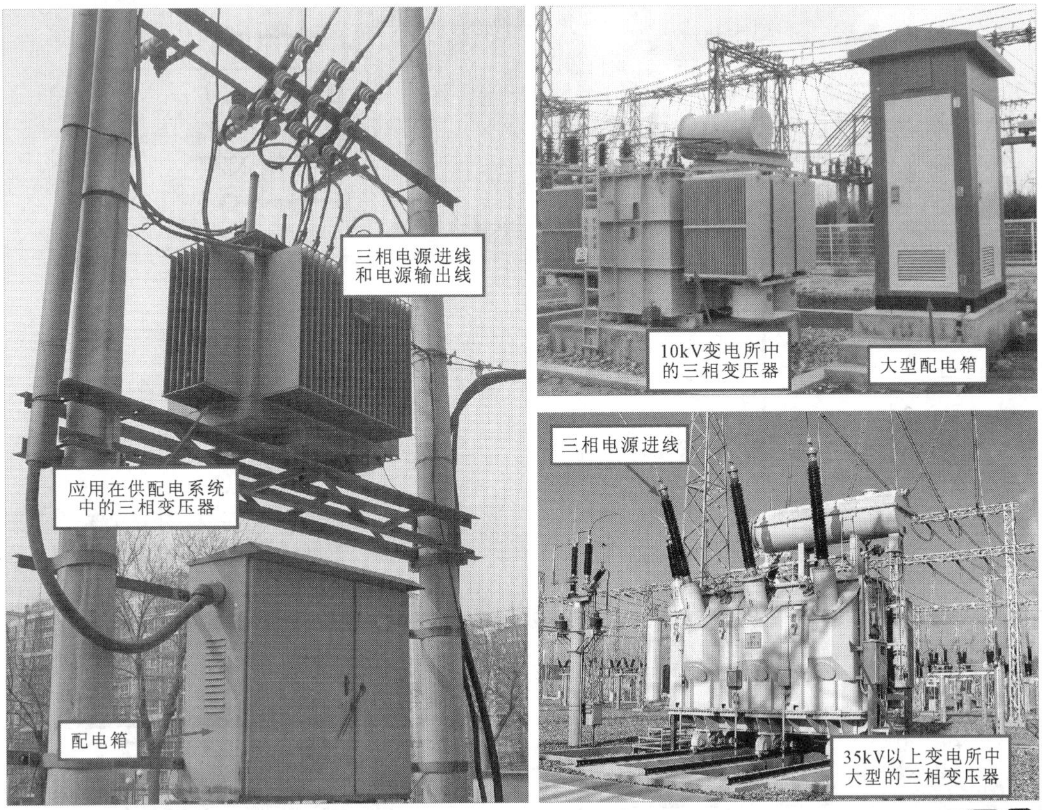
三相电源进线
和电源输出线
应用在供配电系统
中的三相变压器
配电箱
10kV变电所中
的三相变压器
大型配电箱
三相电源进线
35kV以上变电所中
大型的三相变压器

图 4-49　三相变压器的应用实例

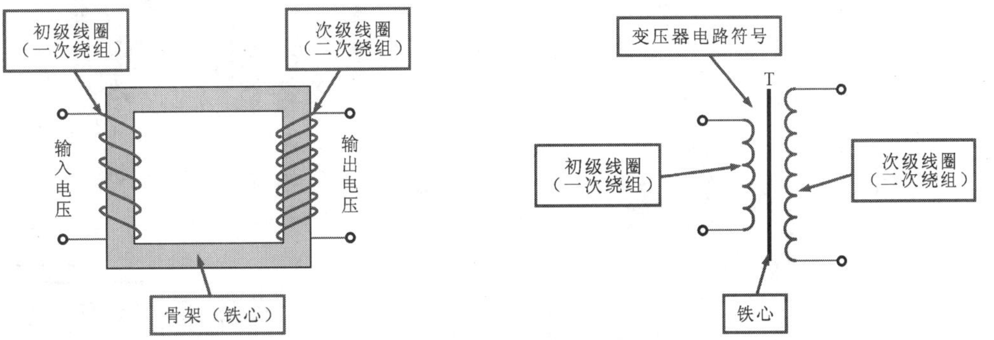
初级线圈
（一次绕组）
次级线圈
（二次绕组）
输
入
电
压
输
出
电
压
骨架（铁心）
变压器电路符号
T
初级线圈
（一次绕组）
次级线圈
（二次绕组）
铁心

图 4-50　变压器的结构及电路符号

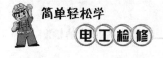

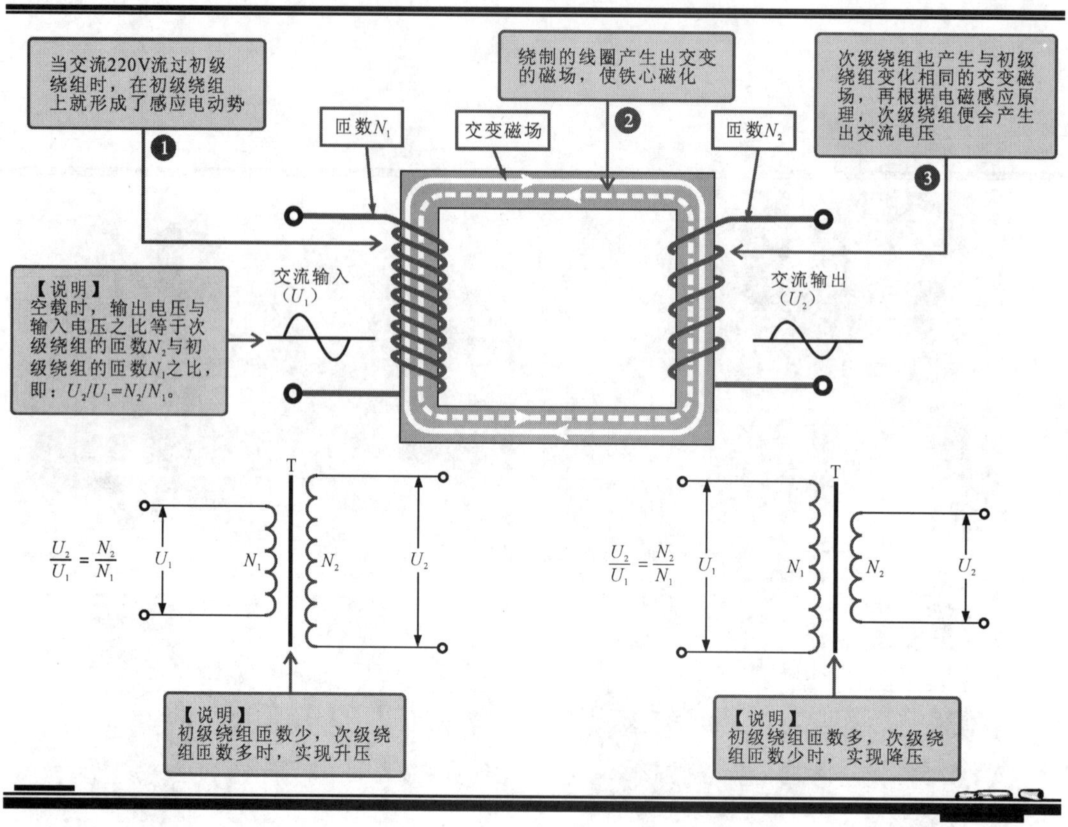
当交流220V流过初级绕组时，在初级绕组上就形成了感应电动势
绕制的线圈产生出交变的磁场，使铁心磁化
次级绕组也产生与初级绕组变化相同的交变磁场，再根据电磁感应原理，次级绕组便会产生出交流电压
匝数N_1
交变磁场
匝数N_2
交流输入（U_1）
交流输出（U_2）
【说明】空载时，输出电压与输入电压之比等于次级绕组的匝数N_2与初级绕组的匝数N_1之比，即：$U_2/U_1=N_2/N_1$。
T
$\frac{U_2}{U_1}=\frac{N_2}{N_1}$
【说明】初级绕组匝数少，次级绕组匝数多时，实现升压
【说明】初级绕组匝数多，次级绕组匝数少时，实现降压

图 4-51　变压器的电压变换功能示意图

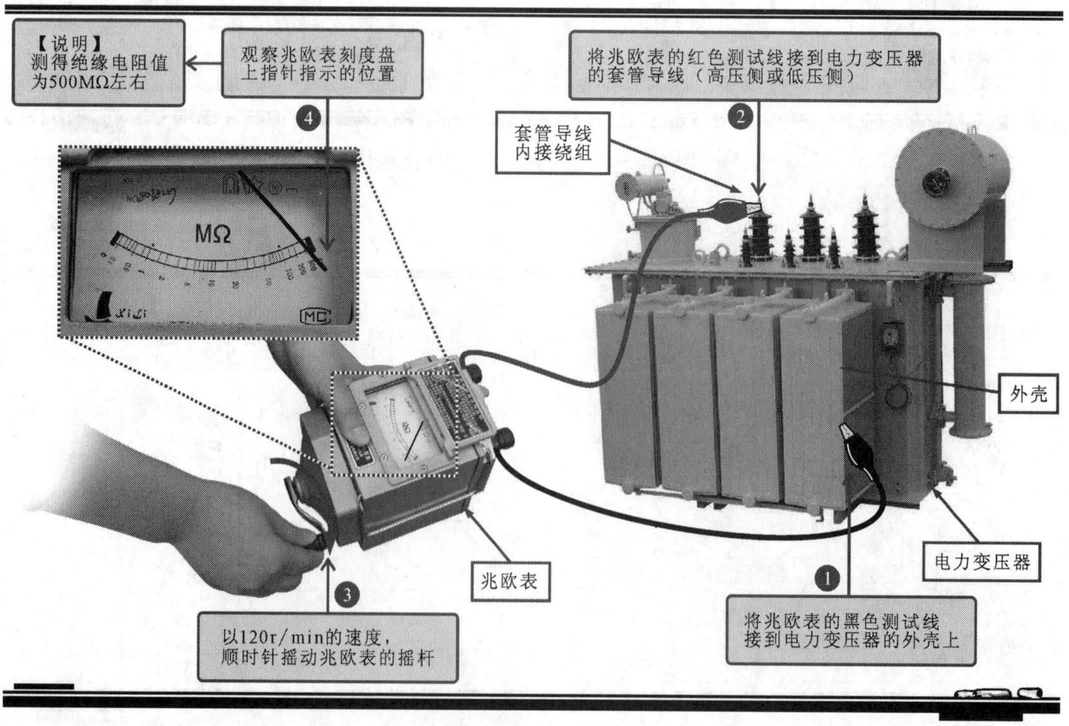
【说明】测得绝缘电阻值为500MΩ左右
观察兆欧表刻度盘上指针指示的位置
将兆欧表的红色测试线接到电力变压器的套管导线（高压侧或低压侧）
套管导线内接绕组
MΩ
外壳
兆欧表
电力变压器
以120r/min的速度，顺时针摇动兆欧表的摇杆
将兆欧表的黑色测试线接到电力变压器的外壳上

图 4-52　电力变压器绝缘电阻的检测方法

4.4.2 检测变压器

通过对变压器的认识，我们发现变压器的种类多种多样，其功能和用途也各不相同。因此，苦练变压器检测技能是作为电工检修人员必须掌握的一项技能。在对变压器进行检测前，应首先对待测变压器的外观进行检查，看是否损坏，确保无烧焦、引脚无断裂等情况，有上述情况则说明变压器已经损坏。接着借助万用表、兆欧表等检测仪表，对变压器进行检测。接下来我们选取比较典型的电力变压器为例，介绍变压器的检测方法。

电力变压器的体积一般较大，且附件较多，在对其进行检测时，可以通过检测其绝缘电阻值、绕组间电阻值以及油箱、储油柜等，判断电力变压器的好坏。

1. 电力变压器绝缘电阻值的检测

可通过兆欧表检测电力变压器的绝缘电阻，判断其好坏。通常电力变压器的绝缘电阻值不应低于出厂时标准值的70%。检测电力变压器的绝缘电阻时，需将兆欧表的两根测试线，一根接到电力变压器的套管导线（高压侧或低压侧）上，另一根接到电力变压器的外壳上。测量时，以120r/min（转/分）的速度顺时针摇动兆欧表的摇杆，此时兆欧表刻度盘上所指示的电阻值便是电力变压器的绝缘电阻值，如图4-52所示。

【资料】

电力变压器绝缘电阻的检测主要有三组，即初级绕组与次级绕组之间、初级绕组与外壳之间、次级绕组与外壳之间。如图4-53所示，检测时的绝缘电阻值应不大于500MΩ，若绝缘电阻值较小，则说明变压器绝缘性能不良，本身已经损坏。

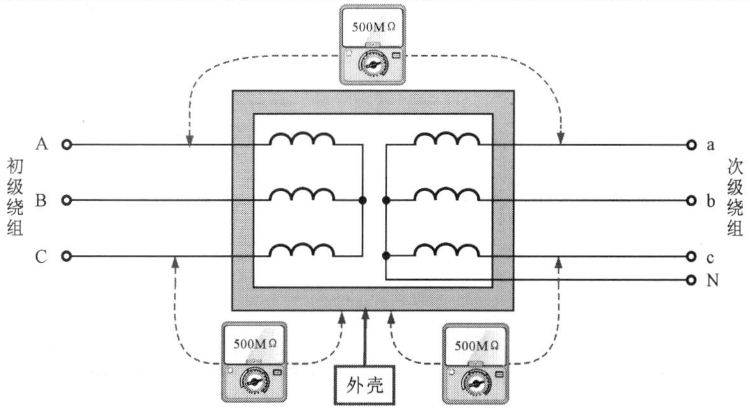
500MΩ
A
B
C
初级绕组
a
b
c
N
次级绕组
500MΩ
500MΩ
外壳

图4-53 电力变压器绝缘电阻值的检测数值

2. 电力变压器绕组间电阻值的检测

在对电力变压器进行检测时，还应对各绕组之间的电阻值进行检测，判断绕组间是否有断路或短路的情况。下面，以三相电力变压器（10kV/0.4kV）为例，介绍绕组间电阻值的检测方法。

（1）初级绕组间（高压侧）电阻值的检测

首先对电力变压器初级绕组之间的阻值进行检测。检测时可使用万用表的电阻挡，然后用两只表笔分别搭在初级绕组的三个引脚上，如图4-54所示。正常情况下，可以测得三组数值，即A相和B相之间、A相和C相之间以及B相和C相之间。

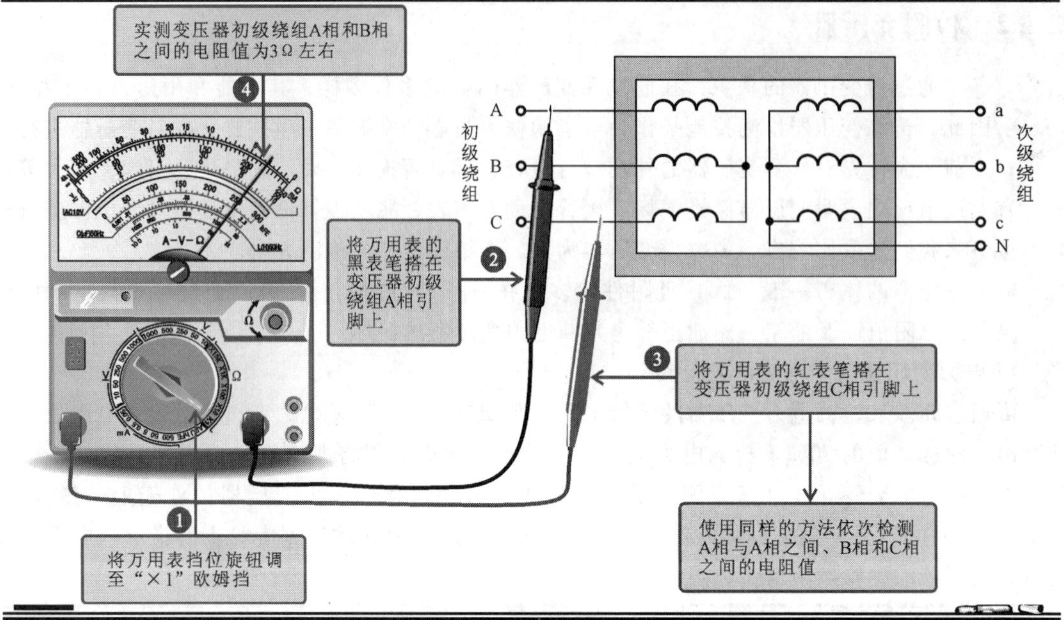
实测变压器初级绕组A相和B相之间的电阻值为3Ω左右
将万用表的黑表笔搭在变压器初级绕组A相引脚上
将万用表的红表笔搭在变压器初级绕组C相引脚上
使用同样的方法依次检测A相与A相之间、B相和C相之间的电阻值
将万用表挡位旋钮调至"×1"欧姆挡
A
B
C
初级绕组
a
b
c
N
次级绕组

图 4-54　电力变压器初级绕组间电阻值的检测

【资料】

正常情况下，测得电力变压器初级绕组 A 相和 B 相之间、A 相和 C 相之间以及 B 相和 C 相之间的电阻值在 3Ω 左右，如图 4-55 所示。若测得的电阻值为无穷大，则说明初级绕组间有断路的故障。

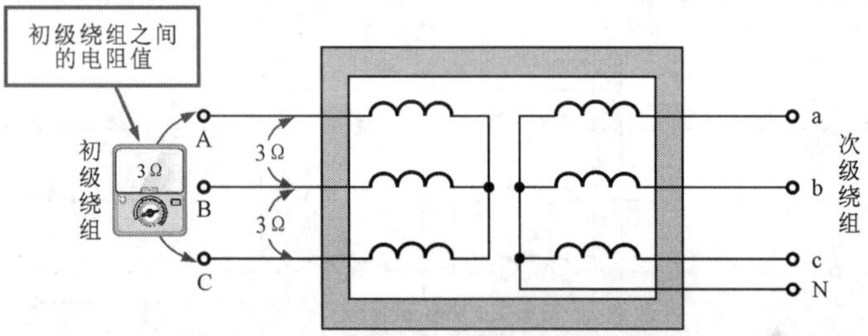
初级绕组之间的电阻值
初级绕组
A
B
C
3Ω
3Ω
3Ω
a
b
c
N
次级绕组

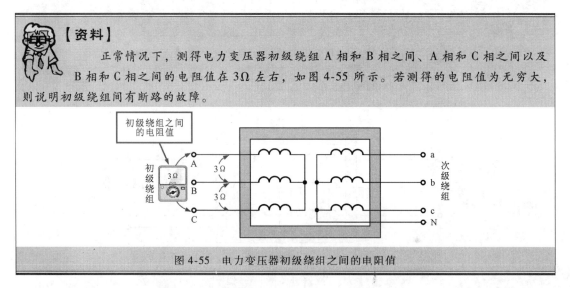

图 4-55　电力变压器初级绕组之间的电阻值

（2）次级绕组间（低压侧）电阻值的检测

接着对电力变压器次级绕组之间的电阻值进行检测，次级绕组 a 相、b 相和 c 相相互之间的电阻值检测方法与初级绕组相同。除了对相间的电阻值进行检测外，还应对各相与零线之间的电阻值进行检测。检测时将万用表调至欧姆挡，将黑表笔搭在零线（N）端，红表笔分别搭在次级绕组各个引线上，如图 4-56 所示。

【资料】

正常情况下，电力变压器次级绕组各个引线（a 相、b 相、c 相）与零线（N 端）之间的电阻值应小于 1Ω（次级绕组线圈较少），若出现无穷大的情况，则说明电力变压器初级绕组有断路的情况。

【注意】

在对电力变压器进行检修时，还应注意检查以下几点：

- 对电力变压器进行耐压试验。工作电压在1.5kV以下时，耐压不低于25kV；工作电压在20～25kV之间时，耐压不低于35kV。
- 检测电力变压器调压装置及分接开关等器件，并转动调压装置，看操作是否灵活、触头是否紧固等，且接触头之间的电阻值不应大于0.1MΩ。

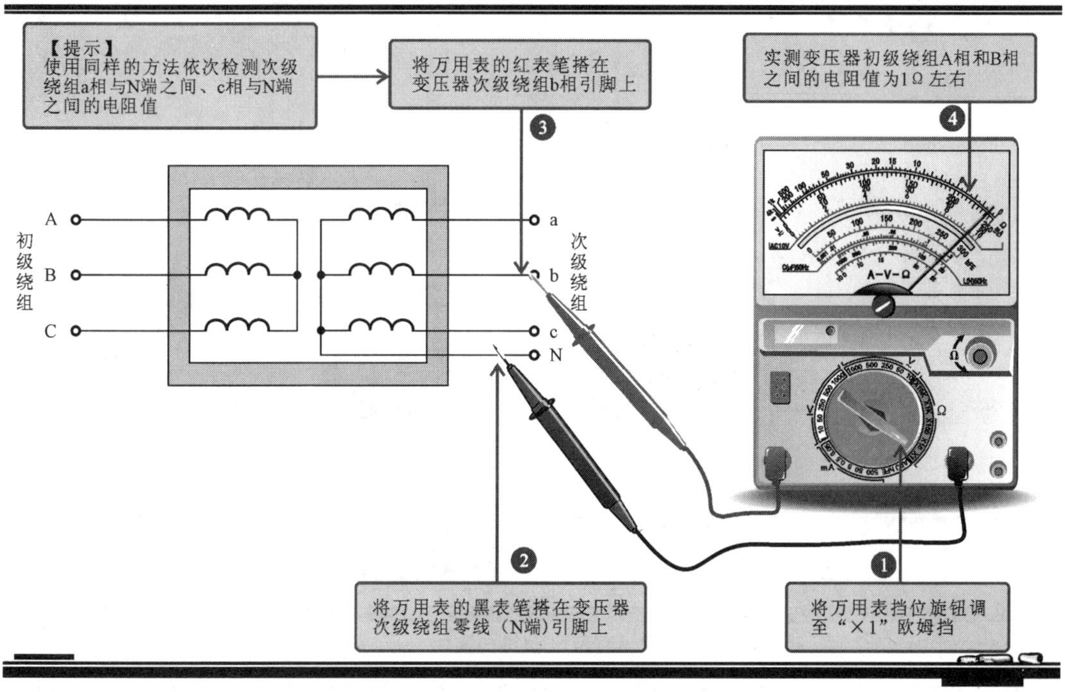
【提示】
使用同样的方法依次检测次级绕组a相与N端之间、c相与N端之间的电阻值
将万用表的红表笔搭在变压器次级绕组b相引脚上
实测变压器初级绕组A相和B相之间的电阻值为1Ω左右
初级绕组
A
B
C
a
b
c
N
次级绕组
A-V-Ω
将万用表的黑表笔搭在变压器次级绕组零线（N端）引脚上
将万用表挡位旋钮调至“×1”欧姆挡

图4-56　电力变压器次级绕组间电阻值的检测

4.5　训练电动机的检测技能

在学习电动机的检测技能之前，我们应首先认识电动机，为苦练电动机检测技能打好基础。

4.5.1　认识电动机

电动机是一种利用电磁感应原理将电能转换为机械能的动力部件，广泛应用于电气设备、控制电路或电子产品中。按照电动机供电类型不同，可分为直流电动机和交流电动机两大类。

1. 直流电动机

直流电动机是通过直流电源（电源具有正负极之分）供给电能，并将电能转变为机械能的一类电动机，该类电动机广泛应用于电动产品中。

直流电动机主要包括两个部分，即定子部分和转子部分。其中，定子由永久磁铁组成的电动

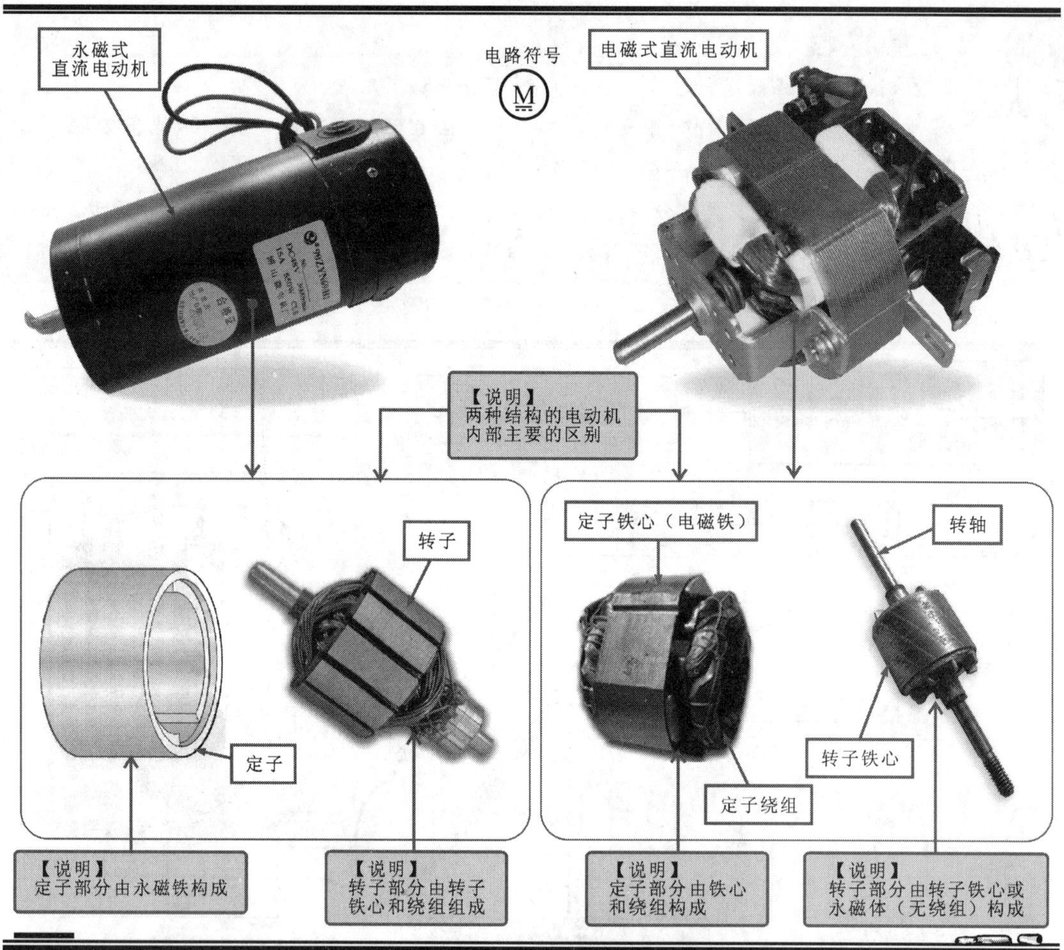
永磁式
直流电动机
电路符号
M
电磁式直流电动机
【说明】
两种结构的电动机
内部主要的区别
转子
定子
定子铁心（电磁铁）
转轴
转子铁心
定子绕组
【说明】
定子部分由永磁铁构成
【说明】
转子部分由转子
铁心和绕组组成
【说明】
定子部分由铁心
和绕组构成
【说明】
转子部分由转子铁心或
永磁体（无绕组）构成

图 4-57　常见直流电动机的实物外形与结构

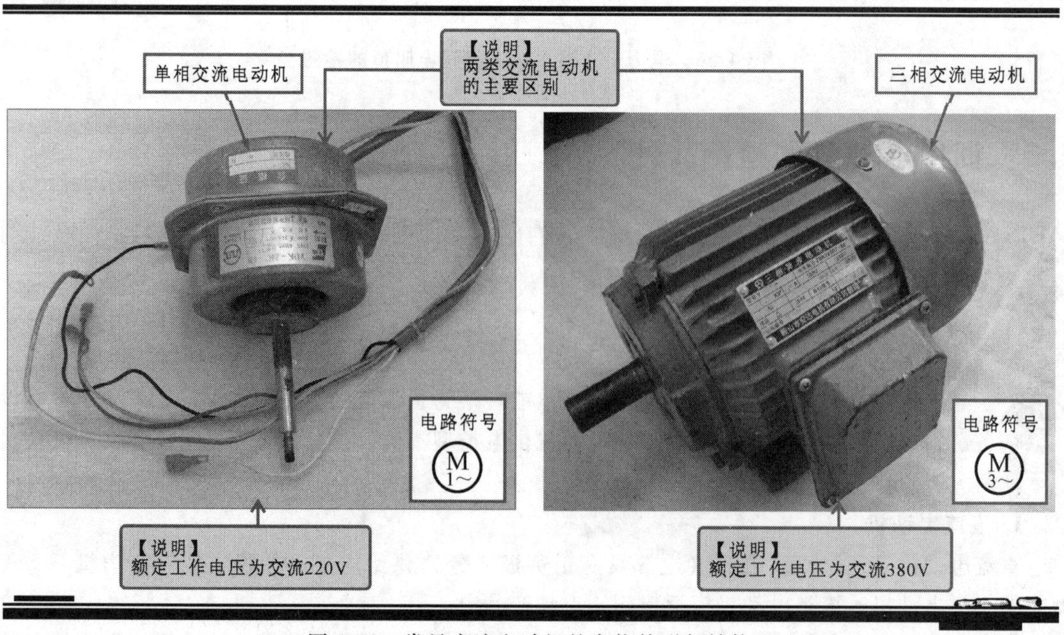
单相交流电动机
【说明】
两类交流电动机
的主要区别
三相交流电动机
电路符号
M
1～
电路符号
M
3～
【说明】
额定工作电压为交流220V
【说明】
额定工作电压为交流380V

图 4-58　常见交流电动机的实物外形与结构

机称为永磁式直流电动机；定子由铁心和绕组组成的电动机称为电磁式直流电动机。图 4-57 所示为常见直流电动机的实物外形与结构。

2. 交流电动机

交流电动机是通过交流电源供给电能，并可将电能转变为机械能的一类电动机。交流电动机根据供电方式不同，可分为单相交流电动机和三相交流电动机。图 4-58 所示为常见交流电动机的实物与结构。

3. 电动机的功能

电动机的主要功能就是实现电能向机械能的转换，即将供电电源的电能转换为电动机转子转动的机械能，最终通过转子上的转轴的转动带动负载转动，实现各种传动功能。图 4-59 所示为电动机基本功能示意图。

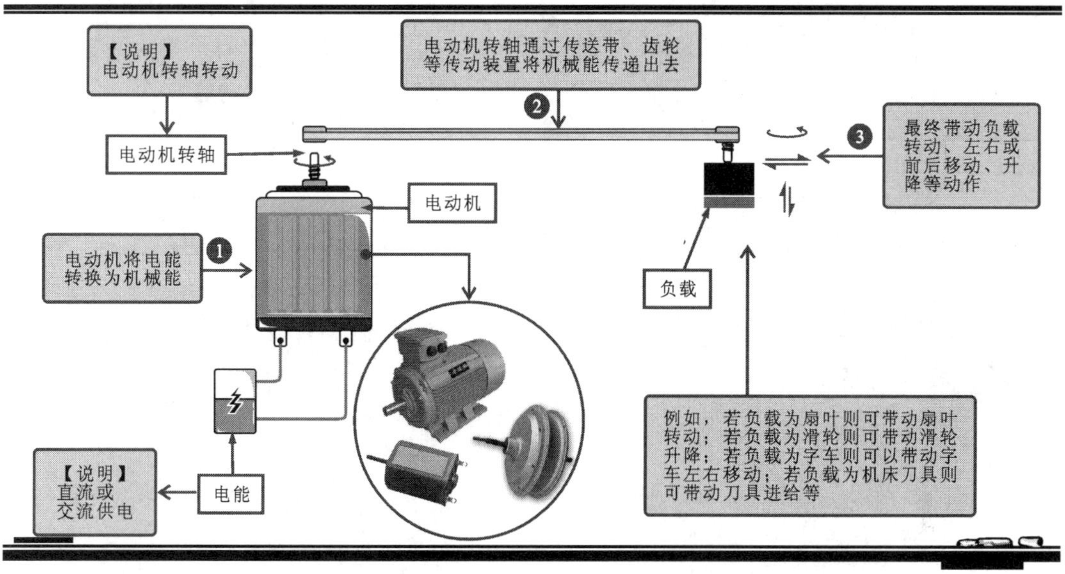
【说明】
电动机转轴转动
电动机转轴通过传送带、齿轮等传动装置将机械能传递出去
电动机转轴
最终带动负载转动、左右或前后移动、升降等动作
电动机
电动机将电能转换为机械能
负载
例如，若负载为扇叶则可带动扇叶转动；若负载为滑轮则可带动滑轮升降；若负载为字车则可以带动字车左右移动；若负载为机床刀具则可带动刀具进给等
【说明】
直流或交流供电
电能

图 4-59　电动机基本功能示意图

4.5.2　电动机的检测方法

下面以比较典型的电动机为例，讲解电动机的检测。电动机作为一种以绕组（线圈）为主要电气部件的动力设备，在检测时，主要是对绕组及传动状态进行检测，其中主要包括绕组的电阻值、绝缘电阻值、空载电流及转速等方面。

1. 电动机绕组电阻值的检测

绕组是电动机的主要组成部件，在电动机的实际应用中，其损坏的几率相对较高。检测时，一般可用万用表的欧姆挡进行粗略检测，也可以使用万用电桥精确检测，进而判断绕组有无短路或断路故障。

(1) 用万用表粗略检测电动机绕组的电阻值

用万用表检测电动机绕组的电阻值是一种比较常用，且简单易操作的测试方法。该方法可粗略检测出电动机内各相绕组的电阻值，根据检测结果可大致判断出电动机绕组有无短路或断路故障。

用万用表检测电动机绕组电阻值的基本方法见图 4-60 所示。

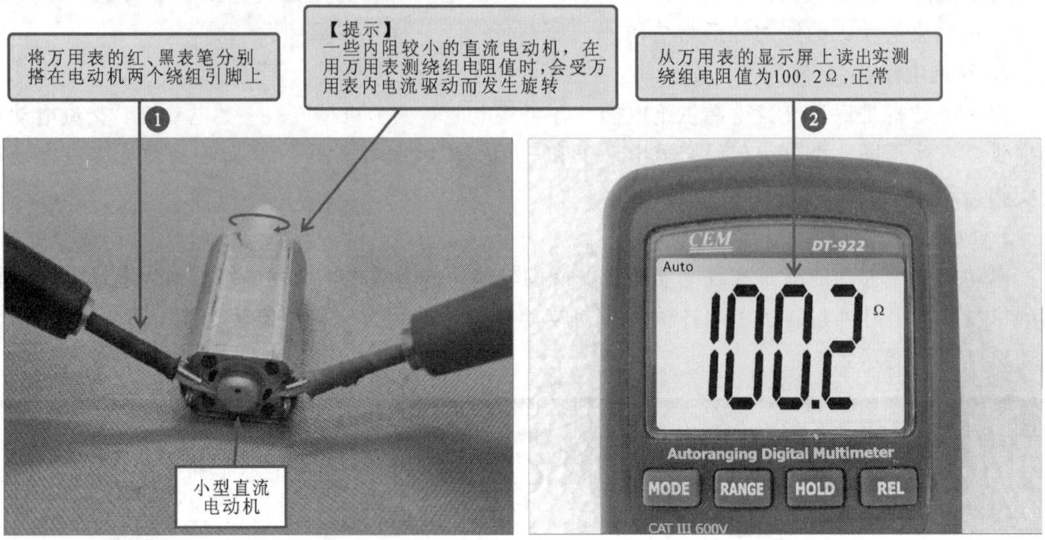
将万用表的红、黑表笔分别搭在电动机两个绕组引脚上
【提示】
一些内阻较小的直流电动机，在用万用表测绕组电阻值时，会受万用表内电流驱动而发生旋转
从万用表的显示屏上读出实测绕组电阻值为100.2Ω，正常
小型直流电动机
CEM
DT-922
Auto
100.2
Ω
Autoranging Digital Multimeter
MODE
RANGE
HOLD
REL
CAT III 600V

a）小型直流电动机绕组电阻值的检测方法

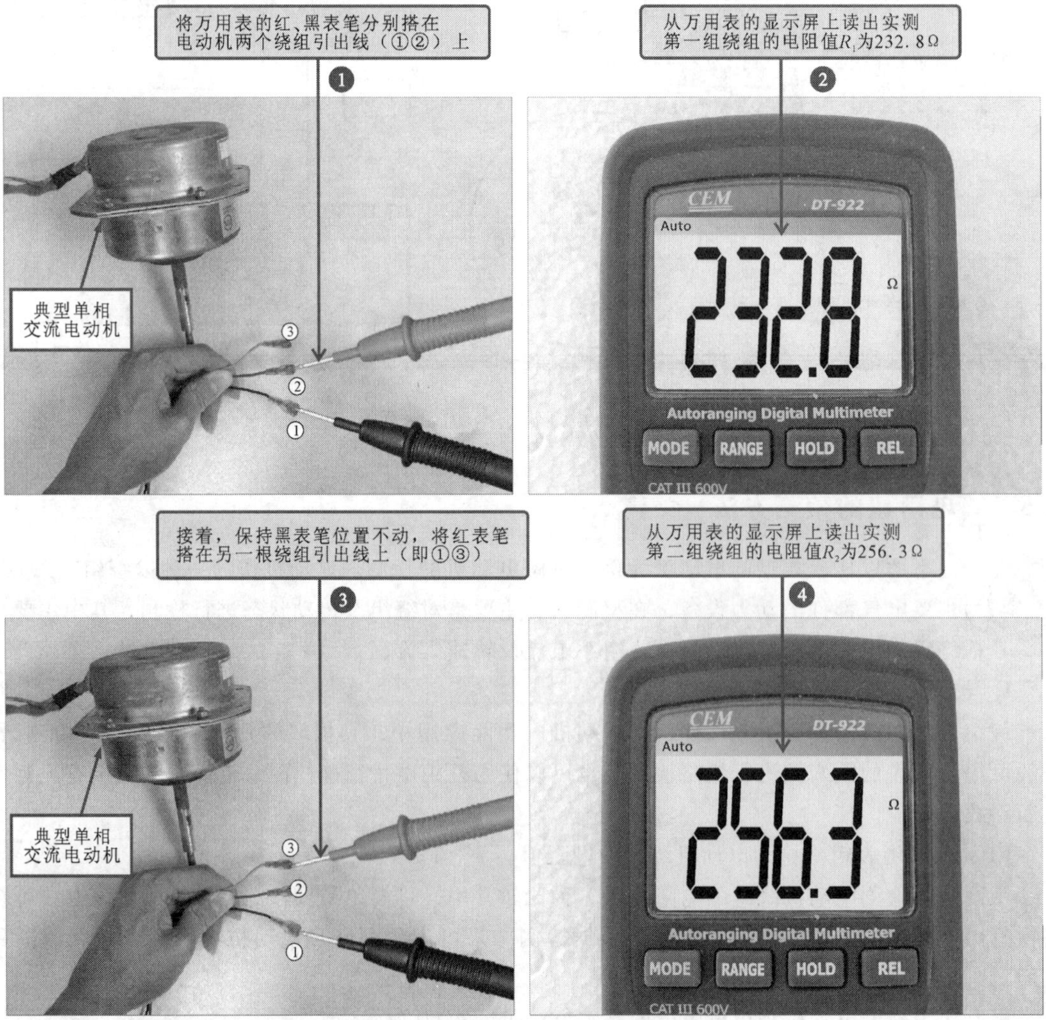
将万用表的红、黑表笔分别搭在电动机两个绕组引出线（①②）上
从万用表的显示屏上读出实测第一组绕组的电阻值R_1为232.8Ω
典型单相交流电动机
③
②
①
CEM
DT-922
Auto
232.8
Ω
Autoranging Digital Multimeter
MODE
RANGE
HOLD
REL
CAT III 600V
接着，保持黑表笔位置不动，将红表笔搭在另一根绕组引出线上（即①③）
从万用表的显示屏上读出实测第二组绕组的电阻值R_2为256.3Ω
典型单相交流电动机
③
②
①
CEM
DT-922
Auto
256.3
Ω
Autoranging Digital Multimeter
MODE
RANGE
HOLD
REL
CAT III 600V

图4-60　用万用表检测电动机绕组电阻值的基本方法

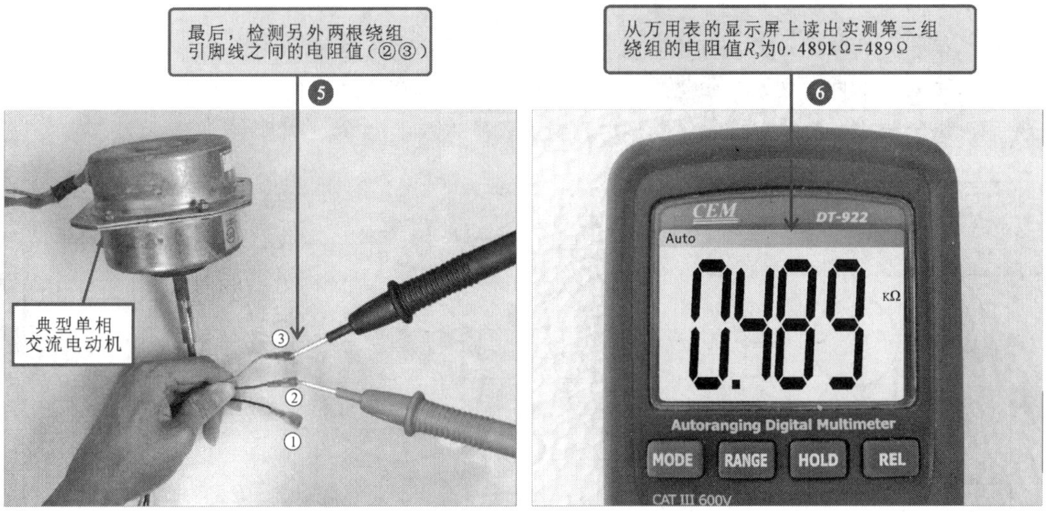
最后，检测另外两根绕组引脚线之间的电阻值（②③）
5
从万用表的显示屏上读出实测第三组绕组的电阻值R_3为0.489kΩ=489Ω
6
典型单相交流电动机
③
②
①
CEM
DT-922
Auto
0.489
KΩ
Autoranging Digital Multimeter
MODE
RANGE
HOLD
REL
CAT III 600V

b）单相异步电动机绕组电阻值的检测方法

图 4-60　用万用表检测电动机绕组电阻值的基本方法（续）

【资料】

不同类型电动机绕组电阻值的检测方法相同，但检测结果和判断方法有所区别。一般情况下遵循以下规律：

- 若所测电动机为普通直流电动机（两根绕组引线），则其绕组阻值 R 应为一个固定数值。若实测为无穷大，则说明绕组存在断路故障。
- 若所测电动机为单相电动机（三根绕组引线），则检测两两引线之间阻值，得到的三个数值 R_1、R_2、R_3，应满足其中两个数值之和等于第三个值（$R_1+R_2=R_3$）。若 R_1、R_2、R_3 任意一电阻值为无穷大，说明绕组内部存在断路故障。
- 若所测电动机为三相电动机（三根绕组引线），则检测两两引线之间阻值，得到的三个数值 R_1、R_2、R_3，应满足三个数值相等（$R_1=R_2=R_3$），若 R_1、R_2、R_3 任意一阻值为无穷大，说明绕组内部存在断路故障。

提问

为什么用同样的方法和检测仪表测试不同类型的电动机绕组电阻值时，会出现不同的测试结果呢？

回答

这是由电动机内部绕组的结构和连接方式决定的。图 4-61 所示为三种类型电动机内部绕组的结构和连接方式。普通直流电动机内部一般只有一相绕组，从电动机中有两根引线引出，见图 a 所示。检测电阻值时相当于检测一个电感线圈的电阻值，因此应能够测得一个固定电阻值。

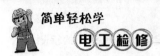

单相电动机内大多包含两相绕组，但从电动机中引出有三根引线，其中分别为公共端、起动绕组、运行绕组，根据图 b 中绕组连接关系，不难明白 $R_1+R_2=R_3$ 的原因。

三相电动机内一般为三相绕组，从电动机中引出也有三根引线，每两根引线之间相等于两组绕组的电阻值，根据图 c 可以清晰的了解 $R_1=R_2=R_3$ 的原因。

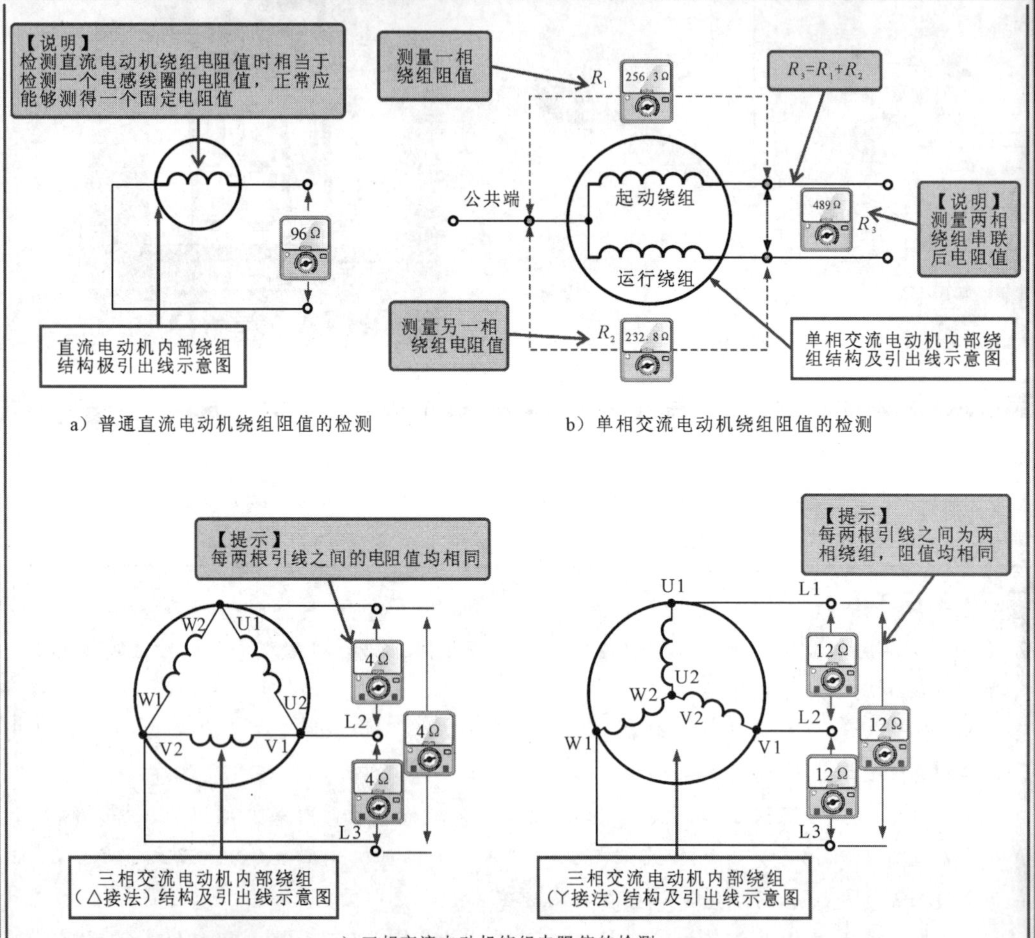

【说明】
检测直流电动机绕组电阻值时相当于检测一个电感线圈的电阻值，正常应能够测得一个固定电阻值
96Ω
直流电动机内部绕组结构极引出线示意图
测量一相绕组阻值
R1
256.3Ω
R3=R1+R2
公共端
起动绕组
489Ω
R3
【说明】
测量两相绕组串联后电阻值
运行绕组
测量另一相绕组电阻值
R2
232.8Ω
单相交流电动机内部绕组结构及引出线示意图
【提示】
每两根引线之间的电阻值均相同
W2
U1
W1
U2
V2
V1
4Ω
L2
L3
三相交流电动机内部绕组（△接法）结构及引出线示意图
【提示】
每两根引线之间为两相绕组，阻值均相同
U1
L1
U2
W2
V2
W1
V1
12Ω
L2
L3
三相交流电动机内部绕组（Y接法）结构及引出线示意图

a）普通直流电动机绕组阻值的检测　b）单相交流电动机绕组阻值的检测

c）三相交流电动机绕组电阻值的检测

图 4-61　三种类型电动机内部绕组的结构和连接方式

（2）用万用电桥精确测量电动机绕组的直流电阻

用万用电桥检测电动机绕组的直流电阻，可以精确测量出每组绕组的直流电阻值，即使微小偏差也能够发现，是判断电动机的制造工艺和性能是否良好的有效测试方法。

用万用电桥测量电动机绕组直流电阻的基本方法如图 4-62 所示（以三相交流电动机为例）。

【资料】

正常情况下，三相交流电动机的三个绕组的直流电阻应完全相同。若所测直流电阻值存在偏差则说明该电动机的制造工艺或材料或电源等存在偏差，其将会造成电动机绕组损伤：电动机在运行时出现振动和噪声会较大等故障现象。

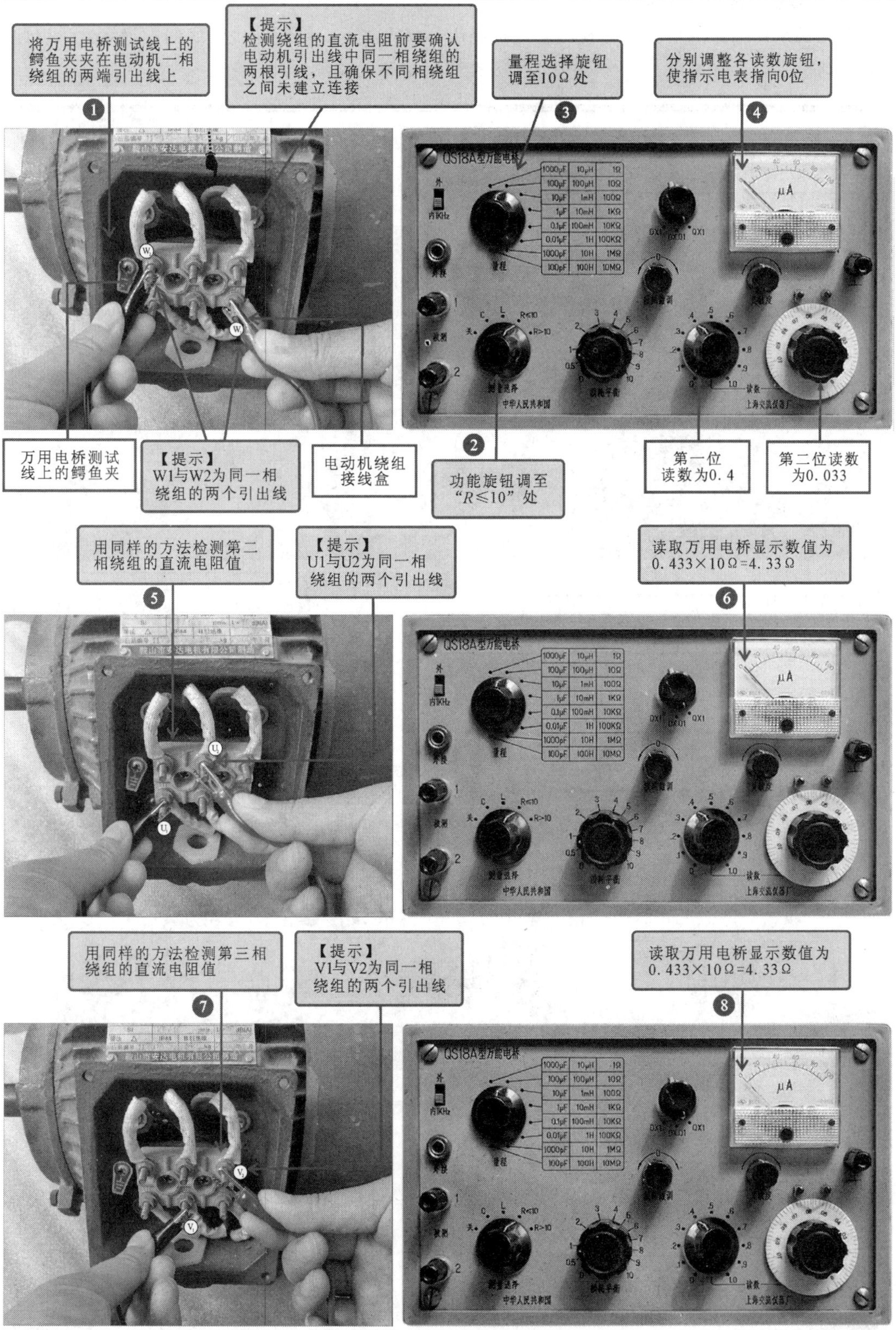
将万用电桥测试线上的鳄鱼夹夹在电动机一相绕组的两端引出线上
❶
【提示】
检测绕组的直流电阻前要确认电动机引出线中同一相绕组的两根引线，且确保不同相绕组之间未建立连接
量程选择旋钮调至10Ω处
❸
分别调整各读数旋钮，使指示电表指向0位
❹
QS18A型万能电桥
万用电桥测试线上的鳄鱼夹
【提示】
W1与W2为同一相绕组的两个引出线
电动机绕组接线盒
❷
功能旋钮调至“R≤10”处
第一位读数为0.4
第二位读数为0.033
用同样的方法检测第二相绕组的直流电阻值
❺
【提示】
U1与U2为同一相绕组的两个引出线
读取万用电桥显示数值为0.433×10Ω=4.33Ω
❻
用同样的方法检测第三相绕组的直流电阻值
❼
【提示】
V1与V2为同一相绕组的两个引出线
读取万用电桥显示数值为0.433×10Ω=4.33Ω
❽

图4-62　用万用电桥测量电动机绕组直流电阻的基本方法

2. 电动机绝缘电阻的检测

电动机绝缘电阻的检测是指检测电动机绕组与外壳之间、绕组与绕组之间的绝缘性，以此来判断电动机是否存在漏电（对外壳短路）及绕组间短路的现象。

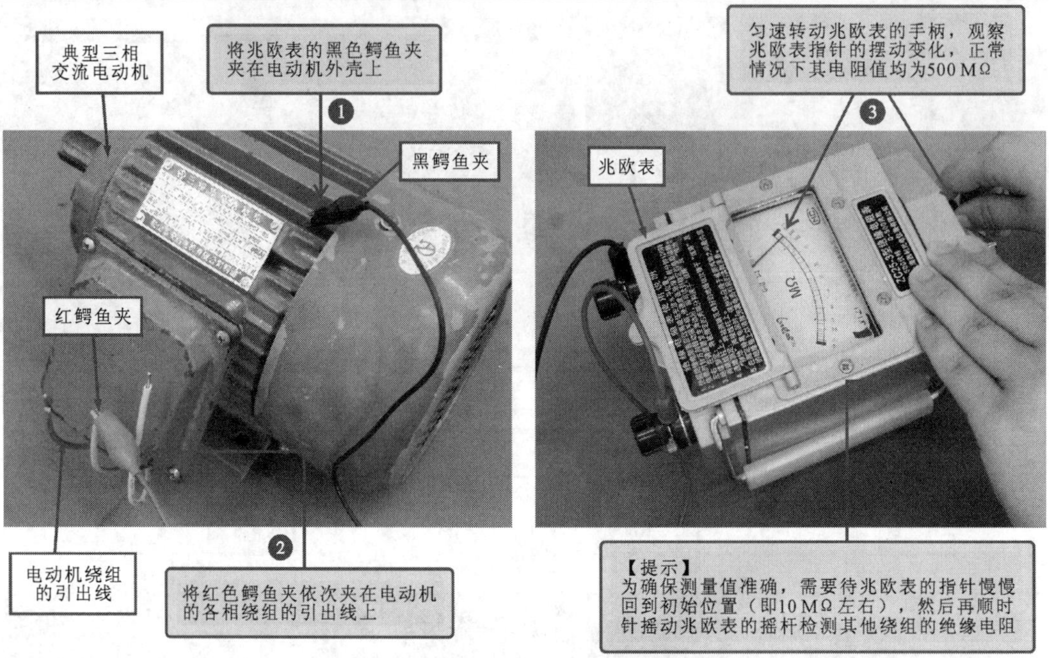
典型三相交流电动机
将兆欧表的黑色鳄鱼夹夹在电动机外壳上
①
黑鳄鱼夹
红鳄鱼夹
电动机绕组的引出线
②
将红色鳄鱼夹依次夹在电动机的各相绕组的引出线上
匀速转动兆欧表的手柄，观察兆欧表指针的摆动变化，正常情况下其电阻值均为500 MΩ
③
兆欧表
【提示】
为确保测量值准确，需要待兆欧表的指针慢慢回到初始位置（即10 MΩ左右），然后再顺时针摇动兆欧表的摇杆检测其他绕组的绝缘电阻

a）电动机绕组与外壳之间的绝缘电阻的测量

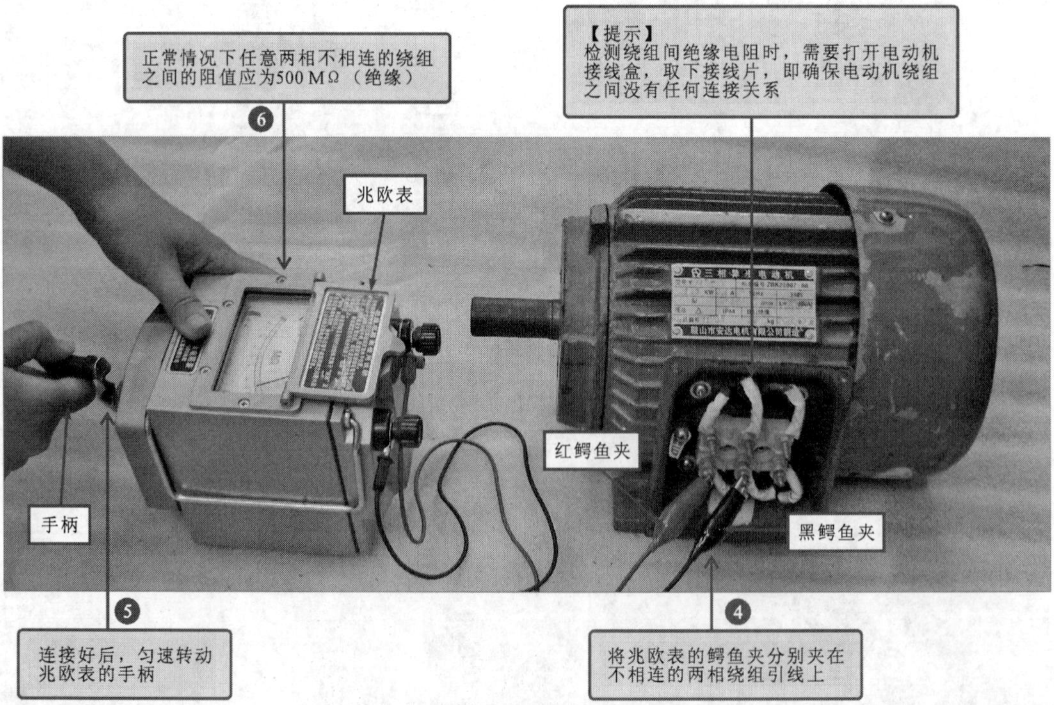
正常情况下任意两相不相连的绕组之间的阻值应为500 MΩ（绝缘）
⑥
【提示】
检测绕组间绝缘电阻时，需要打开电动机接线盒，取下接线片，即确保电动机绕组之间没有任何连接关系
兆欧表
红鳄鱼夹
黑鳄鱼夹
手柄
⑤
连接好后，匀速转动兆欧表的手柄
④
将兆欧表的鳄鱼夹分别夹在不相连的两相绕组引线上

b）电动机绕组与绕组之间绝缘电阻的测量

图 4-63　用兆欧表检测电动机绕组与外壳之间、绕组与绕组之间的绝缘电阻的操作方法

测量绝缘电阻一般使用兆欧表。小型直流电动机也可以使用万用表测试。

用兆欧表检测电动机绕组与外壳之间、绕组与绕组之间的绝缘电阻的操作方法如图4-63所示。

【资料】

若测得电动机绕组与外壳之间的绝缘电阻值为零或阻值较小，则说明电动机绕组与外壳之间存在短路现象。

若测得电动机绕组与绕组之间的绝缘电阻值为零或阻值较小，则说明电动机绕组与绕组之间存在短路现象。

第 5 章 别怕，电工电路图其实不难懂

现在，开始进入第 5 章的学习：本章我们要学习电工电路图的相关知识和识读技能。在电工维修作业中，电工电路图的识图技能对电工初学者来说总会有些抵触情绪，觉得既枯燥又难懂，而且还不知有什么用。其实，如果变化一下学习方式，电工电路图并不难懂。在本章中，我们为大家准备了很多具有代表性的典型电工电路，首先从电路中的标识和图形符号入手，在识读的过程中建立关联，然后在实际的识图案例中锻炼电工电路的识图方法和技巧。相信大家很快就会爱上电工电路，好了，让我们开始试试吧！

5.1 奇怪的电气标识和图形符号

读懂电工电路首先应建立图形符号与电气设备或部件的对应关系，熟悉文字标识的含义，才能了解电路所表达的功能、连接关系、工作流程。下面我们首先来认识一下奇怪的电气标识和图形符号。

5.1.1 认识电工电路的文字符号

文字符号是电工电路中常用的一种字符代码，一般标注在电路中的电气设备、装置和元器件的近旁，以标识其名称、功能、状态或特征。

电工电路中常见的文字符号一般可分为基本文字符号、辅助文字符号、字母 + 数字代码组合符号和专用文字符号。文字符号可以用单一的字母代码或数字代码表示，也可以用字母与数字组合的方式表示。图 5-1 所示为一个典型的电工电路，从图中可以看到，电路中标识有不同的文字符号。

1. 基本文字符号

基本文字符号用以标识电气设备、装置、元器件，以及线路的种类名称和特性。图 5-2 所示为典型电工电路中的基本文字符号。

【资料】

通常基本文字符号一般分为单字母符号和双字母符号。其中，单字母符号是按拉丁字母将各种电气设备、装置、元器件划分为 23 个大类，每大类用一个大写字母表示。如“R”表示电阻器类，“S”表示开关、选择器类。在电气电路中，优先选用单字母符号。双字母符号由一个表示种类的单字母符号与另一个字母组成，通常以单字母符号在前，另一个字母在后的组合形式。如“F”表示保护器件类，“FU”表示熔断器；“G”表示电源类，“GB”表示蓄电池（“B”为蓄电池的英文名称 Battery 的首字母）；“T”表示变压器类，“TA”表示电流互感器（“A“为电流表的英文名称 Ammeter 的首字母）。

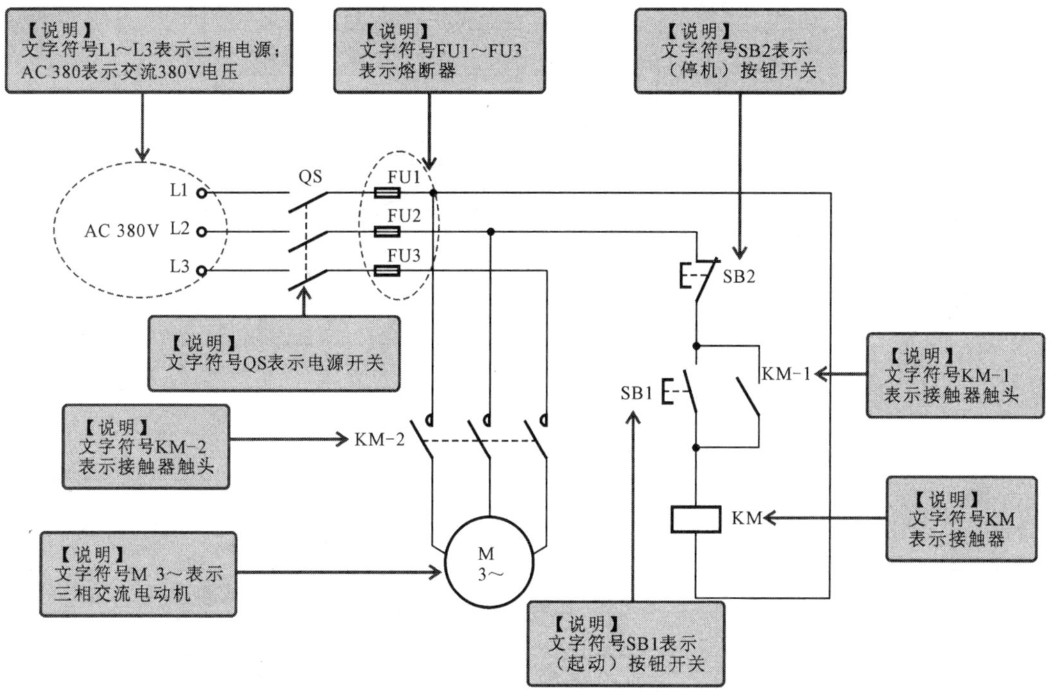
【说明】
文字符号L1~L3表示三相电源；
AC 380表示交流380V电压
【说明】
文字符号FU1~FU3
表示熔断器
【说明】
文字符号SB2表示
（停机）按钮开关
QS
L1
AC 380V L2
L3
FU1
FU2
FU3
SB2
【说明】
文字符号QS表示电源开关
KM-1
【说明】
文字符号KM-1
表示接触器触头
SB1
【说明】
文字符号KM-2
表示接触器触头
KM-2
KM
【说明】
文字符号KM
表示接触器
M
3~
【说明】
文字符号M 3~表示
三相交流电动机
【说明】
文字符号SB1表示
（起动）按钮开关

图 5-1　电工电路中的文字符号标识

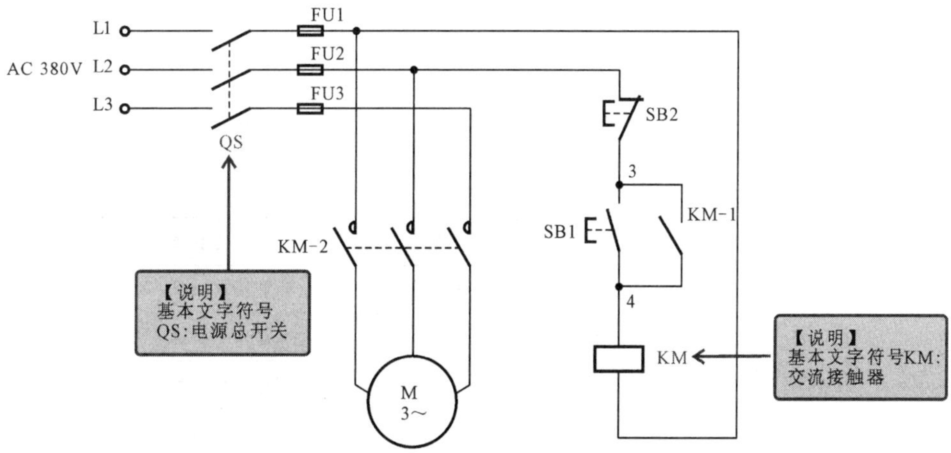
L1
AC 380V L2
L3
FU1
FU2
FU3
QS
SB2
3
KM-1
SB1
KM-2
4
【说明】
基本文字符号
QS:电源总开关
KM
【说明】
基本文字符号KM:
交流接触器
M
3~

图 5-2　电工电路中的基本文字符号

电工电路中常见的基本文字符号如表 5-1 所示。

表 5-1 电工电路中的基本文字符号

设备、装置和元器件种类	电路符号		对应中文名称
组件部件	A	AB	电桥
		AD	晶体管放大器
		AF	频率调节器
		AG	给定积分器
		AJ	集成电路放大器
		AM	磁放大器
		AV	电子管放大器
		AP	印制电路板、脉冲放大器
		AT	抽屉柜、触发器
		ATR	转矩调节器
		AR	支架盘
		AVR	电压调节器
变换器（从非电量到电量 或 从电量到非电量）	B	—	热电传感器、热电池、光电池、测功计、晶体换能器
		—	送话器
		—	拾音器
		—	扬声器
		—	耳机
		—	自整角机
		—	旋转变压器
		—	模拟和多级数字
		—	变换器或传感器
		BC	电流变换器
		BO	光电耦合器
		BP	压力变换器
		BPF	触发器
		BQ	位置变换器
		BR	旋转变换器
		BT	温度变换器
		BU	电压变换器
		BUF	电压-频率变换器
		BV	速度变换器
电容器	C	—	电容器
		CD	电流微分环节
		CH	斩波器

（续）

设备、装置和元器件种类	电路符号		对应中文名称
二进制元件 延迟器件 存储器件	D	—	数字集成电路和器件、延迟线、双稳态元件、单稳态元件、磁心存储器、寄存器、磁带记录机、盘式记录机、光器件、热器件
		DA	与门
		D(A)N	与非门
		DN	非门
		DO	或门
		DPS	数字信号处理器
杂项	E	—	本表其他地方未提及的元器件
		EH	发热器件
		EL	照明灯
		EV	空气调节器
保护器件	F	—	过电压放电器件、避雷器
		FA	具有瞬时动作的限流保护器件
		FB	反馈环节
		FF	快速熔断器
		FR	具有延时动作的限流保护器件
		FS	具有延时和瞬时动作的限流保护器件
		FU	熔断器
		FV	限压保护器件
发生器 发电机 电源	G	—	旋转发电机、振荡器
		GS	发生器、同步发电机
		GA	异步发电机
		GB	蓄电池
		GF	旋转式或固定式变频机、函数发生器
		GD	驱动器
		G-M	发电机—电动机组
		GT	触发器(装置)
信号器件	H	—	信号器件
		HA	声响指示器
		HL	光指示器、指示灯
		HR	热脱扣器
继电器 接触器	K	—	继电器
		KA	瞬时接触继电器、瞬时有或无继电器、交流接触器、电流继电器
		KC	控制继电器
		KG	气体继电器
		KL	闭锁接触继电器、双稳态继电器

（续）

设备、装置和元器件种类	电路符号		对应中文名称
继电器 接触器	K	KM	接触器、中间继电器
		KMF	正向接触器
		KMR	反向接触器
		KP	极化继电器、簧片继电器、功率继电器
		KT	延时有或无继电器、时间继电器
		KTP	温度继电器、跳闸继电器
		KR	逆流继电器
		KVC	欠电流继电器
		KVV	欠电压继电器
电感器 电抗器	L	—	感应线圈、线路陷波器，电抗器（并联和串联）
		LA	桥臂电抗器
		LB	平衡电抗器
电动机	M	—	电动机
		MC	笼型电动机
		MD	直流电动机
		MS	同步电动机
		MG	可作发电机或电动机用的电机
		MT	力矩电动机
		MW(R)	绕线转子电动机
模拟集成电路	N		运算放大器、模拟/数字混合器件
测量设备 试验设备	P	—	指示器件、记录器件、积算测量器件、信号发生器
		PA	电流表
		PC	（脉冲）计数器
		PJ	电度表（电能表）
		PLC	可编程控制器
		PRC	环型计数器
		PS	记录仪器
		PT	时钟、操作时间表
		PV	电压表
		PWM	脉冲宽度调制器

（续）

设备、装置和元器件种类	电路符号		对应中文名称
电力电路的开关器件	Q	QF	断路器
		QK	刀开关
		QL	负荷开关
		QM	电动机保护开关
		QS	隔离开关
电阻器	R	—	电阻器
		—	变阻器
		RP	电位器
		RS	测量分路表
		RT	热敏电阻器
		RV	压敏电阻器
控制电路的开关选择器	S	—	拨号接触器、连接极
		SA	控制开关、选择开关、电子模拟开关
		SB	按钮开关、停止按钮
		—	机电式有或无传感器
		SL	液体标高传感器
		SM	主令开关、伺服电动机
		SP	压力传感器
		SQ	位置传感器
		SR	转数传感器
		ST	温度传感器
变压器	T	TA	电流互感器
		TAN	零序电流互感器
		TC	控制电路电源用变压器
		TI	逆变变压器
		TM	电力变压器
		TP	脉冲变压器
		TR	整流变压器
		TS	磁稳压器
		TU	自耦变压器
		TV	电压互感器

（续）

设备、装置和元器件种类	电路符号		对应中文名称
调制器 变换器	U	—	鉴频器、编码器、交流器、电报译码器
		UR	变流器、整流器
		UI	逆变器
		UPW	脉冲宽度调制器
		UD	解调器
		UF	变频器
电真空器件 半导体器件	V	—	气体放电管、二极管、三极管、晶闸管
		VC	控制电路用电源的整流器
		VD	二极管
		VE	电子管
电真空器件 半导体器件	V	VZ	稳压二极管
		VT	三极管、场效应晶体管
		VS	晶闸管
		VTO	门极关断晶闸管
传输通道 波导 天线	W	—	导线、电缆、波导、波导定向耦合器、偶极天线、抛物面天线
		WB	母线
		WF	闪光信号小母线
端子 插头 插座	X	—	连接插头和插座、接线柱、电缆封端和接头、焊接端子板
		XB	连接片
		XJ	测试塞孔
		XP	插头
		XS	插座
		XT	端子板
电气操作的 机械器件	Y	—	气阀
		YA	电磁铁
		YB	电磁制动器
		YC	电磁离合器
		YH	电磁吸盘
		YM	电动阀
		YV	电磁阀

（续）

设备、装置和元器件种类	电路符号		对应中文名称
终端设备混合变压器滤波器均衡器限幅器	Z	—	电缆平衡网络、压缩扩展器、晶体滤波器、网络

2. 辅助文字符号

根据前文我们了解到，电气设备、装置和元器件的种类名称用基本文字符号表示，而它们的功能、状态和特征则用辅助文字符号表示，如图 5-3 所示。

辅助文字符号通常用表示功能、状态和特征的英文单词的前一、二位字母构成，也可采用常用缩略语或约定俗成的习惯用法构成，一般不能超过三位字母。如“IN”表示输入，“ON”表示闭合，“STE”表示步进，表示“起动”采用“START”的前两位字母“ST”；而表示“停止（STOP）”的辅助文字符号必须再加一个字母，为“STP”。

辅助文字符号也可放在表示种类的单字母符号后边组合成双字母符号，此时辅助文字符号一般采用表示功能、状态和特征的英文单词的第一个字母。如“ST”表示起动，“YB”表示电磁制动器等。

某些辅助文字符号本身具有独立的、确切的意义，也可以单独使用。如“N”表示交流电源的中性线，“DC”表示直流电，“AC”表示交流电，“PE”表示保护接地等。

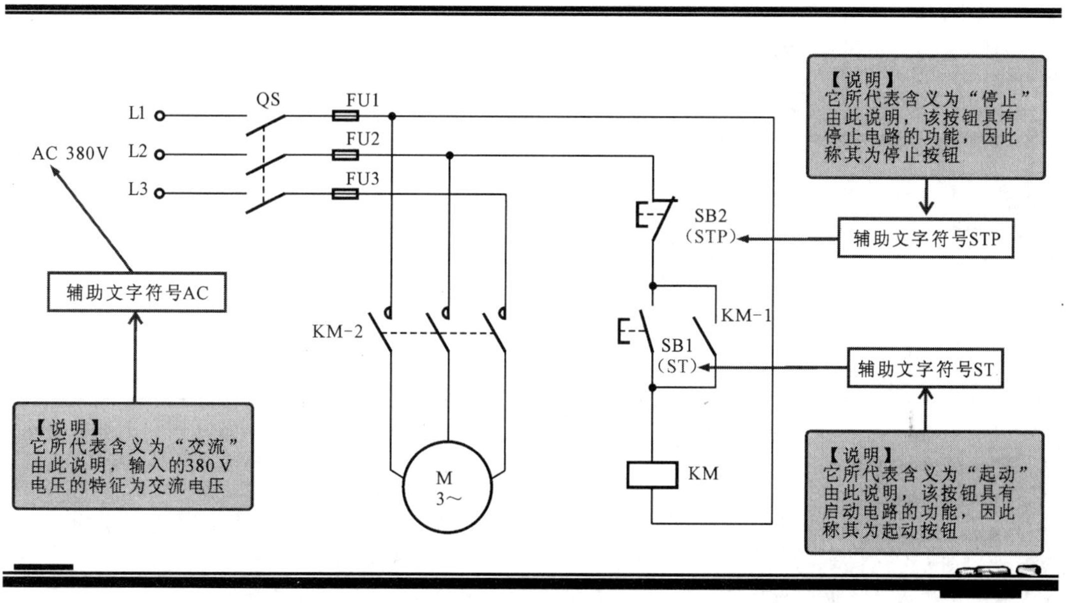
L1
L2
L3
AC 380V
QS
FU1
FU2
FU3
辅助文字符号AC
【说明】
它所代表含义为“交流”由此说明，输入的380 V电压的特征为交流电压
KM-2
M
3～
SB2
(STP)
KM-1
SB1
(ST)
KM
【说明】
它所代表含义为“停止”由此说明，该按钮具有停止电路的功能，因此称其为停止按钮
辅助文字符号STP
辅助文字符号ST
【说明】
它所代表含义为“起动”由此说明，该按钮具有启动电路的功能，因此称其为起动按钮

图 5-3 典型电工电路中的辅助文字符号

电气电路中常用的辅助文字符号如表 5-2 所示。

3. 字母 + 数字的组合文字符号

字母 + 数字代码是目前最常采用的一种文字符号。其中，字母（为基本文字符号）表示了各种电气设备、装置和元器件的种类或功能，数字表示其对应的编号（序号），如图 5-4 所示。

表 5-2　电气电路中常用的辅助文字符号

序号	符号	含义	序号	符号	含义	序号	符号	含义
1	A	电流	25	F	快速	49	PU	不接地保护
2	A	模拟	26	FB	反馈	50	R	记录
3	AC	交流	27	FW	正,向前	51	R	右
4	A,AUT	自动	28	GN	绿	52	R	反
5	ACC	加速	29	H	高	53	RD	红
6	ADD	附加	30	IN	输入	54	R,RST	复位
7	ADJ	可调	31	INC	增	55	RES	备用
8	AUX	辅助	32	IND	感应	56	RUN	运转
9	ASY	异步	33	L	左	57	S	信号
10	B,BRK	制动	34	L	限制	58	ST	起动
11	BK	黑	35	L	低	59	S,SET	置位,定位
12	BL	蓝	36	LA	闭锁	60	SAT	饱和
13	BW	向后	37	M	主	61	STE	步进
14	C	控制	38	M	中	62	STP	停止
15	CW	顺时针	39	M	中间线	63	SYN	同步
16	CCW	逆时针	40	M,MAN	手动	64	T	温度
17	D	延时(延迟)	41	N	中性线	65	T	时间
18	D	差动	42	OFF	断开	66	TE	无噪声(防干扰)接地
19	D	数字	43	ON	闭合	67	V	真空
20	D	降	44	OUT	输出	68	V	速度
21	DC	直流	45	P	压力	69	V	电压
22	DEC	减	46	P	保护	70	WH	白
23	E	接地	47	PE	保护接地	71	YE	黄
24	EM	紧急	48	PEN	保护接地与中性线共用	—	—	—

【资料】

将数字与字母符号组合起来使用，可说明同一类电气设备、元件的不同编号。如电工电路中有三个相同类型的继电器，则其文字符号分别标识为“KA1、KA2、KA3”；反过来说，电气电路中，相同字母标识的器件为同一类器件，字母后面的数字最大值表示线路中该器件的总个数。

例如图 5-4 中，以字母 FU 作为文字符号的器件有三个——“FU1、FU2、FU3”，分别表示该线路中的第一个熔断器、第二个熔断器、第三个熔断器，且该线路中共有三个熔断器。又如，图中 KM-1、KM-2 中的基本文字符号均为 KM，说明这两个器件属于同一个器件，它们是 KM 中所包含的两个部分，即接触器 KM 中的两组触头。

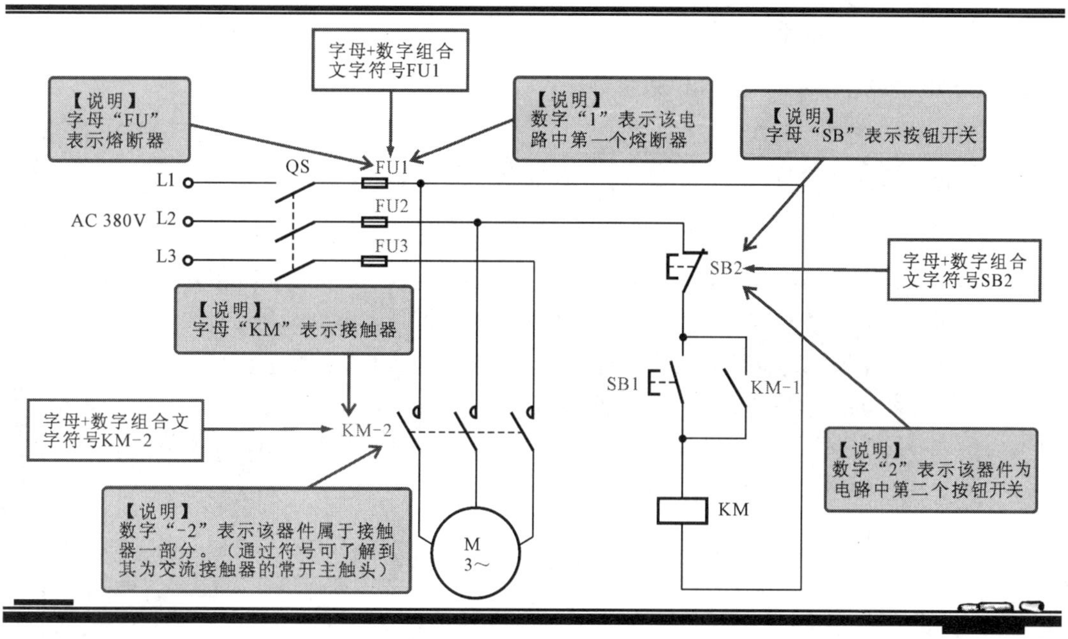
字母+数字组合
文字符号FU1
【说明】
字母“FU”
表示熔断器
【说明】
数字“1”表示该电
路中第一个熔断器
【说明】
字母“SB”表示按钮开关
QS
FU1
FU2
FU3
L1
AC 380V L2
L3
SB2
字母+数字组合
文字符号SB2
【说明】
字母“KM”表示接触器
SB1
KM-1
字母+数字组合文
字符号KM-2
KM-2
【说明】
数字“2”表示该器件为
电路中第二个按钮开关
KM
【说明】
数字“-2”表示该器件属于接触
器一部分。（通过符号可了解到
其为交流接触器的常开主触头）
M
3～

图 5-4　由字母 + 数字构成的组合文字符号

5.1.2　认识电工电路的图形符号

当我们看到一张电工电路图时，其所包含的不同元器件、装置、线路以及安装连接等，并不是这些物理部件的实际外形，而是由每种物理部件对应的图样或简图进行体现的，我们把这种“图样”和“简图”称为图形符号。

图形符号是构成电工电路图的基本单元，好比一篇文章中的“词汇”。因此我们在学习识读电路图前，首先要正确地了解、熟悉和识别这些符号的形式、内容、含义，以及它们之间的相互关系。

1. 认识图形符号的基本形式

常见的电工电路图中的图形符号通常是一种组合形式，是由限定符号与基本图形符号组合、符号要素与基本图形、两个或两个以上的基本图形符号组合而成的。

（1）由限定符号与基本图形符号组合的图形符号

图 5-5 所示为由限定符号与基本图形符号组合的图形符号（常开触头和隔离开关的图形符

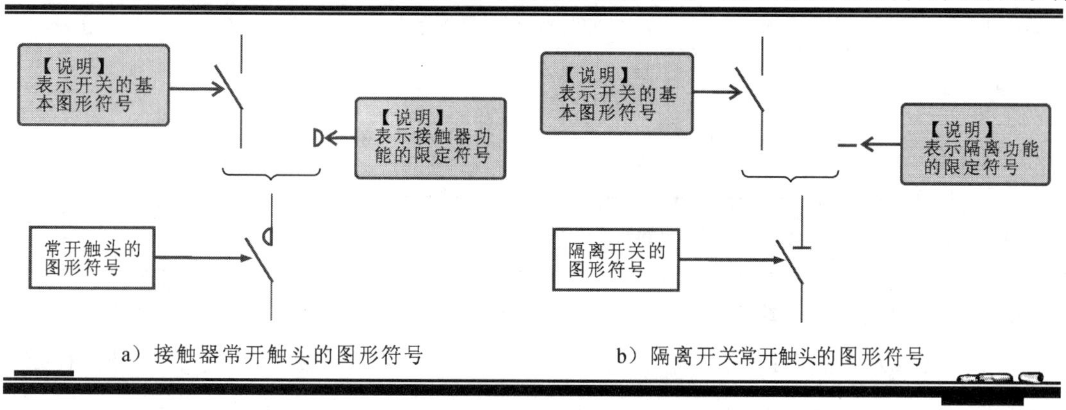
【说明】
表示开关的基
本图形符号
【说明】
表示接触器功
能的限定符号
常开触头的
图形符号
a）接触器常开触头的图形符号
【说明】
表示开关的基
本图形符号
【说明】
表示隔离功能
的限定符号
隔离开关的
图形符号
b）隔离开关常开触头的图形符号

图 5-5　由限定符号与基本图形符号组合的图形符号

号）。它们分别是由表示开关的基本图形符号“—╲—”与表示触头的限定符号“⌓”、表示隔离功能的限定符号“—”组合而成的。

提问

什么是限定符号，为什么这种符号在电路中不单独使用呢？

回答

限定符号是一种加在其他图形符号的符号，用来提供附加的信息，一般不能单独使用，必须与其他符号组合使用，构成完整的图形符号。这样，同一个基本图形符号与不同限定符号组合可组成标识不同含义的器件。如图 5-6 所示，在电阻器的基本图形符号上，分别加上不同的限定符号，可以得到可调电阻器、热敏电阻器、光敏电阻器等多种图形符号。

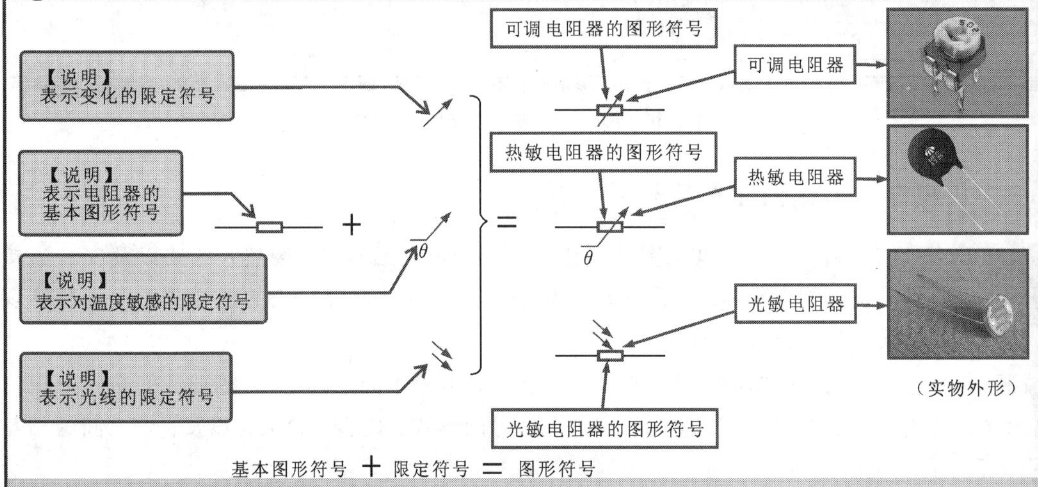
【说明】
表示变化的限定符号
【说明】
表示电阻器的基本图形符号
【说明】
表示对温度敏感的限定符号
【说明】
表示光线的限定符号
可调电阻器的图形符号
可调电阻器
热敏电阻器的图形符号
热敏电阻器
光敏电阻器
光敏电阻器的图形符号
θ
（实物外形）
基本图形符号 + 限定符号 = 图形符号

图 5-6　电工电路中图形符号实例

电工电路中常见的几种限定符号如表 5-3 所示。

表 5-3　电工电路中常见的几种限定符号

名　称	限定符号	名　称	限定符号	名　称	限定符号
触头功能	⌓	负荷开闭功能	ỏ	延迟动作功能	)=- 或 -∈
隔离功能	—	自动脱扣功能	■	自动复位功能	◁
断路功能	×	位置开关功能	◸	非自动复位功能	○

(2) 符号要素与基本图形符号组合的图形符号

图 5-7 所示为屏蔽同轴电缆的图形符号。它是由表示屏蔽的符号要素“◯”与同轴电缆的基本图形符号“—Ω—”组成的。

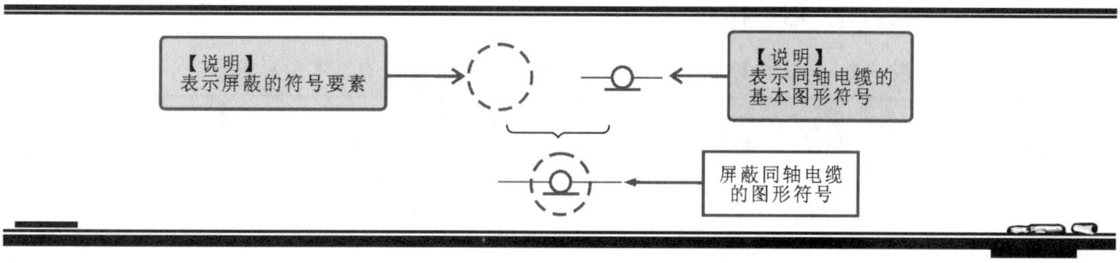
【说明】
表示屏蔽的符号要素
【说明】
表示同轴电缆的基本图形符号
屏蔽同轴电缆的图形符号

图 5-7 屏蔽同轴电缆的图形符号

【资料】

符号要素是指一种具有确定意义的简单图形，通常表示元件的轮廓或外壳，符号要素必须同其他图形符号组合使用。

电工电路中常见的符号要素如表 5-4 所示。

表 5-4 电工电路中常见的几种符号要素

名　称	符号要素
表示元件、装置、功能单元	
表示外壳（容器）、管壳	
表示边界线和屏蔽（形状不定）	

（3）两个或两个以上的基本图形符号组合的图形符号

图 5-8 所示为电工电路中常用的常开按钮开关和时间继电器的图形符号。这两种图形符号都是由基本的图形符号组合而成的。

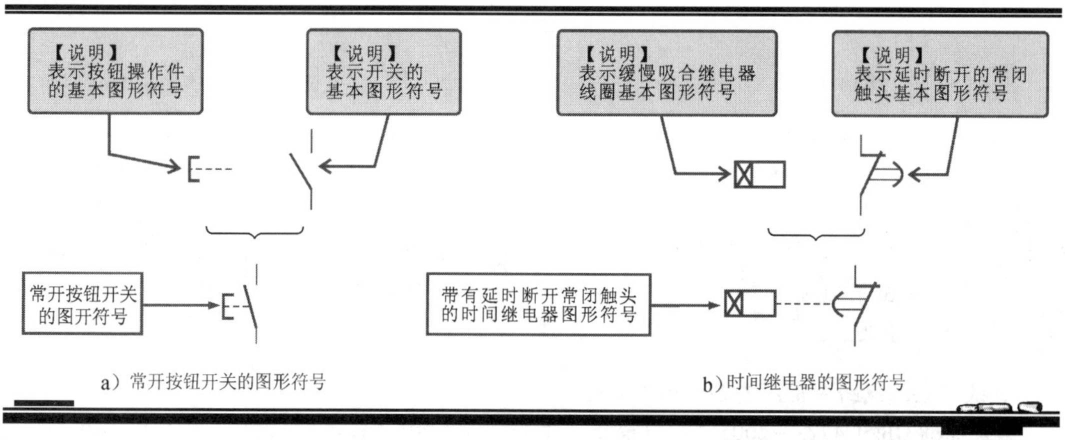
【说明】
表示按钮操作件的基本图形符号
【说明】
表示开关的基本图形符号
常开按钮开关的图开符号
【说明】
表示缓慢吸合继电器线圈基本图形符号
【说明】
表示延时断开的常闭触头基本图形符号
带有延时断开常闭触头的时间继电器图形符号

a）常开按钮开关的图形符号　　b）时间继电器的图形符号

图 5-8 两个或两个以上的基本图形符号组合的图形符号

【资料】

基本图形符号是指用于表示该类产品或其特征的简单符号，一般可直接作为图形符号使用，也可与限定符号组合使用。

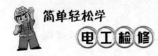

电工电路中常见的基本图形符号如表 5-5 所示。

表 5-5　电工电路中常见的几种机械控制和操作件的基本图形符号

基本图形符号	含　义	基本图形符号	含　义
	手动操作件		常开触头
	按动操作件(按钮)		常闭触头
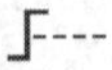	旋转操作件		延时闭合的常开触头 (闭合时延时一段时间,但复位断开时立即断开) 注:触头动作方向与圆弧弧度同向时,为延时动作;反向时为立即动作
	拉拔操作件		延时断开的常闭触头 (断开时延时一段时间,但复位闭合时立即闭合)
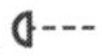	应急操作件		延时断开的常开触头 (断开时延时一段时间,但闭合时立即闭合)
	自动复位(三角指向复位方向) (在一些组合件符号中自动复位通常省略不画)		延时闭合的常闭触头 (闭合时延时一段时间,但断开时立即断开)
	闭锁(非自动复位)		吸合和释放时均延时的常开触头
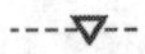	机械联锁		吸合和释放时均延时的常闭触头

【注意】

此外，还有些图形符号是由符号要素 + 基本图形符号 + 限定符号构成的，因此只要掌握基本的符号要素、一般符号和限定符号的相关含义或功能，便掌握了这组合图形符号的基本含义。

2. 认识电工电路中常用的各种图形符号

国家标准 GB/T 4728—2005《电气简图用图形符号》中，各种图形符号多达 1400 多个，这里我们总结和归纳了一些电工电路中常用的图形符号，如电子元器件的图形符号、功能部件的图形符号和高、低压电气部件的图形符号，下面分类进行介绍。

(1) 认识常用电子元器件的图形符号

电子元器件是构成电工电路中的基本电子器件，在电路中常见的电子元器件有很多种，且每种电子元器件都用其自己的图形符号进行标识。

图 5-9 所示为典型的光控照明电工实用电路。根据识读图中电子元器件的图形符号含义，可

建立起与实物电子元器件的对应关系，这是学习识图过程的第一步。

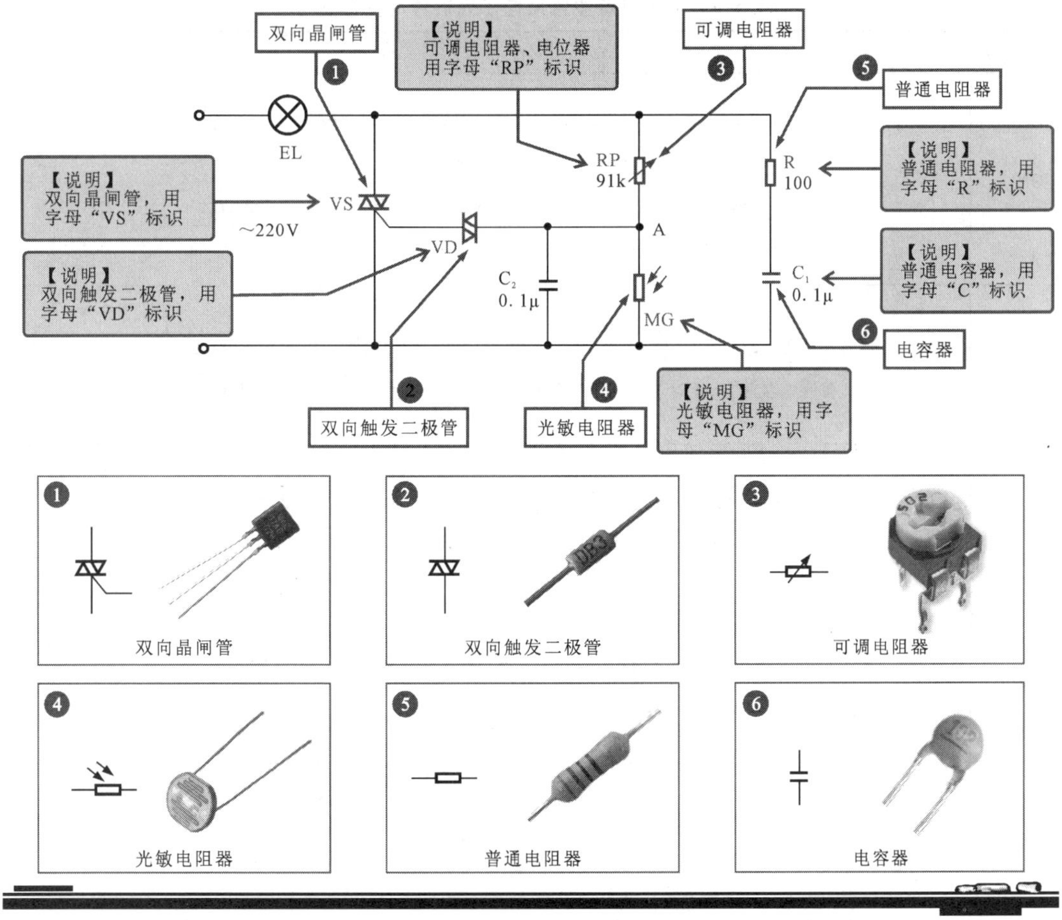
双向晶闸管
【说明】
可调电阻器、电位器
用字母“RP”标识
可调电阻器
普通电阻器
EL
【说明】
双向晶闸管，用
字母“VS”标识
VS
~220V
RP
91k
R
100
【说明】
普通电阻器，用
字母“R”标识
A
VD
【说明】
双向触发二极管，用
字母“VD”标识
C_2
0. 1μ
MG
C_1
0. 1μ
【说明】
普通电容器，用
字母“C”标识
电容器
双向触发二极管
光敏电阻器
【说明】
光敏电阻器，用字
母“MG”标识
双向晶闸管
双向触发二极管
可调电阻器
光敏电阻器
普通电阻器
电容器

图 5-9　典型光控照明电工电路实用电路

【资料】

① 双向晶闸管：在电路中用于调节电压、电流或用作交流无触头开关，具有一旦导通，即使失去触发电压，也能继续保持导通状态。

② 双向触发二极管：在电路中常用来触发双向晶闸管，或用于过压保护、定时等。

③ 可调电阻器、电位器：在电路中可用于通过调整其阻值改变电路中的相关参数。

④ 光敏电阻器：在电路中用于将感测的光信号转换为电信号，并被电路所识别。

⑤ 普通电阻器：在电路中起到限流、降压等作用。

⑥ 普通电容器：是一种电能储存元件，在电路中起滤波等作用，且具有允许交流电流通过、阻止直流电流通过的特性。

【资料】

电工电路中常用的电子元器件主要有电阻器、电容器、电感器、二极管、三极管、场效应晶体管和晶闸管等。

电工电路中常用电子元器件的图形符号如表5-6所示。

表5-6 电工电路中常用电子元器件的图形符号

类型	元器件名称和图形符号
电阻器	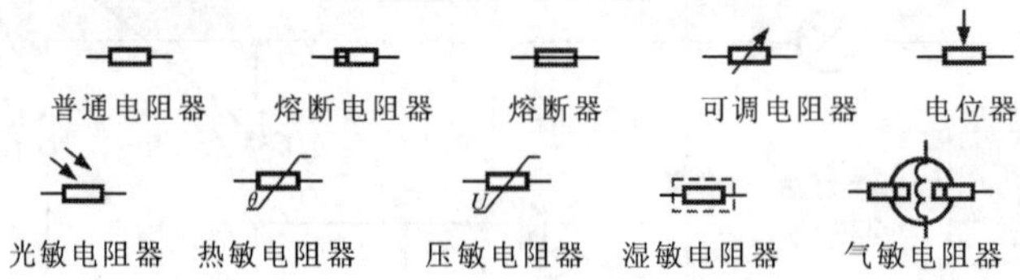 普通电阻器、熔断电阻器、熔断器、可调电阻器、电位器；光敏电阻器、热敏电阻器、压敏电阻器、湿敏电阻器、气敏电阻器
电容器	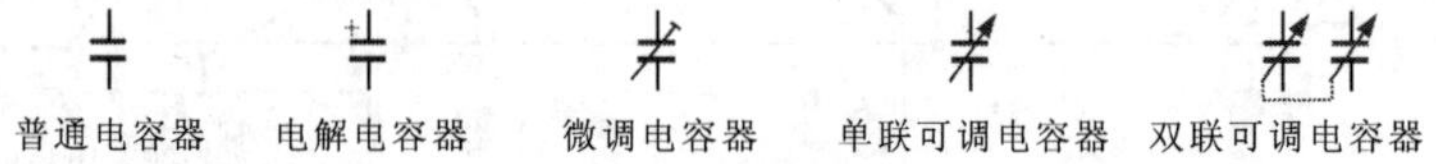 普通电容器、电解电容器、微调电容器、单联可调电容器、双联可调电容器
电感器	 普通电感器、带磁心的电感器、可调电感器、带抽头的电感器
二极管	 普通二极管、发光二极管、光敏二极管、稳压二极管、变容二极管、双向稳压管、双向触发二极管
三极管	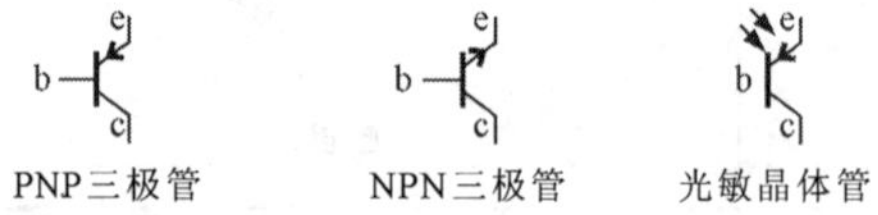 PNP三极管、NPN三极管、光敏晶体管
场效应晶体管	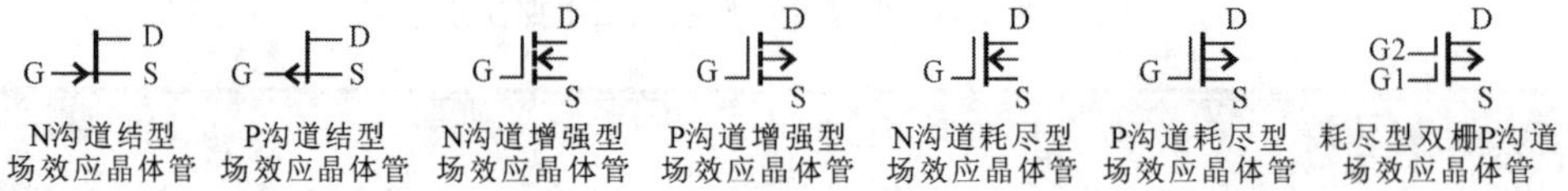 N沟道结型场效应晶体管、P沟道结型场效应晶体管、N沟道增强型场效应晶体管、P沟道增强型场效应晶体管、N沟道耗尽型场效应晶体管、P沟道耗尽型场效应晶体管、耗尽型双栅P沟道场效应晶体管
晶闸管	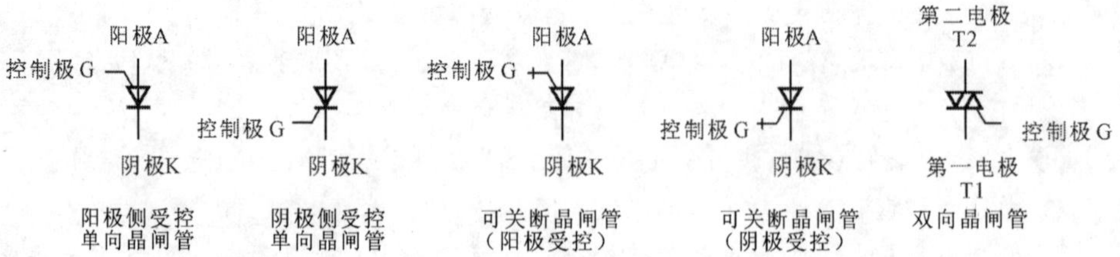 阳极侧受控单向晶闸管、阴极侧受控单向晶闸管、可关断晶闸管（阳极受控）、可关断晶闸管（阴极受控）、双向晶闸管

（2）认识低压电气部件的图形符号

低压电气部件是指应用于低压供配电线路中的电气部件。在电工电路中，低压电气部件的应用十分广泛，且每种低压电压部件也是由其相应的图形符号进行标识的。

例如，图5-10所示为典型三相交流电动机起停控制实用电路。根据识读图中低压电气部件的图形符号含义，建立起与实物低压电气部件的对应关系，并根据各低压电气部件的功能和特点，了解其电路的机理，为识读整个电路的信号流程做好准备。

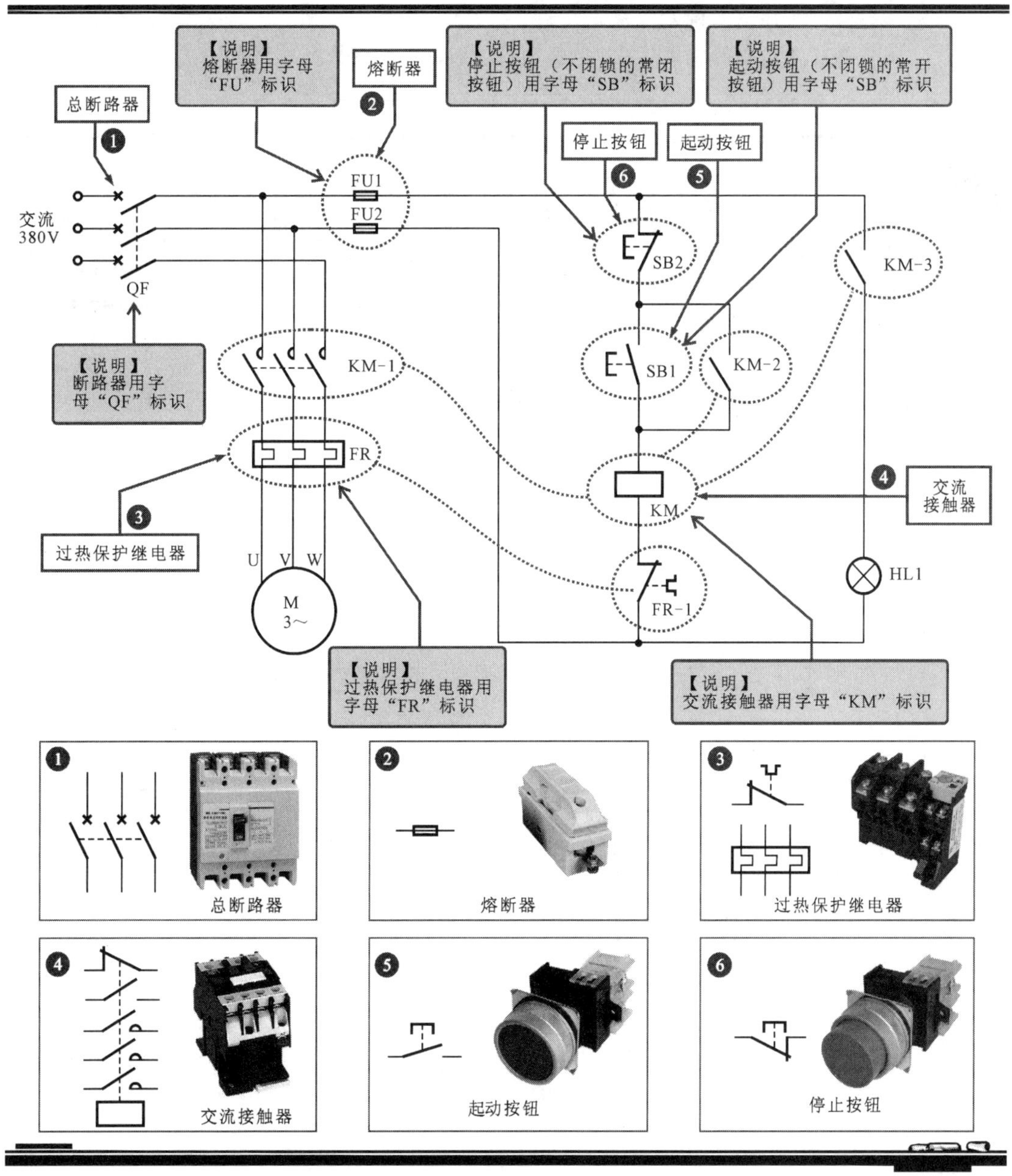
【说明】
熔断器用字母“FU”标识
熔断器
【说明】
停止按钮（不闭锁的常闭按钮）用字母“SB”标识
【说明】
起动按钮（不闭锁的常开按钮）用字母“SB”标识
总断路器
停止按钮
起动按钮
交流380V
FU1
FU2
SB2
KM-3
QF
【说明】
断路器用字母“QF”标识
KM-1
SB1
KM-2
FR
KM
交流接触器
过热保护继电器
U V W
M 3~
FR-1
HL1
【说明】
过热保护继电器用字母“FR”标识
【说明】
交流接触器用字母“KM”标识
总断路器
熔断器
过热保护继电器
交流接触器
起动按钮
停止按钮

图5-10 典型三相交流电动机起停控制实用电路实例

【资料】

① 总断路器：在电路中主要用于接通或切断供电线路。这种开关具有过载、短路或欠电压保护的功能，常用于不频繁接通和切断电路中。

② 熔断器：在电路中用于过载、短路保护。

③ 过热保护继电器：在电路中用于电动机的过热保护，具有线路过热，自动熔断的特点。

④ 交流接触器：通过线圈的得电，触点动作，接通电动机的三相电源，起动电动机工作。

⑤ 起动按钮（不闭锁的常开按钮）：用于电动机的起动控制。

⑥ 停止按钮（不闭锁的常闭按钮）：用于电动机的停机控制。

【资料】

电工电路中常用的低压电气部件主要包括交、直流接触器，各种继电器，低压开关等。

常见的几种低压电气部件图形符号如表5-7所示。

表5-7　电工电路中常见低压电气部件的图形符号

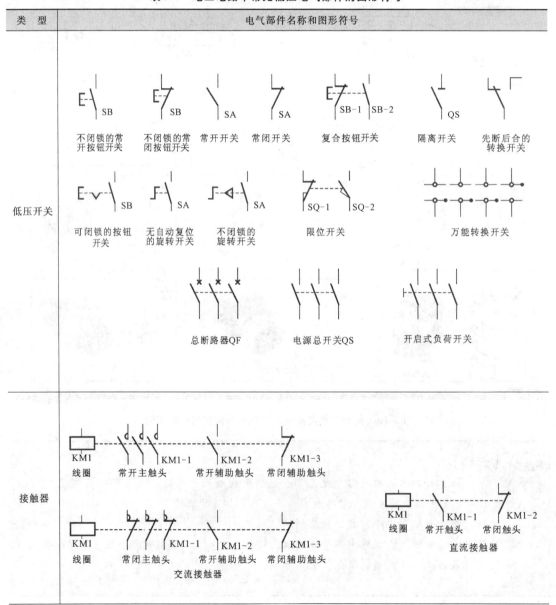

<table>
<tr><th>类　型</th><th>电气部件名称和图形符号</th></tr>
<tr><td>低压开关</td><td>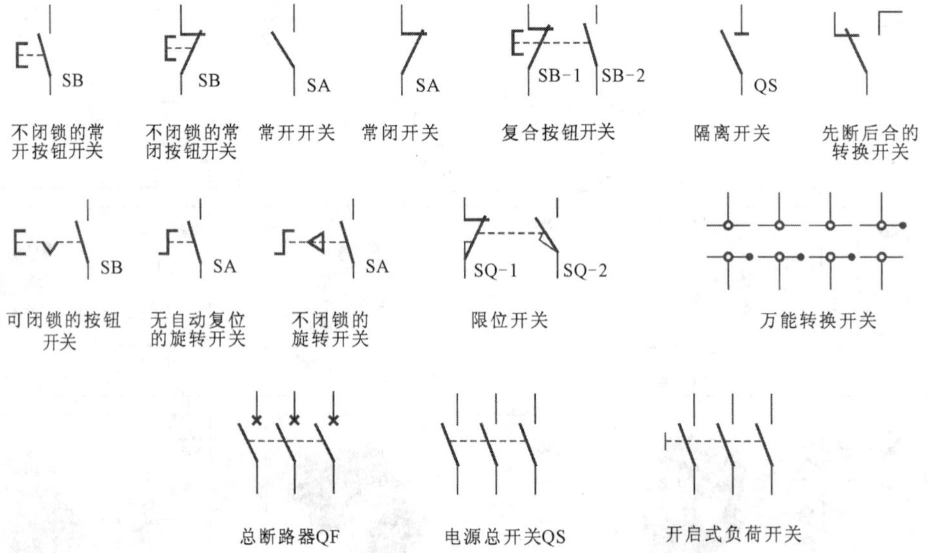
SB
不闭锁的常开按钮开关
SB
不闭锁的常闭按钮开关
SA
常开开关
SA
常闭开关
SB-1
SB-2
复合按钮开关
QS
隔离开关
先断后合的转换开关
SB
可闭锁的按钮开关
SA
无自动复位的旋转开关
SA
不闭锁的旋转开关
SQ-1
SQ-2
限位开关
万能转换开关
总断路器QF
电源总开关QS
开启式负荷开关</td></tr>
<tr><td>接触器</td><td>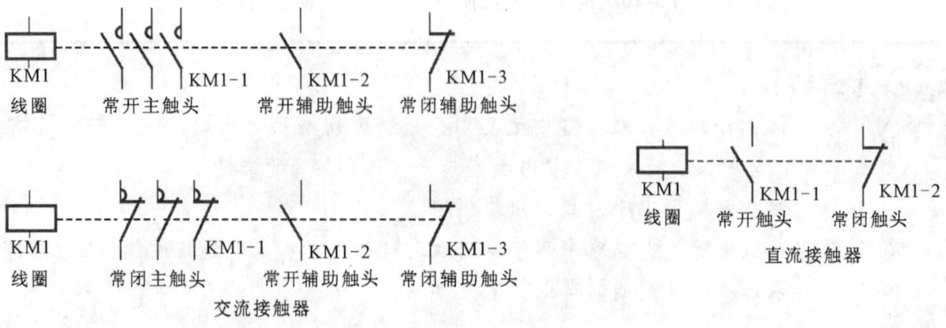
KM1
线圈
KM1-1
常开主触头
KM1-2
常开辅助触头
KM1-3
常闭辅助触头
KM1
线圈
KM1-1
常闭主触头
KM1-2
常开辅助触头
KM1-3
常闭辅助触头
交流接触器
KM1
线圈
KM1-1
常开触头
KM1-2
常闭触头
直流接触器</td></tr>
</table>

（续）

类　型	电气部件名称和图形符号
继电器	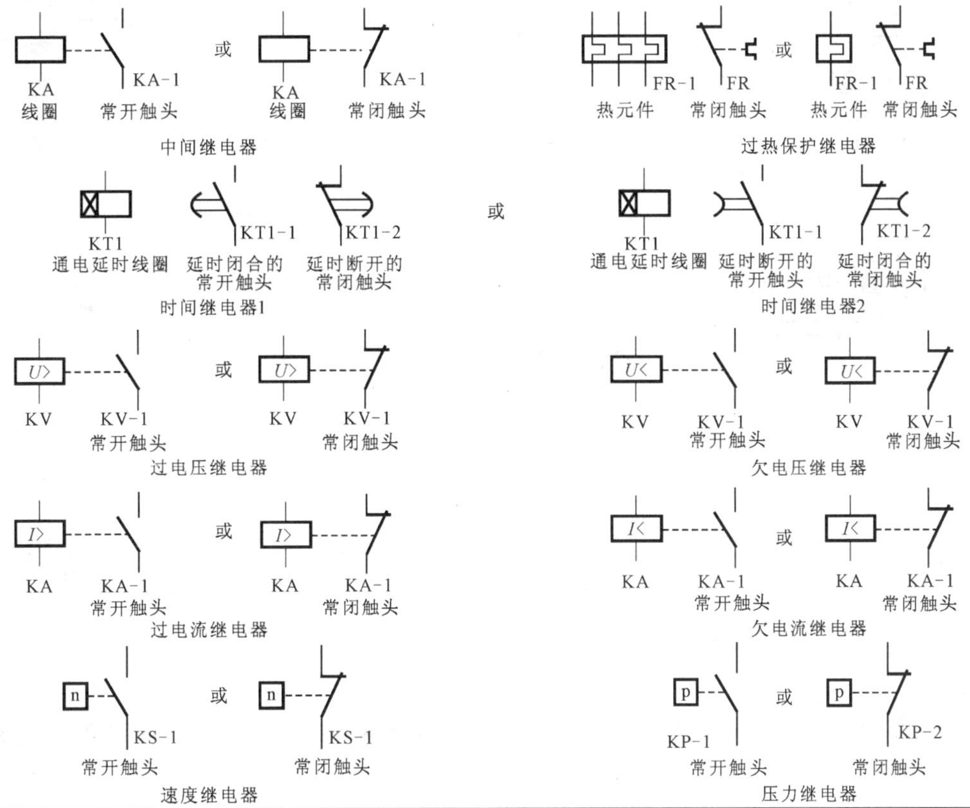

或
KA 线圈
KA-1 常开触头
KA 线圈
KA-1 常闭触头
中间继电器
FR-1 热元件
FR 常闭触头
FR-1 热元件
FR 常闭触头
过热保护继电器
KT1 通电延时线圈
KT1-1 延时闭合的常开触头
KT1-2 延时断开的常闭触头
时间继电器1
KT1 通电延时线圈
KT1-1 延时断开的常开触头
KT1-2 延时闭合的常闭触头
时间继电器2
U>
KV
KV-1 常开触头
KV-1 常闭触头
过电压继电器
U<
KV-1 常开触头
KV-1 常闭触头
欠电压继电器
I>
KA
KA-1 常开触头
KA-1 常闭触头
过电流继电器
I<
KA-1 常开触头
KA-1 常闭触头
欠电流继电器
n
KS-1 常开触头
KS-1 常闭触头
速度继电器
p
KP-1 常开触头
KP-2 常闭触头
压力继电器

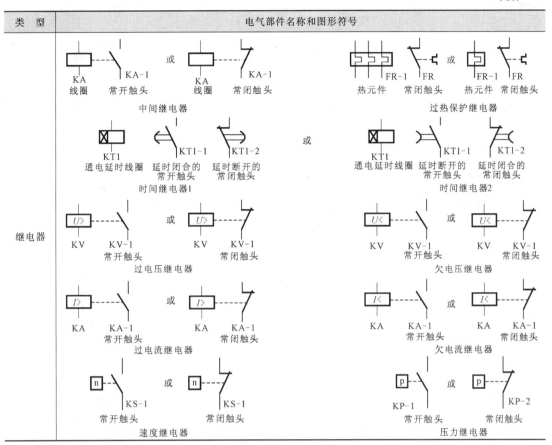

（3）认识高压电气部件的图形符号

高压电气部件是指应用于高压供配电线路中的电气部件。在电工电路中，高压电气部件都用于电力供配电线路中，通常在电路图中也是由其相应的图形符号进行标识的。

图5-11所示为典型的高压配电线路图，根据识读图中高压电气部件的图形符号含义，建立起与实物高压电气部件的对应关系，并根据各高压电气部件的功能和特点，了解其电路的机理，为识读整个电路的信号流程做好准备。

【资料】

① 高压负荷隔离开关：在电路中通常与高压熔断器配合使用，主要用于接通或切断高压线路。

② 高压熔断器：在电路中用于过载、短路保护。

③ 电流互感器：在电路中用于将大电流转换成小电流，也是一种变压器。

④ 电力变压器：是电力供配电电路中的主要变压器，一般起降压作用。

【资料】

电工电路中常用的高压电气部件主要包括避雷器、高压熔断器、高压断路器（跌落式熔断器）、电力变压器、电流互感器、电压互感器等。

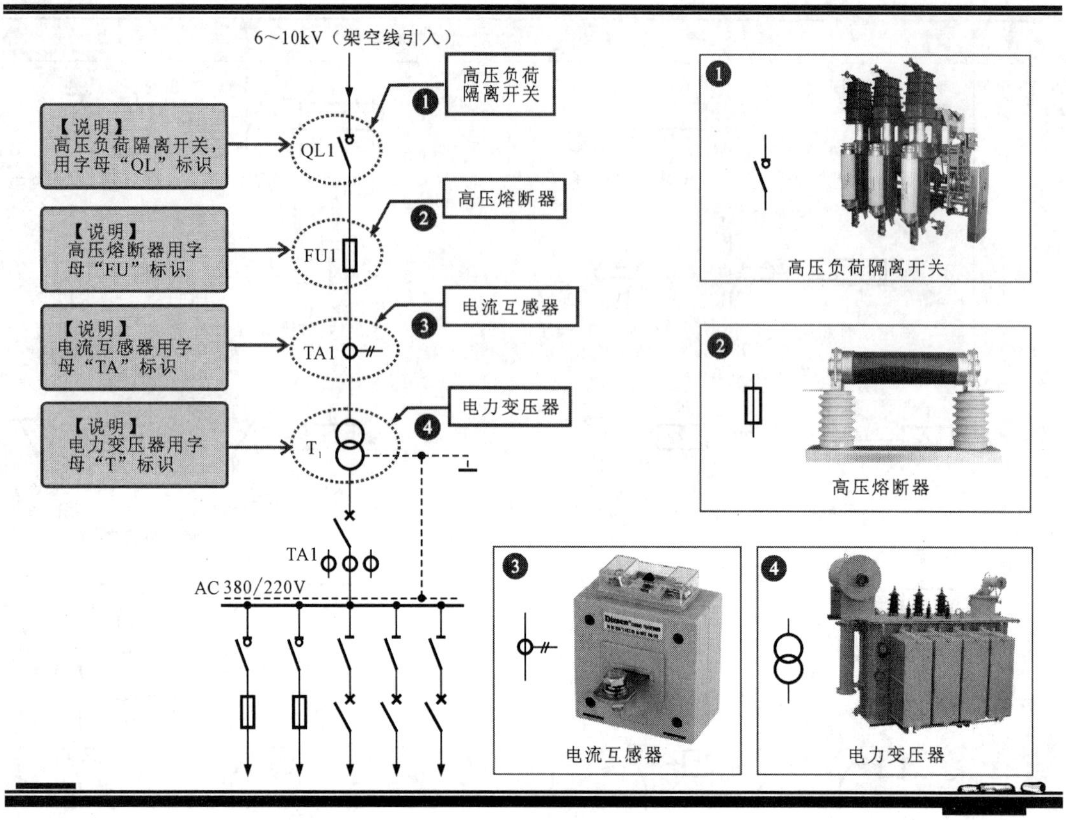
6～10kV（架空线引入）
高压负荷隔离开关
【说明】高压负荷隔离开关，用字母“QL”标识
QL1
高压熔断器
【说明】高压熔断器用字母“FU”标识
FU1
电流互感器
【说明】电流互感器用字母“TA”标识
TA1
电力变压器
【说明】电力变压器用字母“T”标识
T_1
TA1
AC 380/220V
高压负荷隔离开关
高压熔断器
电流互感器
电力变压器

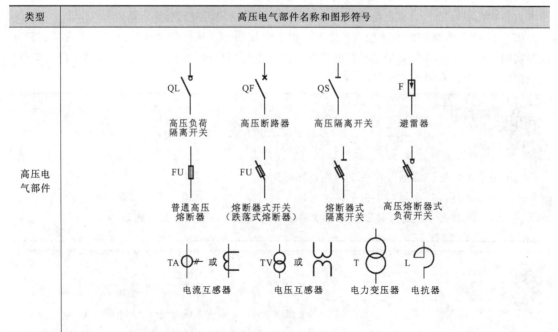

图 5-11　典型的高低压配电线路图实例

电工电路中常用的高压电气部件的图形符号如表 5-8 所示。

表 5-8　电工电路中常见高压电气部件的图形符号

类型	高压电气部件名称和图形符号
高压电气部件	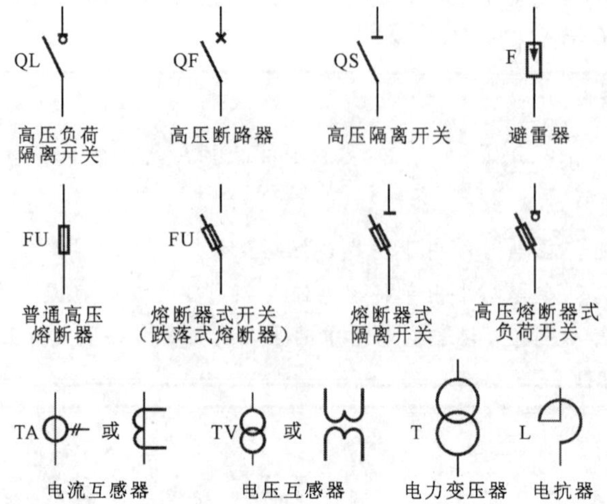QL 高压负荷隔离开关 QF 高压断路器 QS 高压隔离开关 F 避雷器 FU 普通高压熔断器 FU 熔断器式开关（跌落式熔断器） 熔断器式隔离开关 高压熔断器式负荷开关 TA 或 电流互感器 TV 或 电压互感器 T 电力变压器 L 电抗器

（续）

类型	高压电气部件名称和图形符号
发电站和变电所	 规划的 运行的 发电站；规划的 运行的 变电所、配电所；规划的 运行的 水力发电站；规划的 运行的 火力发电站

（4）认识常用功能部件的图形符号

在识读电工电路过程中，还常常会遇到各种各样的功能部件的图形符号，用于标识其所代表的物理部件，例如各种电声器件、灯控或电控开关、信号器件、电动机、普通变压器等。学习识图时，需要首先认识这些功能部件的图形符号，否则电路将无法理解。表 5-9 所示为电工电路中常用功能部件的图形符号。

表 5-9　电工电路中常用功能部件的图形符号

类型	功能部件名称和图形符号
电声器件	 照明灯　指示灯　闪光灯　电喇叭　电铃　蜂鸣器　报警器　电动汽笛　扬声器
灯控或电控开关	 电源插座　开关　带指示灯的开关　双极开关　拉线开关　定时开关　传声器（声控开关中用）　触摸金属片（触摸开关用）
电动机	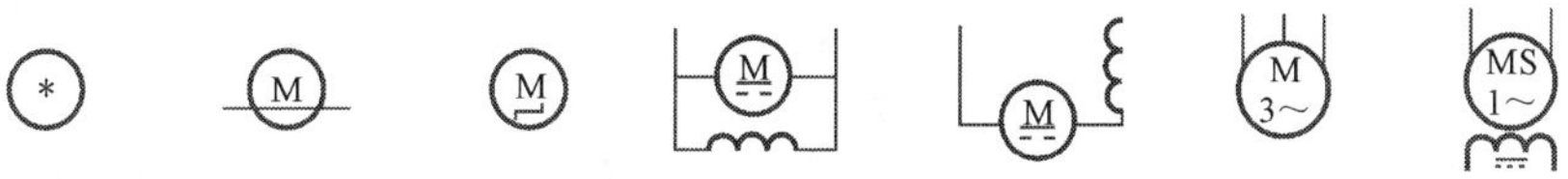 电机的一般符号　直线电动机的一般符号　步进电动机的一般符号　直流并励电动机　直流串励电动机　三相笼型感应电动机　单相同步电动机
普通变压器	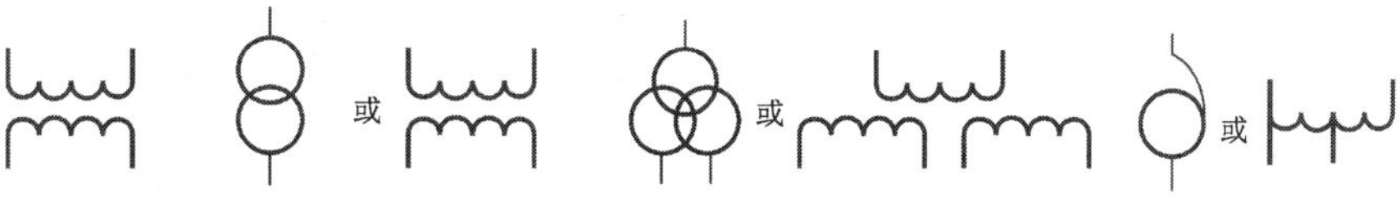 变压器的一般符号　双绕组变压器　三绕组变压器　单相自耦变压器

（5）认识电工电路中其他常用的图形符号

除了表 5-6 ~ 表 5-9 所示的四种常见的电子元器件及功能部件的图形符号外，在电工电路中还常常绘制有具有专门含义的图形符号，认识这些符号对于快速和准确理解电路图十分必要。表 5-10 所示为电工电路中几种其他常用的图形符号。

表 5-10　电工电路中其他常用的图形符号

类型	名称和图形符号
导线和连接	 软连接线　屏蔽导线　同轴电缆　端子　连接点　导线的连接　导线的不连接　插头和插座

（续）

类型	名称和图形符号
交直流	⎓ 直流　～ 交流　≂ 交直流　具有交流分量的整流电路　+ 电源正极　− 电源负极
仪器仪表	(*) 仪器仪表一般符号　(A) 电流表　(V) 电压表　(W) 功率表　(↑) 检流计　(Wh) 电能表

5.2 电工电路图的识读要讲求方法

学习电工电路的识图是进入电工领域最基本的环节。学习识图，需要首先讲求一定的方式方法，学习和参照别人的一些经验，并在此基础上指导我们找到一些规律，是快速掌握识图技能的一条“捷径”。下面介绍几种基本的快速识读电气电路图的方法和技巧。

（1）结合电气文字符号、图形符号等进行识图

电工电路主要是利用各种电气图形符号来表示其结构和工作原理的。因此，结合电气图形符号进行识图，可快速对电路中包含的物理部件进行了解和确定。图 5-12 所示为典型车间的供配电线路图。

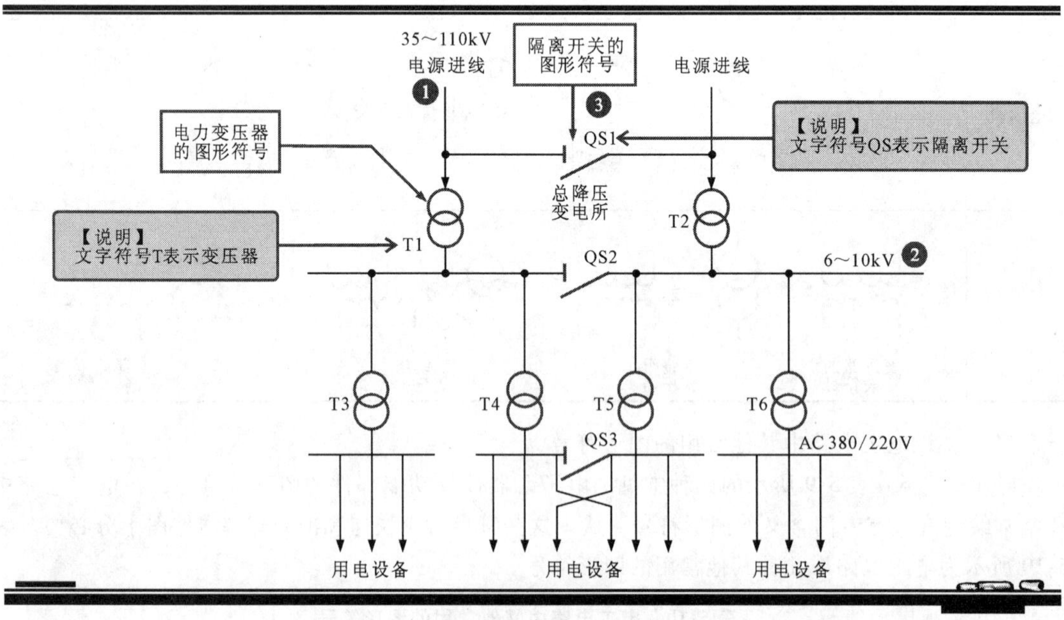
35～110kV
电源进线
1
隔离开关的
图形符号
3
电源进线
电力变压器
的图形符号
QS1
【说明】
文字符号QS表示隔离开关
总降压
变电所
T2
【说明】
文字符号T表示变压器
T1
QS2
6～10kV
2
T3
T4
T5
T6
QS3
AC 380/220V
用电设备
用电设备
用电设备

图 5-12　典型车间的供配电线路图

在图 5-12 中，除了线、圆圈外，只有简单的文字标识，而当我们了解了“”符号表示变压器、“”符号表示隔离开关时，再对该电气图进行识读就容易多了。

【资料】

结合图形符号和文字标识可知，对图5-12的识图过程为：

① 电源进线为35~110kV，经总降压变电所输出6~10kV高压。

② 6~10kV高压再由车间变电所降压为AC 380/220V后为各用电设备供电。

③ 图中隔离开关QS1、QS2、QS3分别起到接通电路的作用。

若电源进线中，左侧电路发生故障，此时可操作QS1使其闭合后，由右侧的电源进线为后级的电力变压器T1等线路供电，保证线路安全运行。

(2) 结合电工、电子技术的基础知识识图

在电工领域中，比如输变配电、照明、电子电路、仪器仪表和家电产品等，所有电路等方面的知识都是建立在电工、电子技术基础之上的，所以要想看懂电气图，必须具备一定的电工、电子技术方面的基础知识。

(3) 注意总结和掌握各种电工电路，并在此基础上灵活扩展

电工电路是电气图中最基本也是最常见的电路，这种电路的特点是即可以单独的应用，也可以与其他电路中作为关键点扩展后使用。许多电气图都是由很多的基础电路结合而成的。

例如，电动机的起动、制动、正反转、过载保护电路等；供配电系统中电气主接线、常用的单母线主接线等均为基础电路。在读图过程中，应抓准基础电路，注意总结并完全掌握这些基础电路的机理。

(4) 结合电气或电子元件的结构和工作原理识图

各种电工电路图都是由各种电气电子元件和配线等组成的，只有了解各种电气和电气元件的结构、工作原理、性能以及相互之间的控制关系，才能帮助电工技术人员尽快地读懂电路图。

(5) 对照学习识图

作为初学者，很难直接对一张没有任何文字解说的电路图进行识读。因此，可以先参照一些技术资料或书刊等，找到一些与我们所要识读电路图相近或相似的图纸，先根据这些带有详细解说的图纸，跟随解说一步步地分析、理解该电路图的含义和原理，然后再对照自己手头的图纸进行分析、比较，找到不同点和相同点，把相同点的地方弄清楚，再针对性地突破不同点，或再参照其他与该不同点相似的图纸，最后把遗留问题一一解决之后，便完成了对该图的识读。

5.3 通过实际案例练会基本电工电路的识读

根据前文我们学会了电工电路符号以及电工电路图的识读方法，接下来我们根据所学的知识，以实际案例练会基本电工电路的识读。图5-13所示为照明灯控制电路（三开关控制一灯）。

下面我们对该电路图进行识读，识读该电路图可分为六个步骤：识读电路图中的图形符号→明确用途→寻找工作条件→寻找控制部件→确立控制关系→理清供电及信号流程。

(1) 识读电路图中的图形符号

对电路进行识读时，应先对电路中的各图形符号进行识读，了解电路中所包含的电气部件，进而对电路的功能有初步的了解。典型基本电工电路图中图形符号的识读如图5-14所示。

(2) 明确用途

明确电路的用途是指导识图的总纲领，即先从整体上把握电路的用途，明确电路最终实现的

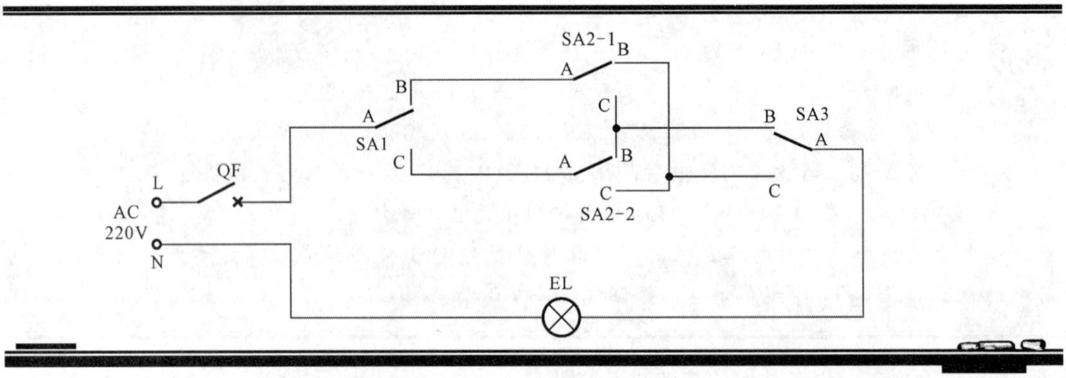
SA2-1
B
A
B
C
A
SA1
B
SA3
A
C
A
B
QF
L
C
C
AC
220V
SA2-2
N
EL

图 5-13　照明灯控制电路（三开关控制一灯）

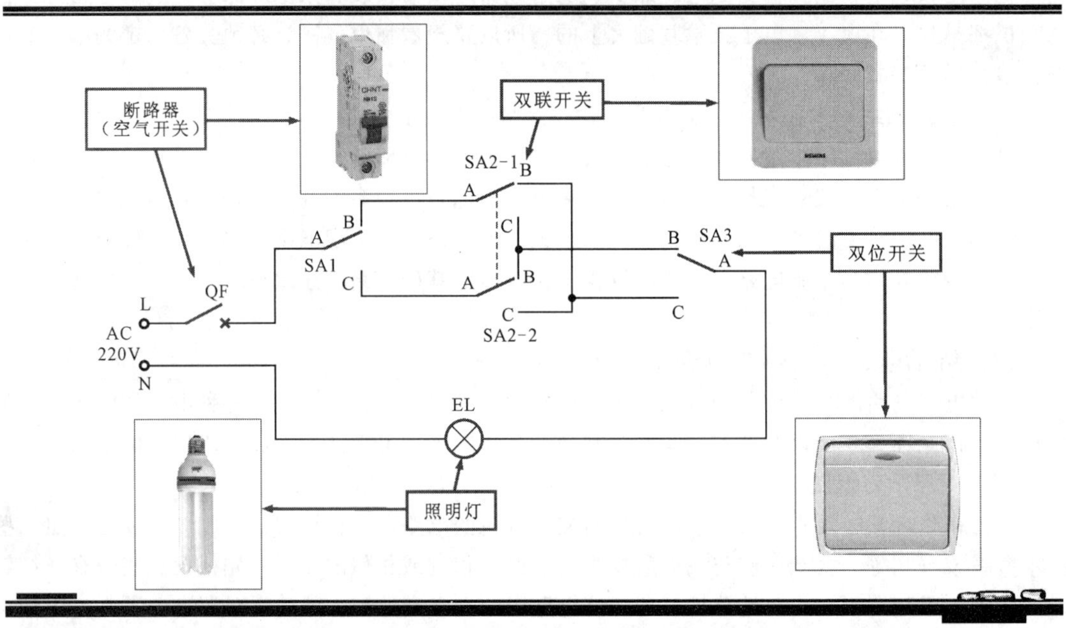
断路器
（空气开关）
双联开关
SA2-1
B
A
B
A
C
SA1
C
B
A
SA3
A
双位开关
B
C
QF
L
C
AC
220V
SA2-2
N
EL
照明灯

图 5-14　典型基本电工电路图中图形符号的识读（照明控制电路）

结果，以此作为指导识读总体思路。

通过上面对图形符号含义的识读，可以知道图 5-14 为一种多个开关控制一盏照明灯的电路。通常，当我们对电路图中的图形符号与物理部件建立了对应关系后，还应对物理物件的自身特点有所了解，以此了解该电路的具体用途。

如：图 5-14 中的断路器在电路中用于总开关及过载、短路保护；双位开关用于控制照明电路的接通和断开；双联开关内部两组控制开关同时动作，用于控制照明电路的接通和断开；照明灯在室内照明线路中多采用控制开关进行控制，为室内环境提供照明。

（3）寻找工作条件

当对电路中各图形符号的含义及所代表物理物件的功能有了了解后，就可通过所了解器件的功能来寻找电路中的工作条件了，如图 5-15 所示。工作条件具备时，电路中的物理部件才可进入工作状态。

（4）寻找控制部件

控制部件通常又称操作部件，电工电路中就是通过操作该类可操作的部件对电路进行控制的，它是电路中的关键部件。识图时准确找到控制部件是识读过程中的关键条件，如图 5-16 所示。

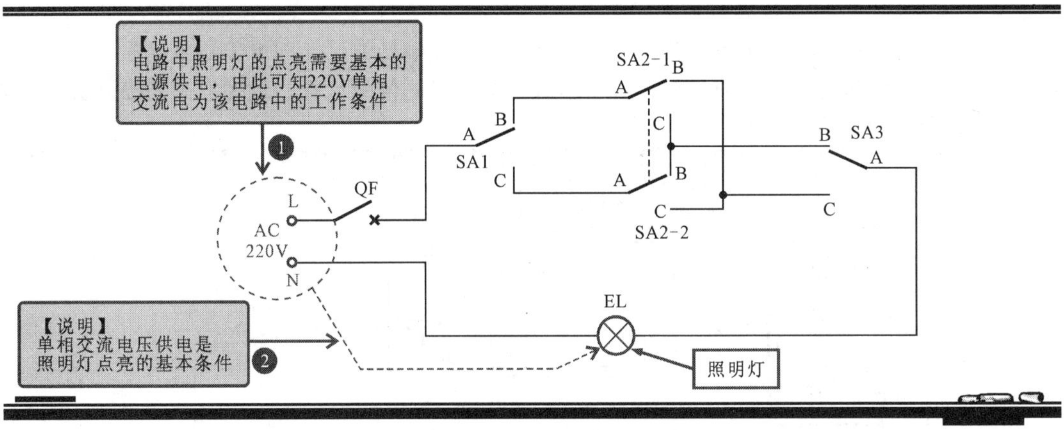
【说明】
电路中照明灯的点亮需要基本的电源供电，由此可知220V单相交流电为该电路中的工作条件
SA2-1
SA1
SA3
QF
AC 220V
L
N
SA2-2
EL
【说明】
单相交流电压供电是照明灯点亮的基本条件
照明灯

图 5-15　寻找电路的工作条件

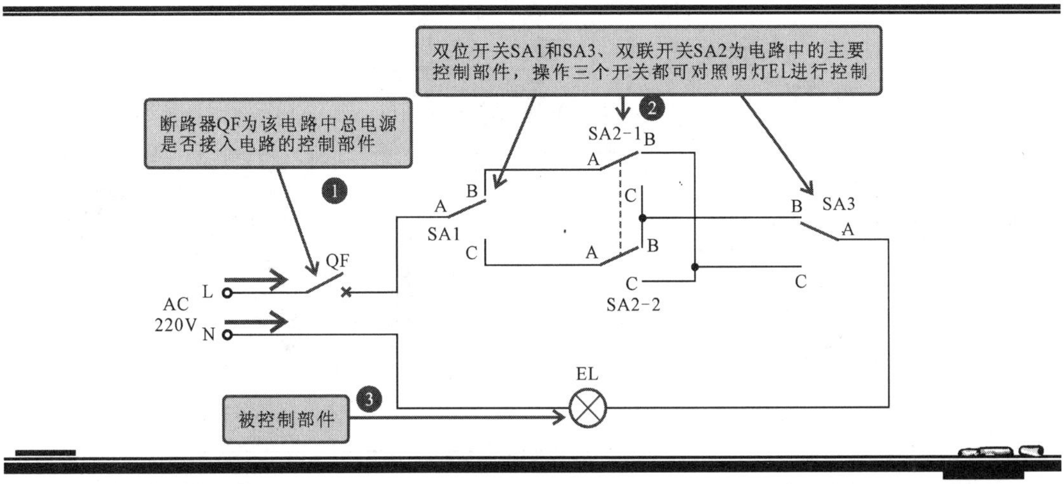
双位开关SA1和SA3、双联开关SA2为电路中的主要控制部件，操作三个开关都可对照明灯EL进行控制
断路器QF为该电路中总电源是否接入电路的控制部件
SA2-1
SA1
SA3
QF
AC 220V
SA2-2
EL
被控制部件

图 5-16　寻找电路的控制部件

（5）确立电路的控制关系

找到控制部件后，接下来根据线路的连接情况，确立控制部件与被控制部件之间的控制关系，并将该控制关系作为理清该电路信号流程的主线，如图 5-17 所示。

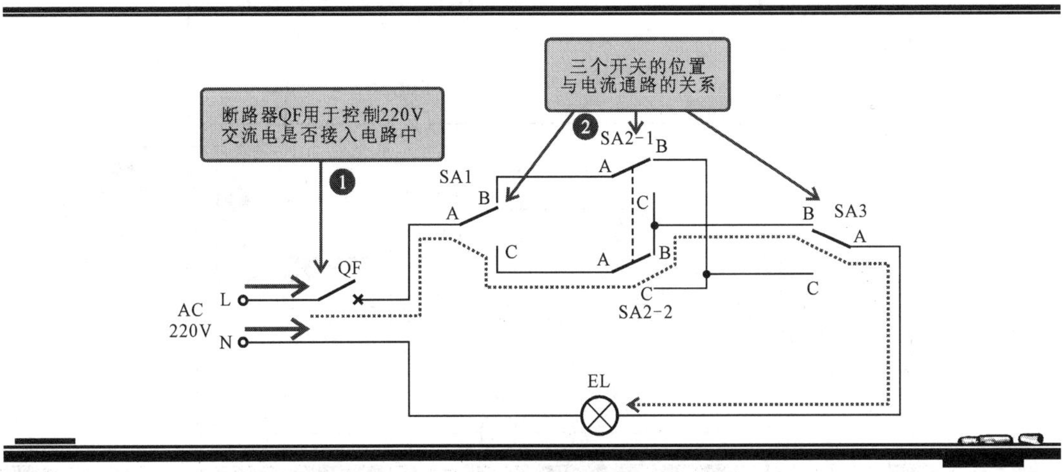
三个开关的位置与电流通路的关系
断路器QF用于控制220V交流电是否接入电路中
SA2-1
SA1
SA3
QF
AC 220V
SA2-2
EL

图 5-17　确立电路的控制关系

(6) 理清供电及控制信号流程

确立控制关系后，接着则可操作控制部件来实现其控制功能，并同时弄清每操作一个控制部件后，被控部件所执行的动作或结果，从而理清整个电路的信号流程，最终掌握其控制机理和电路功能，如图 5-18 所示。

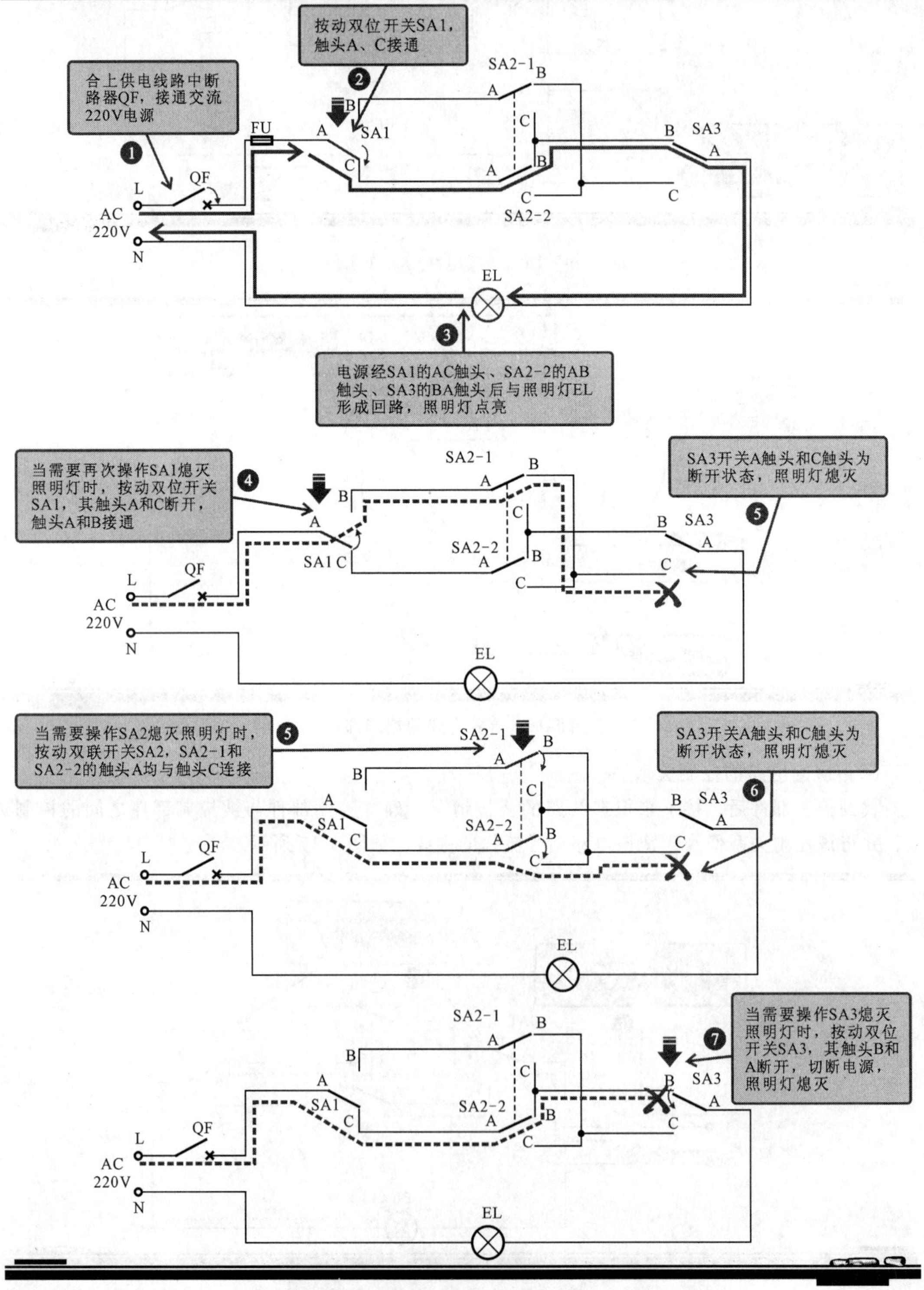
按动双位开关SA1，触头A、C接通
合上供电线路中断路器QF，接通交流220V电源
电源经SA1的AC触头、SA2-2的AB触头、SA3的BA触头后与照明灯EL形成回路，照明灯点亮
当需要再次操作SA1熄灭照明灯时，按动双位开关SA1，其触头A和C断开，触头A和B接通
SA3开关A触头和C触头为断开状态，照明灯熄灭
当需要操作SA2熄灭照明灯时，按动双联开关SA2，SA2-1和SA2-2的触头A均与触头C连接
SA3开关A触头和C触头为断开状态，照明灯熄灭
当需要操作SA3熄灭照明灯时，按动双位开关SA3，其触头B和A断开，切断电源，照明灯熄灭
FU
QF
SA1
SA2-1
SA2-2
SA3
EL
AC 220V
L
N

图 5-18 理清电路图中的供电及控制信号流程

5.4 通过实际案例练会典型供配电电路的识读

供配电电路是指用于提供、分配和传输电能的线路。按其所承载电能类型的不同，可分为高压供配电电路和低压供配电电路。下面选取比较典型且具有代表性的供配电电路为例，练习供配电电路的识读。通过本节学习读者应基本了解并掌握供配电线路的识读方法，并能够独立分析和识读基本的室内和户外供配电电路图。

5.4.1 典型高压供配电电路的识读

高压供配电电路是指为工厂企业、家庭用户等提供和分配电能的线路，它是电力系统的组成部分。高压供配电电路是指 6 ~ 10 kV 的供电和配电电路，主要实现将电力系统中的 35 ~ 110kV 的供电电源电压下降为 6 ~ 10 kV 的高压配电电压，并供给高压配电所、车间变电所和高压用电设备等。

不同的供配电电路，所采用的变配电设备、高压电气部件和电路结构也不尽相同，也正是通过对这些设备、部件间的巧妙连接和组合设计，使得高压供配电电路具有不同功能，并适用于不同的场合和环境。

1. 识别高压供配电电路的主要部件

在学习识读高压配电电路之前，我们首先要了解高压配电电路的组成，这是识读高压配电电路图的前提，只有熟悉高压配电电路中包含的元件才能识读出高压配电电路的功能及工作过程。图 5-19 所示为典型的高压供配电电路的主要部件。

【资料】

高压隔离开关：在电路中用于隔离高压电压，保护高压电气的安全，需与高压断路器配合使用。

电力变压器：在高压供配电电路中用于实现电能的输送、电压的变换。在远程传输时，将发电站送出的电源电压升高，以减少在电力传输过程中的损失，便于长途输送电力；在用电的地方，变压器将高压降低，供用电设备和用户使用。

避雷器：是一种具有漏电保护功能的开关，是在供电系统受到雷击时的快速放电装置，从而可以保护变配电设备免受瞬间过电压的危害。避雷器通常用于带电导线与地之间，与被保护的变配电设备呈并联状态。

高压断路器：是高压供配电电路中的开关，具有保护功能。当高压供配电的负载线路中发生短路故障时，高压断路器会自行断路进行保护。

高压熔断器：是用于保护高压供配电电路中设备安全的装置。当高压供配电电路中出现电流不正常的情况时，高压熔断器会自动断开电路，以确保高压供配电电路及设备的安全。

电压互感器：是一种把高电压按比例关系变换成 100V 或更低等级的标准次级电压，并与电压表、电流表连接，指示线路的电压值和电流值，供保护、计量、仪表装置使用。同时，使用电压互感器可以用低压电气设备指示高压电路的工作状态，安全性好。

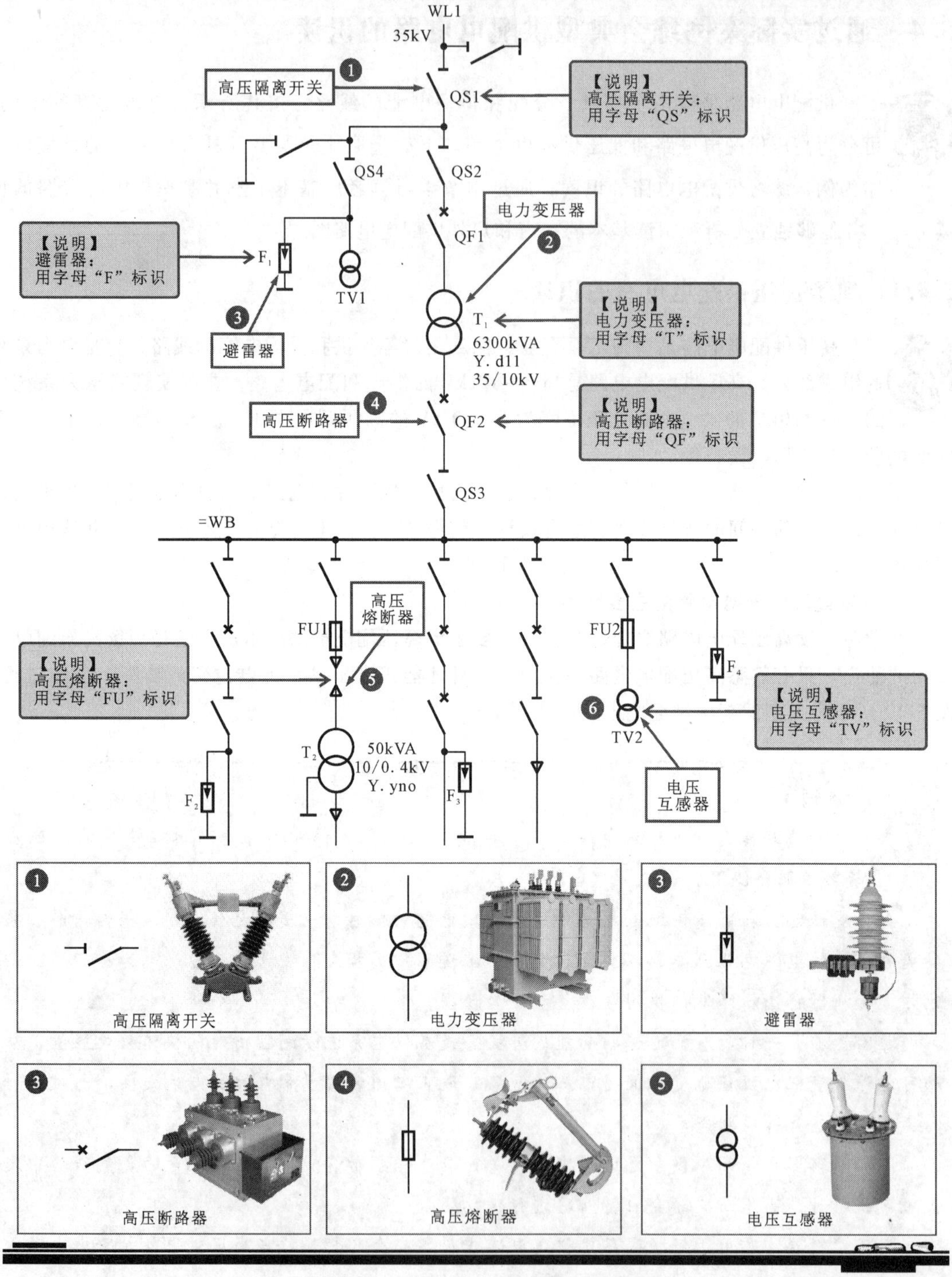
WL1
35kV
高压隔离开关
QS1
【说明】
高压隔离开关：
用字母“QS”标识
QS4
QS2
电力变压器
QF1
【说明】
避雷器：
用字母“F”标识
F1
TV1
T1
6300kVA
Y. d11
35/10kV
【说明】
电力变压器：
用字母“T”标识
避雷器
高压断路器
QF2
【说明】
高压断路器：
用字母“QF”标识
QS3
=WB
高压
熔断器
FU1
FU2
F4
【说明】
高压熔断器：
用字母“FU”标识
【说明】
电压互感器：
用字母“TV”标识
TV2
T2
50kVA
10/0. 4kV
Y. yno
F2
F3
电压
互感器
高压隔离开关
电力变压器
避雷器
高压断路器
高压熔断器
电压互感器

图 5-19　典型的高压供配电电路的主要部件

2. 对高压供配电电路进行功能划分

识别了高压供配电电路中的元件后，接下来对高压供配电电路进行功能划分，如图 5-20 所示。高压供配电电路主要是依靠高压配电设备对电路进行分配。从图 5-20 中可以看到，高压供配电电路主要是由高压供电电路、母线和高压配电电路部分构成的。

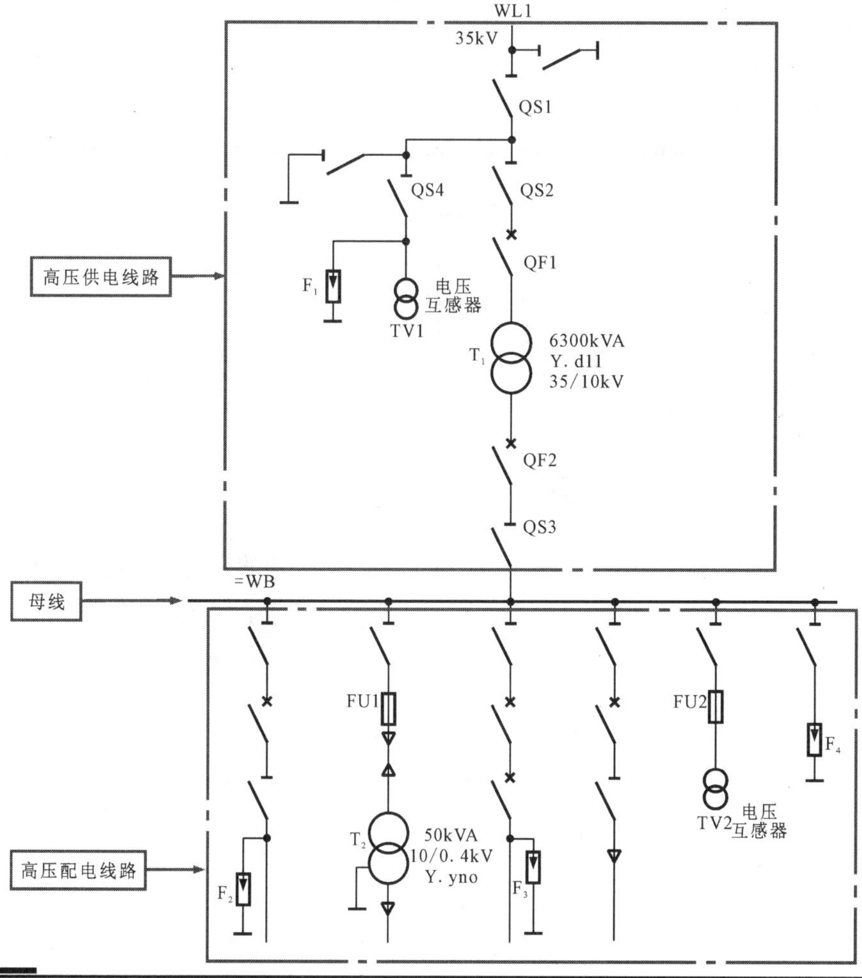
WL1
35kV
QS1
QS4
QS2
QF1
高压供电线路
F1
电压
互感器
TV1
T1
6300kVA
Y. d11
35/10kV
QF2
QS3
=WB
母线
FU1
FU2
F4
TV2
电压
互感器
T2
50kVA
10/0. 4kV
Y. yno
高压配电线路
F2
F3

图 5-20　对高压供配电电路进行功能划分

提问

高压供电电路和高压配电电路的任务分别是什么？

回答

通常，高压供电电路承担输送电能的任务，直接连接高压电源，通常以一条或两条通路为主线，主要由高压隔离开关 QS1 ~ QS4、电压互感器 TV1、避雷器 F1、高压断路器 QF1 ~ QF2、电力变压器 T_1 等构成。

母线 WB 是供配电电路中的重要组成部分。它是变电所输送电能用的总导线，用带状纯铜制成，多路输出。它具有汇集、分配和传送电能的作用。

高压配电电路承担分配电能的任务，一般指高压供配电电路中母线另一侧的电路，通常有多个分支，分配给多个用电电路或设备。

3. 对高压供配电电路进行识读分析

根据高压供配电电路的供电和配电过程，将电路识读过程划分成两个阶段。第一阶段是高压供配电电路的供电过程；第二阶段是高压供配电电路的配电过程。

（1）高压供电电路的供电过程

图 5-21 所示为高压供配电电路的供电过程。

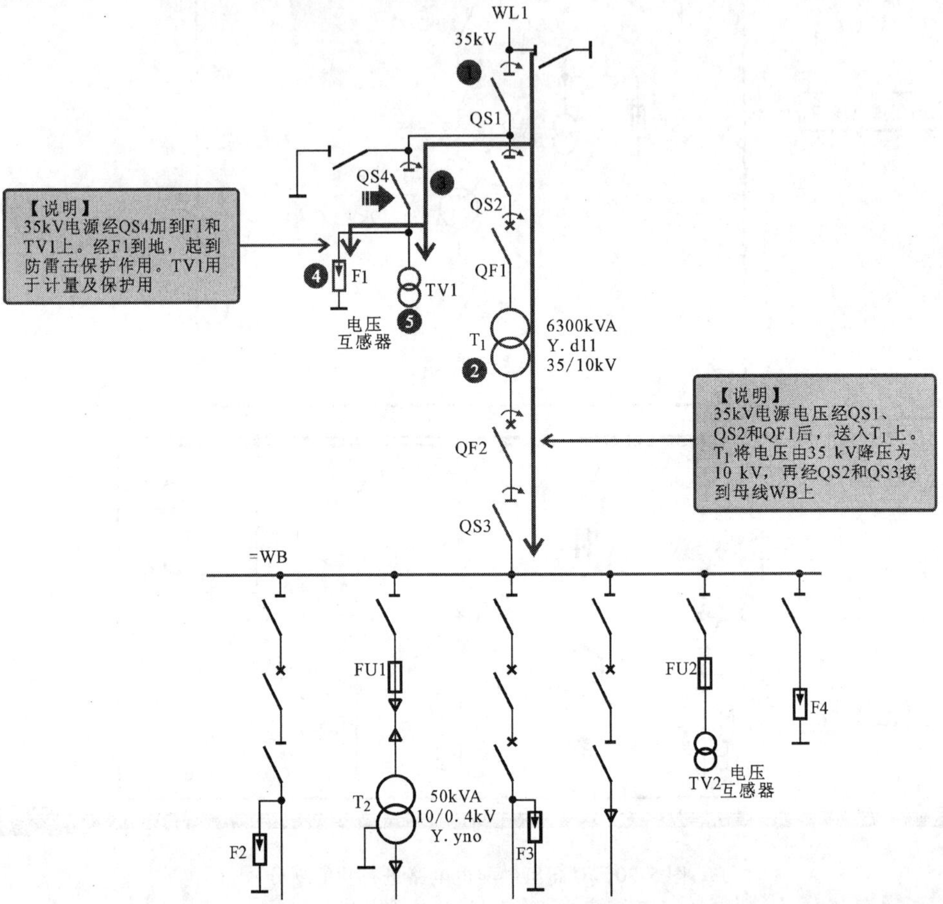
WL1
35kV
1
QS1
QS4
3
QS2
【说明】
35kV电源经QS4加到F1和TV1上。经F1到地，起到防雷击保护作用。TV1用于计量及保护用
4
F1
TV1
5
电压互感器
QF1
T1
2
6300kVA
Y. d11
35/10kV
【说明】
35kV电源电压经QS1、QS2和QF1后，送入T1上。T1将电压由35 kV降压为10 kV，再经QS2和QS3接到母线WB上
QF2
QS3
=WB
FU1
FU2
F4
TV2
电压互感器
T2
50kVA
10/0. 4kV
Y. yno
F2
F3

图 5-21　高压供电电路的供电过程

【资料】

① 来自前级的 35kV 电源电压（发电厂或电力变电所），经高压断路器 QS1、QS2 和高压隔离开关 QF1 后，送入一台容量为 6300kV · A 的电力变压器 T_1 上。

② 变压器 T_1 将电压由 35kV 降压为 10kV，再经高压断路器 QF2 和高压隔离开关 QS3 接到母线 WB 上。

③ 35kV 电源进线经隔离开关 QS4 后加到避雷器 F1 和电压互感器 TV1 上。

④ 经避雷器 F1 到地，起到防雷击保护作用。

⑤ 电压互感器 TV1 用于计量及保护用。一般其二次线圈会接有电能表、电流表、电压表等，用于工作人员观察高压供电系统的工作电压和工作电流。

(2) 高压供配电电路的配电过程

图 5-22 所示为高压供配电电路的配电过程。

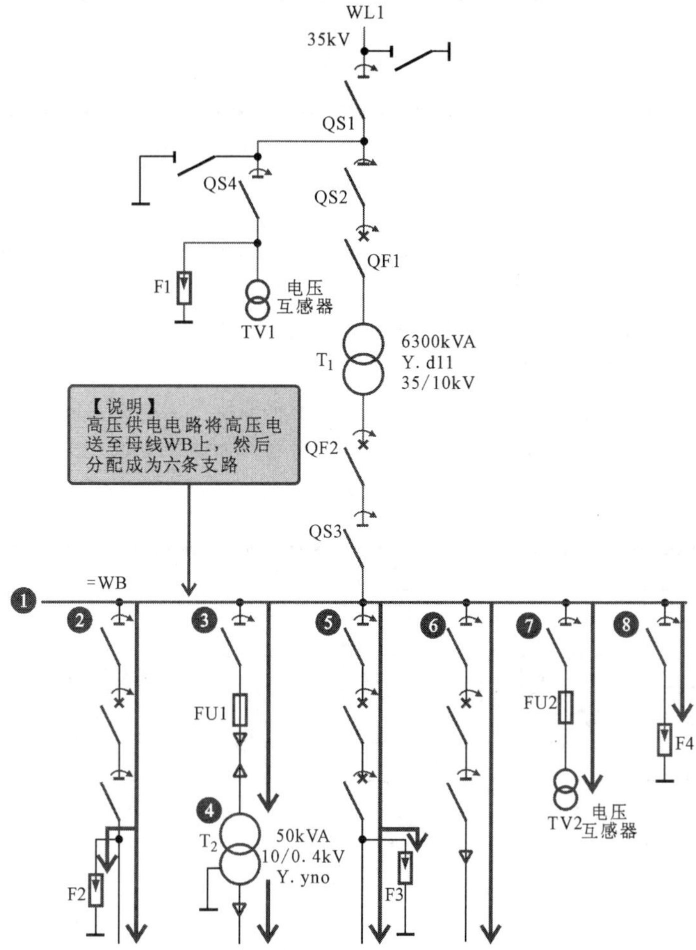
WL1
35kV
QS1
QS4
QS2
QF1
F1
电压
互感器
TV1
6300kVA
Y. d11
35/10kV
T1
【说明】
高压供电电路将高压电送至母线WB上，然后分配成为六条支路
QF2
QS3
=WB
1
2
3
5
6
7
8
FU1
FU2
F4
4
T2
50kVA
10/0. 4kV
Y. yno
TV2
电压
互感器
F2
F3

图 5-22　高压供配电电路的配电过程

【资料】

① 高压供电电路将高压电送至母线 WB 上，然后分配成为六条支路。

② 第一支路经高压隔离开关、高压断路器以及避雷器 F2 后作为一条 10kV 高压配电电路输出。

③ 第二支路经高压隔离开关、高压熔断器 FU1 后加到一台容量为 50kV · A 的电力变压器 T_2 上。

④ 电力变压器 T_2 将母线 WB 送来的 10kV 高压降为 0.4kV (380V) 电压，为后级电路或低压用电设备提供 0.4kV 低压电。

⑤ 第三支路经一只高压隔离开关、两只高压断路器及避雷器 F3 后作为一条 10kV 高压配电电路输出。

⑥ 第四支路经一只高压隔离开关、两只高压断路器后作为一条 10kV 高压配电电路输出。

⑦ 第五支路经高压熔断器 FU2 后，送至电压互感器 TV2 上，由电压互感器测量配电电路中的电压或电流量。

⑧ 第六支路经高压隔离开关、避雷器 F4 后到地，为该高压配电电路的防雷击保护部分。

5.4.2 典型低压供配电电路的识读

低压供配电电路是指 380/220V 的供电和配电电路，主要实现对交流低压的传输和分配。不同的供配电电路所采用的变配电设备、低压电气部件和电路结构也不尽相同。通过对这些设备、部件间的巧妙连接和组合设计，使得低压供配电电路可适用于不同的场合和环境。

1. 识别低压供配电电路的主要部件

在学习识读低压供配电电路之前，我们首先要了解低压供配电电路的组成。这是识读低压供配电电路图的前提，只有熟悉低压配电电路中包含的元件才能识读低压配电电路的功能及工作过程。图 5-23 所示为典型低压供配电电路的主要部件。

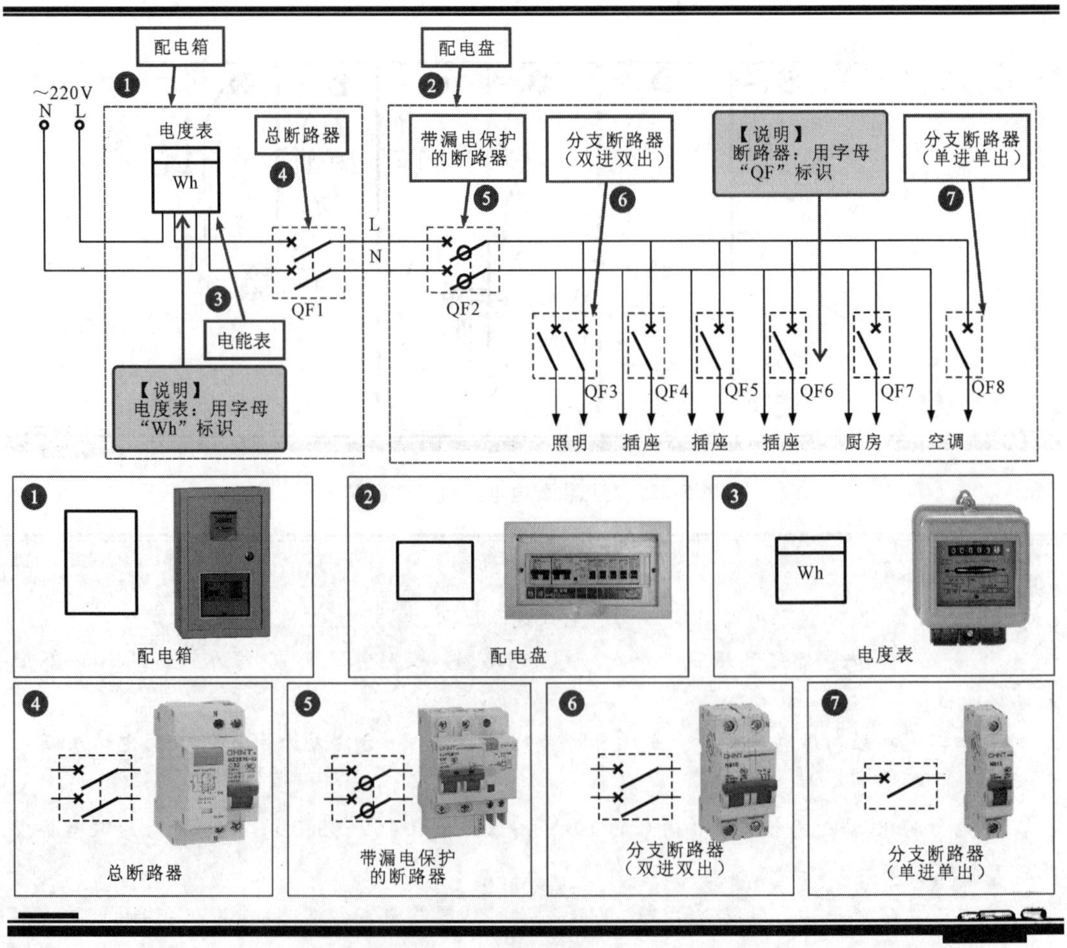
配电箱
配电盘
~220V
N L
电度表
Wh
总断路器
带漏电保护的断路器
分支断路器（双进双出）
【说明】断路器：用字母“QF”标识
分支断路器（单进单出）
L
N
QF1
QF2
电能表
【说明】电度表：用字母“Wh”标识
QF3 QF4 QF5 QF6 QF7 QF8
照明 插座 插座 插座 厨房 空调
配电箱
配电盘
Wh
电度表
总断路器
带漏电保护的断路器
分支断路器（双进双出）
分支断路器（单进单出）

图 5-23 典型低压供配电电路中的主要部件

【资料】

① 配电箱：一种将低压开关设备及相关电气设备集中安装在一起的箱体，其内部一般包括电能表、断路器（空气开关）、导线等。

② 配电盘：主要由各种功能的断路器组成，用于将前级配电箱送来的交流电进行合理、安全的分配。

③ 电能表：在电路中用于计量用户照明及电器设备所消耗的电能。

④ 总断路器：在电路中作为控制开关使用。

⑤ 带漏电保护的总断路器：是一种具有漏电保护功能的开关，当发生漏电、触电或过载情况时进行断路保护。

⑥ 分支断路器（双进双出）：在电路中作为分支开关使用，具有过载保护功能。

⑦ 分支断路器（单进单出）：作为分支电源开关，具有过载保护功能。

2. 对低压供配电电路进行功能划分

识别了低压供配电电路中的元件后，即可对低压供配电电路进行功能划分，如图 5-24 所示。低压供配电电路主要是依靠低压配电设备对电路进行分配的。从图 5-24 中可以看到，低压供配电电路主要由配电电路、配电箱（配电柜）、配电盘、输出电路等部分构成。

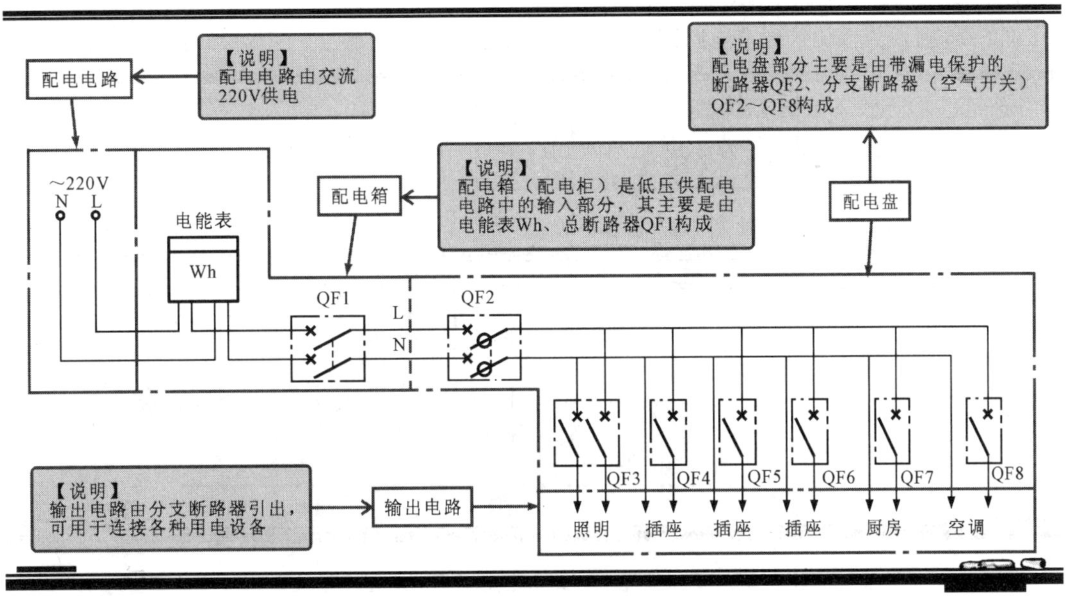
配电电路
【说明】
配电电路由交流220V供电
【说明】
配电盘部分主要是由带漏电保护的断路器QF2、分支断路器（空气开关）QF2～QF8构成
~220V
N L
电能表
Wh
配电箱
【说明】
配电箱（配电柜）是低压供配电电路中的输入部分，其主要是由电能表Wh、总断路器QF1构成
配电盘
QF1
L
N
QF2
QF3
QF4
QF5
QF6
QF7
QF8
【说明】
输出电路由分支断路器引出，可用于连接各种用电设备
输出电路
照明
插座
插座
插座
厨房
空调

图 5-24　对低压供配电电路进行功能划分

3. 对低压供配电电路进行识读分析

根据低压供配电电路的供电和配电过程，将电路识读过程划分成两个阶段。第一阶段是低压供配电电路中配电箱中的电路连接关系；第二阶段是低压供配电电路中配电盘中的线路连接关系。

（1）低压供配电电路中配电箱的电路连接关系

图 5-25 所示为低压供配电电路中配电箱的电路连接关系。

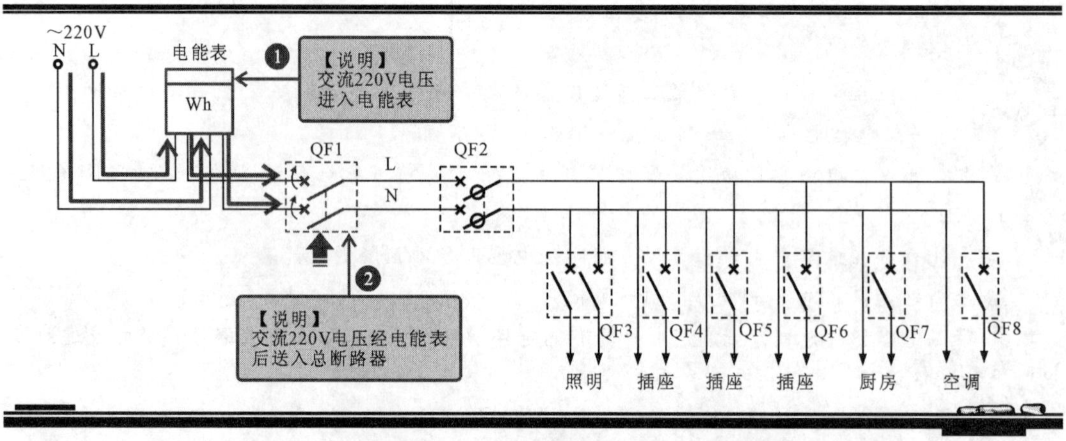
~220V
N L
电能表
Wh
【说明】
交流220V电压
进入电能表
QF1
L
N
QF2
【说明】
交流220V电压经电能表
后送入总断路器
QF3
QF4
QF5
QF6
QF7
QF8
照明
插座
插座
插座
厨房
空调

图 5-25 低压供配电电路中配电箱中的电路连接关系

【资料】

① 低压供配电电路将交流 220V 市电电压送入用户配电箱中。

② 闭合总断路器 QF1，交流 220V 经电能表 Wh，再经总断路器 QF1 后送入室内配电盘中。

（2）低压供配电电路中配电盘的电路连接关系

图 5-26 所示为低压供配电电路配电盘中的电路连接关系。

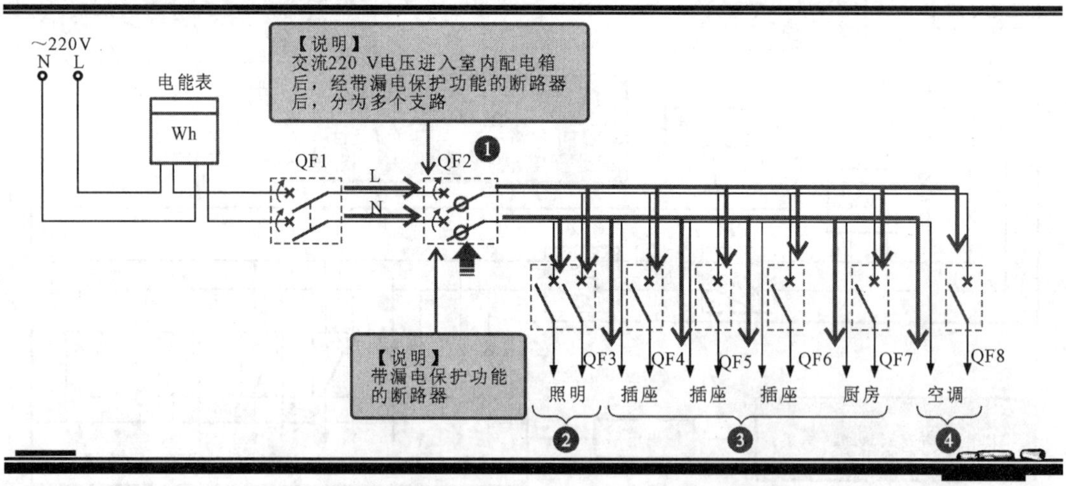
~220V
N L
电能表
Wh
【说明】
交流220 V电压进入室内配电箱
后，经带漏电保护功能的断路器
后，分为多个支路
QF1
L
N
QF2
【说明】
带漏电保护功能
的断路器
QF3
QF4
QF5
QF6
QF7
QF8
照明
插座
插座
插座
厨房
空调

图 5-26 低压供配电电路中配电盘中的电路连接关系

【资料】

① 闭合带漏电保护器的总断路器 QF2，交流 220V 电压经 QF2 后分为多个支路。

② 第一个支路经一只双进双出的断路器（空气开关）后，作为室内照明电路。

③ 第二～五个支路分别经一只单进单出的断路器（空气开关）后，作为室内用电设备及厨房中的插座电路。

④ 第六个支路经一只单进单出的断路器（空气开关）后，单独作为空调器的供电电路。

5.5 通过实际案例练会典型电动机控制电路的识读

电动机控制电路依靠起停按钮、接触器、时间继电器等控制部件来控制电动机，进而可实现多种多样的功能，如对电动机的降压起动控制、联锁控制、点动控制、连续控制、正反转控制、间歇控制、调速控制、制动控制等。不同的电动机控制电路所选用的控制器件、电动机以及功能部件基本相同，但根据选用部件数量的不同和对部件间的不同组合，加之电路上的连接差异，从而实现了对电动机不同工作状态的控制。下面以比较典型的电动机控制电路为例，练习对电动机控制电路的识读。

5.5.1 练会典型直流电动机控制电路的识读

直流电动机控制电路可实现多种多样的功能，如直流电动机的起动、运转、变速、制动和停机等。

1. 识别直流电动机控制电路的主要部件

在学习识读直流电动机控制电路之前，我们首先要了解直流电动机控制电路的组成。这是识读直流电动机控制电路图的前提。只有熟悉直流电动机控制电路中包含的元件才能识读出直流电动机控制电路的功能及工作过程。图5-27所示为典型直流电动机控制电路中的主要部件。

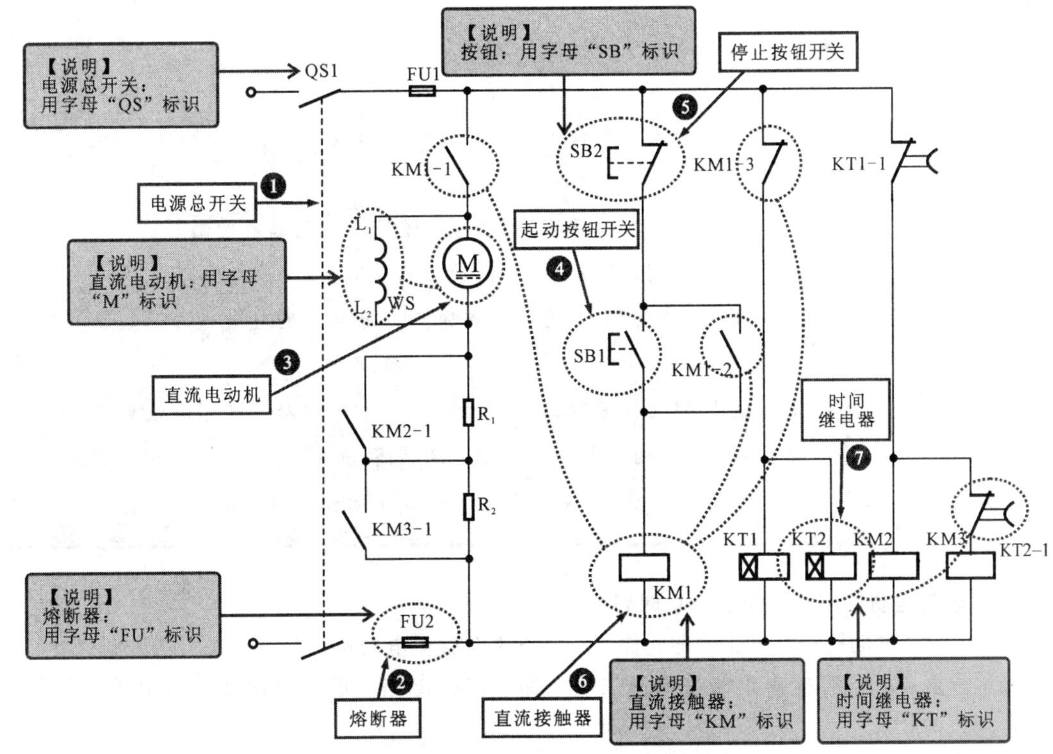
【说明】
电源总开关：
用字母“QS”标识
QS1
FU1
【说明】
按钮：用字母“SB”标识
停止按钮开关
SB2
KM1-3
KT1-1
KM1-1
电源总开关
起动按钮开关
【说明】
直流电动机：用字母“M”标识
L1
L2
WS
M
SB1
KM1-2
直流电动机
R1
KM2-1
R2
KM3-1
时间
继电器
KT1
KT2
KM2
KM3
KT2-1
KM1
【说明】
熔断器：
用字母“FU”标识
FU2
熔断器
直流接触器
【说明】
直流接触器：
用字母“KM”标识
【说明】
时间继电器：
用字母“KT”标识

图5-27 典型直流电动机控制电路中的主要部件

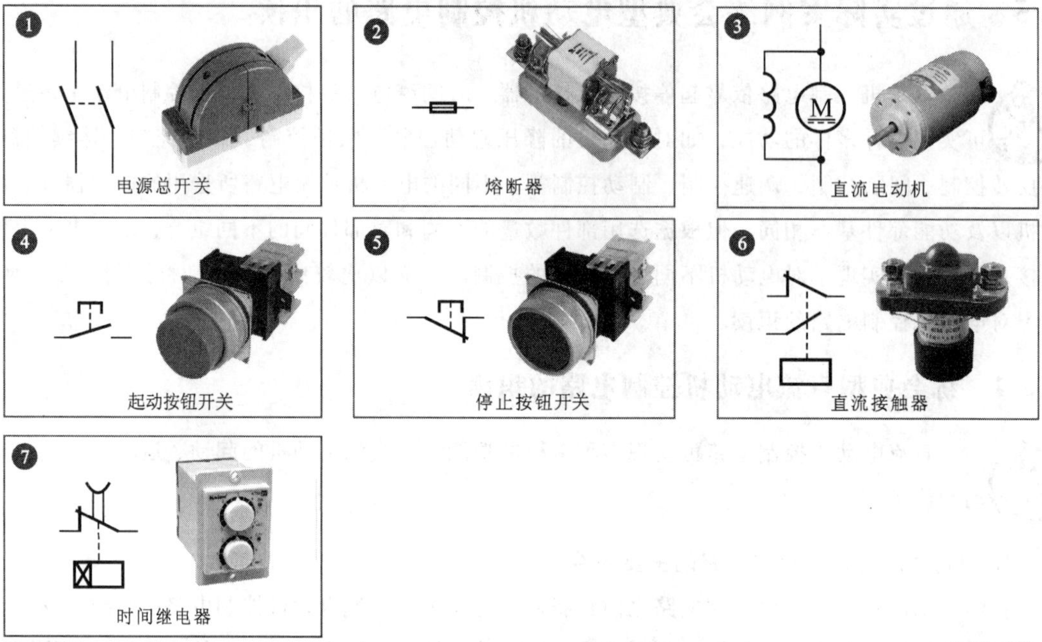

1
电源总开关
2
熔断器
3
M
直流电动机
4
起动按钮开关
5
停止按钮开关
6
直流接触器
7
时间继电器

图 5-27　典型直流电动机控制电路中的主要部件（续）

【资料】

① 电源总开关：在电路中用于接通直流电源。

② 熔断器：在电路中用于过载、短路保护。

③ 直流电动机：在电路中通过控制部件控制，接通电源起动运转，为不同的机械设备提供动力。

④ 起动按钮开关（不闭锁的常开按钮开关）：用于直流电动机的起动控制。

⑤ 停止按钮开关（不闭锁的常闭按钮开关）：用于直流电动机的停机控制。

⑥ 直流接触器：通过线圈的得电，触点动作，接通直流电动机的直流电源，起动直流电动机工作。

⑦ 时间继电器：通过延时或周期性定时接通、切断某些控制电路，控制直流电动机、继电器等电气设备工作。该电路中的时间继电器的触点为延时闭合的常闭触头。该触头在时间继电器线圈得电时立即断开，在时间继电器线圈失电后延时复位闭合。

2. 对直流电动机控制电路进行功能划分

识别了直流电动机控制电路中的元件后，接下来对直流电动机控制电路进行功能划分，如图 5-28 所示。直流电动机控制电路主要由供电电路、保护电路、控制电路及直流电动机等部分组成。

3. 对直流电动机控制电路进行识读分析

根据直流电动机控制电路的控制过程，将直流电动机控制电路的识读过程划分成两个阶段。

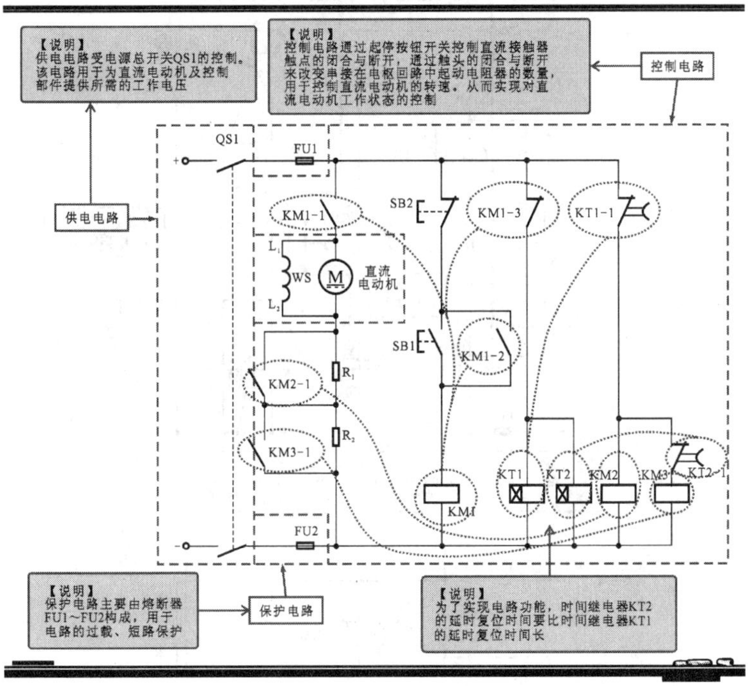
【说明】
供电电路受电源总开关QS1的控制。该电路用于为直流电动机及控制部件提供所需的工作电压
【说明】
控制电路通过起停按钮开关控制直流接触器触点的闭合与断开，通过触头的闭合与断开来改变串接在电枢回路中起动电阻器的数量，用于控制直流电动机的转速。从而实现对直流电动机工作状态的控制
控制电路
供电电路
QS1
FU1
KM1-1
SB2
KM1-3
KT1-1
WS
M
直流电动机
SB1
KM1-2
KM2-1
KM3-1
KT1
KT2
KM2
KM3
KT2-1
KM1
FU2
【说明】
保护电路主要由熔断器FU1～FU2构成，用于电路的过载、短路保护
保护电路
【说明】
为了实现电路功能，时间继电器KT2的延时复位时间要比时间继电器KT1的延时复位时间长

图 5-28　对直流电动机控制电路进行功能划分

第一阶段是直流电动机的起动控制过程。第二阶段是直流电动机的停机控制过程。图 5-29 所示为直流电动机的起动过程。

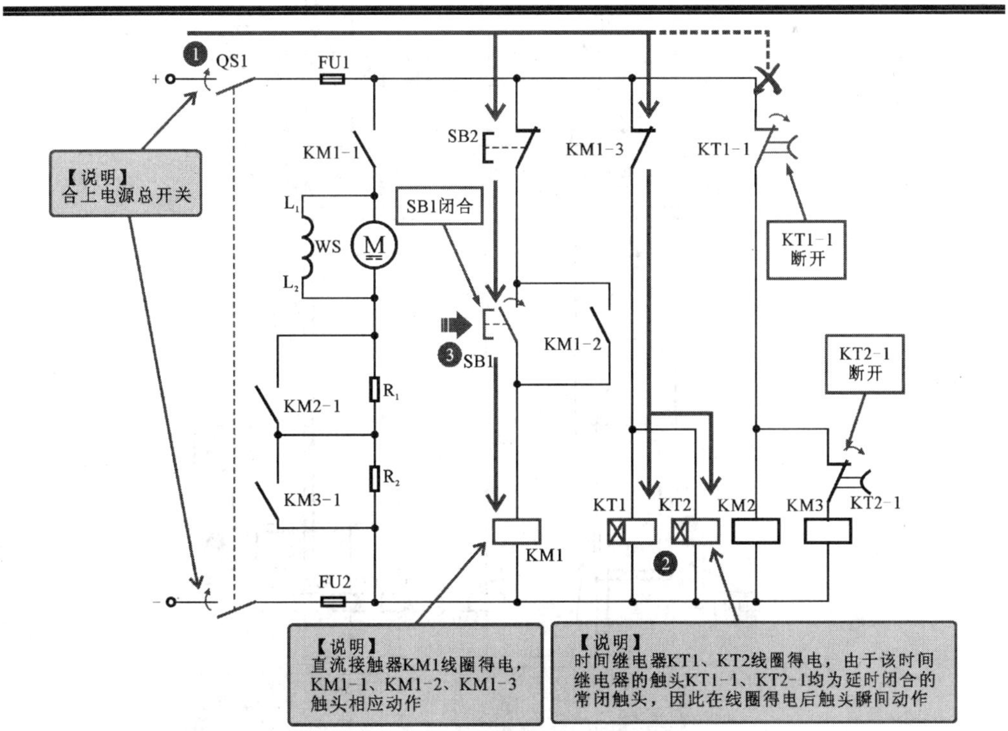
QS1
FU1
【说明】
合上电源总开关
KM1-1
SB2
KM1-3
KT1-1
SB1闭合
KT1-1
断开
WS
M
SB1
KM1-2
KT2-1
断开
KM2-1
KM3-1
KT1
KT2
KM2
KM3
KT2-1
KM1
FU2
【说明】
直流接触器KM1线圈得电，KM1-1、KM1-2、KM1-3触头相应动作
【说明】
时间继电器KT1、KT2线圈得电，由于该时间继电器的触头KT1-1、KT2-1均为延时闭合的常闭触头，因此在线圈得电后触头瞬间动作

图 5-29　直流电动机的起动过程

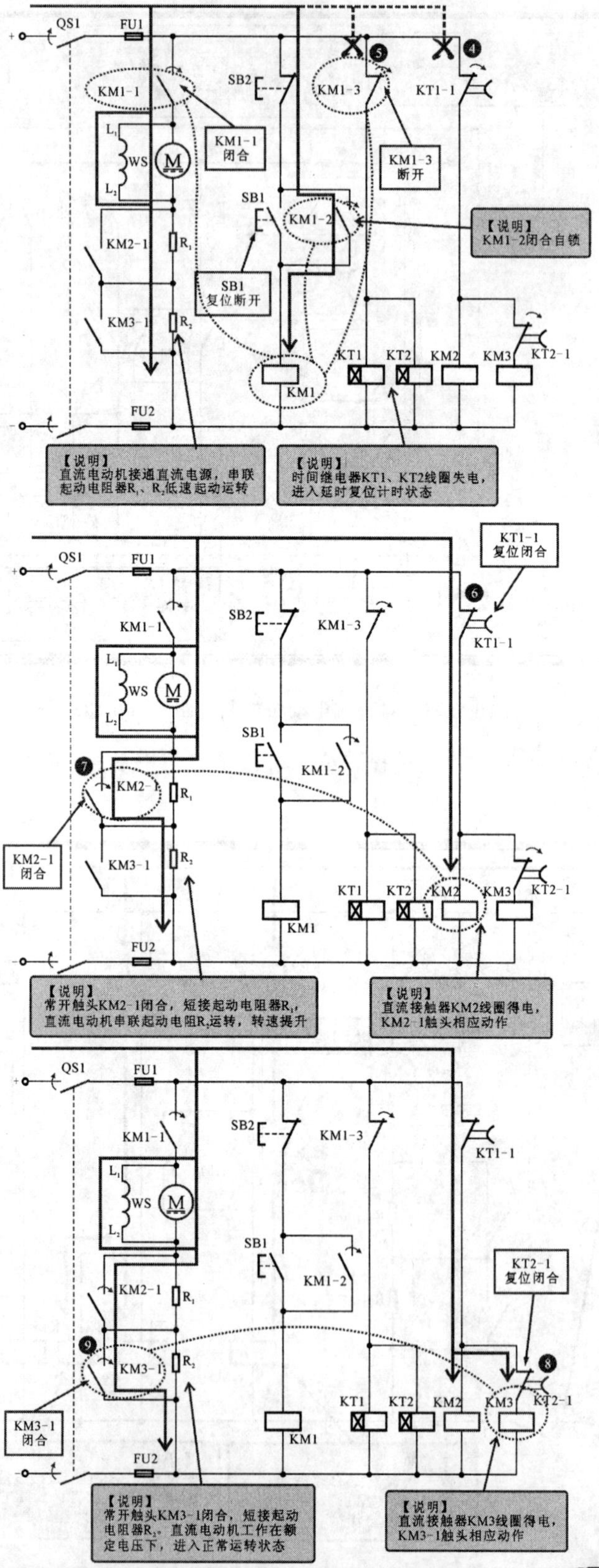
QS1
FU1
KM1-1
KM1-1
闭合
SB2
KM1-3
KM1-3
断开
KT1-1
SB1
KM1-2
【说明】
KM1-2闭合自锁
SB1
复位断开
KM2-1
KM3-1
R₁
R₂
WS
M
KT1
KT2
KM2
KM3
KT2-1
KM1
FU2
【说明】
直流电动机接通直流电源，串联起动电阻器R₁、R₂低速起动运转
【说明】
时间继电器KT1、KT2线圈失电，进入延时复位计时状态
KT1-1
复位闭合
KM2-1
闭合
【说明】
常开触头KM2-1闭合，短接起动电阻器R₁，直流电动机串联起动电阻R₂运转，转速提升
【说明】
直流接触器KM2线圈得电，KM2-1触头相应动作
KT2-1
复位闭合
KM3-1
闭合
【说明】
常开触头KM3-1闭合，短接起动电阻器R₂。直流电动机工作在额定电压下，进入正常运转状态
【说明】
直流接触器KM3线圈得电，KM3-1触头相应动作

图 5-29　直流电动机的起动过程（续）

【资料】

【直流电动机的起动过程】

① 合上电源总开关 QS1，接通直流电源。时间继电器 KT1、KT2 线圈得电。

② 由于 KT1、KT2 的触头 KT1-1、KT2-1 均为延时闭合的常闭触头，故在时间继电器线圈得电后，触头 KT1-1、KT2-1 瞬间断开，防止直流接触器 KM2、KM3 线圈得电。

③ 按下起动按钮开关 SB1。直流接触器 KM1 线圈得电。

④ 常开触头 KM1-2 闭合自锁；常开触头 KM1-1 闭合，直流电动机接通电源（串联起动电阻器 R_1、R_2）低速起动运转。

⑤ 常闭触点 KM1-3 断开，时间继电器 KT1/KT2 失电，进入延时复位计时状态（时间继电器 KT2 的延时复位时间要长于时间继电器 KT1 的延时复位时间）。

⑥ 当达到时间继电器 KT1 预先设定的复位时间时，常闭触头 KT1-1 复位闭合，直流接触器 KM2 线圈得电。

⑦ 常开触头 KM2-1 闭合，短接起动电阻器 R_1。直流电动机仅串联起动电阻 R_2 运转，转速提升。

⑧ 当达到时间继电器 KT2 预先设定的复位时间时，常闭触点 KT2-1 复位闭合，直流接触器 KM3 线圈得电。

⑨ 常开触头 KM3-1 闭合，短接起动电阻器 R_2。直流电动机工作在额定电压下，进入正常运转状态。

【提示】

当需要直流电动机停机时，按下停止按钮开关 SB2，直流接触器 KM1 线圈失电，常开触头 KM1-1 复位断开，切断直流电动机的供电电源，直流电动机停止运转。常开触头 KM1～2 复位断开，解除自锁功能。常闭触头 KM1-3 复位闭合，为直流电动机下一次起动做好准备。

5.5.2 典型三相交流电动机控制电路识读

三相交流电动机控制电路可实现多种不同的功能，例如三相交流电动机的起动、运转、变速、制动、正转、反转和停机等。

1. 识别三相交流电动机控制电路的主要部件

在学习识读三相交流电动机控制电路之前，我们首先要了解三相交流电动机控制电路的组成，这是识读三相交流电动机控制电路图的前提。只有熟悉三相交流电动机控制电路中包含的元件，才能识读其控制电路的功能及工作过程。图 5-30 所示为典型三相交流电动机控制电路的主要部件。

【资料】

① 电源总开关：在电路中用于接通三相电源。

② 熔断器：在电路中用于过载、短路保护。

③ 过热保护继电器：在电路中用于三相交流电动机的过热保护。

④ 交流接触器：通过线圈的得电，触头动作，接通三相交流电动机的三相电源，起动三相交流电动机工作。

⑤ 起动按钮开关（不闭锁的常开按钮开关）：用于三相交流电动机的起动控制。

⑥ 停止按钮开关（不闭锁的常闭按钮开关）：用于三相交流电动机的停机控制。

⑦ 指示灯：用于指示三相交流电动机的工作状态。

⑧ 三相交流电动机：在电路中通过控制部件控制，接通电源起动运转，为不同的机械设备提供动力。

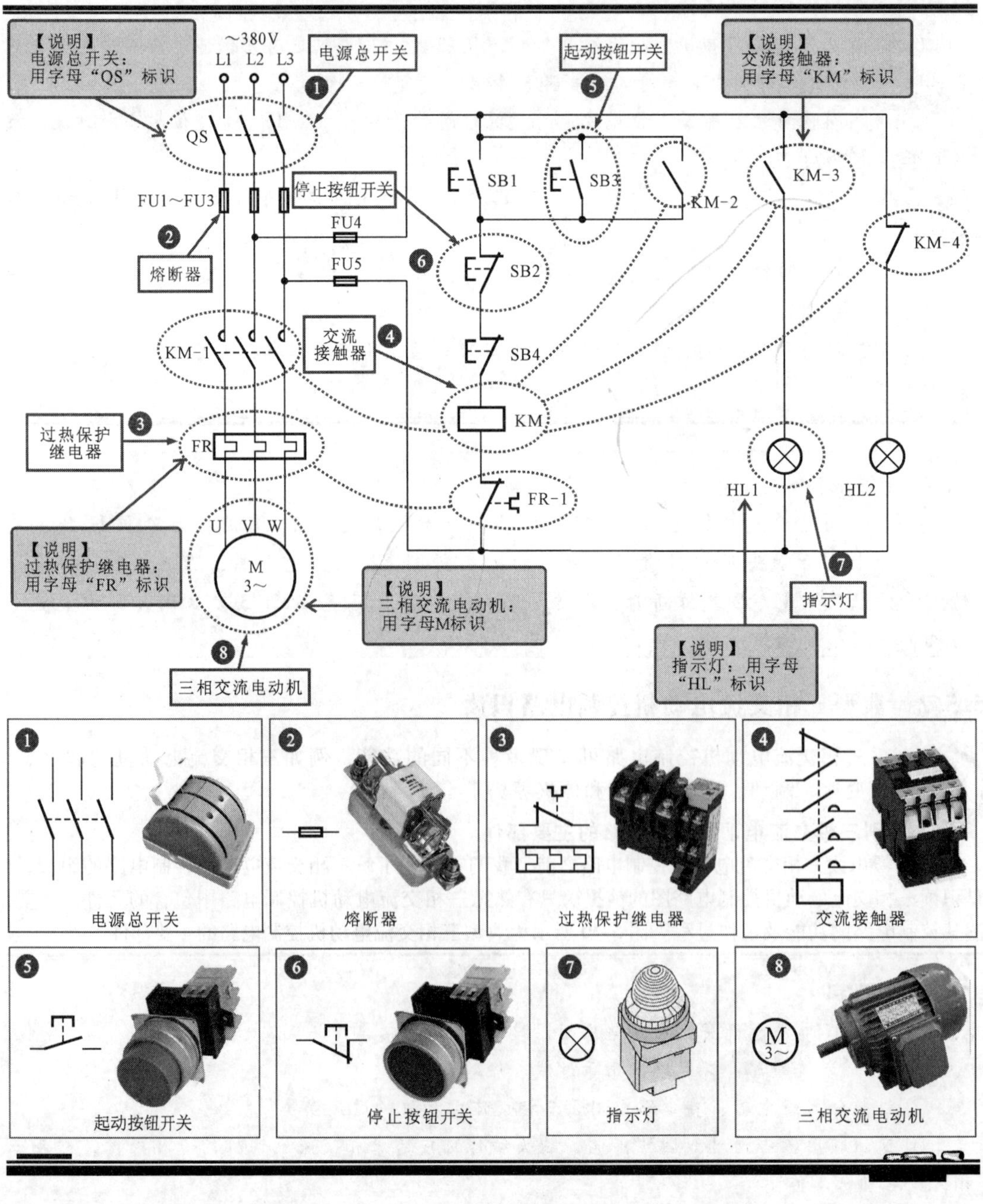
【说明】
电源总开关：
用字母“QS”标识
~380V
L1 L2 L3
电源总开关
起动按钮开关
【说明】
交流接触器：
用字母“KM”标识
QS
SB1
SB3
KM-2
KM-3
FU1~FU3
停止按钮开关
FU4
KM-4
熔断器
FU5
SB2
交流
接触器
KM-1
SB4
过热保护
继电器
KM
FR
HL1
HL2
FR-1
U V W
M
3~
【说明】
过热保护继电器：
用字母“FR”标识
【说明】
三相交流电动机：
用字母M标识
指示灯
【说明】
指示灯：用字母
“HL”标识
三相交流电动机
电源总开关
熔断器
过热保护继电器
交流接触器
起动按钮开关
停止按钮开关
指示灯
M
3~
三相交流电动机

图 5-30　典型三相交流电动机控制电路的主要部件

2. 对三相交流电动机控制电路进行功能划分

识别了三相交流电动机控制电路中的元件后，即可对三相交流电动机控制电路进行功能划分，如图 5-31 所示。三相交流电动机控制电路主要是由供电电路、保护电路、控制电路、指示灯电路及三相交流电动机等构成的。

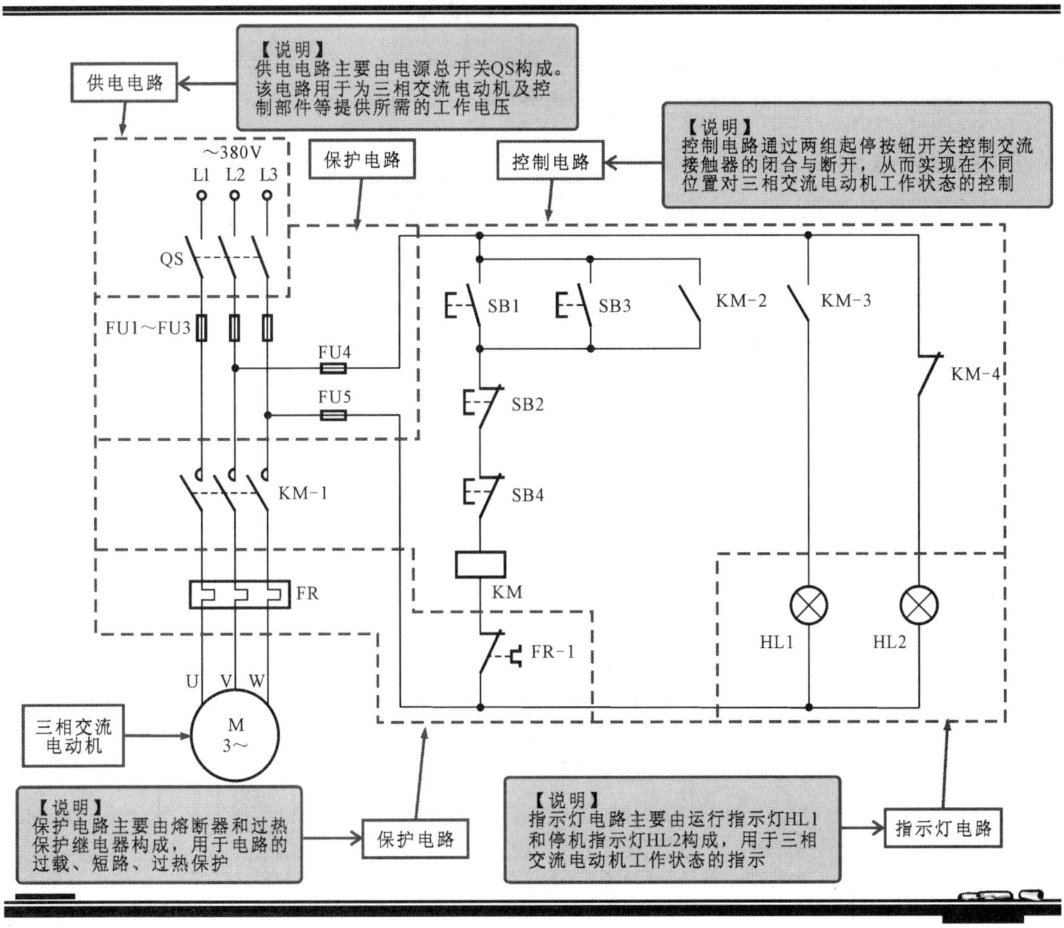
【说明】
供电电路主要由电源总开关QS构成。该电路用于为三相交流电动机及控制部件等提供所需的工作电压
供电电路
~380V
L1 L2 L3
QS
FU1~FU3
FU4
FU5
保护电路
控制电路
【说明】
控制电路通过两组起停按钮开关控制交流接触器的闭合与断开，从而实现在不同位置对三相交流电动机工作状态的控制
SB1
SB3
KM-2
KM-3
KM-4
SB2
SB4
KM-1
KM
FR
FR-1
HL1
HL2
U V W
三相交流电动机
M
3~
【说明】
保护电路主要由熔断器和过热保护继电器构成，用于电路的过载、短路、过热保护
保护电路
【说明】
指示灯电路主要由运行指示灯HL1和停机指示灯HL2构成，用于三相交流电动机工作状态的指示
指示灯电路

图 5-31　对三相交流电动机控制电路进行功能划分

3. 对三相交流电动机控制电路进行识读分析

根据三相交流电动机控制电路的控制过程，将其识读过程划分成四个阶段：第一阶段是三相交流电动机的现场起动过程。第二阶段是三相交流电动机的现场停机控制过程。第三阶段是三相交流电动机的远程起动控制过程。第四阶段是三相交流电动机的远程停机控制过程。

(1) 三相交流电动机的现场起动过程

图 5-32 所示为三相交流电动机的现场起动过程。

【资料】

① 合上电源总开关 QS，接通三相电源。

② 电源经常闭触点 KM-4 为停机指示灯 HL2 供电，HL2 点亮。

③ 按下现场起动按钮开关 SB1，交流接触器 KM 线圈得电。

④ 常开辅助触头 KM-2 闭合，实现自锁功能。

⑤ 常开主触头KM-1闭合，三相交流电动机接通三相电源，开始起动运转。

⑥ 常开辅助触头KM-3闭合，运行指示灯HL1点亮，指示三相交流电动机处于工作状态。

⑦ 常闭辅助触头KM-4断开，切断停机指示灯HL2的供电电源，HL2熄灭。

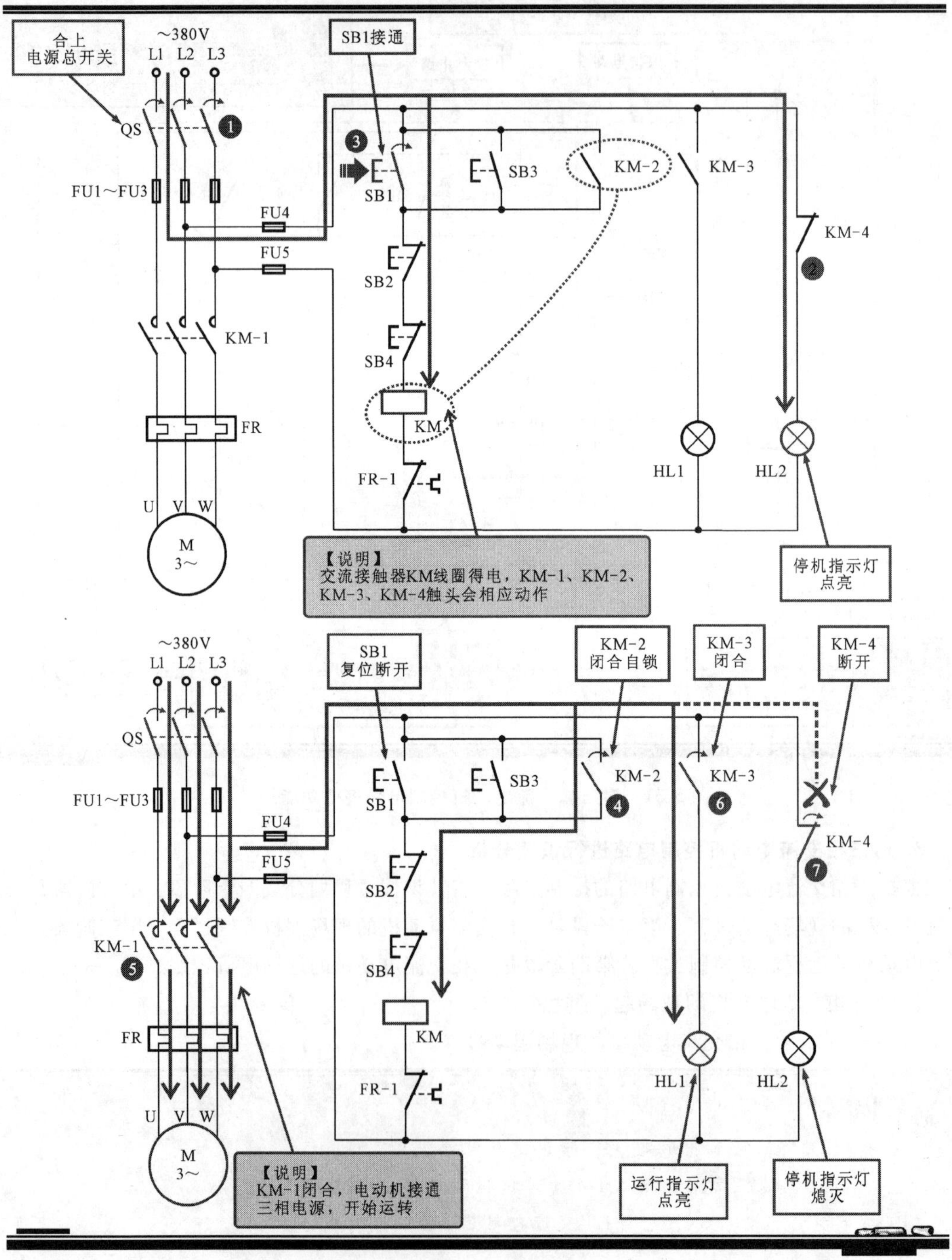
合上
电源总开关
~380V
L1 L2 L3
QS
FU1~FU3
FU4
FU5
KM-1
FR
U V W
M
3~
SB1接通
SB1
SB2
SB4
SB3
KM-2
KM-3
KM-4
KM
FR-1
HL1
HL2
【说明】
交流接触器KM线圈得电，KM-1、KM-2、KM-3、KM-4触头会相应动作
停机指示灯
点亮
~380V
L1 L2 L3
QS
FU1~FU3
FU4
FU5
KM-1
FR
U V W
M
3~
SB1
复位断开
KM-2
闭合自锁
KM-3
闭合
KM-4
断开
SB1
SB2
SB4
SB3
KM
FR-1
HL1
HL2
【说明】
KM-1闭合，电动机接通三相电源，开始运转
运行指示灯
点亮
停机指示灯
熄灭

图5-32　三相交流电动机的现场起动过程

（2）三相交流电动机的现场停机过程

图 5-33 所示为三相交流电动机的现场停机过程。

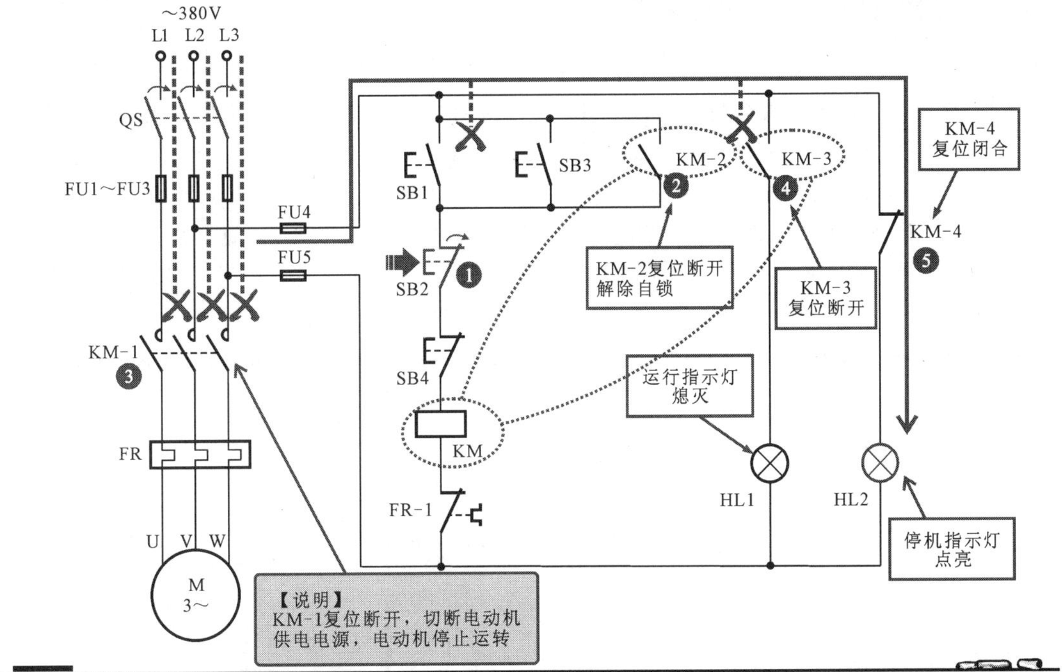
~380V
L1 L2 L3
QS
FU1~FU3
FU4
FU5
KM-1
FR
U V W
M
3~
SB1
SB3
SB2
SB4
KM
FR-1
KM-2
KM-3
KM-4 复位闭合
KM-4
KM-2复位断开 解除自锁
KM-3 复位断开
运行指示灯 熄灭
HL1
HL2
停机指示灯 点亮
【说明】
KM-1复位断开，切断电动机供电电源，电动机停止运转

图 5-33　三相交流电动机的现场停机过程

【资料】

① 当需要三相交流电动机停机时，按下现场停止按钮开关 SB2。交流接触器 KM 线圈失电。

② 常开辅助触头 KM-2 复位断开，解除自锁功能。

③ 常开主触头 KM-1 复位断开，切断三相交流电动机的供电电源，三相交流电动机停止运转。

④ 常开辅助触头 KM-3 复位断开，切断运行指示灯 HL1 的供电电源，HL1 熄灭。

⑤ 常闭辅助触头 KM-4 复位闭合，停机指示灯 HL2 点亮，指示三相交流电动机处于停机状态。

（3）三相交流电动机的远程控制过程

远程起动开关 SB3、远程停机开关 SB4 与现场起动和停机开关并联，操作任一开关效果相同。

5.6　通过实际案例练会典型照明电路的识读

照明电路是将电能转换为光能的电路。它将各种电气部件通过电路进行组合连接，最终控制各种照明灯具的点亮与熄灭，实现室内或室外的照明。下面选取比较典型且具有代表性的照明电路为例，练习照明电路的识读。通过本节学习，读者应基本了解并掌握照明电路的识读方法，并能够独立分析和识读基本的照明电路图。

5.6.1 练会典型室内照明电路的识读

室内照明电路依靠开关、电子元件等控制部件来控制照明灯具，进而完成对照明灯具数量、亮度、开关状态及时间的控制。室内照明电路是指在室内环境中，当自然光线不足的情况下用来创造明亮环境的照明灯具控制电路。

1. 识别室内照明电路的主要部件

在学习识读室内照明电路之前，我们首先要了解室内照明电路的组成，这是识读室内照明电路图的前提。只有熟悉室内照明电路中包含的元件，才能识读出室内照明电路的功能及工作过程。图5-34所示为典型室内照明电路的主要部件（使用两只电容器构成的日光灯调光控制电路）。

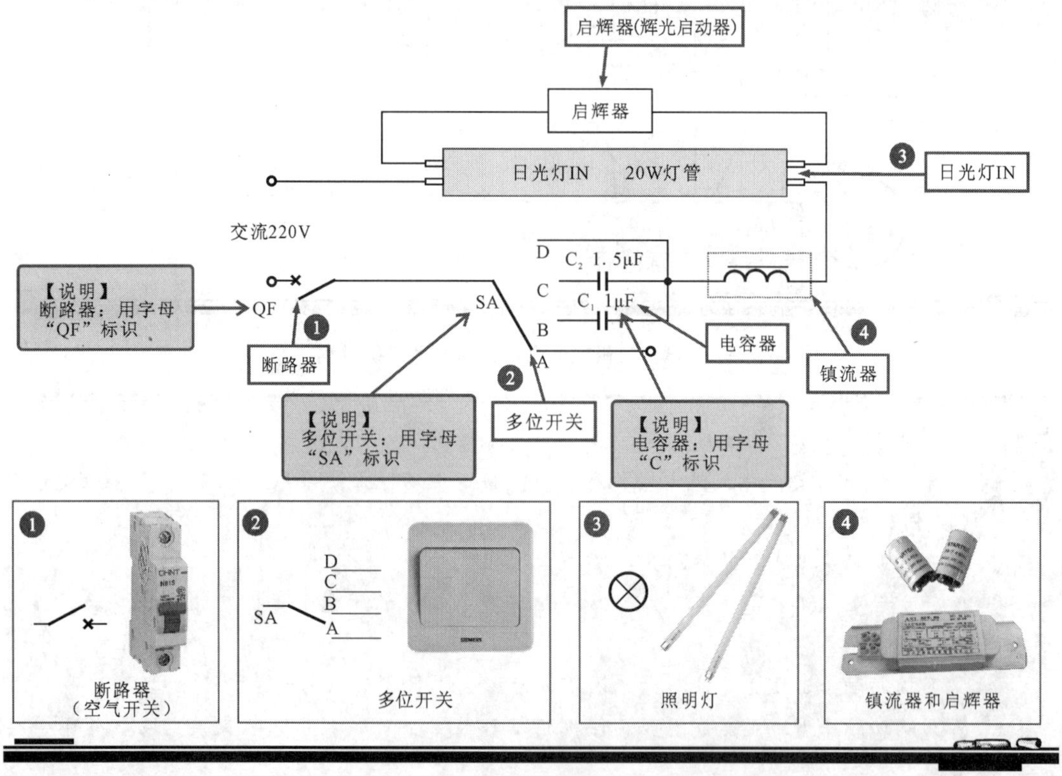
启辉器(辉光启动器)
启辉器
日光灯IN 20W灯管
日光灯IN
交流220V
【说明】
断路器：用字母
"QF"标识
QF
断路器
SA
D
C
B
A
C_2 1.5μF
C_1 1μF
电容器
镇流器
多位开关
【说明】
多位开关：用字母
"SA"标识
【说明】
电容器：用字母
"C"标识
断路器
（空气开关）
多位开关
照明灯
镇流器和启辉器

图5-34 典型室内照明电路的主要部件

【资料】

① 断路器：在电路中用于总开关及过载、短路保护。

② 多位开关：可实现多个挡位的接通与断开控制，用于控制照明电路的接通和断开。

③ 日光灯：在室内照明电路中，照明灯多用控制开关进行控制，为室内环境提供照明。

④ 镇流器：在室内照明电路中日光灯是利用涂抹在灯管内部的荧光粉汞膜和灯管内的惰性气体，受电击发光的，在使用中一般需要配合启辉器或镇流器。

2. 对室内照明电路进行功能划分

识别了室内照明电路中的元件后，即可对室内照明电路进行功能划分，如图 5-35 所示。室内照明电路主要是由供电及保护电路、控制电路、照明灯等部分组成的。

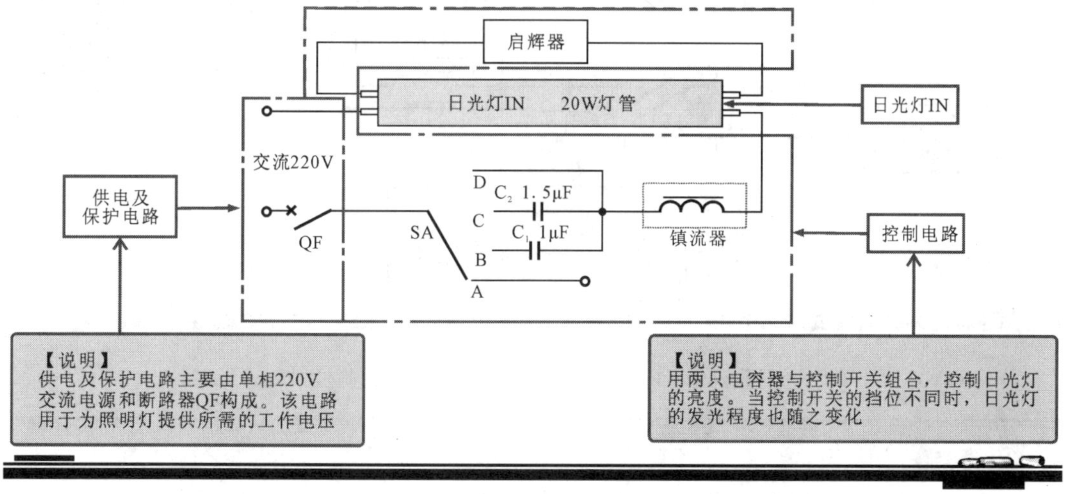
启辉器
日光灯IN　20W灯管
日光灯IN
交流220V
供电及保护电路
D
C₂ 1.5μF
C
C₁ 1μF
B
A
QF
SA
镇流器
控制电路
【说明】
供电及保护电路主要由单相220V交流电源和断路器QF构成。该电路用于为照明灯提供所需的工作电压
【说明】
用两只电容器与控制开关组合，控制日光灯的亮度。当控制开关的挡位不同时，日光灯的发光程度也随之变化

图 5-35　对室内照明电路进行功能划分

3. 对室内照明电路进行识读分析

根据室内照明电路的控制过程，将室内照明电路的识读过程划分成三个阶段。第一阶段是日光灯的初始状态。第二阶段是日光灯点亮的控制过程。第三阶段是日光灯调光控制过程。

（1）日光灯的初始状态

图 5-36 所示为室内照明电路的初始状态。

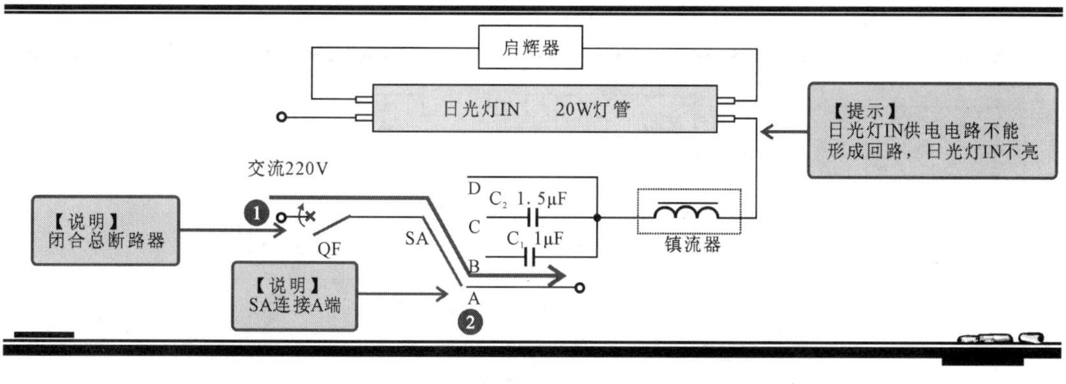
启辉器
日光灯IN　20W灯管
【提示】
日光灯IN供电电路不能形成回路，日光灯IN不亮
交流220V
D
C₂ 1.5μF
C
C₁ 1μF
B
A
QF
SA
镇流器
【说明】
闭合总断路器
【说明】
SA连接A端

图 5-36　室内照明电路的初始状态

【资料】

① 合上总断路器 QF，接通交流 220V 电源。

② 多位开关 SA 的触头与 A 点连接时，日光灯电源供电电路不能形成回路，日光灯 IN 不亮。

（2）日光灯点亮的控制过程

图 5-37 所示为室内照明电路中日光灯点亮的控制过程。

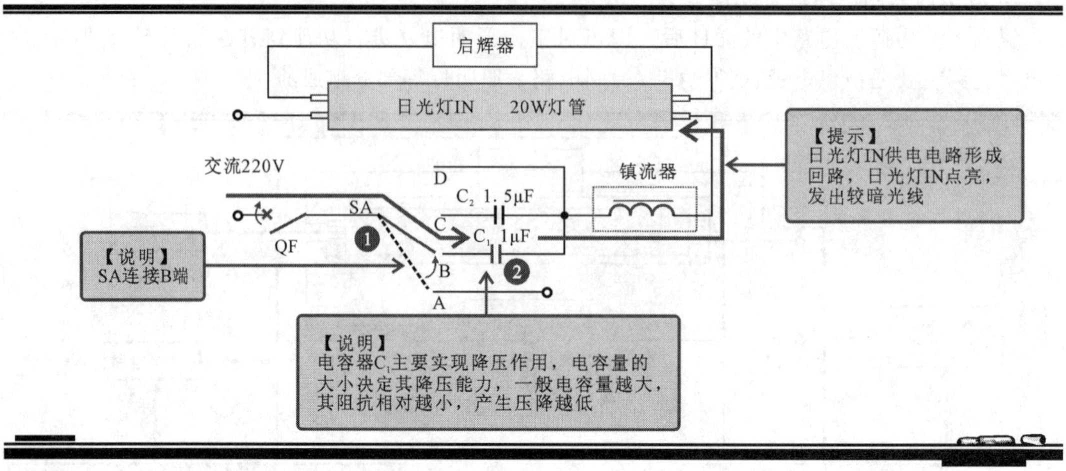
启辉器
日光灯IN 20W灯管
【提示】
日光灯IN供电电路形成回路，日光灯IN点亮，发出较暗光线
交流220V
D
C₂ 1.5μF
镇流器
SA
C
C₁ 1μF
QF
【说明】
SA连接B端
B
A
【说明】
电容器C₁主要实现降压作用，电容量的大小决定其降压能力，一般电容量越大，其阻抗相对越小，产生压降越低

图 5-37　室内照明电路中日光灯点亮的控制过程

【资料】

① 拨动多位开关 SA 的触头与 B 点连接时，电流经电容器 C_1、镇流器、启辉器、日光灯 IN 等形成回路。

② 电容器 C_1 在供电电路中起降压作用。由于电容器 C_1 电容量较小、阻抗较大，产生的压降较高，日光灯 IN 发出较暗的光线。

（3）调光控制过程

图 5-38 所示为室内照明电路中日光灯调光的控制过程。

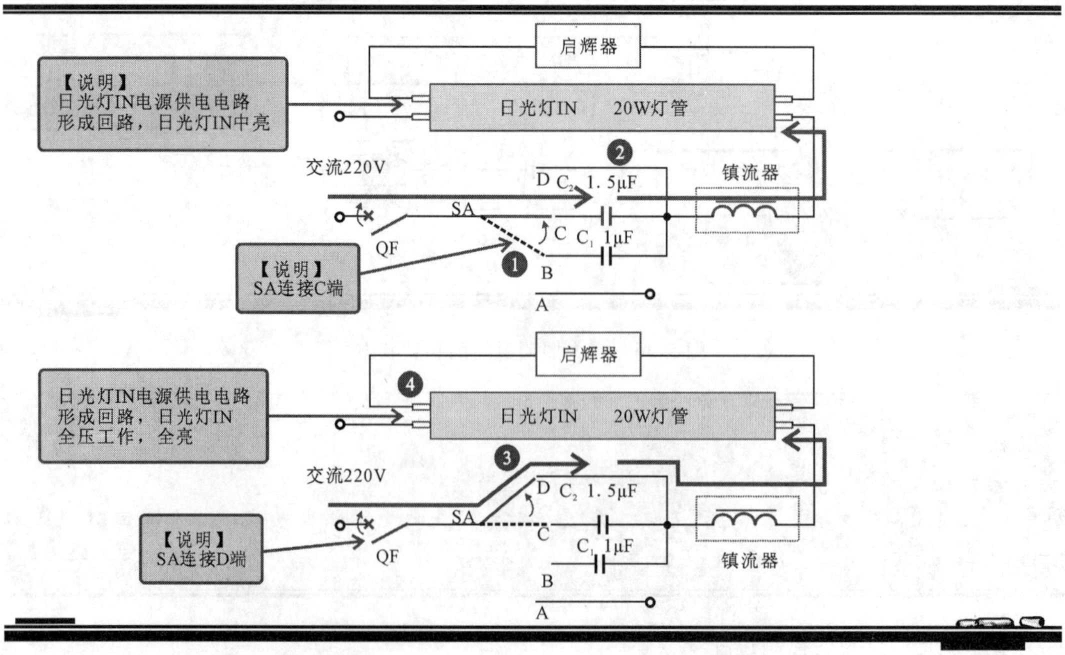
启辉器
【说明】
日光灯IN电源供电电路形成回路，日光灯IN中亮
日光灯IN 20W灯管
交流220V
D C₂ 1.5μF
镇流器
SA
C C₁ 1μF
QF
【说明】
SA连接C端
B
A
启辉器
日光灯IN电源供电电路形成回路，日光灯IN全压工作，全亮
日光灯IN 20W灯管
交流220V
D C₂ 1.5μF
SA
C
C₁ 1μF
【说明】
SA连接D端
QF
镇流器
B
A

图 5-38　室内照明电路中日光灯调光的控制过程

【资料】

① 拨动多位开关 SA 的触头与 C 点连接时，电流经电容器 C_2、镇流器、启辉器、日光灯 IN 等形成回路。

② 电容器 C_2 的电容量相对于电容器 C_1 的电容量增大，其阻抗较低，产生压降较低，日光灯 IN 发出的亮度增大。

③ 拨动多位开关 SA 的触头与 D 点连接，电流经镇流器、启辉器、日光灯 IN 等形成回路。

④ 此时交流 220V 电压全压进入电路，日光灯 IN 在额定电压下工作，日光灯 IN 全亮。

5.6.2 练会室外照明电路的识读

室外照明电路是指在公共环境下，当自然光线不足的情况下用来创造明亮环境的照明灯具控制电路。常见的室外照明电路有楼宇的楼道或走廊照明电路、路灯照明电路等。与室内照明电路不同的是，室外照明电路照明灯具的数量通常较多，且大多具有自动触发控制的特点。

1. 识别室外照明电路的主要部件

在学习识读室外照明电路之前，我们首先要了解室外照明电路的组成，这是识读室外照明电路图的前提。只有熟悉室外照明电路中包含的元件，才能识读出室外照明电路的功能及工作过程。图 5-39 所示为典型室外照明电路的主要部件。

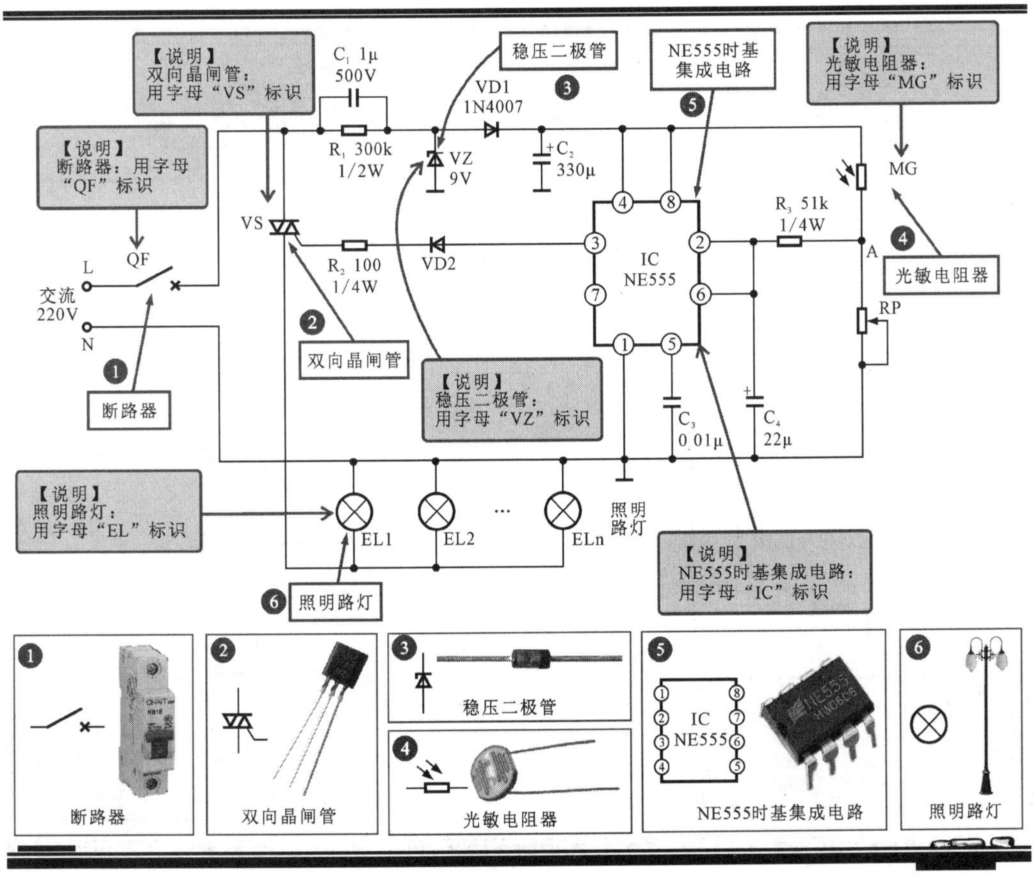
【说明】
双向晶闸管：
用字母“VS”标识
C_1 1μ
500V
稳压二极管
NE555时基
集成电路
【说明】
光敏电阻器：
用字母“MG”标识
【说明】
断路器：用字母
“QF”标识
VD1
1N4007
R_1 300k
1/2W
VZ
9V
C_2
330μ
MG
R_3 51k
1/4W
VS
QF
R_2 100
1/4W
VD2
IC
NE555
A
光敏电阻器
L
交流
220V
N
RP
双向晶闸管
断路器
【说明】
稳压二极管：
用字母“VZ”标识
C_3
0.01μ
C_4
22μ
【说明】
照明路灯：
用字母“EL”标识
EL1
EL2
ELn
照明
路灯
【说明】
NE555时基集成电路：
用字母“IC”标识
照明路灯
断路器
双向晶闸管
稳压二极管
光敏电阻器
IC
NE555
NE555时基集成电路
照明路灯

图 5-39 典型室外照明电路的主要部件

【资料】

① 断路器：在电路中作为总开关，也可采用具有过载和短路保护功能的继电器。

② 双向晶闸管：作为可控开关器件控制照明路灯供电的接通和断开。

③ 稳压二极管：在电路中作为稳压器件，用于稳定电压。

④ 光敏电阻器：是公共照明电路中最常用的一种感测器件，通过感知光线变化，其自身电阻值发生变化，并将这种变化作为重要的触发信息，来触发电路工作。

⑤ NE555 时基集成电路：其内部由模拟电路和数字电路组合而成，兼有模拟电路和数字电路的特点，应用十分广泛。一般情况下 NE555 时基电路的②脚电位低于 1/3VDD，即有触发信号加入时，会使输出端③脚输出高电平；当②脚电位高于 1/3VDD、⑥脚电位高于 2/3VDD 时，输出端③脚输出低电平。

⑥ 照明路灯：在电路中通常为多个照明路灯并联连接，以实现同时对某一区域路灯点亮和熄灭的控制。

2. 对室外照明电路进行功能划分

识别了室外照明电路中的元件后，接下来对室外照明电路进行功能划分，如图 5-40 所示。室外照明电路主要是由供电及保护电路、触发及控制电路、照明路灯等部分构成的。室外照明电路多是依靠自动感应元件、触发控制器件等组成的触发控制电路来对照明灯具进行控制。

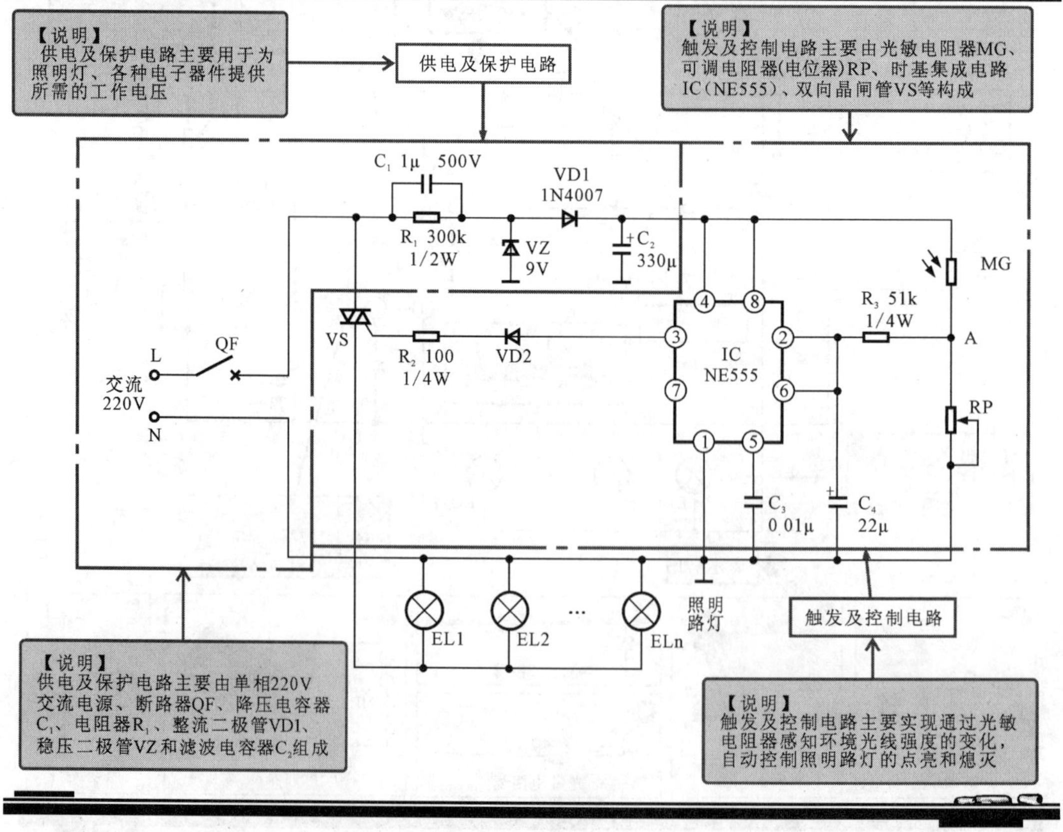
【说明】
供电及保护电路主要用于为照明灯、各种电子器件提供所需的工作电压
供电及保护电路
【说明】
触发及控制电路主要由光敏电阻器MG、可调电阻器(电位器)RP、时基集成电路IC（NE555）、双向晶闸管VS等构成
C1 1μ 500V
VD1 1N4007
R1 300k 1/2W
VZ 9V
C2 330μ
MG
R3 51k 1/4W
A
VS
R2 100 1/4W
VD2
IC NE555
RP
L
QF
交流 220V
N
C3 0.01μ
C4 22μ
EL1
EL2
ELn
照明路灯
触发及控制电路
【说明】
供电及保护电路主要由单相220V交流电源、断路器QF、降压电容器C1、电阻器R1、整流二极管VD1、稳压二极管VZ和滤波电容器C2组成
【说明】
触发及控制电路主要实现通过光敏电阻器感知环境光线强度的变化，自动控制照明路灯的点亮和熄灭

图 5-40 对室外照明电路进行功能划分

3. 对室外照明电路进行识读分析

根据室外照明电路的控制过程，将室外照明电路的识读过程划分成 2 个阶段。第 1 个阶段是照明路灯的供电过程，第 2 个阶段是照明路灯点亮的控制过程。

（1）照明路灯的供电过程

图 5-41 所示为照明路灯的供电过程。

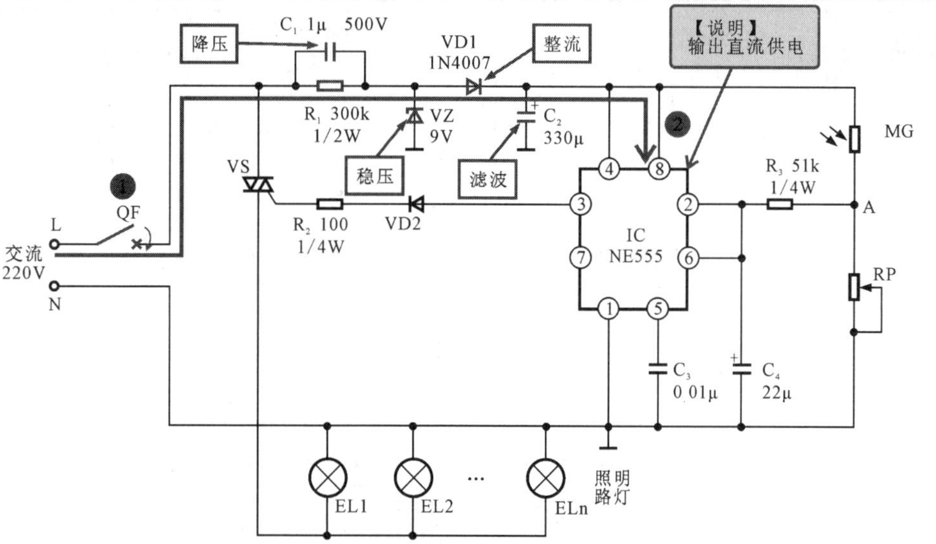
降压
C1 1μ 500V
VD1
1N4007
整流
【说明】
输出直流供电
R1 300k
1/2W
VZ
9V
C2
330μ
稳压
滤波
MG
VS
R3 51k
1/4W
A
QF
L
交流
220V
N
R2 100
1/4W
VD2
IC
NE555
RP
C3
0.01μ
C4
22μ
EL1
EL2
ELn
照明
路灯

图 5-41 照明路灯的供电过程

【资料】

① 合上供电电路中断路器 QF，接通交流 220V 电源。

② 交流 220V 电压经整流和滤波电路后，输出直流电压为电路中时基集成电路 IC 供电，进入准备工作状态。

（2）照明路灯点亮的控制过程

图 5-42 为照明路灯点亮的控制过程。

【资料】

① 夜晚来临时，光照强度逐渐减弱，光敏电阻器 MG 的电阻值逐渐增大。光敏电阻器 MG 阻值增大，其压降升高，分压点 A 点电压降低。

② 加到时基集成电路 IC 的②、⑥脚的电压变为低电平。时基集成电路 IC②、⑥脚为低电平（低于 1/3VDD）时，内部触发器翻转，其③脚输出高电平，二极管 VD 导通。

③ VD 导通后，触发晶闸管 VS 导通，照明路灯形成供电回路，EL1 ~ ELn 同时点亮。

④ 当第二天黎明来临时，光照强度越来越高，光敏电阻器 MG 的电阻值逐渐减小。光敏电阻器 MG 分压后加到时基集成电路 IC 的②、⑥脚上的电压又逐渐升高。

⑤ 当 IC②脚电压上升至大于 2/3VDD 时，⑥脚电压也大于 2/3VDD 时，使 IC 内部触发器再次翻转，IC 的③脚输出低电平，二极管 VD 截止、晶闸管 VS 截止。

⑥ 晶闸管 VS 截止，照明路灯 EL1 ~ ELn 供电回路被切断，所有照明路灯同时熄灭。

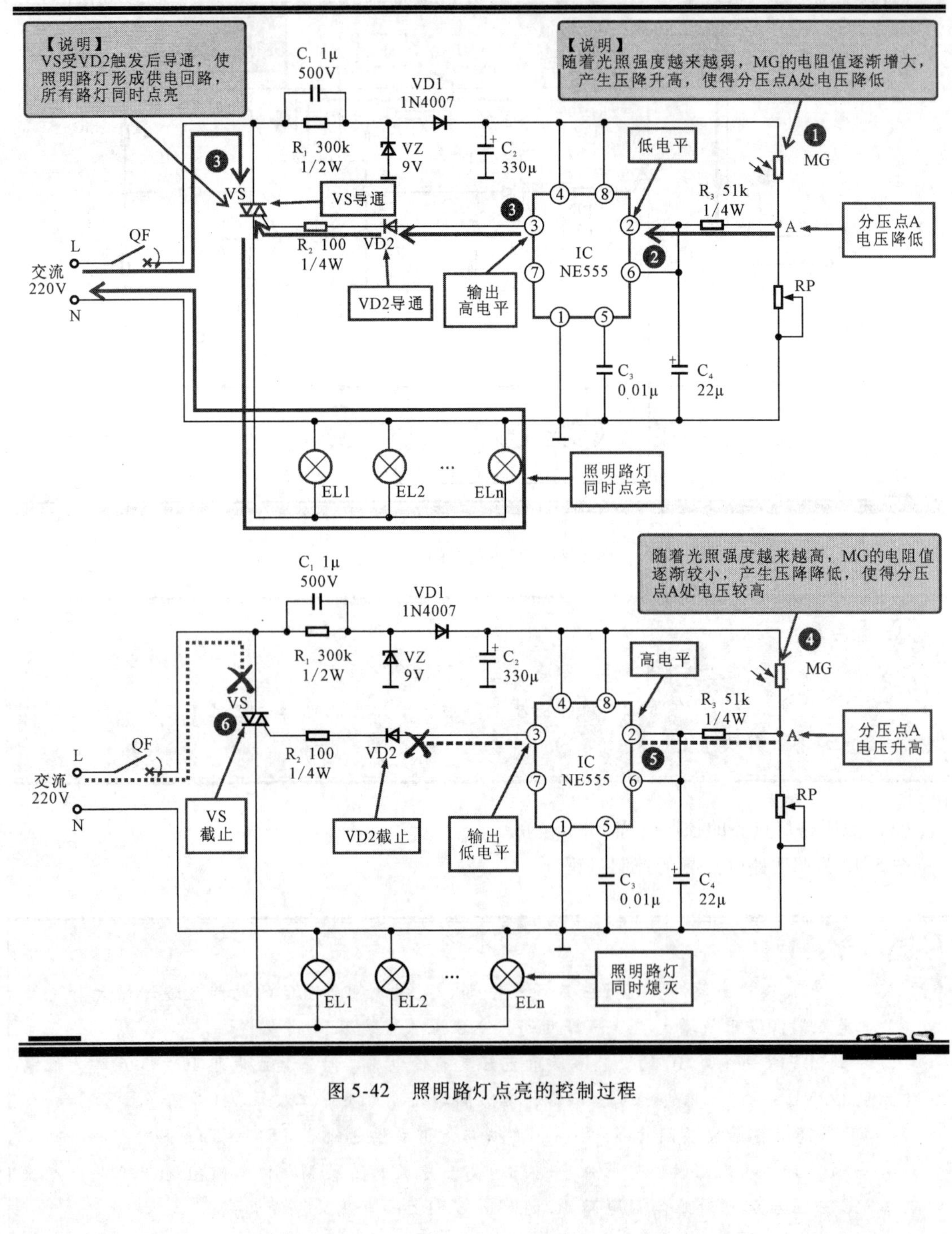
【说明】
VS受VD2触发后导通，使照明路灯形成供电回路，所有路灯同时点亮
【说明】
随着光照强度越来越弱，MG的电阻值逐渐增大，产生压降升高，使得分压点A处电压降低
C1 1μ
500V
VD1
1N4007
R1 300k
1/2W
VZ
9V
C2
330μ
低电平
MG
VS
VS导通
R3 51k
1/4W
A
分压点A
电压降低
L
QF
交流
220V
N
R2 100
1/4W
VD2
IC
NE555
RP
VD2导通
输出
高电平
C3
0.01μ
C4
22μ
EL1
EL2
ELn
照明路灯
同时点亮
随着光照强度越来越高，MG的电阻值逐渐较小，产生压降降低，使得分压点A处电压较高
高电平
分压点A
电压升高
VS
截止
VD2截止
输出
低电平
照明路灯
同时熄灭

图 5-42 照明路灯点亮的控制过程

第6章

记住！供配电电路的检修需要训练

现在我们开始进入第6章的学习：本章我们要着重练习检修供配电电路。对于电工维修人员来说，掌握供配电电路的检测方法是非常重要的操作技能。这项技能在实际工作中被广泛应用。为了让大家能够在短时间内，迅速掌握并提升供配电电路检修技能，我们会依托实际检修案例，从了解供配电电路的结构入手，明确供配电电路的工作特点，搞清楚供配电电路中各主要部件的工作关系，培养对供配电电路的故障分析能力，最终实现对不同故障的检测和维修。总之，要掌握供配电电路的检修技能需要大量的练习，希望大家在实际案例中认真总结，认真体会，努力尝试，记住，供配电电路的检修需要训练。

6.1 了解供配电电路的结构是检修作业的首要条件

供配电电路中主要包括发电厂、高压供配电电路和低压供配电电路三大部分，如图6-1所

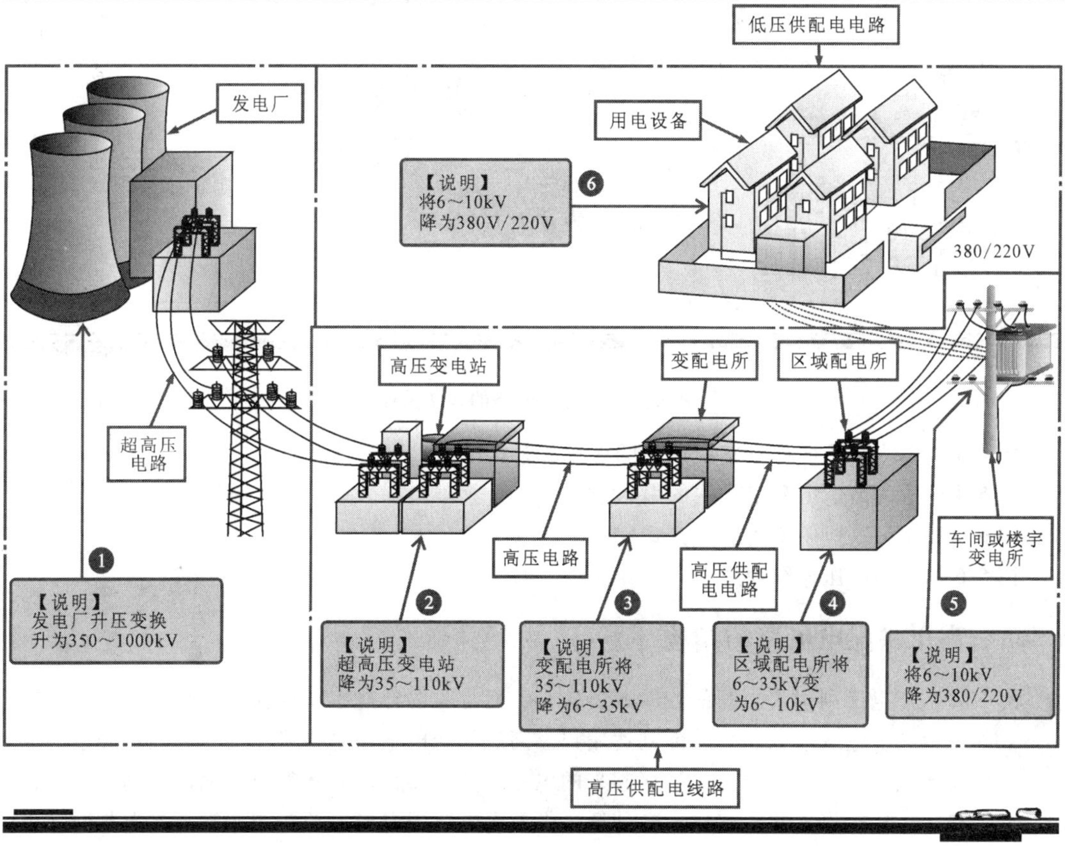

低压供配电电路
发电厂
用电设备
【说明】
将6～10kV
降为380V/220V
6
380/220V
高压变电站
变配电所
区域配电所
超高压
电路
高压电路
高压供配电
电电路
车间或楼宇
变电所
1
【说明】
发电厂升压变换
升为350～1000kV
2
【说明】
超高压变电站
降为35～110kV
3
【说明】
变配电所将
35～110kV
降为6～35kV
4
【说明】
区域配电所将
6～35kV变
为6～10kV
5
【说明】
将6～10kV
降为380/220V
高压供配电线路

图6-1 供配电电路的结构

示。了解供配电电路的结构是检修作业的首要条件。

发电厂利用发电机将风能、水能、热能等转化为电能，将电能供应和分配至高压供配电电路中，升压并进行远距离传输，传输到城镇的供配电所，再经变压器对其进行降压和分配，将降压后的中、高压一路送入工厂变电所中，由工厂变压所通过变压器将其再降压并分配为工厂中所需要的电压；另一路中、高压送入低压供电电路中，经低压供配电电路对其进行降压分配，降压后的电压为楼宇、家庭、农村等供电。

无论是高压供配电电路还是低压供配电电路，其电路中的各种电气设备的接线方式和关系都用电路图表示，如图 6-2 所示。

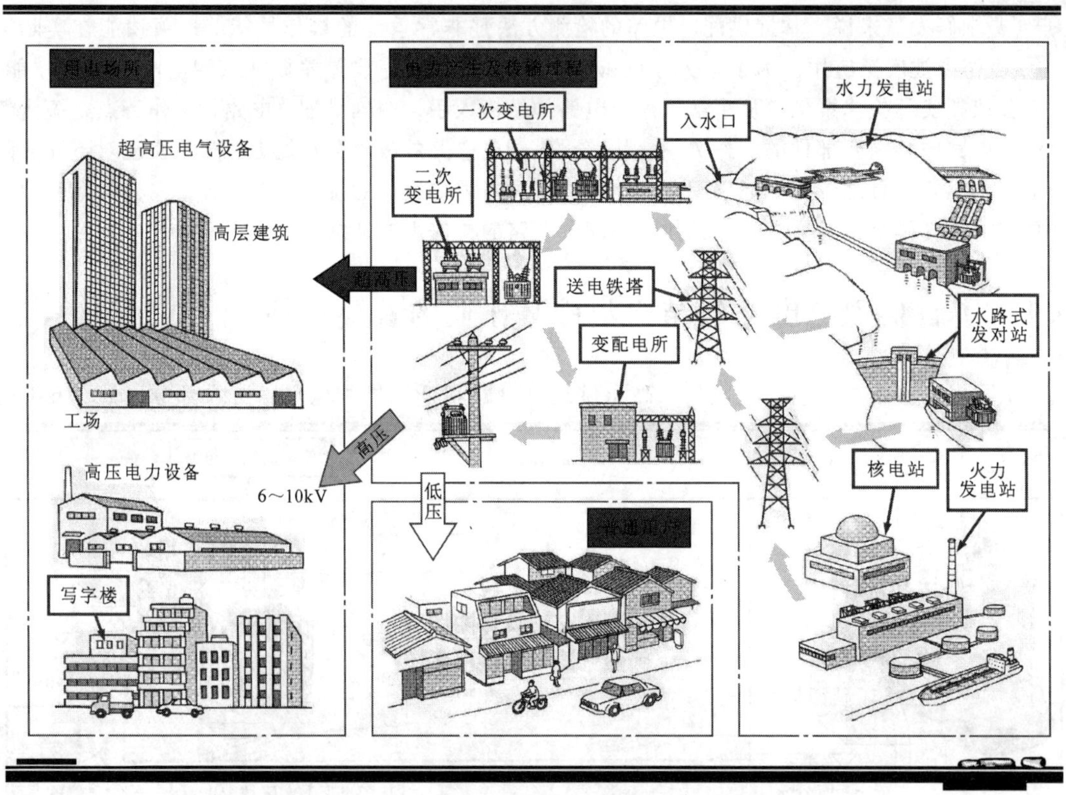
超高压电气设备
高层建筑
工场
高压电力设备
6～10kV
写字楼
一次变电所
二次
变电所
超高压
送电铁塔
变配电所
高压
低压
入水口
水力发电站
水路式
发对站
核电站
火力
发电站

图 6-2　供配电电路的连接关系

图 6-3 所示为高压变配室室内设备的连接关系。

图 6-4 所示为高压电源绝缘线的引入端结构。

图 6-5 所示为高压电缆的引入方式。

图 6-6 所示为高压电缆埋地引入方式。

6.1.1　高压供配电电路的结构

从发电厂到用户之间的传输距离较长，而且需要经过多次变换。超高压电源需要经多次变换和传输变成低压后才能到达用户。高压供配电电路是指将超高压或高压经过的变配电设备按照一定的接线方式连接起来的电路。其主要作用是将发电厂输出的高压电进行传输、分配和降压后输出，并使其作为各种低压供配电电路的电能来源，图 6-7 所示为典型高压供配电电路的结构组成。

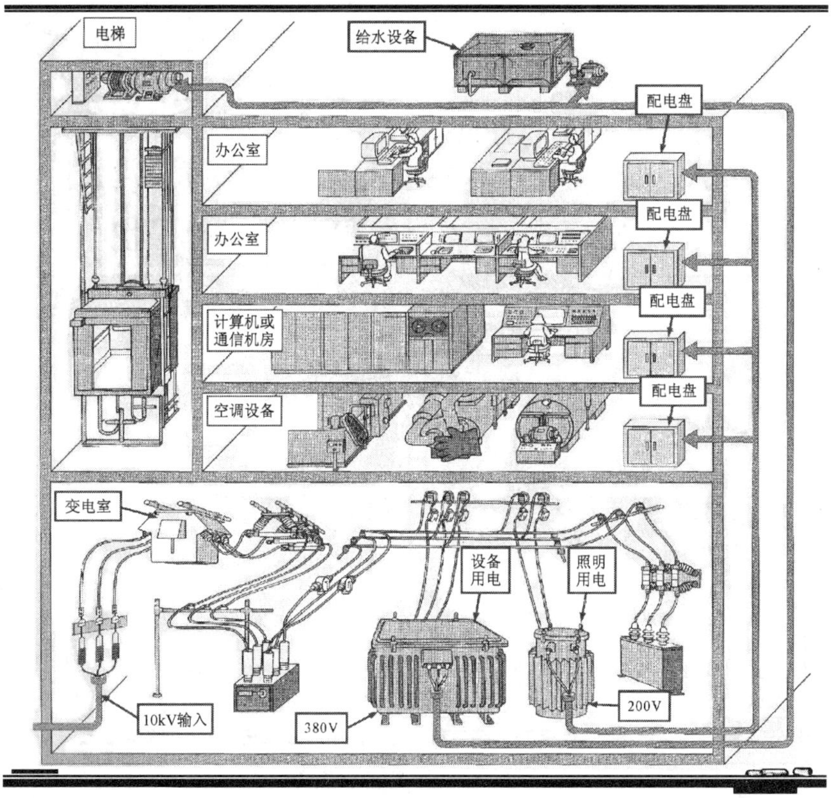
电梯
给水设备
配电盘
办公室
配电盘
办公室
配电盘
计算机或
通信机房
配电盘
空调设备
变电室
设备
用电
照明
用电
10kV输入
380V
200V

图 6-3　高压变配室室内设备的连接关系

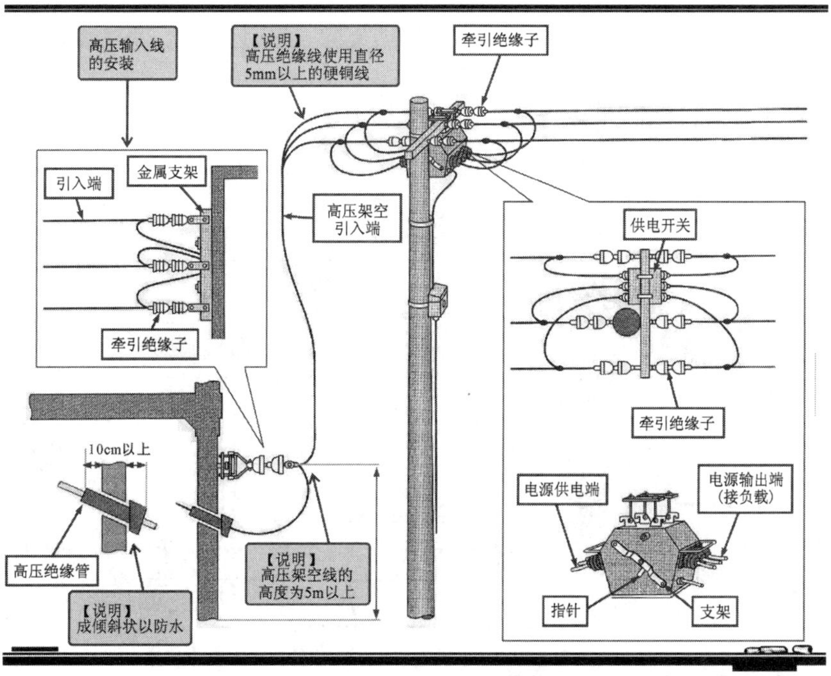
高压输入线
的安装
【说明】
高压绝缘线使用直径
5mm以上的硬铜线
牵引绝缘子
引入端
金属支架
牵引绝缘子
高压架空
引入端
供电开关
牵引绝缘子
10cm以上
高压绝缘管
【说明】
成倾斜状以防水
【说明】
高压架空线的
高度为5m以上
电源供电端
电源输出端
(接负载)
指针
支架

图 6-4　高压电源绝缘线的引入端结构

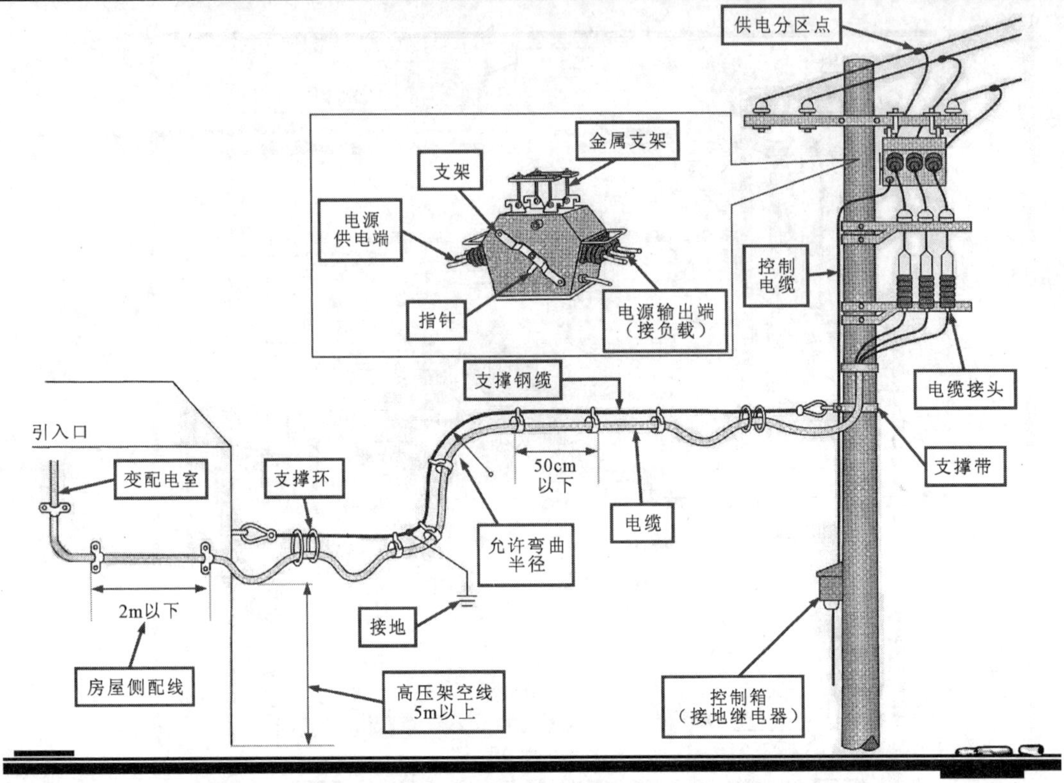
供电分区点
金属支架
支架
电源
供电端
指针
电源输出端
（接负载）
控制
电缆
电缆接头
支撑钢缆
引入口
变配电室
支撑环
50cm
以下
电缆
支撑带
允许弯曲
半径
2m以下
接地
房屋侧配线
高压架空线
5m以上
控制箱
（接地继电器）

图 6-5　高压电缆的引入方式

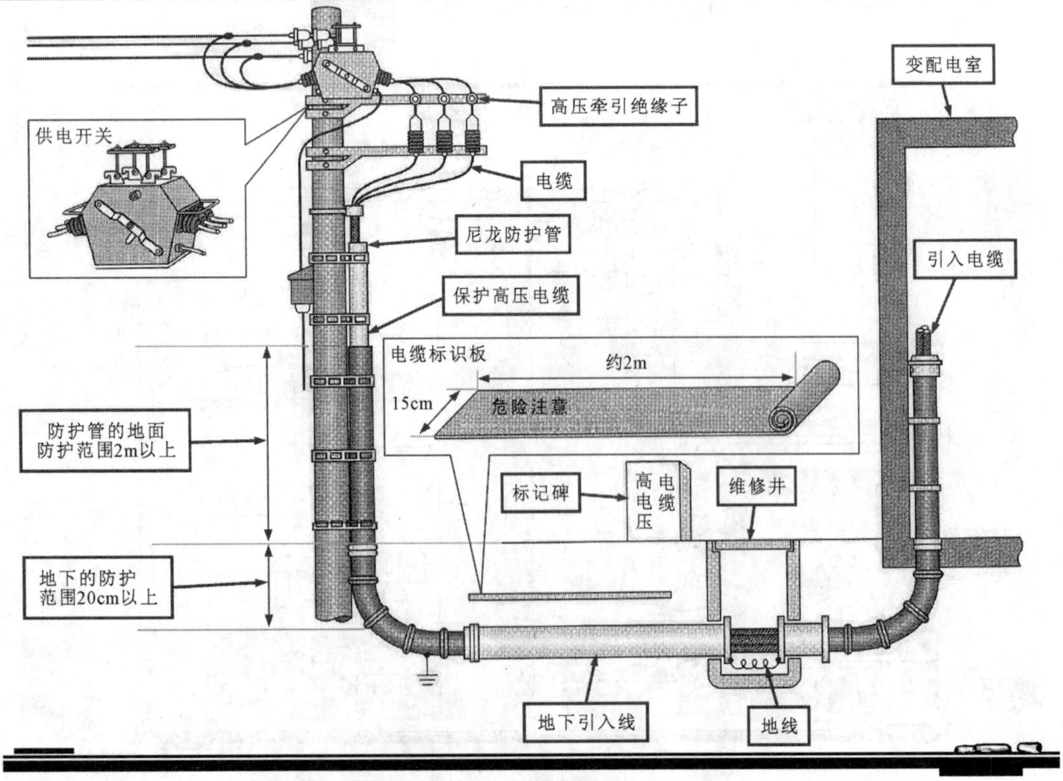
高压牵引绝缘子
变配电室
供电开关
电缆
尼龙防护管
引入电缆
保护高压电缆
电缆标识板
约2m
15cm
危险注意
防护管的地面
防护范围2m以上
标记碑
高压电缆
维修井
地下的防护
范围20cm以上
地下引入线
地线

图 6-6　高压电缆埋地引入方式

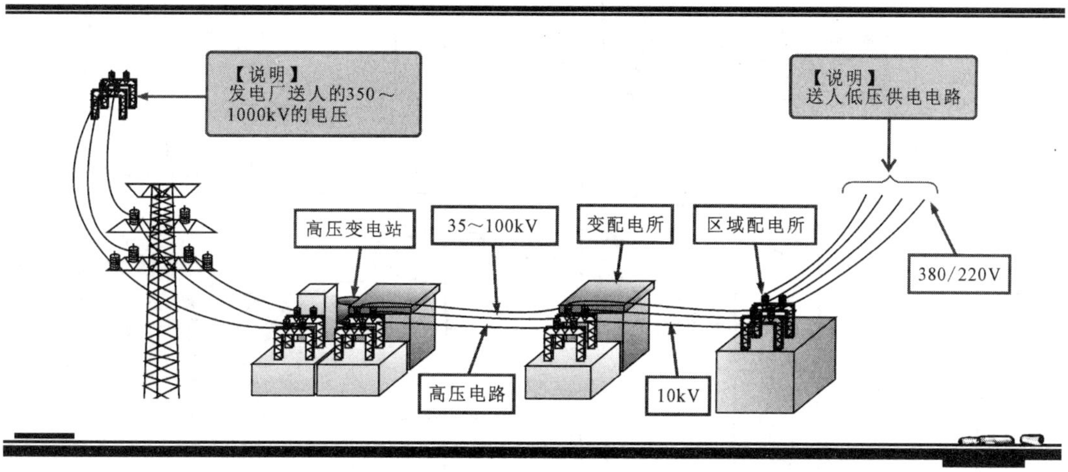
【说明】
发电厂送入的350～1000kV的电压
【说明】
送入低压供电电路
高压变电站
35～100kV
变配电所
区域配电所
380/220V
高压电路
10kV

图6-7　高压供配电电路的结构组成

1. 高压供配电电路之间的连接方法

常见的高压供配电电路之间的连接方式可以分为三种：放射式、树干式和环形式，不同的高压供配电电路连接方式具有不同的优势。

（1）放射式连接的高压供配电电路

放射式连接的高压供配电电路是由变配电所的母线引出高压线缆与区域配电所的变压器进行连接。放射式连接可以分为单回路放射式连接和双电路放射式连接，如图6-8所示。

（2）树干式连接的高压供配电电路

树干式连接的高压供配电电路是由变配电所的母线引出一条高压线缆，由该高压线缆为某个区域变压所进行供电，如图6-9所示。

（3）环形连接高压供配电电路

环形式连接高压供配电电路是通过变电母线输出的高压线缆形成环形连接方式，在该线缆上连接多个区域变电所，如图6-10所示。

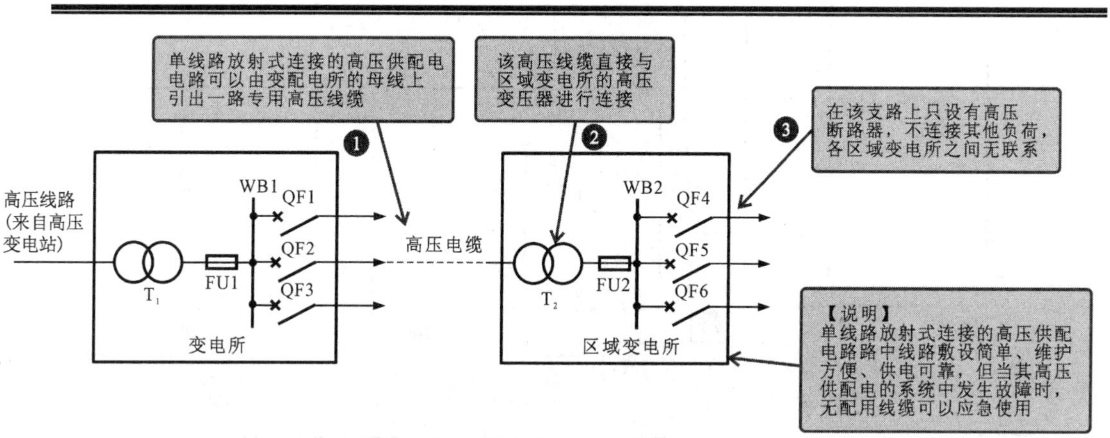
单线路放射式连接的高压供配电电路可以由变配电所的母线上引出一路专用高压线缆
该高压线缆直接与区域变电所的高压变压器进行连接
在该支路上只设有高压断路器，不连接其他负荷，各区域变电所之间无联系
高压线路（来自高压变电站）
WB1
QF1
QF2
QF3
FU1
T1
变电所
高压电缆
WB2
QF4
QF5
QF6
FU2
T2
区域变电所
【说明】
单线路放射式连接的高压供配电电路中线路敷设简单、维护方便、供电可靠，但当其高压供配电的系统中发生故障时，无配用线缆可以应急使用

a）单线路放射式连接的高压配电系统

图6-8　放射式连接的高压配电系统

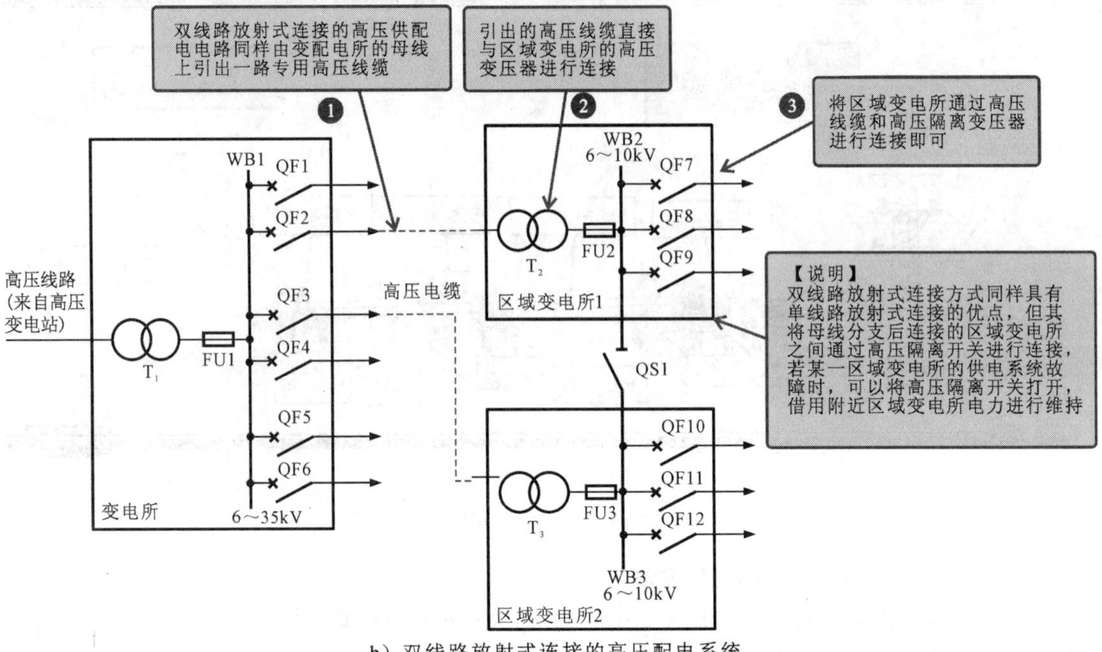
双线路放射式连接的高压供配电电路同样由变配电所的母线上引出一路专用高压线缆
引出的高压线缆直接与区域变电所的高压变压器进行连接
将区域变电所通过高压线缆和高压隔离变压器进行连接即可
【说明】
双线路放射式连接方式同样具有单线路放射式连接的优点，但其将母线分支后连接的区域变电所之间通过高压隔离开关进行连接，若某一区域变电所的供电系统故障时，可以将高压隔离开关打开，借用附近区域变电所电力进行维持
高压线路（来自高压变电站）
WB1
QF1
QF2
QF3
QF4
QF5
QF6
T1
FU1
变电所
6~35kV
高压电缆
WB2
6~10kV
QF7
QF8
QF9
T2
FU2
区域变电所1
QS1
QF10
QF11
QF12
T3
FU3
WB3
6~10kV
区域变电所2

b）双线路放射式连接的高压配电系统

图 6-8 放射式连接的高压配电系统（续）

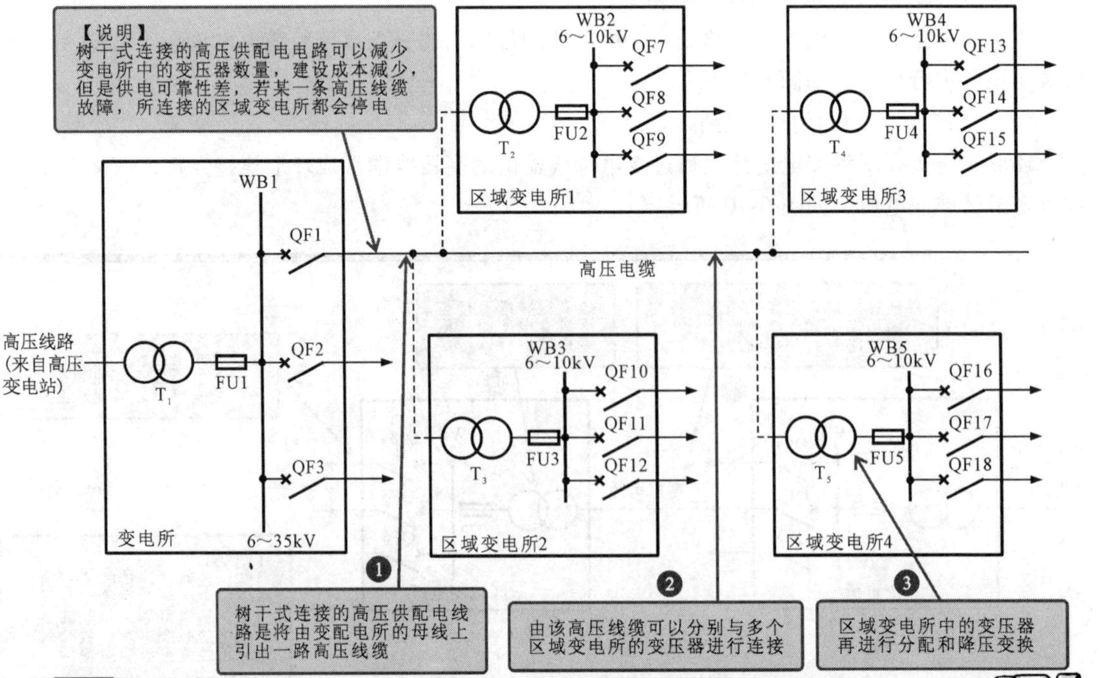
【说明】
树干式连接的高压供配电电路可以减少变电所中的变压器数量，建设成本减少，但是供电可靠性差，若某一条高压线缆故障，所连接的区域变电所都会停电
WB1
QF1
QF2
QF3
T1
FU1
高压线路（来自高压变电站）
变电所
6~35kV
WB2
6~10kV
QF7
QF8
QF9
T2
FU2
区域变电所1
WB4
6~10kV
QF13
QF14
QF15
T4
FU4
区域变电所3
高压电缆
WB3
6~10kV
QF10
QF11
QF12
T3
FU3
区域变电所2
WB5
6~10kV
QF16
QF17
QF18
T5
FU5
区域变电所4
树干式连接的高压供配电线路是将由变配电所的母线上引出一路高压线缆
由该高压线缆可以分别与多个区域变电所的变压器进行连接
区域变电所中的变压器再进行分配和降压变换

图 6-9 树干式连接的高压供配电电路

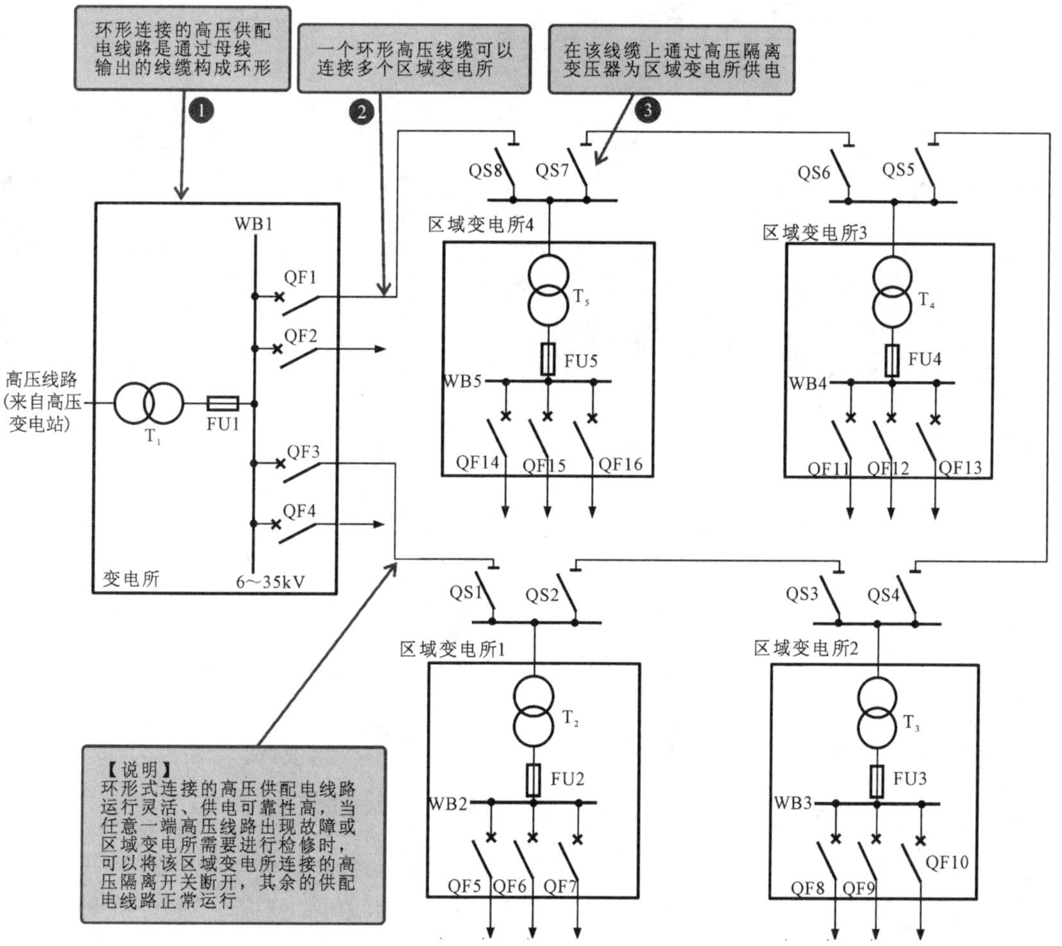
环形连接的高压供配电线路是通过母线输出的线缆构成环形
一个环形高压线缆可以连接多个区域变电所
在该线缆上通过高压隔离变压器为区域变电所供电
WB1
QF1
QF2
QF3
QF4
高压线路（来自高压变电站）
T_1
FU1
变电所
6～35kV
QS8
QS7
QS6
QS5
区域变电所4
区域变电所3
T_5
T_4
FU5
FU4
WB5
WB4
QF14
QF15
QF16
QF11
QF12
QF13
QS1
QS2
QS3
QS4
区域变电所1
区域变电所2
T_2
T_3
FU2
FU3
WB2
WB3
QF5
QF6
QF7
QF8
QF9
QF10
【说明】
环形式连接的高压供配电线路运行灵活、供电可靠性高，当任意一端高压线路出现故障或区域变电所需要进行检修时，可以将该区域变电所连接的高压隔离开关断开，其余的供配电线路正常运行

图 6-10　环形式连接的高压供配电电路

提问

通常情况下，高压供配电电路都应用在那些场合？

回答

超高压和高压供配电电路应用于各种电力传输、变换和分配的场所，例如，常见的高压架空电路、高压变电所、车间或楼宇变电所等，如图 6-11 所示。为了降低电能在传输过程中的损耗，一般在跨省、市运距离电力传输系统中，采用超高压或高压（>100kV），在中短距离的电力传输系统中采用较高的电压（>35kV），在近距离的高压向低压分配和传输中采用基本高压电（<10kV）。因而从发电厂或水电站输出电能到分配到各低压配电电路中的过程，即是高压或超高压电的供应、传输、分配的过程。在这个过程中需要一些传输、变换、开关和控制装置。

高压供配电线缆
高压供配电线缆
高压配电设备
高压变电设备
高压供配电线缆
高压配电设备
高压配电设备
高压配电设备

a）典型变配电所中的高压供配电电路

b）典型区域配电所中的高压供配电电路　　c）典型变电所中的变配电设备

图 6-11　高压供配电电路的基本应用

高压供配电电路是由各种高压供配电器件和设备组合连接所形成的，高压供配电电路中电气设备的接线方式和连接关系都可以利用电路图进行表示。在对高压供配电电路进行检修之前，应当先了解高压供配电电路中的主要器件和设备的连接关系，并通过识读高压供配电电路的电路图，做好供配电电路的故障分析。

例如，图 6-12 所示为典型的高压供配电电路（高压变电所的主接线图），可以根据电路图中的各个符号和标识建立起与实物对应的关系。该高压供配电电路是由降压变电所、母线 WB1、WB2、WB3、电力变压器（T_1、T_2）、高压电压互感器（TV1、TV2）、高压电流互感器（TA1 ~ TA4）、高压隔离开关（QS1 ~ QS11 等）、高压断路器（QF1 ~ QF3 等）、高压熔断器（FU1 ~ FU4）以及避雷器（F_1、F_2）等构成。

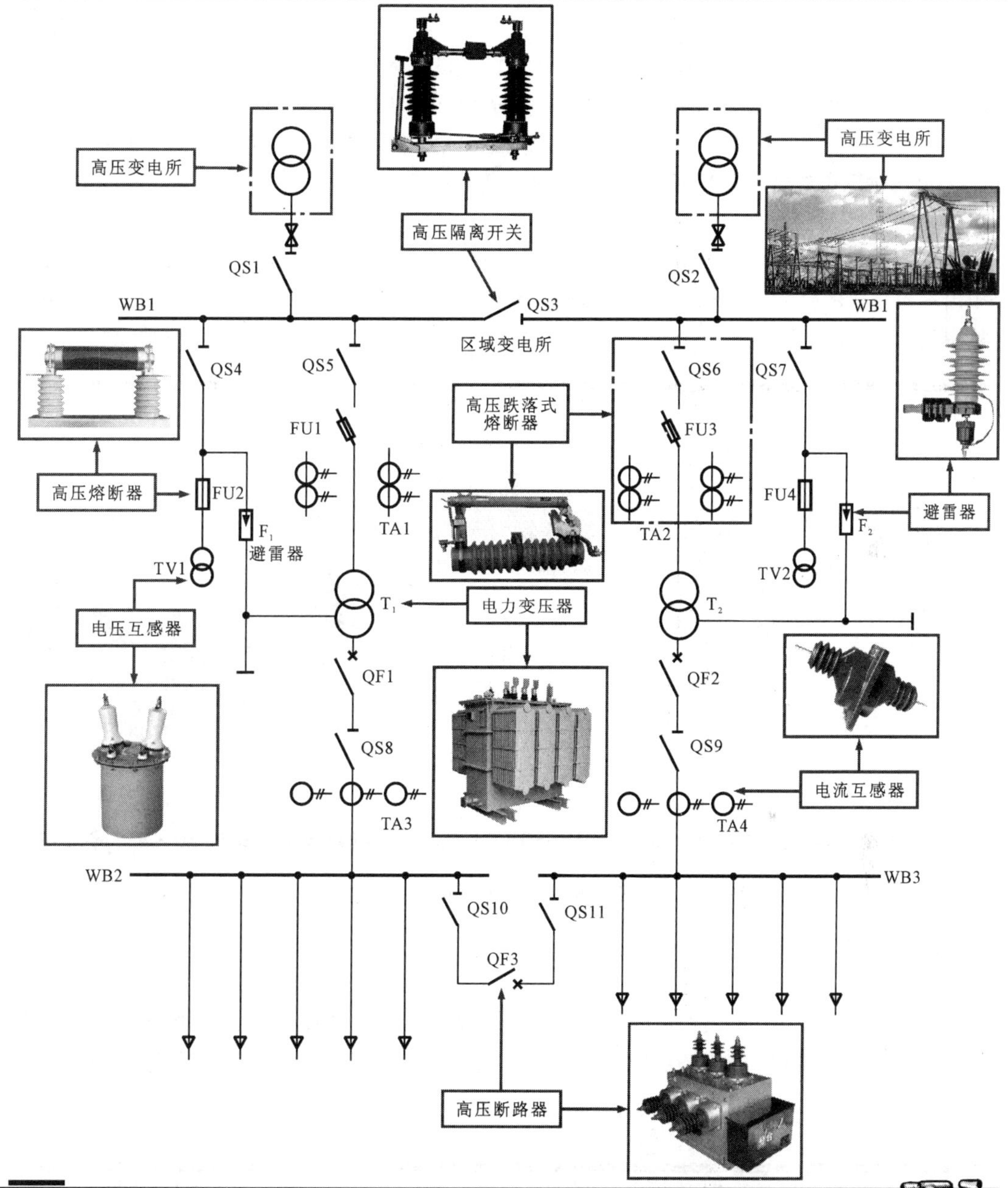
高压变电所
高压隔离开关
高压变电所
QS1
QS2
WB1
QS3
WB1
区域变电所
QS4
QS5
QS6
QS7
高压跌落式熔断器
FU1
FU3
高压熔断器
FU2
TA1
TA2
FU4
避雷器
F1
避雷器
F2
TV1
TV2
T1
电力变压器
T2
电压互感器
QF1
QF2
QS8
QS9
电流互感器
TA3
TA4
WB2
WB3
QS10
QS11
QF3
高压断路器

图 6-12　典型的高压供配电电路

从图 6-12 中可以看出，由高压变电所将超高压变成高压后通过高压线缆连接器与区域变电所的高压线缆进行连接，同时经两个高压隔离开关（QS1 ~ QS2）送入区域变电所的母线 WB1。当两个高压变电所同时供电时，高压隔离开关 QS3 断开，若其中一个高压变电所发生故障或高压线缆有故障时，可以将高压隔离开关 QS3 闭合，由一所高压变电所为区域变电所进行供电。经过母线 WB1 后，一路经高压隔离开关 QS5、高压跌落式熔断器 FU1、高压电流互感器 TA1 送入电力变压器 T_1，经 T_1 降压后变成较低的中低压，再经断路器 QF1、隔离开关 QS8、电流互感器 TA3 后送入母线 WB2 上；同时 WB1 母线经隔离开关 QS4、熔断器 FU2、电压互感器 TV1 和避

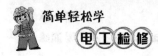

雷器 F_1 接地对供电系统进行保护。WB1 的右路输出的供电系统与上述供电系统的结构完全相同。

不同的高压供配电电路，所采用的高压供配电的设备和数量也不尽相同。熟悉和掌握高压供配电电路中主要部件的图形符号和文字符号的代表含义，还应了解各部件的功能特点，以便于对供配电电路进行检修，下面介绍几种高压供配电电路中常用的高压电气设备。

2. 高压供配电电路中常用的高压电气设备

（1）高压断路器

高压断路器（QF）是高压供配电电路中具有保护功能的开关装置。当高压供配电的负载电路中出现短路故障时，高压断路器会自行断开对整个高压供配电电路进行保护，防止因短路造成电路中其他设备的故障。图 6-13 所示为高压供配电电路中常用的高压断路器实物外形。

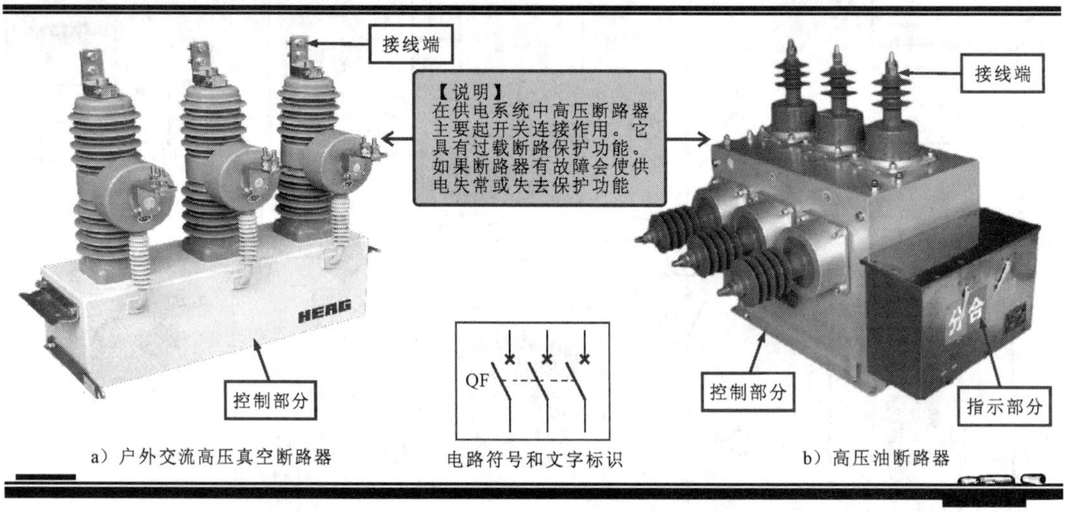
接线端
【说明】
在供电系统中高压断路器主要起开关连接作用。它具有过载断路保护功能。如果断路器有故障会使供电失常或失去保护功能
接线端
HEAG
QF
分合
控制部分
控制部分
指示部分
a）户外交流高压真空断路器
电路符号和文字标识
b）高压油断路器

图 6-13　高压供配电电路中常用的高压断路器实物外形

（2）高压隔离开关

高压隔离开关（QS）在高压供配电电路中用于隔离高压电压，保护高压电气设备的安全，使用时需与高压断路器配合使用。高压隔离开关没有灭弧的功能，因此不能将其用于会产生电弧（强电流）的场合（电路）中。图 6-14 所示为高压供配电电路中常用的高压隔离开关实物外形。

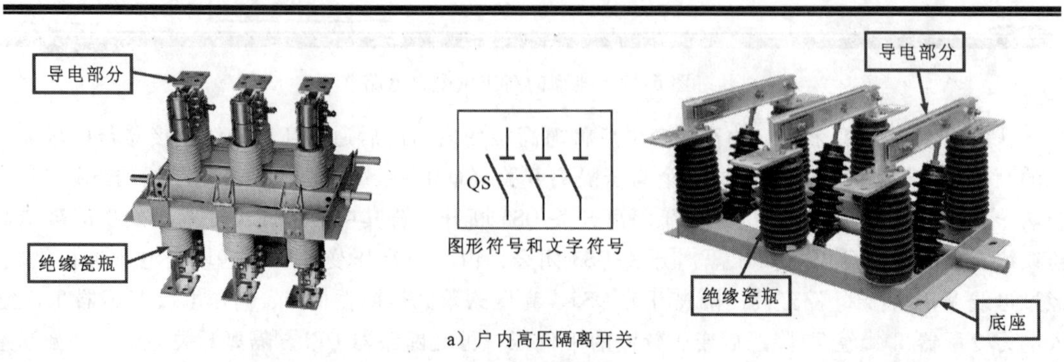
导电部分
导电部分
QS
图形符号和文字符号
绝缘瓷瓶
绝缘瓷瓶
底座
a）户内高压隔离开关

图 6-14　高压供配电电路中常用的高压隔离开关实物外形

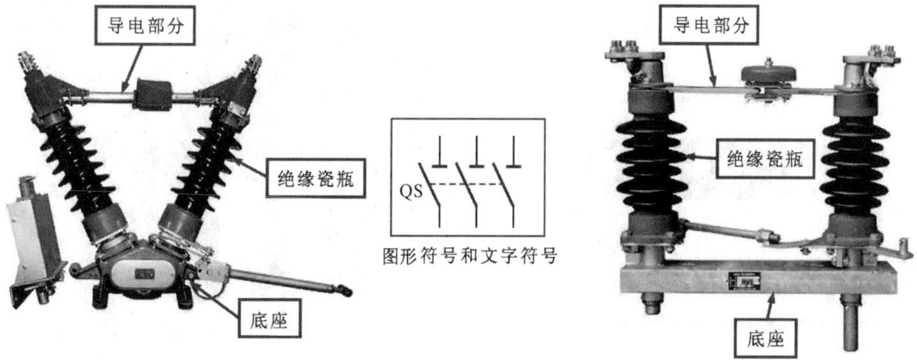
导电部分
绝缘瓷瓶
底座
QS
图形符号和文字符号
导电部分
绝缘瓷瓶
底座

b）户外高压隔离开关

图 6-14　高压供配电电路中常用的高压隔离开关实物外形（续）

【资料】

当高压隔离开关发生故障时，无法再保证检测电路与带电体之间进行隔离，可能会导致需要被隔离的电路带电，从而可能导致触电事故。

（3）高压熔断器

高压熔断器（FU）在高压供配电电路中是用于保护设备安全的装置，当高压供配电电路中出现过电流的情况时，高压熔断器会自动断开电路，以确保高压供配电电路及设备的安全。图6-15所示为高压供配电电路中高压熔断器的实物外形。

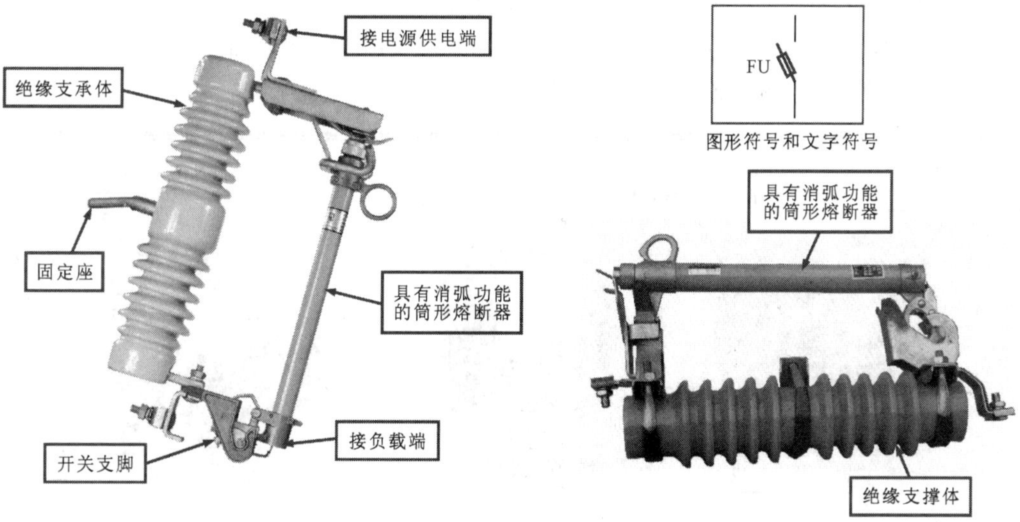
接电源供电端
绝缘支承体
固定座
具有消弧功能
的筒形熔断器
开关支脚
接负载端
FU
图形符号和文字符号
具有消弧功能
的筒形熔断器
绝缘支撑体

a）高压跌落式熔断器

图 6-15　高压供配电电路中高压熔断器的实物外形

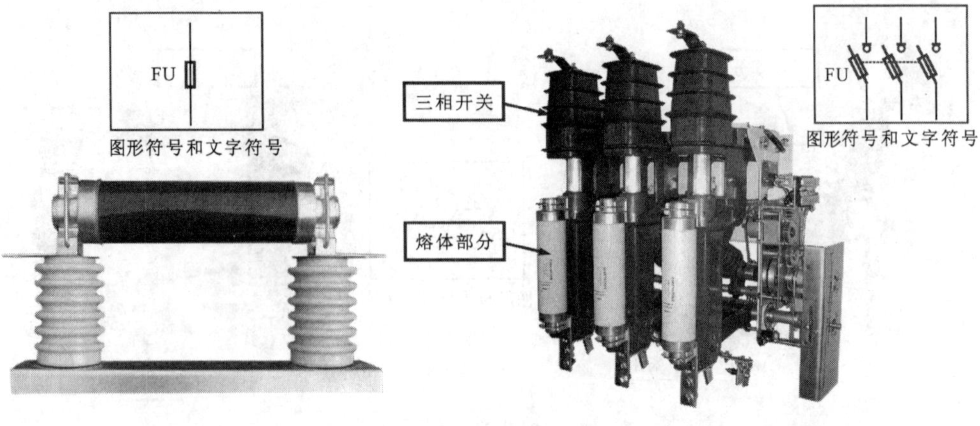
FU
图形符号和文字符号
三相开关
熔体部分
FU
图形符号和文字符号

b）普通高压熔断器　　c）带高压负荷开关与高压熔断器组合的高压设备

图 6-15　高压供配电电路中高压熔断器的实物外形（续）

【资料】

当高压熔断器发生故障时，可能会导致高压供配电电路中出现过电流情况，从而导致该供电系统中的线缆和电气设备发生损坏。如高压熔断器本体发生损坏，会导致其连接的高压供电电路大面积停电。此时应当对该高压供配电电路中的其他电气设备进行检查，当所有的故障排除后，方可更换高压熔断器。

（4）高压电流互感器

高压电流互感器（TA）在高压供配电电路中是用来检测电路流过电流的装置，用于驱动电流表提示电流或用于过电流保护。它是一种将大电流转换成小电流的变压器，是高压供配电电路中的重要组成部分，被广泛应用于继电保护、电能计量、远方控制等方面。电流互感器通过线圈感应的方法检测出电路中流过电流的大小，以便在电流过大时进行报警和保护。图 6-16 所示为高压供配电电路中高压电流互感器的实物外形。

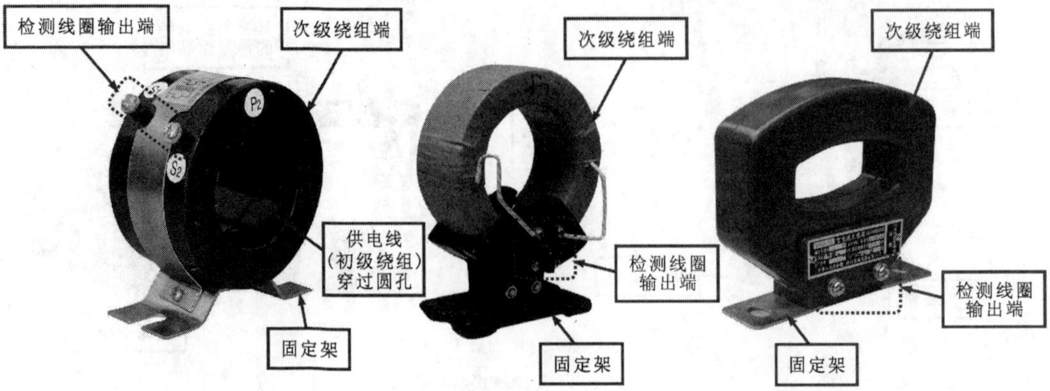
检测线圈输出端
次级绕组端
P2
S2
供电线
(初级绕组)
穿过圆孔
固定架
次级绕组端
检测线圈
输出端
固定架
次级绕组端
检测线圈
输出端
固定架

a）RCT型电流互感器　　b）零序电流互感器　　c）适于扁形导体的电流互感器

图 6-16　高压供配电电路中高压电流互感器的实物外形

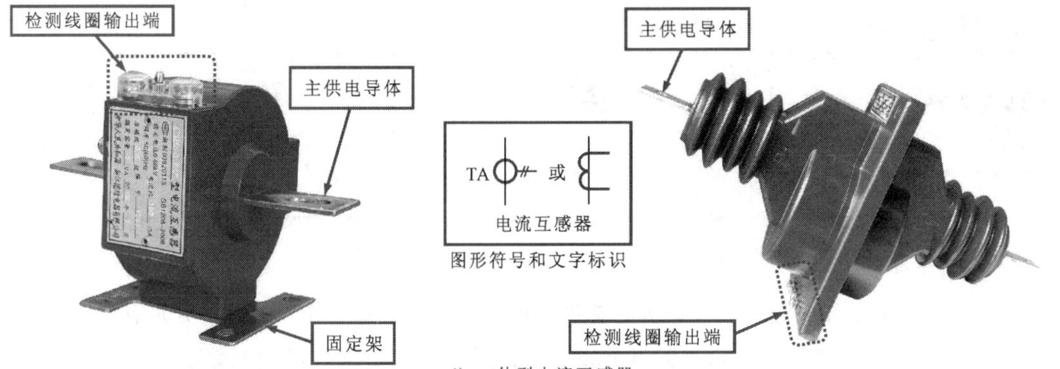
检测线圈输出端
主供电导体
固定架
TA 或
电流互感器
图形符号和文字标识
主供电导体
检测线圈输出端

d）一体型电流互感器

图 6-16　高压供配电电路中高压电流互感器的实物外形（续）

【资料】

当高压电流互感器出现故障时，会导致与该高压电流互感器进行连接的电路发生停电的故障或过载故障，甚至可能导致整个变压站发生电力瘫痪。

（5）高压电压互感器

高压电压互感器（TV）在高压供配电电路中是用于把高电压按比例关系变换成 100V 或更低等级的次级电压的变压器，用于驱动电压表指示电压值或用于过电压保护。它实际上就是一个变压器，通常与电压表配合使用，指示电路的电压值和电流值，供保护、计量、仪表装置使用。同时，使用电压互感器可以用低压电器设备指示高压电路的工作状态，安全性好。图 6-17 所示

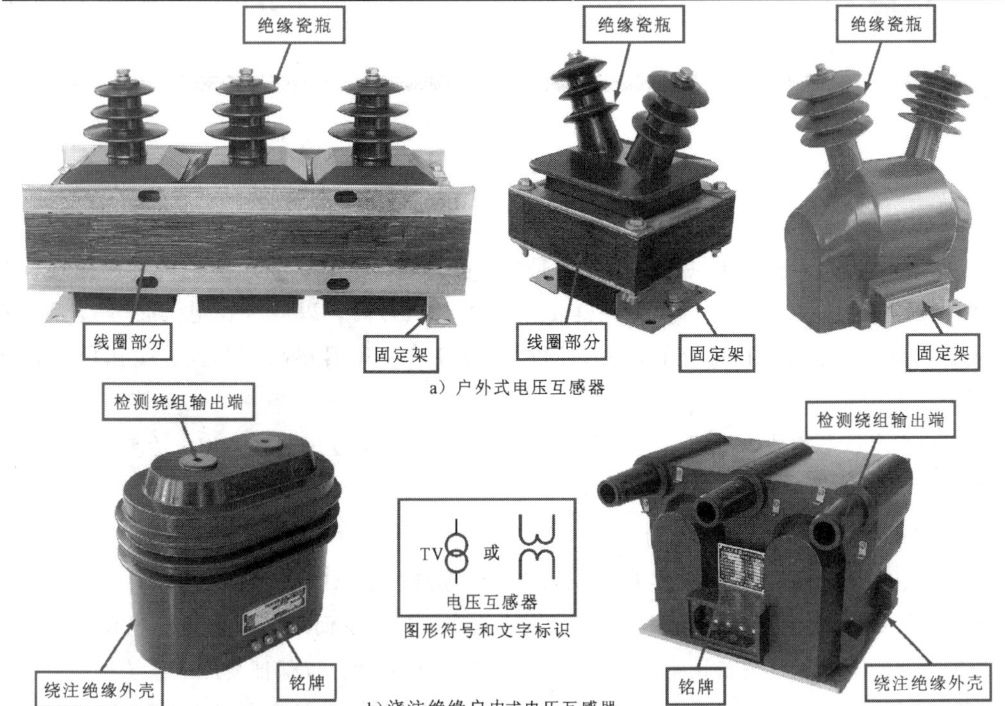
绝缘瓷瓶
绝缘瓷瓶
绝缘瓷瓶
线圈部分
固定架
线圈部分
固定架
固定架
检测绕组输出端
检测绕组输出端
TV 或
电压互感器
图形符号和文字标识
绕注绝缘外壳
铭牌
铭牌
绕注绝缘外壳

a）户外式电压互感器

b）浇注绝缘户内式电压互感器

图 6-17　高压供配电电路中高压电压互感器的实物外形

为高压供配电电路中高压电压互感器的实物外形。

【资料】

当高压电压互感器发生故障时，同样可能导致监控或检测设备工作失常，也可能引发供电故障。

（6）高压补偿电容器

高压补偿电容器是一种耐高压的大型金属壳电容器。它有三个端子，其内分别有三个电容器（制成一体），分别接到三相电源上，与负载并联，用以补偿相位延迟的无效功率，提高供电效率。图6-18所示为高压供配电电路中高压补偿电容的实物外形。

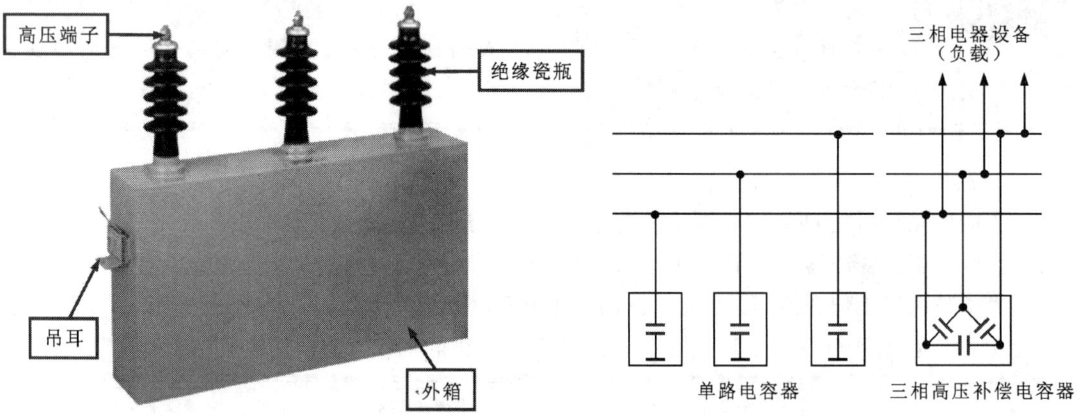
高压端子
绝缘瓷瓶
吊耳
外箱
三相电器设备
（负载）
单路电容器
三相高压补偿电容器

图6-18　高压供配电电路中高压补偿电容的实物外形

（7）电力变压器

电力变压器（T）在高压供配电电路中是最重要的特征元件，用于实现电能的输送、电压的变换。在远程传输时，用于将发电站送出的电源电压升高，以减少在电力传输过程中的损失，便于长途输送电力；在用电的地方，同样可以经过变压器将高压降低，供用电设备和用户使用。

根据电力变压器相数的不同，电力变压器可分为单相电力变压器和三相电力变压器。图6-19所示为高压供电电路中变压器的实物外形。

（8）避雷器

避雷器（F）是当高压供配电电路遇到雷击时快速进行放电的装置，也可以在高压供配电电路中的电路聚集过多的电荷（或静电）时，进行放电工作，从而可以保护变配电设备免受瞬间过电压的危害。当电路或设备正常后，避雷器又迅速恢复原状，以保证变配电系统正常供电。图6-20所示为高压供电电路中避雷器的实物外形与图形符号。避雷器通常用于带电导线与地之间，与被保护的变配电设备呈并联状态。

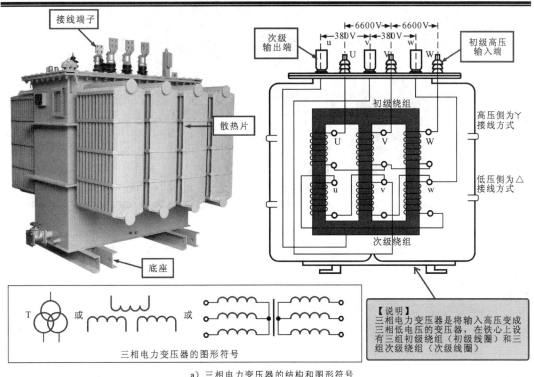

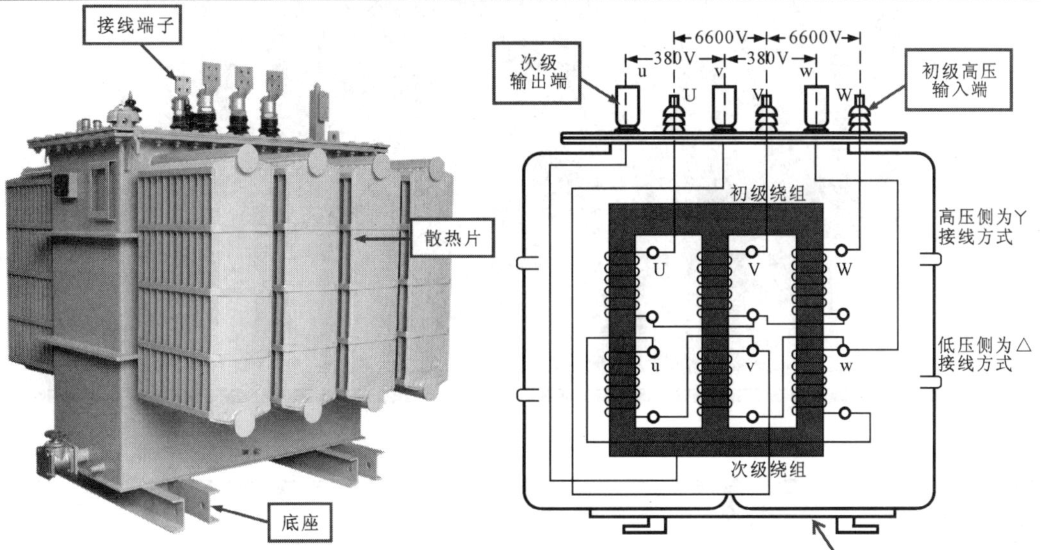
接线端子
散热片
底座
次级输出端
6600V
6600V
380V
380V
u
U
v
V
w
W
初级高压输入端
初级绕组
高压侧为Y接线方式
低压侧为△接线方式
次级绕组

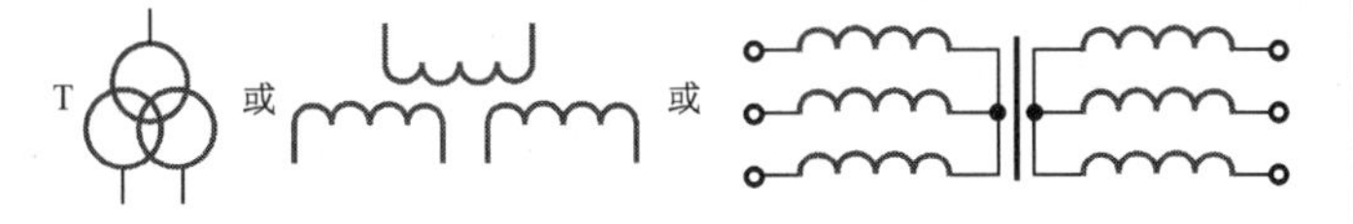
T
或
或

三相电力变压器的图形符号

【说明】
三相电力变压器是将输入高压变成三相低电压的变压器，在铁心上设有三组初级绕组（初级线圈）和三组次级绕组（次级线圈）

a）三相电力变压器的结构和图形符号

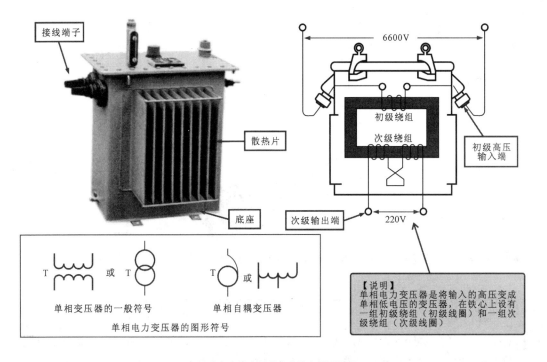

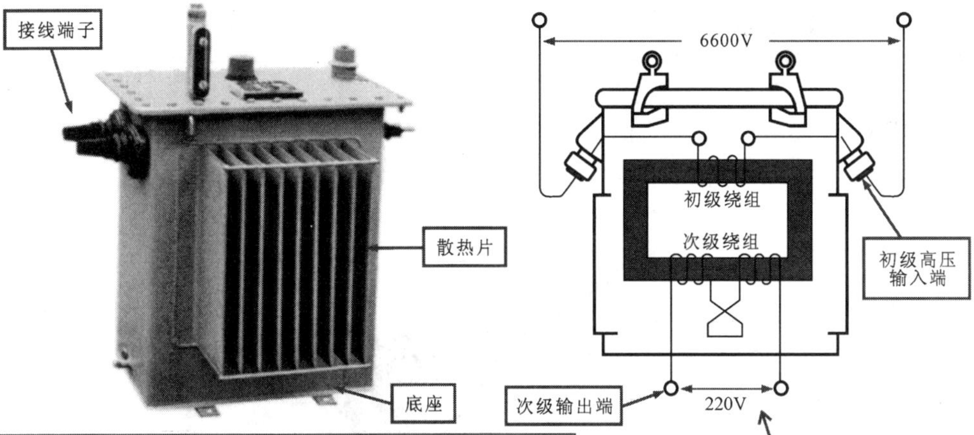
接线端子
散热片
底座
6600V
初级绕组
次级绕组
初级高压输入端
次级输出端
220V

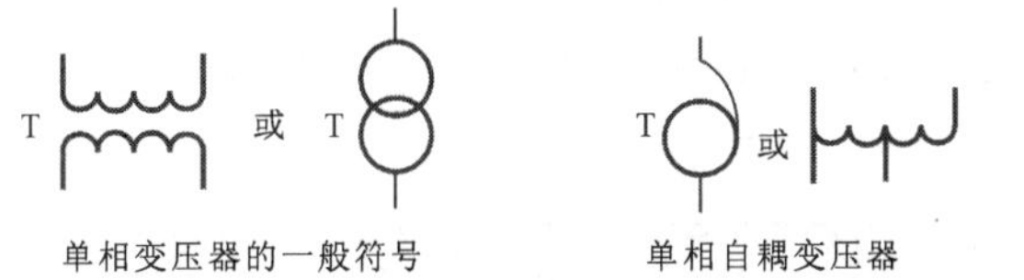
T
或
T
T
或
单相变压器的一般符号
单相自耦变压器

单相电力变压器的图形符号

【说明】
单相电力变压器是将输入的高压变成单相低电压的变压器，在铁心上设有一组初级绕组（初级线圈）和一组次级绕组（次级线圈）

b）单相电力变压器的结构和图形符号

图6-19　高压供电电路中变压器的实物外形

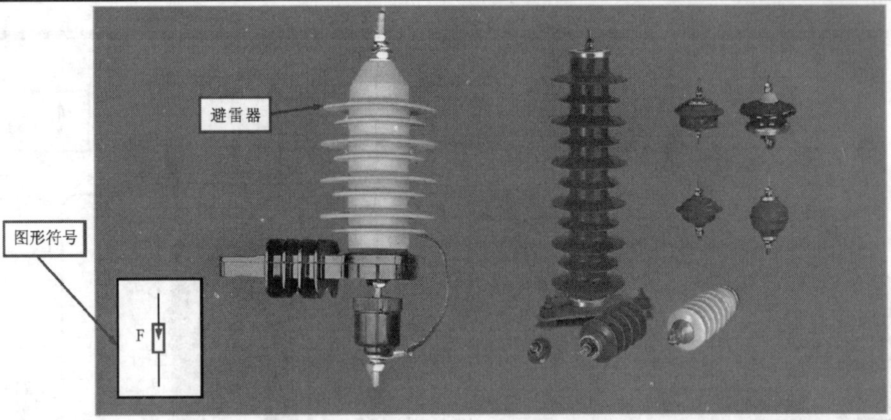
避雷器
图形符号
F

图 6-20 高压供电电路中避雷器的实物外形与图形符号

【资料】

当避雷器发生故障时，可能会导致供电设备的供电失常，也会导致在雷暴天气，设备电路受到雷击而损坏。

（9）母线

母线是一种汇集、分配和传输电能的装置，主要应用于变电所中各级电压配电装置、变压器与相应配电装置的连接等。常见的母线主要有矩形或圆形截面的裸导线或绞线，如图 6-21 所示，在图中用黑粗线表示，并用字母 WB 标识。

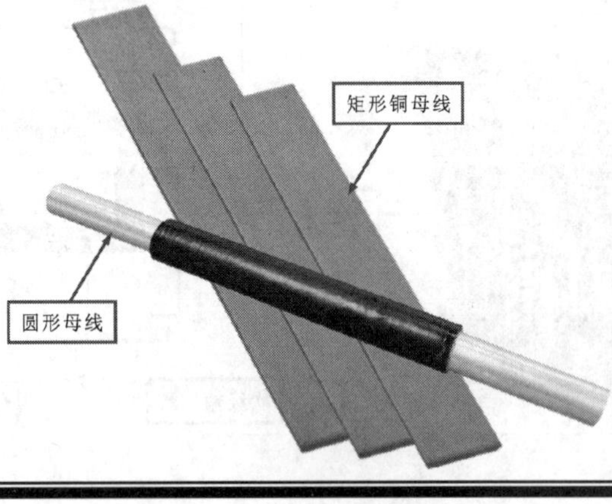
矩形铜母线
圆形母线

图 6-21 母线的实物外形

【资料】

母线多是由铜排或铝排制作而成。按其外形和结构可分为硬母线、软母线和封闭母线等。其中，硬母线一般使用于主变压器至配电室内，其优点是施工安装方便，运行中变化小，载流量大，但造价较高。软母线用于室外，因空间大，导线有所摆动也不致于造成线间断路。软母线施工简便，造价低廉。

6.1.2 低压供配电电路的结构

在实际应用中，各种用电设备大都由交流 380V 或 220V 供电，这种电器设备都属低压电器的范围。

低压供配电电路是指对交流 380V/220V 低压电进行传输和分配的电路。其通常可直接作为各用电设备或用电场所的电源使用。图 6-22 所示为典型低压供配电电路的结构组成。

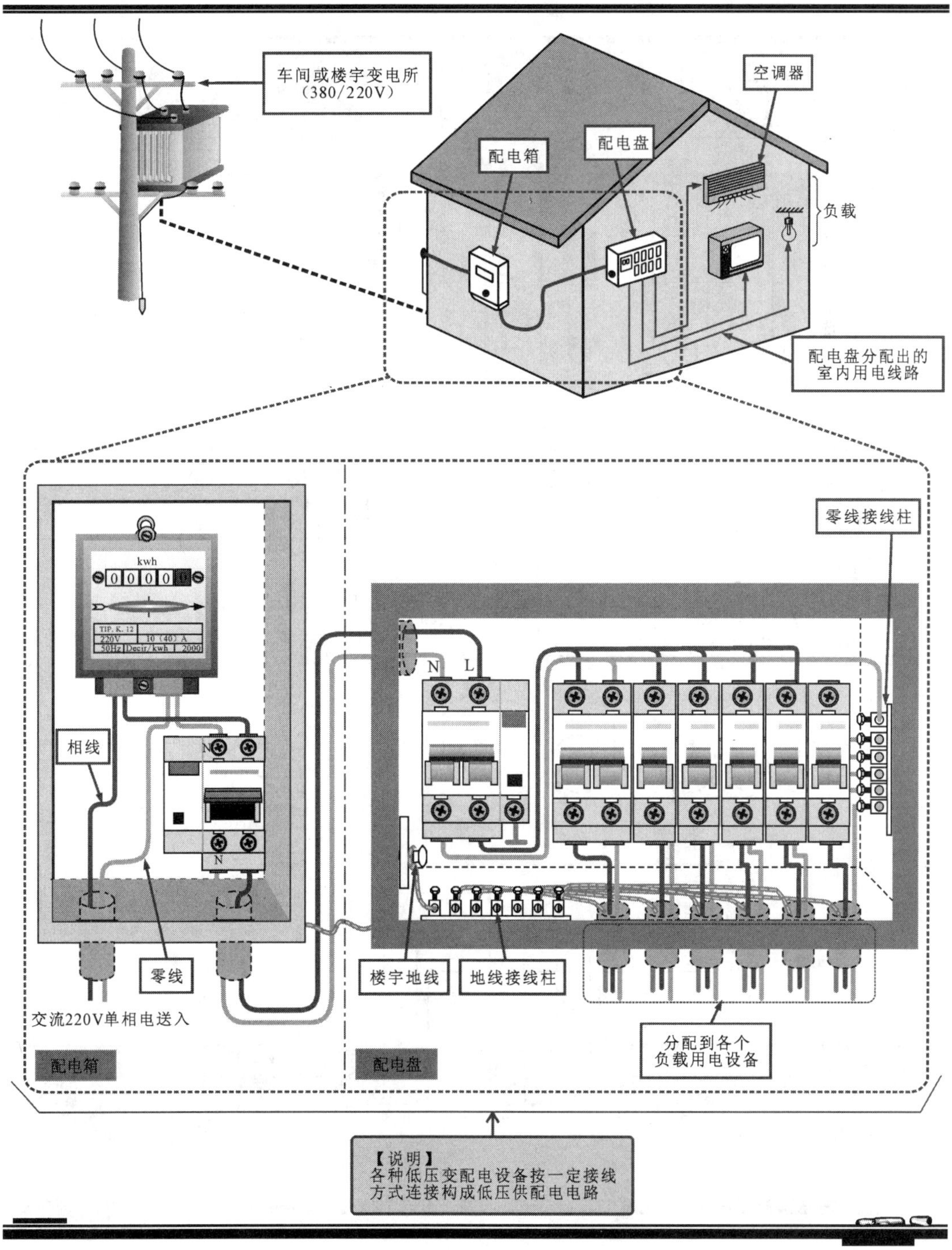
车间或楼宇变电所
（380/220V）
空调器
配电盘
配电箱
负载
配电盘分配出的
室内用电线路
零线接线柱
kwh
N
L
相线
零线
交流220V单相电送入
楼宇地线
地线接线柱
分配到各个
负载用电设备
配电箱
配电盘
【说明】
各种低压变配电设备按一定接线
方式连接构成低压供配电电路

图 6-22 典型低压供配电电路的结构组成

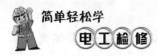

高压经传输后送到降压变压器中进行降压，将 35 ~ 100kV 的电压降至 6 ~ 10kV，送入车间或楼宇的变电柜中，经变电柜进行降压和分配，变成 380V/220V 的低压。再将其送入楼道配电柜中，经楼道配电柜重新配电后，送入用户配电箱中，经用户配电箱再送入室内配电盘中为室内各个用电支路进行供电。

目前，低压配电电路常用的配电形式主要由单相两线式、单相三线式、三相三线式、三相四线式和三相五线式几种，如图 6-23 所示。

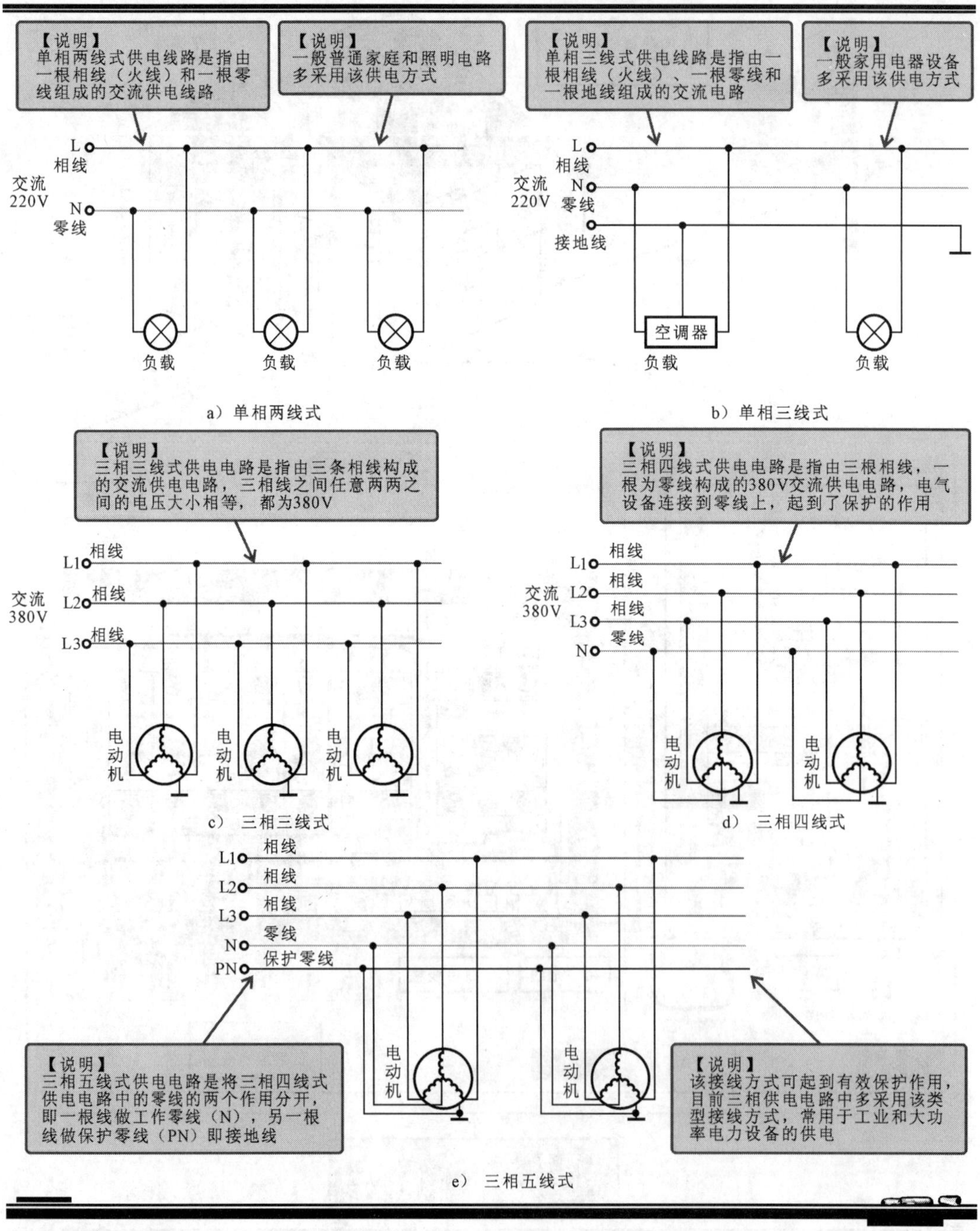
【说明】
单相两线式供电线路是指由一根相线（火线）和一根零线组成的交流供电线路
【说明】
一般普通家庭和照明电路多采用该供电方式
L
相线
交流
220V
N
零线
负载
负载
负载
a）单相两线式
【说明】
单相三线式供电线路是指由一根相线（火线）、一根零线和一根地线组成的交流电路
【说明】
一般家用电器设备多采用该供电方式
L
相线
交流
220V
N
零线
接地线
空调器
负载
负载
b）单相三线式
【说明】
三相三线式供电电路是指由三条相线构成的交流供电电路，三相线之间任意两两之间的电压大小相等，都为380V
L1
相线
交流
380V
L2
相线
L3
相线
电动机
电动机
电动机
c） 三相三线式
【说明】
三相四线式供电电路是指由三根相线，一根为零线构成的380V交流供电电路，电气设备连接到零线上，起到了保护的作用
L1
相线
交流
380V
L2
相线
L3
相线
N
零线
电动机
电动机
d） 三相四线式
L1
相线
L2
相线
L3
相线
N
零线
PN
保护零线
电动机
电动机
【说明】
三相五线式供电电路是将三相四线式供电电路中的零线的两个作用分开，即一根线做工作零线（N），另一根线做保护零线（PN）即接地线
【说明】
该接线方式可起到有效保护作用，目前三相供电电路中多采用该类型接线方式，常用于工业和大功率电力设备的供电
e） 三相五线式

图 6-23　低压供配电电路中的 380V 和 220V 电压关系

提问

通过前面的学习我知道了高压供配电电路的结构组成有很大的区别，请问低压供配电电路的应用场合和高压供配电电路的应用场合是不是也存在着很大的区别呢？低压供配电电路通常应用在哪些场合？

回答

一般情况下，低压供配电电路应用于交流380/220V供电的场合，如各种住宅楼照明供配电、公共设施照明供配电、企业车间设备供配电、临时建筑场地供配电等，如图6-24所示。在工厂、建筑工地、电力拖动等动力设备以及楼宇中的电梯等多采用380V（三相电）进行供电，可直接由车间或楼宇变电所降压、传输和低压配电设备分配后得到。而普通的家庭用电和公共照明设备等多采用220V（单相电）进行供电。实际上单向220V电源是由380V三相电中其中任意一相与零线构成，经一些低压配电设备分配后得到的。

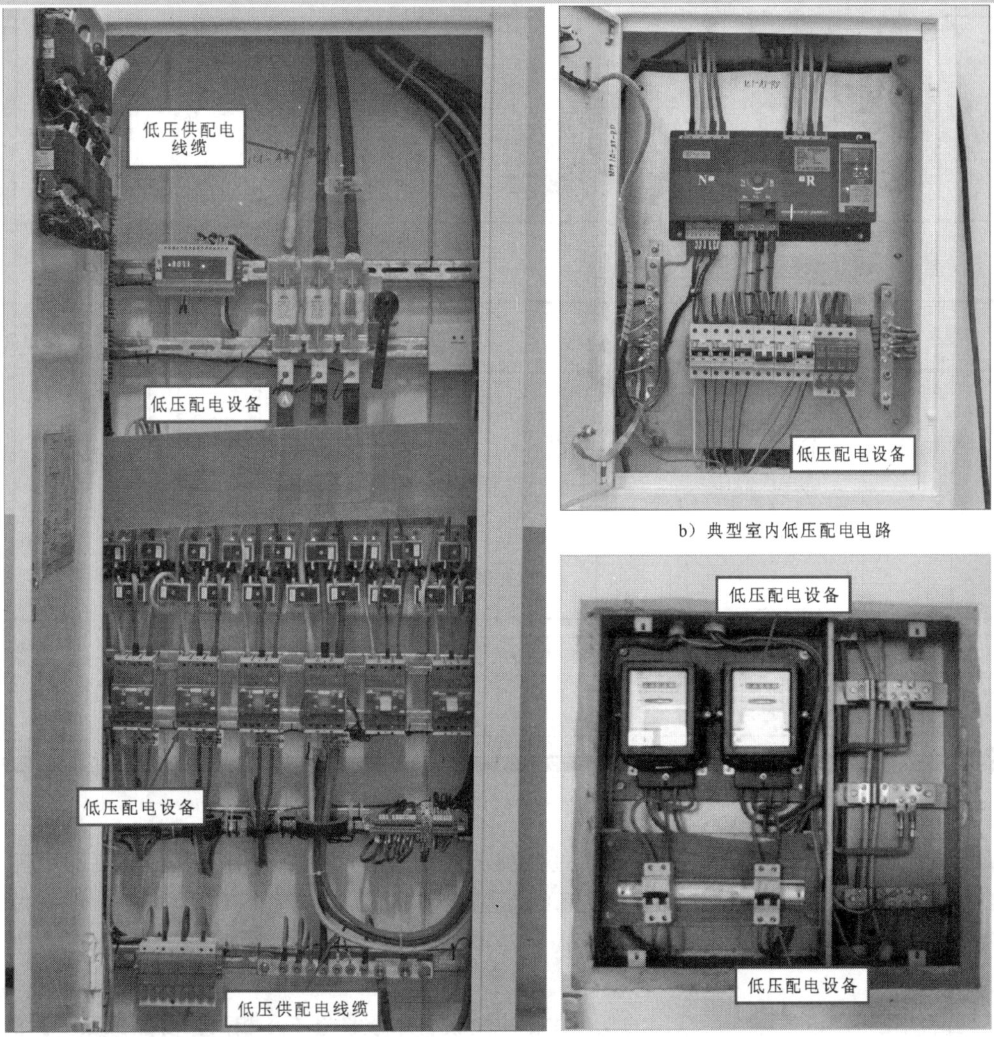
低压供配电线缆
低压配电设备
低压配电设备
低压供配电线缆
低压配电设备
低压配电设备
低压配电设备

a）典型楼间总低压配电电路

b）典型室内低压配电电路

c）典型室外低压配电电路

图6-24 低压供配电电路的基本应用

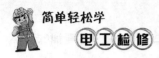

低压供配电电路是由各种低压供配电器件和设备组合连接而形成，低压供配电电路中电气部件的连接方式和连接关系也可以利用电路图表示。同样在对其故障进行分析之前，也应当了解低压供配电电路中的主要器件和设备，并且学会识读低压供配电电路的电路图。

图 6-25 所示为典型的低压供配电电路（多层住宅低压供配电线路），可以根据电路图中的各个符号和标识建立起与实物对应的关系。该低压供配电电路是由电力变压器、总断路器、多个断路器、三相电能表、单相电能表、三根母线、带有漏电保护功能的断路器、多个单相断路器等构成。

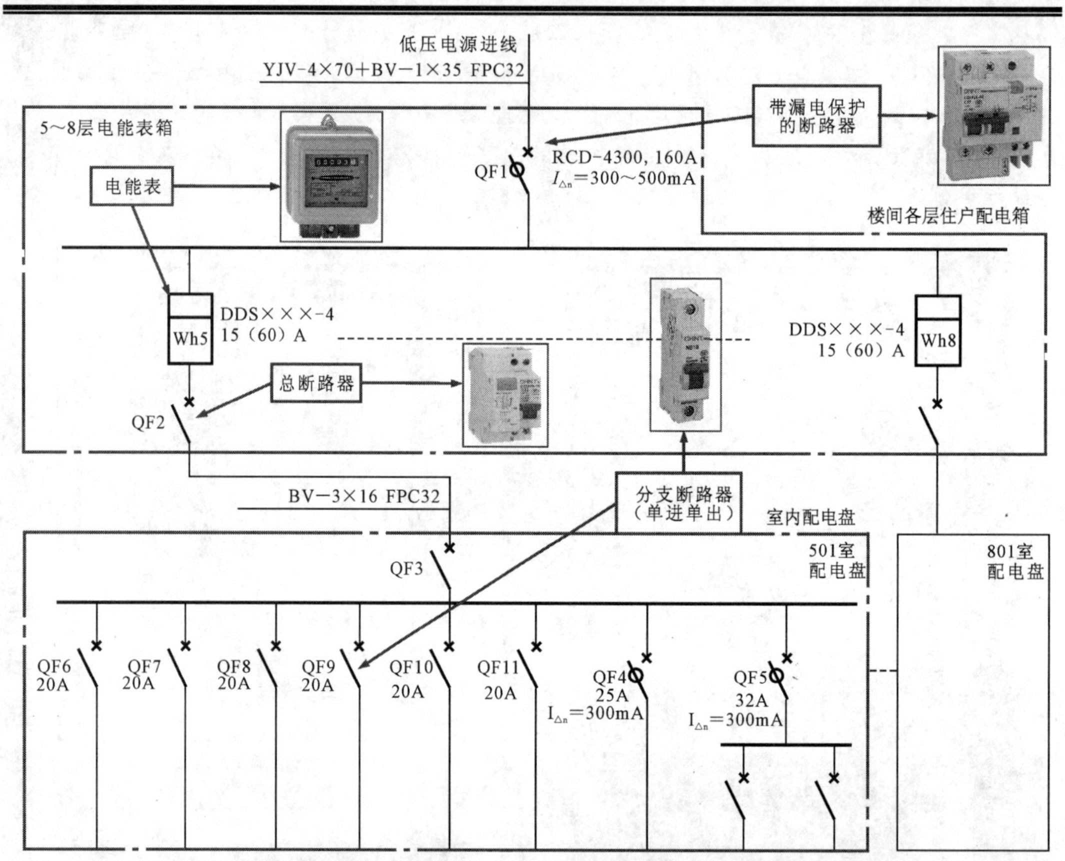
低压电源进线
YJV-4×70+BV-1×35 FPC32
5～8层电能表箱
带漏电保护的断路器
电能表
QF1
RCD-4300, 160A
$I_{\Delta n}$=300～500mA
楼间各层住户配电箱
DDS×××-4
15（60）A
Wh5
DDS×××-4
15（60）A
Wh8
总断路器
QF2
BV−3×16 FPC32
分支断路器（单进单出）
室内配电盘
QF3
501室配电盘
801室配电盘
QF6 20A
QF7 20A
QF8 20A
QF9 20A
QF10 20A
QF11 20A
QF4 25A
$I_{\Delta n}$=300mA
QF5 32A
$I_{\Delta n}$=300mA

用途	照明1	照明2	空调1	空调2	空调3	备用	厨房插座	客厅插座	卧室插座
截面管径	BV-3×2.5 FPC20		BV-3×4 FPC25	BV-3×2.5 FPC20			BV-3×4 FPC20	BV-3×2.5 FPC20	

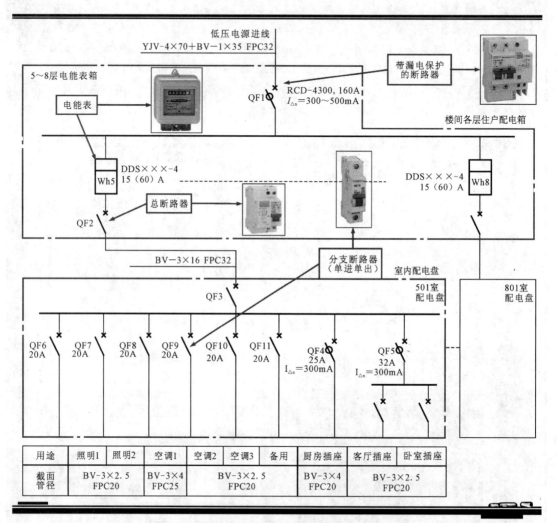

图 6-25　典型的低压供配电电路

从图 6-25 中可以看出，低压电源通过断路器 QF1 后，分别送入楼层配电箱的电能表上，当电压进入楼中经母线后，其中一路经断路器 QF3 后送入室内配电盘中。当电源进入楼层电表箱后，送入用户的单相电能表并经断路器后，送入室内配电盘中为用户进行供电。

不同的低压供配电电路，所采用的低压供配电的设备和数量也不尽相同，要熟悉和掌握低压供配电电路中主要部件的图形符号和文字符号的含义，了解各部件的功能特点，以便于对低压供配电电路进行检修。下面介绍几种低压供配电电路中常用的低压电气设备。

1. 低压断路器

低压断路器（QF）又称空气开关，是低压供配电电路中用于接通或切断供电电路的开关，通常用于不频繁接通和切断电路的环境中。低压断路器具有过载、短路或欠电压保护的功能，可以自动进行关断，能对整个低压供配电电路形成保护作用，防止供电系统中出现短路而造成电路中其他设备故障。

根据具体功能不同，低压断路器主要有普通塑壳断路器和漏电保护器两种，图6-26示为低压供配电电路中断路器的实物外形。

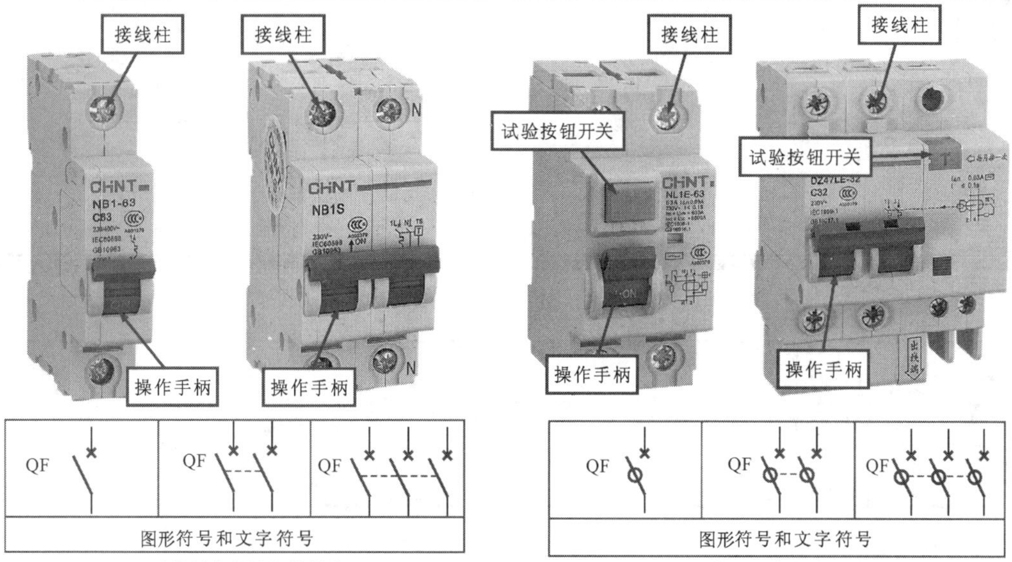
接线柱
接线柱
接线柱
接线柱
试验按钮开关
试验按钮开关
操作手柄
操作手柄
操作手柄
操作手柄
QF
QF
QF
图形符号和文字符号
QF
QF
QF
图形符号和文字符号

a）不带漏电保护器的断路器　　b）带漏电保护的断路器

图6-26　低压供配电电路中低压断路器的实物外形

提问

不带漏电保护的断路器和带漏电保护的断路器有什么区别呢？

回答

其中，不带漏电保护的断路器是由塑料外壳、操作手柄、接线柱等构成，通常用作电动机及照明系统的控制开关、供电电路的保护开关等；

带漏电保护的断路器又叫漏电保护开关，实际上是一种具有漏电保护功能的开关。低压供配电电路中的总断路器一般选用该类断路器。其由试验按钮、操作手柄、漏电指示等几个部分构成。这种开关具有漏电、触电、过载、短路的保护功能，对防止触电伤亡事故，避免因漏电而引起的人身触电或火灾事故，具有明显的效果。

【资料】

当低压断路器发生故障时，可能会导致低压供配电电路断电或供电失常。如断路器失去保护功能则会引起用电设备故障或触电事故。

2. 低压熔断器

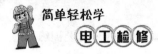

低压熔断器（FU）在低压供配电电路中用作电路和设备发生短路时进行过载保护。当低压供配电电路正常工作时，熔断器相当于一根导线，起通路作用；当低压供配电电路中出现短路或过载的情况时，低压熔断器将自身熔断，断开电路，从而对低压供配电电路上的其他电器设备起保护作用。图 6-27 所示为低压供配电电路中低压熔断器的实物外形。

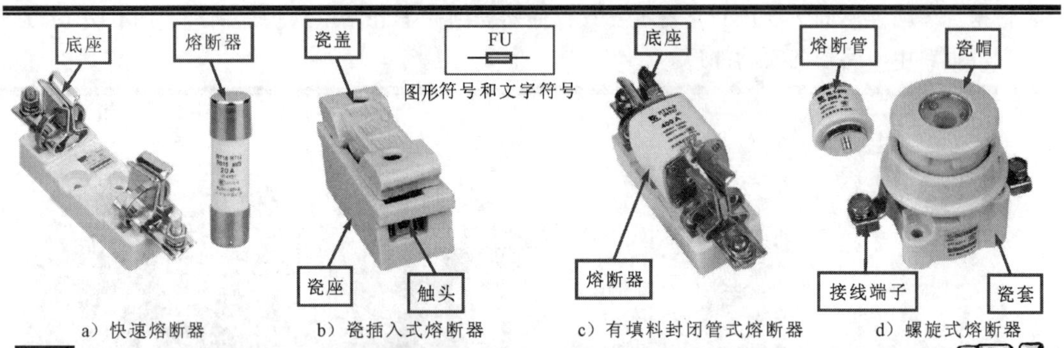
底座
熔断器
瓷盖
FU
图形符号和文字符号
底座
熔断管
瓷帽
瓷座
触头
熔断器
接线端子
瓷套

a）快速熔断器　b）瓷插入式熔断器　c）有填料封闭管式熔断器　d）螺旋式熔断器

图 6-27　低压供配电电路中低压熔断器的实物外形

【资料】

如果低压熔断器发生过载时不能熔断，会使用电气设备损坏；如果熔断器断路，则会引起供电失常。

3. 低压开关

低压开关（QS）在低压供配电电路中用于控制供电电路的通断，还具有保护作用，通常用在低压供配电电路的电气照明电路、电热设备、建筑工地供电电路、农用机械供电电路或作为分支电路的配电开关。图 6-28 所示为低压供配电电路中低压开关的实物外形。

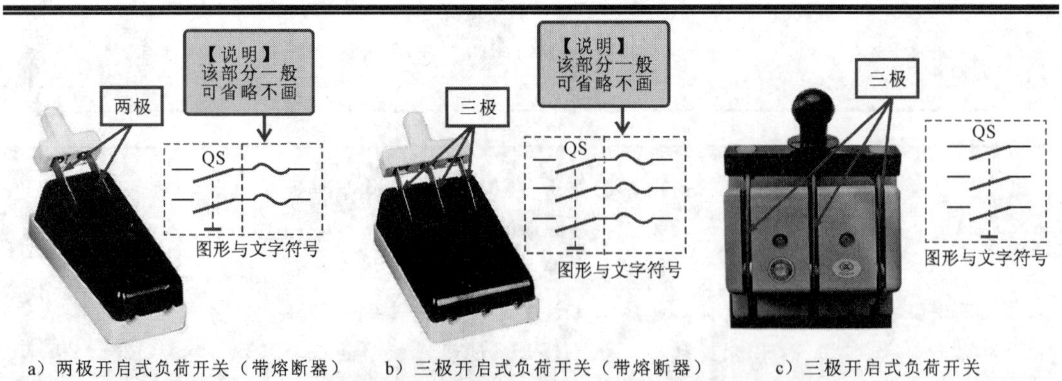
两极
【说明】
该部分一般
可省略不画
QS
图形与文字符号
三极
【说明】
该部分一般
可省略不画
QS
图形与文字符号
三极
QS
图形与文字符号

a）两极开启式负荷开关（带熔断器）　b）三极开启式负荷开关（带熔断器）　c）三极开启式负荷开关

图 6-28　低压供配电电路中低压开关的实物外形

【资料】

当低压开关发生故障时，将无法有效的控制供电电路中的通断，可能会导致供电失常或触电事故。

4. 电能表

电能表（Wh）又称电度表，在低压供配电电路中是计量电量的器件，比较常见的有三相电能表和单相电能表。图6-29所示为低压供配电电路中电能表的实物外形。

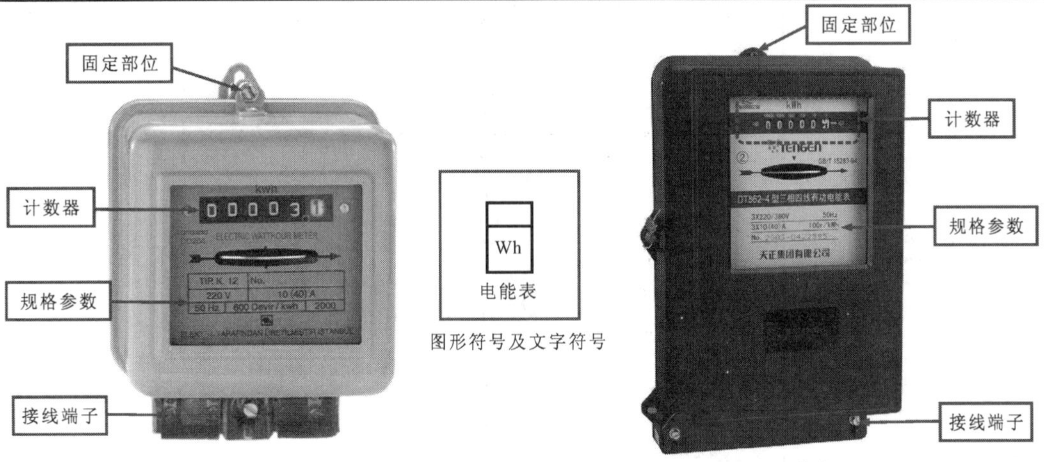
固定部位
计数器
规格参数
接线端子
Wh
电能表
图形符号及文字符号
固定部位
计数器
规格参数
接线端子

a）单相电能表　b）三相电能表

图6-29　低压供配电电路中电能表的实物外形

【资料】

当电能表发生故障时，不会对低压供配电电路造成损坏，但当电能表发生损坏时，会造成供电失常、断路，也可能引起计量错误。

6.2　做好供配电电路的故障分析非常重要

供电电路是由多种电器设备和连接线缆构成的，当该回路中有任意部件损坏时，会影响到整个供配电电路停止供电。在对供配电电路进行检修时，先要做好供配电电路的故障分析，为后面的检修练习做好铺垫。可以将供配电电路的故障分析分成两个部分进行：第一部分是高压供配电电路的故障分析；第二部分是低压供配电电路的故障分析。

6.2.1　高压供配电电路的故障分析

当高压供配电电路出现故障时，可以通过故障现象，对整个高压供配电电路进行分析，从而缩小故障范围，锁定故障的器件，并对其进行检修。

图6-30为高压供配电电路图，当该高压供配电电路中发生故障时，应当从最末级开始向上查找故障。首先检查区域配电所中的设备和电路是否正常，然后按照供电电流的逆向流程检查高压变电所中的设备和电路。

1. 区域配电所的故障分析

图6-31所示为区域配电所故障分析图。

首先应当检查区域配电所的四根高压配电电路是否带电。若其中一根高压电路断路，则

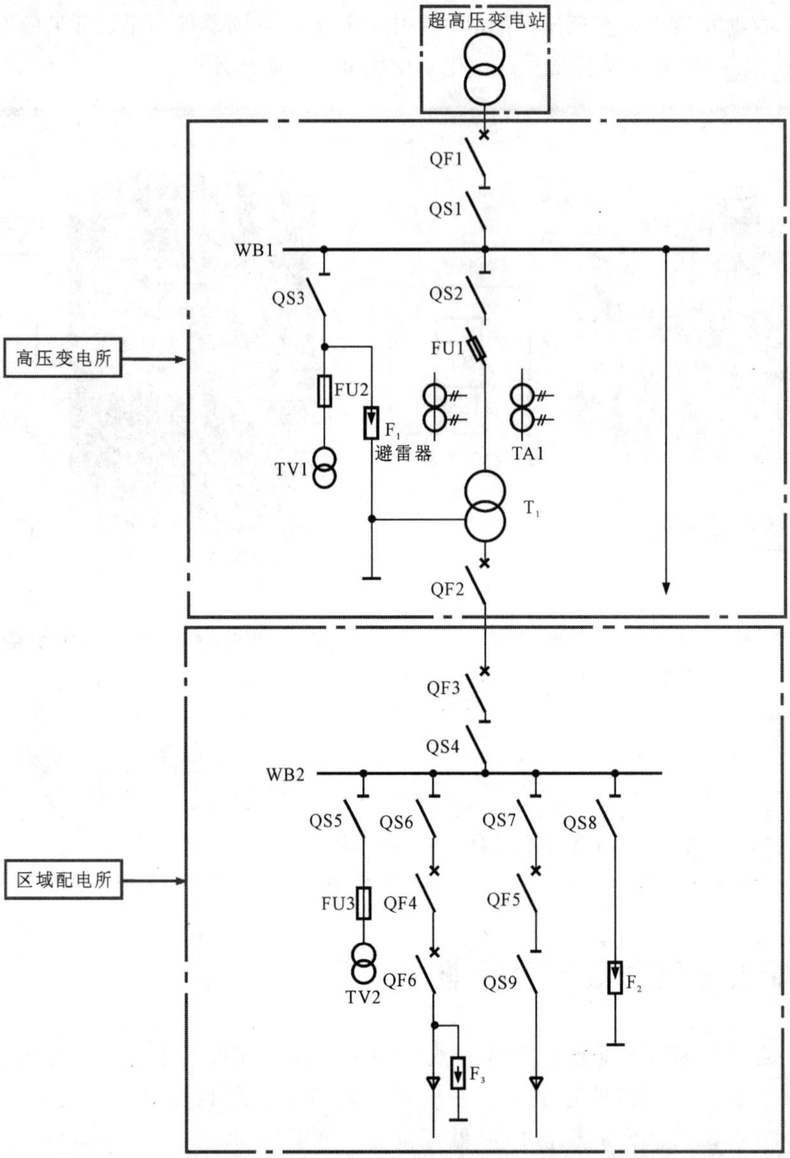
超高压变电站
QF1
QS1
WB1
QS3
QS2
FU1
高压变电所
FU2
F1
避雷器
TV1
TA1
T1
QF2
QF3
QS4
WB2
QS5
QS6
QS7
QS8
区域配电所
FU3
QF4
QF5
TV2
QF6
QS9
F2
F3

图 6-30 高压供配电电路图

应当将故障锁定在该高压配电电路中，对该配电电路中的设备或电路一一进行排查。若区域配电所中的四根高压配电电路都不带电，则应当检查区域配电所中的母线是否带电。若区域配电所中的母线带电，则说明四根高压配电电路中全部出现故障，应当分别对四根配电电路进行排查。

当区域配电所中的母线不带电，则应当对该母线进行排查，确定母线正常后，再对区域配电所中的隔离开关与断路器进行检查。若出现故障，则应当对其进行更换。当其正常时，应当对高压变电所中的电路进行检查。

在配电系统中往往设有电压指示表、电流指示表以及相应电路的指示灯，观察这些监测仪表指示，会对故障的分析判别提供线索。

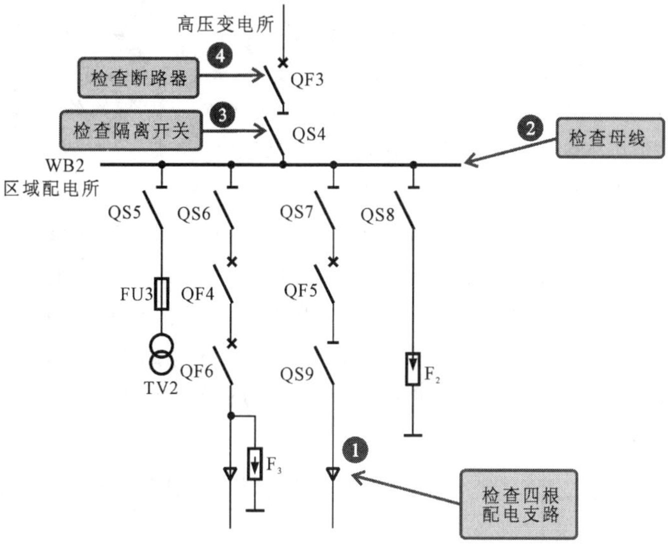
高压变电所
检查断路器
QF3
检查隔离开关
QS4
检查母线
WB2
区域配电所
QS5
QS6
QS7
QS8
FU3
QF4
QF5
TV2
QF6
QS9
F_2
F_3
检查四根配电支路

图 6-31　区域配电所故障分析图

2. 高压变电所的故障分析

图 6-32 所示为高压变电所故障分析图。

首先检查输出电路是否送出高压，当未输出高压，则应当检查母线 WB1 是否带电；若没有电，则应当检查断路器 QF1；若断路器有故障，则应对其进行检修；若其正常，再次检查隔离开关 QS1，并进行检修或更换。

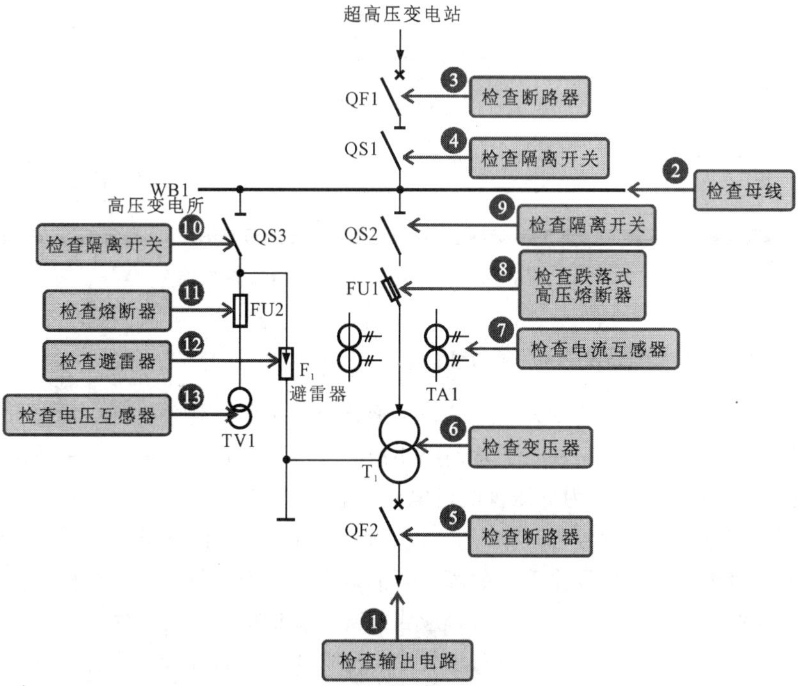
超高压变电站
QF1
检查断路器
QS1
检查隔离开关
WB1
高压变电所
检查母线
检查隔离开关
QS3
QS2
检查隔离开关
FU1
检查跌落式高压熔断器
检查熔断器
FU2
检查电流互感器
检查避雷器
F_1
避雷器
TA1
检查电压互感器
TV1
检查变压器
T_1
QF2
检查断路器
检查输出电路

图 6-32　高压变电所故障分析图

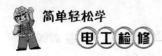

当母线 WB1 供电正常时，应当依次检查断路器 QF2、电力变压器 T_1、电流互感器 TA1、跌落式高压熔断器 FU1、隔离开关 QS2、隔离开关 QS3、熔断器 FU2、避雷器 F1、电压互感器 TV1。在检查中，若发现故障器件时，则应当分别对其进行检修。

当高压供电配系统出现停电现象时，可以根据检修流程进行检修，如图 6-33 所示。查看系统中停电电路的同级电路是否也发生停电故障。若同级电路未发生停电故障，则检查停电电路中的设备和线缆；若同级电路也发生停电故障，则应检查分配电压的母线是否有电；若该母线上的电压正常，则应当同时查看同级电路和该电路上的设备和线缆；若该母线上无电压，则应当对母线进行检查；若母线发生故障，则应进行检修或更换；若母线正常，则应检查上级电路是否有电压输出；若上级电路有电压供给，则应检查母线至上级电路之间的线缆；若上级电路无电压供给，则应检查该极电路的母线；若母线带电，则查找该极电路中的设备和线缆；若母线未带电时，则可以对母线进行检查；母线故障时，则应对其进行检修或更换；若当母线正常，则应继续查找上级电路。

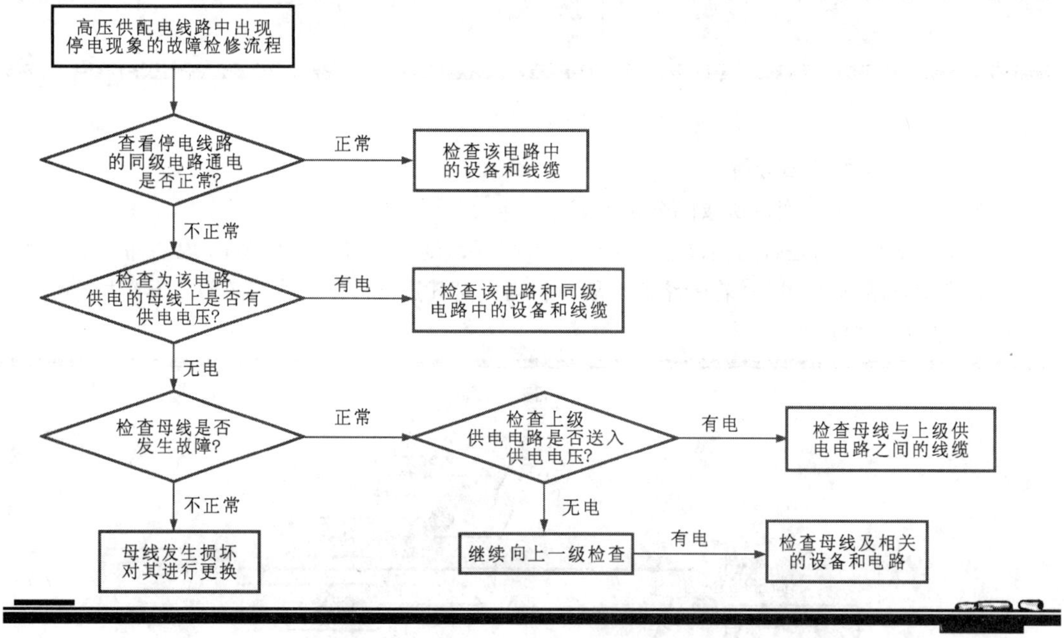
高压供配电线路中出现停电现象的故障检修流程
查看停电线路的同级电路通电是否正常?
正常
检查该电路中的设备和线缆
不正常
检查为该电路供电的母线上是否有供电电压?
有电
检查该电路和同级电路中的设备和线缆
无电
检查母线是否发生故障?
正常
检查上级供电电路是否送入供电电压?
有电
检查母线与上级供电电路之间的线缆
不正常
无电
母线发生损坏对其进行更换
继续向上一级检查
有电
检查母线及相关的设备和电路

图 6-33　高压供配电电路的检修流程

6.2.2　低压供配电电路的故障分析

当低压供配电电路中发生故障时，通常会发生停电现象，可以根据低压供配电电路的故障的位置对系统进行检查，从而缩小故障范围，锁定故障的器件和故障电路，并对其进行检修。图 6-34 所示为低压供配电电路图。

当低压供配电电路出现停电现象时，可以根据供电的流程进行检修，如图 6-35 所示。查看停电电路的同级电路是否也发生停电故障，若同级电路未发生故障，应当检查停电电路中的设备和线缆；若同级电路也发生停电故障时，应当检查为其供电上级的电路是否发生停电；若该上级供电电路同样发生停电故障时，应当对上级供电电路中的设备和线缆进行检查；若上级供电电路正常的情况下，应当检查停电电路与同级电路中的设备和线缆。可以依次进行查找，即可找到故障设备和故障线缆。

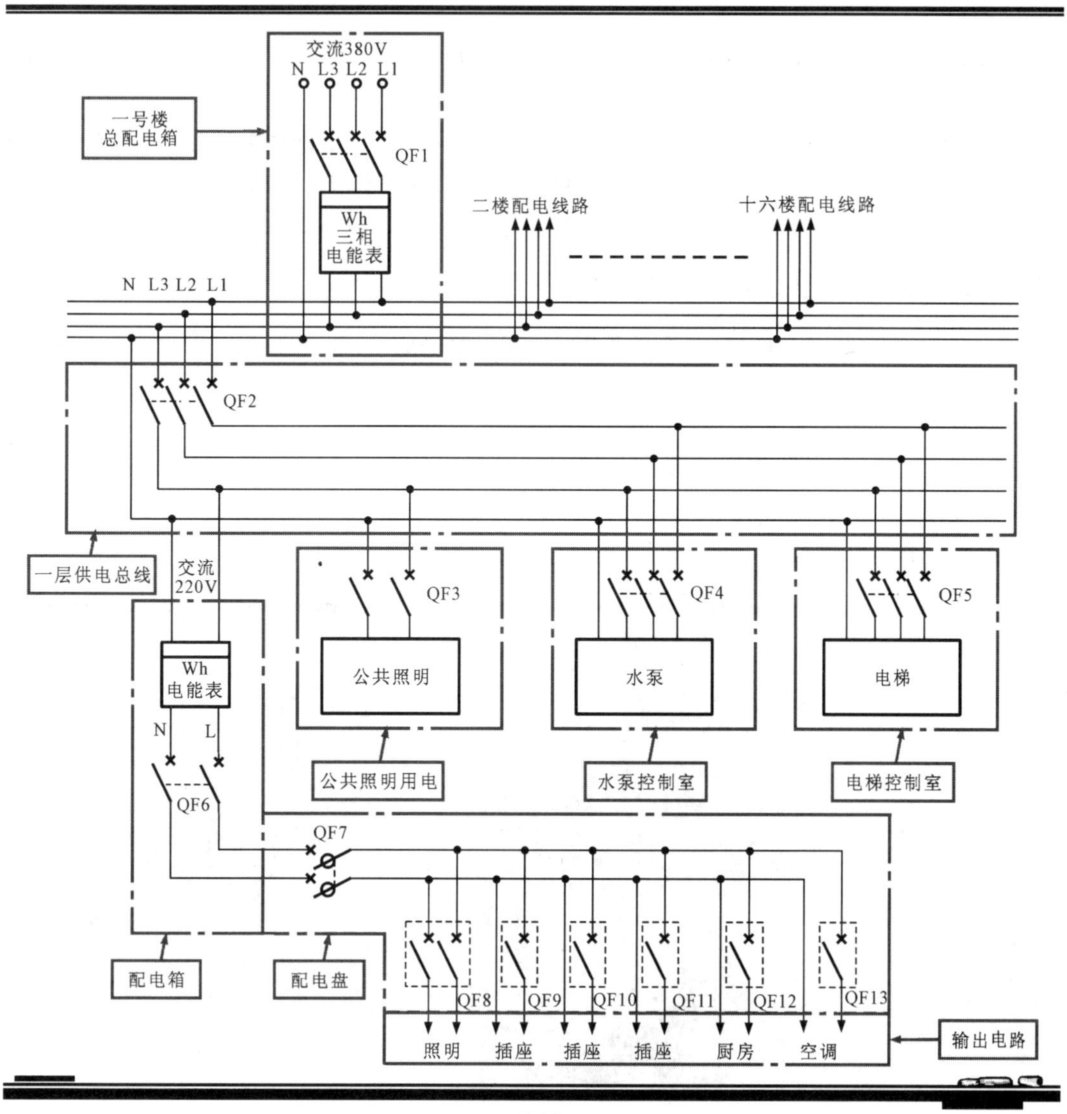
交流380V
N L3 L2 L1
一号楼
总配电箱
QF1
Wh
三相
电能表
二楼配电线路
十六楼配电线路
N L3 L2 L1
QF2
一层供电总线
交流
220V
QF3
QF4
QF5
Wh
电能表
公共照明
水泵
电梯
N L
QF6
公共照明用电
水泵控制室
电梯控制室
QF7
QF8
QF9
QF10
QF11
QF12
QF13
配电箱
配电盘
照明
插座
插座
插座
厨房
空调
输出电路

图 6-34 低压供配电电路图

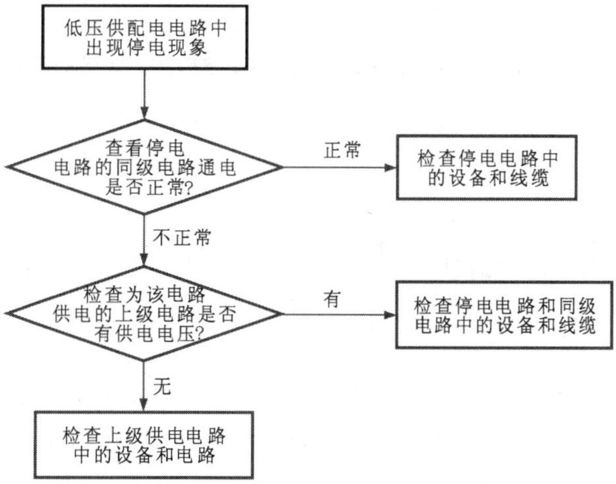
低压供配电电路中
出现停电现象
查看停电
电路的同级电路通电
是否正常?
正常
检查停电电路中
的设备和线缆
不正常
检查为该电路
供电的上级电路是否
有供电电压?
有
检查停电电路和同级
电路中的设备和线缆
无
检查上级供电电路
中的设备和电路

图 6-35 低压供配电电路的检修流程

6.3 供配电电路的检修操作要多加练习

做好供配电电路的故障分析后，下面我们就开始练习供配电电路的检修。练习供配电电路的检修时，我们可以将供配电电路的检修分为高压供配电电路的检修操作和低压供配电电路的检修操作。

6.3.1 高压供配电电路的检修操作

当高压供配电电路的支路电路中出现停电的现象时，可以根据高压供配电电路的检修流程进行具体检修。

1. 检查同级高压电路

检查同级高压电路时，可以使用高压钳形表检测与该电路同级的高压电路是否有电流通过，如图 6-36 所示。在使用高压钳形表检测同级高压电路中，应当佩戴绝缘手套，并且单手持高压钳形表的绝缘手柄。

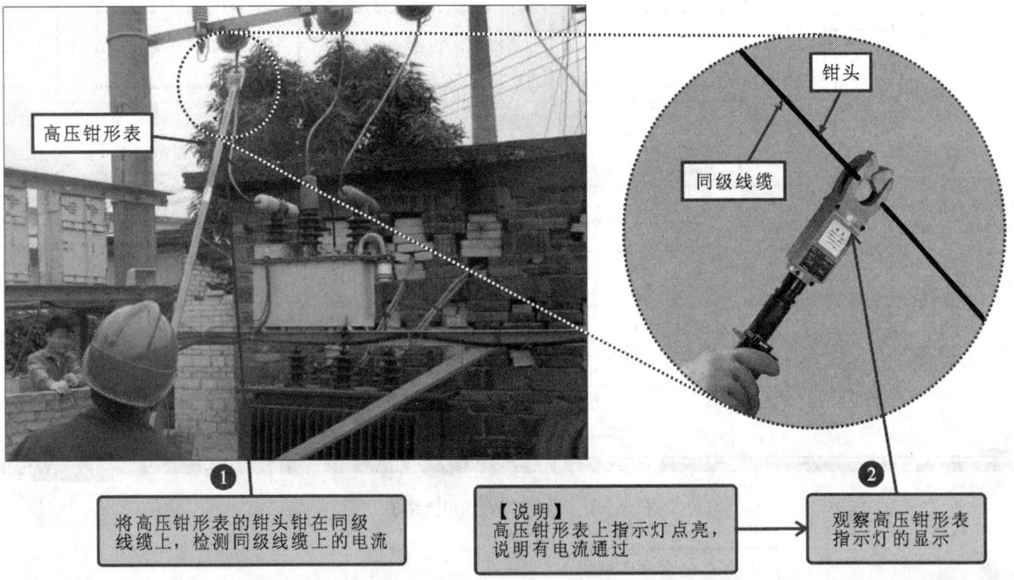

高压钳形表
钳头
同级线缆
①
将高压钳形表的钳头钳在同级线缆上，检测同级线缆上的电流
【说明】
高压钳形表上指示灯点亮，说明有电流通过
②
观察高压钳形表指示灯的显示

图 6-36 检查同级高压电路

2. 检测供电电路中的电流

当确定同级高压电路有电流通过后，说明同级电路供电正常，然后可以使用高压钳形表检测该停电电路供电线上是否有电流通过，如图 6-37 所示。经检查，高压钳形表上指示灯无反应，说明该供电线缆上无电流通过。

3. 对母线进行检查

当确定停电电路无电流通过后，说明该线上无电流通过，应对母线进行检查。对母线进行检查，首先是检查母线的绝缘护套有无脏污，其次检查母线上连接地线有无明显的锈蚀，最后检查母线的连接情况是否良好，如图 6-38 所示。

停电电路
供电线缆
1
将高压钳形表的钳头钳在停电供电线缆上，检测供电电路的电流
【说明】
经检测高压钳形表上指示灯无反应，说明该供电线缆上无电流通过
2
观察高压钳形表指示灯的显示

图 6-37　检测供电电路的电流

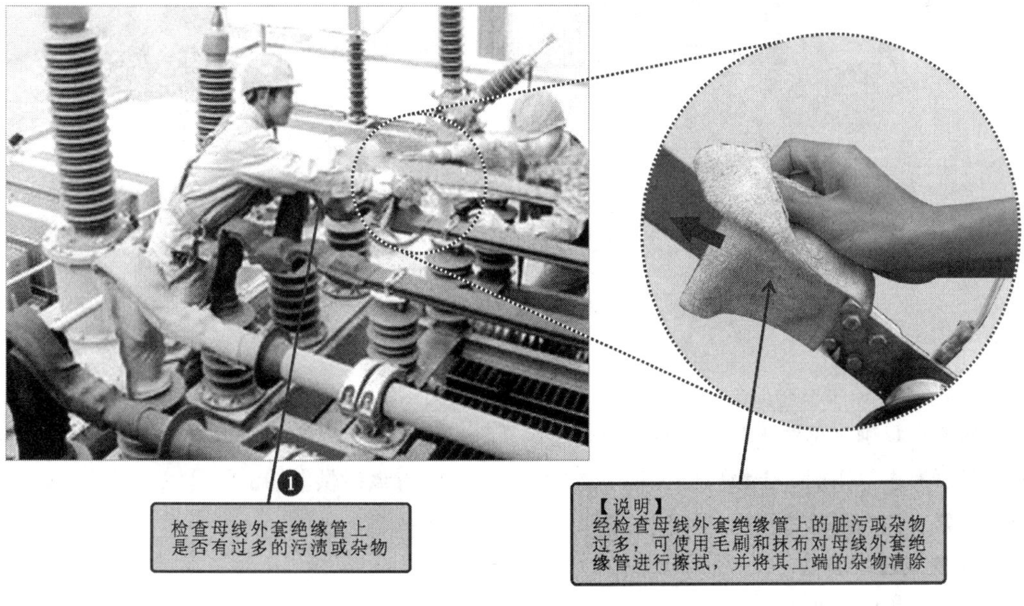
1
检查母线外套绝缘管上是否有过多的污渍或杂物
【说明】
经检查母线外套绝缘管上的脏污或杂物过多，可使用毛刷和抹布对母线外套绝缘管进行擦拭，并将其上端的杂物清除

图 6-38　对母线进行检查

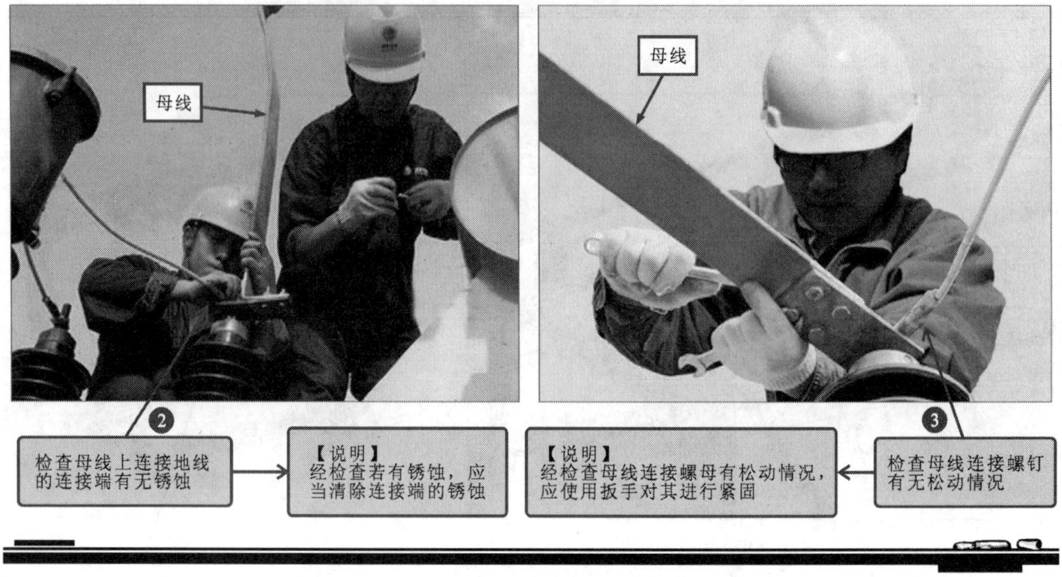
母线
母线
2
检查母线上连接地线的连接端有无锈蚀
【说明】
经检查若有锈蚀，应当清除连接端的锈蚀
【说明】
经检查母线连接螺母有松动情况，应使用扳手对其进行紧固
3
检查母线连接螺钉有无松动情况

图 6-38　对母线进行检查（续）

【注意】

在对高压电路进行检修操作时，应当将电路中的高压断路器和高压隔离开关断开，并且应当放置安全警示牌，用于提示，如图 6-39 所示，防止其他人员合闸，导致人员伤亡。

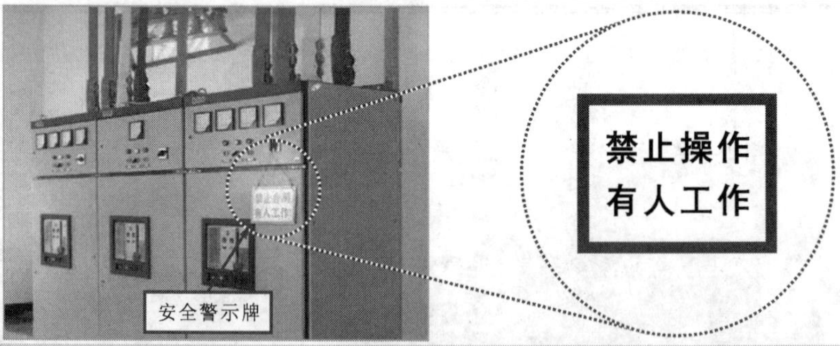
禁止操作
有人工作
安全警示牌

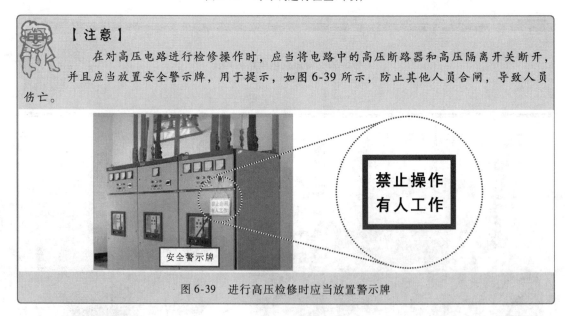

图 6-39　进行高压检修时应当放置警示牌

4. 检测上级供电电路

经检查可以确定母线正常，应对上级供电电路进行检查。使用高压钳形表检测上级高压供电电路上是否有电。当确定上级电路无供电电压时，应当检查该级供电端上的母线。经检查该母线上电压正常，应当对该级供电电路中的设备进行检查。

5. 检查高压熔断器

对高压供电电路中的高压熔断器进行检查之前，首先查看高压熔断器，如图 6-40。经检查后发现高压熔断器表面出现较多裂纹，并且有明显的击穿现象。

如果高压熔断器出现故障，就需要对其进行更换，如图 6-41 所示。

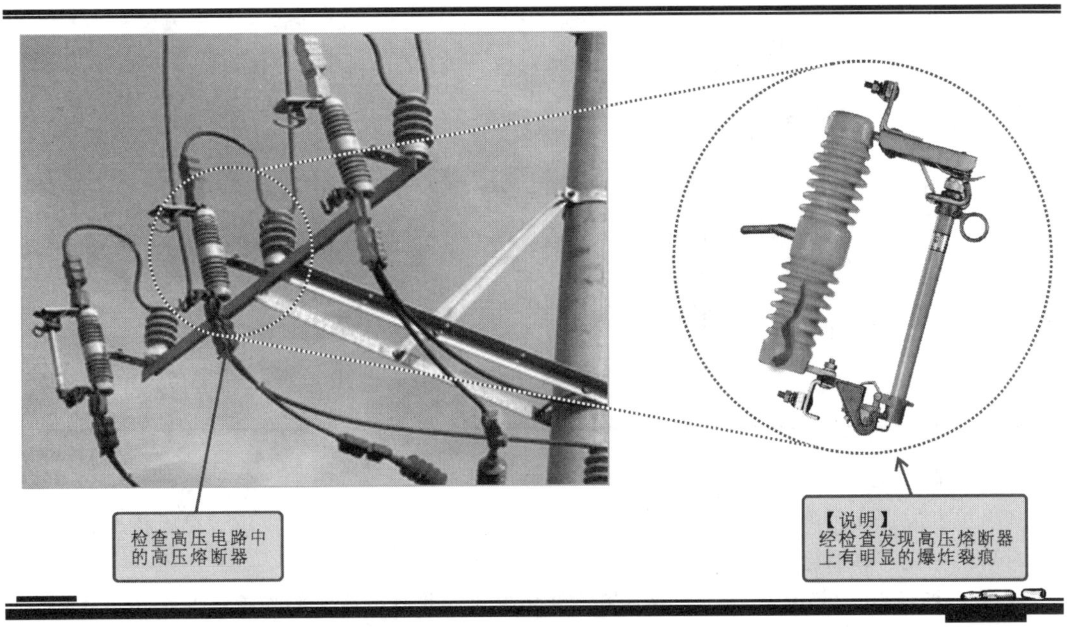
检查高压电路中的高压熔断器
【说明】
经检查发现高压熔断器上有明显的爆炸裂痕

图 6-40　检查高压熔断器

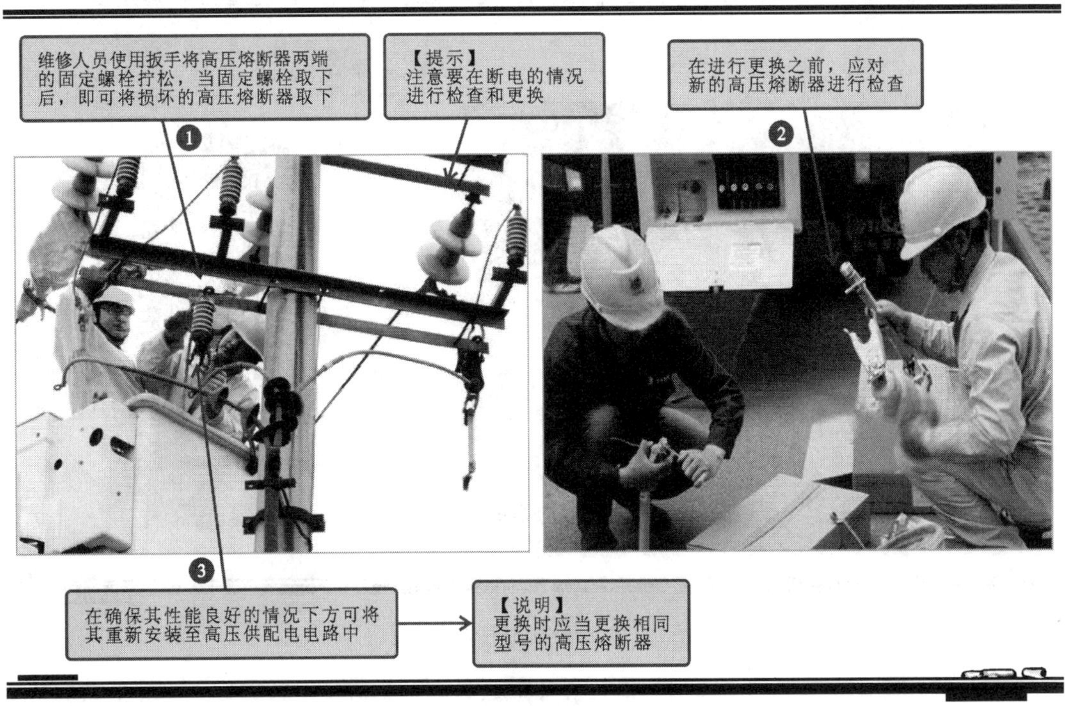
维修人员使用扳手将高压熔断器两端的固定螺栓拧松，当固定螺栓取下后，即可将损坏的高压熔断器取下
【提示】
注意要在断电的情况进行检查和更换
在进行更换之前，应对新的高压熔断器进行检查
1
2
3
在确保其性能良好的情况下方可将其重新安装至高压供配电电路中
【说明】
更换时应当更换相同型号的高压熔断器

图 6-41　更换高压熔断器

【资料】

在更换高压器件时，断开高压断路器和高压隔离开关后，可能无法将高压线缆中原有的电荷释放。所以在进行操作之前，应进行放电，再消除静电，如图 6-42 所示。这样可以将高压线缆中剩余的电荷通过接地进行释放，防止对维修人员造成人身伤害。

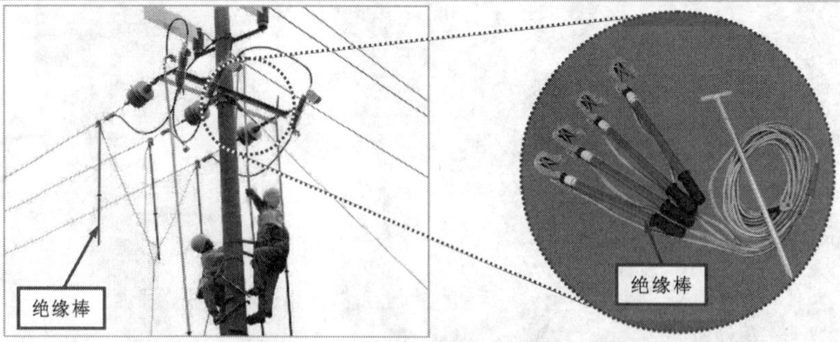
绝缘棒
绝缘棒

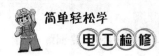

图 6-42　使用绝缘棒进行绝缘

6. 检查高压电流互感器

如果检查发现高压熔断器发生损坏，出现熔断现象，说明该电路中发生过电流情况，还应当继续对高压电流互感器进行检查，如图 6-43 所示。

经检查发现高压电流互感器的上带有黑色烧焦痕迹，并有电流泄漏现象。说明其内部发生损害，失去了电流的检测与保护作用。当电路中电流过大时不能进行保护，导致了高压熔断器熔断。

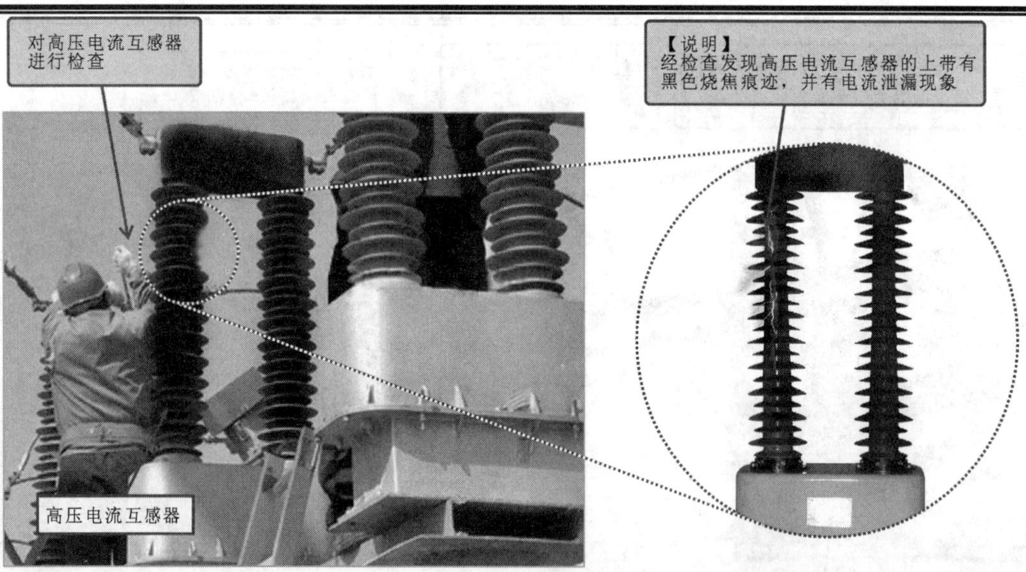
对高压电流互感器
进行检查
【说明】
经检查发现高压电流互感器的上带有
黑色烧焦痕迹，并有电流泄漏现象
高压电流互感器

图 6-43　检查高压电流互感器

通常，高压电流互感器的表面出现黑色烧焦的迹象时，就需要对其进行拆除并更换。如图 6-44所示，使用扳手将高压电流互感器两端连接高压线缆接线处的连接螺栓拧下，即可使用吊车将损坏的电流互感器取下，然后将相同型号的电流互感器重新进行安装即可。

【资料】

高压电流互感器中可能存有剩余的电荷，在拆卸前，应当使用绝缘棒将其接地连接，将内部的电荷完全泄放，才可对其进行检修和拆卸。

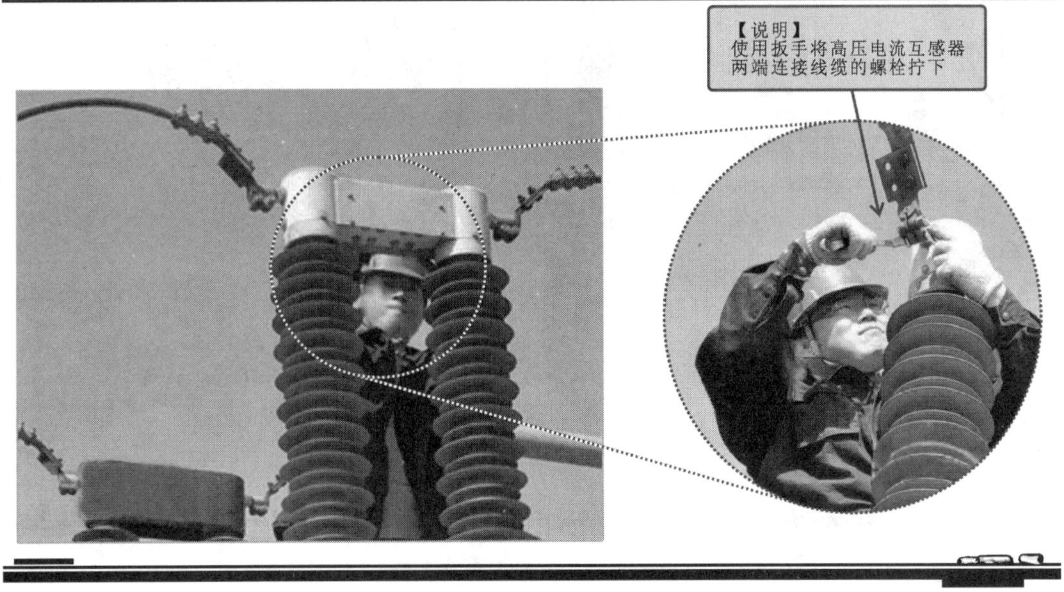
【说明】
使用扳手将高压电流互感器两端连接线缆的螺栓拧下

图 6-44　拆卸电流互感器

7. 检查高压隔离开关

沿损坏的高压电流互感器查看对其进行控制的高压隔离开关，如图 6-45 所示，经检查高压隔离开关出现黑色烧焦的迹象，此时说明该高压隔离开关已损坏。

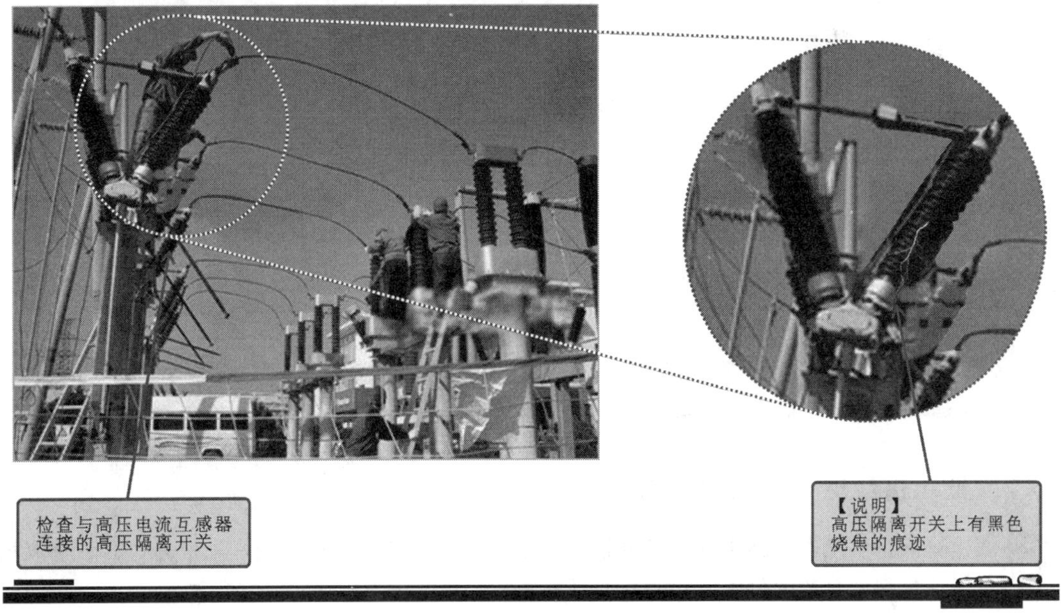
检查与高压电流互感器连接的高压隔离开关
【说明】
高压隔离开关上有黑色烧焦的痕迹

图 6-45　检查高压隔离开关

如图 6-46 所示，对损坏的高压隔离开关进行更换时，操作人员应当使用扳手将高压隔离开关连接的线缆拆卸开来，然后使用吊车将高压隔离开关吊起，更换相同型号的高压隔离开关。

①
使用扳手拆卸高压隔离开关底部的固定螺栓
②
将高压隔离开关上端的固定螺栓拧松

图 6-46 更换高压隔离开关

【资料】

在对高压供配电电路进行检修时，有时发现故障是由电路中电线杆上的避雷针损坏引起的，也有可能是由于电线杆上的连接绝缘子发生损坏，应当定期对其进行检查和维护，如图 6-47 所示。

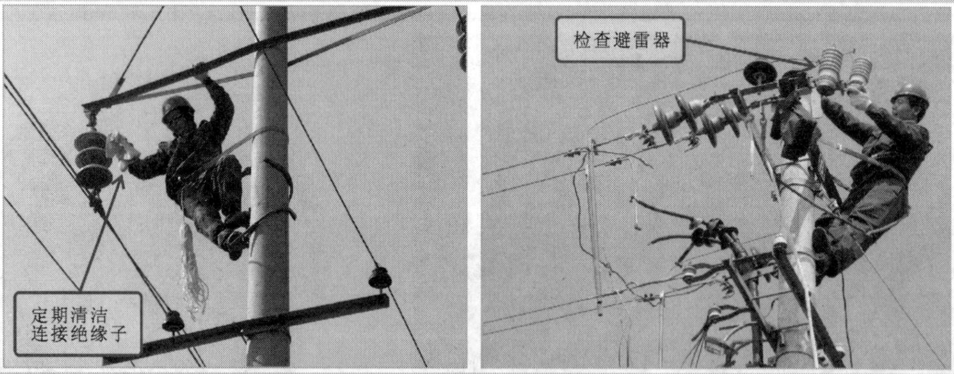
定期清洁连接绝缘子
检查避雷器

图 6-47 定期检查和维护高压供配电电路中的设备

6.3.2 低压供配电电路的检修操作

当低压供配电电路中配电盘的输出电路无电压输出，导致该用户发生停电时，可以根据低压供配电电路的供电流程进行具体检修。

1. 查看同级电路

首先应当查看楼道照明电路和电梯供电电路是否正常。如图 6-48 所示，进入楼道，按下楼内的公共照明灯开关，查看照明灯的状态，再查看电梯是否可以正常运行。

2. 检查经电能表输出的电压或电流

经检查发现楼内照明灯可以正常点亮，电梯也可以正常运行，此刻即可将故障锁定为该用户

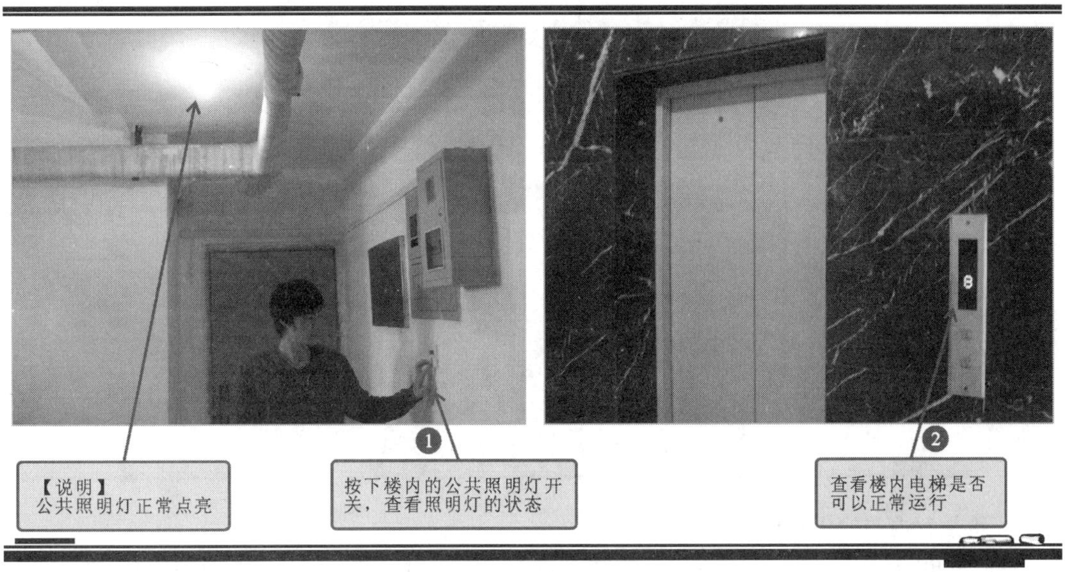
【说明】
公共照明灯正常点亮
1
按下楼内的公共照明灯开关，查看照明灯的状态
2
查看楼内电梯是否可以正常运行

图 6-48　查看同级电路

的供配电电路。使用钳形表检查该用户配电箱中电路是否有电流通过，如图 6-49 所示。

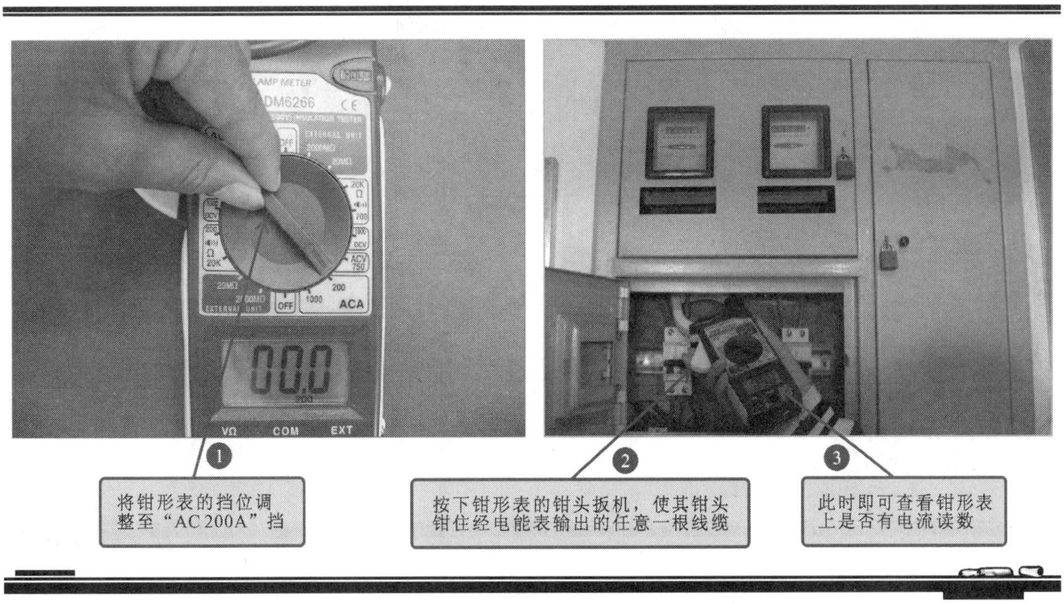
1
将钳形表的挡位调整至“AC 200A”挡
2
按下钳形表的钳头扳机，使其钳头钳住经电能表输出的任意一根线缆
3
此时即可查看钳形表上是否有电流读数

图 6-49　检查经电能表输出的电流

【资料】

当低压供电系统中的用户中出现停电现象时，也有可能是由于该用户的电能表内无电量而导致的。所以在对配电盘中的电流进行检测前，应当检查电能表中的剩余电量。如图 6-50 所示，将用户的购电卡插入电能表的卡槽中，在显示屏上即会显示剩余电量。

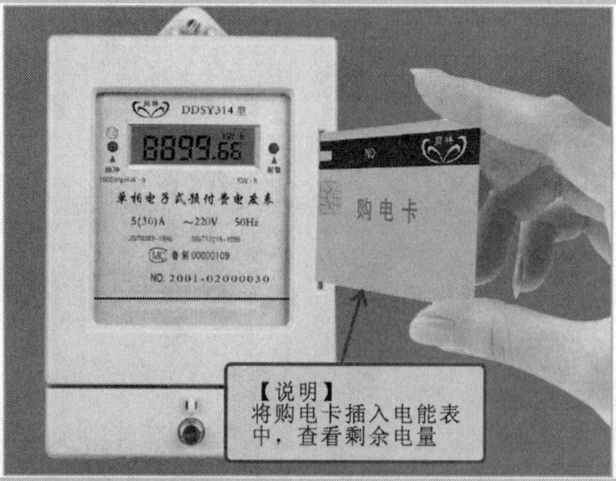
DDSY314型
8899.66
单相电子式预付费电表
5(30)A ~220V 50Hz
NO: 2001-02000030
购电卡
【说明】
将购电卡插入电能表中，查看剩余电量

图 6-50　检查该用户剩余电量

3. 检查配电箱输出的电流

此时有电流通过时，说明该用户的电能表正常。使用钳形表继续检查配电箱中断路器输出电路电流，如图 6-51 所示，经检测，通过该断路器的电流量正常。

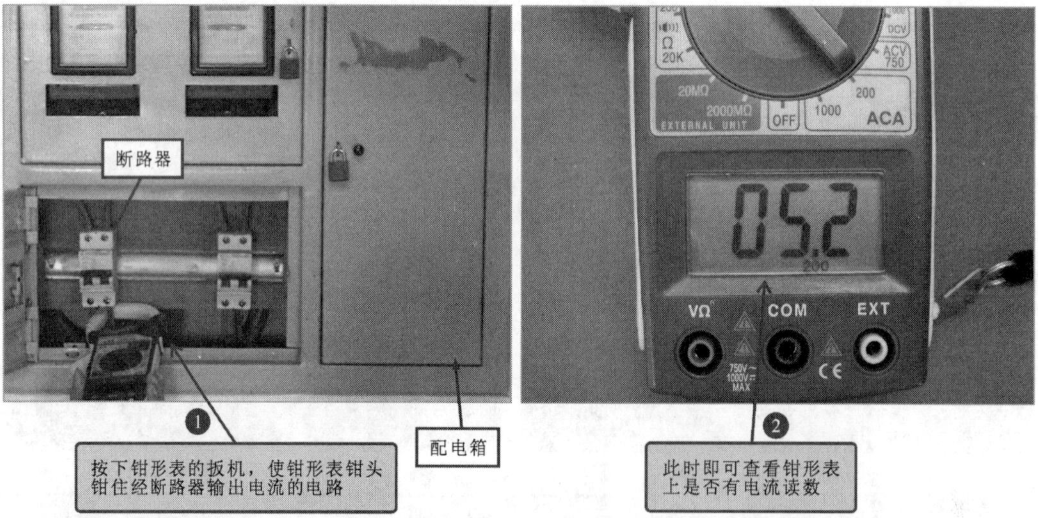
断路器
配电箱
按下钳形表的扳机，使钳形表钳头钳住经断路器输出电流的电路
05.2
VΩ
COM
EXT
ACA
此时即可查看钳形表上是否有电流读数

图 6-51　配电箱输出的电流

4. 检查总断路器

当用户配电箱输出的供电电压正常时，应当继续检查配电盘中的总断路器，可以使用电子试电笔进行检查，如图 6-52 所示。按下电子试电笔上的检测按键后，电子试电笔显示屏无显示，说明该配电盘中总断路器无电压输出。

5. 检查配电盘中的电路

如图 6-53 所示，使用电子试电笔检测进入配电盘之前的供电电路。同样按下检测键后，电子试电笔显示屏上有“ϟ”符号并且指示灯点亮，说明该供电电路正常。说明配电盘中的总断路器发生故障。将其更换，即可排除该低压供配电电路中的故障。

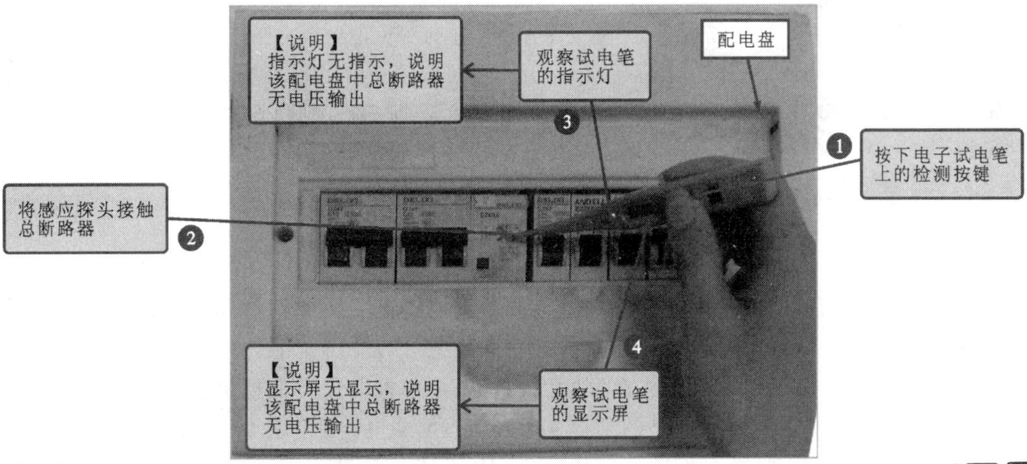
【说明】
指示灯无指示，说明该配电盘中总断路器无电压输出
观察试电笔的指示灯
配电盘
按下电子试电笔上的检测按键
将感应探头接触总断路器
【说明】
显示屏无显示，说明该配电盘中总断路器无电压输出
观察试电笔的显示屏

图 6-52　检查总断路器

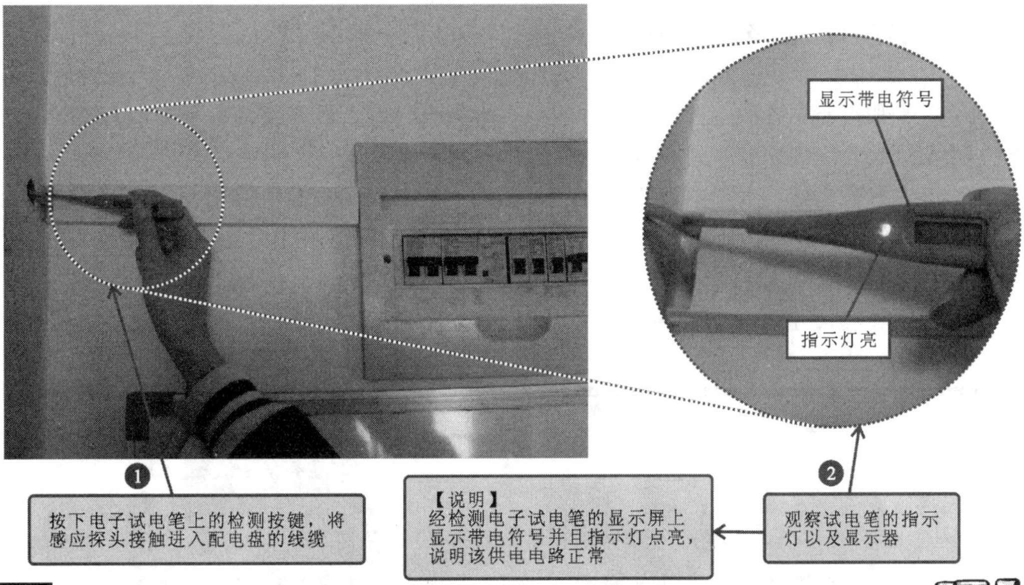
显示带电符号
指示灯亮
按下电子试电笔上的检测按键，将感应探头接触进入配电盘的线缆
【说明】
经检测电子试电笔的显示屏上显示带电符号并且指示灯点亮，说明该供电电路正常
观察试电笔的指示灯以及显示器

图 6-53　检查配电盘中的电路

第7章 记住！照明电路的检修需要训练

现在我们开始进入第7章的学习：本章我们要重点练习检修照明电路。对于电工维修人员来说，掌握照明电路的检测方法是非常重要的操作技能。这项技能在实际工作中被广泛应用。为了让大家能够在短时间内，迅速掌握并提升照明电路检修技能，我们会依托实际检修案例，从了解照明电路的结构入手，明确照明电路的工作特点，搞清楚照明电路中各主要部件的工作关系，培养对照明电路的故障分析能力，最终实现对不同故障的检测和维修。总之，要掌握照明电路的检修技能需要大量的练习，希望大家在实际案例中认真总结，认真体会，努力尝试，记住，照明电路的检修需要训练。

7.1 了解照明电路的结构是检修作业的首要条件

照明电路将各种电气部件通过电路进行组合连接，最终控制各种照明灯具的点亮与熄灭，实现室内或室外的照明控制。

在日常生活、生产中，照明电路发挥着重要的作用。其电路结构特征明显，照明灯具、开关部件的种类多样，巧妙连接和组合设计可使照明控制电路的功能多种多样。了解照明电路的结构是检修作业的首要条件。

根据应用环境的不同，照明电路可以大致分成室内照明电路和公共照明电路，如图7-1所示。

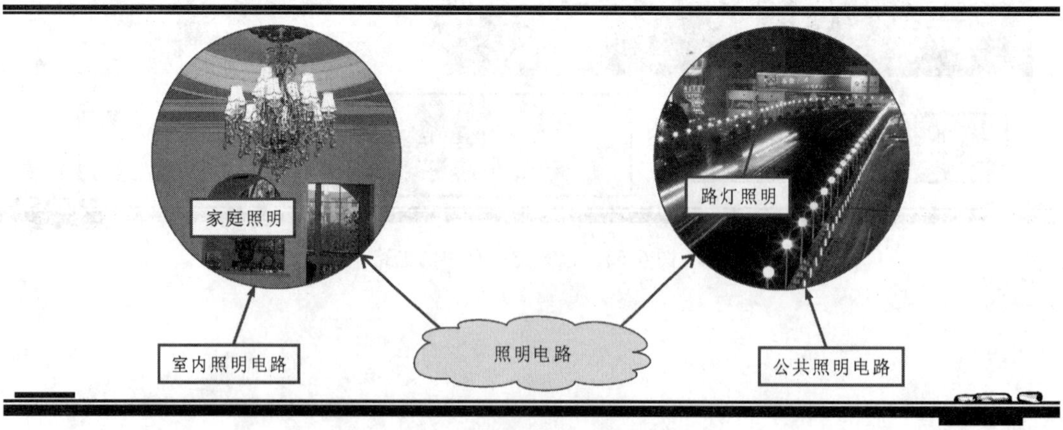
家庭照明
路灯照明
室内照明电路
照明电路
公共照明电路

图7-1 照明电路的结构

7.1.1 室内照明电路的结构

室内照明电路是指在室内场合，当室内光线不足的情况下用来创造明亮环境的照明电路。室内照明电路通过控制开关来控制照明电路的通断，从而最终实现对室内照明灯具的点亮或熄灭控制。室内照明电路是照明电路中最常见的一种。

图7-2所示为典型室内照明电路的结构。该室内照明电路主要是由导线、控制开关以及照明灯具等构成。由于照明灯具不同，因此所对应的照明灯控制器件也有所不同。室内照明电路可分为楼道照明电路和屋内照明电路。

室内照明电路通过控制开关控制照明用电电路的通断，从而最终实现对室内照明灯具点亮或熄灭的控制。室内照明电路是基础用电电路中最常见的一种电路。图7-3所示为典型室内照明电路的结构组成。

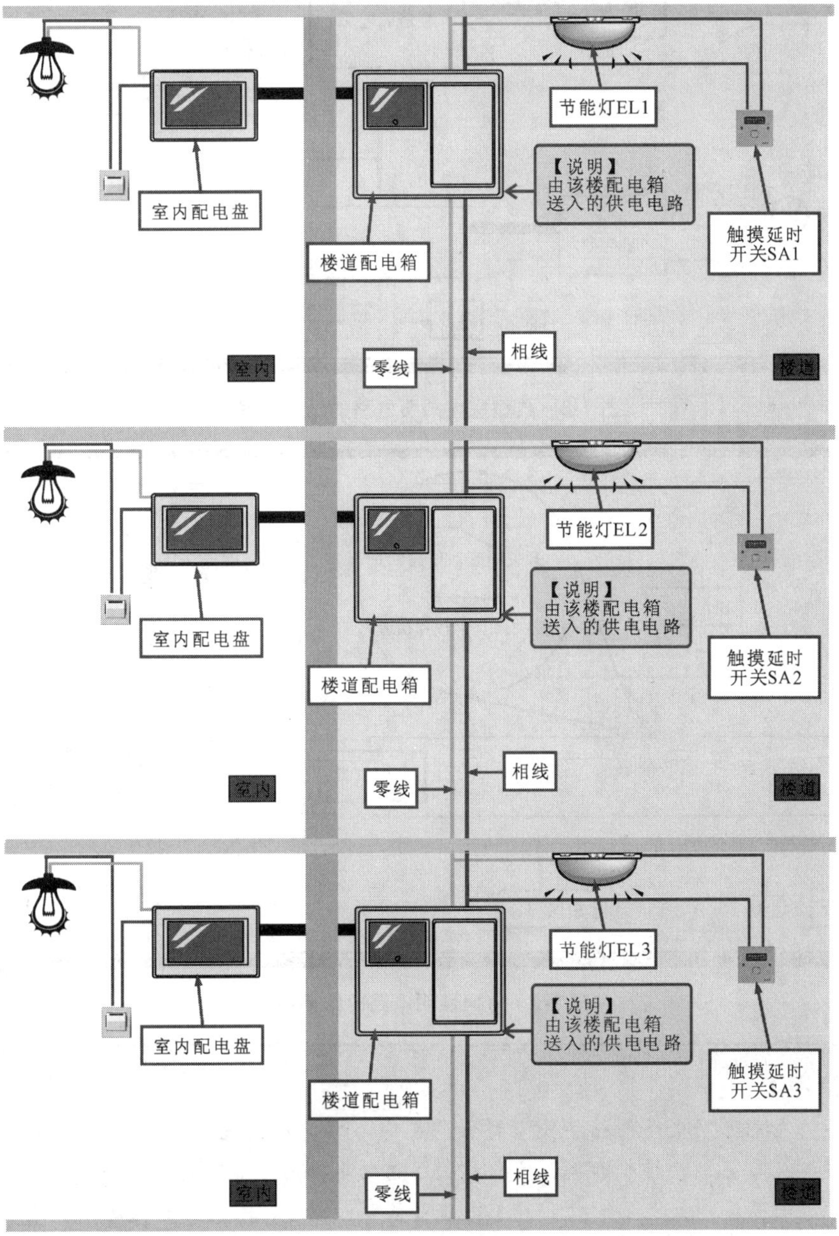
节能灯EL1
【说明】
由该楼配电箱
送入的供电电路
室内配电盘
楼道配电箱
触摸延时
开关SA1
相线
零线
室内
楼道
节能灯EL2
【说明】
由该楼配电箱
送入的供电电路
室内配电盘
楼道配电箱
触摸延时
开关SA2
相线
零线
室内
楼道
节能灯EL3
【说明】
由该楼配电箱
送入的供电电路
室内配电盘
楼道配电箱
触摸延时
开关SA3
相线
零线
室内
楼道

图7-2 典型室内照明电路的结构

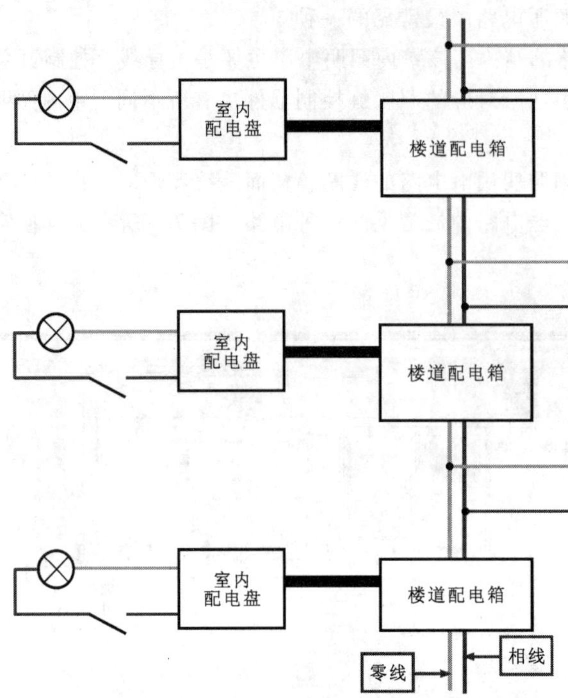
节能灯EL1
室内
配电盘
楼道配电箱
触摸延时
开关SA1
节能灯EL2
室内
配电盘
楼道配电箱
触摸延时
开关SA2
节能灯EL3
触摸延时
开关SA3
室内
配电盘
楼道配电箱
相线
零线

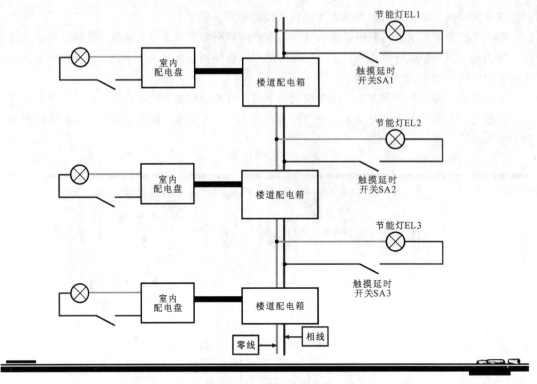

图 7-2 典型室内照明电路的结构（续）

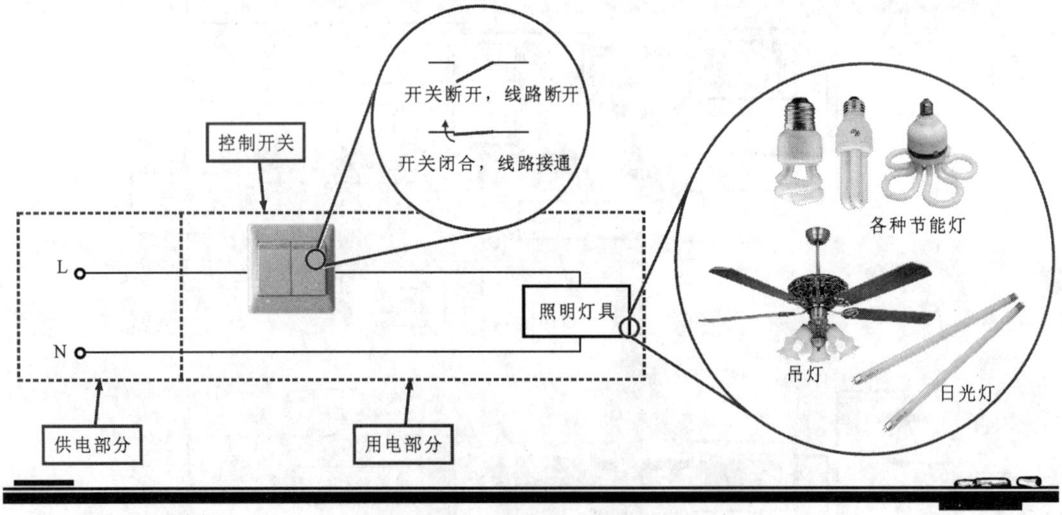
开关断开，线路断开
开关闭合，线路接通
控制开关
各种节能灯
L
N
照明灯具
吊灯
日光灯
供电部分
用电部分

图 7-3 室内照明电路的结构组成

【资料】

室内照明电路的结构较为简单，主要是由控制开关和照明灯具构成。当室内光线不足时，按动控制开关，室内照明用电电路接通，照明灯具点亮，为人们的生产、生活提供足够的亮度。如图 7-4 所示，这种照明电路无论是在家庭生活还是在工业生产上都有着广泛的应用，是最典型的一种室内照明电路。

照明灯具
照明灯具
照明灯具
照明灯具

a）家庭照明　　b）生产车间照明

图 7-4　室内照明电路的应用

1. 导线

室内照明电路采用的导线一般选择截面积为 2.5mm^2 和 4mm^2 的铜芯导线，外套塑料管，如图 7-5 所示。

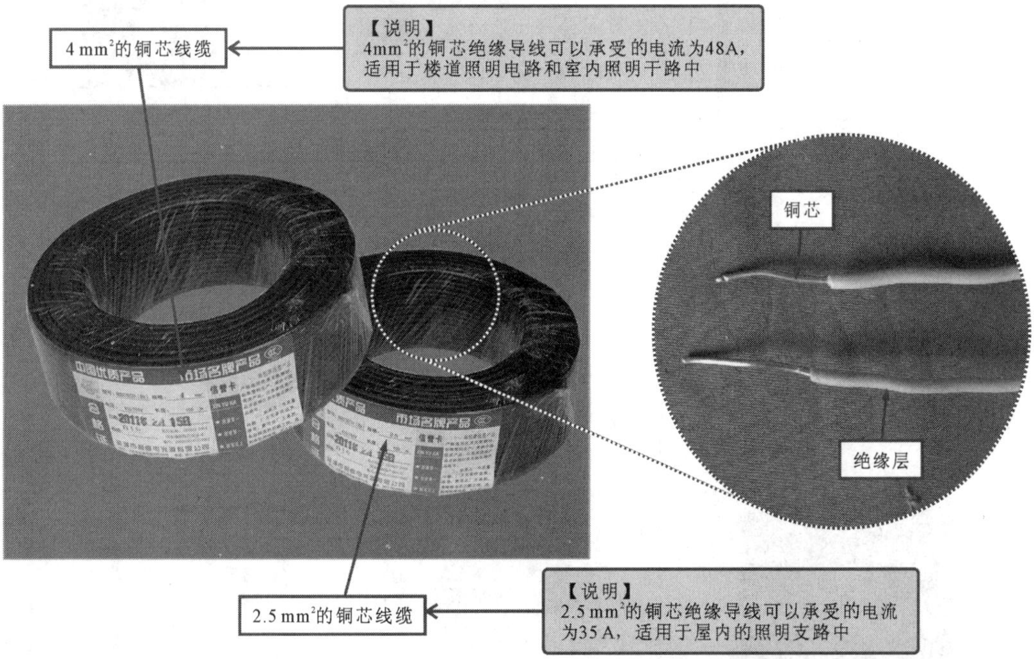
4 mm²的铜芯线缆
【说明】
4mm²的铜芯绝缘导线可以承受的电流为48A，适用于楼道照明电路和室内照明干路中
铜芯
绝缘层
2.5 mm²的铜芯线缆
【说明】
2.5 mm²的铜芯绝缘导线可以承受的电流为35 A，适用于屋内的照明支路中

图 7-5　室内照明电路中使用的导线

提问　我们应该根据哪些方面选择室内照明电路的导线。

回答

选择室内照明电路的导线时，可以根据允许电压损失进行选择。电流通过导线时会产生电压损失，电压损失的范围在 ±5%。按允许电压损失选择导线截面积可按下式计算：$S=\dfrac{PL}{\gamma\Delta U_{r}U_{N}^{2}}\times 100$（$mm^2$）。其中，$S$ 表示导线的截面积（mm^2）；P 表示通过电路的有功功率（kW）；L 表示电路的长度（km）；γ 表示导线材料电导率，铜导线为 58×10^{-6}、铝导线为 35×10^{-6}（$1/\Omega\cdot m$）；ΔU_r 表示允许电压损失中的电阻分量（%）；U_N 表示电路的额定电压（kV）。

2. 控制开关

室内照明电路中使用的控制开关有单控开关、双控开关、调光开关、遥控开关、触摸开关、声控开关、光控开关、声光控开关以及智能开关等，如图 7-6 所示。

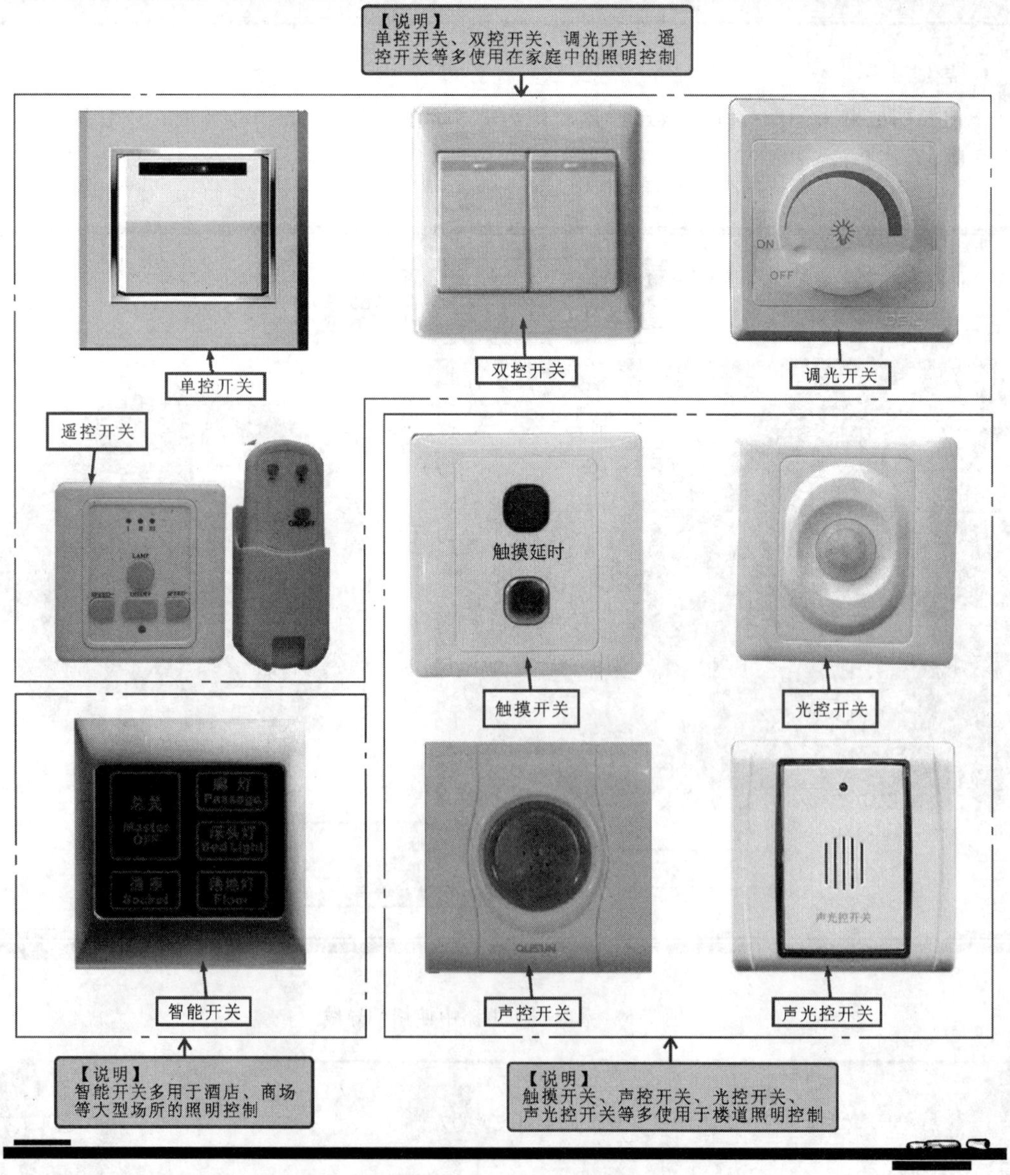
【说明】
单控开关、双控开关、调光开关、遥控开关等多使用在家庭中的照明控制
单控开关
双控开关
调光开关
ON
OFF
遥控开关
触摸延时
触摸开关
光控开关
总关
Master OFF
廊灯
Passage
床头灯
Bed Light
插座
Socket
地脚灯
Floor
智能开关
声控开关
声光控开关
声光控开关
【说明】
智能开关多用于酒店、商场等大型场所的照明控制
【说明】
触摸开关、声控开关、光控开关、声光控开关等多使用于楼道照明控制

图 7-6　室内照明控制电路中的控制开关

【资料】

有些楼道中的照明灯的灯座即为声光控开关，可以直接对安装在其上端的照明灯进行控制，如图7-7所示。

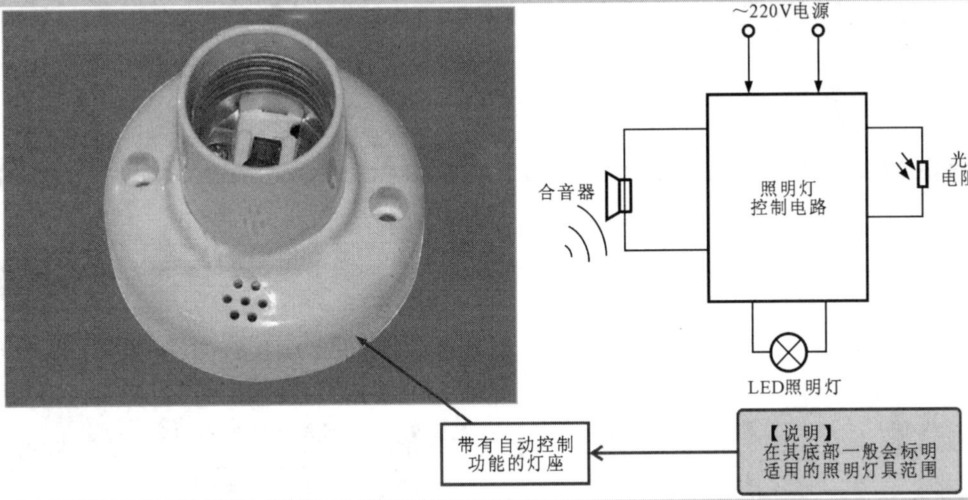
~220V电源
光敏
电阻器
合音器
照明灯
控制电路
LED照明灯
带有自动控制
功能的灯座
【说明】
在其底部一般会标明
适用的照明灯具范围

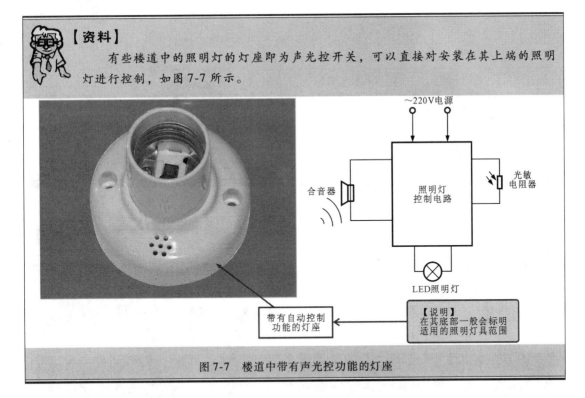

图7-7 楼道中带有声光控功能的灯座

3. 照明灯具

照明灯是一种控制发出光亮的电气设备。室内照明电路中使用的照明灯具可以分为日光灯（荧光灯）、节能灯和新型的LED灯。常使用的日光灯有环形日光灯、直管形日光灯、2D形日光灯。常使用的节能灯有U形节能灯、螺旋形节能灯和球泡形节能灯。常使用的LED灯有LED灯泡、LED灯管、LED射灯等，如图7-8所示。

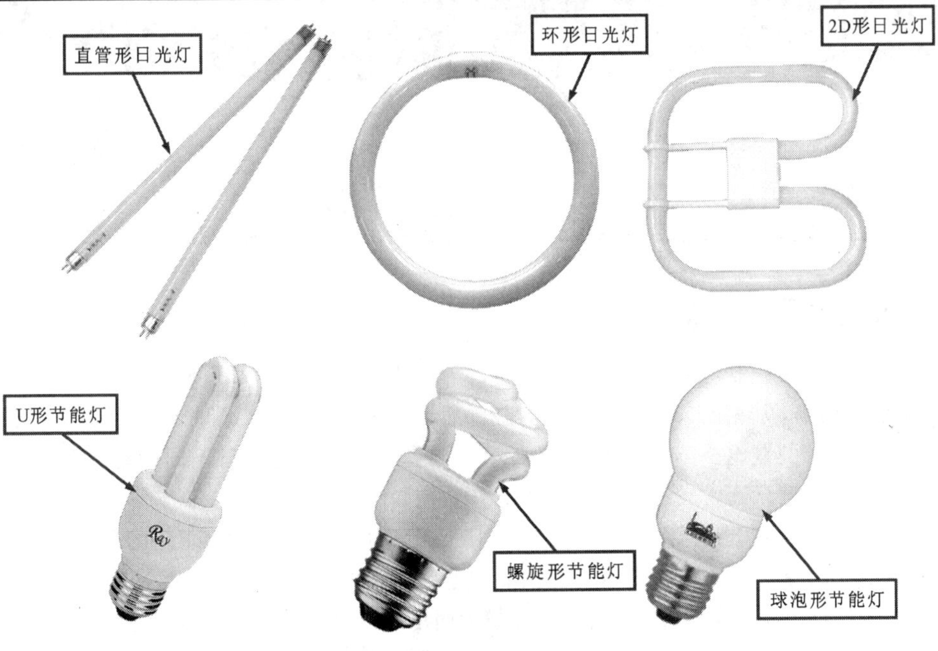
直管形日光灯
环形日光灯
2D形日光灯
U形节能灯
螺旋形节能灯
球泡形节能灯

图7-8 室内照明控制电路中的照明灯具

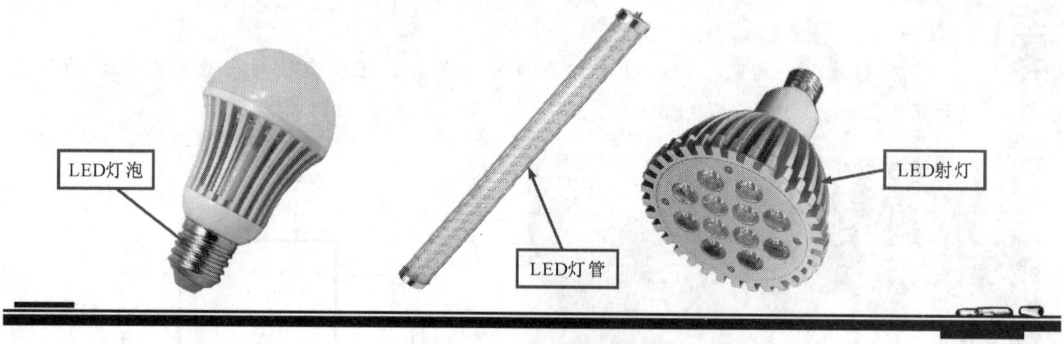
LED灯泡
LED灯管
LED射灯

图 7-8　室内照明控制电路中的照明灯具（续）

【资料】

节能灯利用气体放电的原理进行发光，一般不需要配备镇流器和启辉器等控制器件。而日光灯是利用涂抹在灯管内部的荧光粉汞膜和灯管内的惰性气体，受电击发光的，在使用中一般需要配合启辉器或镇流器，图 7-9 所示为启辉器和镇流器。

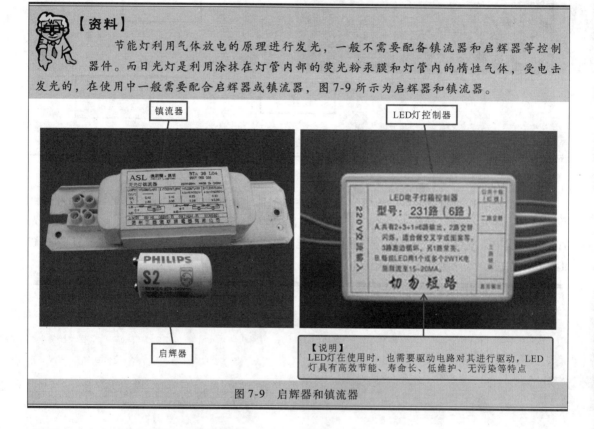

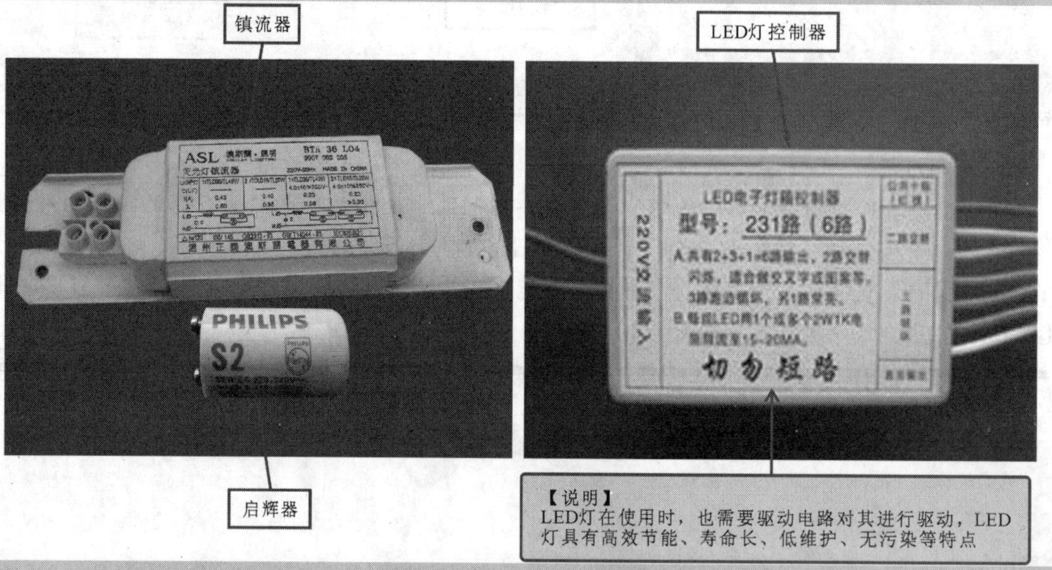
镇流器
LED灯控制器
ASL
BTA 36 L04
PHILIPS
S2
LED电子灯箱控制器
型号：231路（6路）
220V交流输入
切勿短路
启辉器
【说明】
LED灯在使用时，也需要驱动电路对其进行驱动，LED灯具有高效节能、寿命长、低维护、无污染等特点

图 7-9　启辉器和镇流器

7.1.2　公共照明控制电路的结构

公共照明控制电路是指在公共场所，当自然光线不足的情况下用来创造明亮环境的照明控制电路。常见的公共照明控制电路包括景观照明电路、小区照明电路、公路照明电路以及信号灯控制电路等，如图 7-10 所示。与室内照明控制电路不同的是，公共照明控制电路的照明灯具的数量通常较多，且大多具有自动控制的特点。

公共（室外）照明电路与室内照明电路类似，也是通过控制照明用电电路的通断来实现对照明灯具点亮或熄灭的控制，图 7-11 所示为公共照明电路的结构组成。所不同的是，公共照明电路的控制部件多采用电子元件或电气控制部件组成较为简单的控制电路，其控制的过程主要有人工控制和自动控制两种类型。另外，公共照明电路与室内照明电路中的照明灯具也有所区别。

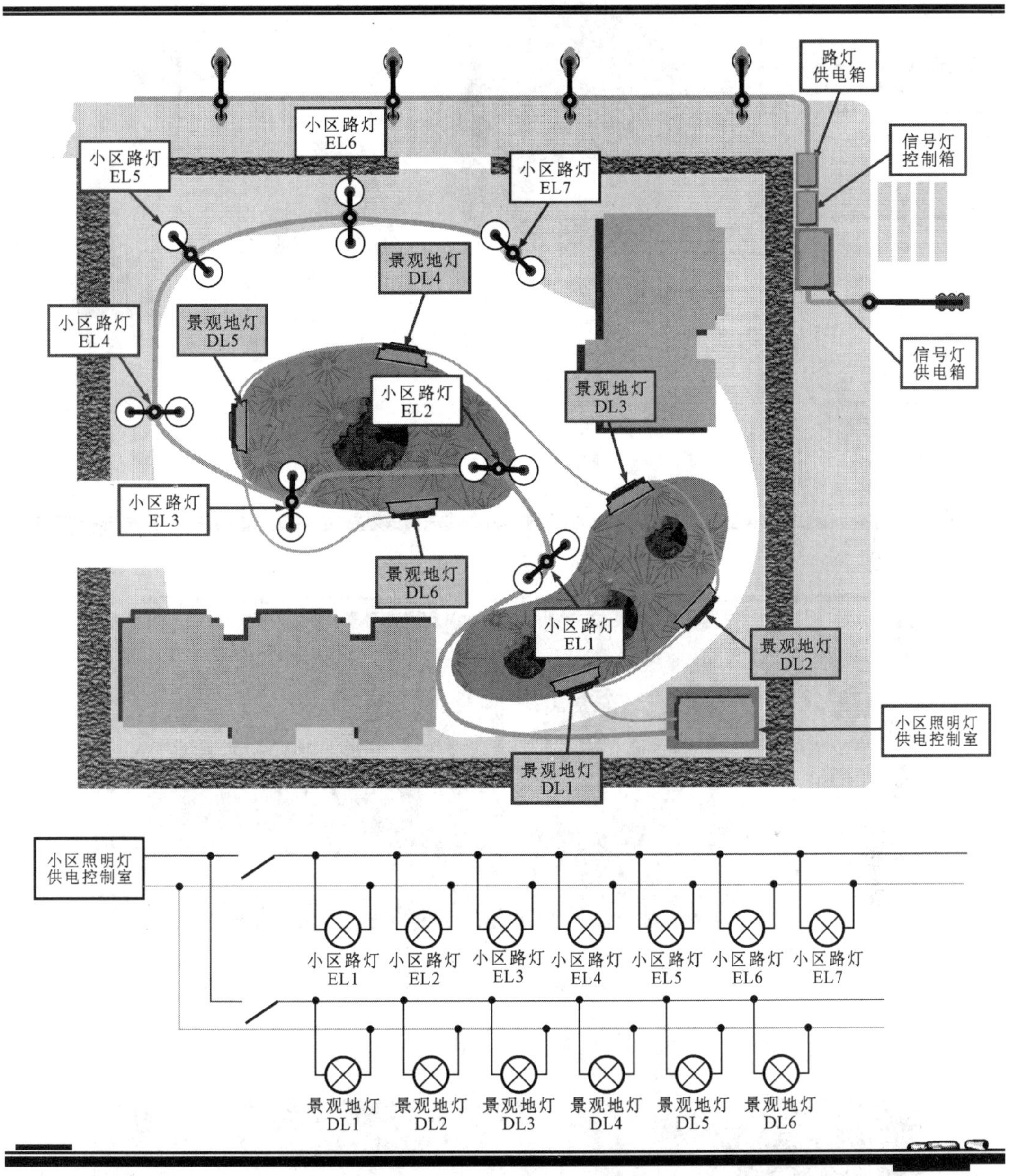
路灯
供电箱
信号灯
控制箱
信号灯
供电箱
小区路灯
EL6
小区路灯
EL5
小区路灯
EL7
景观地灯
DL4
小区路灯
EL4
景观地灯
DL5
小区路灯
EL2
景观地灯
DL3
小区路灯
EL3
景观地灯
DL6
小区路灯
EL1
景观地灯
DL2
小区照明灯
供电控制室
景观地灯
DL1
小区照明灯
供电控制室
小区路灯
EL1
小区路灯
EL2
小区路灯
EL3
小区路灯
EL4
小区路灯
EL5
小区路灯
EL6
小区路灯
EL7
景观地灯
DL1
景观地灯
DL2
景观地灯
DL3
景观地灯
DL4
景观地灯
DL5
景观地灯
DL6

图 7-10　公共照明控制电路的构成

公共照明电路通常是几个、十几个或上百个照明灯具同时受控于一组电路，对照明灯进行的各种控制状态都是采用集中控制方式，例如常见的楼宇内楼道照明、街道或公路两侧的路灯照明等。图 7-12 所示为公共照明电路的实际应用。

【资料】

随着技术的发展和人们生活需求的不断提升，公共照明控制电路所能实现的功能也多种多样，几乎在社会生产、生活的各个角落都可以找到公共照明控制电路的应用。

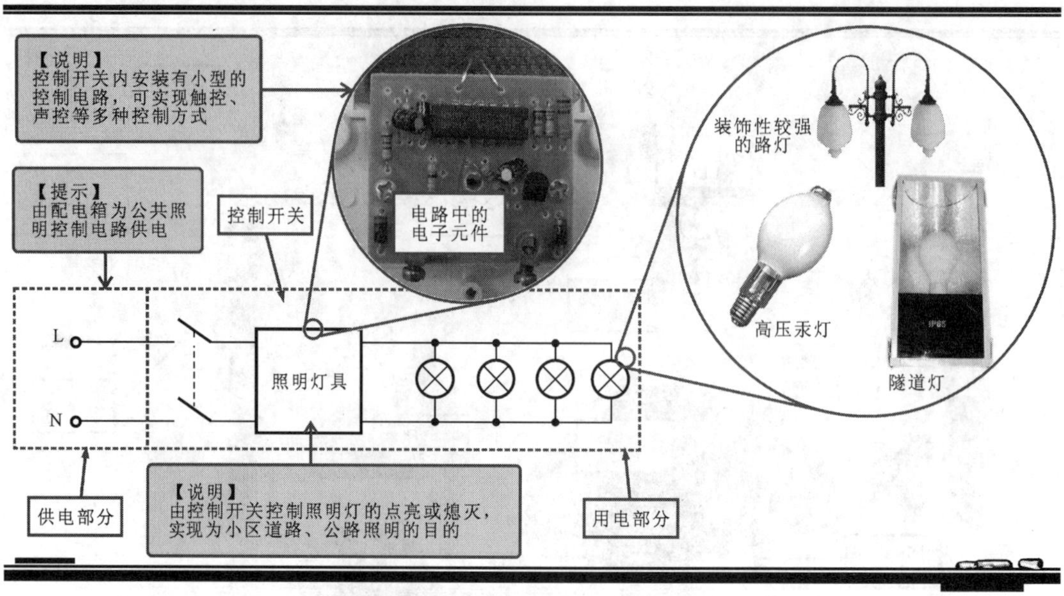
【说明】
控制开关内安装有小型的控制电路，可实现触控、声控等多种控制方式
【提示】
由配电箱为公共照明控制电路供电
控制开关
电路中的电子元件
装饰性较强的路灯
高压汞灯
隧道灯
L
N
照明灯具
供电部分
【说明】
由控制开关控制照明灯的点亮或熄灭，实现为小区道路、公路照明的目的
用电部分

图 7-11　公共照明电路的结构组成

小区人行道照明
【说明】
小区人行道照明灯点亮，可为夜间行走的市民提供照明
【说明】
公路两侧路灯点亮，可为夜间行驶的车辆提供照明
公路两侧路灯照明
景观照明
【说明】
景观照明在夜晚点亮，可美化城市夜景
【说明】
照明灯为黑暗潮湿的隧道提供照明
隧道照明
【说明】
景观照明可对建筑物或景点提供装饰
【提示】
隧道照明灯时刻保持点亮状态，为过往车辆提供照明

图 7-12　公共照明电路的实际应用

1. 电力线缆

室外照明电路中的照明线缆通常会选择直径较粗的电力线缆，如图7-13所示。通常线缆的直径根据灯的数量以及载流量等进行选择，由于室外照明灯需要同时开启，所以在选择导线直径时，须考虑导线能承受照明灯同时开启时的最大电流值。

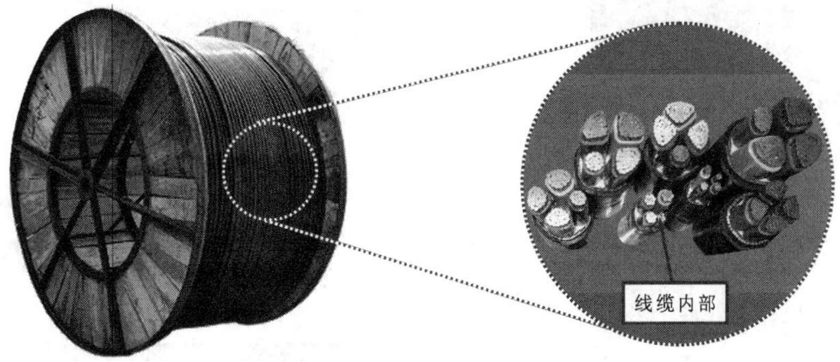
线缆内部

图7-13　室外照明电路中使用的导线

【资料】

室外照明线缆外形为圆形。根据该线缆的功能和敷设环境的不同，内部的保护层功能也有所不同，如图7-14所示。通常内部有双根或多跟导体，在导体外端带有绝缘层，若需要使用在承重能力较强的地方使用时，需要使用带有内衬层和钢带的线缆。

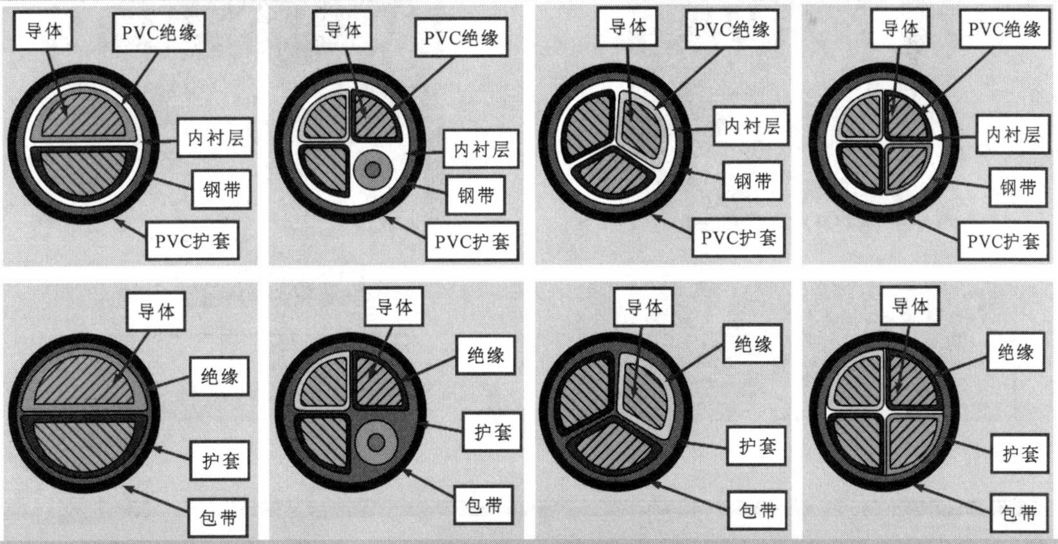
导体
PVC绝缘
内衬层
钢带
PVC护套
导体
PVC绝缘
内衬层
钢带
PVC护套
导体
PVC绝缘
内衬层
钢带
PVC护套
导体
PVC绝缘
内衬层
钢带
PVC护套
导体
绝缘
护套
包带
导体
绝缘
护套
包带
导体
绝缘
护套
包带
导体
绝缘
护套
包带

图7-14　线缆内部构成

2. 控制器

室外照明电路中的控制器大多选择较为智能的控制开关，图7-15所示为常见的室外照明控制开关。

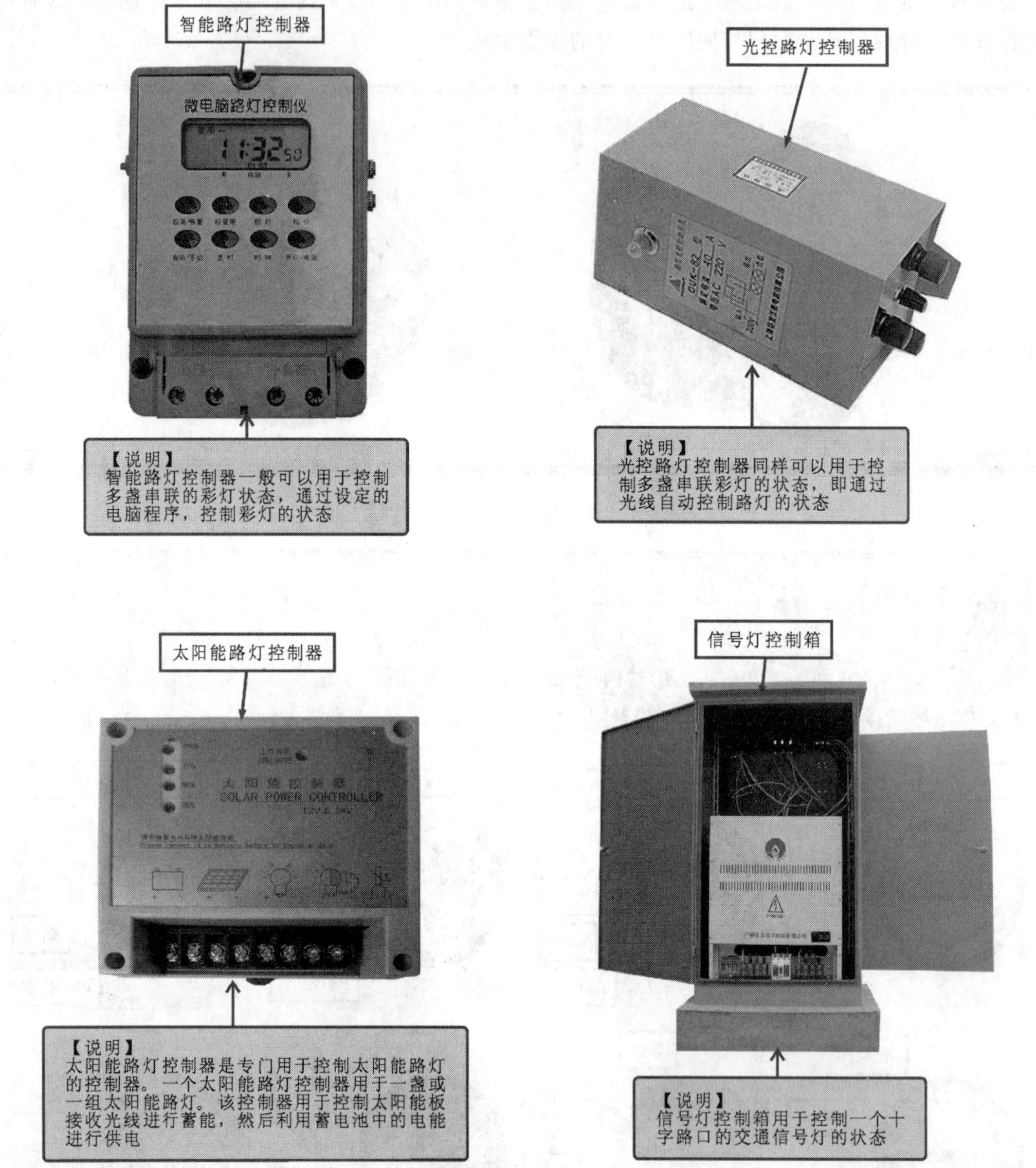
智能路灯控制器
微电脑路灯控制仪
【说明】
智能路灯控制器一般可以用于控制多盏串联的彩灯状态，通过设定的电脑程序，控制彩灯的状态
光控路灯控制器
【说明】
光控路灯控制器同样可以用于控制多盏串联彩灯的状态，即通过光线自动控制路灯的状态
太阳能路灯控制器
太阳能控制器
SOLAR POWER CONTROLLER
12V & 24V
【说明】
太阳能路灯控制器是专门用于控制太阳能路灯的控制器。一个太阳能路灯控制器用于一盏或一组太阳能路灯。该控制器用于控制太阳能板接收光线进行蓄能，然后利用蓄电池中的电能进行供电
信号灯控制箱
【说明】
信号灯控制箱用于控制一个十字路口的交通信号灯的状态

图 7-15　室外照明控制电路中的控制器

【资料】

室外照明控制电路中常使用的照明灯具有碘钨灯、高压汞灯、高压钠灯、低压钠灯、LED 室外照明灯等，如图 7-16 所示。

带有控制器
的路灯灯头
控制电路

图 7-16 带有控制器的路灯灯头

3. 照明灯具

图 7-17 所示为室外照明控制电路中常使用的照明灯具的实物外形。

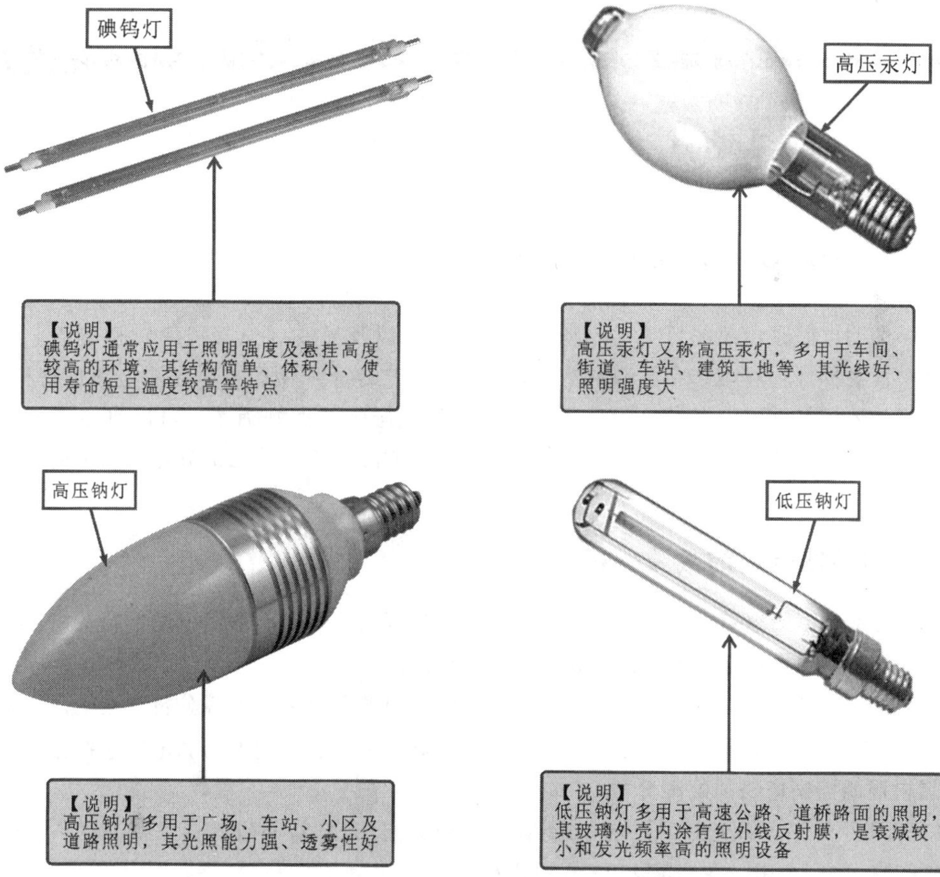
碘钨灯
【说明】
碘钨灯通常应用于照明强度及悬挂高度较高的环境，其结构简单、体积小、使用寿命短且温度较高等特点
高压汞灯
【说明】
高压汞灯又称高压汞灯，多用于车间、街道、车站、建筑工地等，其光线好、照明强度大
高压钠灯
【说明】
高压钠灯多用于广场、车站、小区及道路照明，其光照能力强、透雾性好
低压钠灯
【说明】
低压钠灯多用于高速公路、道桥路面的照明，其玻璃外壳内涂有红外线反射膜，是衰减较小和发光频率高的照明设备

图 7-17 室外控制系统使用的照明灯具的实物外形

图 7-18 所示为室外照明控制电路照明灯具的典型应用。

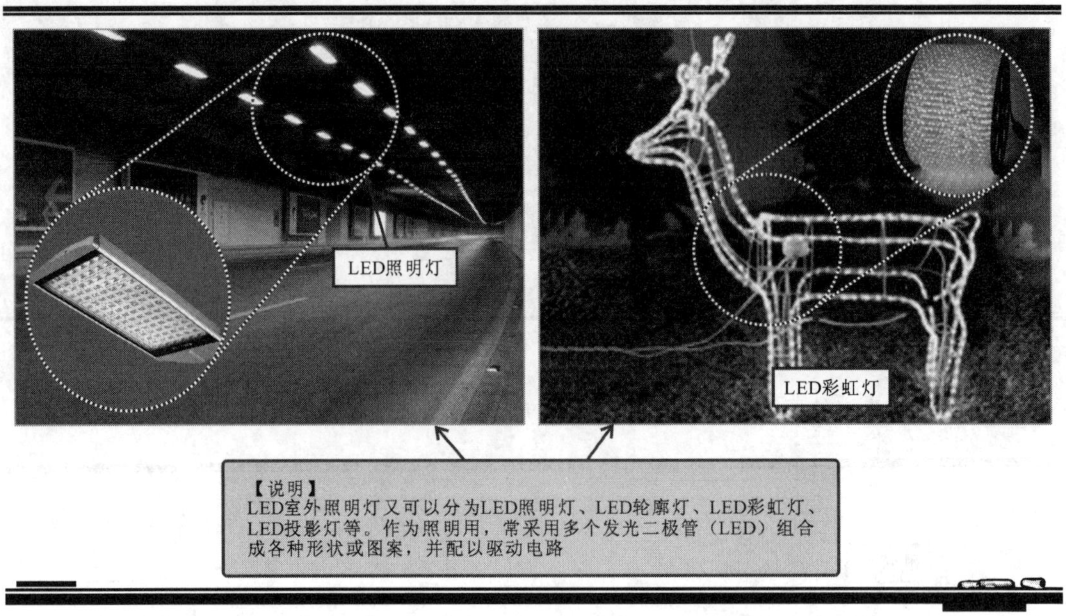
LED照明灯
LED彩虹灯
【说明】
LED室外照明灯又可以分为LED照明灯、LED轮廓灯、LED彩虹灯、LED投影灯等。作为照明用，常采用多个发光二极管（LED）组合成各种形状或图案，并配以驱动电路

图 7-18　室外控制系统使用的照明灯具的典型应用

7.2　做好照明电路的故障分析非常重要

照明电路是由照明灯具、控制开关或控制器以及导线（连接线缆）构成的。当该回路中任意部件损坏时，会影响到整个照明电路使之停止照明。在对照明电路进行检修时，我们先要做好照明电路的故障分析，为后面的检修练习做好铺垫。可以将照明电路的故障分析分作两个部分进行：第一部分是室内照明电路的故障分析；第二部分是公共照明电路的故障分析。

7.2.1　室内照明电路的故障分析

当室内照明电路出现故障时，可以通过故障现象，对整个照明电路进行分析，从而缩小故障范围，锁定故障的器件，并对其进行检修。

在对室内照明电路进行检修前，应当了解室内照明电路的故障分析。当室内照明电路中的照明灯出现不亮的情况时，首先应当查看该照明灯的类型、控制方式和电路连接方式。

1. 屋内照明控制电路的故障分析

图 7-19 所示为室内日光灯的控制方式和电路结构。日光灯管与启辉器进行并联后，然后与镇流器和单控开关 SA 串联在交流 220V 供电电路中。

当日光灯照明电路出现故障时，应当按照检修流程进行检修。图 7-20 所示为屋内照明控制电路故障的检修流程。应当先检查同一通电电路中的其他照明灯是否正常，若其他照明灯也有故障，应当检查照明电路的供电端。若供电端有故障，应对供电端进行检修。若当同一支路上的其他照明灯正常时，应当检查该日关灯是否有故障，若照明灯有故障应进行更换。当照明灯正常

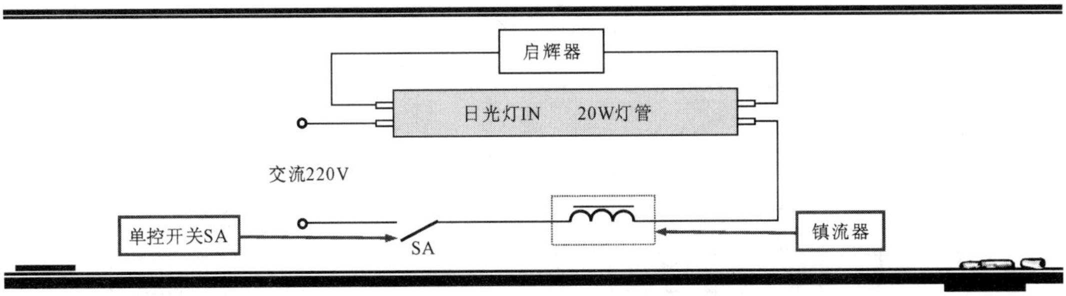
启辉器
日光灯IN 20W灯管
交流220V
单控开关SA
SA
镇流器

图 7-19 屋内照明控制电路的控制方式

时，应检查启辉器是否正常，启辉器正常，则应对镇流器进行检查，当镇流器正常时，检查控制开关是否正常，当开关正常时，应当检查该照明支路供电电路是否发生故障，若电路有故障应进行检修。

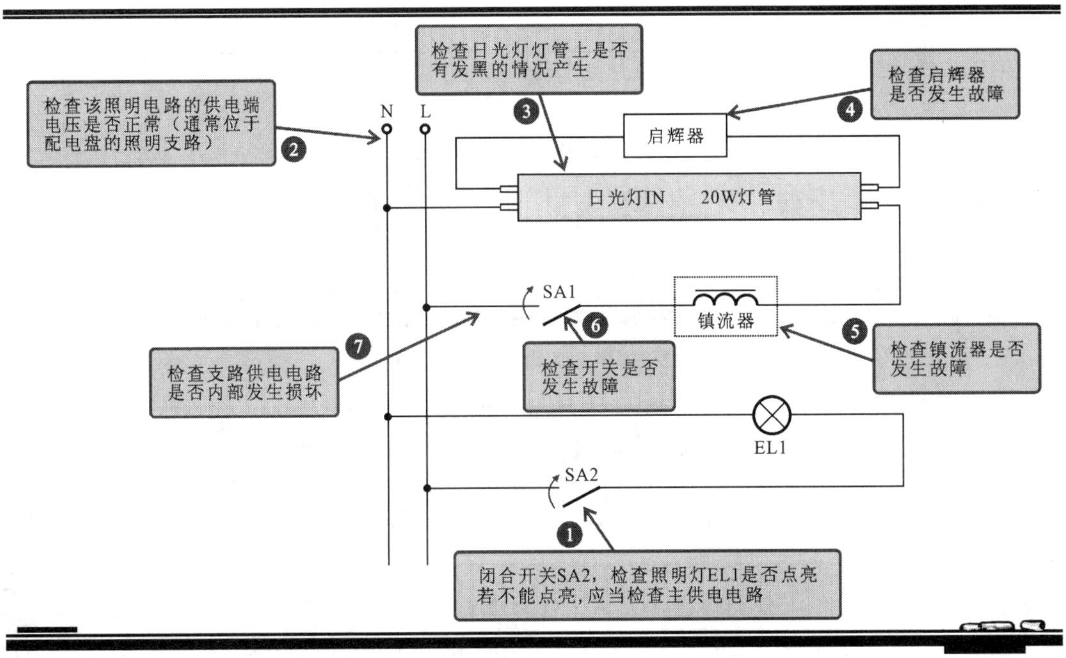
检查日光灯灯管上是否有发黑的情况产生
检查启辉器是否发生故障
检查该照明电路的供电端电压是否正常（通常位于配电盘的照明支路）
N
L
启辉器
日光灯IN 20W灯管
SA1
镇流器
检查镇流器是否发生故障
检查支路供电电路是否内部发生损坏
检查开关是否发生故障
EL1
SA2
闭合开关SA2，检查照明灯EL1是否点亮若不能点亮，应当检查主供电电路

图 7-20 屋内照明控制电路故障的检修流程

2. 楼道照明控制电路的故障分析

图 7-21 所示为楼道内节能灯的控制方式。楼道内的节能灯通常使用并联的方式连接在供电电路中。通常控制开关会选择声控延时开关、触摸延时开关、光控延时开关以及声光控延时开关等对楼道内的节能灯进行控制。由于声控延时开关、触摸延时开关、光控延时开关以及声光控延时开关都带有延时控制关闭的功能，所以在上下楼时，不需要手动关闭开关。

图 7-22 所示为楼道照明控制电路故障的检修流程。当楼道中节能灯 EL2 照明电路出现故障时，应当检查其他楼层的节能灯是否正常点亮。若其他楼层都无法点亮时，应当检查主供电电路，若其他楼层的节能灯可以点亮，应当检查照明灯 EL2 是否正常。若照明灯正常应当检查控制开关，若开关正常，则应检查支路照明电路是否有故障。

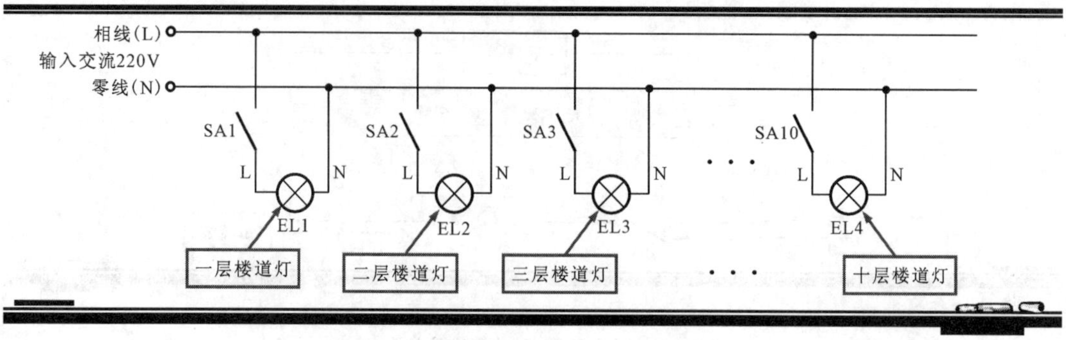
相线(L)
输入交流220V
零线(N)
SA1
SA2
SA3
SA10
L
N
EL1
EL2
EL3
EL4
一层楼道灯
二层楼道灯
三层楼道灯
十层楼道灯

图 7-21　楼道照明控制电路的控制方式

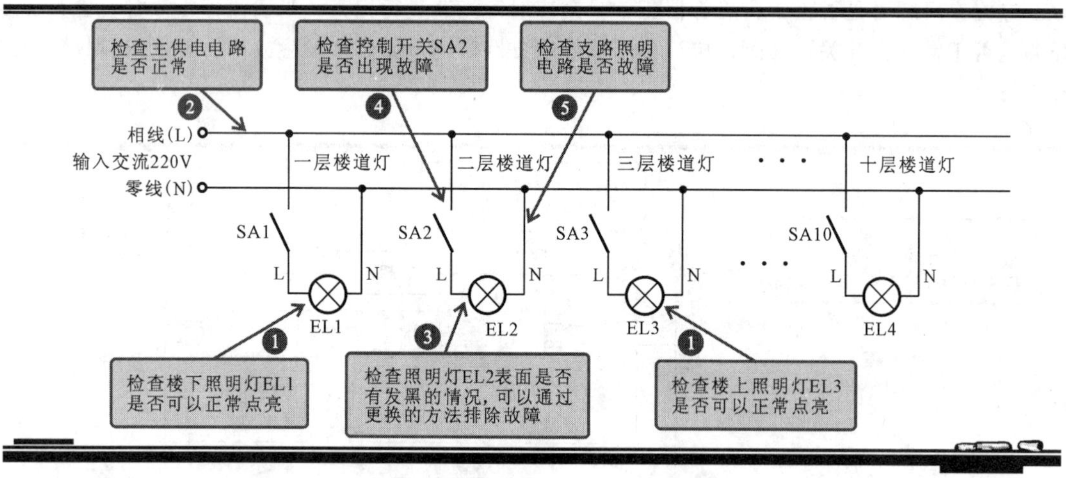
检查主供电电路是否正常
检查控制开关SA2是否出现故障
检查支路照明电路是否故障
相线(L)
输入交流220V
零线(N)
一层楼道灯
二层楼道灯
三层楼道灯
十层楼道灯
SA1
SA2
SA3
SA10
EL1
EL2
EL3
EL4
检查楼下照明灯EL1是否可以正常点亮
检查照明灯EL2表面是否有发黑的情况，可以通过更换的方法排除故障
检查楼上照明灯EL3是否可以正常点亮

图 7-22　楼道照明电路故障的检修流程

提问　如果楼道内的节能灯亮度异常或亮度过暗时，应首先检查哪儿？

回答　通常，楼道内节能灯亮度异常，则应检查供电电压是否过高。若供电电压过高，则需要更换与供电电压相匹配的节能灯。如果楼道内节能灯的亮度过暗时，则应检查供电电压是否过低。若供电电压过低，则应对供电电路进行检修。当供电电压正常时，应检查供电电路是否有故障。

3. 智能控制照明电路的检修流程

图 7-23 所示为智能控制开关控制多盏照明灯的控制方式。智能控制开关可以分别使用不同的键来控制对应的 LED 灯，如按下落地灯控制键时，LED3 点亮，当按下廊灯控制键时，LED2 点亮，按下床头灯控制键时，LED1 点亮。需要关闭单独的一盏灯时，可以按下该灯的控制键，若需将所有的灯同时关闭时，可以按下总关按键。

图 7-24 所示为智能控制照明电路故障的检修流程。智能控制照明电路有故障时，首先检查该智能开关控制的 LED 灯是否全部无法点亮。若全部无法点亮时，则应检查智能控制开关。若控制开关正常，则应对供电电路进行检查。若其中 LED1 无法点亮时，则应检查 LED1 是否发生

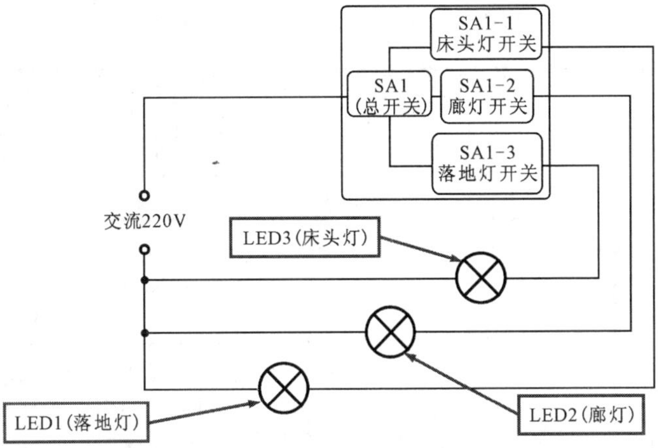
SA1-1
床头灯开关
SA1
(总开关)
SA1-2
廊灯开关
SA1-3
落地灯开关
交流220V
LED3(床头灯)
LED1(落地灯)
LED2(廊灯)

图 7-23　智能控制开关控制多盏照明灯的控制方式

故障，若 LED1 出现故障，则需要对其进行检查或更换。若其他灯也不亮，则应检查相应的开关和电路。

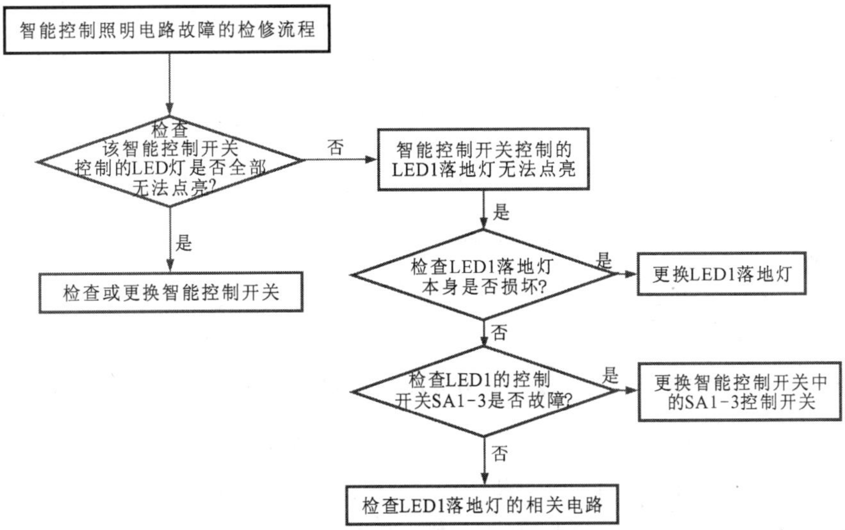
智能控制照明电路故障的检修流程
检查该智能控制开关控制的LED灯是否全部无法点亮?
否
智能控制开关控制的LED1落地灯无法点亮
是
检查或更换智能控制开关
是
检查LED1落地灯本身是否损坏?
是
更换LED1落地灯
否
检查LED1的控制开关SA1-3是否故障?
是
更换智能控制开关中的SA1-3控制开关
否
检查LED1落地灯的相关电路

图 7-24　智能控制照明电路的检修流程

7.2.2　公共照明电路的故障分析

当公共照明电路出现故障时，可以通过故障现象，对整个公共照明电路进行分析，从而缩小故障范围，锁定故障的器件，并对其进行检修。

在对公共照明电路进行检修前，应当了解该公共照明电路的控制方式。根据景观照明电路、小区照明电路、公路照明电路不同的电路结构，按照控制信号的流程进行检修。

1. 景观照明控制电路的检修流程

景观照明控制电路中多采用 LED 装饰灯。LED 装饰灯的景观照明电路由交流 220V 电压为其

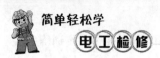

驱动电路进行供电，驱动电路将电压转换为 LED 装饰灯所需要使用的电压。图 7-25 所示为 LED 装饰灯的控制电路实例。该电路可分为供电电路、LED 驱动电路和显示电路三个部分。

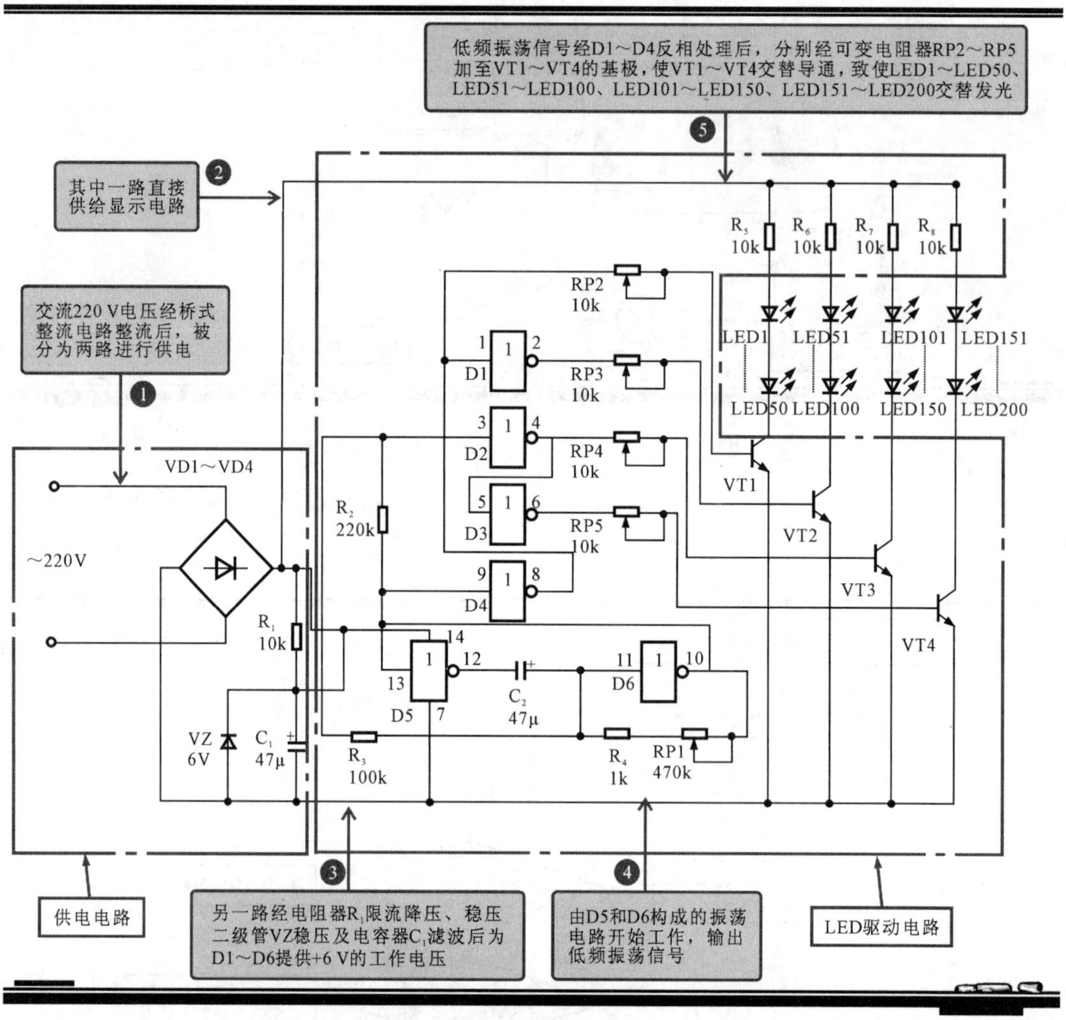
低频振荡信号经D1～D4反相处理后，分别经可变电阻器RP2～RP5加至VT1～VT4的基极，使VT1～VT4交替导通，致使LED1～LED50、LED51～LED100、LED101～LED150、LED151～LED200交替发光
5
2
其中一路直接供给显示电路
交流220 V电压经桥式整流电路整流后，被分为两路进行供电
1
VD1～VD4
~220V
R5 10k
R6 10k
R7 10k
R8 10k
RP2 10k
RP3 10k
RP4 10k
RP5 10k
D1
D2
D3
D4
D5
D6
R2 220k
R1 10k
VZ 6V
C1 47μ
R3 100k
C2 47μ
R4 1k
RP1 470k
LED1
LED51
LED101
LED151
LED50
LED100
LED150
LED200
VT1
VT2
VT3
VT4
3
4
供电电路
另一路经电阻器R1限流降压、稳压二级管VZ稳压及电容器C1滤波后为D1～D6提供+6 V的工作电压
由D5和D6构成的振荡电路开始工作，输出低频振荡信号
LED驱动电路

图 7-25　LED 装饰灯的控制电路实例

图 7-26 所示为景观照明控制电路故障的检修流程。首先应当检查景观照明控制电路中 LED 灯是否全部不亮，若其全部不亮，则应检查该系统的供电电路是否正常。若供电电路出现故障，则应对供电电路进行维修。若供电电路正常，则应检查该电路中的驱动电路。当驱动电路出现故障，则应对其进行检修或更换。若 LED 灯部分熄灭，则应检查熄灭的 LED 灯是否发生故障，同时也应对 LED 的驱动晶体管进行检查。

2. 小区照明控制电路的检修流程

小区照明控制电路中多采用一个控制器控制多盏照明路灯的方式对其进行控制，图 7-27 所示为小区照明电路中常见的控制方式。该电路可被分为供电电路、触发及控制电路和照明路灯三个部分。

图 7-28 所示为小区照明控制电路实物连接图。控制电路一般被制作为一个整体的控制器，供电电源进入小区路灯控制箱中，控制箱内设有控制电路，交流电源经控制电路后为照明灯供电。

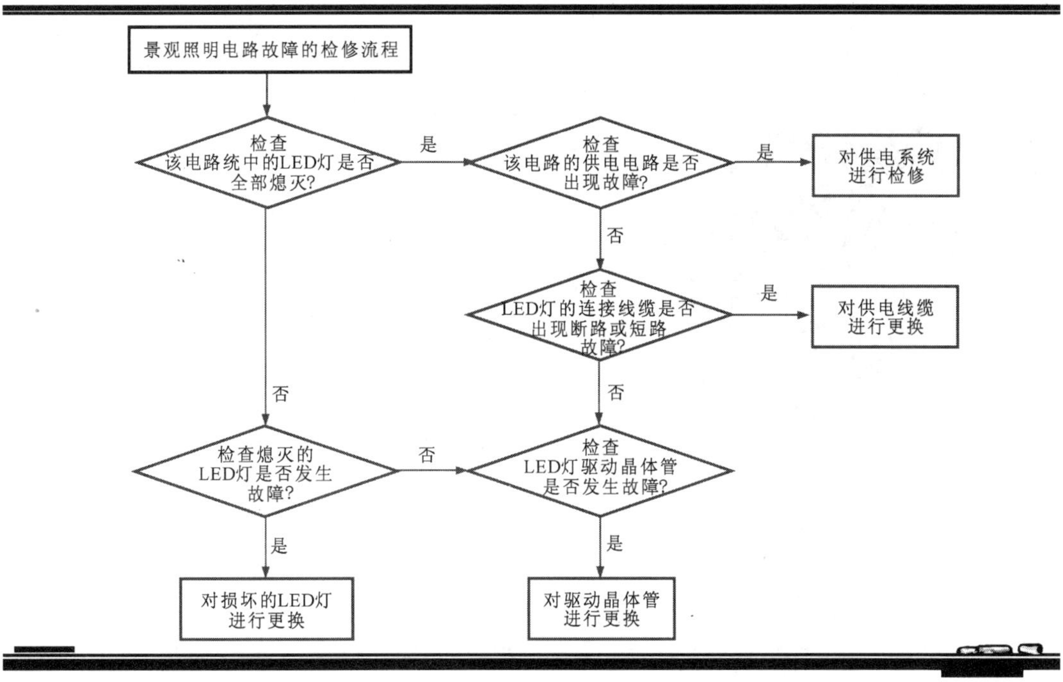
景观照明电路故障的检修流程
检查
该电路统中的LED灯是否
全部熄灭?
是
检查
该电路的供电电路是否
出现故障?
是
对供电系统
进行检修
否
检查
LED灯的连接线缆是否
出现断路或短路
故障?
是
对供电线缆
进行更换
否
否
检查熄灭的
LED灯是否发生
故障?
否
检查
LED灯驱动晶体管
是否发生故障?
是
是
对损坏的LED灯
进行更换
对驱动晶体管
进行更换

图 7-26　景观照明控制电路故障的检修流程

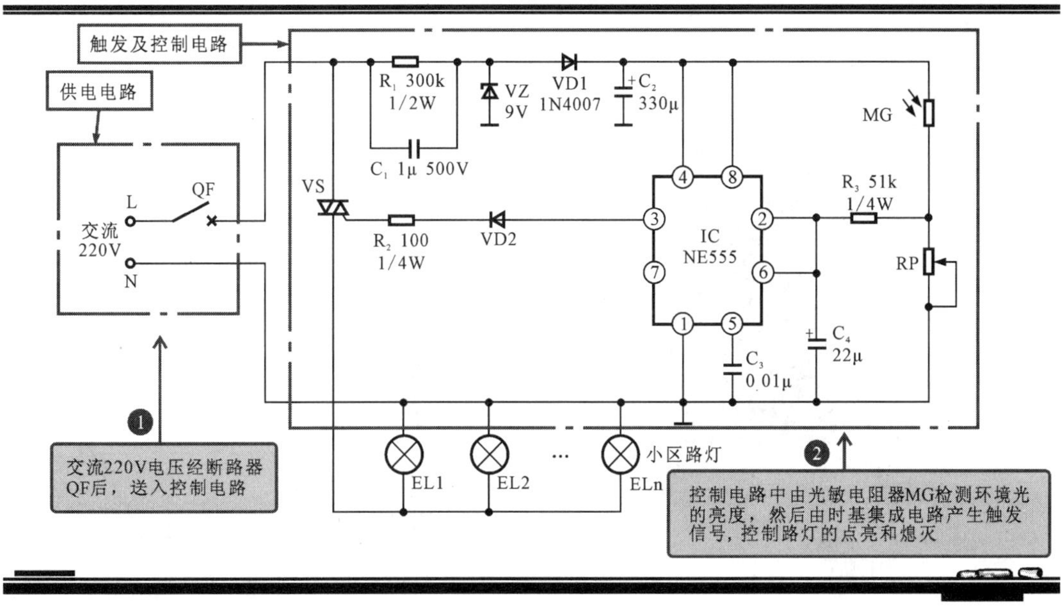
触发及控制电路
供电电路
交流
220V
L
N
QF
VS
R1 300k
1/2W
C1 1μ 500V
VZ
9V
VD1
1N4007
C2
330μ
R2 100
1/4W
VD2
IC
NE555
MG
R3 51k
1/4W
RP
C3
0.01μ
C4
22μ
EL1
EL2
ELn
小区路灯
交流220V电压经断路器
QF后，送入控制电路
控制电路中由光敏电阻器MG检测环境光
的亮度，然后由时基集成电路产生触发
信号，控制路灯的点亮和熄灭

图 7-27　小区照明电路中常见的控制方式

图 7-29 所示为小区照明控制电路故障的检修流程。首先应当检查小区照明控制电路中照明路灯是否全部无法点亮。若全部无法点亮，应当检查主供电电路是否有故障。当主供电电路正常时，应当查看路灯控制器是否有故障。若路灯控制器正常应当检查断路器是否正常。当路灯控制器和断路器都正常时，应检查供电电路是否有故障。若照明支路中的一盏照明路灯无法点亮时，应当查看该照明路灯是否发生故障，若照明路灯正常，检查支路供电电路是否正常，若电路故障应对其进行更换。

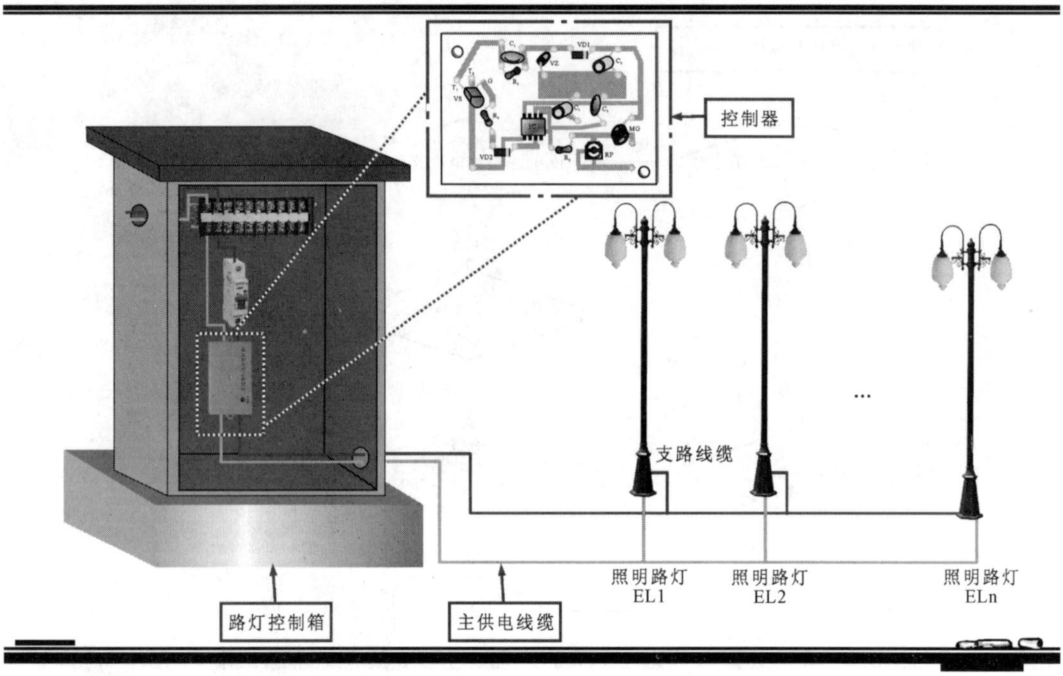
控制器
支路线缆
照明路灯
EL1
照明路灯
EL2
照明路灯
ELn
路灯控制箱
主供电线缆

图 7-28　小区照明控制电路的实物连接图

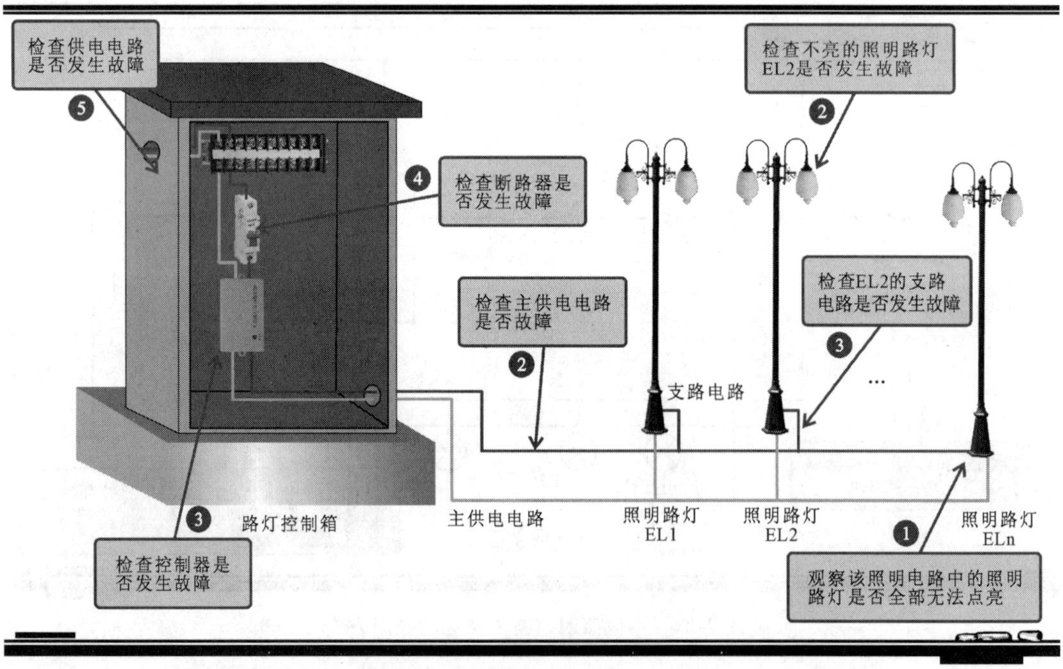
检查供电电路
是否发生故障
检查不亮的照明路灯
EL2是否发生故障
检查断路器是
否发生故障
检查主供电电路
是否故障
检查EL2的支路
电路是否发生故障
支路电路
路灯控制箱
主供电电路
照明路灯
EL1
照明路灯
EL2
照明路灯
ELn
检查控制器是
否发生故障
观察该照明电路中的照明
路灯是否全部无法点亮

图 7-29　小区照明控制电路故障的检修流程

3. 公路照明控制电路的检修流程

公路照明控制电路是由公路路灯控制箱控制多盏路灯的工作状态，如图 7-30 所示。路灯控制箱中设有断路器以及多个控制电路板，用于控制路灯的工作电压。

现在很多城市的公路照明控制电路中的照明灯已经开始选择节能型的太阳能路灯。图 7-31

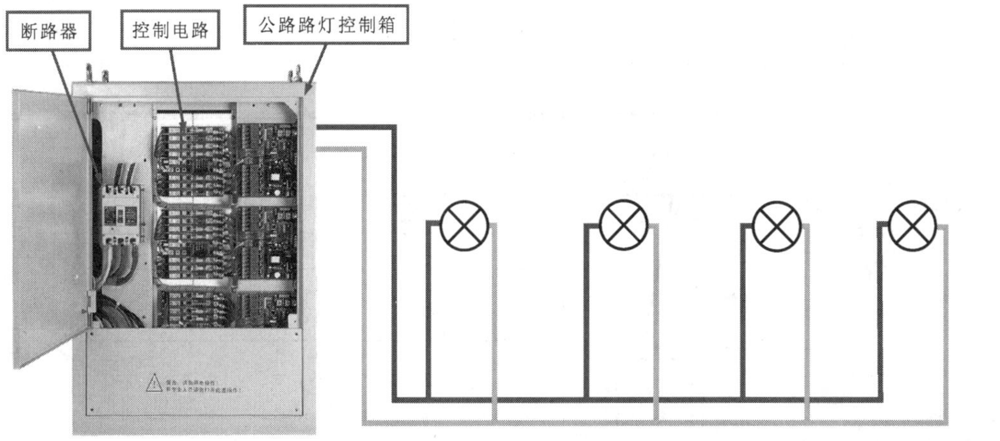
断路器
控制电路
公路路灯控制箱

图 7-30　公路照明控制电路中常见的控制方式

所示为太阳能路灯的控制方式。该系统使用专用的太阳能路灯控制器对其进行控制。控制器连接太阳能充电板、蓄电池和 LED 路灯灯头，当太阳充足时，由太阳能充电板吸收电能为蓄电池进行充电。当光照度下降时，由太阳能控制器控制蓄电池进行放电，为 LED 路灯提供工作电压，使其发亮照明。若遇到阴天太阳能板未能对蓄电池进行充电时，由太阳能控制器控制用市电为 LED 路灯提供工作电压，使其进行照明。

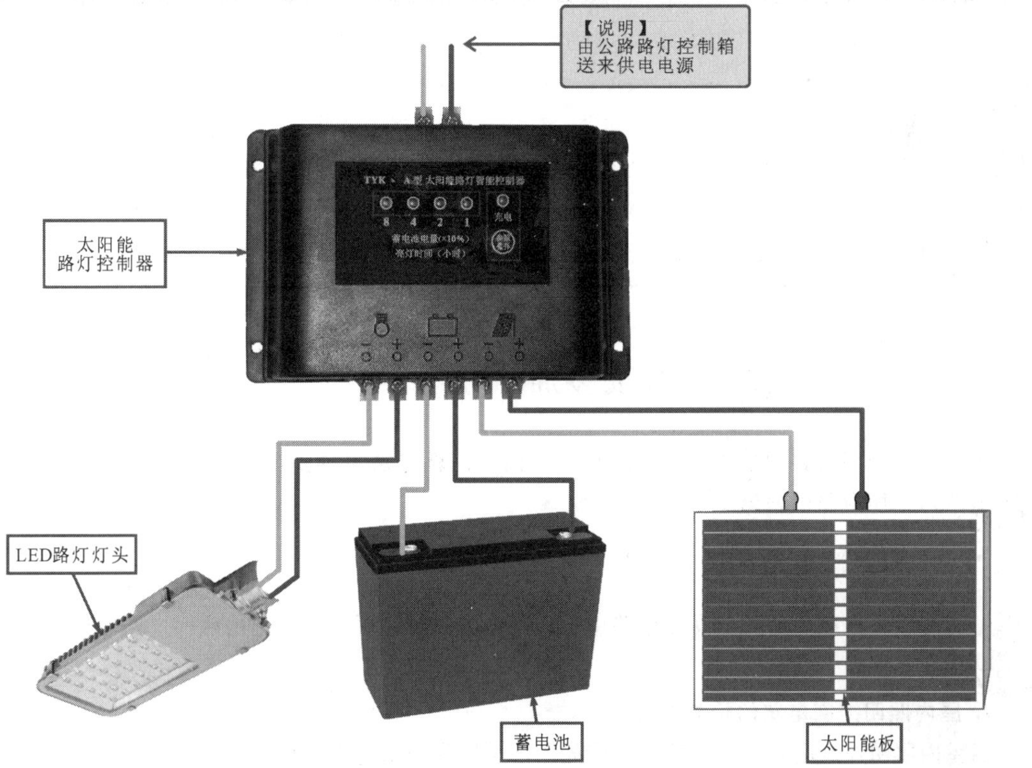
【说明】
由公路路灯控制箱
送来供电电源
太阳能
路灯控制器
LED路灯灯头
蓄电池
太阳能板

图 7-31　太阳能路灯的控制方式

图 7-32 所示为公路照明控制电路故障的检修流程。公路照明电路中常见的故障分为整个照明电路中的照明灯都无法点亮、一条支路上的照明灯无法点亮、一盏照明灯无法点亮等，应根据故障现象分别进行分析，提出具体的检修流程。

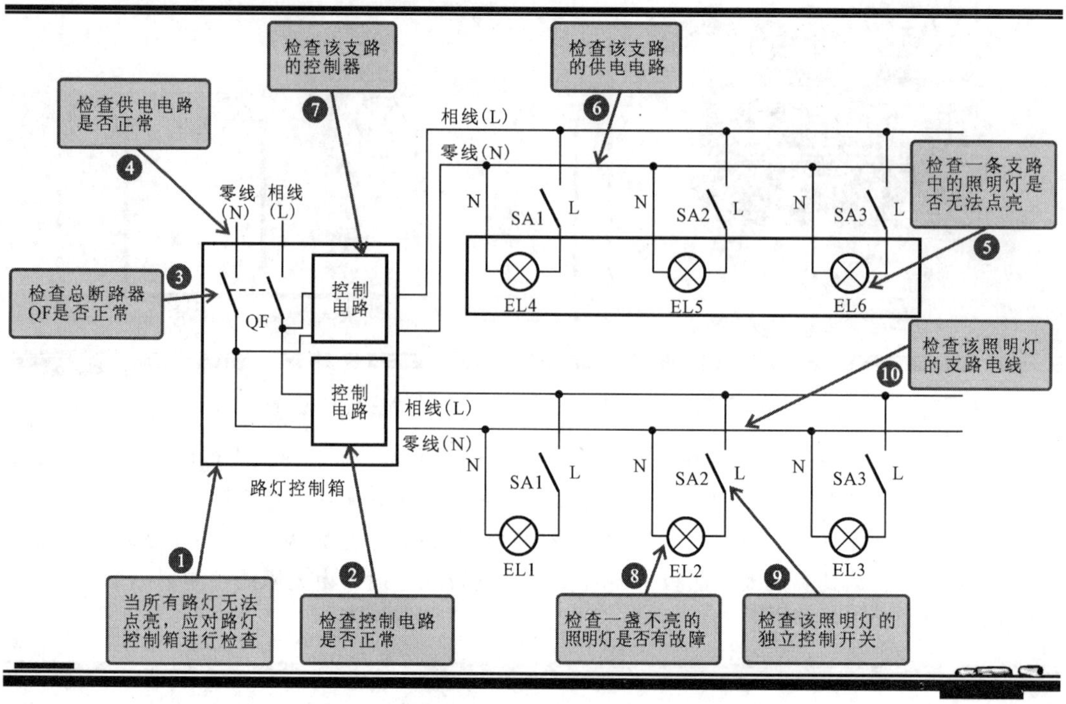
检查该支路的控制器
检查该支路的供电电路
检查供电电路是否正常
7
6
4
相线(L)
零线(N)
零线 (N)
相线 (L)
N
SA1
L
N
SA2
L
N
SA3
L
检查一条支路中的照明灯是否无法点亮
5
检查总断路器QF是否正常
3
QF
控制电路
EL4
EL5
EL6
检查该照明灯的支路电线
10
控制电路
相线(L)
零线(N)
N
SA1
L
N
SA2
L
N
SA3
L
路灯控制箱
EL1
EL2
EL3
1
2
8
9
当所有路灯无法点亮，应对路灯控制箱进行检查
检查控制电路是否正常
检查一盏不亮的照明灯是否有故障
检查该照明灯的独立控制开关

图 7-32　公路照明控制电路故障的检修流程

【资料】

当公路路灯出现白天点亮、黑夜熄灭的故障时，应当查看该路的控制方式，若其控制方式为控制器自动控制时，可能是由于控制器的设置出现故障；若当控制方式为人工控制时，可能是由于控制室操作失误导致。

7.3　照明电路的检修操作要多加练习

将照明电路的故障分析做好后，下面我们就可从室内照明和公共照明两个方面开始练习照明电路的检修了。

7.3.1　室内照明电路的检修操作

当室内照明电路的支路电路中出现停电现象时，可以根据室内照明电路的检修流程进行具体检修。

1. 屋内照明控制电路的检修方法

当屋内照明控制电路出现故障时，应先了解该照明控制电路的控制方式。根据该电路的控制方式，按照检修流程对照明控制电路进行检修。图 7-33 所示为由单控开关（SA1）控制一盏日光灯（EL1）的电路。假设该电路出现 EL1 不亮的故障。

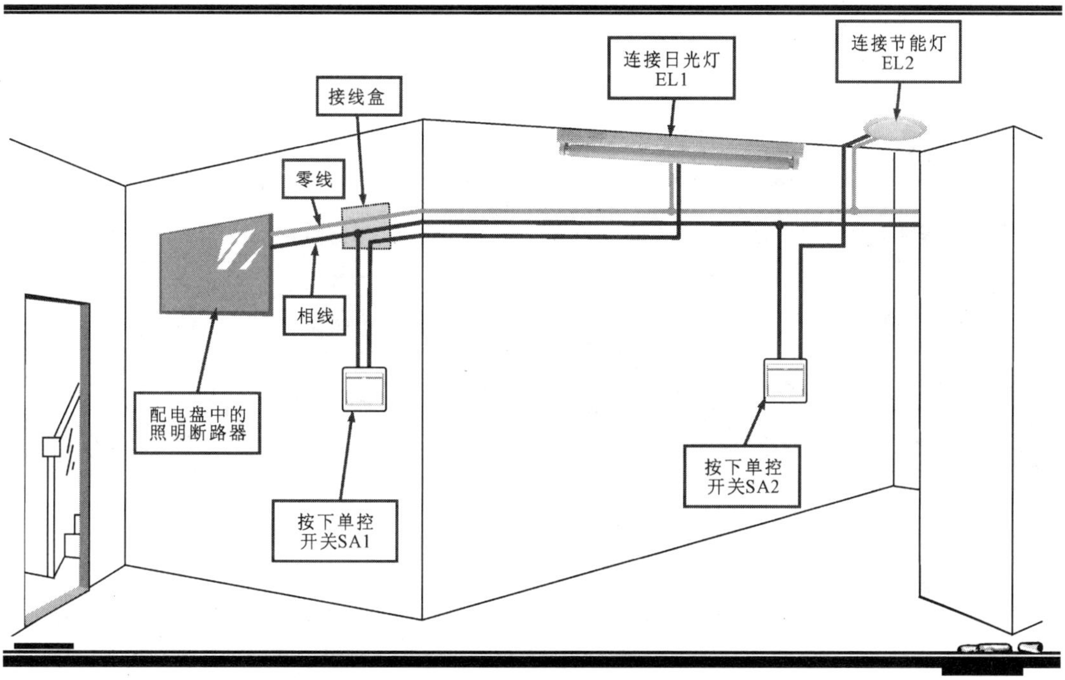
连接节能灯
EL2
连接日光灯
EL1
接线盒
零线
相线
配电盘中的
照明断路器
按下单控
开关SA1
按下单控
开关SA2

图 7-33　屋内由单控开关控制一盏日光灯的电路

（1）检查照明供电电路

当照明控制电路中的单控开关 SA1 闭合时，由其控制的日光灯 EL1 不亮，此时应当按照屋内照明控制电路的检修流程对其进行检修。首先应当检查与日光灯 EL1 使用同一供电线缆的其他照明灯是否可以正常点亮。如图 7-34 所示，按下单控开关 SA2，检查其控制的节能灯 EL2 是否可以点亮，当节能灯 EL2 可以正常点亮时，再检查 EL1 灯和它的控制开关。

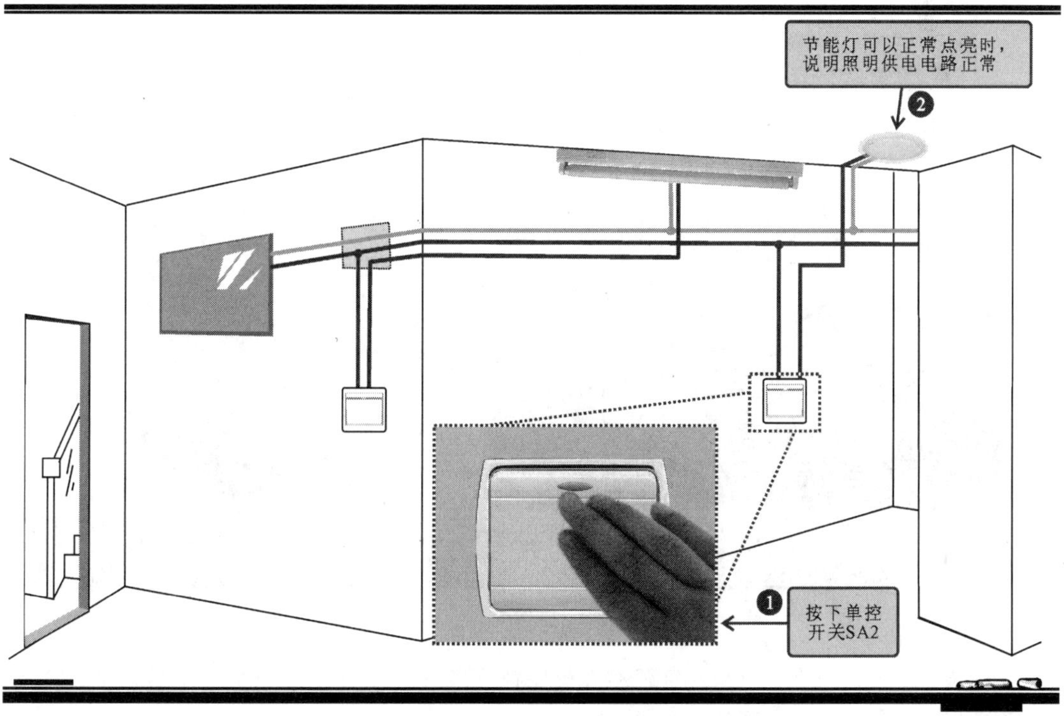
节能灯可以正常点亮时，
说明照明供电电路正常
按下单控
开关SA2

图 7-34　检查照明供电电路

（2）检查日光灯

如图 7-35 所示，首先查看日光灯是否有发黑的迹象，若其表面大面积变黑，则说明日光灯本身可能发生损坏。

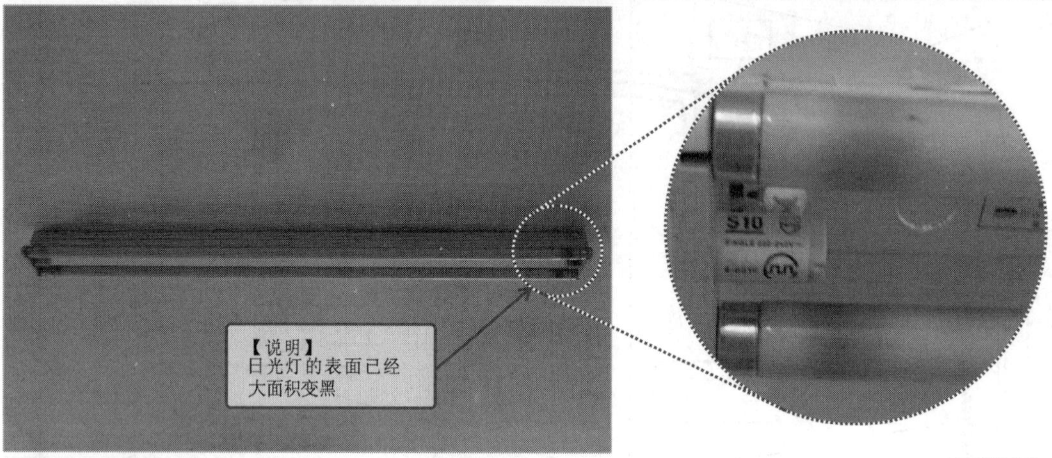
【说明】
日光灯的表面已经
大面积变黑

图 7-35　检查日光灯

【资料】

当日光灯发生故障时，可以对其进行更换，如图 7-36 所示。维修人员双手握住日光灯的两端，注意不可以用手触摸两端的金属部分，将日光灯旋转，使日光灯两端的金属接触端与灯座上的缺口垂直对齐后向下拉，即可将故障的日光灯取下，然后再将新的日光灯按照同样的方法进行安装。

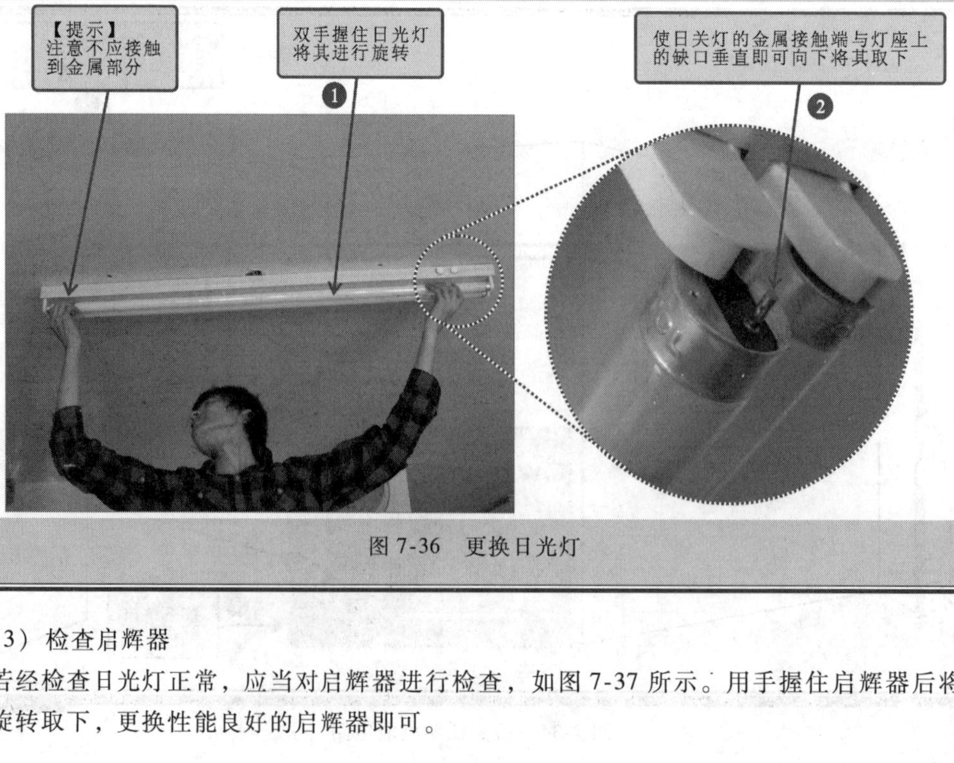
【提示】
注意不应接触
到金属部分
双手握住日光灯
将其进行旋转
1
使日关灯的金属接触端与灯座上
的缺口垂直即可向下将其取下
2

图 7-36　更换日光灯

（3）检查启辉器

若经检查日光灯正常，应当对启辉器进行检查，如图 7-37 所示。用手握住启辉器后将其逆时针旋转取下，更换性能良好的启辉器即可。

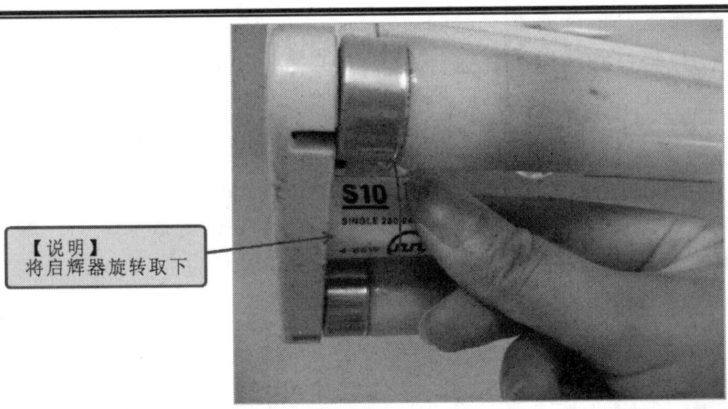
【说明】
将启辉器旋转取下
S10

图 7-37　检查启辉器

【资料】

更换启辉器时，应注意启辉器的型号以及功率，如图 7-38 所示。若更换的启辉器型号及功率不同时，则启辉器将无法启动日光灯。

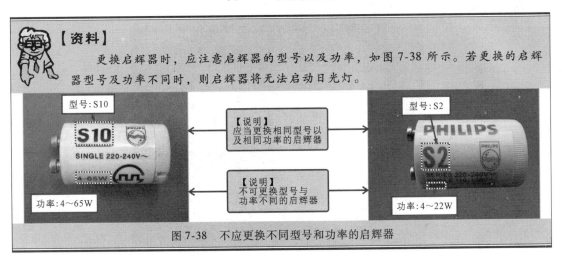

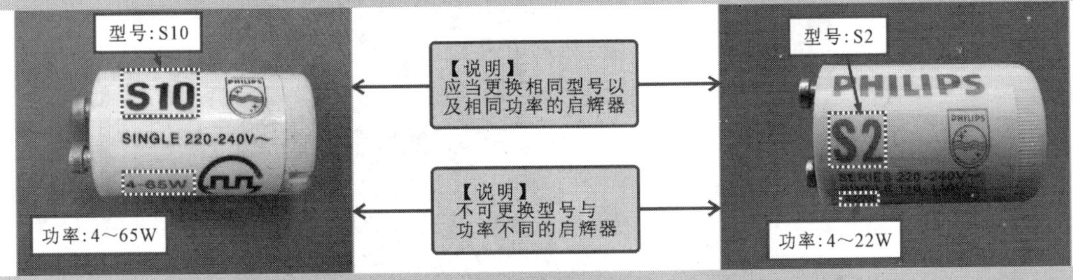
型号:S10
S10
SINGLE 220-240V～
4-65W
功率:4～65W
【说明】
应当更换相同型号以及相同功率的启辉器
【说明】
不可更换型号与功率不同的启辉器
型号:S2
PHILIPS
S2
功率:4～22W

图 7-38　不应更换不同型号和功率的启辉器

（4）检查镇流器

日光灯（即荧光灯）照明控制电路中的镇流器如图 7-39 所示，可以通过替换的方法排除镇

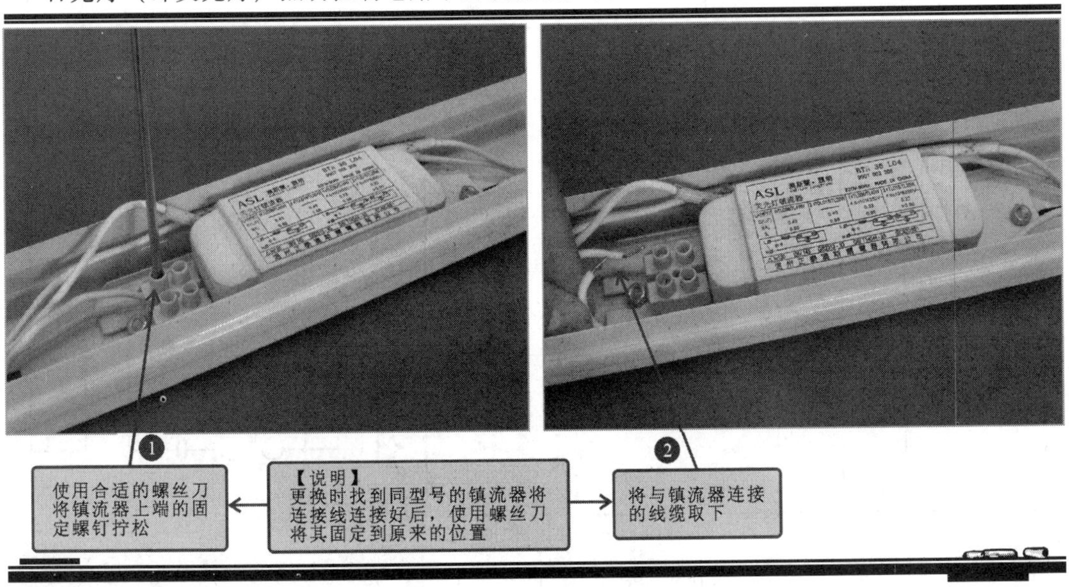
ASL
❶
❷
使用合适的螺丝刀将镇流器上端的固定螺钉拧松
【说明】
更换时找到同型号的镇流器将连接线连接好后，使用螺丝刀将其固定到原来的位置
将与镇流器连接的线缆取下

图 7-39　检查并替换镇流器

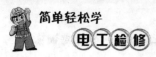

流器的故障。使用合适的螺丝刀将镇流器上的固定螺钉拧松，将其连接线取下，更换一个相同型号性能良好的镇流器后，开关打开，检查日光灯是否点亮，当日光灯能点亮时，说明该故障是由镇流器引起。

【资料】

电子镇流器的内部结构与电路如图 7-40 所示。电子镇流器电路是由桥式整流电路、双向二极管触发电路、振荡电路和荧光管驱动电路构成的，交流 220V 经桥式整流后经 C_1 滤波形成直流电压。该直流电压经 R_1 为 C_2 充电，当充电到一定值后 C_2 上的电压经 VD1 加到晶体管 VT2 的基极上，于是 VT2 导通，使 VT1 发射极电压下降，VT1 也随之导通。C_2 上的电压经 VD1 放电后，电压降低，电源又会重新经 R_1 给 C_2 充电，C_2 又重新经 VD1 触发 VT1。这样就形成了振荡状态，变压器次级将输出的振荡信号经 L_1、C_4 加到荧光灯座上。荧光灯在振荡信号的驱动下发光。

外壳
电子镇流器内部结构

a） 电子镇流器的内部结构

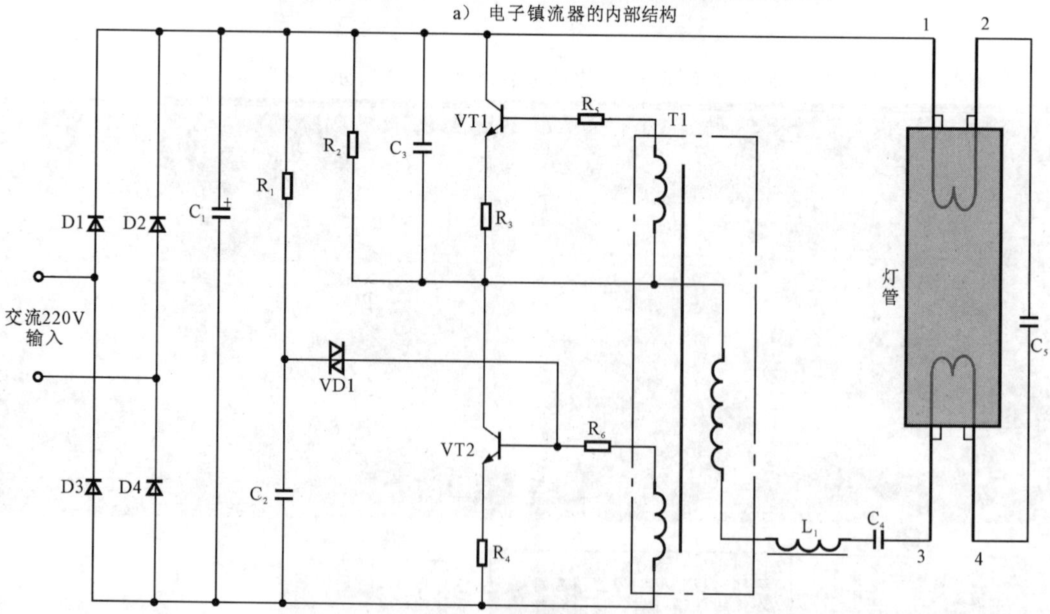
D1
D2
D3
D4
C1
R1
R2
C3
VT1
R5
T1
R3
VD1
VT2
R6
C2
R4
L1
C4
C5
交流220V输入
灯管
1
2
3
4

b） 电子镇流器的电路

图 7-40 电子镇流器的内部结构与电路

（5）检查单控开关

检查单控开关如图7-41所示，可以将单控开关从墙上卸下，使用万用表对其通、断进行检测，当单控开关处于接通状态时，检测到的阻值应当为“零”，单控开关处于断开状态时，检测到的电阻值应为“无穷大”。若实际检测到的数值有差异时，则说明该单控开关内的触头出现故障。

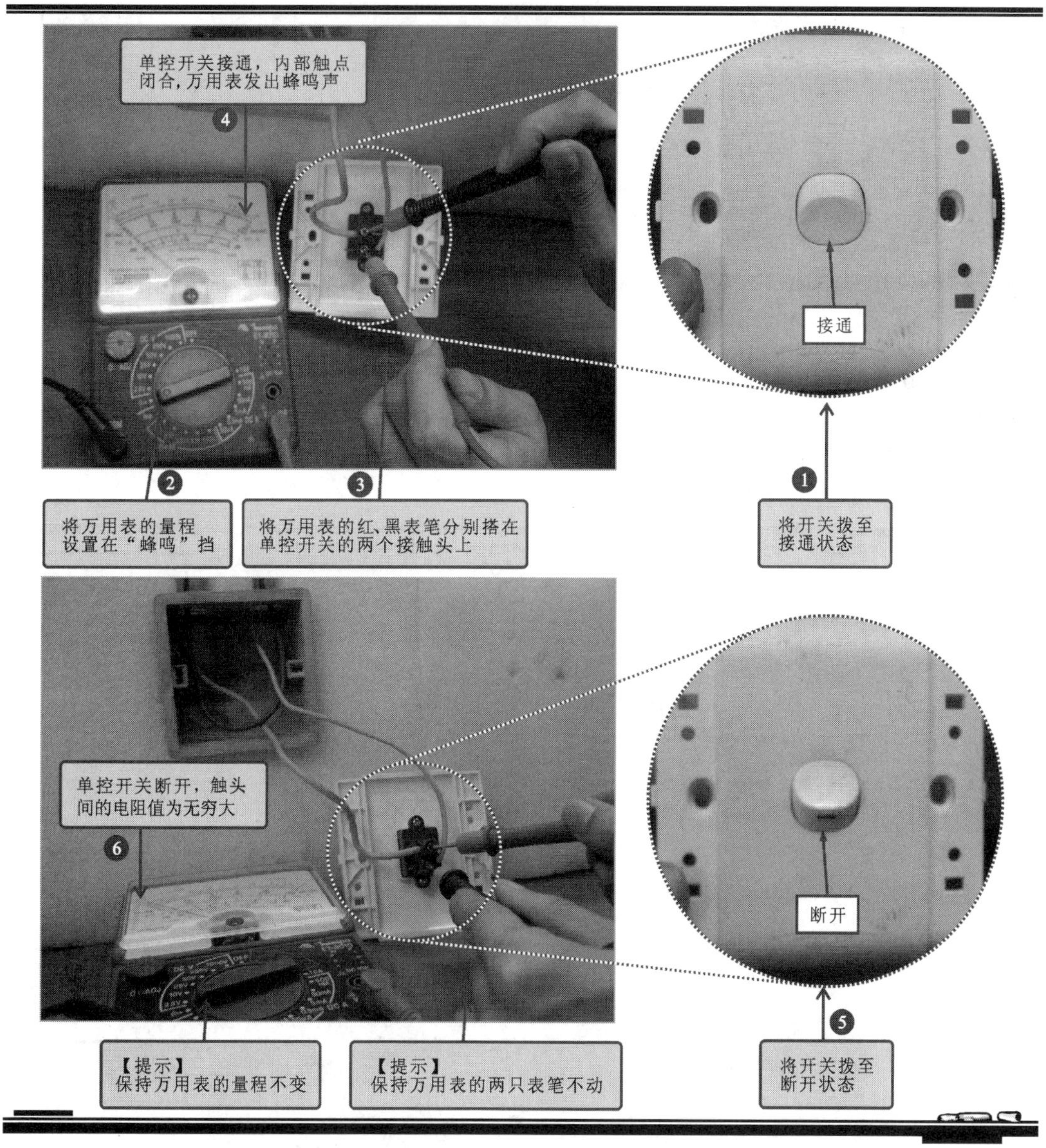
单控开关接通，内部触点闭合，万用表发出蜂鸣声
4
接通
2
3
1
将万用表的量程设置在“蜂鸣”挡
将万用表的红、黑表笔分别搭在单控开关的两个接触头上
将开关拨至接通状态
单控开关断开，触头间的电阻值为无穷大
6
断开
5
【提示】保持万用表的量程不变
【提示】保持万用表的两只表笔不动
将开关拨至断开状态

图7-41　检查单控开关

2. 楼道照明控制电路的检修方法

当楼道照明控制电路中出现故障时，应当查看该楼道照明系统的控制方式。如图7-42所示，由楼道配电箱中引出相线连接触摸延时开关SA1，经触摸延时开关SA1连接至节能灯EL1的灯口上，零线由楼道配电箱送出后连接至节能灯EL1的灯口。楼道照明控制电路中的EL1不亮时，应当根据检修流程进行检查。

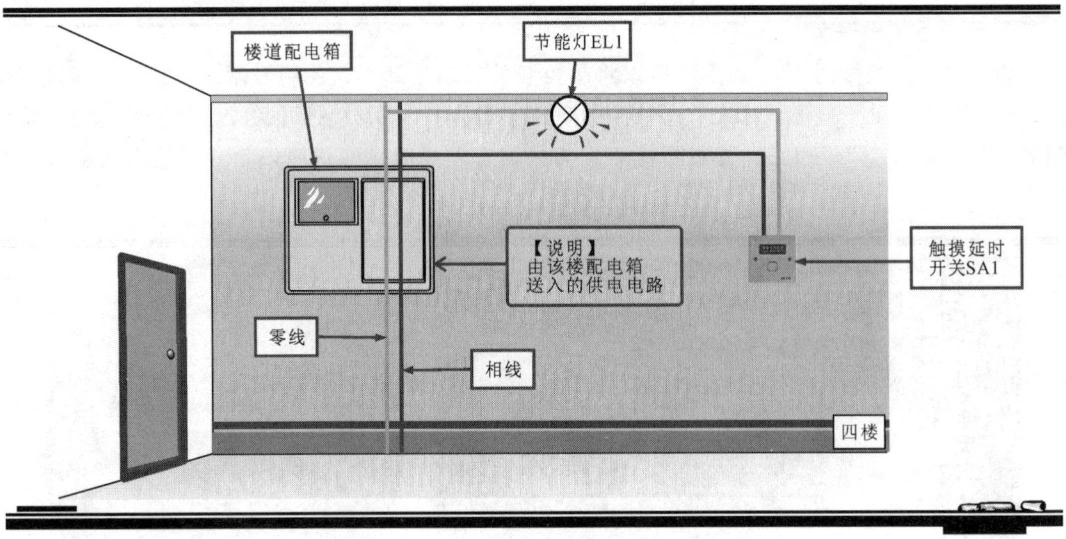
楼道配电箱
节能灯EL1
【说明】
由该楼配电箱
送入的供电电路
触摸延时
开关SA1
零线
相线
四楼

图 7-42　楼道中有触摸延时开关控制的节能灯

（1）检查其他楼层供电电路

当按下触摸延时开关 SA1 时，节能灯 EL1 不亮，应当按照楼道节能灯控制系统的检修流程对其进行检修。首先检查其他楼层的楼道照明灯，如图 7-43 所示。若其他楼层的楼道照明灯可以正常供电，说明该楼公共照明的供电电路正常。

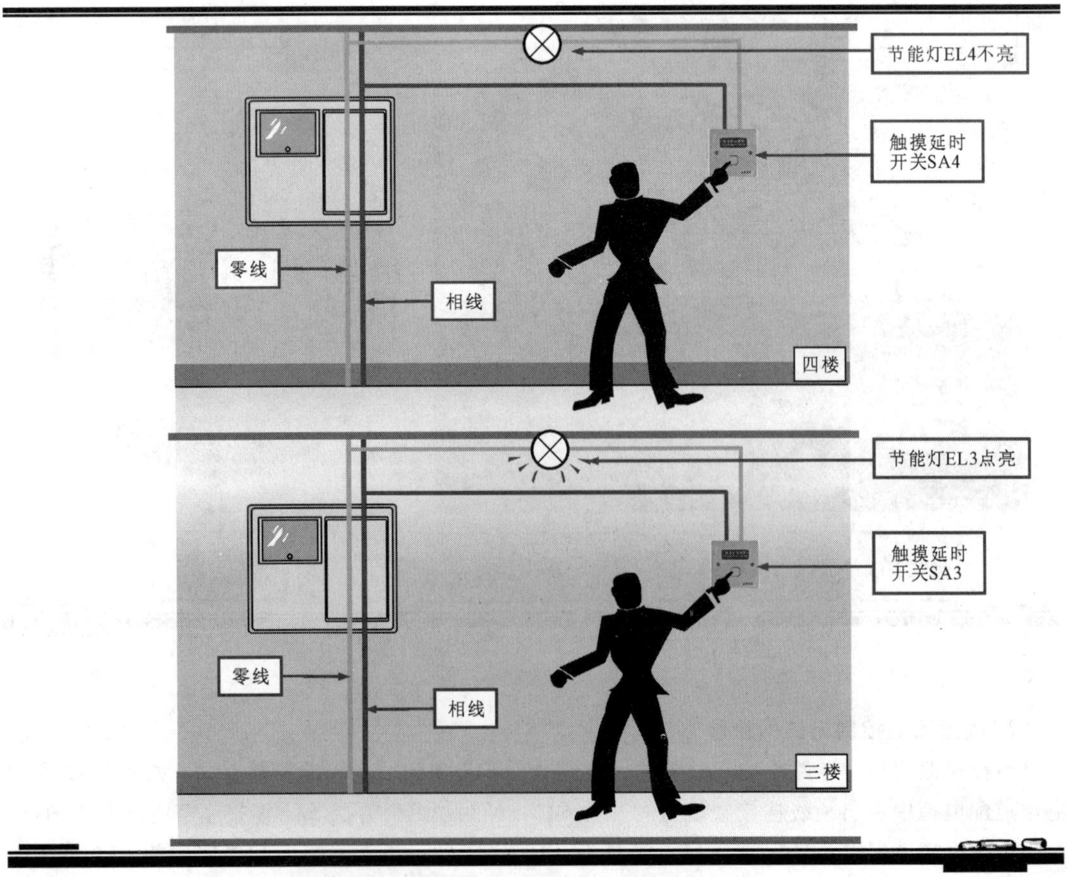
节能灯EL4不亮
触摸延时
开关SA4
零线
相线
四楼
节能灯EL3点亮
触摸延时
开关SA3
零线
相线
三楼

图 7-43　检查其他楼层的楼道照明灯

(2) 检查节能灯

当照明控制电路的供电电路正常时，应当对不亮的节能灯进行检查，如图7-44所示，观察其表面是否有变黑的现象，若出现大面积变黑，则说明该节能灯已经损坏，可以通过代换相同型号的节能灯对故障进行排除。

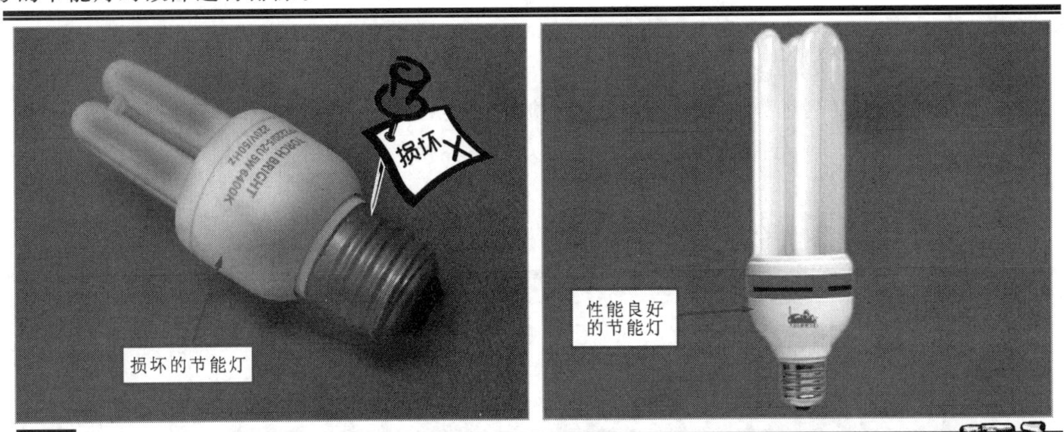
损坏
损坏的节能灯
性能良好
的节能灯

图7-44　检查节能灯

【资料】

楼道照明控制线路中使用的照明灯为节能灯时，因为它是由内部气体放电进行点亮，所以无法使用万用表判断其是否正常。只有内部带有钨丝的灯泡才可以通过万用表检测阻值来判断其好坏。

(3) 检查灯座

节能灯正常时，应当对灯座进行检查，如图7-45所示。先查看灯座中的金属导体是否发生

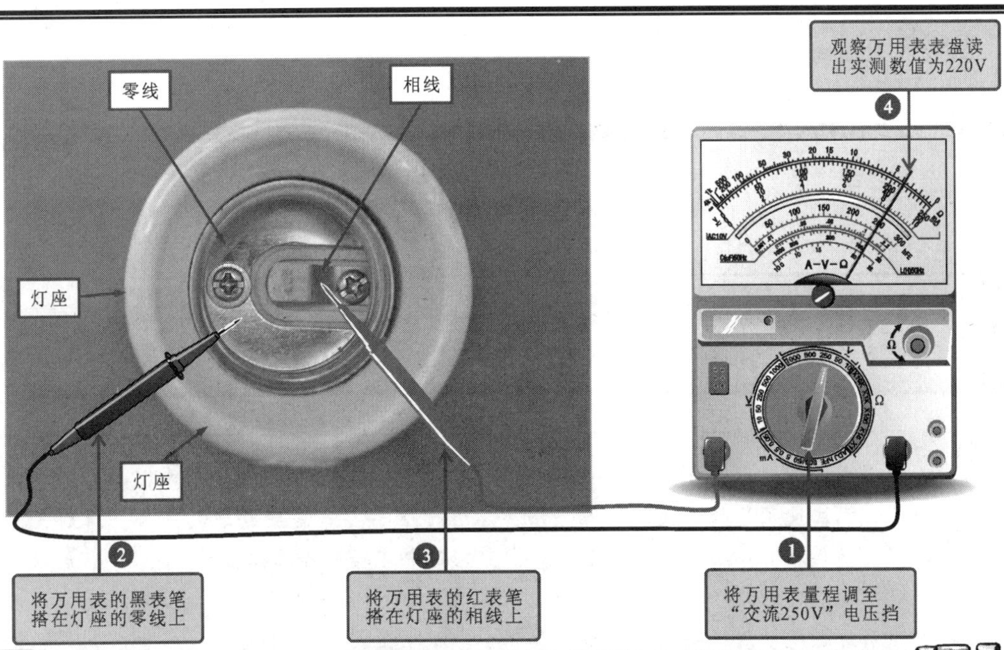
零线
相线
灯座
灯座
观察万用表表盘读
出实测数值为220V
A-V-Ω
将万用表的黑表笔
搭在灯座的零线上
将万用表的红表笔
搭在灯座的相线上
将万用表量程调至
“交流250V”电压挡

图7-45　检查灯座

锈蚀，然后可以使用万用表检查供电电压，将红、黑表笔分别搭在灯座金属导体的相线和零线上，应当可以检测到交流 220 V 供电电压。

(4) 检查支路照明电路

检查配电箱中与总照明电路连接处是否有供电电压，若该段有正常的供电电压时，说明支路的照明电路正常。

(5) 检查控制开关

灯座正常时，应当继续对控制开关进行检查。楼道照明控制电路中使用的控制开关多为触摸式延时开关、声光控延时开关等，可以采用替换的方法对故障进行排除，如图 7-46 所示。

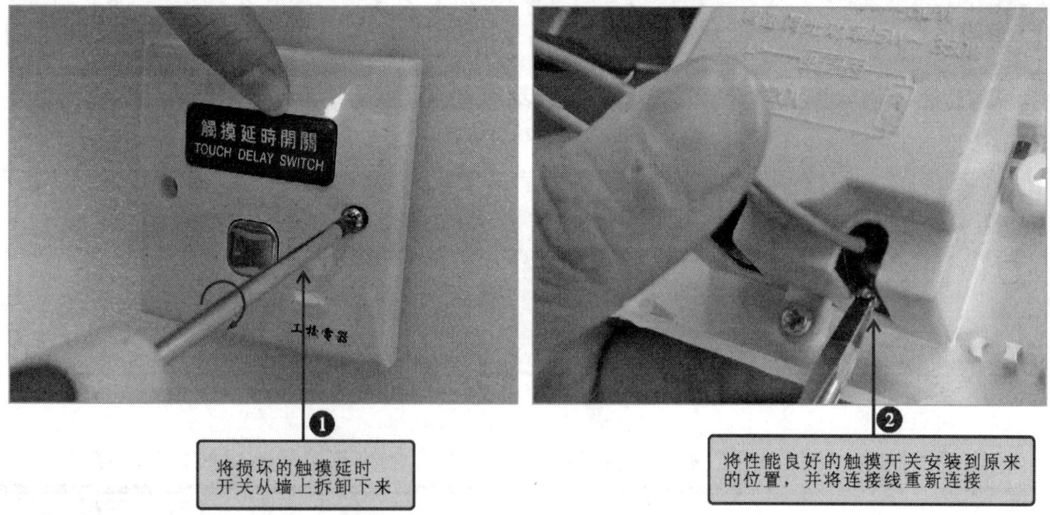
觸摸延時開關
TOUCH DELAY SWITCH
❶
将损坏的触摸延时开关从墙上拆卸下来
❷
将性能良好的触摸开关安装到原来的位置，并将连接线重新连接

图 7-46 检查控制开关

提问 对于触摸式延时开关的检测，我们为什么不使用单控开关的检测方法，对触摸延时开关进行检测呢？

回答 触摸式延时开关的内部由多个电子元器件与集成电路构成，如图 7-47 所示，因此，无法使用单控开关的检测方法对其进行检测。若需要判断其是否正常时，可以将其连接在220V的供电电路中，并在电路中连接一个负载照明灯，在确定供电电路与照明灯都正常的情况下，触摸该开关，若可以控制照明灯点亮，则说明正常，若仍无法控制照明灯点亮，则说明已经损坏。

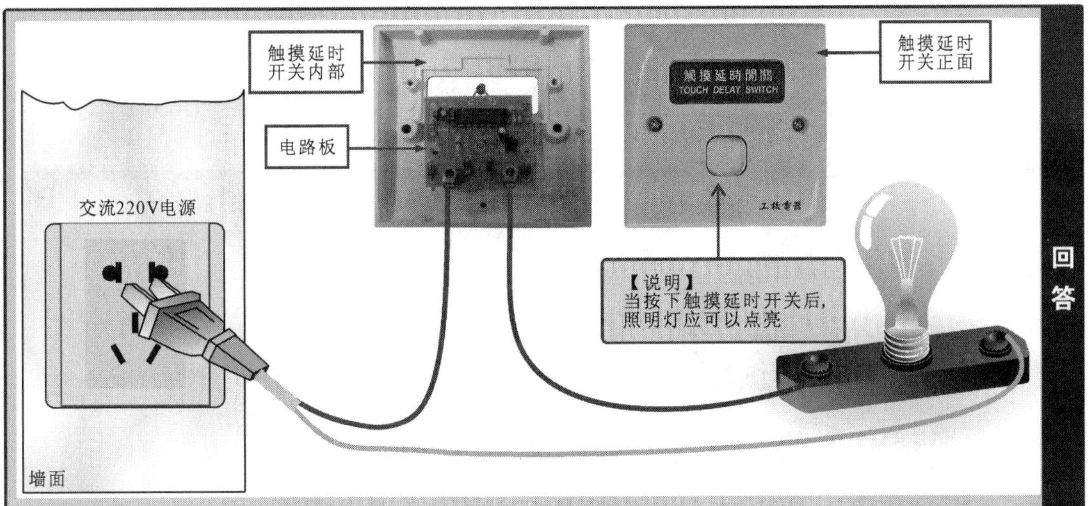
触摸延时开关内部
电路板
交流220V电源
墙面
触摸延时开关正面
觸摸延時開關
TOUCH DELAY SWITCH
【说明】
当按下触摸延时开关后，照明灯应可以点亮

图 7-47　触摸延时开关的内部组成与检测方法

7.3.2　公共照明电路的检修操作

对公共照明电路进行检修时，我们将公共照明电路的检修分为两部分，第一部分是小区照明控制电路。第二部分是公路照明控制电路。

1. 小区照明控制电路的检修方法

当小区照明控制电路中出现故障时，应查看该照明系统的控制方式。如图 7-48 所示，由小区路灯控制箱中的照明支路连接控制器，由控制器连接照明路灯对其进行控制。若当控制器控制的照明电路中出现故障时，应当根据检修流程进行检查。

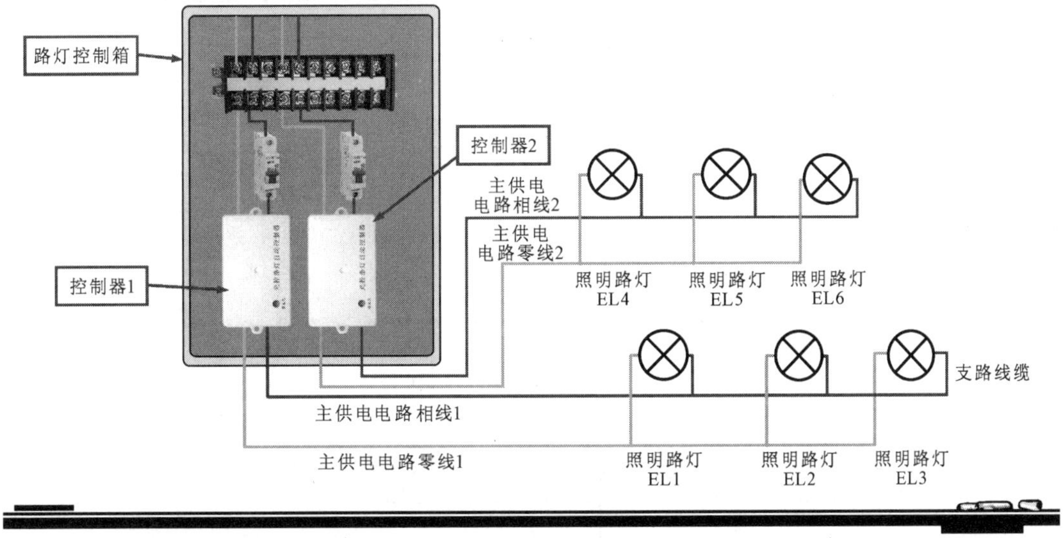
路灯控制箱
控制器2
控制器1
主供电电路相线2
主供电电路零线2
照明路灯 EL4
照明路灯 EL5
照明路灯 EL6
支路线缆
主供电电路相线1
主供电电路零线1
照明路灯 EL1
照明路灯 EL2
照明路灯 EL3

图 7-48　小区照明控制电路

（1）检查路灯控制箱送出的电压

当小区照明控制电路中由供电线缆 1 供电的照明路灯 EL1、EL2、EL3 不能正常点亮时，应当检查路灯控制箱送出的供电线缆是否有供电电压，如图 7-49 所示。

（2）检查供电电路中的电压

输出电压正常时，应当对主供电电路进行检查，如图 7-50 所示，可以使用万用表在照明路灯 EL1 处检查电路中的电压，当该处无电压时，说明主供电线缆供电系统中有故障，应当对其进行检查。

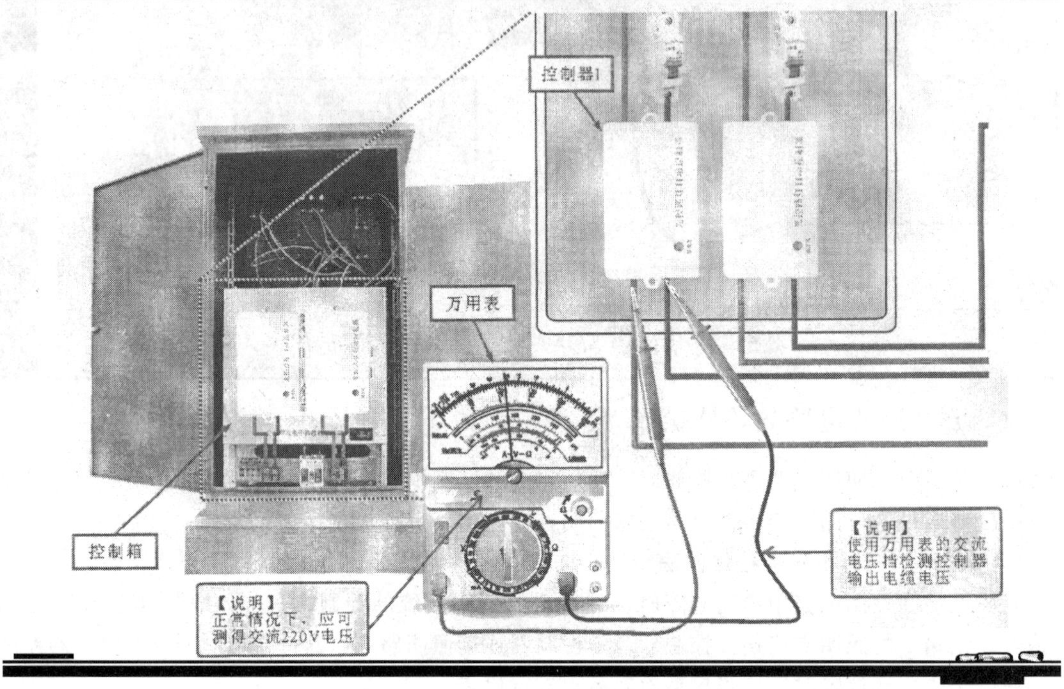
控制器1
万用表
控制箱
【说明】
使用万用表的交流电压挡检测控制器输出电缆电压
【说明】
正常情况下，应可测得交流220V电压

图 7-49　检查路灯控制箱送出的电压

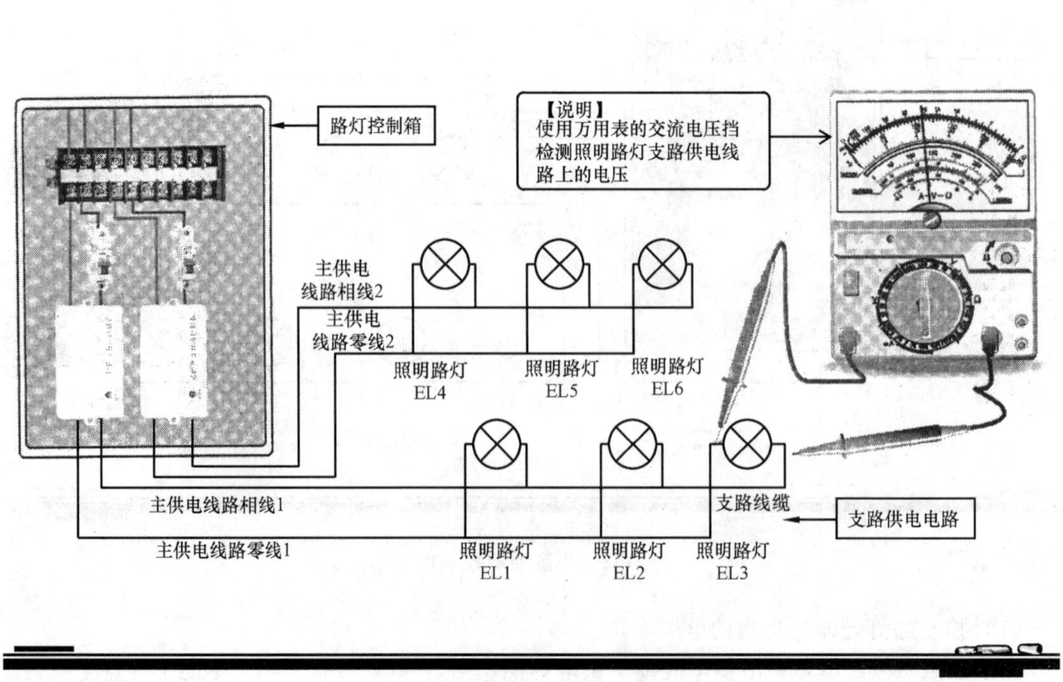
路灯控制箱
【说明】
使用万用表的交流电压挡检测照明路灯支路供电线路上的电压
主供电线路相线2
主供电线路零线2
照明路灯 EL4
照明路灯 EL5
照明路灯 EL6
主供电线路相线1
支路线缆
支路供电电路
主供电线路零线1
照明路灯 EL1
照明路灯 EL2
照明路灯 EL3

图 7-50　检查供电电路中的电压

【资料】

若供电电路有故障时，应当对该电路进行更换。首先将变电箱内的总断路器关断，防止在检修中导致人员伤亡。找到控制该电路的照明电路井，将其损坏的电缆从一端的井口取出，使用穿线器将新的线缆从一端的井口送入，从另一端的井口与变压器的火线端进行连接，如图7-51所示。

使用穿线器将新的线缆从一端的井口送入
❶
线缆
井盖
穿线器
❷
从另一端的井口与变压器的相线端进行连接
【提示】
电路更换完成后一定要将井盖安装回原来的位置

图7-51　更换线路

(3) 检查照明路灯

当小区供电电路正常时，应当对照明路灯进行检查。如图7-52所示，可以用相同型号的照明灯来替换，若该照明灯可以点亮，则说明原照明灯有故障。

【说明】
维修人员通过更换照明灯对小区路灯进行检修
【说明】
更换照明灯泡

图7-52　检查照明路灯

【注意】

在对小区照明控制电路进行检修时，若需要进行线缆或是控制器等更换时，则应注意将控制箱中的总断路器断开，如图 7-53 所示，然后才可以进行检修，避免维修人员发生触电等事故。

【提示】
检修前，应断开控制箱中支路上的总断路器

图 7-53　断开控制箱中的总断路器

2. 公路照明控制电路的检修方法

当公路照明控制电路中出现故障时，应查看该照明系统的控制方式，如图 7-54 所示。公路照明控制电路由路灯控制器将供电电压转换为路灯所需的工作电压。路灯内部设有控制器，控制该路灯的工作状态。若公路照明控制电路中的一盏照明灯不能正常点亮时，则应根据检修流程进行检查。

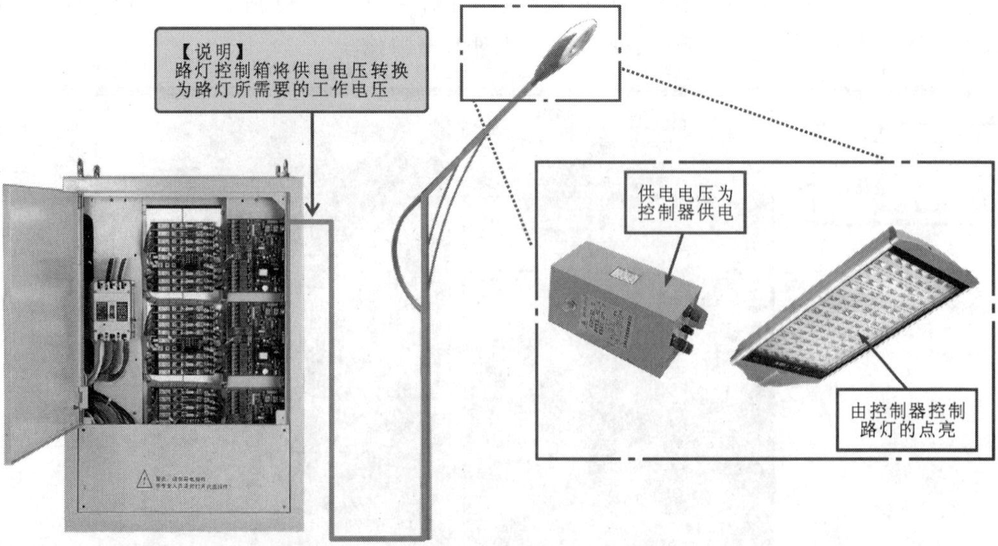
【说明】
路灯控制箱将供电电压转换为路灯所需要的工作电压
供电电压为控制器供电
由控制器控制路灯的点亮

图 7-54　查看公路照明控制电路中的控制方式

(1) 检查路灯中的照明灯

若当公路照明电路中有一盏照明灯不能正常点亮时，可通过替换的方式将该故障进行排除，如图7-55所示。

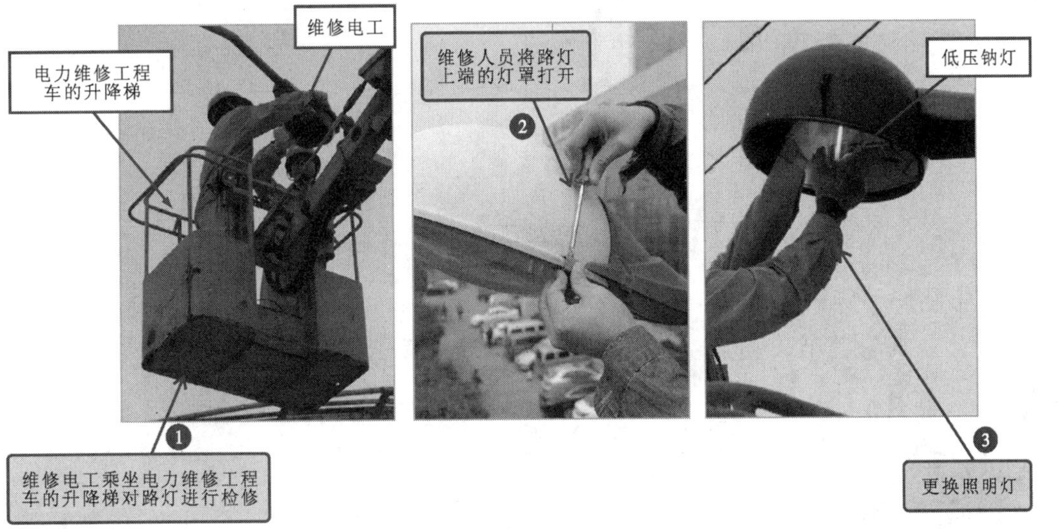
维修电工
电力维修工程车的升降梯
1
维修电工乘坐电力维修工程车的升降梯对路灯进行检修
维修人员将路灯上端的灯罩打开
2
低压钠灯
3
更换照明灯

图7-55 检查路灯中的照明灯

【资料】

使用电力维修工程车进行照明控制电路的维修时，应当在该车前方设立警示牌，以确保维修人员的安全，如图7-56所示。

维修电工
电力维修工程车的升降梯
【提示】
进行照明控制系统的维修时，应当设立警示牌

图7-56 设立警示牌

（2）检查路灯控制器

当照明灯正常时，应当检查该路灯的控制器，如图 7-57 所示，也可以通过替换的方法检测控制器。

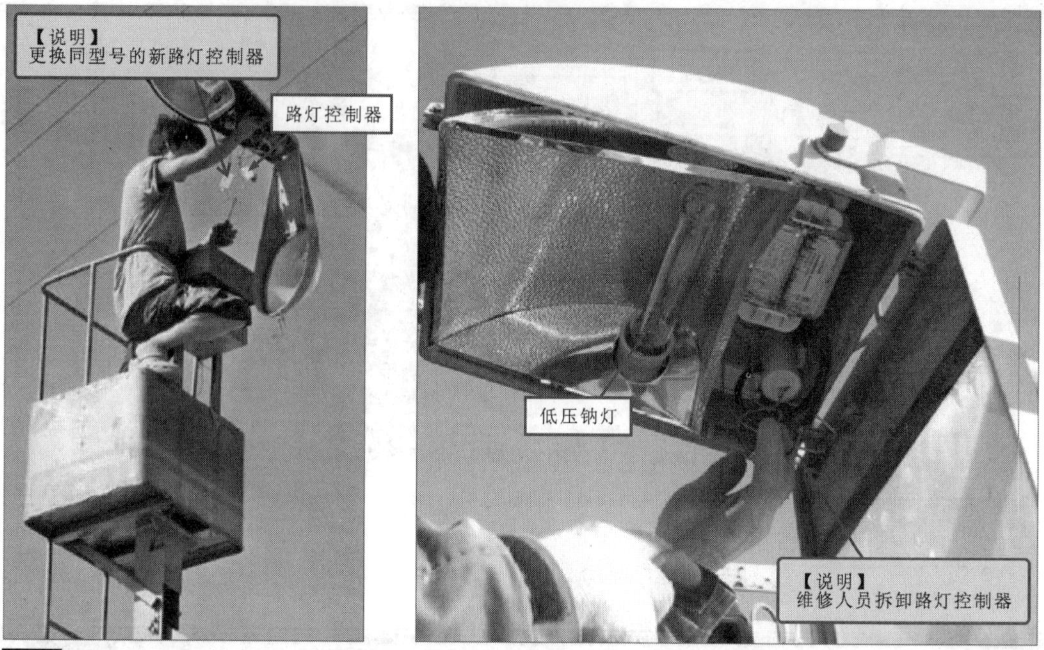
【说明】
更换同型号的新路灯控制器
路灯控制器
低压钠灯
【说明】
维修人员拆卸路灯控制器

图 7-57　检查路灯控制器

【资料】

公路照明控制电路设有专用的城市路灯监控系统，可以对公路照明控制电路进行监控和远程控制，如图 7-58 所示。

城市路灯
监控系统
【说明】
城市路灯监控系统
用于检测公路照明
的工作状态
城市路灯
监控系统

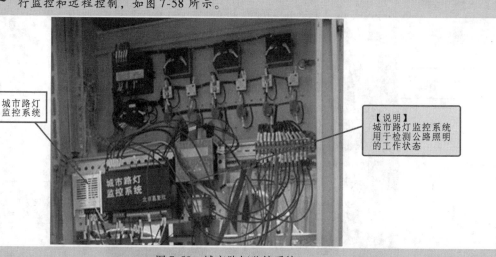

图 7-58　城市路灯监控系统

第8章 记住！电动机控制电路的检修需要训练

现在我们开始进入第8章的学习：本章我们要着重练习检修电动机控制电路。对于维修电工来说，掌握电动机控制电路的检测方法是非常重要的操作技能。这项技能在实际工作中被广泛应用。为了让大家能够在短时间内，迅速掌握并提升电动机控制电路的检修技能，我们会依托实际检修案例，从了解电动机控制电路的结构入手，明确电动机控制电路的工作特点，搞清楚电动机控制电路中各主要部件的工作关系，培养对电动机控制电路的故障分析能力，最终实现对不同故障的检测和维修。总之，要掌握电动机控制电路的检修技能需要大量的练习。希望大家在实际案例中认真总结，认真体会，努力尝试。记住，电动机控制电路的检修需要训练。

8.1 了解电动机控制电路的结构是检修作业的首要条件

电动机控制电路主要应用于工厂、农村等需要电力拖动的场所。电动机控制电路根据使用的电源不同，可分为交流电动机控制电路和直流电动机控制电路。

8.1.1 交流电动机控制电路的结构

交流电动机控制电路主要由交流电动机（单相或三相）、控制电路和保护电路构成。图8-1所示为典型三相交流电动机控制电路图。从图中可以看出，控制电路部分主要由电

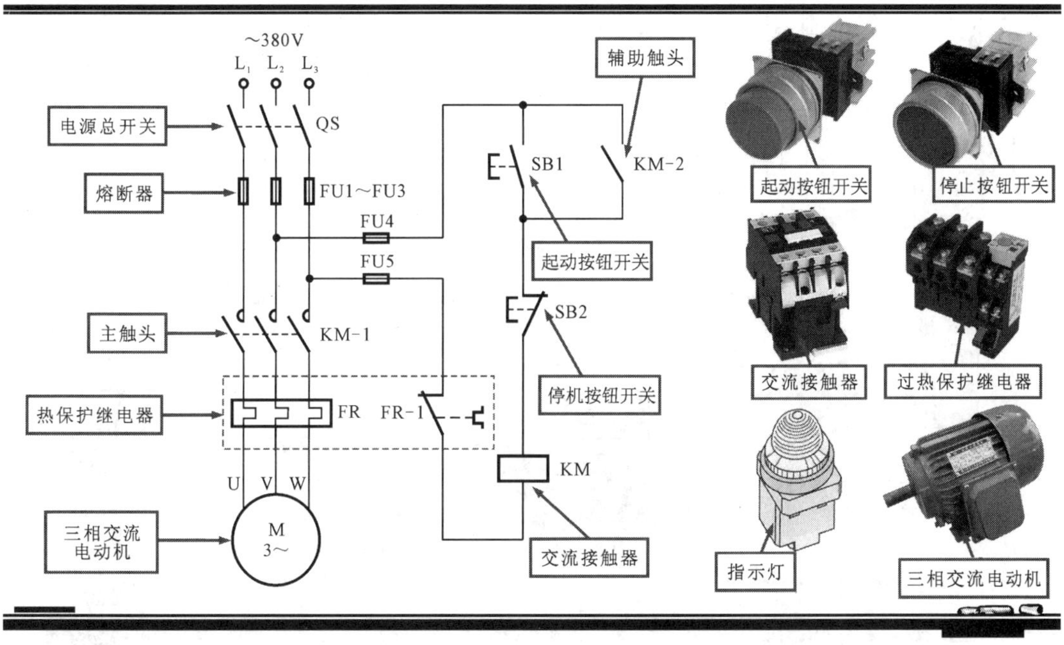
~380V
L_1 L_2 L_3
电源总开关
QS
熔断器
FU1~FU3
FU4
FU5
主触头
KM-1
热保护继电器
FR
FR-1
U V W
三相交流电动机
M 3~
辅助触头
SB1
KM-2
起动按钮开关
SB2
停机按钮开关
KM
交流接触器
起动按钮开关
停止按钮开关
交流接触器
过热保护继电器
指示灯
三相交流电动机

图8-1 典型交流电动机控制电路图

源总开关、熔断器、交流接触器、热保护继电器和起动/停止开关等部分构成，这些元器件都工作在交流380V条件下，属于低压电器。

图8-2所示为典型三相交流电动机控制电路的主要部件及实物连接关系。

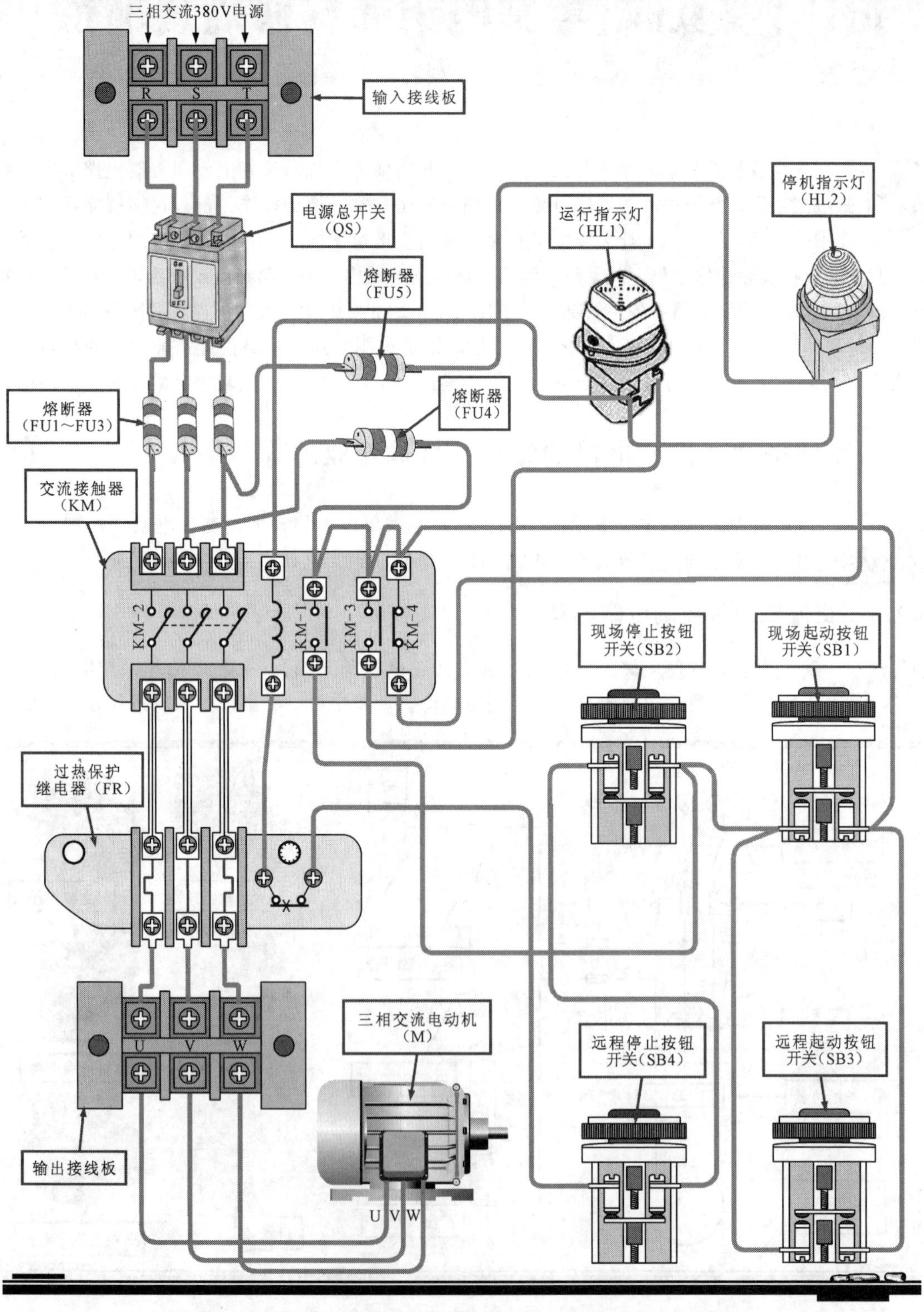
三相交流380V电源
R
S
T
输入接线板
电源总开关（QS）
熔断器（FU5）
运行指示灯（HL1）
停机指示灯（HL2）
熔断器（FU4）
熔断器（FU1～FU3）
交流接触器（KM）
KM-2
KM-1
KM-3
KM-4
现场停止按钮开关（SB2）
现场起动按钮开关（SB1）
过热保护继电器（FR）
三相交流电动机（M）
远程停止按钮开关（SB4）
远程起动按钮开关（SB3）
U
V
W
输出接线板
U V W

图8-2　典型三相交流电动机控制电路的主要部件及实物连接关系

提问 从电动机控制电路的结构来看，单相交流和三相交流电动机的连接方式不相同，它们的供电相同吗？

回答 单相交流电动机和三相交流电动机供电电源不同。单相交流电动机由单相电源（L、N）供电；三相交流电动机由三相电源（L1、L2、L3）供电。单相交流电动机的起动端常接有起动电容，为电动机提供起动转矩。图 8-3 所示为单相交流电动机和三相交流电动机的接线方式。

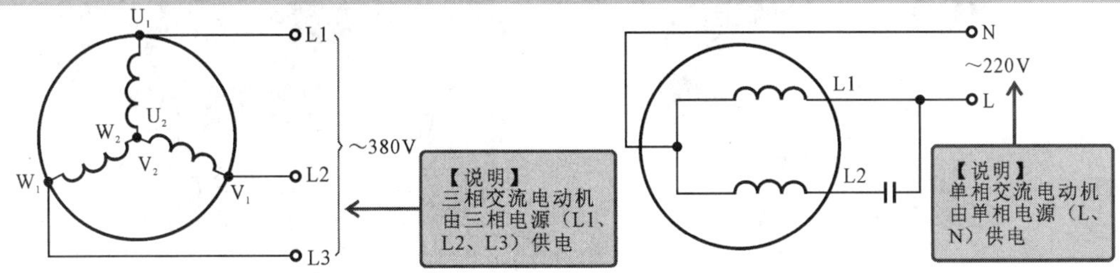
U_1
L1
U_2
W_2
V_2
W_1
V_1
L2
L3
～380V
【说明】
三相交流电动机
由三相电源（L1、
L2、L3）供电
N
～220V
L1
L
L2
【说明】
单相交流电动机
由单相电源（L、
N）供电

a）三相交流电动机　　b）单相交流电动机

图 8-3　单相交流和三相交流电动机的接线方式

【资料】

通过改变控制电路中的电气部件以及连接电路的方式，便可以达到多种不同的控制功能，例如，点动控制、连续控制、延时控制、调速控制和正反转控制等。图 8-4 所示为典型交流三相电动机延时控制电路。

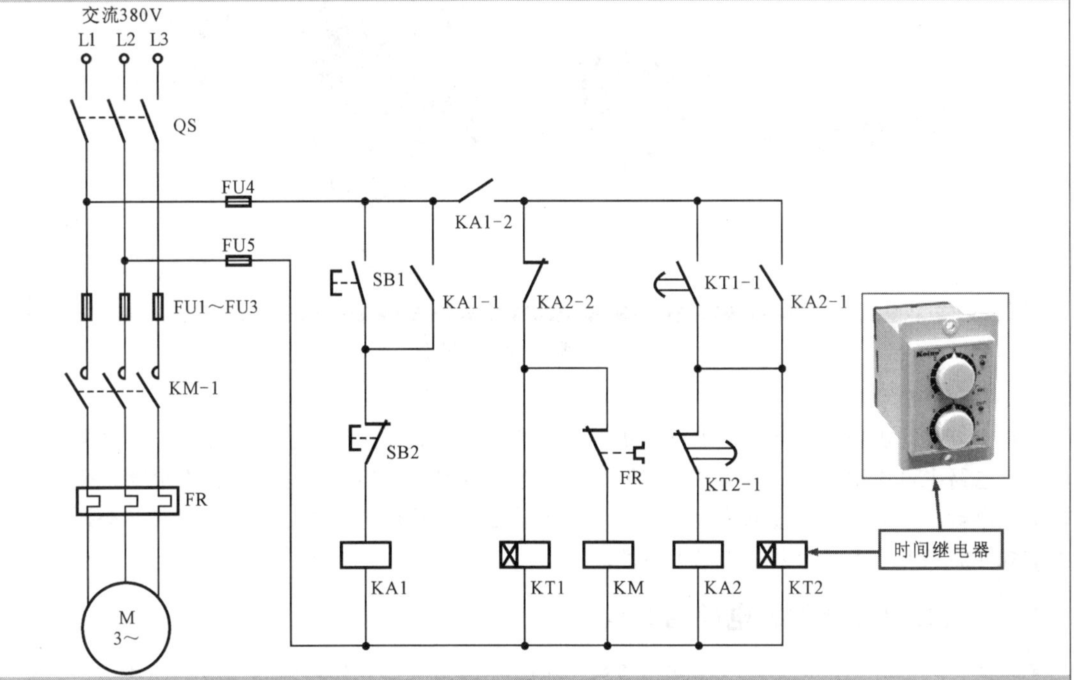
交流380V
L1 L2 L3
QS
FU4
FU5
FU1～FU3
KM-1
FR
M
3～
KA1-2
SB1
KA1-1
KA2-2
KT1-1
KA2-1
SB2
FR
KT2-1
KA1
KT1
KM
KA2
KT2
时间继电器

图 8-4　典型交流三相电动机延时控制电路

（1）交流电动机

交流电动机是利用交流电源提供电能，将电能转换成机械能的装置。按照它们使用的电源相数不同，可分为单相交流电动机和三相交流电动机根据结构不同，又可分为同步电动机和异步电动机。其中，单相异步电动机和三相异步电动机是目前使用最广的交流电动机。图 8-5 所示为交流电动机的实物外形。

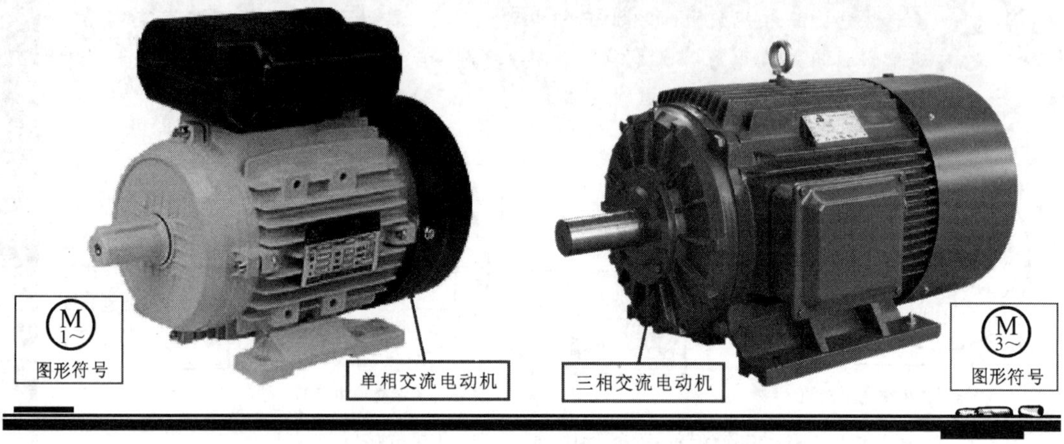
M
1～
图形符号
单相交流电动机
三相交流电动机
M
3～
图形符号

图 8-5　交流电动机的实物外形

（2）控制器件

交流电动机控制电路中有多种控制器件，常见的有电源开关、起/停按钮开关（常闭、常开）、接触器、继电器等。根据控制方式不同，还包括时间继电器、限位开关、复合开关等特殊器件，将这些器件用线缆连接起来，便可形成不同的控制形式。图 8-6 所示为常见的控制器件。

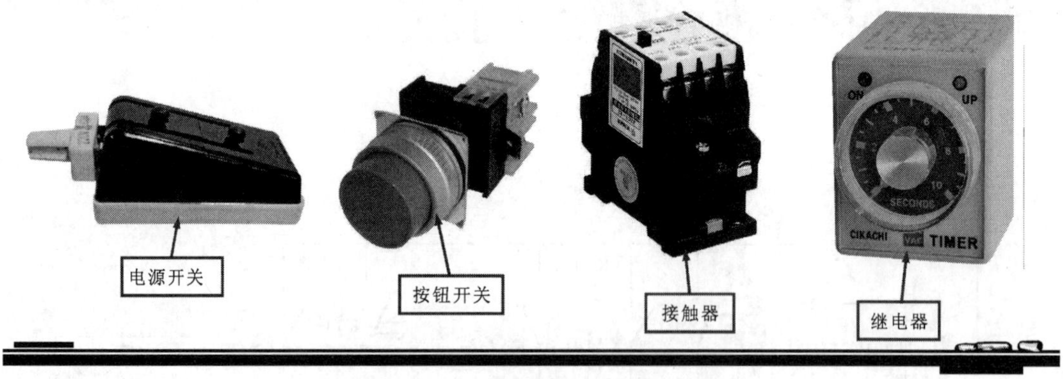
ON
UP
SECONDS
CIKACHI
TIMER
电源开关
按钮开关
接触器
继电器

图 8-6　常见的控制器件

（3）保护器件

在交流电动机控制电路中常见的保护器件有熔断器和热保护继电器。熔断器接在电源的供电端。当电路中电流过大时，自身便会熔断，切断电路以保护其他器件。热保护继电器常接在电动机的供电端，当电动机通过电流过大时，热保护继电器会发热，从而切断供电电路，保护电动机不被烧坏。图 8-7 所示为常见的保护器件。

8.1.2　直流电动机控制电路的结构

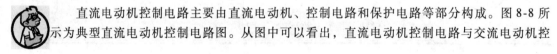

直流电动机控制电路主要由直流电动机、控制电路和保护电路等部分构成。图 8-8 所示为典型直流电动机控制电路图。从图中可以看出，直流电动机控制电路与交流电动机控

制电路所使用的电气部件基本相同，只是数量、规格和接线方式等有所区别。

图 8-9 所示为典型直流电动机控制电路的主要部件及实物连接关系。

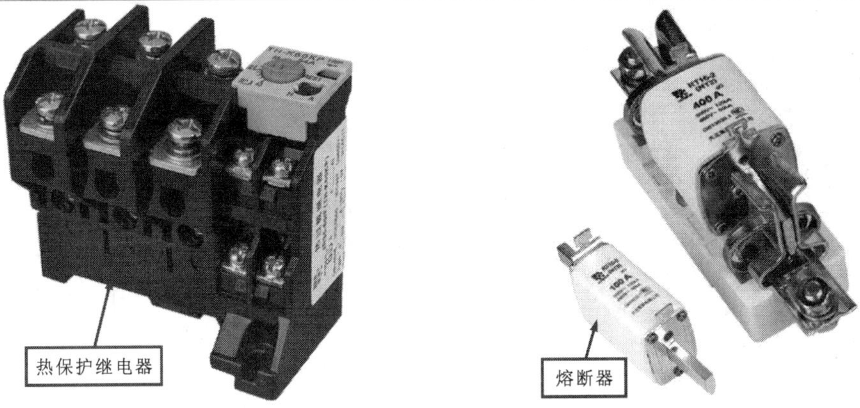
热保护继电器
熔断器

图 8-7 常见的保护器件

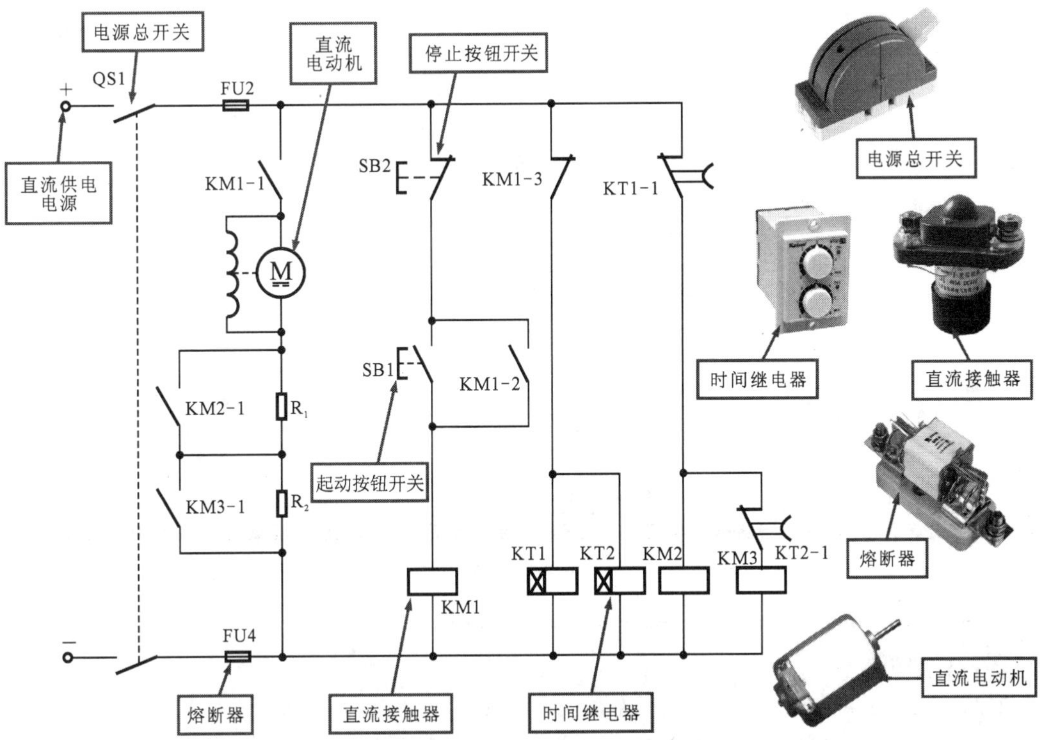
电源总开关
直流电动机
停止按钮开关
QS1
FU2
+
直流供电电源
KM1-1
SB2
KM1-3
KT1-1
M
SB1
KM1-2
KM2-1
R1
起动按钮开关
KM3-1
R2
KT1
KT2
KM2
KM3
KT2-1
KM1
FU4
−
熔断器
直流接触器
时间继电器
电源总开关
时间继电器
直流接触器
熔断器
直流电动机

图 8-8 典型直流电动机控制电路图

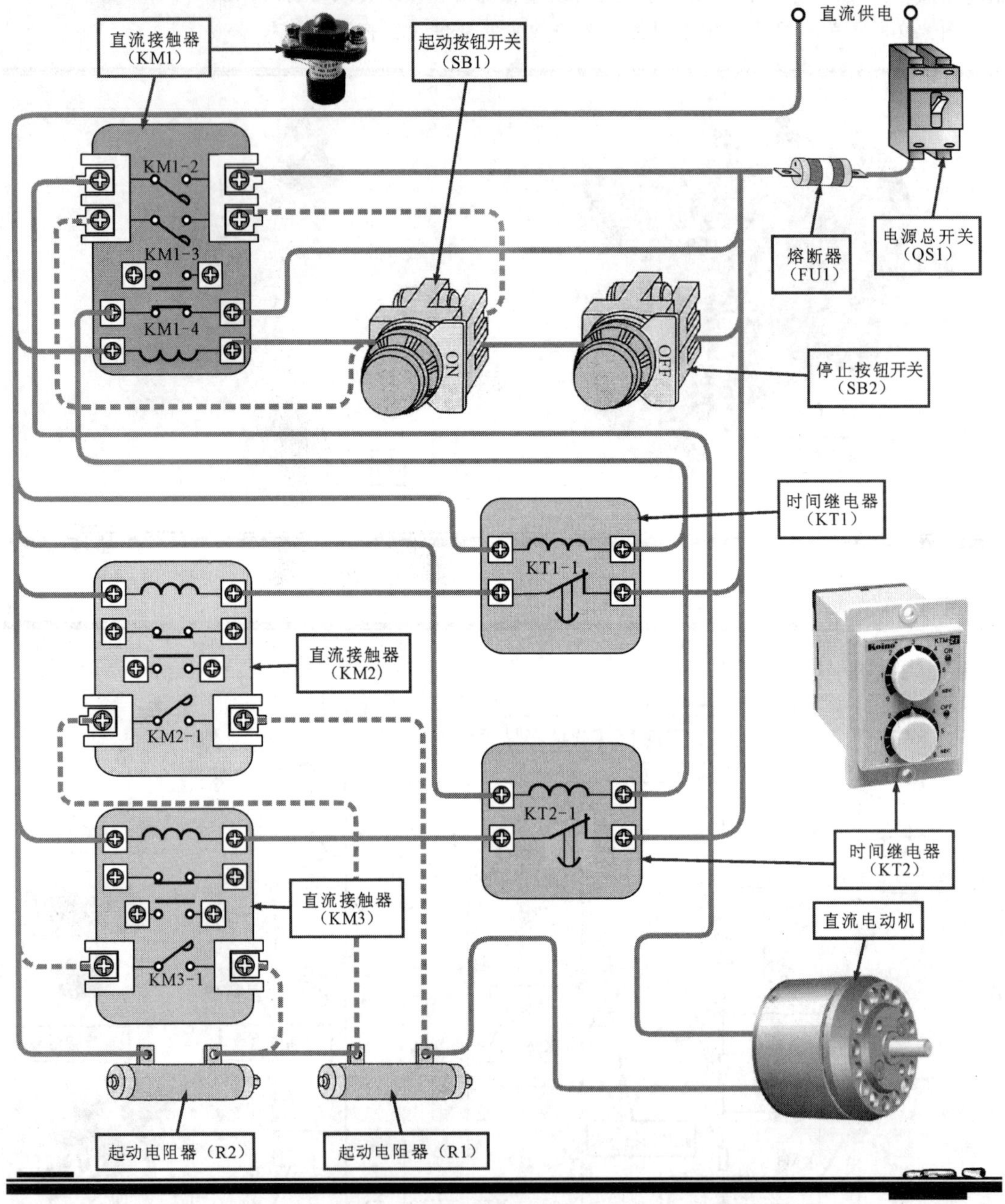
直流供电
直流接触器
(KM1)
起动按钮开关
(SB1)
KM1-2
KM1-3
KM1-4
ON
OFF
熔断器
(FU1)
电源总开关
(QS1)
停止按钮开关
(SB2)
时间继电器
(KT1)
KT1-1
直流接触器
(KM2)
KM2-1
KT2-1
时间继电器
(KT2)
直流接触器
(KM3)
KM3-1
直流电动机
起动电阻器（R2）
起动电阻器（R1）

图 8-9　典型直流电动机控制电路的主要部件及实物连接关系

【资料】

直流电动机的主磁场一般由电磁线圈产生，称为励磁方式。直流电动机的励磁方式主要有两种：他励式和自励式。他励式中励磁绕组和电枢绕组由两个不同的直流电源供电。自励式的励磁绕组和电枢绕组由同一个直流电源供电。在自励式直流电动机中，按励磁绕组和电枢绕组连接方式不同，还可分为并励式、串励式和复励式。图 8-10 所示为直流电动机的励磁方式。

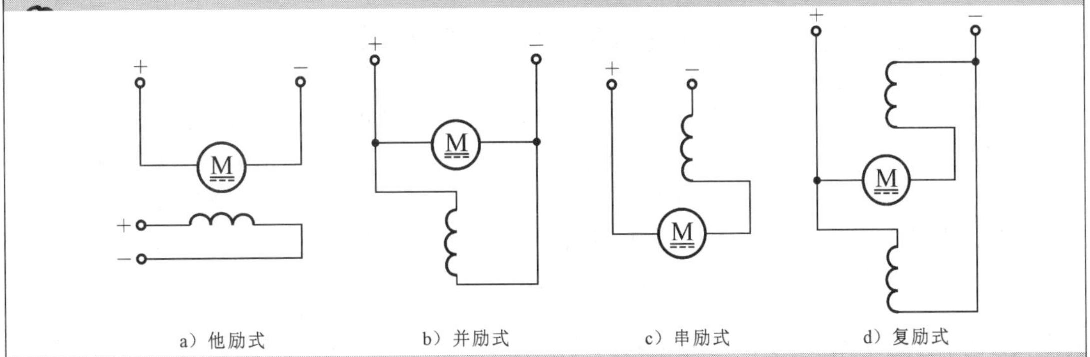
+
−
M
+
−
a）他励式
b）并励式
c）串励式
d）复励式

图 8-10 直流电动机的励磁方式

（1）直流电动机

直流电动机由直流电源供给电能，具有良好的起动性能，能在较宽的范围内进行平滑的无级调速，适用于频繁起动或停止的工作环境中。直流电动机按照其定子磁场的不同，一般可以分为永磁式电动机和电磁式电动机。还可以根据其结构形式不同分为直流有刷电动机和直流无刷电动机两大类。图 8-11 所示为直流电动机的实物外形。

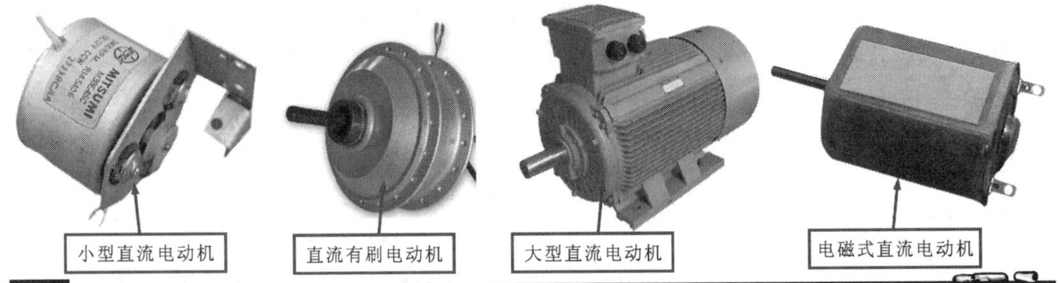
MITSUMI
小型直流电动机
直流有刷电动机
大型直流电动机
电磁式直流电动机

图 8-11 直流电动机的实物外形

（2）控制器件

直流电动机控制电路中有许多控制器件与交流电动机控制电路中的器件基本相同，只有部分器件是直流电路中所使用的，例如，直流接触器。图 8-12 所示为常见的直流电动机控制电路中的控制器件。

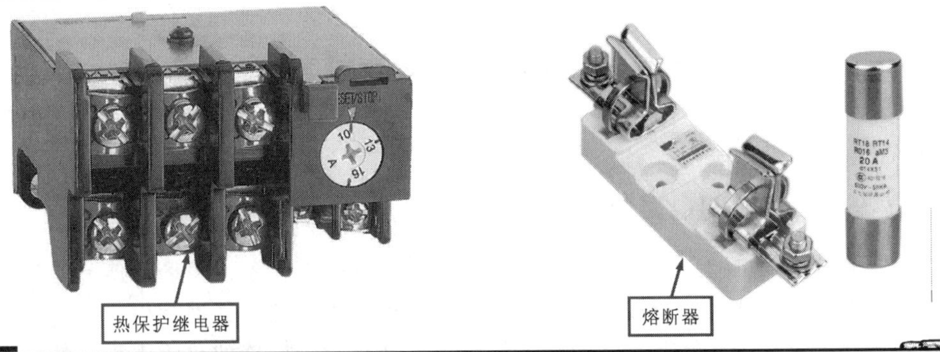
热保护继电器
熔断器

图 8-12 常见的直流电动机控制电路中的控制器件

8.2 做好电动机控制电路的故障分析非常重要

电动机控制电路是由电动机、控制器件、保护器件以及导线（连接线缆）构成的，当该回路中任意部件损坏时，会影响到整个控制电路使之停止工作。在对电动机控制电路进行检修时，先要做好电动机控制电路的故障分析，为后面的检修练习做好铺垫。可以将电动机控制电路的故障分析分成两部分进行：第一部分是交流电动机控制电路的故障分析；第二部分是直流电动机控制电路的故障分析。

8.2.1 交流电动机控制电路的故障分析

当交流电动机控制电路出现故障时，可以通过故障现象，对整个交流电动机控制电路进行分析，从而缩小故障范围，锁定故障的器件，并对其进行检修。在对交流电动机控制电路进行检修前，应首先了解交流电动机控制电路的故障表现，然后再对故障进行分析。

1. 故障分析

交流电动机控制电路出现的故障，通常是根据电动机的运行状态来判断。常见的故障表现有电动机不起动，电动机发出“嗡嗡”声，运行中突然停机，电动机过热等。

交流电动机控制电路出现故障，可先根据故障表现，对可能出现故障的部位进行检查，再通过对相关器件的检测来查找故障原因。交流电动机控制电路的常见故障分析如表 8-1 所示。

表 8-1 交流电动机控制电路的常见故障分析

故障类别	故障表现	故障原因
通电跳闸	闭合总断路器后跳闸	电路中存在短路性故障
	按下起动按钮后跳闸	热保护继电器或电动机短路、接线间短路
电动机不起动	按下起动按钮后电动机不起动	电源供电异常、电动机损坏、接线松脱（至少有两相）、控制器件损坏、保护器件损坏
	电动机通电不起动并伴有“嗡嗡”声	电源供电异常、电动机损坏、接线松脱（一相）、控制器件损坏、保护器件损坏
运行停机	运行过程中无故停机	熔断器烧断、控制器件损坏、保护器件损坏
	电动机运行过程中，热保护器断开	电流异常、过热保护继电器损坏、负载过大
电动机过热	电动机运行正常，但温度过高	电流异常、负载过大

2. 检修流程

在对交流电动机控制电路进行检修时，应遵循一定的检修流程进行检修，这样可以快速并准确地定位到故障部位，确定故障元件，从而排除故障。图 8-13 所示为典型交流电动机控制电路的检修流程。

8.2.2 直流电动机控制电路的故障分析

当直流电动机控制电路出现故障时，可以通过故障现象，对整个直流电动机控制电路进行分析，从而缩小故障范围，锁定故障的器件，并对其进行检修。在对直流电动机控制电路进行检修前，首先应了解直流电动机控制电路的故障表现，然后在对故障进行分析。

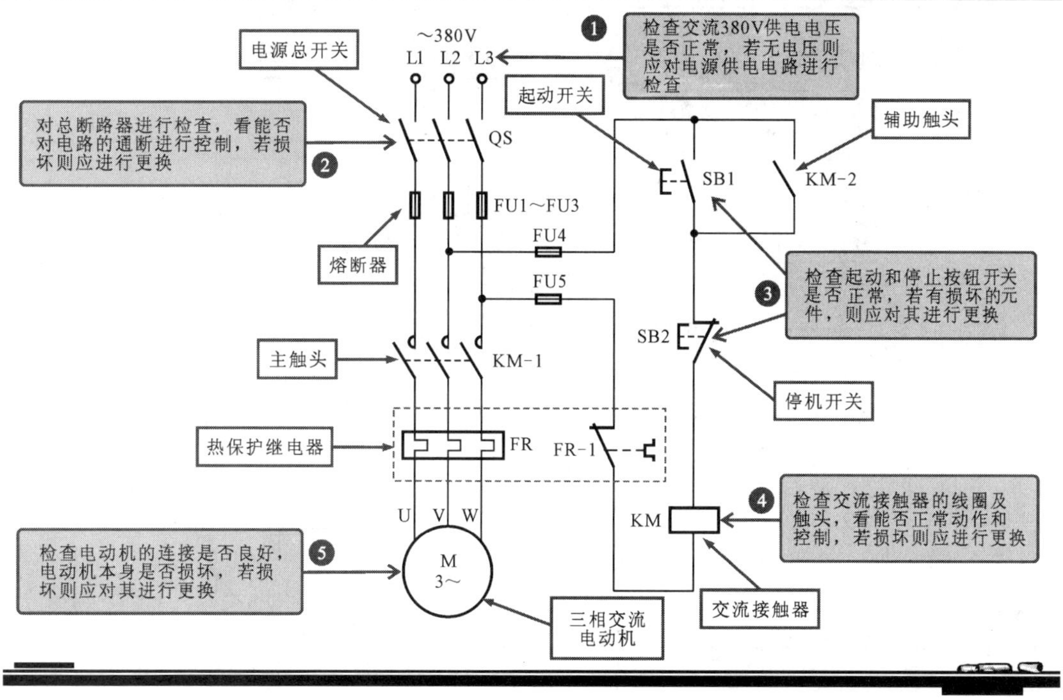
~380V
L1 L2 L3
检查交流380V供电电压是否正常，若无电压则应对电源供电电路进行检查
电源总开关
对总断路器进行检查，看能否对电路的通断进行控制，若损坏则应进行更换
QS
FU1~FU3
FU4
FU5
熔断器
起动开关
辅助触头
SB1
KM-2
检查起动和停止按钮开关是否正常，若有损坏的元件，则应对其进行更换
SB2
停机开关
主触头
KM-1
热保护继电器
FR
FR-1
检查交流接触器的线圈及触头，看能否正常动作和控制，若损坏则应进行更换
KM
U V W
M
3~
检查电动机的连接是否良好，电动机本身是否损坏，若损坏则应对其进行更换
三相交流电动机
交流接触器

图 8-13　典型交流电动机控制电路的检修流程

1. 故障分析

直流电动机控制电路出现故障，电动机便会出现各种异常情况，对电动机的故障表现进行分析，以便判断出故障原因。直流电动机常见的故障表现有电动机不起动、电动机转速异常、电动机过热、电动机异常振动、电动机漏电等。

直流电动机控制电路出现故障，可先根据故障表现，对可能出现故障的部位进行分析，再通过检测来查找故障原因。直流电动机控制电路的常见故障与原因见表 8-2 所示。

表 8-2　直流电动机控制电路的常见故障分析

故障类别	故障表现	故障原因
电动机不起动	按下起动按钮后电动机不起动	电源供电异常、电动机损坏、接线松脱、控制器件损坏、起动电流过小、电路电压过低
	电动机通电不起动并伴有“嗡嗡”声	电动机损坏、起动电流过小、电路电压过低
电动机转速异常	转速过快、过慢或不稳定	接线松脱、接线错误、电动机损坏、电源电压异常
电动机过热	电动机运行正常，但温度过高	电流异常、负载过大、电动机损坏
电动机异常振动	电动机运行时，振动频率过高	电动机损坏、安装不稳
电动机漏电	电动机停机或运行时，外壳带电	引出线碰壳、绝缘电阻下降、绝缘老化

2. 检修流程

在对直流电动机控制电路进行检修时，应遵循一定的检修流程进行检修，这样可以快速并准确地定位到故障部位，确定故障元件，从而排除故障。图 8-14 所示为典型直流电动机控制电路的检修流程。

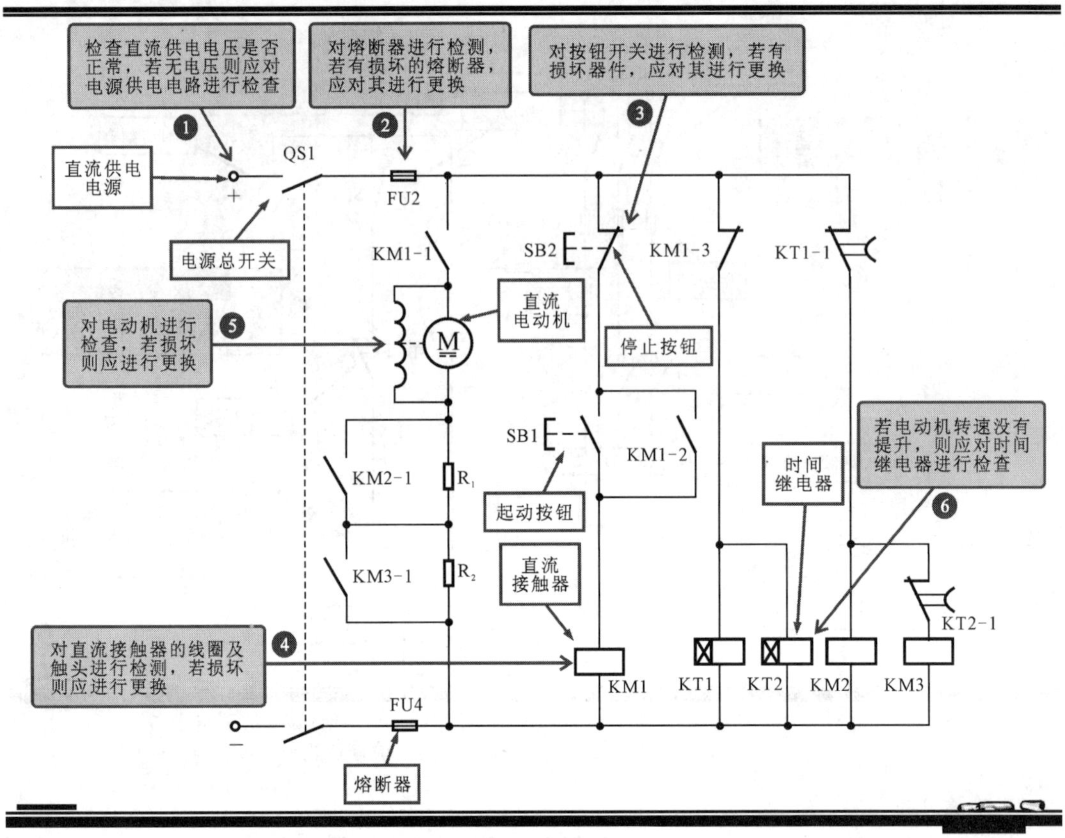
检查直流供电电压是否正常，若无电压则应对电源供电电路进行检查
对熔断器进行检测，若有损坏的熔断器，应对其进行更换
对按钮开关进行检测，若有损坏器件，应对其进行更换
直流供电电源
QS1
FU2
电源总开关
KM1-1
SB2
KM1-3
KT1-1
直流电动机
停止按钮
对电动机进行检查，若损坏则应进行更换
M
SB1
KM1-2
KM2-1
R1
KM3-1
R2
起动按钮
若电动机转速没有提升，则应对时间继电器进行检查
时间继电器
直流接触器
KT2-1
对直流接触器的线圈及触头进行检测，若损坏则应进行更换
KM1
KT1
KT2
KM2
KM3
FU4
熔断器

图 8-14　典型直流电动机控制电路的检修流程

8.3　电动机控制电路的检修操作要多加练习

将电动机控制电路的故障分析做好后，下面我们就开始练习电动机控制电路的检修。练习电动机控制电路的检修时，我们主要是对电动机控制电路中的控制器件、供电及电流、电动机和电路连接等进行检修。下面以典型电动机控制电路的故障为例介绍其检修方法。

8.3.1　交流电动机控制电路通电后电动机不起动的检修方法

接通交流电动机控制电路的电源开关后，按下点动按钮开关，发现电动机不动作，经检查，该电动机控制电路的供电电源正常，电路内接线牢固，无松动现象，说明电路内部或电动机有故障。

图 8-15 所示为三相交流电动机的点动控制电路。该电路主要是由总断路器 QF、熔断器 FU1 ~ FU3、点动按钮开关 SB、交流接触器 KM、三相交流电动机等构成。正常情况下，该电动机控制电路在按下按钮开关时电动机便转动，松开按钮开关时电动机便停止转动。

1. 检测电动机的供电电压

接通开关后，按下点动按钮，同时使用万用表检测电动机接线柱是否有电压，任意两接线柱之间的电压为 380V，如图 8-16 所示。经过检测发现电动机没有供电电压，说明控制电路中有器

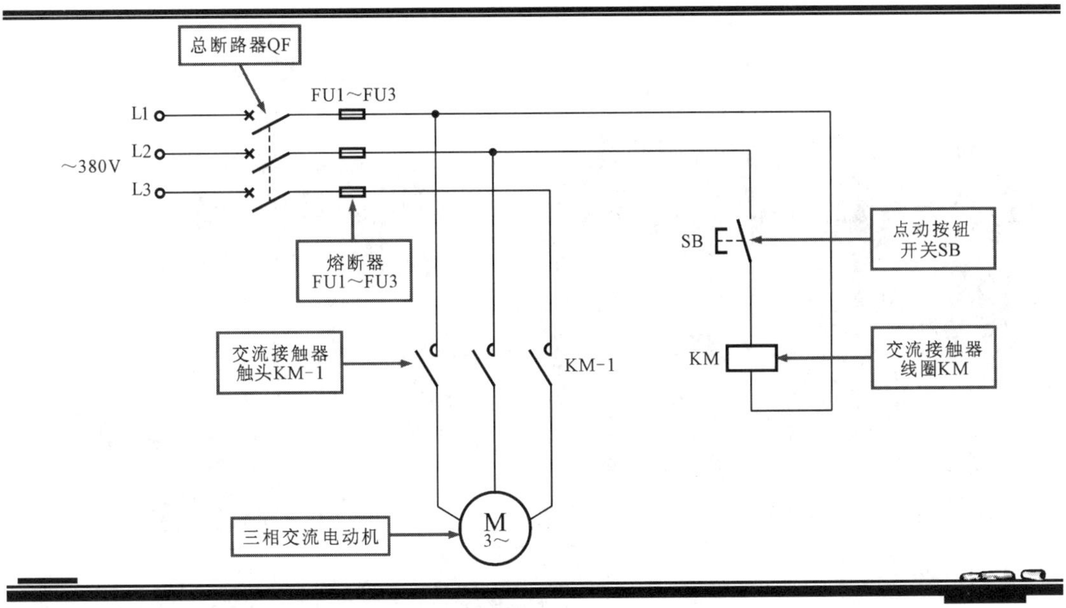
总断路器QF
FU1～FU3
L1
L2
L3
～380V
熔断器
FU1～FU3
SB
点动按钮
开关SB
交流接触器
触头KM-1
KM-1
KM
交流接触器
线圈KM
三相交流电动机
M
3～

图 8-15　三相交流电动机的点动控制电路

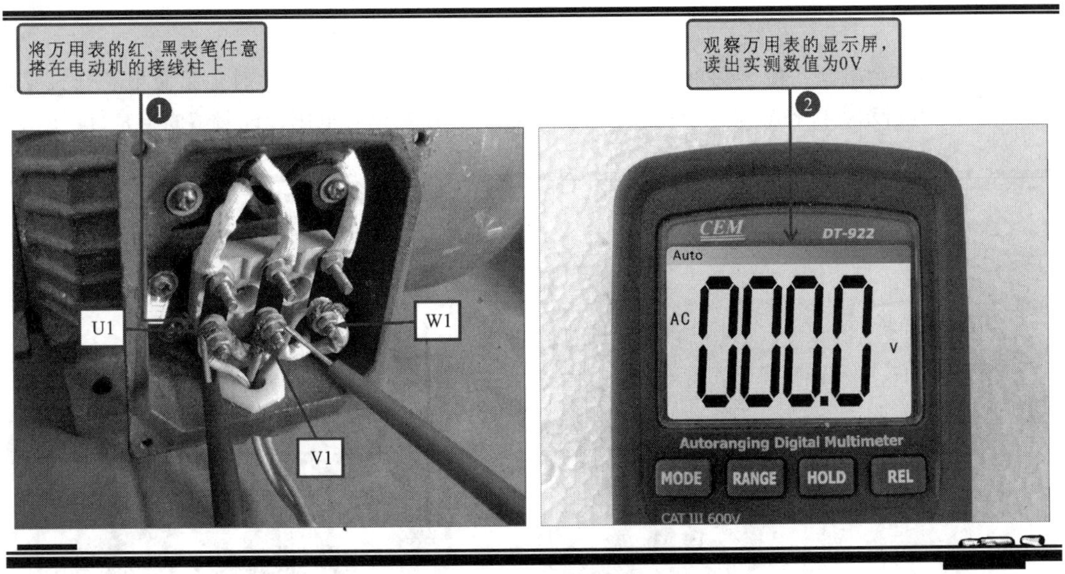
将万用表的红、黑表笔任意
搭在电动机的接线柱上
观察万用表的显示屏，
读出实测数值为0V
U1
W1
V1
CEM
DT-922
Auto
AC
000.0
V
Autoranging Digital Multimeter
MODE
RANGE
HOLD
REL

图 8-16　检测电动机的供电电压

件发生了断路。

2. 检测总断路器

在工作状态，用万用表检测断路器的输出电压，即可判别断路器是否有故障。正常情况下，任意两相之间应有 380 V 的交流电压，否则就是有故障，如图 8-17 所示。经检测，该断路器正常，无故障。

3. 检测熔断器

断路器正常，接下来应检测熔断器，熔断器在电路中主要起保护作用，当电流量超过其额定

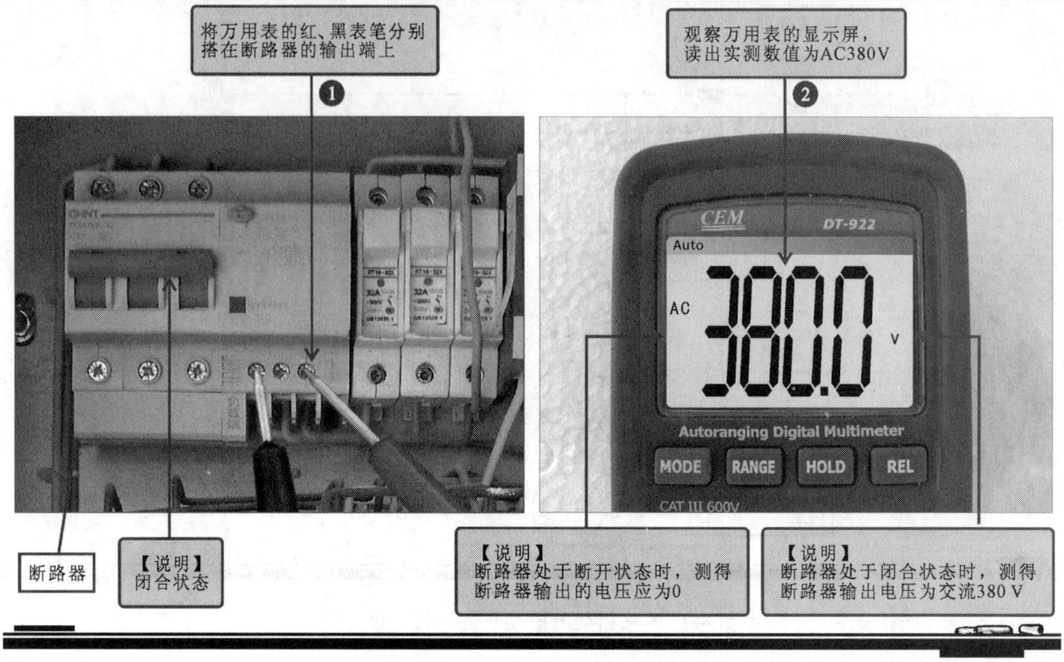
将万用表的红、黑表笔分别搭在断路器的输出端上
观察万用表的显示屏，读出实测数值为AC380V
断路器
【说明】闭合状态
【说明】断路器处于断开状态时，测得断路器输出的电压应为0
【说明】断路器处于闭合状态时，测得断路器输出电压为交流380 V
CEM
DT-922
Auto
AC
380.0
V
Autoranging Digital Multimeter
MODE
RANGE
HOLD
REL
CAT III 600V

图 8-17　检测断路器

值时，熔断器将会融断，使电路断开，起到保护电路的作用。当其损坏时，会使电动机无法起动。如图 8-18 所示，经检测熔断器的输入端有电压，输出端也有电压，说明熔断器良好。

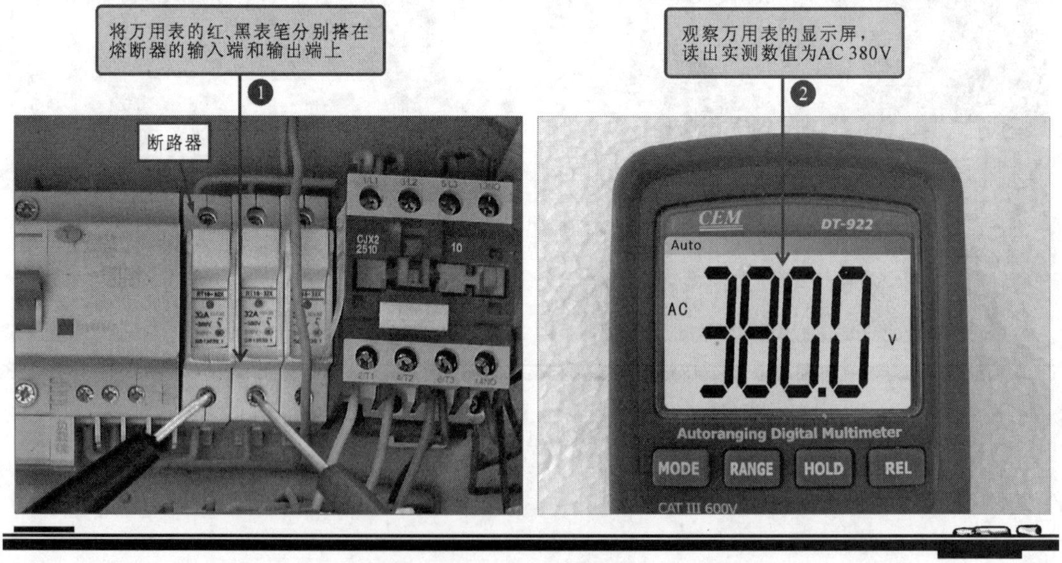
将万用表的红、黑表笔分别搭在熔断器的输入端和输出端上
观察万用表的显示屏，读出实测数值为AC 380V
断路器
CEM
DT-922
Auto
AC
380.0
V
Autoranging Digital Multimeter
MODE
RANGE
HOLD
REL
CAT III 600V

图 8-18　检测熔断器

4. 检测点动开关

接下来从电路中拆下点动按钮开关进行检测：将万用表的表笔搭在按钮开关的两个接线柱上，用手按压开关，如图 8-19 所示，可测得电阻值为零，说明点动开关正常。

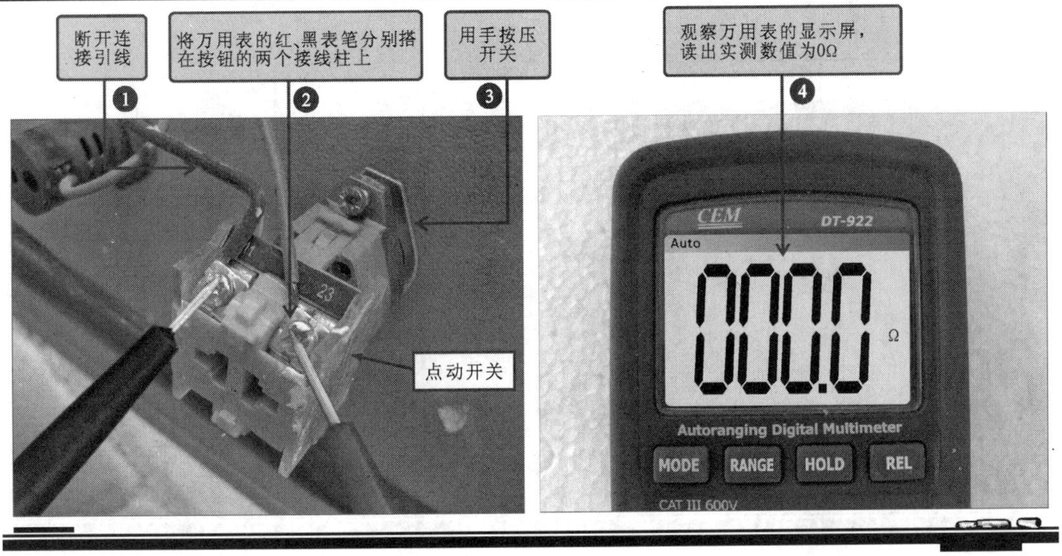
断开连接引线
将万用表的红、黑表笔分别搭在按钮的两个接线柱上
用手按压开关
观察万用表的显示屏，读出实测数值为0Ω
1
2
3
4
点动开关
CEM
DT-922
Auto
000.0
Ω
Autoranging Digital Multimeter
MODE
RANGE
HOLD
REL
CAT III 600V

图 8-19　检测点动开关

5. 检测交流接触器

在电路中多使用测电压的方法检测交流接触器，用万用表分别检测交流接触器的线圈端和触点端，图 8-20 所示为交流接触器线圈的检测，经检测交流接触器线圈两端有电压。

若线圈有控制电压，则接触器的输出端会有输出电压；若线圈无控制电压，则输出端也无输出电压。只有在取出接触器进行单独检测的情况下，才能使用检测电阻的方法来检测交流接触器。

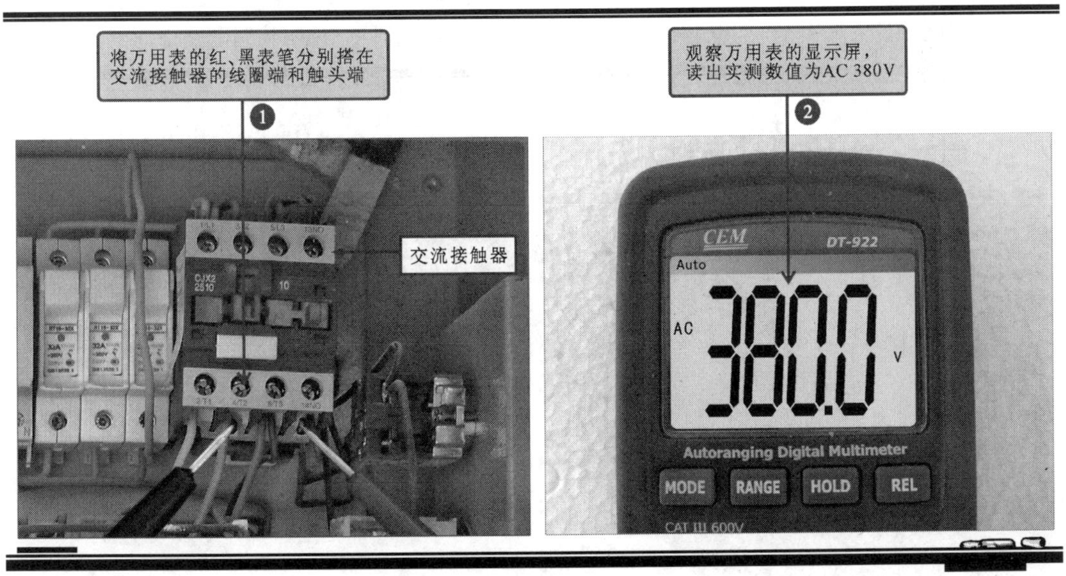
将万用表的红、黑表笔分别搭在交流接触器的线圈端和触头端
观察万用表的显示屏，读出实测数值为AC 380V
1
2
交流接触器
CEM
DT-922
Auto
AC
380.0
V
Autoranging Digital Multimeter
MODE
RANGE
HOLD
REL
CAT III 600V

图 8-20　交流接触器线圈的检测

如线圈两端有电压，接下来需要对接触器的触头进行检测，如图 8-21 所示。接触器的触头无输出电压，说明接触器已损坏，需使用相同规格参数的接触器对其进行替换；然后接通电源，电动机即可正常起动运行，故障排除。

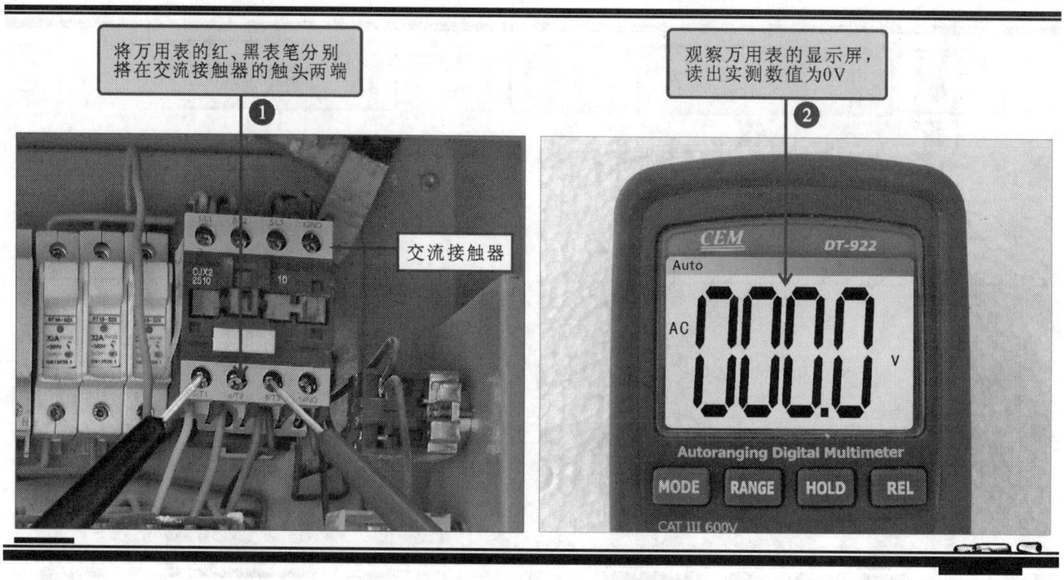

将万用表的红、黑表笔分别搭在交流接触器的触头两端
观察万用表的显示屏，读出实测数值为0V
交流接触器
CEM
DT-922
Auto
AC
000.0
V
Autoranging Digital Multimeter
MODE
RANGE
HOLD
REL
CAT III 600V

图 8-21　交流接触器触头的检测

8.3.2　交流电动机控制电路运行一段时间后电动机过热的检修方法

交流电动机控制电路运行一段时间后，可能会出现控制电路中的电动机外壳温度过高的现象。由于交流电动机控制电路中的电动机经常出现这种现象，所以应对控制电路中的电流量大小以及电动机进行检查，查找故障原因。

1. 检测电动机的工作电流

闭合电源开关后，起动电动机，使用钳形表检测电动机单根相线的电流量，如图 8-22 所示，经检测发现电流量为 3.4 A，与电动机铭牌上的额定电流标识相同，说明控制电路中的电流量正常。

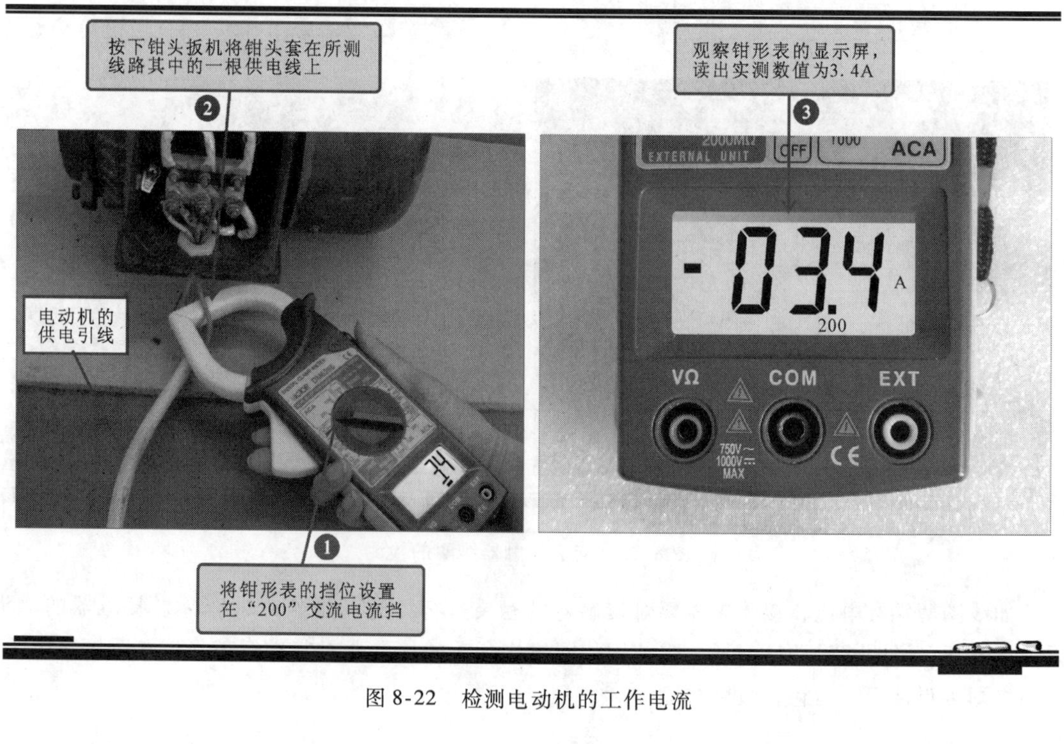

按下钳头扳机将钳头套在所测线路其中的一根供电线上
观察钳形表的显示屏，读出实测数值为3.4A
电动机的供电引线
将钳形表的挡位设置在“200”交流电流挡
ACA
-03.4
A
200
VΩ
COM
EXT
750V~
1000V⎓
MAX

图 8-22　检测电动机的工作电流

控制电路中的电流量正常，此时怀疑交流电动机内部出现部件摩擦，老化现象，致使电动机温度过高。将电动机拆开后，应仔细对电动机的轴承等部位进行检查。

2. 检查轴承与端盖的连接处

首先对轴承与端盖的连接部位进行检查，查看轴承与端盖之间的距离是否过紧，如图 8-23 所示，经检查轴承与端盖的松紧度适中，无须进行调整。

【说明】
检查轴承与
端盖的松紧度
轴承
端盖

图 8-23　检查轴承与端盖的连接处

3. 检查轴承与转轴的连接处

继续检查轴承与转轴的连接部位，如图 8-24 所示。经检查，轴承与转轴的连接部位没有明显的磨损痕迹，说明轴承与转轴的连接部位松紧度适合。

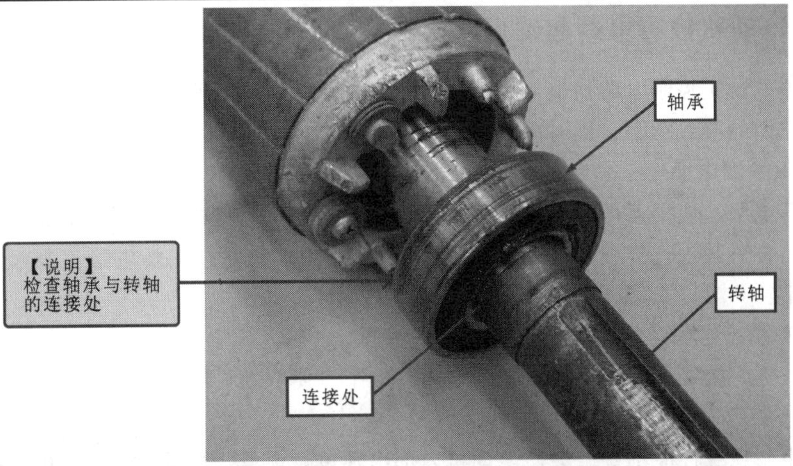
轴承
【说明】
检查轴承与转轴
的连接处
转轴
连接处

图 8-24　检查轴承与转轴的连接处

4. 检查轴承并检修

将轴承从电动机上拆下，检测轴承内的滚珠是否磨损，如图 8-25 所示。经检查，轴承内的钢珠有明显的磨损痕迹，并且润滑脂已经干涸。使用新的钢珠进行代换后，在轴承内涂抹润滑脂，润滑脂涂抹应适量，最好不超过轴承内容积的 70%。

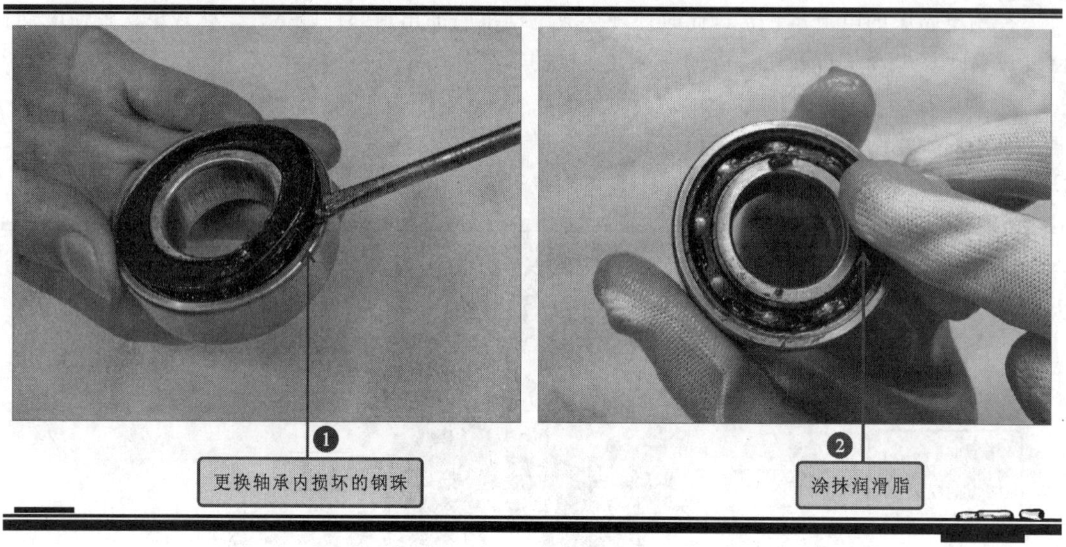
❶ 更换轴承内损坏的钢珠
❷ 涂抹润滑脂

图 8-25　检查轴承并检修

【资料】

若传动带过紧或联轴器安装不当时，也会引起轴承过发热。需要调整传动带的松紧度，并校正联轴器等传动装置。若是因为电动机转轴的弯曲引起的轴承过热，可针对转轴进行校正或更换转子。轴承内有杂物时，使轴承转动不灵活，也会造成发热，可进行清洗，并更换润滑油。轴承间隙不均匀，过大或过小，都会造成轴承不正常转动，可更换新轴承，以排除故障。

8.3.3　交流电动机控制电路起动后跳闸的检修方法

交流电动机控制电路通电后，起动电动机时，电源供电箱出现跳闸现象，经过检查，控制电路内的接线正常，此时应重点对热保护继电器和电动机进行检测。

1. 检测热保护继电器

首先，断开电源，使用万用表对热保护继电器进行检测。为使检测结果准确，可将热继电器从电路中拆下后再对其进行检测，如图 8-26 所示。经检测，三对触头的电阻值都极小，说明热保护继电器正常。

2. 检测电动机绕组间绝缘阻值

在检测前，先将接线盒中绕组接线端的金属片取下，使电动机绕组无连接关系，成为独立的三个绕组，如图 8-27 所示。

电动机绕组间绝缘性能不好，会使电动机内部出现短路现象，严重时可能将电动机烧坏。如图 8-28 所示，将表笔分别搭在绕组的接线端上测量电阻，测量结果均为无穷大，说明电动机绕组间的绝缘性能良好。

3. 检测电动机绕组电阻值

继续使用万用表对电动机绕组电阻值进行检测，查看电动机绕组是否存在断路故障。将万用表黑、红表笔分别搭在同一组绕组的两个接线柱上（U1 和 U2、V1 和 V2、W1 和 W2），如图 8-29 所示，经检测发现电动机 W 相绕组电阻值为无穷大，说明该电动机已损坏，需进行更换。

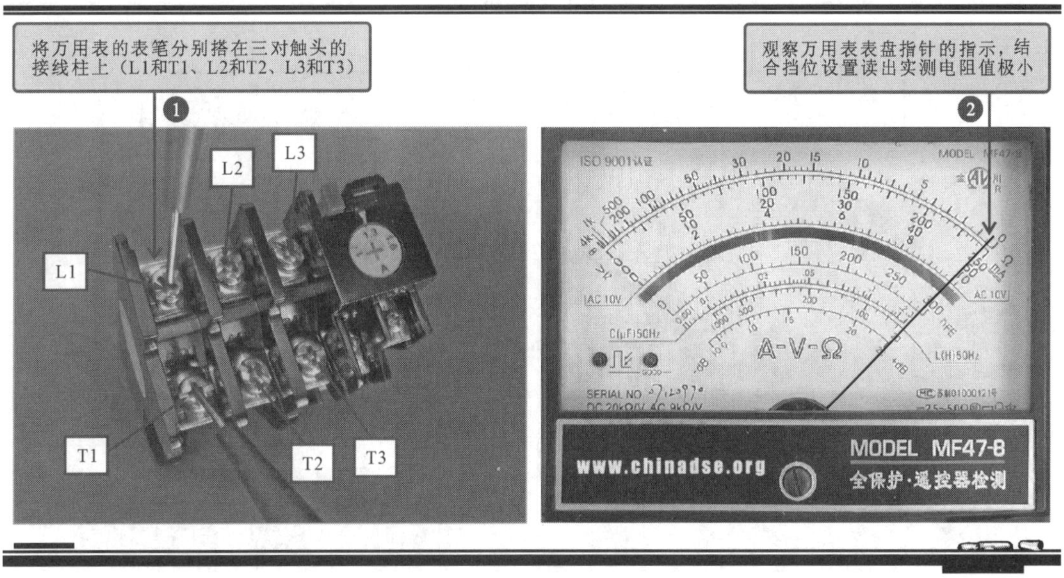
将万用表的表笔分别搭在三对触头的接线柱上（L1和T1、L2和T2、L3和T3）
观察万用表表盘指针的指示，结合挡位设置读出实测电阻值极小
L1
L2
L3
T1
T2
T3
MODEL MF47-8
www.chinadse.org
全保护·遥控器检测

图 8-26　检测热保护继电器

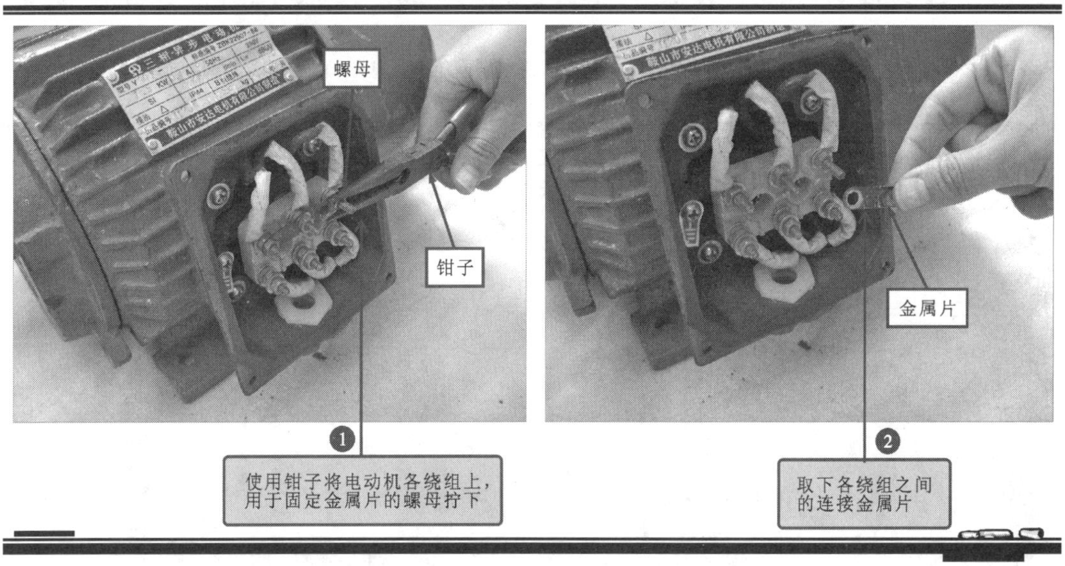
螺母
钳子
金属片
使用钳子将电动机各绕组上，用于固定金属片的螺母拧下
取下各绕组之间的连接金属片

图 8-27　取下连接绕组引出端的金属片

8.3.4　直流电动机控制电路起动后电动机转速过慢的检修方法

直流电动机控制电路起动后，控制电路中的电动机转动速度变慢，使用一段时间后，控制电路中的电动机不能起动。直流电动机控制电路中的直流电动机转速变慢，可能是由于电动机出现机械故障或控制电路有器件损坏造成的，而控制电路中的电动机最后不能起动，怀疑是由于电动机出现新的故障造成的。

1. 检查电动机电刷

将直流电动机拆开后，首先检查电动机电刷是否正常，如图 8-30 所示。通常电刷磨损严重或弹簧压力下降，会使电刷与换向器接触不良，造成电动机驱动力不足，在外表看来，就表现为

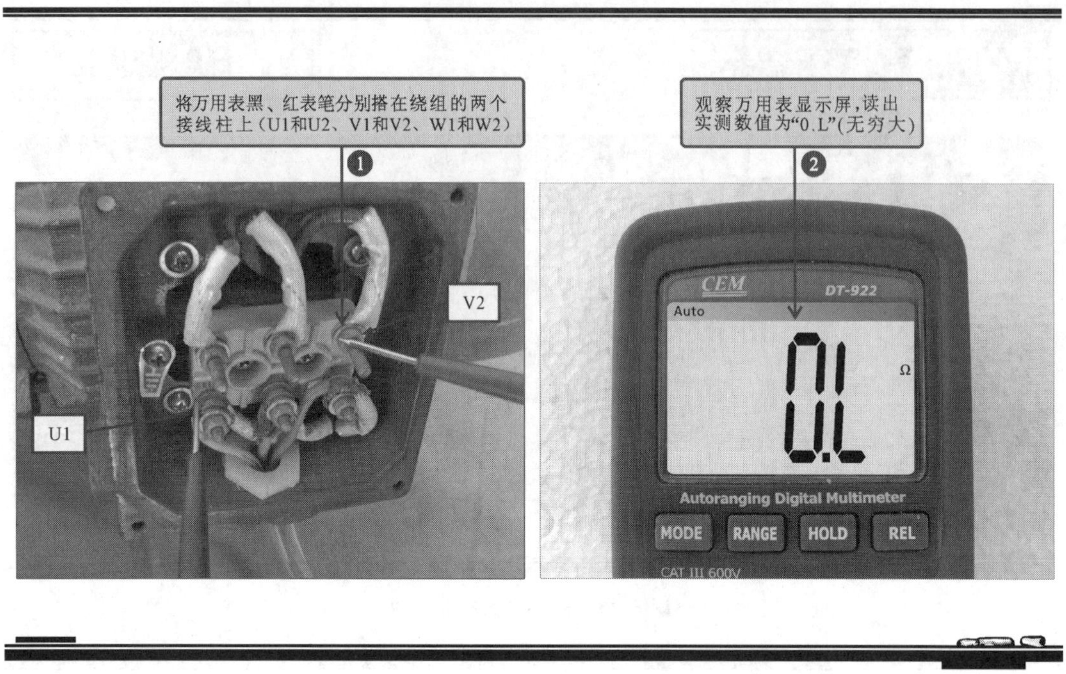
将万用表黑、红表笔分别搭在绕组的两个接线柱上（U1和U2、V1和V2、W1和W2）
1
V2
U1
观察万用表显示屏，读出实测数值为“0.L”(无穷大)
2
CEM
DT-922
Auto
0.L
Ω
Autoranging Digital Multimeter
MODE
RANGE
HOLD
REL
CAT III 600V

图 8-28　检测电动机绕组间的绝缘电阻值

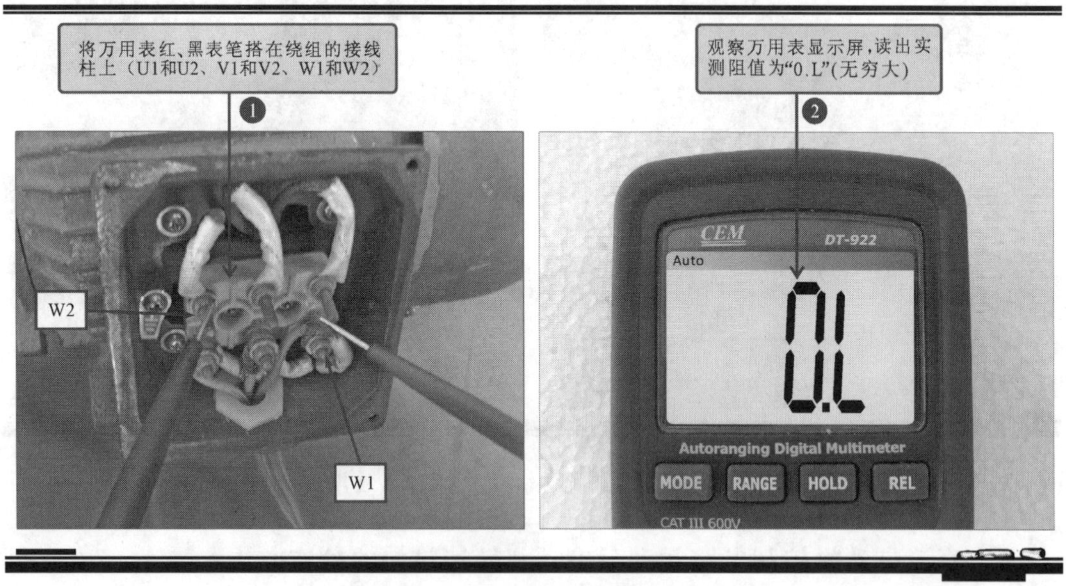
将万用表红、黑表笔搭在绕组的接线柱上（U1和U2、V1和V2、W1和W2）
1
W2
W1
观察万用表显示屏，读出实测阻值为“0.L”(无穷大)
2
CEM
DT-922
Auto
0.L
Autoranging Digital Multimeter
MODE
RANGE
HOLD
REL
CAT III 600V

图 8-29　检测电动机绕组的电阻值

电动机转动速度变慢。经过检查，发现该电动机的电刷磨损严重，需进行更换，并将换向片上的电刷粉清理干净。

2. 检查电动机绕组

继续检查电动机的绕组是否有断线的情况，如图 8-31 所示。通常若绕组的一两个线圈断开并不影响运行，但速度和驱动力会下降，性能不稳；若断开的线圈过多，电动机便无法起动。经过检查，该电动机绕组良好，并无断线的现象。

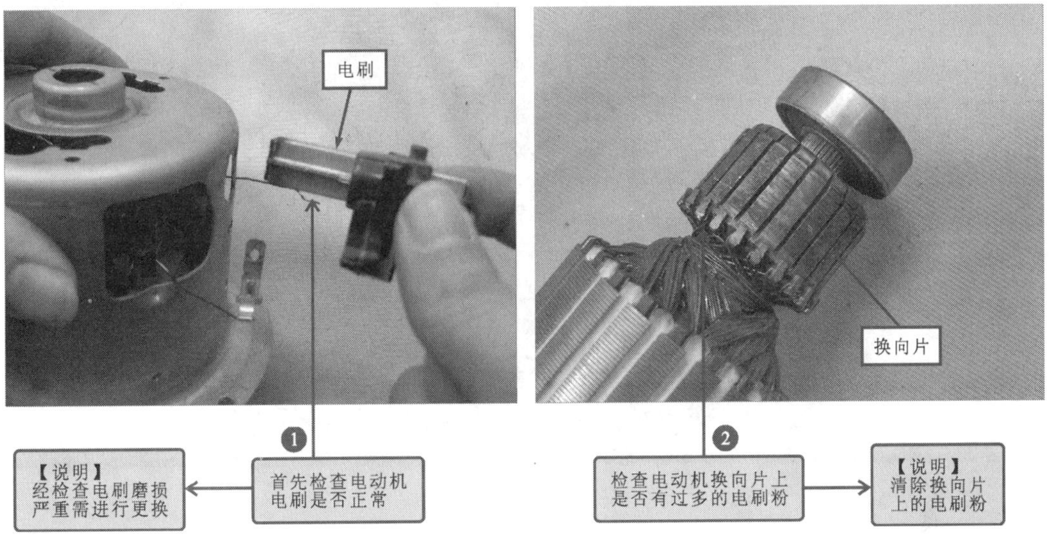
电刷
换向片
1
首先检查电动机
电刷是否正常
【说明】
经检查电刷磨损
严重需进行更换
2
检查电动机换向片上
是否有过多的电刷粉
【说明】
清除换向片
上的电刷粉

图 8-30　检查电动机电刷

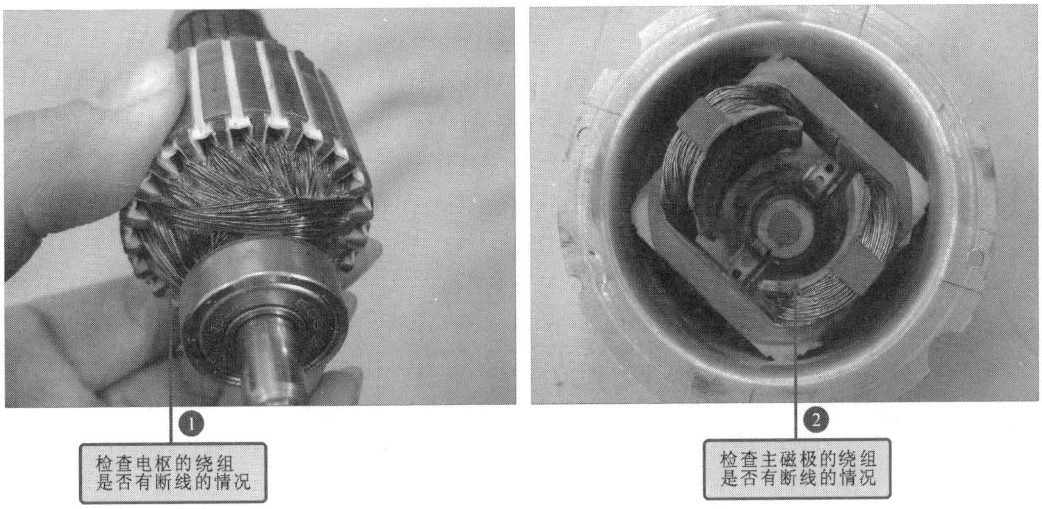
1
检查电枢的绕组
是否有断线的情况
2
检查主磁极的绕组
是否有断线的情况

图 8-31　检查电动机线圈

3. 检查电动机磁钢

接下来，检查电动机磁钢是否有磨损和松动的情况，如图 8-32 所示，经检查，发现电动机磁钢有一部分磨损十分严重，这是导致电动机不起动的原因。磁钢磨损严重，已不能修理，需要将电动机直接更换。更换后，电动机可正常起动，也没有过热现象，该电动机故障已排除。

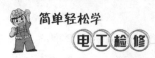

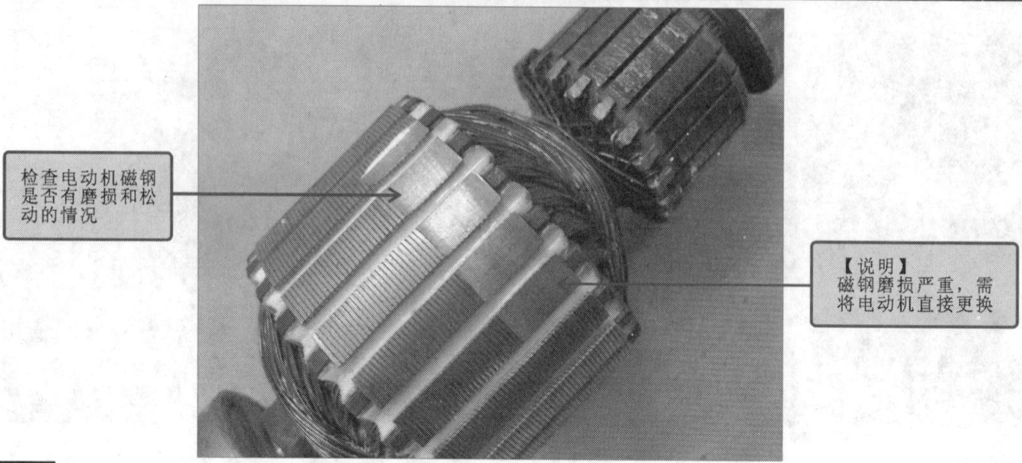
检查电动机磁钢
是否有磨损和松
动的情况
【说明】
磁钢磨损严重，需
将电动机直接更换

图 8-32　检查电动机磁钢